AF876327

中国少数民族科学技术史丛书

纺织卷

主　编　陈炳应

执笔者　（以姓氏笔画为序）

石奕龙　李筱文　陈炳应

徐康宁　黄承宗　梅华全　曾少立

广西科学技术出版社

中国少数民族科学技术史丛书

编委会名单

顾　问　钱临照　胡道静　席泽宗　蔡景峰

主　编　李　迪

副主编　陈久金　吉格木德　韩汝玢　陆敬严　李炳东

委　员　（以姓氏笔画为序）

万辅彬　王进玉　冯立升　吉格木德

苏冠文　李　迪　李炳东　张子文　张天锁

张文宣　张秉伦　陈久金　陈炳应　陆敬严

周嘉华　俞德华　洪武娌　夏光辅　郭世荣

诸锡斌　黄　健　黄汉儒　斯　登　韩汝玢

《中国少数民族科学技术史》丛书序

席泽宗*

1980年5月在成都召开的一次天文学史会议期间，李迪先生问我，有哪些题目可做？我说："老兄身居内蒙古，地处少数民族区域，少数民族科学技术史就是一个很好的题目，大有文章可做。"我当时只是随便说说，不料李先生当真地干起来，而且做得很出色。在短短的十四年中，他做出了如此巨大的成绩，令我非常敬佩。他就如何开展少数民族技术史研究，提出了许多纲领性的见解；他组建了中国少数民族科学技术史研究会，这个研究会主持召开了三次全国性的学术讨论会和两次国际会议；他主编的《中国少数民族科学技术史研究》已出版了七辑；而今又组织研究会成员编写这套《中国少数民族科学技术史》丛书，更是集其大成，蔚为壮观，可喜可贺。

中国是一个多民族的国家，每个民族在科学技术方面都有自己的贡献。正本清源，研究清楚这些成就和贡献，不仅对民族史研究是一个重要贡献，而且会丰富中国科学技术史的内容，甚至对世界科学技术史做出贡献。科学技术是全人类的共同财富，物质的属性和自然界的规律等待着人们去发现、去利用，但不同的国家、地区或民族，因所处的地理环境、社会状态和文化背景的不同，对它们的发现有先后，对它们的解释和利用有差别，因而就形成了科学技术发展的国家特色、地区特色和民族特色。越是在古代，越是在交通不便的地方，这种特色也越显著。就世界

---

* 席泽宗先生系中国科学院院士。

范围来说，观察的都是日月星，希腊天文学、玛雅天文学和中国天文学就迥然不同；都是治病救人，西医和中医则是完全不同的两大体系。以中国境内而论，汉医、蒙医、藏医也有不同；汉历、藏历、傣历、彝族“十月历”也各具特色；建筑技术的民族风格更是百花齐放，各有千秋。

矛盾的普遍性寓于矛盾的特殊性之中，对矛盾的特殊性研究得越彻底，对矛盾的普遍性就了解得越深刻。对各民族、各地区、各国家的科学技术史研究得越透彻，对它们之间的异同、传播、交流和影响也就摸得越清楚，对科学技术发展的普遍规律也就容易找出来。我是从这样一个高度来看待少数民族科学技术史的研究工作的：就研究对象来说具有开创性，就工作意义来说具有世界性。所以我认为这套丛书的出版，是我国科学技术史界的一件大事，值此出版之际，愿意为它摇旗呐喊，希望有更多的人来关心这项工作，有更多的人来从事这项工作，把中华民族的各个组成部分对人类所做的贡献都发掘出来，使已经开始受世人注目的中国科学技术史更加丰富多彩。

是为序。

1994 年 9 月 14 日

目　录

前　言

在古今中外的人类社会，纺织品都是必不可少的重要产品。“衣食住行”，人们这句口头禅及“衣”字在其中的排列位置就很清楚地表明纺织品在人们的生产、生活中占有非常重要的地位。衣服鞋袜、冠帽巾帕、被褥毡毯、帐篷铠甲、旗幡伞扇、囊袋书画……哪一样都离不开它。它既是人们御寒防晒、保护身体乃至生命的重要物品，又是美化生活、陶冶情操、体现和维护社会文明的重要因素。随着科学技术的日益发展，纺织品的用途越来越广，如制作宇航服、高温服、人造心脏和血管等等。因此，它理所当然地受到人们更加密切地关注。

我国的纺织生产及纺织科学技术有着悠久的历史。直至17世纪西方产业革命时期。我国的纺织业在世界上一直处于领先地位，有很高的水平。而且内涵全面丰富，动物、植物、矿物等纤维都被加以利用，丝、棉、麻、毛、石棉纺织都有；纺织染整机具和技术多种多样；织物的花色品种多而精美。我国人民首创的蚕桑丝织技术，对世界纺织科学技术做出了杰出贡献。我国自古以来就是一个多民族的大家庭，在漫长的历史时期，各个族群，各个民族不断交流、迁徙、分化、融合，历来有着千丝万缕的密切联系，你中有我，我中有你，形成“多元一体”的格局。因此，各种创造发明都是各民族人民的实践经验、智慧才能的结晶和共同的财富。纺织科学技术成就也不例外。

“中国少数民族纺织科学技术史”这个课题提得好，很值得研究总结。但这是一个很大的题目，加上资料缺乏，问题复杂，难度很大。李迪先生代表中国少数民族科技史研究会和广西科学技术出版社把这个任务交给笔者。笔者不敏，深恐难以胜任；更希望不搞则已，要搞就搞出个集众人之调查研究成果、有较高水平的著作来，所以曾以笔者单位甘肃省博物馆的名义发函与全国各省区的有关单位和专家学者联系，希望能分头先写出各民族、各地区的纺织科技史或提供比较详细的调查资料，以便进一步在全国范围进行比较研究、综合提高。但是由于种种原因，响应者不多，笔者只好勉为其难了。

鉴于我国历史上的民族问题极其复杂，各种纺织科技的发生、发展与民族的关系也不甚清楚，因此我们在研究过程中，根据碰到的问题，在反复思考的基础上，确定了几条准则，作为编著依据：

1. 在几千年的历史时期中，少数民族的地域、实体变化很大，因此，不能只以现今各少数民族的地域、实体来界定撰写范畴，而应历史地从每个时期的实际出发。例如长江流域及其以南地区，秦汉特别是汉代中期以后，多为汉族聚居区，本书自然不应涉及；但秦汉以前，这里却是百越、苗蛮人的聚居区或与汉族的杂居区，那么这时的纺织科技就应写到本书来。

2. 由于种种原因，许多少数民族被迫从经济文化比较发达的内地逐渐迁徙到贫穷落后的山区和边疆①，社会生产和社会形态从此长期处于原始或半原始状态，纺织技术和生产规模也必然长期停滞，发展缓慢，有的甚至倒退了。但不能因此就认为，少数民族的纺织科技自古以来就比汉族落后、原始。实际上，少数民族的纺织科技在历史上曾有过辉煌，有些在当时比汉族还进步，并影响了汉族纺织科技的发展。例如：毛、棉、石棉的生产和用于纺织、缂织、纬显花、蜡防染、织金银、扎经

① 或部分留在原地，融合到汉族；部分迁徙到山区、边疆。也有一些汉人到山区、边疆融合到少数民族中来。

染色等技术，都是先在少数民族地区发明或大量使用，然后向全国推广普及。丝、麻的纺织在汉族地区与少数民族地区大致同时产生。纺轮在全国各省区新石器时代的遗址、墓葬中都有出土，但在一个文化层或一个遗址中出土纺轮数量最多的，是浙江、辽宁、青海、湖北等省，而这些省当时都是少数民族东夷、百越、西羌、南蛮先民的居住区，说明少数民族与汉族同时发明了纺纱技术，其发展的速度和生产规模甚至超过汉族地区。从迄今所知的考古资料看，最早的腰织机出土于浙江河姆渡文化；最早的斜织机和印花布出土于江西贵溪春秋时期的崖墓；新石器时代出土的葛麻布或布痕的经纬密度，浙江、江苏的比其他省区的大得多，所有这些都说明百越人当时的纺织技术水平领先于其他族群和地区。然而后来，由于经济、自然条件的限制，边疆少数民族的纺织染整机具和技术确实落后于汉族，但各民族在纺织科技上的千差万别，似乎成为原始纺织染整机具和技术若干发展阶段的活化石，使近代少数民族能以原始的纺织工具织染出瑰丽而又富于民族特色的织品。所有这些，也是非常值得研究的，对解决中国纺织科技发展史上的一些问题很有价值。

3. 研究少数民族的纺织科技，如果仅仅局限于对生活在边疆、山区的少数民族纺织科技的研究，那是很片面的。应该同时重视在内地汉族地区或少数民族与汉族杂居区、以至在全国范围内建立少数民族政权时期的纺织科技研究，因为这些时期的纺织科技成就是少数民族与汉族共同努力的结果，它与少数民族政权的政策和少数民族工匠、人民直接参与生产是密切相关的。楚、越、北魏、南诏、辽、金、西夏，几个回鹘政权、元代、清代等等政权，在维护我国传统纺织技术并加以继承、发展和组织纺织生产等方面的贡献是不能埋没的。而且这些时期的纺织科技更能体现少数民族的智慧、才能和水平。例如，元代织物纹饰多刚劲粗犷，并大量饰金，与宋代风格完全不同，这是与统治民族蒙古族的性格、习俗密切相关的。这种带有明显民族烙印的装饰风格不仅在元代盛行，而且在明代也很流行，可见其影响之深远！绝不能忽视。

4. 中国少数民族纺织科技史的分期应该兼顾两个因素，即少数民族纺织科技史的实际发展情况和中国民族史的基本分期。当然这两个问题都非常复杂，现在还没有成熟的意见。但本书又非要分期不可，所以我们根据上述原则，将中国少数民族纺织科技史试分为三个阶段：

第一阶段，原始手工纺织时期（远古～殷商）。这个时期，多数民族——华夏族（汉族的前身）和各少数民族正在逐渐形成之中，但尚未正式产生，还没有多数民族与少数民族之分。纺织技术尚处于萌芽、初生阶段。纺织工具从无到有，但极其简单原始。织物组织和技术种类少。织物粗糙简单。生产效率很低。

第二阶段，手工机器纺织时期（西周～五代）。这个时期，华夏族和古代各少数民族正式形成，并逐渐发展壮大，或分化、融合成新的民族。纺织技术发生了质的飞跃——发明了带有传动机构的各种手工纺织机器。织物组织从简单组织、变化组织发展到复杂组织，趋向精致，开始有了珍贵的织锦。织物品种增多，渐趋完备。生产效率大幅度提高。

第三阶段，动力机器纺织萌生时期（宋代～民国初年）。这时，古代各少数民族经过长期变迁、分化、融合，逐渐形成我国今天的50多个少数民族。有的少数民族在历史上力量空前强大，建立起全国性的统一政权——元代和清代。开始出现水力、畜力多锭大纺车，进入动力机器萌芽阶段。清代末期，开始进入大工业动力机器纺织阶段，纺织技术再次发生质的飞跃。织物的三原组织正式齐备并开始广泛运用；缂织和织金银等广泛运用，使织物品种更多，更精美，用途更广。壮锦等少数民族著名的织物也在这个时期正式形成，并逐渐成熟。

大量的史籍、游记、方志、考古发掘报告、民族社会调查资料、专家学者的研究论著和几位同仁为本书撰写的文稿，都为本书提供了丰富的资料和很有见地的研究成果，是本书编著的主要依据。笔者主要是在大量收集资料的基础上，进行综合研究和编撰，并从总的认识、分期到许多具体问题，都提出了一些自己的看法或分析意见，目的是抛砖引玉，以引起进一步讨论，使中国少数民族纺织科学技术史，以至中国纺织科学技术史上的一些问题能够逐渐得到解决。

虽然笔者忙碌数载，竭尽心力，但由于所能找到的各民族的纺织资料多少不等，所以有些民族写得多，有些民族写得少，不太平衡；又因时间紧迫和笔者水平有限，书中差错、不足之处一定不少，敬请批评指正。

本书的撰写、出版是由中国少数民族科技史研究会和广西科学技术出版社联合发起、组织、资助的。本书95%左右是笔者撰写的。四川凉山彝族自治州博物馆副研究员黄承宗寄来《古代凉山石棉制品小考》、《凉山木棉小考》、木里织机等文稿和若干照片。广西北海市文馆会副研究员曾少立撰写《广西少数民族纺织史》一文，从纺织原料，纺、织、染技术和工具，到织品、服饰等方面对壮、瑶、侗、苗等民族做了较全面的论述，又组织了很多照片。云南省博物馆馆员徐康宁撰写《云南民族的织染绣工艺》一稿，包括佤族的植棉历史与踞织工艺、傣族的多综提花纺织技术、白族的扎染技艺、彝族的挑花工艺四个方面，并提供了许多照片。厦门大学人类学系副教授石奕龙撰写《畲族的纺织工艺技术史》并提供照片、线图。广东民族研究所副研究员、瑶族学者李筱文撰写《瑶族纺织科技史篇》一文并提供照片。福建省博物馆副研究员梅华全撰写《闽越族的纺织业》一文和纺轮线图。四川省博物馆林玉寄来馆藏彝族的纺轮、织机部件照片和介绍文章。对上述各文稿，经过增删，本书各采用了一部分①，分别归类到有关章节中，并加脚注说明。与此同时，新疆博物馆研究员贾应逸寄来《新疆文物》1989年第2期有关文章的单行本和照片。台湾中兴大学教授王明荪寄来高山族纺织史的有关文章的复印件。内蒙古文物考古研究所研究员李逸友寄来《内蒙古文物考古》杂志。四川省民族研究所研究员冯敏寄来《彝族练染》一文的复印件。广西壮族自治区博物馆副研究员王梦祥、桂林博物馆助理馆员孙明光，甘肃省博物馆副研究员蔡义选、馆员赵广田，都提供了许多珍贵的彩色照片。中国社会科学院民族研究所副研究员李坚尚，江西省博物馆副研究员李科友，兰州石油化工机器厂高级工程师陈恩尧，四川省盐源县卫生局主治医师李达珠，凉山彝族自治州吉木布初，四川省博物馆谢志诚等，也提供了有价值的照片或线图②。石中琦、陈虎、陈涛、王明珠、牟敏、孙毓梅等帮助抄校全部书稿。他们都为本书的顺利完成做出了贡献，谨此一并表示衷心感谢！特别是，广西科学技术出版社、中国少数民族科技史研究会、甘肃省博物馆和李迪、黄健等先生对本书的出版做出了关键性贡献，谨此致以敬意和感谢！

陈炳应

1995年6月于兰州

---

① 有的文稿因寄来较迟，本书已采用别人的文稿、作品；有的内容因篇幅限制，未能全用。

② 友人提供和笔者拍摄绘制的彩照、黑白照、线图300多幅，因出版经费和篇幅问题，大多数未能采用，谨此致歉。

第 一 编

原始手工纺织时期

（远古～殷商）

解放以来大量的考古资料表明，在距今一二百万年到一万年前的旧石器时代，在我国今天各个省区内，都有旧石器或古人类化石出土，也就是说，我们的祖先早已在全国各地从事生产和开发。对人来说，衣服、被子与吃饭同样重要，是首先必须解决的大事。但在生产力极端低下的情况下，人类经过一二百万年漫长的摸索，才逐步懂得纺织，才最终解决了这个问题。真是来之不易啊！当然，与其他任何事物一样，纺织科学技术也有其萌芽、发展的历史，也经历了从简单到复杂，从原始到现代化的辩证发展过程。本编所要论述的就是萌芽、初生阶段的纺织生产及纺织技术，包括旧石器时代中、晚期，新石器时代和青铜时代前期的纺织生产和纺织技术。

第一章　纺织技术的萌芽和初生

纺织技术包括纺、织、染、整等工艺。其中纺又有劈绩、搓合、加捻、牵伸、络并等工序。织包括编结、织作等。染有绘缋、染色、纹印等。整有熨烫、涂层、砑光等。所谓纺织科技的萌芽和初生应包括两个阶段：第一阶段是纺织技术正式产生之前，但已有了某些纺织技术的因素，如劈绩、搓合、编结、缝纫、涂色等；第二阶段是发明了个别（不配套）极其简单的纺织工具，纺织技术刚刚产生。时间上包括旧石器中晚期至新石器初期，这时，虽然全国各省区都已有人类活动，但人口很少，联系也少，即没有民族之分，恐怕连比较固定的族群之分也没有，又不断迁徙，所以萌芽和初生的纺织技术可涉及到全国。

第一节　前纺织阶段

在旧石器时代，人们只会打制极其粗糙、简单的石器，使用打制石器、天然石块、树根、动物的骨角和火等，从事狩猎、采集活动，过着茹毛饮血、饥寒交迫的生活，还不时遭受洪水猛兽、气候剧变的侵袭。在生产力如此原始低下，环境如此险恶的情况下，我们的祖先顽强奋斗，在生产、生活实践中不断摸索，并用自己的智慧，努力创造，逐步改善自己的生产、生活用具和条件，使人类得以生存和发展。这个时期，不可能有文献记载，只能用考古材料和神话传说来分析。虽然传说屡经后人润饰，不全是事实，但它符合历史的基本发展趋势，还是能说明一定问题的。

在防寒、御晒、蔽体方面，开头是赤身裸体。后来冷得受不了，也可能有了遮羞的意识，逐渐学会把随手可拾的天然树叶、树皮、草、藤和鸟的羽毛、兽皮连缀起来披于下身或全身。这在我国许多少数民族的历史传说中都可找到证据。例如，在柯尔克孜族的历史传说中提到：原始人类居住在深山树林里，无衣无食，饿了就采摘野果，猎杀黄羊充饥；冷了就搜捡枯枝，积攒树叶取暖；睡山洞，盖茅草，躲避风寒。后来人们学会把这些树叶、枯枝茅草连缀成衣被。

在布依族关于茫耶寻谷种的传说中说到：远古的时候，人们还不懂得种植粮食，吃的是野果、兽肉，穿的是树皮连缀的衣服。

彝族在关于开天辟地的传说中说到：他们的祖先以兽皮为衣——原来没有衣服穿，后来猎杀了熊、狼和豹子，剥下这些野兽的皮缝衣服穿①。

水族民歌《开天地造人烟》中说：先民“没衣服，捡块兽皮，串木叶，也当衣裳”②。

找到什么，就穿什么。这应是当时的社会条件决定的最基本的情况。在上述的历史时期中，虽然还没有出现纺织的因素，但却为纺织因素的产生以启发，表现在：

一是连缀茅草、树叶、兽皮的材料，原来应是藤蔓或比较长的茅、草等。但这些东西或者太硬，不易拴结；或者容易折断，不适用。于是人们在此基础上，摸索着发明了劈绩、搓合绳索的技术，这在我国的古代文献中已有明确记载：“伏羲氏之王天下也，枕石寝绳。”③“古者伏羲氏之王天下也……作结绳而

① 陶立璠，李耀宗：《中国少数民族神话传说选》，四川民族出版社，1985。

② 《水族简史》，第一章第一节，见《原始社会》，贵州民族出版社，1985。

③ 《文子·精诚篇》，中华书局，1987。

为网罟，以佃以渔。”[1] 1974 年，在山西阳高许家窑距今十万年的一处遗址中，出土了打制的石球一千多个，有多种类型，小的重 90 克，大的重 2000 克，形制也渐趋统一，被誉为“石球的仓库”[2]。它是狩猎时投石索（流星索）用的，即用绳子或皮条、藤蔓编结成附有长带的网兜，把石球装在网兜里（一端一个），手抓长带的中部挥动，然后借助惯性抛出去，这样抛得远，又提高了打击力度，或可缠住野兽。石球是当时狩猎的先进武器。这一事实表明，早在十万年前，人们已经能够劈绩、搓合绳索了。而劈绩、搓合已是后来纺织因素的萌芽。实际上，北京周口店北京猿人遗址和山西匼河遗址已出土有时代更早的石球（距今四五十万年）。由此看来，有绳索的历史可能更早。到旧石器时代晚期，石球的出土地点更多了，如内蒙古呼和浩特市东郊大窑村和前乃莫板村；甘肃镇原的姜家湾、寺沟口、黑土梁等遗址都有出土。1930 年，北京周口店山顶洞人遗址（距今二万多年）中出土 1 枚骨针，长 82 毫米、最粗部分直径 3.1～3.3 毫米，针孔直径约 1 毫米，它所牵引的东西可能是植物纤维或动物筋。《中国纺织科学技术史》一书认为，从山顶洞与半坡的骨针来看，“其所牵引的东西一定不是一般动植物的单根枝茎和皮条，而很可能是用已经仔细劈分的植物纤维捻合而成的单纱和股线，否则是穿不过去的”。如果这个分析可靠的话，那么当时搓合的股线已经比较细了，搓合技术已有一定的水平。1956 年广西柳州市白莲洞旧石器时代的遗址也出土了 1 枚粗制的骨针。在桂林甑皮岩新石器早期遗址中出土骨锥、骨针 3

① 《易・系辞下传》第二章，商务印书馆，1929。

② 贾兰坡等：《阳高许家窑旧石器时代文化遗址》，载《考古学报》，1976 (2)。《许家窑旧石器时代文化遗址 1976 年发掘报告》，载《古脊椎动物与古人类》，1979 (4)。

枚，锥长 8.2 厘米；针长 8.1 厘米、径 0.5 厘米、针眼径 0.35 厘米，比山顶洞的粗大一些。在少数民族的神话传说中也有类似的内容。例如布依族关于其祖先翁戛捉旱精的传说中就有详细的叙述：由于旱精作祟，庄稼难成，人们只好啃树皮、吃野菜、野果和兽肉。为了捉住这作恶的旱精，他们从山上扯来葛藤，开头用单根葛藤挽成许多套套，安放在各个路口，企图把旱精套住，但旱精轻易地把葛藤挣断，逃跑了。后来，他们把 3 根藤条扭成一股，再挽成套套，比较结实，套住旱精，使旱精难以挣脱，但却被它用牙齿咬断了。最后，他用 9 根藤条扭成一股，挽成套子，终于捉住并杀死了旱精①。这个故事，不仅印证了人类历史上存在制作使用抛石索的史实，而且更重要的是说明了搓合绳索的发展过程是人们在生产实践中摸索的过程。布朗族的开天辟地神人《顾米亚》传说中，也记载存在着用野生藤阿卡解麻搓成弓弦的历史阶段②。

二是用茅草、树叶编成的衣服容易损坏，也不暖和；大张的兽皮又不容易得到，这就启发、迫使人们去寻找比较结实、暖和而自己又能够生产的代用品——新的衣料。编结网兜和捕捉鱼鸟的网罗以及筐席的实践也是编结织造技术产生的前提条件，骨针又是编织工具，上述山顶洞人的骨针已经相当细，它编织的东西已不太粗糙，从而导致纺织技术的产生。瑶族创世纪传说《谢古婆与格怀》就有这方面的记载：“人们拿芋叶连起来，披在身上，一天破烂十多件，又麻烦，又不暖。”于是，谢古婆教人们种棉，纺纱织布③。高山族泰雅人和赛里人中有一种传说：原来人们只知把树皮、草茎缠连起来披在身上御寒，后

① 《中国少数民族神话选》，330～332 页。

② 《中国少数民族神话选》，61 页。

③ 《中国少数民族神话选》，101 页。

来选出其中的一种树皮晒干，打出纤维纺线织布，进而传入种麻，纺织麻布的技术①。

染色技术来源于人们对自然美的模仿和追求。大自然的色彩是非常丰富的，也搭配得非常美，蓝天上飘着白云，青山上生长着绿树、嫩草和多彩多姿的鲜花。有些鸟兽身上五颜六色非常好看，清澈的江河水在阳光照耀下波光粼粼……所有这些，既美化人们的生活环境，也陶冶着人们的心灵。在大自然美的启发下，人们也想把自己装扮得好看一些。后来又加上某些社会意识的支配，装饰之风迅速发展，如佩戴装饰品、涂染色彩等等。在北京周口店发现的距今二万多年的山顶洞人居住过的洞穴遗址中，有一堆赤铁矿粉末和用赤铁矿粉涂色的石珠、鱼骨、兽牙等装饰品，说明山顶洞人已懂得涂色打扮自己。这些矿粉可能先用于涂染装饰品，继而用以涂染衣服等。由此可见，早在距今二万多年我国已经有了染色技术的萌芽。

这个时期还没有农牧业，所用的编结、搓合原料应都是野生的植物纤维和鸟兽皮、毛羽、筋等等。

第二节 纺织技术初生阶段

我国大约在距今一万年左右进入新石器时代。此时，人们已经能够制造和使用比较进步的工具——磨制石器，质地比较硬，器表光滑，从而提高了抗御、改造自然的能力和劳动生产率。同时，出现了原始农业、畜牧业和手工业、建筑技术，能够相对地定居生活和种植作物，饲养牲畜，在一定程度上使生活比较安定，比较有保障，并可在此基础上摸索经验，提高产量，增加品种，开阔了发展生产的前景。纺织技术的产生就是在这种历史条件下，在旧石器时代已有的某些纺织技术因素的

① 陈国强，林嘉煌：《高山族文化》，学林出版社，1988。

基础上产生的。时间上考虑到我国新石器考古年代不断提前的趋势和迄今世界上新石器时代开始的时间，我们暂时将纺织技术初生阶段划在距今七千年至一万年左右。

迄今所知，我国已发掘了不少七千年以前的新石器时代遗存，全国各大地区基本上都有。如湖南澧县彭头山类型、黄家岗类型、皂市下层文化，江西万年仙人洞，桂林甑皮岩，河南舞阳贾湖一期、长葛石固遗址、裴李岗文化，河北磁山文化，甘肃大地湾文化，陕西李家村文化，北京上宅遗址的三期文化类型，内蒙兴隆洼文化，辽宁查海文化，山东两河类型、后李文化和北辛文化，云南保山市塘子沟遗址，等等。上述遗址中多数未出土纺轮，出土纺轮的只有少数几个遗址，如河南裴李岗出土陶纺轮 2 件，是用陶片改制的，不太规则，直径 3.6 厘米①。密县峨沟也有。贾湖陶纺轮多用灰陶片改成，不规则，直径 2.7 厘米，孔径 0.5 厘米②。河北磁山文化二层出土陶纺轮 11 件，也均为陶片改制，圆饼形，有的直径 5.5 厘米，厚 1 厘米，有的直径 3 厘米，厚 0.6 厘米（身略弯）③。甘肃秦安大地湾一期文化遗址中，出土陶纺轮 10 多件，也是用陶片改制的，不太规整，基本上是圆形，穿孔不在正中，上面满布或部分饰有绳纹④（图 1），以后各期文化都有纺轮出土。

上述材料表明，那时已经有了捻纺工具。尽管它们还不是

---

① 中国社会科学院考古研究所河南一队：《1979 年裴李岗遗址发掘报告》，载《考古学报》，1984（1）。

② 河南省文物研究所：《河南舞阳贾湖新石器时代遗址第二至六次发掘简报》，载《文物》，1989（1）。

③ 邯郸市文物保管所等：《河北磁山新石器遗址试掘》，载《考古》，1977（6）。

④ 甘肃省博物馆，秦安县文化馆大地湾发掘小组：《甘肃大地湾新石器时代早期遗存》，载《文物》，1981（4）。

图1　新石器早期陶纺轮，甘肃秦安大地湾出土（蔡义选摄）

专门制作出来的，而是利用残陶片稍为加工而成，不太规则。纺轮应该多重、多大才比较合适，也尚未总结出经验来。但毕竟纺轮已是正式的纺织工具了①。毫无疑问，这比起以前只用人手劈绩、搓合，是一个很大的进步，是制作、使用纺织工具的开端，是捻纺工艺质的飞跃！它已具有现代纺机上纺锭的部分功能。为适合捻纺，劈绩技术应有提高，劈开的纤维束较细较长了。

这个时期许多地方出土有骨针，如拉乙亥文化、云南保山塘子沟、河北磁山文化等。特别是磁山文化骨针较多，大的长14厘米，小的仅3厘米，有的可能是编织工具。据介绍，磁山陶盂底部有编织纹②。大地湾仰韶文化陶盆上也有编织品印痕。

在湖南彭头山类型和黄家岗类型的陶器上有的外表施一层红色陶衣。甘肃大地湾陶钵口沿外部彩绘红色宽带纹。在桂林甑皮岩的个别女尸骨骼上涂有红色粉末。这些应是染色技术的萌芽，比山顶洞人只染装饰品大有进步，已接近织物绘缋染色。

---

① 在这之前，应还有萌芽、演变的其他形式。例如，1958年陕西华县新石器时代的墓葬中，出土一件用鹿角加工的纺轮，是一根直棒下连着一根横棍。这种纺轮转动的速度和稳定性都有不足之处，为此后来人们才把横棍改成圆盘。所以，《中国纺织科学技术史》认为，纺织品出现大概是在旧石器时代的晚期。

② 《河北磁山新石器遗址试掘》，载《考古》，1977（6）。

从上述纺、织、染三个方面的材料看，新石器时代早期纺织技术已经产生，但是仍属于初生阶段。不是全国所有的地区都同时发明、使用，而是因各地自然条件和生产水平的差别，发明的时间应有先后。非常值得注意的是，目前发现最早的纺织工具的三个地点都在黄河中上游，考古学上属前仰韶时期新石器文化，当时那里的居民主要是戎、羌族系的先民。由此可以得到初步认识，我国的纺织技术可能首先在黄河中上游的戎、羌族系先民中产生。这个认识还得到下列两个因素的支持：一是根据我国古文献的记载，戎羌族系中的炎帝族和黄帝族的先民，原来都生活在陕、甘交界地区，后来沿南、北两条路线东迁河南与河北①。二是当时黄河中上游的生产力水平和文化水平比较高。生产工具方面，打制、磨制石器都有，但磨制技术已比较发达。在经济生活中，农业已占主导地位，同时还饲养家畜及狩猎、采集，已发明制陶工艺，有了房屋和村落，过着定居生活。并已发明了最早的文字雏形——彩绘符号。有了审美意识和创作，例如裴李岗出土有陶塑人头、猪头、羊头等艺术品，陶器上也饰有一些纹饰等。所有这些，为纺、织、染等纺织技术的发明打下了最好的基础。而南方的新石器早期文化，一般多以鱼猎、采集经济为主，打制石器多于磨制石器，也未发现刻划符号等，条件差一些；气候又暖和，对纺织品的需求没有北方那样迫切，因而纺织技术可能出现稍晚一些，这是完全可以理解的。裴李岗、大地湾的陶制工具只有纺轮一种，似乎表明除了石器外，纺织是较早发生的手工艺和技术。

因属初生阶段，所以当时的纺织工具很少，从事纺织的人也不多，纺织还未成为全社会关注的生产部门。裴李岗随葬的

---

① 何光岳《南蛮源流史》更认为：东夷族系和南蛮族系先民的发祥地也在甘、青、川交界处，后来才东迁到河南、河北去。可进一步探讨。

石器中大体上可分为两类——一部分人随葬石磨盘与磨棒，是粮食加工工具；另一部分人随葬石斧、镰、铲，是农业生产工具。表明这是社会的两个主要部分和人们的基本分工，与纺织无关，这就是最好的证明。它与新石器晚期男子多葬刀、斧，女子多葬纺轮的格局就大不相同，不可同日而语了。纺织科学技术是要把杂乱无章或粘结在一块的纤维整理、加工成织物，工序多，技术需逐步提高完善。

这个时期的纺织技术当然是非常原始的，但是非常重要的良好开端。主要工艺过程是：

1. 松解。将要纺织用的藤蔓、麻秆的茎、皮等，用石器、木器敲砸，去掉粗糙、坚硬的表皮，留下韧皮层。韧皮层又含有纤维素、木质素、果胶质以及其他杂质等，当时可能还不知道脱胶和去掉杂质，纤维只得到一定程度的松解，然后再用手指或借助于尖、细、薄的石、骨器，把纤维束进一步劈分成纤维条。纤维条的粗细是由当时的技术水平决定的。从山顶洞、拉乙亥、保山、磁山出土的骨针来看，它们已有一定的细度。这种直接分解方法可能出现于旧石器时代，新石器时代仍继续采用。

2. 续接。因为葛麻等植物纤维都不太长，必须把松解好的纤维一段段续接起来，才可以纺织。续接方法基本上是用手指甲将一根纤维的一端劈成两绺，其中一绺与另一根纤维并合搓捻；然后把另一绺也捻合进去，但要注意捻向，必须先顺着前者的捻向搓动，再向相反方向搓捻，才能牢固。现在湘西土家族、苗族自治州的一些地区仍然采用这种绩麻法（当然还会有别的方法）。

3. 搓合。是将几根纤维扭成股线，使之更结实。方法是将纤维放在两只手掌中或用手在腿中搓动，利用搓动时产生的力偶，使纤维扭转抱合。先是一根根分别搓，然后两根合搓。必须注意，单根的搓向与合股的搓向要相反，才能搓紧。河北磁山的陶器上有浅细绳纹和绳纹，甘肃大地湾和湖南黄家岗类型的陶器上也有绳纹，这些是这个时期搓合技术的重要物证。

4. 牵伸与加捻结合的工具——纺轮。它是利用其自身重量和旋转惯性而工作的工具，它的出现提高了捻合的效率和匀度，又增添了牵伸的作用。纺轮又称为瓦、纺专、线垛、旋堆、绵坠、捻坠、绳拨子、羊骨头棒等。各少数民族语言不同，他们还有自己的许多叫法。纺轮是由一枚圆轮和一根捻杆（多是木、竹、骨制的）组成。捻杆插紧在圆轮中间的圆孔中，有两种形式：一是单面插杆，即捻杆一端插在圆轮的圆孔中，杆端与圆轮底面平齐或稍为穿出一点；二是串心插杆，即插杆穿过圆轮的孔眼。使用方法也有两种：一是吊锭法，左手拿待纺的纤维，右手食指和拇指扯出一段，捻合成纱，缠在捻杆上端，使纺轮垂于空中、旋转；同时陆续释放左手的纤维，到一定长度为止。通过纺轮的旋转，使悬空的这一段纤维得到牵伸和加捻。捻一段后，缠于捻杆上，再放一段，再捻。如捻动上端，纺轮按顺时针方向旋转，纺成的纱是Z捻；如捻动下端，纺轮按逆时针方向旋转，纺成的纱是S捻。单面插杆和双面插杆都可以使用这种方法。很多生活在山区的农牧民现在仍在使用这种方法。二是转锭法，方法基本上同吊锭法，把捻杆很长的串心插杆斜倚在大腿上，下端着地，左手握着待捻纤维，右手把捻杆按在大腿上搓动，所纺的纱成S捻。近代白族、藏族还沿用这种方法①。

5. 编织。据《淮南子·汜论训》记载："伯余之始作衣也，緂麻索缕，手经指挂，其成犹网罗。"这则材料表明，刚发明纺织制作衣服时，用的是手经指挂的编织方法，织出来的布很稀疏，就像渔网、鸟网一样。对于这则材料的深一层认识，下一

① 陈维稷主编：《中国纺织科学技术史》，中国纺织科学出版社，1984。

章将要论述。这里要说的只是，从这则材料来看，旧石器时代中晚期和新石器初期主要应是使用这种编织法。因为至今尚未发现七千年以前的衣物、织物，所以只能根据辫发、编席的方式和民俗学的材料来推测当时的编织技术。编织的方法可能有平铺式和吊挂式两种。平铺式是将若干根捻纺过的纱线平行并排铺于地上，一端或两端各用一根横木固定，作为经线。然后用骨针或骨梭针引着纬线穿织，织口的形成是靠手一根根扯起经线，例如先将单数纱线一根根扯起，让纬线一根根穿过，然后把双数经线一根根扯起，让纬线一根根穿过。如此循环往复，直到织完为止。初期，织物稀疏如网罗，磁山陶器上的编织纹就是如此①。所以可能没有、也不需要打纬工具（迄今也未发现），但两个侧边的经纬线交织处可能要打结，才能固定住。吊挂式是把上端用横棍固定的经线垂吊在空中，每根经线的下端各连接一块陶、石，或骨、木块，以拉紧经线。织作时，甩动相邻的经线，使互相绞结、编织，并使整个经面（由许多根经线组成）互相联成一体，织成幅面很窄的织物。使用这种方法只能织制带子一类的织物。

这个时期的纺织原料应仍使用野生纤维，但从当时已有原始农业和畜牧业来推论，可能有了人工培育的植物纤维和动物纤维。在磁山出土的陶器上已有麻纹和猪、狗、羊等骨骼②，似乎可以为我们提供这方面的例证。

6. 染色。广西各族人民的祖先早就学会利用有色颜料来美化自己。在桂林甑皮岩距今九千年左右的遗址中，相当部分的头骨和盆骨上都有赤铁矿红色粉末。在横县西津遗址、武鸣敢造遗址、南宁豹子头遗址中亦有类似现象。在距今八千年左右的甘肃大地湾文化遗址中，发现有迄今所知我国最早的彩陶

①② 《河北磁山新石器遗址试掘》，载《考古》，1977（6）。

——在三足陶钵的口沿内外部等处，涂饰一圈红色宽带纹。虽然纹饰非常简单，但意义却颇重大，它表明染色技术已从山顶洞人时期的涂染小件装饰品，发展到涂染较大器物的器身，不仅使用量增多了，而且涂染更接近于衣服染色和绘缋了。这种发展痕迹，在后来的彩陶器上可以看得很清楚。广西等南方少数民族先民的纹身习俗也证明，纹身是用刀、针等锐器在人体上刻画花纹符号，然后涂上颜色，使之永久保留，作为图腾崇拜或某种原始宗教、信仰，进一步花纹就会绘在服饰上①。

---

① 广西资料由曾少立提供。

第二章　手工纺织技术的发展

公元前5000年到公元前1200年，手工纺织技术迅速发展，纺织纤维从采集野生的走向人工培育，手工纺织工具数量大增，并逐渐配套。开始发现有原始织机，纺织技术有较大提高，织物比较精细，品种也多，真实含义的纺织品应该从这个时期开始。与此同时，各个族群逐渐形成，并通过不断的迁徙、交流，为各民族的形成打下基础。虽然黄河中下游是华夏族——汉族的发祥地，但这时汉民族尚未形成，当时他们还分属很多族群（包括后来的少数民族族群），不断分化、迁徙、融合；当时黄河中下游的一些族群又是后来迁到各地的少数民族的先民，因此，其资料也可以用。但我们的探讨还是侧重在黄河中下游以外的地区。

第一节　代表不同族群的几大文化区

从旧石器时代到新石器时代，在我国广袤的大地上，逐渐形成了相对稳定的代表着不同族群文化的八大文化区，它们是：

1. 前仰韶文化—仰韶文化—河南龙山文化等。分布于黄河中游和上游的一部分地区，是以炎、黄为代表的氐羌系先民的文化，后来逐渐成为华夏族的主要成分之一。

2. 北辛文化—大汶口文化—山东龙山文化等。分布于黄河下游地区，是东夷族系先民的文化，后来也成为华夏族的主要成分之一。

3. 河姆渡文化—马家浜文化—崧泽文化—良渚文化等。分布于长江下游地区，是百越族系先民的文化，商周、战国后多融合于汉族。

4. 彭头山类型—石门皂市下层—大溪文化—屈家岭文化—石家河文化。分布于长江中游地区，是苗蛮族系先民的文化，商周、战国后多融合于汉族。

5. 石硖文化等。分布于长江中游以南，是百越系与苗蛮系交融之地，秦汉以后部分融于汉族。

6. 查海文化—新乐下层文化—红山文化等。分布于以燕山南北、长城内外为中心的北方，是北狄族系先民的文化，含有东夷族系的成分。

7. 拉乙亥、马家窑、齐家等文化。分布于甘肃、青海、西藏地区，是另一支氐羌系先民的文化，受第一文化区的强烈影响。

8. 新疆和甘肃西部有不同种族、部族，应为一个文化区①。

夏商时已有夷、狄、羌、蛮等称谓，那是夏、商人以自我为主，对其他族群（包括从夏、商人中分化出来的部族）的称呼，并非正式的民族划分。有些论著以此作为华夏族形成的标志。但我们认为夏、商的版图还不大，包含的居民也不太多，考古发现也证明，商人、周人的人类学特征是有差别的。从文献看，夏、商、周先王都出自所谓戎羌、夷、狄。周灭商后，地域和人口扩大了很多，开始更大范围的融合。到春秋、战国时华夏族才真正形成，它是由戎羌、东夷、苗蛮、百越、北狄的部分人民融合而成的。所以夏、商时不宜作为华夏族形成的界标。

这些族群的社会经济，基本上多以较为发达的原始农业为主，也有较为发达的畜牧业和狩猎、采集业，石器、陶器制造

---

① 有些文章分为六七个文化区，可求同存异。

工艺已相当发达，后期甚至已经有了青铜铸造工艺。到了夏商时期，青铜铸造发达，社会经济有较大发展，这就为纺织技术的普及和发展创造了很好的前提条件。

各地区各种文化圈都有纺轮出土。其中湖北、福建、辽宁、青海出土的纺轮数量最多（以一个遗址为单位）。纺织品或陶器上的织物纹，各地区都有，但最早出土成套织具的是在河姆渡文化。最早出土丝织品或遗迹的是在东南、华北地区。最早的棉织品更只出土于东南地区（以上材料下面将要介绍）。虽然考古发现具有一定程度的偶然性、局限性，但综合上述材料看，在新石器时代中晚期，纺织技术和纺织生产似乎在东南、西北、东北南部、中南等少数民族先民之中发展得很快、很全面，这是少数民族在我国纺织技术史上做出的伟大贡献！这可能是黄河、长江流域的某些族群在发明纺织技术之后，有的在原地继续发展，有的则由于种种原因而迁徙到各地①带去纺织技术，与各地自然条件和生产力相结合而产生的。当然，到夏、商时期，由于中原地区生产力发展更快，又有强大的政权起组织协调作用，中原地区的纺织技术和生产比其他地区发展得更快，提高到较高的阶段。总之，我国远古时代纺织技术的产生与发展同其他领域一样，是各个民族先民共同创造的，是各个族群纺织技术互相学习、影响、促进的结果，各族群之间形成你追我赶、波浪式发展的格局。

第二节 植物纤维及其人工制取

从文献记载和出土文物来看，这个时期的纺织纤维品种比

① 据何光岳《南蛮源流史》考证，蛮人源于甘、川边的岷山，后迁居河南，在夏、商都城附近。后来又有部分向南、北、东、西方向迁徙。又《东夷源流史》考证，东夷一部落首领善卷不接受尧、舜禅让制度，率部南逃到湖南、江苏等等。

较多，从野生采集走向人工培育，同时有了一定的人工制取经验和技术。

这个时期，纺织原料只有植物纤维和动物纤维两类。植物纤维用得最多，古代和近代都是如此。开头人类只利用各种可以找到、使用的植物纤维，后来逐渐优选出葛藤、大麻、苎麻、苘麻、棉花等等。其中使用葛藤、大麻的历史最为悠久。根据《中国纺织科学技术史》等书的介绍，各种植物纤维的基本性状如下：

1. 葛藤，属豆科藤本植物，在我国许多地区都能生长，枝长可达8米，其茎皮中含有约40%的纤维，纤维长5～12毫米。文献记载和出土文物证实，这个时期葛纤维已用于纺织了。如《韩非子·五蠹》篇记载：尧“夏日葛衣”。《史记·五帝本纪》载：“尧乃赐舜絺衣”。絺就是细葛布。《史记·夏本纪》载：青州“厥贡盐、絺”，“嵎夷既略，潍淄其道”。尧是当时黄河中游的部落联盟或方国的首领，他穿的是葛布衣服，其他新石器时代和夏商时期的遗址里有麻等织物，却没有葛织物，只有草鞋山出土3块织物残片（已炭化）①，经鉴定纤维可能是野生葛，而且织物有花纹，应该也是这一地区部落或方国上层人物所用的。由此看来，当时的葛织物似是比较高级的衣料，因为葛布有良好的吸湿散湿性，穿起来凉爽、舒适而又挺括。这表明，当时人类对葛藤织物的特性已有所认识。

2. 大麻，属桑科（或大麻科）的一年生草本植物，我国绝大部分地区都能生长，茎皮含有70%以上的纤维量，单纤维长150～255毫米，宽1.5～3毫米，强力约42克。大麻纤维淡灰黄色，漂白比较困难；质虽强韧，但粗硬、弹性差，只能作为一般平民的纺织材料。河南郑州大河村遗存出土了公元前3000

---

① 南京博物院：《江苏吴县草鞋山遗址》，载《文物资料丛刊》（3）。

多年的大麻种籽①。甘肃东乡林家马家窑文化马家窑类型遗址8号房址，也出土了公元前3000年左右的大麻籽，外形完整，果壳炭化，果实为瘦果，呈卵形，稍扁，长约4毫米，宽约3毫米，厚0.1～0.15毫米，有明显斑纹，在扫描电子显微镜3000倍下还可看到网眼状纹饰，与现在的大麻果实表面构造相似，属于雌麻②。上述材料充分证实，最迟到公元前3000年以前，我们的祖先已经能够人工种植大麻了，为纺织业的进一步传播发展打下了基础。例如，新疆孔雀河流域距今四千年的古墓出土有草编织物，其中含有大麻纤维③。这个时期，很多地区出土的陶器上印有织物痕迹，恐怕主要是大麻织物。又《史记·夏本纪》：青州出枲。河北藁城和福建武夷山的商代墓葬遗址中，各出土了大麻织物3块，从纤维横截面看，纤维多已成熟，表明当时大麻的种植、收割、加工技术已比较成熟。

3. 苎麻④，属荨麻科苎麻属的多年生草本（或灌木）植物，是我国特有的纺织原料，所以在国际上被叫做“中国草”。主要生长在北纬19°～39°气候比较温暖、雨量比较多的地区，特别是南方，黄河中下游地区也有。苎麻茎皮含78%的纤维量，纤维长600毫米左右，宽度1.7～5毫米，单纤维强力可达52克。苎麻纤维白而细长，柔而韧，是麻纤维中最好的纺织材料。这个时期出土的苎麻织物也比较多，如浙江河姆渡文化遗址出土的草绳，

① 郑州市博物馆：《郑州大河村遗址发掘报告》，载《考古学报》，1979（3）。

② 西北师范学院植物研究所，甘肃省博物馆：《甘肃东乡林家马家窑文化遗址出土的稷与大麻》，载《考古》，1984（7）。

③ 王炳华：《新疆农业考古概述》，载《农业考古》，1983（1）。

④ 《禹贡》、《诗经》等先秦古籍中记载的“纻”不是苎麻，而是大麻，《周礼·天官·典集》郑玄注：大麻布中“白而细疏者曰纻”，参见徐光启《农政全书》卷36《蚕桑广类·麻》。

据分析多用苎麻搓制；同时出土的还有完整的苎麻叶①。浙江吴兴钱山漾遗址不仅出土了由二三股苎麻纱线搓成的细绳，更重要的是出土了一些苎麻织物残片（已炭化）②。福建武夷山商代船棺中也出土了1块苎麻布（已炭化）③。从上述材料可知，在这个时期，苎麻纺织生产在南方地区比较多。

4. 苘麻，属锦葵科芙蓉属的一年生草本植物，我国大部分地区都能生长。河姆渡文化出土的绳子中，经分析有的是用苘麻纤维搓制的，“其纤维截面呈多角形，与现在的苘麻完全相同”④，显然这已是人工培育的苘麻了。

5. 棉花，属锦葵科一年生草本或多年生灌木，性喜温暖，适宜于砂壤土上生长，有亚洲棉（中棉）、草棉（非洲棉）、美洲陆地棉和海岛棉（多年生埃及棉）等几种。我国古代多种亚洲棉和草棉，主要出产于我国南方和新疆吐鲁番盆地。另有一种攀枝花，又叫木棉，属落叶乔木，现在一般已不用于纺织，而用作枕头填充料等，但在我国古代的一些少数民族地区，也曾经用作纺织原料（后面将要论述）。

在公元前5000年左右，中美洲和南亚等地已经栽培棉花，并用于纺织。我国的棉花种植和棉纺织可能稍晚一些，但也不应晚到人们通常所说的汉代魏晋时期，因为我国地域辽阔，气候多样，有适宜棉花生长的条件，又早有纺织技术，所以棉纺织技术也应早就产生了。事实也是如此，《尚书·禹贡》记载：“扬州厥贡

① 浙江省文物管理委员会，浙江省博物馆：《河姆渡遗址第一期发掘报告》，载《考古学报》，1978(1)。

② 浙江省文物管理委员会：《吴兴钱山漾遗址第一、二次发掘报告》，载《考古学报》，1960(2)。

③ 福建省博物馆，崇安县博物馆：《福建崇安武夷山白岩崖洞墓清理简报》，载《文物》，1980(6)。

④ 《中国纺织科学技术史》，8页，中国纺织科学出版社，1984。

……岛夷卉服，厥篚织贝。”对于这则材料人们有不同的解释。“卉服”，有的认为是木棉纤维制品；有的则认为是葛麻制品。“织贝”，有的认为是棉花的古代名称“吉贝”；有的认为是衣服上的贝纹图案装饰。我们认为：“卉”是草，“卉服”是指用植物纤维织制的衣服①。如《赤雅》解释：“南方草木可衣者，曰‘卉服’。”“卉”自应包括葛、苎、麻、棉等。但既然是作为贡品，应该是中原地区少有的，或岛夷的特产或优质产品。而上述四种纤维中，大麻到处都有，质地也不太好；苎麻虽然比较好，但中原地区也有，所以，在这里可以排除大麻和苎麻两种。至于“葛”，也不是很稀罕之物，但考虑到草鞋山出土的葛织物已有花纹，比同时代其他地区的织物精细，到夏代时应有进一步提高等因素，扬州贡奉优质产品葛布，是有可能的。而棉花当时是南方的特产，把棉布作为给中原的贡品，更在情理之中，可能性更大。“织贝”可能指纹饰，因为该书在类似地方还说到“织文”，非常明确是指织物纹饰，所以“织贝”也应指纹饰；我国古籍中的“吉贝”之名，迄今所知是东汉以后才出现的，并非夏商时期就有。从上述两方面看，“织贝”并非吉贝。总之，《禹贡》书中的“卉服”很可能是用棉织品缝制的，其上织有岛夷生活地区习见的海贝纹。如果说过去因为不见实物还不敢这么想的话，那么1979年，福建崇安武夷山商代船棺中出土的棉布残片，就给我们上述的分析提供了可靠的证据。

据报道，武夷山出土的棉布（图2），青灰色，是联核木棉纤维制品。棉纤维的纵向形态，宽约20微米，表面呈扁平带状，无纹节，有明显沟槽，有天然转曲，每厘米约10个。横截面半数以上呈不规则的椭圆形和圆形，纤维管壁较厚，中腔狭小，说明纤维的成熟度较高②。似是人工培植的。这块三千多年前的棉布，

---

① 当时各地早已有大量纺轮，能纺织，不至于再用草木树叶遮身了。

② 《中国纺织科学技术史》，147页。

武夷山船棺出土的4号
青灰色棉布的实物图

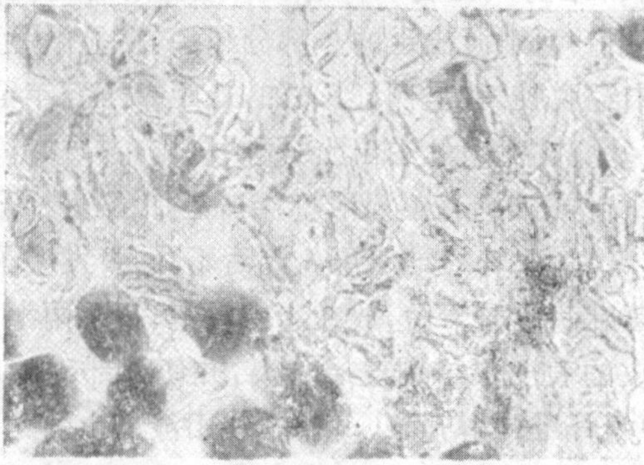

武夷山船棺出土棉布棉纤维的截面图
（放大410倍）

图 2　商代青灰色棉布，福建武夷山船棺出土
（梅华全摄）

看来并非最早的棉织物。联系到上述《禹贡》的记载，四千多年前既能作为贡品，也应有个发展过程，所以可以说我国的棉花种植和棉纺织技术，可能产生于四五千年前。在南方、南方沿海的百

越民族——岛夷，是最先种植棉花的民族之一。另据彝族史诗《梅葛》说，梅葛兄弟结婚，生九子，是九个民族，其中"白族有经验，种棉做衣裳"①，可见西南民族也早就种棉、织棉布了。总之，我国少数民族对我国的棉花种植和棉纺织业的发生、发展做出了重大的贡献！

6. 其他。河姆渡遗址出土的另外一部分绳头和草缅，不是上述几种葛、麻纤维搓制的，可能是野生植物，或后来被淘汰了的其他纺织原料。《史记·夏本纪》记载扬州"竹箭既布"，孔安国曰："水去布生"，可能用某种竹子纤维织布。福建福清东张白豸寺新石器遗址出土有棕绳，可能也用棕丝纺织②。

7. 葛麻纤维的人工制取。前一时期使用的直接制取法，这时仍继续使用。河姆渡出土的一部分绳头，在显微镜下观察，纤维呈片状，未经脱胶，就是例证。又如，从距今一万年至四千五百年的台湾大坌坑文化遗址中出土一种"树皮布打棒"，石质，一面磨成多条平行沟槽（也有菜刀形打棒），是加工植物纤维用的③，只是把树皮敲烂，取其纤维使用。此后不久，又发明了浸沤脱胶法，就是将葛麻茎皮取下后，放在水中浸泡、日晒雨淋，产生果胶杆菌，使茎皮的表皮层与韧皮层分离，并使其部分胶质腐烂，促使韧皮层中的纤维松解开来。例如，钱山漾出土的苎麻布纤维，在显微镜下观察比较松散，像是脱过胶的。这种比较进步的制取方法，是来自人们长期细心观察的结果——由于各种原因，麻、葛倒伏在低洼有水的地方，经一段时间浸泡，纤维比较容易分解了。虽然当时还不可能了解其科学原理，但人们可以仿效，采用人工浸泡、曝晒方法，制取葛麻纤维。这从各地出土的织物和陶

① 《云南民族民间文学资料》，第二辑，见《云南各族古代史略》。
② 梅华全供稿。
③ 陈国强，林嘉煌：《高山族文化》，学林出版社，1988。

器上的织纹的经纬密度看(下面将要谈到),这种方法似乎产生于新石器时代晚期;是南方地区少数民族先民首先发明的,后来才盛行于北方和其他地区,以后在全国一直使用,直到近代。在距今四千年前后的台湾鹅銮鼻第2期文化中出土的一枚骨针,针孔直径不到1毫米①。可见所用线绳之细,脱胶技术使用之普及。

第三节 动物纤维及其制取技术

动物纤维主要有蚕丝和动物毛毳两大类。

一、蚕丝

蚕丝是蚕体内的分泌物,见空气而成丝纤维,具有纤细(直径0.018毫米)、绵长(一茧之丝长800～1000米)、柔软、洁白、有光泽、弹性好(伸长度18%～20%)、强韧(抗张强度每平方毫米35～44千克)、耐酸、易染(有天然孔隙)等很多优点,是最好的纺织原料之一。

蚕,属于鳞翅目的节肢动物。野生的蚕有许多种,分属天蚕蛾科和家蚕蛾科。人们在利用野蚕丝的过程中,通过长期的观察、实践、研究,优选出专吃桑叶的家蚕蛾科的桑蚕,并加以饲养、驯化,逐步使野蚕变成家蚕。

我国是世界上最早发明蚕桑丝织的国家,丝织技术由我国向周围其他国家传播,这是我国人民对世界纺织科学技术的杰出贡献!

(一)丝织技术的发明

关于我国开始利用蚕丝的时间和地区,古代文献记载不同,有伏羲说,神农说,黄帝说,帝喾说,等等;近代学者的意见也不

---

① 李光周:《鹅銮鼻公园考古调查报告》,台湾大学文学院人类学系,1983。梅华全供稿。

一致，有黄河流域首先发明，西部地区首先发明，南方首先发明和各地区共同发明（即多源说）等观点。根据全国各地迄今所知的出土文物和文献记载以及当时的社会历史条件，多源说比较合理，也就是说，蚕桑丝织技术是我国各地区各民族先民共同创造发明的。下面结合原始社会时期我国各族群的分布区域，分三大地区来论述。

1. 南方地区早期的蚕桑丝织

南方地区，包括长江中下游流域及其以南的广大地区，是百越和九黎等苗蛮族群先民的活动地区。文献记载不太多。《黄帝内传》记载："黄帝斩蚩尤，蚕神献丝，乃称织纴之功。"① 这个献丝的蚕神，可能是蚩尤族群的，因蚩尤族战败而献奇珍异宝以求和。蚩尤是南方九黎族群的首领，最早到达中原地区争雄。按照这个材料，南方地区似乎比中原地区先有蚕桑丝织技术。有人认为，传说教民蚕织的黄帝妻西陵氏嫘祖是湖南、湖北交界处之人，她嫁给黄帝之后，带去蚕桑丝织技术，并教民养蚕，使野蚕家养。这个传说，正与上述有关蚩尤的传说内容基本上相似。

荆楚苗人有这样一个传说：几千年前，有人在深山开荒狩猎，发现山林里有许多蚕茧，颜色白黄，十分好看。休息之时，他们爬到树上摘下蚕茧，剥开茧层，发现蚕茧可以拉出许多丝线，他们就把蚕茧带回家。孩子们拿蚕茧去玩，不小心让蚕茧掉落到开水锅，便赶快用竹子去挑，发现蚕茧被拉成丝线，从此，苗家先民悟出煮茧缫丝的技术和道理。同时，他们还发现蚕吃桑叶，蚕变蛾子、产卵、生小蚕的秘密，从而开始用桑叶喂蚕和抽丝织绸②。这个传说表明，苗蛮人有着悠久的桑蚕丝织历史。

---

① （清）马骕：《绎史》，卷五。

② 杨昌雄：《苗族蚕桑志》，载《农业考古》，1985(2)。蒋猷龙等：《中国少数民族蚕丝技术源流》，载《农业考古》，1990(1)。

从文字学看，“蛮”字，甲骨文和金文的形状都很像一个人挑起一担丝，“蛮”乃养蚕取丝之人，表明南方是丝织技术发源地之一①。

到夏、商时代，南方的丝织更有切实可靠的记载。《尚书·禹贡》在记载九州的贡赋时说到：荆州“厥篚玄纁，玑组”。豫州“厥篚纤纩”等，都有丝织品。

从上述文献记载和传说看，南方地区的蚕桑丝织生产在黄帝以前就已出现，并在以后得到继续发展。

考古发现也证实了上述论断。

浙江余姚河姆渡距今近七千年的遗址中出土了1只象牙盅，口沿处有对称的两个小圆孔，孔壁有清晰可见的罗纹，腹部外壁刻有编织纹和4条蠕动的蚕纹（图3）②。蚕“身上的环节数均与家蚕相同”③，似乎暗示这可能是家蚕。但从照片上看，象牙盅上的蚕纹形体短小，弯曲度大，似应属野蚕。不过，既然先民们把蚕刻在器物上，且与编织纹刻在一起，这就表明人们对蚕的注意，尤其是对其形态、习性等已有一定的认识。人们可能已经利用野蚕丝于纺织了。河姆渡文化已有比较发达的原始农业、手工业、建筑业，也出土有手工织机和纺轮，开始丝织生产是有条件的。

桑树在中国已有非常悠久的历史。在南方的许多新石器时代的遗址中（如崧泽、草鞋山等），都出土了桑树孢粉④。

---

① 何光岳：《南蛮源流史》，第一章第二节，江西教育出版社，1988。

② 河姆渡遗址考古队：《浙江河姆渡遗址第二期发掘的主要收获》，载《文物》，1980(5)。

③ 陈维稷主编：《中国纺织科学技术史》（古代部分），10页，中国纺织科学出版社，1984。

④ 郑云飞：《荆桑和鲁桑名称由来小考》，载《农业考古》，1980(1)。王开发等：《崧泽遗址的孢粉分析研究》，载《考古学报》，1990(1)。

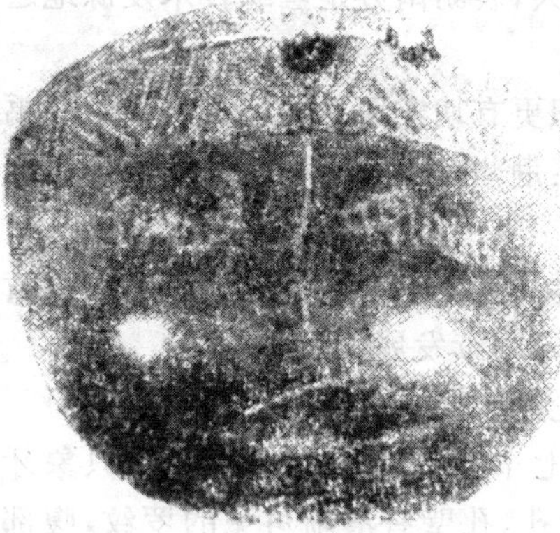

图 3-①　新石器中期蚕纹，浙江河姆渡出土（赵广田供稿）

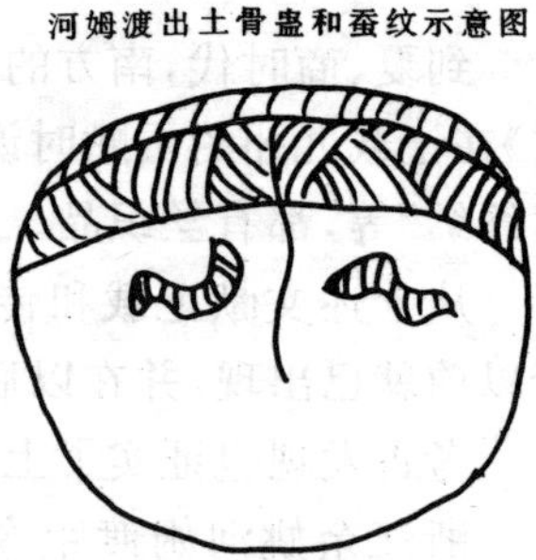

图 3-②　新石器中期蚕纹，浙江河姆渡出土（陈炳应图）

江苏吴江梅堰良渚文化（公元前 3300 年～公元前 2300 年）遗址出土的黑陶器上也有蚕纹和丝绞纹①。

特别是 1958 年在浙江吴兴钱山漾遗址（距今四千七百年左右）中，出土了真正的丝织品实物——丝带一段（图 4）、绢片一小块，还有丝线等，经鉴定丝纤维截面积 40 平方微米，丝素截面呈三角形，是家蚕蛾科的蚕丝②，这就把我国人工养蚕的历史至少提前到距今五千年左右。

1971 年，在江西省清江县筑卫城公元前 2500 年的新石器

---

① 江苏省文物工作队：《江苏吴江梅堰新石器时代遗址》，载《考古》，1963(6)。

② 浙江省文物管理委员会等：《钱山漾第一、二次发掘报告》。浙江省纺织科学研究所：《钱山漾纺织物鉴定书》，载《考古学报》，1960(2)。陈维稷主编：《中国纺织科学技术史》（古代部分），10 页。

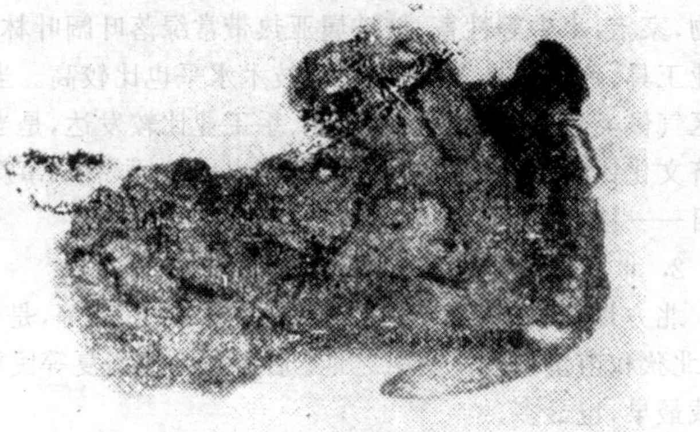

图 4 距今四千七百年的丝带，浙江钱山漾出土
（赵广田供稿）

遗址中出土的陶器上，不仅有蚕纹，还有难得的茧纹和丝绞纹①。在福建省崇安县武夷山公元前1200年的船棺内，也出土了绢片②。另外，据有的学者考证，公元前4000年，越南北部的西阳文化已有蚕桑生产③。越南北部与我国广东、广西、海南等省区毗邻，历史上的民族关系非常密切。如果当时越南北部已有蚕桑，那么我国南部、东南部地区也应该生产。

从上述材料看，南方地区的蚕桑丝织历史非常悠久，至少在六七千年前已经产生了。从当时的自然条件和社会生产、经济情

① 蒋猷龙等：《世界蚕丝业科技大事记注释（起源～18世纪）》，载《农业考古》，1990(1)。

② 高汉玉：《崇安武夷山船棺出土纺织品》，《文物》1990(2)。林向：《中国悬棺葬学术讨论会纪要》，载《文物》，1980(6)、1981(8)。

③ Jeremy HCS Davidson. Recent archacological activity in Yiet Nam. Jounal of the Hong Koung Ar-chacological Society, VoL. 6, 1975, 80～90。见《中国少数民族蚕丝技术源流》，载《农业考古》，1990(1)。

况来看，这也是完全可能的。河姆渡遗址出土了大量的稻谷等农作物，家猪、水牛等牲畜；植被属亚热带常绿落叶阔叶林；出土的农业工具、鱼猎工具多；房屋建筑技术水平也比较高。当时这个地区气候炎热湿润，农业、畜牧业、手工业比较发达，是当时我国经济文化比较发达的地区，生活条件也比较好，有从事新的生产项目——植桑、养蚕和丝织的试验和生产的可能。

2. 北方地区早期的蚕桑丝织

北方地区，包括黄河中下游和内蒙古、东北等，是戎羌、东夷、北狄和苗蛮人先民交融之地。后来融合成华夏等民族。文献记载最早，也最多。

（宋）罗泌《路史》前纪四引《皇图要览》曰：太昊伏羲氏"化蚕桑为繐帛"。

《孝经·援神契》曰："神农耕桑得利，究年受福。"①

《史记·五帝本纪》：黄帝"时播百谷草木，淳化鸟兽虫蛾"。其中，"虫蛾"可能包括养蚕。《通鉴外纪》曰："西陵氏之女嫘祖为黄帝元妃，始教民育蚕治丝茧以供衣服，而天下无皴瘃之患，后世祀为先蚕。"

尧时已有"三帛"。郑玄曰："高阳氏后用赤缯，高辛氏后用黑缯，其余诸侯皆用白缯。"② 缯就是丝织品，而且染了几种颜色。《尚书·禹贡》"……桑土既蚕"，蚕桑地域大。

从上述文献记载看，东夷先民在太昊伏羲时，已能用野蚕丝于纺织。神农（神农的时代有早有晚，晚的与黄帝同时）时也有。黄帝以后，史书记载没有间断过。虽然现在我们还不敢说，旧石器时代或新石器时代初期已有蚕桑丝织技术（还没有确切证据），但古代传说可以启发我们思考。因为传说虽不一定可靠，但

① （清）马骕：《绎史》，卷四。

② 司马迁：《史记·五帝本纪》，中华书局校点本。

也不会完全子虚乌有，它是时代精神和社会状况的折射，有一定参考价值。当时的自然条件和社会生产水平可间接证明蚕桑丝织技术发生比较早。因为距今一万年至四五千年时，黄河中下游的气候处于温暖期，气候比现在高几度，雨量也比现在多，为湿润期，适合种桑养蚕。这个地区的经济文化开发得早，发展得快，在一万年左右已有了原始农业和畜牧业，到距今五六千年时，已相当发达。同时，河南的裴李岗、河北的磁山等新石器早期的遗址（距今八千年以前）已出土了纺轮，表明此时已发明了纺织技术，考古发现也证实了这个论断。

1984 年在河南荥阳青台村出土的仰韶文化瓮棺中，发现有迄今最早的丝织物（公元前 3500 年）①。

在河北正定南杨庄和山西芮城西王村的仰韶文化遗址中出土有陶蚕，经鉴定是家蚕蛹，时代为公元前 3400 年左右②。山西夏县西阴村出土切割过的蚕茧，时代为公元前 3000 年③。在内蒙古巴林右旗那斯台遗址（红山文化）也出土 4 条玉蚕，圆柱体，长宽分别为 7.8 厘米×3.3 厘米，9.9 厘米×3.8 厘米，头和身都刻有纹饰。同时出土的还有纺轮和纺瓜④。

所有这些证实，距今五六千年前北方地区的丝织技术已在较多地区应用。夏商时期，史籍记载更多，下面只举少数民族地区的，如青州“厥贡……岱畎丝……莱夷为牧，其篚盦丝”。徐州“淮夷……其篚玄纤缟”⑤。并在殷周间，把丝织技术传到朝鲜去。

3. 西部地区早期的蚕桑丝织

这里所说的西部，是指今四川、陕西西部和甘肃东部，氐羌

①② 唐云明：《我国育蚕织绸起源时代初探》，载《农业考古》，1985(2)。

③ 李济：《西阴村史前的遗址》，见《清华研究院丛书》，1927。

④ 巴林右旗博物馆：《内蒙古巴林右旗那斯台遗址调查》，载《考古》，1987(6)。

⑤ 《史记·夏本纪》。

先民的活动地区。

四川，古称“蜀”。《路史·前纪四》：“蜀之为国，肇自人皇。”有一个部族，号“蜀山氏”，其始祖名“蚕丛”。《史记·五帝本纪》：黄帝第二个儿子昌意，降居若水（今雅砻江），娶蜀山氏之女为妻。“蜀”，甲骨文字形，是“蚕”的象形兼会意字。《说文》：“蜀”是“葵中蚕”。“葵”即桑。《玉海》明确说“蜀”是桑中蚕。可见，蜀人的部族、始祖的名称均与蚕有密切联系。据考证，蚕丛是原始社会时期蜀人的一个氏族集团的首领，“其至周末之时间，凡三千岁，为保守数；四千岁，为近似数；估万余岁，亦非甚夸”。其族属是氐族先民，最早活动于今松潘县南。氐人是贸丝的羌人①。显然，蜀人丝织历史相当悠久。

甘肃秦安距今八千年的大地湾遗址已出有陶纺轮，表明那时纺织技术已经产生。随后的各种考古文化都出土更多、更规整的纺轮，说明当时的纺织技术已经普及、广泛使用。当时的气温也比现在高几度，雨量也比现在多②，具备蚕桑生长的条件。这是丝织生产最重要、最基本的前提。

1963年，甘肃省临洮县冯家坪出土一个泥质红陶二连罐，两个陶罐的腹部均用细阴刻线刻画出3条蚕纹。蚕纹都是一条上下竖刻，头在上，尾在下；两条平行斜刻，头向下，尾向上。头部向上的蚕详细刻划出嘴和眼；头部向下的只表现侧面，非常简略。蚕身上有许多道平行阴刻线或折线，表示蚕体多节肢。尾巴呈三角形。蚕体略微弯曲，有蠕动感，但弯曲度很小（图5）③。它与江苏吴江梅堰新石器时代遗址出土的黑陶器上的蚕纹极其相

① 任乃强：《蚕丛考》，《中国纺织科技史资料》，第4集，北京纺织科学研究所出版，1981。

② 倪金根：《试论气候变迁对我国古代北方农业经济的影响》，载《农业考古》，1988(1)。

③ 陈炳应：《群蚕图》，载《中国文物报》，1988(10)，第3版。

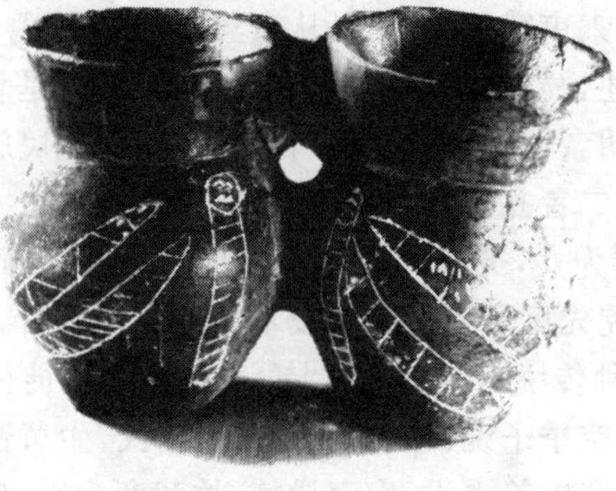

图5　群蚕图，甘肃临洮冯家坪齐家文化遗址出土
（蔡义选摄）

似，时代距今三千多年。《尔雅翼·蟓》："蟓，桑茧野蚕，不养于人，就桑食叶作茧者，比家蚕小而行疾。"一般来说，野蚕比家蚕短小一些；活动较多，蠕曲度大一些；因为各自觅食，群聚较少。齐家文化这幅群蚕图，蚕体比较长大；弯曲度比较小；节肢纹有八九道；该图表现的又是群聚图像，因此，似乎可以认为这幅蚕图是家蚕的形象。与此同时，在甘肃永靖秦魏家、大何庄出土的齐家文化陶器上，有一些织物纹，经纬密度有粗、细两种。其中大何庄34号墓出土的织物纹，非常细密，每厘米经线、纬线30根，可与现在的细麻布相媲美；比河北藁城台西商墓出土的麻布细得多，而与该墓出土的丝织品——縠的经纬密度差不多。考虑到当时麻的脱胶技术还很原始，麻线不可能分擘得那么细等因素，加上大何庄出土的小纺轮和薄片条形骨匕，所以可以初步认为，在距今四千年左右，甘肃东部已有了养蚕和丝织技术。齐家蚕纹上的节肢纹，有的是平行斜线，有的是折线，似乎表明有两个品

种。

在甲骨文中，有些"羌"字带有绳索符号。学者中有两种解释：一是用绳索束缚羌人；二是从事丝织的羌人①。

综上所述，蜀山氏和陕、甘早期的丝织者应是利用蚕丝或饲养家蚕的发明者，他（她）们是今甘、川地区氐羌民族的先民。氐、羌同源，最初二者并无区别，并有密切联系。《路史·前纪四》注："武都男子化为女，美艳，（蜀王）开明尚纳之。"因而甘、川、陕地区的古代氐羌先民是蚕桑丝织技术的共同发明者。有两方面的材料给予这种传说以有力的支持：一是民族迁徙传说，《国语·晋语》记载司空季子说："昔少典娶于有蟜氏，生黄帝、炎帝，黄帝以姬水成，炎帝以姜水成。生而异德，故黄帝为姬，炎帝为姜。"即炎、黄二族。甚至有些东夷、苗蛮人，源于甘、陕、川交界处的氐羌族群的先民，原来是居住在陕、甘接壤处的渭河、泾河流域或岷县一带②。二是从出土文物看，甘、川、陕地区经济文化开发很早，纺织技术也开始得早，早期的蚕桑丝织的历史绵延不断，可相衔接。后来由于气候变得干冷等原因，甘肃地区的蚕桑丝织和农业生产渐趋衰落（畜牧业得到发展），而四川的蚕桑丝织进一步发展、繁荣。总之，川、陕、甘地区的蚕桑丝织技术开始得很早，它是我国蚕桑丝织技术的发祥地之一。过去人们主要着眼于黄河中下游和长江中下游流域，现在看来，还应同时重视对西部地区的研究③。

（二）蚕丝制取技术

蚕丝的主要成分有两种：一是丝素，即茧丝的本体，是可纺织的、近于透明的纤维；二是丝胶，是带粘性的、包裹于丝素之外

---

① 周晦若：《四川蚕丝业概况》，载《蚕桑通报》，1982(1)。

② 何光岳：《南蛮源流史》等，江西教育出版社，1988。

③ 陈炳应：《中国蚕桑丝织的起源初探》，载《西北史地》，1993(1)。

的物质。丝胶遇冷会凝固，在热水里则易溶解，所以要把蚕茧放在一定温度的水中使丝胶溶解，与丝素纤维分解开来，蚕茧才便于抽引丝缕。

从比较紧密的椭圆形蚕茧中抽出丝来，应是人类生活实践中的偶然发现。发现的途径有多种。有的因吃蚕蛹而起，由于原始时期生产力十分低下，人们到处寻找食物，当发现蚕茧中有蛹，蛹用火烧烤后非常好吃，又有营养时①，人们就到处采集蚕茧。但茧衣很结实，用手不容易撕开，人们就试图用牙齿去咬，久而久之，人们发现用唾液润湿茧衣，有利于舒解，这才找到解茧的技术方法。有的是因为看到蚕茧掉在水洼中，经一段时间浸泡、日晒雨淋后，丝缕比较容易抽引出来。有的则如上述苗族的传说，偶然发现蚕茧掉在开水锅里，更容易抽丝等等。有了这些发现，再经过一段时间的实践试验，人们终于摸索出用热水煮茧缫丝技术，其科学原理是溶去丝胶，使丝素舒解，便于抽引丝纤维。

刚开始抽丝时用的似是蛾口茧，即把蚕茧用石刀等切开一个小口，先取出蚕蛹，再水煮分解。但这样抽取的丝容易中断，丝缕比较短，要用纺轮续接加工，才能织作。后来人们逐渐学会用整茧抽丝和提高水温煮茧，以抽取较长较好的丝缕，并由抽丝发展为缫丝。缫丝是从正在煮的茧中索出丝绪，绕上框架，成为丝绞。浙江钱山漾出土的距今四千多年的绢片，在显微镜下观察，丝纤维表面都很光滑均匀，是长丝织品，经纬线至少由 20 个茧缫制而成，没有捻度；蚕丝的横断面三角形已经分离，表面的丝

① 四川大凉山有一支藏人，自称“布朗米”，意思是吃蚕蛹的人。见宋兆麟等：《中国原始社会史》，文物出版社，1983。又大凉山耳苏人也吃蚕蛹，养蚕以吃为主要目的，见刘宇：“从少女养蚕说起——为养蚕起源提供一个例证”，《农业研究》第五辑。汉族也吃蚕蛹，并作为补品入药。

胶已经剥落，很像是经热水缫取的。该遗址还出土2把草茎编的小帚，柄部用麻绳捆扎，很像后来的丝帚，可能是缫丝工具“索绪帚”（图6），草茎由于分散，比较容易从开水中捞得丝绪。从上述

图6　新石器时代索绪帚，浙江钱山漾出土
（赵广田供稿）

几方面看，当时已有了缫丝技术，并有一定的水平。到了商代，出土的丝织品残片都是长丝织物，说明缫丝技术已经普遍运用①。

二、毛毳

动物的毛毳自古以来就是纺织的重要原料之一。起初，原始人利用狩猎获得的带毛兽皮遮体防寒；后来学会纺织，也用各种兽毛、畜毛作为纺织原料，史书上称为“织皮”，即织皮上之毛为布。《尚书·禹贡》和《史记·夏本纪》等记载大禹治水之后九州的贡赋时说到：雍州“织皮，昆仑、析支、渠搜、西戎即序”。梁州也贡织皮。冀州则有“鸟夷皮服”。后来织皮又称为“褐”、“毳衣”等，《诗经·豳风·七月》：“无衣无褐，何以卒岁”。佤族神话《司里岗的传说》也说到，西南民族很早就会制作“毡子”了。由此可见，毛

① 见《中国纺织科学技术史》，13、49页。

纺织技术是由西部、北部、西南、东北等地区的少数民族先民首先发明的。早期,各种兽毛、畜毛都用,后来人们从实践中逐渐摸索经验,优选出绵羊毛、山羊绒、骆驼毛、牦牛毛等少量的几种毛纺织原料,一直沿用到今天。因为狩猎与采集同时产生,畜牧业与农业同时产生,动物纤维与植物纤维同时被用作防寒用品,所以,毛纺织的历史应与葛麻纺织的历史同样悠久。

(一)毛纤维与毛织物

1. 羊。考古发现,世界上最早的家养绵羊是在公元前8500年的伊拉克扎威克米山尼达尔(Zowi Chemi shanidar)。我国山西临汾吉县旧石器晚期至中石器时代的遗址就出土不少羊骨。甑皮岩、裴李岗、磁山、大地湾等新石器早期遗址也都出土了不少羊、狗、猪的骨骼,其中磁山遗址出土的羊骨经研究是家养绵羊,是从野生羱羊驯养而来的,说明古羌人驯化绵羊的历史至少已有八千年①。山羊绒也是重要的纺织纤维。

2. 牦牛。牦牛是高原地区的牲畜,全身多有长毛,主要产在青海、西藏和甘肃、四川、云南、新疆的部分地区,是这些地区游牧民族肉食、衣被的重要来源和主要的运输工具。它是古代羌人驯养的。1980年,青海海南藏族自治州贵南县拉乙亥距今六千七百年的遗址,出土1件宽大的动物肋骨,据推断是牦牛骨。大约在一万年到七千年前,青藏高原上有成群的野牦牛(藏语称为"宗")。后来人们围猎捕获后,有的被吃掉,有的被圈养以为畜,人们逐步摸索出驯养繁衍技术来。1980年纽约牛津大学出版社出版的《史前社会方式》一书认为,世界上驯化牦牛最早的是西藏,在公元前2500年就已存在②。商代末期,武王伐纣,参加的

① 薄吾成:《古羌人开创我国养羊业的卓越贡献》,见李迪主编:《中国少数民族科技史研究》,第四辑,内蒙古人民出版社,1989。

② 张定邦:《牦牛源流考》,见《中国少数民族科技史研究》,第六辑,1991。

方国之一是“犛”，有的研究者认为，它可能是古羌人的分支旄牛夷，以牦牛为族称。可见牦牛对这些民族的重要，甚至可能已有专门饲养牦牛的部族了。综上所述，我国驯养牦牛的历史相当悠久，利用牦牛毛于纺织的历史也相当早①。

3. 骆驼。我国有骆驼的历史也很早，山西、河南、周口店的更新世地层已出土有骆驼化石，它们是双峰驼的近祖②。《史记·匈奴列传》也记载，唐虞以上，北方山戎、猃狁“其奇畜，则骆驼”。那么，驼毛早就被用于纺织，已是必然的了。

在新疆的考古发掘中，上述三种动物纤维织物都有出土：1979 年新疆罗布泊古墓沟发掘的罗布泊人墓，出土一批毛织物和毛毡帽；罗布泊北端铁板河一号墓也出土有毛织粗布毯子和毡帽，毛纤维品种有山羊绒、骆驼毛和牦牛毛，时间距今三千八百年。哈密五堡距今三千二百年的遗址也出土有毛织物和彩罽，毛纤维品种有黑花毛、青海细羊毛、山羊绒、西藏羊毛等，平均细度为 1023 公支，最细的达 2063 公支，是我国历史上最细的毛纤维之一，表明当时西北地区畜牧业发达，饲养技术较高③。

（二）毛纤维的初加工技术

毛纤维的初加工基本上要经过如下工序。

采毛。大约经过拾毛、采毛和剪毛三个阶段。初期应处于最原始的拾毛阶段，即将掉落在地上的畜毛、兽毛拾起来使用。后来发展到采毛阶段，即从牲畜皮上采集毛纤维，所得的毛比以前较多较好。上述大禹时的织皮就清楚地表明，毛纤维加工在夏代以前已进入采毛阶段。

---

① 李根蟠：《我国农业科技发展史中少数民族的伟大贡献》，载《农业考古》，1984(1)、(2)。

② 贺新民等：《中国骆驼发展史》，载《农业考古》，1981(1)、(2)。

③ 王裕中等：《中国毛纺织发展简史——中国羊毛纺织渊源再探》，见《中国纺织科技史资料》，第 15 集，北京纺织科学研究所出版，1983。

洗毛。毛纤维上带有不少油脂、砂土等杂物,必须清洗干净,否则杂物会影响织物的均匀度、光洁度和色泽;污秽严重的难以用于纺织。这个时期人们是否已懂得洗毛,没有文献可考,但从新疆出土毛织物的纤维细度和染色效果来看,这些毛织物应是经过洗毛工序之后再染织的。

弹毛。毛纤维清洗后,还必须经过弹毛工序,才能用于纺织。弹毛就是用弓弦或皮条、细竹、木棍等不断弹打毛纤维,把凝聚、板结的毛纤维分解成单根纤维,这样才能把毛纤维加捻成线缕,用于织制布、毯等。上述新疆出土毛织物的细度证明当时已发明了弹毛技术和工具。

染毛。用矿物或植物染料把毛纱染成所需的颜色,这个工序或在洗毛、弹毛后进行,或在纺成毛纱后进行。

上述毛纤维的初加工技术是我国从事游牧业的少数民族先民发明的。其中的弹毛技术和工具,后来又被模仿、应用于弹棉花。所以,毛纤维的初加工技术是少数民族对我国纺织技术的又一重大贡献。

第四节　纺　纱

这个时期的纺纱工具主要是纺轮(由圆轮与捻杆组成)。它在全国各省区许多文化遗址中都有出土。综合各省区材料,可以了解到当时纺纱技术的一些基本情况。

一、纺轮形制、概况

制作纺轮的材料主要是陶和石,其次是木、骨、角、蚌和玉等。

制作纺轮的方法有多种:用陶器残片和蚌壳打磨而成;用土捏塑烧制而成;用石片、玉片、木头、动物的骨、角等切割、打磨而成。

形制多种多样,绝大多数是扁平圆形和算珠形,此外还有圆台形、束腰圆柱形、椭圆形、半球形、馒头形、近似梯形、近似菱形、长方形、六边形、多边形、斗笠形、乳头形、核桃形、近工字形、碾轮形、橄榄形、圆锥形等等。有些形制还有平边、弧边、突棱边、凹边等多种形式。有的很规整，有的不太规整。

纺轮大小不尽相同。直径最大的 11.2 厘米、最小的 2.2 厘米，高度最大的 5.5 厘米、最小的 0.3 厘米。总体来说，最小的直径 2.2 厘米、高 0.3 厘米。最大的直径 9.2 厘米、残高 5.5 厘米。

纹饰多数素面，但也有刻划、戳刺、压印、彩绘各种纹饰。如：多种形式的十字形纹、篦纹、鸟头纹、“十字”辐射纹、“五”字形间锥刺点纹、兽面纹、方格纹、斜方格纹、横人字纹、列点直线纹、列点弧线纹、列点涡纹、列点环形纹、列点螺旋纹、列点三角纹、列点三角形中填平行斜线纹、刻划三角形纹、彩绘旋涡纹、人字纹、花朵纹、叶脉纹、多角形纹、长方块放射状直线纹、平行斜线纹、半重环纹、圆窝纹、交叉斜刺纹、圆圈纹、弧线中断圆圈纹、八角星形纹、星形纹、变形三爪纹、圆点纹、圆窝中有小圆点纹、篦点方格形内填对角线纹、四出契形刻划纹、六出平行短线纹、轮辐纹、轮辐间平行线纹、辐射纹间划纹、多方辐射纹、网格纹、绳纹、绳纹间辍圆点纹、绳纹间辍划纹、似璇玑纹、似手掌纹、指甲纹、四分对角曲折纹、锯齿纹、太极图形纹、凸弦纹、水波纹、椭圆形纹、万字纹、文字符号（或纺织工具符号）、不规则纹饰等等。有的在纺轮中心四周钻几个小孔。总之，绝大多数是各种各样的几何纹饰；也有少量植物、动物、器物和人体的部分纹饰，还有纺织工艺本身的纺织纹、线纹、纺轮形纹等等。这些纹饰反映了大自然和人类社会丰富多彩的图案和色泽，同时又包含有许多科学技术原理，如同心圆、辐射、等分法、抛物线等等。

数量。一个遗址和一个文化层出土的纺轮少者一两件，多者几百件。如青海省柳湾遗址出土 388 件纺轮，福建福清县东张遗址出土的陶纺轮也多达 334 件，辽宁省大连市郭家村遗址出土陶石纺轮 258 件。

时间。纺轮在这时期早晚都有，而且数量逐渐增多。

吃饭穿衣是人类生存必须最先解决的问题，所以在早期的人类遗存中，纺轮占有重要的地位，表现在如下三个方面。

1. 有些遗址出土的陶制生产工具只有纺轮一种。如山东曲阜西夏侯 T_{101} 第四层（属大汶口文化），福建闽侯溪头遗址下层第二次发掘，湖南澧县梦溪三元宫遗址等。

2. 纺轮在生产工具中所占比重相当大。例如，大连郭家村遗址下层出土各种工具 764 件，其中纺织缝纫工具就多达 360 件（含陶纺轮 142 件）；上层出土各种工具 587 件，其中纺织缝纫工具 231 件（含纺轮 109 件）。湖北宣城曹家楼遗址一期出土工具 29 件，其中陶纺轮占 15 件；二期出土工具 72 件，其中纺轮就占 57 件。四川广汉三星堆遗址出土的石器也以锛斧凿和纺轮最多。

3. 在原始社会中、晚期的墓葬中有一个比较普遍的现象，即男子多随葬刀、斧等生产工具，女子多随葬纺轮等。例如青海柳湾遗址，在马厂类型文化中，男子墓 82 座，有纺轮的只有 13 座；而女子墓 71 座，有纺轮的多达 38 座。到后来的齐家文化墓葬中，18 座男墓，随葬纺轮的只有 2 座；而 11 座女墓中，随葬纺轮的多达 8 座。在江苏新沂花厅新石器遗址中，有的有纺轮、无石器；有的无纺轮、有石器。所有这些，说明当时已有了男女社会分工，纺织生产早已是妇女的主要工作了。

二、纺轮纺纱的科技原理及其演变

纺轮纺纱的科学技术原理是：利用其自身重量和转动惯性把动植物纤维牵伸拉细、拉紧，使若干根纤维合在一起加捻成纱线，使其在粗细、匀度等方面适合于纺织之用。要织造出不同品种和比较好的纺织品，就要求在制作纺轮时在形制、大小、重量等方面有所规范。当然，这要有一个认识过程。虽然自古到今，这种规范都不是很严格的，但我们从这个时期不同阶段文化的纺轮看，规范的形成确实存在着一个认识、发展的过程。这表现在以下几个方面。

（一）由简单到复杂

最初的纺轮是由用自然物稍加砍砸而成，极不规整，也不一定钻孔。如竹木片、骨角、石片等等。后来用陶片、石片、木片经磨制、钻孔而成的纺轮，比以前的进步，但仍不太规整——圆轮不太圆，钻孔位置不一定适中，也不够规整。如裴李岗、磁山、大地湾等最早的纺轮和内蒙古赤峰西水泉红山文化遗址出土的纺轮都是陶片改制的。辽宁最早的纺轮出在长海县广鹿岛小珠山遗址下层（公元前4300年～公元前3900年），由陶片改制，椭圆形，有的有3个穿孔。到中期时，用陶片制和用陶土手制两种纺轮都有。当然，后来盛行烧制陶纺轮时，有些地方还继续兼用陶片制纺轮，例如，山东龙山文化、岳石文化、河南龙山文化、吉林农安左家山二三期、福建闽侯溪头遗址和昙石山遗址等。

用陶土专门烧制纺轮也有个发展过程。起初纺轮形制不太规整，全素或多数为素面，后来渐趋规整，纺轮上还用多种手法加上装饰纹样，使纺轮不仅有实用价值，而且赋予艺术价值。例如福建平潭壳坵头、闽侯白沙溪头、诏安腊洲山等六千年左右的遗址出土的闽越族陶纺轮，其形制有剖面呈扁梯形圆饼状、六角形和长方形三种；在斜边、底面等处戳点射线纹，刻划波折纹；陶质有泥质和夹砂。到商周时期，闽越族则使用几何印纹陶纺轮，陶质硬，表面彩绘各种几何形纹饰（图7）。到汉代时，纺轮为多菱形，表面饰印一圈圈凸棱线①。这是闽越族整个纺轮发展史的基本情况。

（二）形制和转动惯量的逐渐规格化

① 梅华全供稿。

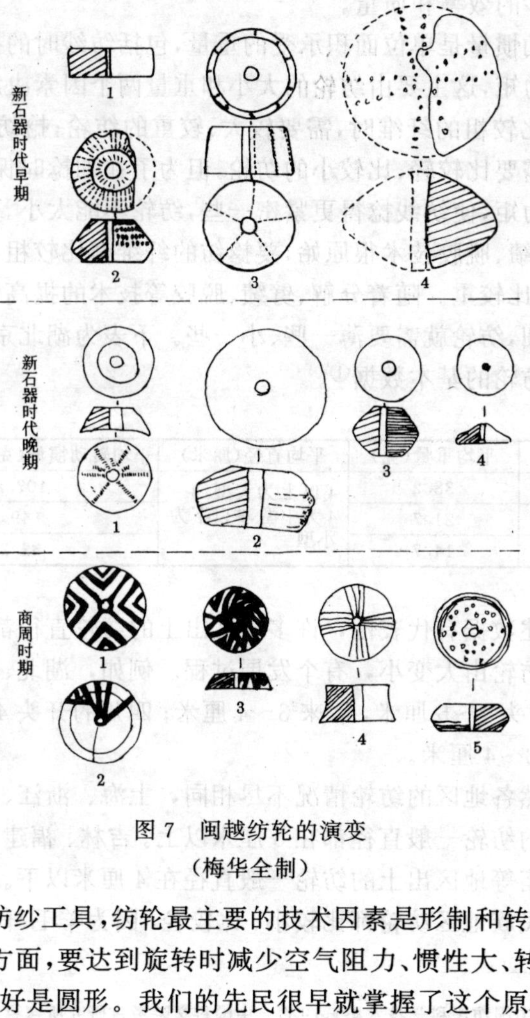

图 7　闽越纺轮的演变

（梅华全制）

作为纺纱工具，纺轮最主要的技术因素是形制和转动惯量。

形制方面，要达到旋转时减少空气阻力、惯性大、转动时间长，纺轮最好是圆形。我们的先民很早就掌握了这个原理，所以各地的纺轮普遍使用扁平圆形、算珠形或馒头形。其中扁平圆形的占多数，并且基本上都是中间厚，周缘比较薄，甚至是突棱边即梭子形，类似今天的流线形，有利于加快速度，延长转动时间，提高纺纱的效率和质量。

转动惯量是单位面积承受的重量，包括纺纱时的拉力、速度和扭转力矩，这主要由纺轮的大小和重量两个因素决定。一般来说捻纺比较粗的纤维时，需要较大、较重的纺轮；捻纺比较细的纤维时需要比较轻、比较小的纺轮，但为了在加捻时保持有较大的扭转力矩，使纺线捻得更紧密一些，纺轮不能太小。初期，纤维分解、劈绩、脱胶技术很原始，要捻纺的纤维都比较粗，纺轮也就比较大、比较重。随着分解、劈绩、脱胶等技术的提高，要捻纺的纤维较细，纺轮就需要薄一些、小一些。下表为湖北京山屈家岭出土的纺轮的基本数据①。

时　代	平均重量(克)	平均直径(厘米)	平均转动惯量(克/平方厘米)
早　期	38.2	4 以上为大型，3～4 为中型，3 以下为小型	107.2
晚期一	21.7		49
晚期二	14.7		32.2

上述数据有代表性，许多省区出土的纺轮直径都在 4 厘米左右。纺轮由大变小，有个发展过程。例如，湖北、湖南、云南的，开头 4～5 厘米，后来 3～4 厘米；四川的开头 4～7 厘米，后来的 3～4 厘米。

当然各地区的纺轮情况不尽相同，上海、浙江、青海等地区出土的纺轮一般直径都在 5 厘米以上。吉林、福建、广东、江西、湖南等地区出土的纺轮一般直径在 4 厘米以下。有人认为在游牧民族地区纺轮都比较小、比较轻，因为羊毛纤维比较短，

① 《中国纺织科学技术史》，19 页。中国科学院考古研究所：《京山屈家岭》，科学出版社，1965。

韧性也不如植物纤维强①。

有些地区的纺轮大小相差比较大，一是与厚度或质地有关，直径大的，厚度薄一些；直径小的，厚度厚一些，但平均重量差不多。石、陶纺轮重一些，直径相对小一些；木、蚌纺轮轻一些，直径就大一些。二是与用途有关，小纺轮可能是纺纱工具，大纺轮可能是纺线工具。这与民族学的材料是相符的——如果捻纺单根纤维或纤细线，纺轮小一些，轻一些；把几根纤维捻成一根纱线或粗壮纤维，纺轮就大一些、重一些。当然还有别的因素起作用。例如彝族纺纱用的纺轮直径6厘米左右，纺细纱用的纺轮直径2.5厘米左右，而且都是中间厚，周边渐薄②。由此看来，各地出土的纺轮应有如上两种用途，不能把大小纺轮混同起来，特别是在比较研究各地区各时期的纺纱技术水平时应该考虑到这一点。由于各地在报道纺轮时描述纺轮的资料不全，一般只介绍直径未介绍厚度和重量，所以各地的纺纱技术暂时难以做比较。若参照各地出土的布纹经纬密度，直径在5厘米左右的石纺轮、陶纺轮纺出的纱线较粗，织成的麻布经纬密度为每平方厘米10根左右（如山东大汶口文化、龙山文化、甘肃齐家文化、沙井文化等），与近代彝族捻纺粗线的情况类似。由此可见当时纺织技术的一般水平，与织布时的疏密要求也有一定的关系。

（三）数量由少到多

早期遗址出土的纺轮少，没有或只有几件，十几件；中晚期则明显增多。典型的实例有：辽宁省公元前三四千年的遗址只出十几件，而公元前二三千年的遗址则出土二百多件；福建

① 贾应逸：《毛毯与新疆》，载《新疆大学学报》，1980（3）。

② 宋兆麟：《云南西双版纳傣族的纺织技术——兼谈古代纺织的几个问题》，载《文物》，1965（4）。

省公元前3000年左右的遗址出土20～30件，而公元前1000年左右的遗址却出土二三百件。同一遗址不同地层的纺轮数量也出现由少到多的现象。如吉林农安左家山遗址，一期未见纺轮，二期有1件，三期有9件。宜昌中堡岛大溪文化一期地层出土3件、二期地层有8件、三期地层15件、四期地层18件等等。

也有特殊情况，如浙江河姆渡遗址，早期地层（公元前4800年左右）出土纺轮多达92件，说明河姆渡文化在农业、渔猎、采集、建筑、手工制造等方面都已比较发达、进步，在它之前应该还有更早的原始文化，还应有一个较长的发展过程，才能达到河姆渡文化这样的水平。纺织技术也是如此，在河姆渡文化之前，已走过相当长的一段路程，因此河姆渡早期地层才能出土这么多的纺轮。又如江苏吴县草鞋山遗址第10层（距今六千年以上）明确无误地出土了一些纺织品，但却未见纺轮，我们认为，这有两种可能：其一是当时当地把纺轮等生产工具看得很贵重，极少用于殉葬，所以在整个遗址10个文化层中，只有第6层出土有纺轮，其他工具也极少发现；其二是这个文化的纺轮可能多用竹、木等制作，容易腐朽，几千年后难以找到。

综上所述，原始手工纺织时期全国各地纺轮大发展，由少到多，由简单到复杂，并逐渐趋向规范化。这就充分证明，纺纱技术已走向普及，并逐步提高。但总的说来，这个时期所纺的纱线还比较粗，这可能是纺轮不如纺车，后来导致纺车的诞生；也可能与纤维脱胶技术比较原始有关，因为未能很好脱胶，纱线就不可能精细。

另外，据《中国纺织科学技术史》分析，北京藁城商代遗址出土1枚陶制滑轮，直径31毫米，厚24毫米，其形状、大小均与后世手摇纺车上的锭盘相仿，是手摇纺车上的零件。该遗址同时出土有强捻丝，捻度高达每米上千捻。表明商代可能已有手摇纺纱车的雏形。另外，草鞋山的葛织品与钱山漾的苎麻织品，经纬密度达到每厘米 20～30 根，捻线较细，比同时期全国其他地区出土的织物纹的密度（一般每厘米 10 根左右）细得多，这可能是用原始纺车纺成的。表明在其他地区也可能有手摇纺纱车的出现。

第五节　织　布

一、原始织机的科技原理

在长期的生产、生活实践中，人们逐渐发现，用手经指挂技术织出的织品，制成的衣物太疏松、不保暖；纱线容易脱落；生产效率也太低。因此，人们逐步摸索新的织作技术，导致原始织造工具的诞生——主要是发明了开口、引纬、打纬三者结合的原始织机和织作技术。

开口方面，在原有经轴、卷布轴的基础上，增加了分经棍和提综杆。分经棍是将奇、偶数经线隔开，分成上下两层，形成一个自然梭口。提综杆是将奇数或偶数的经线与提综杆连接起来，以便不断提起或放下，形成一个个织口。它一下子可把全部奇数或偶数经线提起或放下，这比用手指把一根根奇数或偶数经线提起来要快得多，大大提高了生产效率。

引纬方面，用比较长的骨针、木针或两端有缺口，或正面挖一长条形凹槽以缠线的木板或骨角器穿引纱线，一下子从织口通过整个经面，完成投放纬线的动作，成为织机上的杼子，速度比手经指挂要快得多，也进一步提高了生产率。

打纬工具是骨匕或木匕等。其作用有两个：一是在提综开口后，它可以放在织口中，以扩大、固定织口，便于杼子和纬线通过，加快织作速度；二是在纬线通过织口后，它可以用于把纬线打紧，使织物较为紧密、牢固，提高织物的质量。

虽然以现在的眼光看上述工具和技术都非常简单，但它们却赋予原始织作工具以机械的功能，包含了纺织技术的主要科学原理和技术因素，为以后纺织机械和纺织技术的大发展奠定了基础，开辟了广阔的前景。例如提综杆的发明，便为今后创造丰富多彩的织纹和织机的完善创造了极有利的条件。

在织物组织上，纺织技术也从平纹组织发展到运用经丝浮长变化织出花纹，开创了从平织向纹织的发展，为纺织品花色品种的大量增加开创了先例。

二、原始织机的类型

世界上原始织机的结构有多种多样，各地不尽相同。常见的有原始腰机（或称踞织机）、综版式织机和竖机等，前两种经面是水平的；后一种是垂直的①。我国迄今发现的原始纺织时期的织机主要是前两种。

（一）原始腰机

原始腰机有几种类型，繁简不同。根据我国少数民族现有的资料，其主要工具和操作技术是：

用两根横木作为经轴和卷布轴，经轴系于木柱上，卷布轴系于织布者的腰部。织作用的部分纱线平行缠绕于这两根横木上，成为经线。

一根较粗的分经棍，把经纱按奇、偶数分隔成上下层，并形成自然的织口，可以引纬织作。

一根比较细的提综杆，连接下层全部经纱，以便提起下层经纱，形成新的织口。

一个杼子，上缠（或穿）纱线，从织口通过，成为纬线。

一把打纬刀，起固定织口和打纬的作用。

一根较粗的压经棍，固定在上层经纱之上，以便在提起下层经纱时，防止上层经纱同时浮动。

织作过程是：上经之后，织工席地而坐，双脚蹬住经棍，腰

① 《中国纺织科学技术史》（古代部分），25页。

绑卷布棍，把经线拉紧。先利用分经棍形成的自然织口，用杼子引纬线通过织口，再用打纬刀把纬线打紧；然后，用提综杆把下层经线提到上层经线之上，形成第二个织口，把打纬刀放入织口，立起固定织口，杼子引纬线，打纬刀打纬；随后，把下层经线放下，形成第三个织口，再织。如此循环交替不断织作。织作时，还要依靠织作者腰部的伸缩来控制经线的张力。

这种原始腰机的零部件，在 1975 年至 1978 年间浙江河姆渡文化（距今六七千年）遗址中已经出土，第一期发掘出土的有：

木匕，4 件，其中 2 件刀形，硬木磨制，背较平直，刃部弧形，较薄，其中 1 件长 16.3 厘米，宽 2.6 厘米；另 1 件长 39 厘米以上（残）。与杭州解放前手工织带用的木纬刀相似（图 8）。

小木棒 33 件，硬木磨制，其中一端或两端尖头圆木棒 18 件，长 25～40 厘米，直径 1.5 厘米左右。

梭形器 4 件，鹿角制，最长的 23.5 厘米，直径 2.3 厘米，正面挖一长条形凹槽，长 4.5 厘米，宽 0.8 厘米，背面挖两三条长方形或圆形凹槽，长 1.5～1.9 厘米，与正面槽相通，后端也经磨锉，有一周突棱①。

第二期发掘出土的有：

木齿状器，残长 21.73 厘米，宽 2.75 厘米，厚 1.05 厘米，可能用于梳整经纱。

木卷布棍，是小圆木棒，两端削成四方形状，并在同一水平方向削有斜向缺口，长 24.55 厘米，直径 1.78 厘米。

---

① 浙江省文物管理委员会，浙江省博物馆：《河姆渡遗址第一期发掘报告》，载《考古学报》，1978（1）。

木经轴，作齿状，残长7厘米，宽3厘米，厚0.5厘米①。

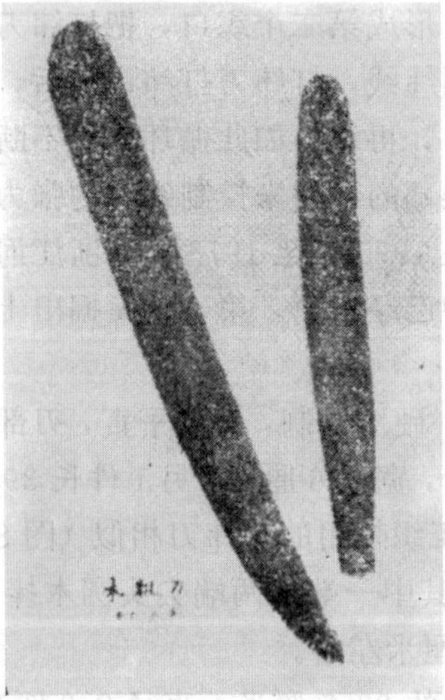

图8 原始织机部件，浙江河姆渡出土
（赵广田供稿）

有的研究者认为，这些部件有的是腰机部件，有的不是；还有一些器物应是织机部件，但被忽略了。宋兆麟认为，河姆渡出土的一些大小木棒中“两头粗细相若，又比较细者，可能是织机上的定经杆、综杆等部件”。而有些粗细不一、细头呈尖状的木棍，“如果以其作经轴，显然过细，而且不牢固；若作为定经杆，又比较短，而且两头直径不一，必然影响经线的松紧，不利织纬，所以不是定经杆，可能是其他工具”。

河姆渡出土的锯齿状的骨器，锯齿比较宽大，缺口高低不平，若作为分经木，会使“经面也高高低低，这样很难引纬，而且它不仅不便分经，还要将经线成束成束地集中在一起，这也是无法织布的，因此它不是分经木之类的工具。河姆渡文化的分经木应该在圆形木棒中寻找”。

河姆渡出土的4件骨梭“都比较粗壮、厚重，与原始轻巧

① 河姆渡遗址考古队：《浙江河姆渡遗址第二期发掘的重要收获》，载《文物》，1980（5）。

的梭子格格不入，而且其上的倒钩、挖槽和柄都不利于绕纬穿经，显然它们不是织布的梭子。可是该遗址出土许多骨针和管状针（$T_1$39，$T_2$④：116），器形较长，一头有孔，一头有尖，既可以绕纬，又能引纬穿经，其中比较长者可能是当时织纬的梭子”。

河姆渡出土的骨匕和木匕“并不全是机刀”，如最有代表性的那件骨匕（长 31.7 厘米，宽 3.7 厘米，T223④：147），“大小尺寸与机刀相近，但是有些特征是与机刀相矛盾的，如刃部呈弧状，器物甚轻，且有柄，这些都不便打纬，在背刃部位也没有留下线纹痕迹，进一步说明它不是机刀”。有 1 件木匕（T27④：17）“由硬木磨制，刀状，背部平直，较厚，另一侧呈弧状，且薄，此具应该是机刀，但是形体较小，长 16.3 厘米，宽 2.6 厘米，它可能是一种小型机刀。另 1 件标本（T19④：66）形体较大，残长 39 厘米，刃平背直，而且在刃部有线磨损痕迹，这是比较大的机刀”。

河姆渡出土的 3 件木棍，2 件较大（长 24.55 厘米、直径 1.78 厘米，T231④：204；长 37 厘米、直径 1.5 厘米），“两侧均有刻槽，当为布轴”。1 件小的，长 16.4 厘米，直径 2 厘米（T37④：253），“可能与前面叙述的小型机刀为一组，是供织窄幅布或腰带用的织具”。

“在河姆渡遗址里，目前除了不见或尚不认识的经轴、分经棍外，已经发现了定经杆、机刀、梭子和布轴等重要织机部件，说明河姆渡文化已经使用古老的踞织机，其结构可能与彝族的织机大同小异。……河姆渡织机的操作也包括以下诸过程：（1）立刀引纬；（2）用机刀打纬；（3）提综开口；（4）立刀引纬；（5）再以机刀击纬；（6）放综立刀；（7）引纬打纬。”

宋兆麟认为：“距今七千年的河姆渡人就制造使用踞织机，体现了我国纺织技术的优良传统——比较进步的水平织机；又出现了宽幅与窄幅的不同类型；纺轮也有纺纱、纺线的区别，因此这是一件了不起的科学成就……（它）不是中华民族掌握纺织技术的开始，而是原始纺织技术有一定发展水平的标志。”①

从上述材料看，距今七千年的河姆渡人的原始织机已有较多的部件，比近代有的民族使用的最原始的织机要进步一些（详见第三编）。所以我们同意宋兆麟的意见，在河姆渡文化之前，原始织机还应有一个发展过程（见第三编），中国的原始机织技术应有更悠久的历史。

上海纺织科学研究院分析复原江苏吴县草鞋山遗址出土的葛织品之后，认为这些葛织品的纬纱弯曲变化较大，可能是在原始腰机上采用骨针系上纬纱穿引织作的。它不是通纬织物，而是绞纬织物②。这些麻织品有山形和菱形花纹，很可能是编织和腰机织造技术相结合的织造品。商代甲骨文亚字可证实当时的原始腰机的基本形状与上述河姆渡、草鞋山的织机基本相同（为了使文字简练，只表现主要部分）。当然如果文字反映的是完整的织机形象的话，那么东南少数民族比中原地区织机要先进些，是后来我国绞织法和少数民族织作与挑花相结合的织法的先声，似乎比河姆渡文化的纺织技术又有进步。

（二）综版式织机

综版式织机是织带用的一种织机。据《中国纺织科学技术史》介绍：1972 年春在辽宁省北票丰下商代早期遗址中发现一小片织物，经北京纺织科学研究所分析，似是丝织品。其织物

① 宋兆麟：《凉山彝族的踞织机——兼谈河姆渡文化的纺织技术》，载《凉山彝族奴隶制研究》，1982（1）。

② 《中国纺织科学技术史》认为：“因为实物很小，经纬向不易分清，也可能是绞经织法织成的。”

结构是上下绞转，纵截面呈椭圆形，圈内残存有纬纱，是典型的综版式织机织造的织品（山东临淄郎家庄一号东周墓地也发现有类似的织物）。“综版式织机的出现必然很早，因为它和编织技术的关系非常密切。”

近代，西藏民间仍广泛使用综版式织机。其主要部件和操作工艺详见第三编织机部分。据说，在埃及、斯堪的那维亚半岛的古遗址中（公元400～600年）也出土过这种织机的综版，称之为卡片织机①。

同时，据研究商末以前的毛织机具除了上述原始腰机外，还有原始竖机和地织机两种。

（三）原始竖机

原始竖机，立式框架，经纱上下绷紧，织工用手来回手经指挂织制。

（四）地织机

地织机铺在地上，边织造，边向前移动。

腰机和地织机的织幅较窄，只有30～40厘米；竖机织幅较宽，可达200厘米。从哈密五堡的毛织物看，当时毛织物经纬的密度已大幅度增加，斜纹组织普遍流行，又有提花织物出土，说明当时毛织技术已有突破性进步，织机已有固定的机架，而且提综经片至少已有4片②。

此外，据报道，在云南西部弥渡苴力新石器时代的墓葬中发现有“铜纺织工具”③。如果这个断代可靠的话，那它在纺织工具史上是值得重视的。

---

① 陈维稷主编：《中国纺织科学技术史》，28～29页。

② 王裕中等：《中国毛纺织发展简史——中国羊毛纺织渊源再探》，载《中国纺织科技史资料》，1983（15）。

③ 罗开玉：《川西南与滇西大石墓试析》，载《考古》，1989（12）。

第六节　原始染整技术和颜料

一、织物染色技术的产生

我们在第一章已经说过，我国至迟在二万多年前的山顶洞人时期已经有了染色技术的萌芽，到七八千年前有所发展，但尚未发现染色技术应用到织物、衣服的实例。到了新石器时代中、晚期和夏商时期，随着社会生产和社会组织、意识观念的发展，染色技术有了较大的发展，此时已发现染色技术应用于织物、衣服的资料。

首先，发现应用染色技术的地域、器物和数量大大增加了。例如，古文献记载，东夷有 9 种，其中有黄、赤、白三种夷人以色命名。黄河流域中上游的仰韶文化和长江中游的屈家岭文化都出土了不少彩陶，颜色有红、黑、白、褐、橙等多种。特别是距今四五千年甘肃、青海地区古代羌人创造的马家窑文化的遗址、墓葬中出土的彩陶器，在整个出土陶器中古有很大的比例，从百分之二三十到百分之六七十，彩陶器上纹饰繁缛，艳丽，多种多样，笔画流畅；着色后经打磨，压入器表，显得牢固、平整、光洁，至今色泽如新。就是以现在的水平来看，这种彩陶器也是令人赞叹不已的艺术珍品。山东等地区东夷人创造的蛋壳陶，釉层极薄，釉色黑亮。浙江河姆渡遗址第三文化层出土的古越人制造的木胎朱红色漆碗，至今仍微有光泽等等。所有这些都充分表明，当时的染色绘缋技术已是相当高超了，比距今八千年的大地湾文化只有一圈宽带纹的彩陶，有了极大的进步，并有了后来纺织史上的砑光技术的萌芽。

其次，织物染色的实例也有新发现。在河南荥阳青台村的仰韶文化瓮棺葬中出土有公元前 3500 年的绛色罗①。在新疆罗布

① 《中国大百科全书·纺织》卷彩图 1 页。《中国文物报》1992 年 3 月 22 日第 1 版，介绍中国丝绸博物馆成立的文章中说是“染色罗”。

泊、哈密出土的公元前1800年至公元前1200年的毛织品有红、褐、绿、黑、黄、烟、米、幖、棕、棕黄等多种颜色(详见第七节)。

这与文献的记载是完全相符合的。例如,《后汉书·南蛮西南夷列传》记载：高辛氏帝喾之时，南蛮已能“织绩木皮，染以草实，好五色衣服”。衣裳斑斓。《史记·五帝本纪》记载：尧时有“三帛”。郑玄注：“三帛”是指“赤缯”、“黑缯”和“白缯”。《尚书·禹贡》所记载的九州贡物中，荆州有“玄纁”，徐州淮夷有“玄纤缟”，等等。《逸周书·商书·伊尹朝献》还记载西方的昆仑等地给商王朝贡献“丹青”，即把染料作为贡品。可见当时染料已经被重视，用途比较广泛。

至于衣服上的绘缋，虽因时代久远保存不到今天，但从其他器物上可以得到明确的印证。例如甘肃秦安大地湾仰韶文化庙底沟类型的遗址出土了一件人头器口彩陶瓶，其头部眼、耳、鼻、口齐全，额部有整齐的覆发，面目清秀似是漂亮的少女，从颈部以下到器身下部绘满朱红色叶纹和旋涡纹，好像将绘满上述纹饰的一块布围裹全身似的，时代距今五千五百年左右。根据民族学材料，当时不可能有上衣下裤之分，最早的衣服只是包裹身体的一张皮或布块。如新疆罗布泊出土的公元前1800年的毛织粗布毯正是如此裹于尸上(详见第七节)。类似的器物在其他新石器文化的彩陶器上也时有发现。这应该就是《考工记》等所说的商、周、汉代的“画馈之工”①。

《中国纺织科学技术史》认为，在衣服上涂色——染色，可能与宗教信仰或其他社会活动有联系。例如，人们最早使用的红色，能给人以强烈、鲜明的感受，很可能与它们对太阳、火、血液象征着生命的崇拜有关。彩绘纹饰可能是纹身的延伸。起

① 黄能馥：《印染织绣工艺美术的光辉传统》，见《中国美术全集·印染织绣》，文物出版社，1987。

初它大概只用于祭祀和舞蹈，以后逐渐发展成为日常的装饰，同时又可能成为民族首领、巫师、战士的标志。随着社会的进步，服装上的色彩和花纹有愈来愈多的含义，成为人类文明中不可缺少的一个部分。

二、染料品种和使用工艺

由于原始时期的加工技术和媒染技术比较简单，染料只能是拿来即能用而在自然界中比较多且易于找到的物质，品种不会很单一。考古发现人们最初用的颜料是矿物。但我们认为，原始人染色可能曾用过有色的植物、矿物和动物的血，因为这些东西都容易找得到。各地的考古发现，原始时期人们主要用的染料是矿物颜料，即无机颜料。例如，青海乐都柳湾马家窑文化墓地出土的朱砂[①]；兰州花寨子半山类型墓出土的赭石颜料一块[②]；江苏邳县大墩子青莲岗文化和马家浜文化的遗址都出土有赤铁矿石。这些赤铁矿石装在陶器内，并有研磨的痕迹[③]。在甘肃出土的彩陶数量很多，据化验，彩陶陶衣上有白、红、橙黄等色，“是用白垩土或红土调成泥浆后施涂的”。“有些彩衣是在泥浆中调入了一定量的颜料，如赭石、高岭石和铁锰矿”。彩绘颜料有：“一般浓黄土、褐铁矿和赤铁矿，用作黄色、棕色和红色颜料”，“软锰矿和磁铁矿，用作黑色颜料”。“重晶石、白垩、硬石膏、高岭土，用作白色颜料”[④]。由此可见，矿物颜料

① 青海省文物管理处考古队，中国社会科学院考古研究所：《青海柳湾——乐都柳湾原始社会墓地》，文物出版社，1984。

② 甘肃省博物馆等：《兰州花寨子半山类型墓葬》，载《考古学报》，1980（2）。

③ 南京博物院：《江苏邳县四户镇大墩子遗址探掘报古》，载《考古学报》，1964（2）。

④ 马清林，李现：《甘肃古代各文化时期制陶工艺研究》，载《考古》，1991（3）。

品种比较多。起初人们只能是将某种矿石研磨成粉末状，用水调和，涂染在布料或衣服上；后来学会用几种颜料来调制成新的色彩。例如，兰州白道沟坪马厂期的陶窑遗址（距今4000年）出土有研磨颜料的石板、配色调料用的陶碟，在陶碟的分格中，配有紫红色的颜料。

用植物染料的历史也相当悠久。《夏小正》关于“五月，啟灌蓼蓝”。记载表明，“在夏代，我国已种植蓝草，并且已经摸索到了它的生长习性”①。与此同时，据《竹书纪年》和《后汉书·东夷列传》等记载：商代第十代王仲丁即位，“蓝夷作寇，征于蓝夷”。后，“河亶甲整即位，自嚣迁于相。征蓝夷，再征班方”。可见在夏、商之际，东夷族群中有一支叫做“蓝夷”。据考证，“蓝夷”的“蓝”虽是以专制一种用以盛汤和水的陶器“监”而得名，但“蓝夷首先种植蓝靛，把野生植物培育成为栽培植物，用以染蓝衣料”。后来，历经迁徙，蓝夷分化为瑶族、畲族、苗族等民族，一直以穿蓝黑色衣服为主，并且瑶族中有花蓝瑶；畲族四大姓中第二姓就姓“蓝”②。在瑶族有关创世纪的神话传说《密洛陀》中，也有类似的内容，说密洛陀在创造人之前会染布，染料就是“蓝靛水”③。表明瑶族使用蓝靛染布有着悠久的历史。此外，自然界那些红、黄、紫、绿的花、叶都可能是采用的对象，最初仅知道把花、叶揉搓成浆，用来绘缋，后来逐渐懂得用温水浸提；采用的对象也渐从花、叶发展到枝、皮、根、茎，进而从野生到人工培植，开辟了人类种植染料之路。

随着经验的积累，为了增强染色牢度，人们在颜料中又加

---

① 《中国纺织科学技术史》，第一篇第六章。

② 何光岳：《百越源流史》，第二十四章，江西教育出版社，1989。

③ 陶立璠，李耀宗：《中国少数民族神话传说选》，四川民族出版社。

进了粘合剂。甘肃出土距今五千年的镶嵌骨匕、石雕人面等，就用黑色胶液把细石片、小石子和骨料等粘作眼睛、匕刃、纹饰等等。据化验，这种粘胶是有机化合物，用树脂桃胶、槐树籽捣碎混合均可用①。说明这种粘合剂已多使用。用于着色的材料也有发现，云南沧源佤族自治县的新石器时代岩画，是用赤铁矿石粉末与适量的动物血和植物胶混合制成的，具有化学稳定性和附着力强等特点，所画红色至今仍然鲜艳，时间距今三千年以上②。如果这个材料的断代是可靠的话，那就清楚地表明：在我国边疆少数民族地区，染色技术早就产生，很有特色，为今后染色技术进一步发展打下了良好的基础。

甘肃东乡、兰州等地的马家窑文化遗址出土的研磨石和调色石，应就是研磨矿物颜料和配色、上色的工具（图 9）。

三、整理

50 年代，在福建福清东张白豸寺新石器时代遗址出土 7 粒桐籽，经厦门大学生物系何景教授鉴定确认，并认为与纺织有关，因为桐籽可以制成胶状液体，涂在纱线上，有利于纺织③。如果当时确实用于纺织的话，那应是整理技术的萌芽。

第七节 原始的纺织品

虽然纺织产品极难保存，但是由于文物考古工作者的精心发掘，迄今人们仍然发现了距今六千年到商代时期的一些纺织品残片，葛、麻、棉、毛、丝织品都有。下面分类介绍，并把古文献中有关织品的记载一并简介如下。

① 甘肃省博物馆文物工作队：《甘肃永昌鸳鸯池新石器时代墓地》，载《考古学报》，1982（2）。

② 云南省博物馆：《十年来云南文物考古新发现及研究》，见《文物考古工作十年》（1979～1989），文物出版社，1990。

③ 梅华全供稿。参考《夏门大学学报》（社科版），1959（1）。

图 9 颜料研磨石，新石器晚期，甘肃兰州出土

（蔡义选摄）

一、植物纤维织品

1. 葛布。1972 年在江苏吴县草鞋山遗址出土 3 片葛布残片。葛布残片虽然已经炭化，但经上海纺织科学研究院和上海市丝绸工业公司鉴定，织物为纬起花的罗纹织物，经纱为双股，S 捻双股线纱的直径（投影）0.45～0.90 毫米，经密每厘米约 10 根，纬密罗纹部每厘米约 26～28 根，地部每厘米约 13～14 根。葛布残片上有用扭绞加绕环织法织出的山形斜纹和菱形斜纹。花纹处的纬纱曲折变化，罗纹部纬纱上下绞结。时代距今六千年以前①。族属为百越族。

2. 大麻布。1978 年，在福建崇安武夷山白岩崖洞墓船棺出土 3 块麻布残片。颜色分别是棕色、土黄色和棕黄色。经上海纺

① 南京博物院：《江苏吴县草鞋山遗址》，载《文物资料丛刊》，1980（3）。

织科学研究院鉴定，纤维是大麻，直径0.35～0.55毫米，捻向有S向和Z向两种，捻度每厘米3.8～7.2捻，织物组织平纹，经密每厘米20～25根，纬密每厘米5.5根，相当于15.5升（一说12～15升）布，比河北藁城的10升布精细①，比长沙楚墓的17.5升略粗。时代距今三千四百年左右。族属为百越族的一支。

1973年，河北藁城台西村商代遗址和墓葬出土2块大麻布残片，平纹组织，经密每厘米14～20根，纬密每厘米6～10根，相当于10升布②。

吉林市郊猴石山遗址一号墓也出土有包裹铜刀的大麻布。③

青海柳湾马家窑文化墓葬有布纹痕迹(《中国大百科全书·考古》卷)。甘肃、青海齐家文化陶器上布纹有粗、细两种，粗的每厘米11根，细的每厘米20多根，用以缝制衣服和遮盖尸体头部。

3. 苎麻布。1956～1958年浙江吴兴钱山漾新石器时代遗址出土一些麻布片和麻绳，经浙江省纺织科学研究所鉴定，这些布片和麻绳都是用苎麻纤维织制的，捻向有S捻，也有Z捻，平纹组织。密度：一号每厘米18根；二号每厘米12根；三号经密每厘米24根，纬密每厘米16根，比较精细。苎麻绳有两种，一是双股拧成，直径0.3厘米；二是三股拧成，直径0.25厘米。还有苎麻绳结，绳结比较粗一些④。

① 福建省博物馆，崇安县文化馆：《福建崇安武夷山白岩崖洞墓清理简报》，载《文物》，1980（6）。

② 《中国纺织科学技术史》，100页。

③ 张绍维：《吉林原始农业的作物及其生产工具》，载《农业考古》，1983（2）。

④ 浙江省文物管理委员会：《吴兴钱山漾遗址第一、二次发掘报告》，载《考古学报》，1960（2）。

台湾大岔坑遗址（距今四五千年）出土有树皮布和绳纹陶器①。绳子可能用苎麻搓织而成。

福建武夷山白岩崖洞墓也出土有苎麻布残片1片（已炭化），棕色，经纬线直径0.4～0.45毫米，Z捻，捻度每厘米6捻，平纹组织，经密每厘米20根，纬密每厘米15根②。

4. 棉布。1978年福建崇安武夷山白岩崖洞墓出土了迄今所知我国最早的棉织品——一小块青灰色棉布。据上海纺织科学研究院鉴定，它是多年生联核型灌木棉，棉纤维与浙江兰溪出土的南宋棉毯的纤维接近，棉线直径0.5毫米，S捻，捻度每厘米5.3～6.7捻，平纹组织，经纬密度均是每厘米14根，质量比较好，时代距今三千多年（3445±150年）③。

二、动物纤维织品

（一）丝织品

迄今所知，时代最早的丝织品是1984年在河南荥阳青台村仰韶文化墓葬瓮棺出土的“绛色罗”（有的称为“染色罗”），时代为公元前3500年④。

1958年，在浙江吴兴钱山漾遗址（公元前2700年）出土一批珍贵的蚕丝制品——绢片、丝带和丝线，保存得相当好。

绢片，残长2.4厘米，宽1厘米，虽已变质，但未炭化，呈黄褐色（可能因年久变色），表面有茸毛状和微粒状结晶物，呈白色透明体。经浙江丝绸工学院和浙江省博物馆的细致观察和鉴定，绢片被确认为长丝产品，经纬丝线至少由20个茧缫制而成，没有加捻（另一说：因成纱纤维已松散，是否加捻和捻向

---

① 韩起：《台湾省原始社会考古概述》，载《考古》，1979（3）。

②③ 福建省博物馆，崇安县文化馆：《福建崇安武夷山白岩崖洞墓清理简报》，载《文物》，1980（6）。

④《新华文摘》1984年9月。《中国文物报》1992年3月22日关于中国丝绸博物馆成立的报道。

不易鉴定)。丝纤维截面积是40平方微米，股线平均直径为167微米，丝缕平直。织物组织为平纹，表面细致、平整、光洁。经密每厘米52.7根，纬密每厘米48根，和现代生产的H11153电力纺的精密度非常接近（见下表），其精密度可与现代一些丝织品媲美①。

	蚕丝直径（微米）	经纬丝平均直径（微米）	经 密（根/厘米）	纬 密（根/厘米）
钱山漾绢片	12.6～16.3	167	52	48
H11153电力纺	12.8～16	134	75.2	41.8

电力纺经丝是3根23/25但尼尔生丝合并，纬丝是2根20/22但尼尔生丝合并。

丝带，已揉作一团，无法量定长度，宽约0.5厘米，编织法同今草帽辫，有两排平行的人字形织纹，体扁，近尾端一节呈圆形。从浙江省纺织科学研究所的鉴定书看，丝带似乎有两种：一种为圆形丝带，共由30根单纱织成，3根组成1股，共10股；另一种已炭化，但经鉴定，经纬线加捻，捻向S。织物组织平纹，经密每厘米72根，纬密每厘米64根②。

丝线，揉成一团，已炭化，比上述绢片和丝带的经纬线粗，捻向S③。

在河南殷墟、河北藁城商墓等中原地区出土的丝织物或丝织物印痕，有绢、绉纱、绮、纨、缟、素罗等等。在边远地区如辽宁北票丰下商代早期遗址，1972年也出土了1件织物，据北京纺织科学研究所分析，是丝织品。丝织品呈淡黄色（可能年久变色），由若干层重叠，结块硬化，纱线均匀无捻度，织物

①②③ 浙江省文物管理委员会等:《钱山漾第一、二次发掘报告》，载《考古学报》，1960（2）。

结构上下绞转，是用综版式织机织造的①。

1989年，江西新干大型商墓出土的青铜器等有用丝织品包裹的痕迹②。

1978年，福建崇安武夷山白岩崖洞墓也出土了一块烟色丝绢，据上海纺织科学研究院鉴定，是家蚕丝，经丝截面呈钝三角形，丝线直径0.35～0.45毫米，织物组织为平纹，经密每厘米30根（一说每厘米32根），纬密每厘米19根，比殷墟出土的丝织物（72根×35根/平方厘米），较为粗疏③。

（二）毛织品

《逸周书·商书·伊尹朝献》记载：商朝，西方的昆仑等地贡献的"纰罽"，是比较精细的毛织品。

1979年，在新疆罗布泊的古墓沟挖掘了一批罗布泊人的墓，死者全身包覆毛织物，头戴毡帽，帽上插有禽鸟翎毛，脚穿兽皮制的鞋子，时代是公元前1800年左右。罗布泊北端铁板河一号墓出土的女尸，也是头戴毡帽，上插2根雁翎；裸体，上身外裹毛织粗布毯，毯两端在胸前交裹，用削尖的小树枝别住，下身裹一块兽皮；脚穿皮毛鞋子，时代也是公元前1800年左右。以上材料说明当时罗布泊人虽已会纺织毛织品，但还不会裁缝衣服，只能用毛布裹身。上述织物有毛布和毡两大类。据研究，毛布都是平纹组织。毛纤维有山羊毛、骆驼毛和牦牛毛等等。纱线的投影宽度，粗者2毫米，细者1毫米，平均1.3毫米；捻向，经纱S捻，纬纱Z捻，捻度1.8～2.8捻/厘米。纱线均匀

① 《中国纺织科学技术史》，28页。

② 《中国文物报》1990年11月15日。

③ 福建省博物馆等：《福建崇安武夷山白岩崖洞墓清理简报》，载《文物》，1980（6）。

度比较差，唯黄色毛毯的纱线比较均匀。织物的经纬密度每厘米只有4.8～7.2根，比较稀疏。织物有手工编织的边组织①②。新疆羊毛研究所对毛纤维检测分析后认为当时人们已懂得分档次使用纱线，粗者捻毛绳，细者捻布绒；纱线质量也比较高，可纺70支纱，人们已开始使用竖机织造幅宽达1.8米的毛毯③，毡则是迄今所知最早的无纺织品，当时已相当匀整厚实。

1978年，新疆哈密五堡公元前1200年左右的古墓又出土大量的毛织物——尖顶毡帽、皮革大衣、贴身各色毛织衣裤。它们以红、褐、绿、黑等色线织成大、小方格和宽窄彩条，大方美观（《中国美术全集·印染织绣》彩版3）。女尸上还有毛绣遗物——红地黄绣，满地图案，呈三角形，是极为罕见的珍品④。这批织物色彩丰富，有鼻烟、米、幖、棕、黄、红、棕黄等色；纱线投影宽度，细者0.2毫米，粗者1毫米，平均0.5毫米；捻向经线Z拈，纬线Z捻、S捻均有。纱线比罗布泊的细而均匀得多。织物组织多为斜纹，有2/2，也有1/2或2/1，也有平纹和刺绣，经纬密度要比罗布泊的密2～3倍，已接近现代粗白棉布水平。下面介绍其中的几件织物。

一块带刺绣的花纹罽（平纹）：底部经纬密度为20根×16根/平方厘米，花部为双股捻线，黄、绿二色刺绣成间断的云彩纹。

---

① 新疆维吾尔自治区博物馆，新疆社会科学院考古研究所：《建国以来新疆考古的主要收获》，见《文物考古工作三十年》（1949～1979），文物出版社，1979。

② 王裕中，徐金娣：《中国毛纺织发展简史——中国羊毛纺织渊源再探》，见《中国纺织科技史资料》，第15集。

③ 姚运：《汉唐时期关中与新疆少数民族的科学文化交流》，见《中国少数民族科技史研究》，第一辑，1987。

④ 新疆维吾尔自治区博物馆，新疆社会科学院考古研究所：《建国以来新疆考古的重要收获》，见《文物考古工作三十年》（1949～1979），文物出版社，1979。

一块双色花罽：底部组织结构为2/1斜纹，经纬密度为10根×33根/平方厘米；花部为10根×10根/平方厘米，组织结构为平纹。

一块山形纹罽：底部组织结构为2/2斜纹，经纬密度为24根×20根/平方厘米；花部为10×16根/平方厘米，组织结构是平纹。

更令人惊奇的是，"有二块斜纹底纬重平提花织物"。另有一块的花纹织法，"似刺绣法，似缂法"①。

据《逸周书·商书．伊尹朝献》记载：云南西部有"昆仑……贯胸，雕题，离身，漆齿请令以丹青、白旄、纰罽……为献"。说明西南地区少数民族当时也会织制多种较好的毛织物。

三、织品反映的纺织技术水平

上述出土的各种织物表明，在原始手工纺织时期，各项纺织技术都在不断发展。

首先是纱线由粗到细。例如距今六千年的草鞋山植物纤维纱线直径0.45～0.9毫米，而距今三千多年的武夷山的是0.35～0.55毫米。新疆的毛织品，距今三千八百年的平均直径1.3毫米，距今三千二百年的精制到0.5毫米。捻线有S捻，也有Z捻，各地区（包括新疆）都是如此。捻度，植物纤维每厘米5～6捻（如福建的几种），毛纤维在2～3捻（如新疆的）。

其次是织品的经纬密度由疏到密。当时一般的密度是每厘米10根左右，但也有每厘米20～30根的。后者已出现于距今六千年的草鞋山葛织物的花纹部分，表明我国一些少数民族先民的纺织技术产生、发展之早和有比较高的技术水平。此外，同一时代同一种原料的织物，南方武夷山的（甚至时代更早的钱

① 王裕中等：《中国毛纺织发展简史——中国羊毛纺织渊源再探》，《中国羊毛纺织渊源初探》，见《中国纺织科技史资料》，第8、15集。

山漾的织物）要比北方藁城的紧密，表明当时边疆少数民族先民的纺织技术不比中原华夏族先民的差，甚至还要高一些。

再次是在织物组织和品种方面，当时的织物大多是平纹组织，但也有了斜纹组织，甚至有了一定编织难度的原始绞纱罗织物和纬起花织物、提花织物和绣花织物等。这几种组织和织物有的是六千多年前之物，有的显示了发展轨迹。所有这些不仅充分说明我国少数民族先民纺织技术水平之高，而且也为研究我国纺织科学技术史提供了重要证据。例如纬起花技术，我国六千多年前已有，这项技术不完全是后来从外国传入的。

第八节 服 饰

服饰既是人类生存、生活必不可少的用品，又是社会的物质文明和精神文明的重要标志，还是各民族、各地区风情的结晶。时代不同，民族不同，地区不同，服饰也就不尽相同。它们各具特色，但也有些共同点，那就是它们必然都随着社会经济、思想观念、风俗习惯的发展变化而不断进步、变化；又必然随着各民族、各地区经济文化的交流而发生变化。各民族之间、各地区之间的互相学习、互相影响、互相促进，使一个民族的服饰总是或多或少含有别的民族服饰的特点。

不同时期、不同民族的服饰是了解各民族社会生产发展状况，特别是纺织科学技术和纺织生产的发展水平和规模，了解各民族的思想观念、宗教信仰、风俗习惯，了解民族间经济文化交流状况的重要窗口。因此，本书在每编的最后都设置专门章节予以介绍。

从原始社会到商代这个时期，由于文献记载极少涉及各个族群的服饰；还有当时的生产力十分低下，大多数人还不可能有像样的服装，服装布料供不应求，有些人只能继续使用兽皮、畜皮和植物的藤、皮、枝叶等，与布疋并用；还由于时代太久远，服装不易保存下来等原因，所以，可供研究的资料极少，这里只能根据古文献的少量记载和少量的出土文物，按四大地区或四大族群，简单介绍。

一、东方民族服饰

《礼记·王制》曰："东方曰夷，披发纹身……"也就是说很早之时，东夷人还没有或很少衣服，而以纹身为饰，头发自然向下披垂。

《文献通考·四裔考》记载：东夷"率皆土著……或冠弁衣锦、器用俎豆，所谓中国失礼，求之四夷者也"。这应是接受华夏族服饰文化较多时期的东夷族服饰——有冠弁，用锦绸做衣服，而且是上层人物的服饰。至于早期东夷族的服饰如何？后期一般居民的服饰如何？就不清楚了。

考古资料有：1979 年在江苏连云港锦屏山发现的将军崖岩画，据研究是距今六七千年从事原始农业和渔猎生产的东夷族的遗存。人面像较多，其头饰多为半圆形网纹，也有尖圆顶饰和三角形尖顶饰等。另有一幅人像似身着衣裙[①]。安徽含山凌家滩新石器时代墓地（距今四千五百年左右）出土的玉人，头戴装饰有方格纹的扁圆冠，冠顶正中有三角形小尖顶，脑后刻 4 条横线，似与冠饰有关。手臂戴环，腰部有一宽带子[②]。与上述文献记载的"冠弁"相符，并提供了具体形制。

二、南方民族服饰

《礼记·王制》曰："南方曰蛮，雕题交趾……"以丹青在额上雕纹为饰。《后汉书·南蛮西南夷列传》记载：高辛氏帝喾之时，南蛮人用木皮、草实织染为"五色衣服，制裁皆有尾

① 连云港市博物馆：《连云港将军崖岩画遗迹调查》，载《文物》，1981（7）。
② 安徽省文物考古研究所：《安徽含山凌家滩新石器时代墓地发掘简报》，载《文物》，1989（4）。

形”，“衣裳斑斓”。说明南方民族有衣尾的习俗，衣服上色彩、纹饰多。

浙江余杭反山良渚墓地（距今五千至四千八百年）出土的玉琮、玉钺上，多有神人形象，提供了冠帽的式样——高耸宽大的冠，冠上插有放射状、密集的羽毛，冠内有饰卷云纹的帽子①。瑶山良渚文化祭坛出土的玉冠形饰、三叉形器上也有类似的神人冠帽②。

云南元江它克乡发现的崖画，据研究是新石器中晚期的，其中的人物有无服装？看不出来，但头饰可见，多种多样——有的头上有6条放射状直线，似为冠状；有的上插羽毛；还有其他多种形式③。

三、西方民族服饰

《礼记·王制》记载：“西方曰戎，披发衣皮。”这里说的是游牧民族的情况，发式为披发，穿皮毛衣服。但西方的戎羌民族不全是游牧民族，也有从事农业生产的，应该另有服饰。

甘肃秦安大地湾出土1件距今五千多年的人头器口彩陶瓶（属仰韶文化庙底沟类型），是怀孕鼓腹的母神的形象，其服饰是：披发，额前有流海；从颈到腹部之下的彩陶纹饰就像是披上一块彩色绘缋花纹布。1982年，在秦安大地湾遗址又发现一座距今五千年左右的房基（F411），长5.82～5.94米，宽4.65～4.74米，在室内靠近后壁的居住面上，有一幅用炭墨绘的地画，面积1.2米×1.1米，上绘夫妻和一小孩三人举行祭祀活动，祭祀一个死者④。从画面看，三个祭祀者似穿无领无袖、上

①③ 浙江省文物考古研究所反山考古队：《浙江余杭反山良渚墓地发掘简报》，载《文物》，1988（1）。

② 杨天佑：《云南元江它克崖画》，载《文物》，1986（7）。

④ 甘肃省文物工作队：《大地湾遗址仰韶晚期地画的发现》，载《文物》，1986（2）。

宽下窄短衫和短裤，并带有衣尾（有的人认为是男性生殖器），衣物应是麻布织品。青海马家窑文化的彩陶盆中的舞蹈人物，头的左后侧都有1条长辫饰；身穿无领、无袖、紧身、长及腹下的套头式半长衫，背后下面有一尾饰。新疆且末岩画中的人物也有衣尾习俗。

从四川广汉三星堆二号祭祀坑中出土的铜人（相当殷商晚期），反映了古蜀人的一些服装款式：

大立人，头戴花状高冠，冠顶中间似盛开的花形，两侧似花叶，冠下段饰两周回字形纹图案，两两相对。身穿鸡心领左衽长襟衣，后摆呈燕尾形；衣上右侧和背部主要饰阴刻龙纹；左侧主要饰回字形纹和异兽纹。从左肩向右斜饰方格纹带，结于后背。小腿上有方格纹脚镯，跣足。

小铜人，头戴平顶双角冠，帽顶左右两侧各直竖一角。身穿对襟长服，腰束带2周，跣足。

人头像，发现有4种。其中1种戴回字纹平顶冠；其他3种没有冠，发型为：（1）头发梳向脑后，上端扎束似插笄，发梢编成辫，垂至颈部；（2）发向后梳，饰蝴蝶形花笄；（3）发辫盘于头上一圈，似麻花，发际线齐耳根。

在出土的石边璋中，其射部和柄部两面各阴刻两组图案，每一组又包括5幅画，有的画上有人物和服装。第一幅有二三人，均头戴平顶冠，冠上刺两行小点。双耳戴有铃形挂饰。身穿长衣，下摆至膝。小腿上似戴有脚镯。第四幅也是3个人，均头戴山形帽，帽上有13～16个雨点纹。衣长及大腿①。

从上述考古资料可知，西方少数民族的发式和服装多种多样。其中甘肃、青海的资料与《山海经·大荒西经》记载西王

---

① 四川省文物管理委员会，四川省文物考古研究所：《广汉三星堆遗址二号祭祀坑发掘简报》，载《文物》，1989（5）。

母的服饰非常近似。该书说："西海之南，流沙之滨，赤水之后，黑水之前，有大山名曰昆仑之丘，有神，人面、虎身、有文、有尾、皆白处之。有人戴胜，虎齿，有豹尾，穴处，名曰西王母。"即有头饰，有衣尾。青海大通上孙家出土的舞蹈盆人物服饰可能就是这种服饰的体现，是戎羌人的服饰的一种。蜀人与氐羌同源，服饰却与甘、青的不同，应是另外的类型。

四、北方民族服饰

《礼祀·王制》曰："北方曰狄，衣羽毛穴居……"即北狄人以兽畜皮为衣，羽毛为饰。《文献通考·四裔考》记载：北狄"以畜牧为业……咸食畜肉，衣其皮革，被旃裘……"这也专指游牧民族的服饰，目前尚未发现这方面的服饰考古资料。但北方地区也有从事原始农业的民族；有其他地区的民族迁入者。其服饰考古发掘资料有一些，例如，1983～1984年，辽宁省东沟县后洼下层遗址（距今六千年左右）出土有滑石人像3件，可以看到一些服饰——有一个半身像，头顶有6条向后的细弧线，表示披发。身上从左肩到右腰有一道粗斜线，斜线上从上到下又有3道细阴刻线，似标示穿右衽衣，襟上有3道系结线。背后刻网格纹，似表示织物上的纹饰。另一件人像额上有1条横长弧线，上面有2条斜线，似表示缠头或斜向披发①。至于其族属，现在还难以确定。

---

① 许玉林等：《辽宁东沟县后洼遗址发掘概要》，载《文物》，1989（12）。

第　二　编

手工机器纺织时期

（西周～五代）

从西周至五代的二千年，是我国纺织科技大发展的时期。纺织原料的来源从野生、部分人工养殖和种植到基本上人工饲养和栽培，人工饲养和栽培的经验和技术日趋成熟，产量大增。纤维的制取和染整技术日渐完备。纺织工具从手工工具发展为手工机器，结构越来越复杂、完善。中国纺织工具的发展在世界纺织科技史上占有相当重要的地位。这一时期的丝织业和丝织技术，独树一帜，惠及东西方很多国家。

这个时期，各个族系经过长期迁徙、交流、融合，逐渐形成一些比较稳固的民族共同体。如西周初期，开始出现“华夏”之名。春秋时期，“华夏”已成为民族名称屡见于史籍，它是以夏、商、周人为主体，融合东、西、南、北、中许多其他族群、部族，成为我国的多数民族——华夏族，即后来的汉族。与此同时，古代的一些少数民族也逐渐形成。有些少数民族还曾相当强大，有问鼎中原之势，有的甚至入主中原的某些地区。由于多方面的原因，许多少数民族被迫迁居偏远地区，其纺织技术也一直保留着比较原始的状态，有的甚至比以前落后些。但当他们入主中原之后，在汉族先进的纺织技术的影响下，能够实施一些有利于纺织生产和纺织科技发展的政策，在我国纺织史上做出了不可忽视的贡献。有的多民族地区的纺织科技相当进步，可与当时中原地区的纺织科技相媲美，甚至有过之而无不及，如荆楚地区。有些民族开创了我国纺织科技的某些新门类，如棉花的栽培和棉纺织、石棉的织制、缂织法、纬显花织法、蜡染等等。其他民族也随着社会生产力的发展和受汉族先进纺织科技的影响，他们的纺织技术也不断进步。各个民族都为我国纺织科技的发展做出了应有的贡献。

第一章　民族区域、政策和纺织生产

在这一章我们按先秦、秦汉、魏晋南北朝、隋唐五代四个时期，简单介绍民族区域范围及其变化；介绍各民族发展纺织生产的政策，以说明少数民族在发展我国纺织科技上的贡献和各民族纺织生产得以发展的部分原因。从宏观上介绍各民族纺织生产和技术的发展概况，使读者了解每个时期的基本状况和发展概要。

第一节　西周至战国时期

一、民族区域辩证及其社会生产力

周王朝的势力范围比夏商时扩展了许多，南到长江流域，西至甘肃东部，北至辽宁，东至山东。但须注意：第一，在这个区域内，除了华夏族之外，同时生活着许多其他少数民族，他们的力量相当强大，如淮夷、徐夷、西戎、荆楚、北狄等，“间在中国”，“陵暴诸夏，侵灭小国”①，到春秋战国以后，才逐渐被华夏诸国征服、融合。第二，春秋战国时期的不少诸侯国，或出自蛮夷戎狄，或长期处于戎狄之中，其人民中有很多少数民族成分，例如吴、越居民主要是百越族人。楚的统治者虽来自中原，但其居民多是蛮、越族人。周成王“封熊绎于楚蛮”，始有楚国，故周人称之为“荆蛮”。楚人也自称“我蛮夷也，不与中国之号谥”。楚人接受商周文化和蛮越文化，有自己的特色。

---

① 《史记·楚世家》。

对于楚文化，学术界有不同认识。综合各家之说，我们认为，在楚国华夏族与许多少数民族处于民族大融合的过程中，华夏族的因素逐渐增大。楚文化也是如此。从考古发现来看，湖南在商周春秋之际为杨粤之地，出土文物多具越人文化特点；战国时为楚征服，出土文物是楚、越器混杂；秦统一，谪徙汉人与越人杂处，但直到东汉时，文化面貌才基本上与汉文化认同，但仍有古越族的风俗残留。其他省区也有类似的情况。说明民族融合的完成需经过一个相当长的时期，不是一征服就可以完成的。何况直到战国时期，楚国境内仍有大量蛮、越族系之人。因此，这个时期楚国等地的纺织生产和纺织科技应有少数民族的一份功劳，少数民族纺织科技史应该把它们写进去。据研究，楚墓出土的丝织物多有菱形纹和几何纹；有纯丝织的，也有丝纬棉经的；组织结构有平纹，也有畦纹，还有少量纹绮织法。后来的苗锦与之一脉相承。以上事实，也为我们的上述观点提供了依据。

西周版图外的大片地区的居民更应是少数民族，其纺织生产和科技更应写进本书之中。

在这个时期，少数民族与华夏族一样，相继进入青铜时代和铁器时代，社会生产力飞跃发展。如越国，“铜铁之类，积如山阜”①。出土的铜、铁器很多，冶铸技术闻名全国。楚国、巴蜀、甘肃、内蒙古、辽宁都有铜、铁器出土。云南的铜器冶炼技术也相当高。生产工具的变革，必将大大提高劳动生产率，也有利于新技术和新的生产部门的开发。所以，楚、越、蜀人的农田水利建设、土地开发利用等，在春秋战国时期已有重大创建，位于全国先进行列。手工业门类多，分工细，产量多，技

① 王嘉：《拾遗记》，卷三，《周灵王》稗海本。

术高[①]。游牧民族的经营方式也发生了重大变革，由原来的拘养、放养发展为专人放牧和游牧。

生产的发展促进了民族间的经济文化交流。例如，辽宁喀左县出土的商周涡纹铜罍与四川彭县出的铜罍，在大小、形制、纹饰等方面都基本上相同[②]。甘肃、青海、新疆的出土文物中有南海等地的海贝等。交换的加强，还促进了科学技术的交流，包括纺织科技的交流。

二、纺织生产和技术

这个时期，少数民族的纺织生产和科技有了较大的发展和提高，所以文献多有记载。出土的纺织品或纺织资料也比以前多，纺织品的数量和技术水平不亚于华夏族地区，甚至超过华夏族的中原地区。下面举例说明。

丝织方面。《史记・楚世家》记述了一个发人深省的故事——在楚国和吴国交界地区（今安徽凤阳县和天长县交界处），两国的童子因“争桑（叶）”而互相斗殴，本来这是小事一桩，但却引发了两个国家之间的一场战争。从一个侧面反映了吴、楚两国对蚕桑丝织的高度重视。迄今为止，楚国地区出土的丝织品在数量、质量上是全国第一。《后汉书・东夷传》记载，周封箕子到朝鲜，教涉人“以礼仪田蚕”。由此想来，东北一些地区的涉人等民族也应学会蚕桑丝织生产。辽宁出土的西周丝织品即可作证。战国时期，燕、赵、齐国之人，不少逃避战乱，迁往东北，也会带去纺织生产技术，包括丝织技术。云南地区也有丝织生产，如昆明呈贡滇人墓葬中出土有丝织品的痕迹[③]，等

① 卢勋，李根蟠：《民族与物质文化史略》，民族出版社，1991。

② 四川省博物馆：《四川文物考古工作三十年》，见《文物考古工作三十年》（1949～1979），文物出版社，1979。

③ 昆明市文物管理委员会：《呈贡天子庙滇墓》，载《考古学报》，1985（4）。

等。

葛、麻纺织方面。《吴越春秋》记载：春秋末期，越国统治者命令全国的男女入山采葛，“以作黄丝之布”，最终以“葛布十万”贡献给吴国。全国总动员从事纺织，产量如此之多，在当时的条件下确实是令人吃惊的壮举。出土的麻布有：黑龙江省春秋战国时期东胡墓中的麻布覆面，辽宁省西周墓的麻布，内蒙古夏家店上层文化的衣服残片，甘肃原始文化的布纹，宁夏、江西、福建等省区都出土有这个时期的麻布。

毛织物方面。毛织物在新疆、青海、甘肃都有较多的出土，是其他地区难以比拟的。云南地区也生产“纰罽”等毛织品，并作为贡品①。

至于各地出土的纺轮等纺织工具和陶器上的织物印痕，那就更多了。

织物品种也比以前多，据现有资料初步统计，全国有十几种②。其中织造技术比较复杂、质量比较精细的织物，如织锦等，使用了大提花和印染等新技术。例如，《吴越春秋》记载越国全国妇女受命“令我采葛以作丝，女工织兮不敢迟。弱于罗兮轻霏霏，号絺素兮将献之”。说明越国劈绩的葛麻纤维比蚕丝还要细，织制的葛布比丝织品中的罗还要轻薄，简直就像雾一样，这该是多么精细啊！而且这样的精品又是全越国的妇女多能织制的，充分表明越人纺织技术的高超和普及。

纺织工具也有了质的变革。迄今所知全国首架斜织机的部件出自江西贵溪百越人的墓中，表明此时人们已开始用手工纺织机器来代替原始的手工纺织，其生产效率要比以前提高几十倍。

---

① 《逸周书·商书·伊尹朝献》，丛书集成本。

② 《中国纺织科学技术史》，39页。

学术界一般都认为，我国的丝织业，原来是黄河流域比长江流域发达，技术水平也是黄河流域比长江流域高。到西晋、十六国和五代时期，因中原战乱，北方人民大量逃往南方，而南方一直比较安定，这才使丝织中心南移。但是，从考古发现的丝织品和纺织工具来看，先秦时期，长江流域的纺织技术和丝织业并不比黄河流域差，有些方面甚至有过之而无不及，只是周秦汉唐时期北方是政治中心所在地，北方的丝织业才得到大发展，才渐比南方发展快些。只有改变旧的观念，才能正确评价少数民族在我国纺织科技史上的地位。

生产方式也有很大变化，周王朝已有官府手工纺织作坊，有细致的工种分工。这种生产方式在比较先进的少数民族地区或多民族杂居区也应存在。例如，楚国已有官府纺织作坊“织室”，证据是长沙楚墓出土一方“中织室钵”之印。从印文看，当时楚国的织室不止一个。从其他楚墓出土的丝织物上，发现有朱红色印文和墨书文字“朿”、“门肤”、“女五氏”等①。又有专管生产蓝靛染料的工官“蓝尹”②。这些都是官府纺织作坊与“物勒工名”制度的反映，也是分工较细的明证。

必须指出，少数民族地区纺织技术的发展是少数民族纺织科技与华夏族纺织科技交流融合的结果（华夏族纺织科技的发展也是如此）。就以楚国的纺织科技为例，它之所以能高度发展，是与它实行“抚有蛮夷……以属诸夏”，“建立混一夷夏大国”，“师夷夏之长技而力求创新”的政策分不开的。从某些文物的变化看，其融合过程是：第一阶段用夏变夷，第二阶段用夷变夏，

① 彭浩：《略论马砖一号墓出土的九种丝织品的纺造方法和产地》，见《中国纺织科技史资料》，第16集。

② 张正明：《楚文化史》，上海人民出版社，1987。

第三阶段融夷夏于一体①。在纺织技术上，一方面蛮、夷、百越的纺织技术有悠久的历史和较高的水平（如第一编所述）；另一方面，输入华夏族的纺织技工和技术，这在《左传》成公二年有明确记载：楚侵鲁，鲁贿之“以执斲、执针、织纴皆百人”。刘向《说苑》也记载：“鲁人善织履，妻善织缟，而徙于越。”即鲁国有一百名优秀的纺织工匠来到楚国，又有许多优秀的纺织工匠来到越国，带来鲁国的纺织技术，并直接从事纺织生产。

当然有些民族由于自然条件的限制等原因，尚没有纺织业，如东北地区的肃慎，“无衣，衣猪皮，尽以豕膏涂身，厚数分，以却风寒”②。

第二节 秦汉时期

一、民族区域及其经济发展

秦汉时期是我国第一次大统一的时期。今天我国版图内的大部分地区都处于中央王朝的直接统治之下。中央王朝实行一系列统一措施，向各征服地区大量移民，使各民族各地区间的经济文化交流和民族大融合能更顺利地进行。如《文献通考·四裔考》记载：“秦并天下，其淮泗夷皆散为人户”等。但是，今天的黑龙江、吉林、内蒙古、宁夏、甘肃、青海、新疆、云南、贵州、四川、广西、海南等边远地区以及内地一些省份的山区，仍然是少数民族聚居区。这些少数民族有涉貊、沃阻、高句丽、夫余、乌桓、匈奴、鲜卑、挹娄、氐羌、塞人、百越、西南夷、蛮人等等，少数民族的经济文化仍占主导地位（当然汉族经济文化的影响日渐增强）。内地省区原来的少数民族，虽然逐渐融合进汉族，但有一个过程，各地完成融合的时间也有早

① 张正明：《楚文化史》，上海人民出版社，1987。
② 郭璞注：《山海经》，上海古籍出版社，1989。

有晚。例如岭南地区在秦末汉初还有一个以越人为主的南越国，虽然统治者是汉人，但他们遵从越人的风俗习惯。福建地区的越人到汉武帝时才被征服，北迁中原地区。原来楚国统治中心的湖北、湖南，虽早已正式并入中央王朝版图，但也有个融合过程，从秦汉到南北朝时期，长江中游地区仍有“荆蛮”、“长沙蛮”、“武陵蛮”、“五溪蛮”、“廪君蛮”、“槃瓠蛮”等。长江下游仍有百越族遗裔。例如汉代的长沙，仍是多民族聚居区，《汉书·南粤传》记载：“西北有长沙，其半蛮夷，亦称王。”有人认为，著名的长沙马王堆汉墓的墓主人轪侯利苍很可能是“西汉以前苗族的部落首领”①。直至东汉时，今武陵、澧阳、黔中、宁夷、卢溪等地区仍居住着大量的武陵蛮②。所以，有人认为，从秦灭楚到汉武帝前期，“是楚文化向汉文化转化期”③。从出土文物的风格和葬俗看，在西汉中晚期以前，原来的许多少数民族聚居区虽已并入秦汉版图，墓葬中虽以汉文化为主，但仍有一些少数民族文化遗存。例如，长沙地区的西汉早期墓，其葬制、陶器等仍保存着楚文化的许多特点④。此后，这些特点才完全消失。鉴于上述实际情况，在研究这些地区的纺织生产和纺织科技时，必须注意到少数民族的作用。

秦汉时期，铁器已普遍使用，连云南、东北地区也广泛使用，铸造铁器；农业生产进一步发展，少数民族对开发山区做出了重要贡献。如《华阳国志》记载有“山原田”。氐族在甘肃仇池山上有地百顷。云南洱海苍山有阶梯式平台等⑤。畜牧业方

---

① 容观琼：《试谈长沙马王堆1号2号汉墓的族属问题》，载《民族研究》，1979(1)。中国社会科学出版社，1979。

② 范晔：《后汉书·南蛮传》，中华书局校点本，1965。

③ 张正明：《楚文化史》。

④《中国大百科全书·考古学》，61页，中国大百科全书出版社，1986。

⑤ 吴金鼎：《苍洱境考察报告》（甲篇），见《民族与物质文化史略》。

面，人们已知划分冬、春季草场，“畜食草饮水，随时转移”①。有利于牧草生长和牲畜渡过严冬酷暑。所有这些有利于农业和畜牧业发展，增加纺织原料的产量，提高纺织原料的质量。

丝绸之路正式开通，促进了我国与外国、内地与边疆纺织科技的交流和纺织生产的发展。

二、纺织生产与科技

秦汉时期，我国的纺织技术已达到相当高的水平，机具也渐趋完备。这个结论是以马王堆汉墓出土的织品为依据的。如上所述，长沙地区当时有蛮夷半长沙之称，所以，马王堆出土的纺织品，不仅是汉族的成就，也是少数民族纺织科技成就的反映。其他地区的少数民族纺织技术也比以前提高，下面分类简介。

葛麻纺织方面。云南哀劳夷生产的“阑干细布”，蜀人生产的“黄润细布”，闽越人生产的“荃葛”，浙江越人生产的“越布”（“白越”）等都很精细、著名。有的地区虽早已种麻，但不懂得纺织，到汉代时，才由汉族官吏教以纺织技术，开始麻织生产。如《齐民要术》序记载：内蒙五原“土宜麻枲而俗不知织绩，民冬月无衣，积细草卧其中，见吏则衣草而出。崔寔（为太守）为作纺绩织纴之具，以教民，得以免寒苦”。

棉纺织方面。新疆、云南、海南岛等地生产的棉织品已见于文献记载和出土文物。如云南哀劳夷的“帛叠”和“桐华布”②。新疆民丰东汉墓出土的蓝色印花布等。《太平御览》卷八百二十载，曹魏文帝有一诏书云：“夫珍玩所生，皆中国及西域，他方物比不如也。代郡黄布为细，乐浪练为精，江东太末布为白，故不如白叠子所织鲜洁也。”可见棉花生产的白叠布质量好，

① 班固：《汉书·匈奴传》，中华书局校点本，1962。
② 《后汉书·西南夷传》。

很著名，并已流传到中原。

丝织方面。除了原有丝织生产的地区继续发展外（详见以下各章），原来没有丝织生产的民族地区，也因国家统一、汉族官吏把汉族的丝织技术加以推广、督导而开始了丝织生产。例如，《齐民要术》序记载：汉初，茨充任桂阳（今湖南郴州）令，“俗不种桑，无蚕织丝麻之利，类皆以麻枲头贮衣，……少麄履，足多剖裂血出，盛冬皆然火燎炙。充教民益种桑、柘，养蚕，织履，复令种苎麻。数年之间，大赖其利，衣履温暖……”《三国志·魏书·梁习传》记载：匈奴的一部分人迁居河套地区后，中央王朝对他们也“劝课农桑”。匈奴原在漠北，从事游牧生产。后来有的迁居农耕地区，由于中央政府的重农政策，他们转而从事农耕，并开始蚕桑丝织生产。

下面将要着重探讨一下新疆蚕桑丝织技术开始的时间。

唐玄奘《大唐西域记》卷12记载有新疆养蚕起始的美丽传说——玄奘从印度取经回国，途经新疆于阗，听到人们传颂这样一个故事：“昔者此国未知桑蚕，闻东国有之，命使以求。时东国君秘而不赐，严敕关防，无令桑蚕种出也。瞿萨旦那王（即于阗王）乃卑词下礼，求婚东国。国君有怀远之志，遂允其请。瞿萨旦那王命使迎妇而诫曰：‘尔致词东国君女，我国素无丝绵桑蚕之种，可以持来，自为裳服。’女闻其言，密求其种，以桑蚕之籽置帽絮中。既至关防，主者遍索，帷王女帽不敢以检。遂入瞿萨旦那国，止鹿射伽兰故地，方备礼仪，奉迎入宫，以桑蚕种留于此地。阳春告始，乃植其桑。蚕月既临，复事采养。初至也，尚以杂叶养之，自时厥后，桑树连阴，王妃乃刻石为制，不令伤杀，蚕蛾飞尽，乃得治茧，敢有犯违，明神不佑。”《新唐书·西域传》也有类似的记载。1914年，在和田县丹丹乌里克一座古寺院遗址发现的木板画中，画着嫁到于阗的公主和一个盛满蚕茧的筐篮；旁边有一个侍女，用左手指着公主的冠冕，表示其中藏有桑蚕种；还有一架多体的纺织机具①。这应是上述传说的艺术再现。由此看来，于阗人认为，蚕桑丝织技术来源于东方。对于这个故事，学者们有种种不同的分析。有的认为，"东国"是指中央王朝；有的则认为是于阗东边的鄯善国，它先于于阗从中原地区传入蚕桑丝织技术。关于时代，有的认为是5世纪初，如美国学者劳费尔②，日本学者羽溪了谛③，我国学者黄文弼④等。有的则认为，这"只是记载和描绘了和田民间的美好传说，说明当地在唐以前已经有了养蚕缫丝和丝织业，并在国民经济中占据着重要的地位。但它并没有对7世纪以前的具体时代提供确凿的证据"，不能作为信史。作者从新疆地区迄今出土的蚕茧和记载有蚕桑丝织的文书、出土丝织品的经纬线的特点等方面分析，认为"早在公元三四世纪，新疆人民就学会养蚕缫丝，织制丝绸了"⑤。这个意见比其他学者分析的时间要早二百年左右。但我们觉得，新疆蚕桑丝织的历史还可能提早到西汉。根据是：

第一，《后汉书·西域传》载：伊吾"地宜五谷桑麻"，已知植桑。又说，东汉初莎车降匈奴，"约岁给罽、絮"。这里的"絮"是棉絮还是丝絮呢？据同书《南匈奴列传》记载，建武二十六年（公元51年），汉朝赐南匈奴单于的物品中就有"锦绣、缯布万匹，絮万斤"。这里的"絮"显然是丝絮，而非棉絮。证之莎车的絮也应是丝絮。这是东汉初新疆已有蚕桑丝织生产的又一证据。《魏书》："高昌宜蚕"，就更直接了当了。既然东汉初于阗等地已能生产较多丝絮，那么蚕桑丝织技术传入的时间

① 向达译：《斯坦因西域考古记》，45页。
② 《中国伊朗编》(Sino-Iranica)，367页，商务印书馆，1964。
③ 羽溪了谛，贺昌群译：《西域之佛教》，商务印书馆，1933。
④ 黄文弼：《罗布淖尔考古记》，71页，科学出版社，1948。
⑤ 贾应逸：《新疆丝织技艺的起源及其特点》，载《考古》，1985（2）。

定于西汉，当是可能的。

第二，据《汉书·西南夷传》载：陈立任“天水太守，劝民农桑为天下最，赐金四十斤”。《汉书·地理志》载：甘肃酒泉有一条“呼蚕水”（今北大河），“出南羌中，东北至会水，入羌谷”。河以蚕为名，当与养蚕有关。看来，西汉时，甘肃东西部都已有蚕桑生产。那么，与之毗邻而又可能从事蚕桑生产的新疆东部地区，在西汉时期传入桑蚕技术，是完全可能的。

第三，秦汉时期，未见中国发布过禁止蚕桑丝织生产技术外传的禁令，相反，却有中国丝织技术传入朝鲜、日本的记载。因此，内地丝织技术传入新疆是完全可能的，特别是张骞通西域之后。

综上所述，西汉时期，内地的蚕桑丝织技术可能传入新疆地区。

毛织方面。游牧民族的毛纺织业相当发达，产量很多，甚至“积如丘山”[①]。品种也多，除了原有的毡、毯、褐、罽等外，新疆等地的少数民族还创造或首先较多地运用缂织技术和纬线显花技术，有了缂毛等新产品和质地、纹饰、色彩精美的毛织物。后来他们把这些新技术推广到全国其他地区，并应用于其他纤维纺织生产。

印染，特别是很有特色的蜡染工艺也已发明、推广。如《后汉书·南蛮传》记载，南蛮人传说，他们的祖先早已会“织绩木皮，染以草实，好五色衣服”。又如，在川东风箱峡百濮等民族的崖墓中，发现有蜡缬细布，据说时代是战国至西汉初[②]。如果这个报道可靠的话，那是迄今所知最早的蜡染产品。

在边疆少数民族中，虽然纺织工具从此以后一直停留在比

---

① 《古今图书集成》，卷三百一十九，毡罽部引用《杜笃边记》，中华书局，1934。

② 《轻工业史话选编》，11页。

较原始的腰机或斜机的水平上，但却在此基础上创造出腰机提花、挑花技术，用非常简单的工具，织造出绚丽多彩、富有民族特色的织品来。

在中国封建社会中，纺织生产形态基本上有三种：农村家庭副业、城镇独立手工业和官府手工业。我国古今的少数民族很多，他们的社会形态各不相同，多比内地原始，有的直至解放前夕，仍然处在奴隶社会或原始社会阶段，因而纺织生产形态也就不尽相同。一般来说，最普遍的是作为家庭副业存在，女子都会纺织；城镇手工业者或有或无；处于奴隶社会的民族，应存在着奴隶主纺织工场，如云南省出土的汉代铜贮贝器上所表现的那样，集中一批人为奴隶主纺织，奴隶主及其爪牙在现场监督、验收（详见后面织机部分）；官府手工业则只有在建立政权的民族中才能产生。上述几种生产形态并存，既有利于广泛动员全社会从事纺织生产，最大限度扩大纺织生产，以满足全社会的需要，又有利于不断改造、提高纺织生产技术水平。

第三节　魏晋南北朝时期

一、少数民族政权发展纺织生产的政策

这个时期，鲜卑、匈奴、氐、羌等民族几百万人涌进内地，建立了10多个政权，大批汉人也因逃避战乱而进入少数民族地区，形成全国规模的民族大迁徙和多民族杂居的局面。频繁的战乱、割据和游牧民族带来落后的生产方式，使内地的经济文化受到严重破坏。但民族大迁徙，有利于民族间的交流和边疆、山区的开发。

应该着重指出的是，许多少数民族的纺织技术本来比较原始、单调，但少数民族在入主内地之后，能在一定程度上顺应时势，在汉族生产方式和纺织技术的基础上，实行一些有利于发展农、牧业和纺织业的政策，从而保留、促进了纺织生产和

纺织科技的发展。

羯人后赵政权注意“分遣流人，各还桑梓”；任命劝农官到各地“劝课农桑”；在邺城设立织锦署，“中尚方御府中，巧工作锦、织成署皆数百人”[①]。

氐人前秦政权的皇帝苻坚“亲耕籍田，其妻苟氏亲蚕于近郊”。奖励农桑，禁奢侈等[②]。

鲜卑人建立的北魏政权，实行较为进步的封建制（就当时而言），特别是道武帝和孝文帝时，实行一系列发展农桑的政策[③]和在部落制的鲜卑族实行解散部落“皆同编户”[④]的政策，使无地少地的农民获得一定份额的土地，限制兼并，恢复发展生产，调动农民积极性，官吏致力于组织生产，对发展纺织原料生产较为有利。北魏手工业生产形态有官营和农村家庭副业等，官府手工业由少府（后改为“太府”）掌管。为了增加官府工匠的数量，曾把中山、长安的工匠迁到京师，又把州郡的漏户、逃户编为“绫罗户”，由杂营户帅管辖。北魏前期，严禁民间私养工匠，不准私收门徒，只能由子弟继承父兄之业，工匠社会地位低[⑤]，这必然束缚手工业的发展。孝文帝时，下令“工商杂伎尽听赴农”，诏“罢尚方锦绣绫罗之工，四民欲造，任之无禁”[⑥]。工匠的社会地位才与编户相同，调动了手工业者的积极性，促进手工业生产和科学技术的发展。纺织生产更为明显，

① 陆翙：《邺中记》，丛书集成本。

② 房玄龄等：《晋书·苻坚载记》，中华书局校点本，1974。

③ 魏收：《魏书·食货志》、《魏书·卢玄传附卢道将传》等，中华书局校点本，1974。

④ 李延寿：《北史·外戚贺讷传》，中华书局校点本，1974。

⑤《魏书·世祖纪》。

⑥《魏书·高祖纪》。

史载："鳏寡不闻犬豕之食，茕独不见牛马之衣。"①"钱绢露积于廊者不可校数。"②有的鲜卑人也能尽力推行重农桑政策，例如河东地区原来"俗多商贾，罕事农桑"。鲜卑贵族元淑出任河东太守后，"淑下车劝课，躬往教示，二年间，家给人足，为之谣曰：'泰州河东，杼轴代春。元公至止，田畴始理'。"③对发展农业和纺织业作出贡献。南朝人陈庆从北魏都城洛阳回来后，曾感慨地说："吾始以为大江以北皆戎狄之乡，比至洛阳，乃知衣冠人物尽在中原，非江东所及也，奈何轻之。"④南北对比，更说明鲜卑北魏政策的正确和成效。

上述材料说到，绢布多得库房放不下，不得不露积于穿廊；连孤寡之人也有像样的衣服。其他文献也记载：皇帝赏赐百官，多用布帛锦罽，一次赏赐动辄"绢二十万匹"，"䌷绫绢布帛百万匹"⑤。买卖多用绢帛、谷物计算。贪官污吏卖官鬻爵也以绢定价，多至上千匹等。当然，对任何时代的这类记载，都要打些折扣，实事求是地分析。但无论如何，它在一定程度上反映出北魏纺织生产的繁荣，规模和产量都是相当可观的。

这个时期出现的我国农业巨著——贾思勰《齐民要术》，总结了西周至北魏的农业、手工业生产知识和技术，包括纺织原料的种植、加工技术。在一定程度上，该书也是鲜卑北魏政策成功的证据。

后来的东、西魏和北齐、北周等政权也都实行类似的政策。如北齐于公元 564 年颁布均田令规定：给露田、桑田。在桑田"种桑五十根……土不宜桑者给麻田，如桑田法"。"每岁春月，

---

① 杨衒之：《洛阳伽兰记》，卷四，四部丛刊三编。

② 《魏书·食货志》。

③ 《北史》，卷十五。

④ 司马光：《资治通鉴》，卷一百五十三，中华书局校点本，1956。

⑤ 《魏书·高祖纪》。

各依乡土早晚课人农桑，自春及秋，男子二十五（按：应是“十五”）以上皆布田亩。桑蚕之月，妇女十五以上，皆营蚕桑”①。北周更为开明，特别是周武帝宇文邕时期，释放大量奴隶和杂户为良民，释放佛寺中大量的僧祇户和佛图户，裁减后宫罗绮工匠，解放生产力。颁布“六条诏书”，要求“尽地利”，“均赋役”，“使农夫不废其业，蚕妇得就其功”。要求官吏们在“三农之隙及阴雨之暇，又当教民种桑植果，……以备生生之资，以供养生之具”②。官府纺织业方面，北齐设太府寺，统左、中、右尚方。中尚方又别领别局、泾州丝局、雍州丝局、定州䌷绫局四局丞。又有司染署，别领京坊、河东、信都三局丞③。北周也在泾州、雍州等地设织局令丞、司织中大夫，小司织上士及缝工、雕工、韦工、胶工、毳工、绩工、织丝、织采、织枲、织组等各中士、下士，以掌管各种织造生产。北周曾经一次省去掖廷乐工、罗绮工五百余人，足见生产规模大，丝织业发达④。

与此同时，为了躲避战乱和民族压迫，中原地区大量汉族人民和官吏逃往南方和西北地区，带去中原地区较为先进的生产力和生产方式，对南方和西北原来比较落后的地区的开发，起了相当大的推动作用。总的来说，长江以南地区的经济文化原不如中原地区发达，但从这个时期开始，扶摇直上，逐渐赶超中原。民族地区也是如此。如中原汉人冯业等 300 人到罗州（广东化县）任刺史，娶高淳郡（广东阳江县）蛮族酋长冼氏之女为妻，使得蛮族十余万家接受汉族经济文化，促进了蛮族经济文化的发展。湖南山区的武陵蛮（又称“五溪蛮”），当时的

---

① 魏徵：《隋书·食货志》，中华书局校点本，1973。

② 令狐德棻：《周书·苏绰传》，中华书局校点本，1971。

③ 《隋书·百官志》。

④ 李仁溥：《中国古代纺织史稿》，岳麓书社，1983。

农业有较大发展，出现“蛮田大稔，积谷重崖”[①]的丰足景象。公元230年，孙吴政权派兵万人到达夷州（台湾），有利于夷州与大陆的联系和发展。

二、纺织生产和科技的发展

魏晋南北朝时期少数民族纺织生产和技术的发展是显而易见的。

（一）丝织生产

三国时，南方孙吴政权官员华核上疏，请禁止以役事扰民，“广开农桑之业，积不訾之储”[②]。而吴国境内山区有大量的越蛮之民，他们的纺织业也应有所发展，原来没有蚕桑生产的，现在开始生产；原来已有蚕桑生产的，现在进一步扩大，如浙江地区的建德，在5、6世纪之交，男子种桑15株，女丁半之，“倾之成林”。东阳、新安、永嘉等山区，也盛植桑树，“縠巾取于邱岭”。蚕桑生产向山区发展。（南朝）宋灭前秦时，“迁其百工”南下，在丹阳（今镇江）建斗场锦署[③]，北方的纺织技艺促进了南方纺织技术的发展。

蜀政权时，不仅蜀锦名闻全国，畅销魏、吴；而且诸葛亮在民族地区实行安抚政策，推广汉族的经济文化和进行开发。有些民族原来“不蚕桑”，后“慕武侯之德，渐去山林，徙居平地，建城邑，务农桑”[④]，开始从事蚕桑生产，并把自己的织锦命名为“诸葛锦”、“武侯锦”。这恐怕不只是感恩，也应包括吸收汉族纺织工艺（由诸葛亮及其部下传去并教导的），才有如此的命名。

---

① 沈约：《宋书·沈庆之传》，中华书局校点本，1974。

② 陈寿：《三国志·吴志·华核传》，中华书局校点本，1963。

③ 李仁溥：《中国古代纺织史稿》。

④ （晋）常璩：《华阳国志·南中志》。杨慎：《滇载记》，丛书集成本。

新疆、甘肃地区这个时期的蚕桑丝织资料，比汉代的多得多。如甘肃酒泉、嘉峪关魏晋壁画墓中出土的文物，不仅出土有绢、纱、绮、丝带等丝织品，而且还有多幅采桑、护桑、蚕茧、丝束、绢帛图，从事蚕桑生产的人有汉族形象，也有少数民族形象，有妇女，也有儿童，充分说明蚕桑丝织生产在甘肃（至少是河西走廊）已占有重要的地位。古文献也有明确记载。《十六国春秋·前凉录》记载：前凉时期“课农桑”。同书《西凉录》记载：有人建议“令嫔妃、诸王子女躬受分田，身勤蚕绩”。《十六国春秋辑补·南凉录》记载：“署晋人干诸城，劝课农桑。”《晋书·沮渠蒙逊载记》记载有北凉劝课农桑之事。《晋书·张轨、张天赐传》更详细，说：“会稽王道子曾问西土所出。天赐应声曰：‘桑椹甜甘，鸱鸮革响，乳酪养性，人无妒心’。”说明这里的桑树多而且质量好。当时甘肃东部陇西界内还有“桑城”、“桑壁”等地名①。特别是北齐、北周都在泾州设丝局。前秦时，秦州刺史窦滔之妻能织著名的回纹锦，更明确无误地证实，甘肃丝织生产已颇为发达，已有较高的技术。

新疆吐鲁番出土的一些文书，直接记载当时新疆的蚕桑丝织生产，如《建初十四年严福愿赁蚕桑券》上写道：“建初十四年二月廿八日，严福愿从阚金得赁叁薄蚕桑，贾交与毯……”②建初是西凉年号，十四年为公元418年，蚕桑叁薄即蚕种三薄。又《北凉玄始十二年兵曹牒为补代差佃守代事》记录：“……被荷省县桑佃，看可者廿人知……以阚相平等殷可任佃……”即官府佃农看桑多达20人。哈拉和卓99号墓出土《某家失火烧

① 《资治通鉴》，卷九十二：“休屠王石武以桑城降赵，赵以武为秦州刺史、酒泉王”。“休屠王石武自桑城引兵趣上邽”，以救赵于南安。“赵主曜自陇上西击凉州，遣其将刘咸攻韩璞于冀城，呼延晏攻宁羌护军阴鉴于桑壁（桑壁当在南安界）”。

② 新疆博物馆：《吐鲁番出土文书》，第1册，文物出版社，1981。

损财物帐》中，有“蚕种十薄”，“绵十两”，“绵经纬二斤”，“绢姬（即“柩”、机）一具”的记载。时间是5世纪。说明这一家养蚕很多，自己能缫丝、络丝，有丝织机具，已形成自己完整的家庭丝织手工业了。文书中甚至有了“丘慈锦”和“疏勒锦”等专名（后面将要介绍），更加证实这些织物是新疆地区自己织造的。史书也有明确记载，如说高昌、于阗等地宜桑、蚕、麻等。

甘、新地区的蚕桑丝织资料在魏晋南北朝时期突然多了起来，与中原地区汉族人民大量迁来、带来先进的蚕桑丝织技术有密切关系。

另外，据《南齐书·芮芮虏传》记载：芮芮王求医、工等物。世祖诏报曰：“知须医及织成锦工，指南车、漏刻，并非所爱。南方治疾，与北土不同。织成锦工，并女人，不堪涉远。……”由此看来，漠北的游牧民族芮芮（即柔然）也有从事丝织生产的要求。又，吐鲁番出土《高昌永康十年用绵作锦绦残文书》，其“永康”是柔然年号，可知当时高昌在柔然势力范围之内有丝织生产，可与上述史书记载相印证。

（二）棉织生产

西北、南方少数民族地区的棉纺织业在前代的基础上有了很大的发展，文献记载和出土棉纺织品都比较多。

新疆地区，《梁书·西域传》开始明确记载高昌、于阗等地产棉花、织棉布。出土这个时期的文书也多有记录（详见第二章）。说明新疆植棉和棉织渐趋普及、兴盛。

西南地区也是如此。（晋）常璩《华阳国志·南中志》记载：哀劳夷地区“有梧桐木，其花柔如丝，民织以为布”。又说三国时的云南郡“有上方、下方夷，亦出华布”。说的是洱海地区的民族，在山区从事游牧生产者称为“上方夷”，在平坝区从事农业者，称为“下方夷”。从这个材料看，从事游牧生产的民族也都能织棉布。当时永昌郡还有一支濮人，称为‘木棉濮”①，以木棉为名，可见这支濮人是以种植木棉为其主要特点的。

东南地区。（晋）裴渊《广州记》载：“蛮夷不蚕，采木棉为絮……织以为布。”南人称棉布为“白绁”、“毛布”或“越叠”、“南布”等②。南方的木棉布并已传入汉族地区。如《陈书·姚察传》记载：“察自居显要，甚厉清洁，尝有私门生，不敢厚饷，只送南布一端，花练一匹。密谓之曰：‘吾所衣者，止是麻布蒲练，此物于吾无用’。”可见花练是麻布，比花练好的“南布”应该就是南方少数民族织制的棉布。又《梁书·武帝纪》记载梁武帝使用过“木棉皂帐”，更是明白无误了。

（三）毛织生产

游牧民族的畜牧业和毛纺织业在这个时期也有很大发展。汉文史籍记载，民族政权间大战，动辄俘获牲畜（有羊、骆驼、马等等）几十万头（匹），甚至几百万头（匹）。例如，北魏两次征讨柔然，公元429年得柔然降人三十余万落，马百余万匹，牲畜数百万头。公元449年再破柔然，虏获人口、牲畜百余万。公元429年破高车，得降人数十万落，马牛羊百余万头。公元388年，破东胡库莫奚，获杂畜十余万头③。不难看出，各游牧民族的毛纺织原料非常丰富，毛织品的数量也一定不少。

这个时期也有一些少数民族尚无纺织业，例如东北地区的室韦、乌洛侯、库莫奚等，人们只是“衣皮”革④。

第四节 隋唐五代时期

隋、唐王朝的建立，结束了汉末以来三四百年的战乱、割

① 郭义恭：《广志》，引自《太平御览》，卷九百六十三。

② （吴）张勃：《吴录·地理志》。《太平御览》，卷八百二十，引《晋令》。

③ 范文澜《中国通史》，第2册。

④《北史·室韦传》等。

据、破坏的局面。在隋、唐王朝统治的三百多年间，特别是在前期，社会基本上安定，由于实行一系列巩固统一、发展生产的措施，中国的社会生产力从恢复到大发展，促进了经济文化的繁荣，纺织生产和纺织科技（包括少数民族地区）也是如此。

隋代开凿南北大运河，便利南北方的经济文化交流；击破吐谷浑，置鄯善、且末、西海、河源四郡，把青海、新疆等大片土地纳入中央王朝的直接统治之下；派兵流求（今台湾）；在洛阳、甘肃张掖等地举行盛大集会，有很多民族的酋长、使节、商人参加，等等，这些都有利于加强汉族与少数民族的经济文化交流。

唐太宗比较能正确对待少数民族，他反对汉族统治阶级“贵中华、贱夷狄”的传统观念，把各个民族的人民同样看做是自己的子民。例如，公元626年12月，“益州大都督窦轨奏称，‘獠反，请发兵讨之’。上曰：‘獠依阻山林，时出鼠窃，乃其常俗。牧守苟能抚以恩信，自然帅服，安可轻动干戈，渔猎其民，比之禽兽，岂为民父母之意邪?’竟不许”①。这种背景，有利于民族团结和民族间的联系和交流，各民族的生产力和科学技术都可以得到较好的发展。

这个时期的少数民族主要有东北的渤海、黑水靺鞨、奚、室韦，北方的突厥、回纥、薛延陀、黠戛斯、沙陀，西方和西南方的吐蕃、党项和南诏境内各民族，等等。

渤海国（公元698～926年）是以靺鞨粟末部为主建立的少数民族政权，农业、手工业和建筑等已有比较高的技术水平和生产规模。纺织业已成为手工业的主要生产部门。地产麻、毛、柞蚕丝。生产的麻布有粗、细两种，细布质量颇佳，曾贡于后唐，并作为与契丹交易的主要物品，特别是显州（今吉林和龙

① 《资治通鉴》，卷一百九十二。

一带）的麻布很有声誉。丝织品主要由官府作坊生产，为官僚贵族服务，产量不太多，但品种却不少，有锦、罗、绸、缎、纱绢等，特别是沃州（今朝鲜咸镜南道）以织锦著称，龙州（今黑龙江省宁安）以织绸闻名，向唐王朝进贡的“鱼牙绸”、“朝霞绸”更为精美①。

东北地区其他民族如室韦、黑水靺鞨等，仍以鹿、猪之皮为衣。

西北地区的突厥、回纥等民族以畜牧业为主，主要从事毛纺织生产，同时把中央王朝的丝绸运到中亚，为丝绸外传做出贡献。

新疆地区较为特殊，不仅有发达的毛纺织业，而且其丝织业和棉纺织业也相当发达。

丝织生产方面，据玄奘《大唐西域记》记载：于阗地区“桑树连荫”，人民“工纺织絁䌷”，“多衣絁䌷”。《新唐书·地理志》记载：西州“土贡丝、氎布、毡、刺蜜、葡萄五物”。出土文书记录有当时几种丝的价格：“色丝壹两，上直（值）钱玖拾文……生丝壹两，上直钱陆拾文，次伍拾文……”② 丝织技术有了重大变革，纬线起花织锦逐渐多了起来，并迅速传播到全国。

新疆是当时我国重要的产棉、棉纺织地区。种植棉花方面，如吐鲁番出土唐代文书中说：“竹住住，贰亩，自佃，种绁”。“曹射毗，贰亩，佃人史才金，种绁”等。用棉花、棉布做交易方面如：“绁花壹斤，上直钱七文，次……”（残）、“细绁壹尺，上直钱肆拾伍文，次肆拾肆文，下肆拾叁文。次绁壹尺，上直

① 欧阳修：《新五代史·四夷附录》，中华书局校点本。江应梁：《中国民族史》。

② 王仲荦：《唐代西州的绁布》，载《文物》，1976（1）。

钱叁拾文，次贰拾伍文，下贰拾文”。“粗继壹尺，上直钱拾壹文，次壹拾文”①。这个材料表明新疆植棉、棉纺织之盛，产品之多，而且品种也很多，仅棉布一项就至少有8种之多（质量上的差别）。用棉花织制军用品方面，如吐鲁番阿斯塔那44号墓出土文书记录：“……叠布袋贰伯（佰）柒拾口，……八月卅日付怀旧府……九月二日叠布袋叁……队正姚世通领。”据研究，这是从新疆西州发付给雍州（陕西）折冲军府一支部队用的棉布口袋的记帐，上段一次多达270条②，下段又有3条或30条或300条。该墓的墓志有永徽六年的纪年，即公元655年。贞观十四年和十九年的记帐也有类似的内容。哈拉和卓2号墓出土的棉布口袋实物，长48厘米，宽24厘米。还有用棉絮制成的油灯捻子等。喀什也出土有棉布和棉籽，证明喀什地区也有棉花、棉布生产。

吐蕃是唐朝初年由藏族先民在青藏高原建立的民族政权。经济以畜牧业为主，所以纺织生产也以毛纺织为主。从史籍记载看，丝织技术当时已经传入，有三方面的资料可以做证。一是《旧唐书·吐蕃传》：唐太宗时，文成公主出嫁松赞干布赞普，带去精美的丝织品，使吐蕃人羡慕不已，赞普也“自释毡裘，袭纨绮”。唐高宗时，赞普又“请蚕种及造酒、碾硙、纸墨之匠。（高宗）并许焉”。二是公元710年，金城公主出嫁弃隶缩赞赞普，唐赐“锦缯别数万匹，杂伎诸工悉从”。三是公元829年，南诏攻陷成都，掠去大量的纺织工匠和机具，然后“以所掠蜀人二千及金帛赂遗吐蕃”③。但当时吐蕃境内是否有丝织生产尚待证明。

① 《唐代西州的继布》。

② 沙比提：《从考古发掘资料看新疆古代的棉花种植和纺织》，载《文物》，1973(10)。

③ 《资治通鉴》，卷二百二十四。

云南地区的南诏政权，是以氐羌系乌蛮人（今彝族先民）为主建立的。农业生产技术已与内地接近。冶炼业发展很快，有利于纺织业的发展。原来，云南地区似乎只有柘树柘蚕："无桑，悉养柘蚕，绕树村邑人家，柘林多者数顷，耸干数丈"①。后来有了桑树："家饶五亩之桑，国贮九年之廪"②。并设置"厥爽"之官，专管户籍、工匠、营造。但纺织技术仍然比较落后，有些地区"俗不解织绫罗"，自公元829年攻占成都等地，"乃大掠子女百工数万人及珍货而去……自是南诏工巧埒于蜀中"。"南诏自是工文织，与中国埒"③。南诏人自己描述："越赕（今腾冲）天马生郊，大利（'利'是'和'之误，'大和'即今'大理'）流波濯锦。"④《蛮书》卷八记载："本土不用钱，凡交易缯帛、毡罽、金银、瑟瑟、牛羊之属，以缯帛幂数计之，云某物色直若干幂。"《新唐书·南诏传》也有类似记载："以缯帛及贝市易，贝者大若指，十六枚为一觅（幂）。"由此可见，南诏的丝织品产量相当多，质量也"尤精好"⑤。五代时的大理政权加强与中央王朝的政治、经济联系，进一步发展，使"禾麻蔽野"，棉、毛纺织发展更快。

当然云南地区当时还有一些民族仍处于原始状态，如金齿蛮、银齿蛮、黑齿蛮、茫蛮等，只能织麻布或木棉布；而独齿蛮只能制毡；磨些蛮、寻传蛮、裸形蛮（又称"野蛮"）等似乎尚没有纺织生产，只能以牛羊皮或竹藤、木皮以蔽体而已⑥。

---

① （唐）樊绰：《蛮书》，卷七，丛书集成本。

②④ 《南诏德化碑》，见《云南各族古代史略》。

③ 《资治通鉴》，卷二百二十四。

⑤ （宋）周去非：《岭外代答》，卷六，丛书集成本。

⑥ （唐）樊绰：《蛮书》，卷四。

第二章　纺织原料生产的发展

从西周至隋唐五代，就全国范围（包括少数民族地区）来说，丝麻纺织纤维的生产、加工得到了全面发展，达到相当高的水平，所以，史书上常用“宜桑麻”、“桑麻遍野”等来形容富庶的景象。葛的利用在经过春秋战国一段时间的发展之后，则逐渐减少，渐为麻所取代。西北、西南、东南地区棉花的种植也有较大发展。在少数民族地区，特别是北方和西南地区，畜牧业发展很快。少数民族地区还因地制宜，开辟了一些新的纺织原料，如石棉、蕉葛、竹、木纤维等等，为全面发展我国的纺织生产做出了贡献。

第一节　植物纤维原料的种植和初加工技术

一、大麻

大麻，又称“火麻”。《尚书》、《诗经》等称之为五谷之一①。因其籽可吃，可榨油，纤维可织布，制作衣被，所以自夏、商、周以后，大麻在全国广泛种植，许多民族地区也有种植。考古发现大麻布和大麻绳的地区有：春秋战国时期甘肃的沙井文化②，湖南长沙马王堆西汉一号墓，新疆罗布泊西汉墓，内蒙古自治区包头市郊东汉墓，魏晋南北朝时期新疆吐鲁番古墓群和甘肃敦煌莫高窟，隋唐时期的塔里木盆地克子尔明屋佛洞遗址，

---

① 《天工开物》对此有疑义，见第一卷《麻》。

② 《考古学报》1990（2）有报道，但质地未经科学鉴定，存疑。

等等。

《后汉书·东夷传》记载挹娄“纺麻织布”，有“五谷麻布”。肃慎有“麻布”。沃沮能织“貊布”。涉人知种麻，“作绵布”。勿吉有“布裙”。豆莫娄“衣麻布”①。《后汉书·崔寔传》记载内蒙古草原种植大麻事：崔寔出任五原太守，“五原本宜麻枲，而俗不知织绩，民冬月无衣，积细草而卧其中，见吏则衣草而出。寔至官，斥卖储峙，为作纺绩、织纴、练缊之具以教之，民得免寒苦”。《后汉书·西域传》记载，新疆“伊吾地宜五谷桑麻葡萄”。《魏书·西域传》：于阗“土宜五谷并桑麻”。《华阳国志·蜀志》记载：“蜀有麻苎之饶。”

鲜卑北魏实行均田制，在“诸麻布之土”，给麻田：“男夫及课，则给麻田四十亩，妇人五亩。”允许以麻布充税，不再换丝帛②。从而促进麻纺织生产的发展。

关于大麻的种植、加工技术，民族地区缺乏记载，但因魏晋南北朝时期有几百万少数民族进入内地，与汉族一起从事生产，所以北魏时《齐民要术》总结的经验还是可以作为研究依据的。

据《夏小正》等书记载，三代时已知大麻雌雄异株及其纤维的好、次；种、收的适宜时间。《齐民要术》则进一步总结出更全面、更成熟的经验。这些经验主要有：

为了收取多而好的麻纤维，选种应“用白麻子”——雄麻，这是根据种子颜色判断未来植株雌雄的先进经验。选地，要选肥沃的“良田”；若种薄地则应施肥。种子用量，良田每亩3升，薄田2升，使疏密合适。种植时间：“夏至前十日为上时，至日

① 李昉等：《太平御览》，卷八百七十四，中华书局影印本，1960。《后汉书·东夷列传》。

② 《魏书·食货志》。

为中时，至后十日为下时”。这比汉代崔寔的记录较为精确。收刈时机是“勃如灰便刈”，即在“放勃”——授粉作用之后收刈，这揭开了植物生殖生理之谜，比欧洲人的认识早一千多年。此外还有浸种、耕耘、轮作等宝贵经验①。

关于麻的脱胶技术，《诗经·陈风》已有“东门之池，可以沤麻”的记录。用水池沤麻，这个时期继续使用，如敦煌文书记载，甘肃敦煌有一个“卌里泽”，“周回两百步，可以沤麻”。其科技原理是：在向阳、不流动的水池中沤麻，可以提高水温，加速水中微生物的繁殖速度；麻皮浸水膨胀后，会溶解出碳水化合物，为水中微生物的繁殖提供养分，加速生物酶的分泌，便于分解麻纤维上的果胶质和半纤维素，这是微生物脱胶技术。《齐民要术》总结的经验更具体、可贵，主要有：“沤欲清水，生熟合宜”，冬天用温泉沤麻，包括用清水、水量多少、浸沤时间等，提高麻纤维脱胶的速度和质量。

二、苎麻

苎麻是我国特有的纺织纤维，被称为“中国草”。商周以来苎麻已有人工种植，长江、黄河流域都有，南方较多。出土这个时期苎麻织物的少数民族地区和多民族杂居区有：陕西宝鸡、扶风的西周墓，江西贵溪春秋战国崖墓，福建武夷山战国船棺墓，长沙五里牌楚墓，河北战国时期中山国墓，等等。

有关苎麻的文献记载也不少。《越绝书》记有“苎罗山”。《越绝外传·纪地传》载有“麻林山”，是越王“勾践欲伐吴，种麻以为弓弦”之处。可见江、浙地区多产苎麻。《汉书·地理志》记载：西汉时期的儋耳郡、珠崖郡（今海南省境内）“男子种禾稻纻麻”，即人们早已种植苎麻，利用苎麻纤维于纺织。云

① 《中国纺织科学技术史》，131、423页。

南哀劳夷生产的“阑干细布”，“僚言纻也”[1]。四川古代时“盛产麻苎”[2]。广西、湖南的山区也种植苎麻[3]。如桂阳（今湖南郴州境内）令茨充，令民“种苎麻”，数年间，民“大赖其利”，解决了衣履防寒问题[4]。

《北史·流求传》：流求（即台湾）土宜稻、“麻”……“有布”。编“纻”为甲。三国时，山夷（高山族先民）“能作细布”，“斑纹布”，这应是苎麻布。直到近代，高山族仍“以苎麻为线”织布[5]。三国时南方种苎麻经验是：“苎亦麻也，科生数十茎，宿根在地中，至春自生，不岁种也。荆扬之间，一岁三收。今官园种之，岁再割。”[6] 即保护好宿根，可继续生长、收获，不需每年种植；各地自然条件不同，生长、收获期也不同。掌握了苎麻的种植生长规律，对于发展苎麻生产是很有益处的。

苎麻的初加工技术，原来与上述大麻初加工技术相同，所以《诗经·陈风》在咏叹“东门之池，可以沤麻”之后，又说：“东门之池，可以沤纻”。但沤渍脱胶法太慢，影响纺织生产，所以后来人们又发明了煮练脱胶法，即陆玑《毛诗草木鸟兽虫鱼疏》卷上《可以沤纻》的记载：割纻之后，“便生剥之，以铁若竹，刮其表，厚皮自脱，但得其里韧如筋者，鬻之用缉[7]，谓之徽纻。今南越纻布皆用此麻”。这与沤渍法不同，先要剥皮刮青，然后再脱胶。剥皮刮青之法是：用竹刀或铁刀，从梢分开剥下皮；用刀刮白瓤，其浮上皱皮自脱，得其里如筋者煮之。若冬

① 《后汉书·西南夷传》。《华阳国志·南中志》。

② 《华阳国志》中的巴志、蜀志。

③ 《后汉书·卫飒传》。

④ 贾思勰：《齐民要术·序》，丛书集成本。

⑤ 沈莹：《临海水土志》。光绪《续台湾府志·番社风俗》。

⑥ 陆玑：《毛诗草木鸟兽虫鱼疏》卷上，丛书集成本。

⑦ “鬻”应系“煮”字之误。

月刮麻，用温水润湿，易于分劈。江西贵溪春秋战国崖墓出土一批纺织工具，其中有刮麻具5件（有的文章说6件）。木质，有两种，一种身作拱形，单面斜刃；另一种有2件，在刃部刻一凹槽，将锋利的骨片嵌入槽内，成为锋利的骨刀，长18.4～28.4厘米。这种工具用以刮剥麻的外层老皮，以现出内部又白又长的纤维。刮胶棒，3件，板薄，呈长方形，短把，长25厘米，宽20厘米，这是百越族人剥麻皮、刮麻皮上胶质的工具，是其他地方迄今难以看到的珍贵实物资料。剥皮刮青之后，把苎麻韧皮纤维层放进有碱性物质（如石灰水或草木灰水）溶液中煮练脱胶，这在科技上属于化学脱胶法。出土的苎麻织物中，有经煮练脱胶的，如湖北江陵167号西汉初年墓出土的苎麻絮。经用金属光谱分析，发现其纤维表面附有大量钙离子和镁离子，与现代化学脱胶的苎麻绒的分析结果相似①。长沙马王堆汉墓出土的苎布，也是经过煮练脱胶的。有一个问题必须辩证分析，即我国文献中的“纻”论者有两种截然不同的意见，有的把所有的“纻”都解释为苎麻，如《辞源》、《中国纺织科学技术史》等等；有的则认为古代北方无苎麻，因此古文献中的“纻”都是大麻。如说：“到元初，仍然是‘南人不解刈麻，北人不解治苎’。元初，司农司编纂的《农桑辑要》立意推广从南方引入的苎麻，还得大张旗鼓地从破除‘风土不宜论’入手，由此可见，在此以前，淮河以北没有种过苎麻。”② 明代徐光启在《农政全书》卷36《蚕桑广类·麻》中也说“《诗》言‘沤纻’，《传》称‘纻衣’，中土之有纻，旧矣。而贾思勰不言种苎之法，崔寔始言苎麻，由是推之，五代以前所谓纻，所谓枲者，殆皆

① 《中国纺织科学技术史》，137～138页。

② 卢勋，李根蟠：《民族与物质文化史考略》，61页，引自石声汉《中国农业遗产要略》。

苴麻之属。而今所谓苎者，特南方有之。陆玑始著其名，显是北方所无。而释《诗》者，尚未知陆之所谓‘苎’，非《诗》所谓‘纻’也”。我们对大麻、苎麻的种植史没有专门研究，但从文献记载和出土的纺织品来看，对上述两种观点似应重新认识。首先在元、明以前，大麻、苎麻种植区并没有截然分界，并非南方只种苎麻，不种大麻；北方只种大麻不种苎麻。如前所述，南方地区福建武夷山商代船棺中和长沙马王堆西汉墓都已出土有大麻布；西北地区的陕西宝鸡、扶风西周墓，河北战国墓等则出土了苎麻布，这应该是最有力的证据。再从文献记载来分析，《禹贡》所记，豫州“厥贡漆、枲、絺、纻”。枲是大麻，絺是葛，那么与它们并称的纻是什么呢？《诗经》中的“东门之池，可以沤麻”，“东门之池可以沤纻”，“纻”与“麻”并称，又指什么呢？《唐六典》讲到，全国10个道的贡赋时，也是“麻”、“纻”并列，特别是江南道，厥赋有“麻”，也有“纻”。从上述三例来看，“纻”与“麻”应非一物，把“纻”释为“苎麻”应该是可取的。至于《周礼·天官·典枲》的记载：“掌布、缌、缕、纻之麻草之物”，论者以为“枲”是大麻雄株之名称，典枲官所掌都是大麻之属，其中的纻也应该是大麻织物。并且引用郑玄的注语：大麻布中“白而细疏者曰纻”，作为佐证①。这个见解有一定道理，但我们从文句本身分析，“典枲”所掌的四种织物，布是一般的麻布；缌是较细而疏的麻布，缕是麻线，那么“纻”是什么呢？如果像郑玄所注说的是白而细疏之大麻布，则似有与缌重复之嫌。我们觉得这里的“纻”应有两种可能：第一，“纻”指苎麻，以别于前3种（布、缌、缕等）大麻织物；第二，“纻”可能是“苴”之误，即是指用大麻雌株纤维织成的比“布”更粗劣的大麻布。这两种说法与“典枲”都没有矛盾，

① 卢勋等：《民族与物质文化史考略》，60页。

因为“苴”也是大麻。至于“纻”，当时由于北方苎麻种植太少，不必另设职官，而由典枲官代领了。《齐民要术》没有关于苎麻的种植记载，可能也是由于北方当时所种苎麻很少的缘故（贾思勰主要依据的是河北、河南、山东、山西的材料）。而《农政全书》所说的一些材料也有问题，如说汉代“崔寔始言苎麻”，但实际上崔寔的《四民月令》并没有提到苎麻。又说“五代以前所谓纻、所谓台枲者，殆皆苴麻之属”，实际上，枲与苴是大麻雌雄株之异称，不能说“枲”属于“苴”。综上所述，我们认为，夏商周时期，北方也种植苎麻，只是比大麻少得多，人们重视不够、认识不深，所以文献记载中的“纻”有的地方是指苎麻，有的地方是指大麻。

三、葛

葛，南方、北方都有。西周时人们普遍利用葛，并把细葛布称为“絺”，粗葛布称为“绤”。东南地区葛的数量更多，质量更好。《吴越春秋》记载：公元前5世纪末，越国、吴国大战，越国惨败，为了讨好吴国，争取喘息、发展的机会，越王勾践与群臣商议：“吴王好服之离体，吾欲采葛，使女工织细布献之，以求吴王之心，于子如何？”群臣曰：“善。”“乃使国中男女，入山采葛，以作黄丝之布”。最后把“葛布十万”贡献于吴国。《国语·越语》记载：越国大夫文种说，能干的商人在夏天买入皮货，冬天出卖。冬天则买入葛絺，夏天出售。要适应这样大规模生产的需要，光靠采刈野生葛是不够的，葛的人工种植应已开始，事见《越绝书·越绝外传·记越地传第十》：“葛山者，勾践罢吴，种葛。使越女织治葛布，献于吴王夫差，去县七里。”这是迄今所见古文献中关于人工种葛的最明确、最早的记录。

汉代，闽越王送给江都王建“荃葛、珠玑、犀甲”。服虔注：“荃，音荪，细葛也。”

汉代以后，苎麻织物生产较少，渐为大麻织物所取代。唐代时，以葛织物作为贡赋，主要见于东南、西南地区。关于葛纤维的初加工，唐代诗人鲍溶《采葛行》诗有生动的描述："春溪几回葛花黄，黄麝引子山山香。蛮女不惜手足损，钩刀一一牵柔长。葛丝茸茸春雪体，深涧择泉清处洗。殷勤十指吐蚕丝，当窗嫋嫋声高起。织成一尺无一两，贡进天子五月衣……"由此看来，山区的脱胶似乎只是沤绩法。但《诗经·周南·葛覃》已经说到："葛之覃（按指葛藤）兮，施之中谷，维叶莫莫，是刈是濩，为絺为绤"。"濩"即"镬"，煮，即已用煮练法脱胶了。所以，从全国来说，这两种脱胶方法同时存在，只是各地区、各民族因地制宜选用不同的方法而已。

四、棉花

从商周到隋唐，是我国棉花生产在西北、西南、东南等少数民族地区初步发展的时期。这些少数民族地区棉花生产的发展，为宋、元以后棉花在全国范围推广、普及打下了良好的基础，这是确定无疑的。但是，由于少数民族地区当时的棉花生产缺乏文献记载，汉族士人又因远离生产地，只能根据传闻或走马观花记录，且记录都很简略。另外，由于当时棉花生产技术水平还很低，人们对棉花的认识还很肤浅，未能把多年生灌木型棉花与乔木木棉区分开来，分别记载，而多泛称为"木棉"等。棉花在文献中出现了许多不同的名称，如吉贝、蕻贝、古贝、古终、梧桐华、橦华、娑罗木、攀枝花、斑枝花、木棉、木绵、白叠等等。这些名称应包含棉花与木棉。棉花出现诸多的异名主要是我国地域辽阔，民族成分众多；棉花有不同的品种或植株形态；棉花在不同民族也有语音上的变化、差异。现代学者、专家也众说纷纭，难以统一认识。因此，我们理应把古文献资料作一大概分类。当然，就目前的条件来看，要区分有关棉花的古文献资料是很困难的，因为记载太简略，或特征描述不太符合实际；除新疆外，其他地区尚缺少这个时期的棉织品可供测试。所以，我们只能根据一些迹象进行初步的区分。

区分的标准有如下两个方面：

第一、草棉与多年生灌木棉比较的异同。

棉花与别的植物一样，在不同的自然条件下，会形成不同的植株和品种，有一年一种、植株低矮的草本棉和多年生、植株高大的木本棉两大类。前者主要生长在新疆等地，因冬天天气很冷，不能存活，需第二年重新播种。后者主要生长在南方，因天气炎热，在冬天照样能生长，一种可存活一二十年，长得很高大。印度也是如此，这在唐代翻译家玄应《一切经音义》卷一《大方等大集经》第十五卷中有明确记载："劫波育，或言'劫贝'者，讹也，正言'迦波罗'。高昌名'氎'可以为布。罽宾以南，大者成树，以此（按"此"字应是"北"字之误）形小，状如土葵，有壳，剖以出华如柳絮，可纫以为布也。"可见，罽宾（今克什米尔）以南的，是植株高大如树的多年生棉花；罽宾以北的，是植株矮小如土葵的一年生棉花。另外有些学者认为，我国古代棉花的名称"吉贝"是梵语 Karpasi（指栽培棉）的音译；而"白氎"是梵语 Bhardvdji（指野生棉）的音译；"橦"、"古终"、"梧桐"可能是阿拉伯语 Kutun（原指纤维织物）的音译；英语的 Cotton（棉花）同样是由阿拉伯语 Kutun 演变而来的①。可见，中外棉花的名称是相同的。但这里的问题比较多，如果我们暂时能撇开谁影响谁的问题，让它留待后面探讨的话，那么从梵语的含义可知，"吉贝"、"白氎"是棉花，而"梧桐"等在阿拉伯语只是指植物纤维，并未确指棉花或木棉。我国"梧桐"之名至迟在汉代已有，比英语的棉花之名 Cotton

① 胡竞良：《关于棉业的史料》，见《胡竞良先生棉业论文集》，2 页，中国棉业出版社，1948。

出现时间早，它不会影响到我国的译音，所以梧桐花是什么？还有待探讨。

第二、多年生灌木棉花与落叶乔木木棉比较的异同。

木棉与灌木棉植株都高大，但木棉比灌木棉高得多。灌木棉一般高3米左右。而木棉高达几十米。

果实，木棉朔果比较大，是长圆筒形，两端尖，中间粗，每个果实内含纤维3～5克，一颗木棉树开花千余朵，结实数百个，每一棵木棉可得纤维数公斤。种籽暗棕色，被有少数绒毛。而灌木棉果实比较小，形如桃（所以又称“棉桃”），灌木棉含纤维量也比较少，其棉籽有离核和联核两种。

纤维，木棉纤维不是纯白色，而是浅黄色，细胞壁薄，纤维较短（1.5～3厘米），捻曲性差，所织布较粗厚。而棉花纤维一般是纯白色，有的淡棕色，纤维管壁较厚，不光滑，纤维较长（1.9厘米左右），捻曲性能好，所织布较精细①。

花色，木棉黄蕊红瓣，颜色有深浅不同。而灌木棉花瓣为黄、白色。

此外，我国古文献混用木棉、灌木棉、吉贝、白绁等名称。如清代吴震方《岭南杂记》下卷记载：“木棉树大可合抱，高者数丈，叶如香樟，瓣极厚，一条五六叶。正、二月开大红花，如山茶，而蕊黄色，结子如酒盅，老则坼裂，有絮茸茸，与芦花相似，花开时无叶，花落后，半月始有新绿，其絮土人取以作裀褥。余买数斤归，欲效绵花制为絮，女工不能治。海南蛮人织以为巾，上出细字花卉尤工巧，名曰吉贝，即所谓白叠布……”把木棉织的布称为“吉贝”、“白叠”。《南史》记载：扶

① 赵文榜：《关于我国古代木棉纺织问题的研究》和《中国纺织科技史资料的调查报告》二文，见《中国纺织科技史资料》第4、5集以及《中国纺织科学技术史》等。

南、天竺等国有“白叠”；林邑、天竺、什波、丹丹等国有“吉贝”。记叙天竺国时，白叠、古贝并列，等等。因此，在区分时需非常注意。

下面根据文献记载，试做初步分类、诠释。

1. 一年生棉花

我国古文献最早记载新疆棉花种植的书是《梁书·西北诸戎传》：高昌国“多草木，草实如茧，茧中丝如细纻、名为白叠子，国人多取织以为布，布甚软白，交市用焉”。在新疆吐鲁番出土的北朝时期的契约、文书也都称这种棉织品是“叠”，即白叠。如高昌和平元年（西魏大统17年，公元551年）的举贷契约中写道：“元年辛未岁（三）月（二）日，……边举中行叠六十匹，要（约）到八月……（偿还）中行叠九十匹……”今天维吾尔语仍称棉花为Baicta“帕克塔”，它来自于古语“白叠”，与文献记载完全一致，可见这种棉花的正式命名是“白叠”。其特征是植株低矮如草，棉铃小如茧，纤维白、细，纺织性能好。解放前后，高昌、于阗等地的古遗址都出土有棉布（详见织物部分）。1959年在新疆喀什地区巴楚县的脱库孜沙来遗址晚唐地层出土了一些棉籽，色黄，粒小，籽上带有短纤维，经中国农业科学院棉花研究所鉴定，属非洲草棉（*Gossypium herbaceum* Linnaes），这完全证实了上述的判断。这种草棉，开黄花，棉铃小，棉绒粗，产量低，但适应性强，便于种植，且生长期短，成熟早，所以这种草棉在新疆、甘肃地区有着长期种植的历史。

据《史记·货殖列传》记载：西汉初年，中原地区流通的商品已有帛絮细布千钧，文彩千匹，“榻布皮革千石”。裴骃《集解》引《汉书音义》注曰：“榻布，白叠也。”“榻布”，《汉书》、《后汉书》写作“答布”。三国时人孟康注《汉书》也说：“答布，白叠也。”这里的“榻”、“答”可能来源于“白叠”（音），今维吾尔语称棉花为“帕克塔”，可资参考。唐代颜师古则有不同看法，他说：“答布”是“粗厚之布也，其价贱，故与皮革等同其量耳，非白叠也。……”东南亚马来玻利尼西安语和南岛语称树皮布为tapa，台湾土著也称为tapas、tapal，与“拓布”音近，即把树皮布称为“榻布”、“答布”等①。上述两种观点都有一定道理，但在当时条件下，要从台湾与东南亚运来那么多树皮布，实难做到；而且甘肃敦煌、武威汉墓又已出土有絮棉衣服和棉鞋垫，看来汉代时棉花、棉布已从新疆东传至内地。唐代时内销更多，如《东城老父传》记载：唐玄宗时，长安城“卖白衫、白叠布行邻比廛间”。敦煌文书斯4470《张承奉、李弘愿布施疏》也说到施细氎一匹，绁一匹。伯2032中和四年的破除历背面记录有“粗绁一匹，报恩寺起幡人事用”等。如上所述，新疆至迟在汉代时已经生产棉花、棉布，并已传到内地。到唐代，甘肃所用棉布已有细、中、粗之分，那么在汉唐时，新疆的非洲草棉是否已在甘肃种植呢？这是值得今后注意的问题。

此外，《梁书·西北诸戎传》还记载：于阗西面的揭盘陀国人“衣古贝布”。据《新唐书·南蛮传》：“古贝，草也”，“粗曰贝，细曰氎”。《演繁露·唐环王传》史炤释文：“吉贝，草也，缉其花为布，粗曰贝，精曰氎。”即在西域，因棉花纤维和织成棉布的粗细不同而采用不同名称。

2. 多年生木本棉

我国古文献关于“吉贝”、“木棉”的记载除了《禹贡》外，最早的就是东汉杨孚《异物志》：交、广二州的“木棉”，“其树高大，其实如酒杯，皮薄，中有如丝绵者，色正白”。这种“木棉”高多少？不具体；其他方面也不清楚，但纤维色正白，应

① 龙村倪：《台湾兰屿雅美族造舟与花莲阿美族树皮布》，见《中国少数民族科技史研究》，第四辑。

是多年生棉花的特点。朔果皮薄而不坚，似也是棉花的特点。此后的著录渐多。如（三国）孟康注《汉书》说：闽人以木棉为“吉贝”。《三国志·魏书·倭人传》提到“木棉招头”。（西晋）张勃《吴录·地理志》记载：“交趾定安县有木绵树，高丈，实如酒杯，口有绵如蚕之绵也，又可作布，名曰白绁，一名毛布。”①这段材料在《太平御览》卷820中写作：“交州永昌有木棉树，高过屋，有十余年不换者，实大如杯，中有绵如絮，色正白，破一实得数斤，可为缊絮及毛巾。”这种木棉，植株高只一丈左右（只高于平房），色正白，所织之布名为“白绁”，即白叠。过几年或十几年要重新种植，据此，这种木棉应是多年生木本棉。当然，所谓“破一实得（绵）”“数斤”是夸大了，木棉果实也抽不出这么多的纤维来。“一实”所得应是“一斤”所得之误。

（三国时吴国）万震《南州异物志》记载：“五色斑布以（似）丝布，吉贝木所作，此木熟时状如鹅毳，细如丝绵，中有核如珠珣，用之则治出其核，但纺不绩，任意小抽牵引，无有断绝。”② 这种植物直称为“古贝木”（“吉贝木”）其纤维白如鹅毛，细过丝绵，又可任意小抽引而不断绝，可不绩而纺，应是棉花的特点，现在的木棉纤维是做不到的。（宋）赵汝适《诸蕃志》载：“海南……土产……吉贝树类小桑，絮长半寸许，宛如鹅毛，有子数十。”可知吉贝树植株较小，纤维较长，是多年生棉花，而非木棉。据调查，广州郊区迄今仍有称棉花为“蛤贝”的。海南岛黎族人民称棉花纺车为“车贝”（Pi，boi），而称木棉为ha：u木。说明“吉贝”确是指棉花③。

---

① 《齐民要术》，卷十。

② 王祯：《农书》，卷二十一，引文。

③ 容观琼：《关于我国南方棉织品历史研究的一些问题》，载《文物》，1979(8)。

南朝人沈怀远《南越志》记载："桂州出古终藤，结实如鹅毳，核如珠珣，治出其核，纺如丝绵，染为斑布。"① 这种古终藤的纤维也是白如鹅毛，可像蚕丝一样纺纱，也是棉花的特点。

唐代诗人王建《送郑权尚书南海》诗曾说到广州地区"白氎家家织，红蕉处处栽"②。广东地区当时不会有草棉，这里的"白氎"似应是多年生棉花织品。

（宋）周去非的《岭外代答》卷六记载：唐代时，南诏所织的白氎布"尤精好"，成为国王、王后的专用品，并作为贡献品成为吐蕃赞普的服装用料。这应是用多年生棉花所织，而非用木棉所织。

据云南省博物馆徐康宁同志为本书撰写的文稿说：他曾于1978年到佤族聚居区西盟县翁戛科考来寨岩朗的家里去，看到其家庭园圃里有3株多年生木本棉树，茎呈粗藤状，盛开黄白花，挂着绿油油的棉桃。据主人讲，当地历史上就种植这种棉花，称为"台让"，意思是种植在家庭园圃里的棉花。一般10来年不需要换种，而可长期采摘棉花，只是这种棉纤维比一年生草棉的纤维略为粗一些，用它纺织的布没有草棉暖和，但甚为牢固。一年生草棉是解放后才引进的，称为"台马"。这是很有价值的调查资料。

《中国纺织科学技术史》也提到："近代在云南开远发现有生长近20年，高一丈（3.3米）以上的木本棉，主茎粗8厘米，棉树蜿蜒而上，分枝繁密，年产籽花3千克左右。云南、广东、海南岛等地至今仍有多年生棉花，高一丈（3.3米）有余，其棉籽有离核和联核两种"，并有附表，揭示其不同的品种和性状。从上述材料可知，我国东南、西南地区，从古至今都种植有多

① 李时珍：《本草纲目》，卷三百六十。

② 《王建诗集》，卷五，中华书局，1959。

年生木本棉，并有不同的品种，这种木本棉的名称有“吉贝”、“古贝”、“梧桐桦”、“橦华”、“古终藤”等，用它纺织成的布比较精细的，也称为“白绁”、“白氎”。

（前苏联）沙夫库诺夫说：唐代东北地区的渤海国南海府沃州的主要农作物之一是棉花，并用以生产“昆布”[①]。但未列出证据。国内也有些著作说：靺鞨民族不仅从内地购买丝、棉作为纺织原料，而且还从日本进口棉花[②]。

东北地区唐代时已有种棉花之说，我们暂时还不能采用，因为还没有可靠的证据；而且从我国棉花的种植、传播历史和当时的植棉技术、自然条件等方面看，在东北地区种植棉花似乎还不可能。另外，据研究，日本虽然在8世纪时已传入棉种，但普及种植则是在十五六世纪，隋唐时怎么会有棉花出口呢？难以令人相信。当时从国内买进棉花之说，也难以成立[③]。

我国多年生木本棉的种植、利用有悠久的历史，除第一编所述福建武夷山出土的商代棉布外，湖南长沙仰天湖战国楚墓出土的两块棉布，经上海纺织科学研究院鉴定是棉织物，织物组织是二上一下的斜纹组织，其中一块经纬密度为每平方厘米(33～36)根×23根，另一块为29根×22根，经纬投影宽度0.2～0.35毫米，纬纱投影宽度0.4毫米[④]。只是由于该墓被盗掘过，人们就担心棉布是盗掘者留下的，暂不敢使用这条材料。我们认为虽然迄今尚未发现当时湖南、湖北有木本棉，但其周围省区已有，其织造技术在当时条件下也不是做不到的。所以在没有证据证明是后来混进去的前提下，这条材料应是可以用的。

---

① （前苏联）沙夫库诺夫：《渤海国及其在滨海地区的文化遗存》，见《民族史译文集》，第13集，1985。

② 李殿福，孙玉良：《渤海国》，文物出版社，1981。

③ 《中国少数民族科技史研究》，第五辑。《中国纺织科技史资料》，第13集。

④ 《中国纺织科技史资料的调查报告》，见《中国纺织科技史资料》，第4集。

无独有偶，1976年考古工作者在广西贵县罗泊湾汉墓发掘中，发现某些植物种实周围有不少纤维状物。这些纤维状物在湿润状态下，外观呈黄褐色，经广西绢纺研究所鉴定，认为可能是木棉①。若鉴定无误的话，说明可能在汉代广西已开始植棉和棉织。显然当时种植的棉应是多年生灌木棉。

3. 木棉

华峤《后汉书》记载，哀劳夷的梧桐木华布，“洁白不受垢污”。这是木棉的特征，因纤维光滑而不易受污。西晋郭义恭《广志》记载：“木棉树，赤华（花），为房甚繁，逼侧相比，为绵甚软，出交州永昌。”“梧桐有白者，剽国有白桐木，其叶有白毳，取其毳淹渍，缉织以为布也。”② 这种红花的木棉树，其纤维需淹渍才能纺织，而且不用“纺”字，是用“缉”字，这些应是乔木木棉的特征。

《后汉书·西南夷传》记载：云南哀劳人“知染采文绣、罽毲、帛叠、兰干细布、织成文章如绫锦。有梧桐木华，绩以为布”。《华阳国志·南中志》记载：云南永昌地区古哀劳国有梧桐木，其花柔如丝，民绩以为布，俗名曰梧桐布。博南的“上方、下方夷，亦出（橦）华布”。这里把“帛叠”（白叠）与梧桐木布并列；且梧桐木纤维不是纺织为布，而是“绩”为布；这种布不叫“白氎”，而叫梧桐布、橦花布，这些都是木棉的特点。

沈怀远《南越志》记载：南诏诸蛮不养蚕，唯收娑罗木子中白絮，纽为丝，织为幅，名娑罗笼。（唐）樊绰《蛮书》卷七载：云南西双版纳等地有一种婆（应是“娑”之误）罗树子，“破其壳，中白如柳絮，织为方幅”。《新唐书·南蛮上》记载：南诏国大和、祁鲜而西，人不蚕，剖婆（“娑”之误）罗树实，

① 曾少立供稿。

② 《太平御览》，卷九百五十六。

状若絮，纽缕而幅之”。这种娑罗树朔果较硬，需破而取棉；纤维要扭为纱线，而不是纺，都是木棉的特征。今天云南彝族仍把木棉称为Sa—La或Sö—Lö即“娑罗”① 就是最好的证明。

现在，四川、云南、广东、广西、贵州、福建等地仍然生长着很多高大的攀枝花，俗称木棉树，是落叶乔木，高7～10米，这也证明我国东南、西南地区自古以来就有木棉树生长，有“木棉”、“娑罗树”、“梧桐木华”、“橦花”等名称。在纺织原料缺乏的情况下，人们也用之以织制服装，把现在看来难以纺织的木棉纤维，用淹绩、扭绩、搓纺等方法，缉织成布，充分表现了少数民族适应自然、改造自然的聪明才智。具体方法详见第三编②。

综上所述，我国西北的新疆可能还有甘肃西部地区，至迟到汉代时已种植非洲草棉；而东南、西南地区同时生长着多年生灌木棉和落叶乔木木棉。当时它们都是重要的纺织原料，名称上也有混用的，如“木棉”、“梧桐”，不能因肯定多年生灌木棉而否定乔木木棉，也不能因肯定木棉而否定灌木棉。无论是棉花或木棉，用于纺织都是少数民族首创的，是少数民族对我国纺织技术和生产的重大贡献。

关于我国棉花与非洲、印度、阿拉伯、中美洲棉花的关系问题，我国学者向来有两种不同的意见。有的认为我国的棉花和植棉技术是从印度等地传入的；有的则认为可能是我国本土生长、培植的，但都没有进行详细论述。我们也尚未把有关国家的棉花生产和品种、特征等进行比较研究，目前还难以做出肯定的结论，但作为纺织专著，总要对此说点看法的，所以现

---

① 卢勋，李根蟠：《民族与物质文化史考略》。

② （明）《汪广洋诗·斑枝曲》讲攀枝花从开花到织成布、裁成衣的过程，其中有将木棉纤维“搓就琼簪赋如茧”句，详见第三编。

在根据一些事实进行初步分析。

据研究，中美洲和南亚等地在公元前5000年左右已经掌握棉花的栽培和纺织技术。非洲是棉花的原产地，后来向东西方传播①。那么非洲的植棉历史又早于公元前5000年了。而就现在的资料说，我国的棉花种植要晚得多，即使《禹贡》“织贝”是吉贝的话，也只是公元前2000年左右的事。再从出土的棉织品看，在印度河流域的哈拉帕文化（公元前2350年～公元前1750年）的遗址中出土的棉织品（大百科全书·考古卷）比我国武夷山棉布早一千年左右。由此看来，说中国的棉花从南亚、中美洲等地传入是有可能的。只是迄今尚未发现三四千年前甚至更早些时候中国与南亚、中美洲来往、交流特别是棉花传播的材料，这种说法还暂难以证实。栽培棉、植棉技术传播的线索不是完全没有，例如中国的“吉贝”、“白叠”二词的音读与印度梵语音读非常相近，这应是一方传播影响另一方的结果。中国南边诸国也用“吉贝”、“古贝”之名，也可证明。但中国和印度各是什么时候开始使用这个名词的？由哪个国家传播到另一个国家？何时传播的？现在也不太清楚。例如，非洲迄今尚未发现早期的棉花和棉布，而只出土亚麻布和毛织物。埃及的棉布是在罗马统治时期（公元前30年～公元642年）才有的，比中国武夷山的棉布晚得多。同时，中国有“吉贝”之名是在东汉以后。

---

① 1944～1947年，赛罗（Silow）、赫钦生（Hutchinson）等研究棉花细胞遗传后指出，印度的棉花似乎是由非洲东北地区引进的。参看B. G. 克里斯第斯，G. J. 哈里逊著，邵仲香译：《棉花生产问题》，110页，科学出版社，1963。但也有人认为原产于阿拉伯，如1907年英人华特（George watt）在《世界野驯棉种》一书中写道：草棉“原产地，或为阿拉伯，由回教徒自阿拉伯传至小亚细亚及埃及，然后至欧洲，又自波斯、印度之边境而传至亚洲”。转引自冯泽芳：《中国之棉花与棉种》，见《冯泽芳先生棉业论文选集》，129页，中国棉业出版社，1948。

根据上述分析，我们初步认为：棉花是热带、亚热带的植物，凡具有这种气候和适宜土壤的地区，起初都可能有野生棉生长。哪些地区棉花培植发展早，哪些地区就被看做棉花的发源地，因此棉花起源应是多源的。中国南部地区应是棉花源流之一，所以在距今四千年左右的夏商时期该地区就有了棉花和文字记录；汉代以后与印度等地有了经济文化交流，印度的植棉技术和名称才从南北两路传到中国来，被我国所采用。至于新疆地区的植棉技术和名称“白氎”，则可能是汉代时从毗邻的印度传入的。

五、其他植物纤维

我国南方少数民族除了利用上述几种植物纤维纺织以外，还因农业生产技术不高和自然条件限制，上述纺织纤维不能大量生产，衣着有困难，从而因地制宜，利用当地的其他植物纤维于纺织，为发展我国的纺织生产开辟了新的原料资源。这些原料资源主要有：

1. 蕉葛

蕉葛即以甘蕉（巴蕉）纤维织布。

（晋）嵇含《南方草木状》卷上记载：“甘蕉，望之如树，株大者一围余，叶长一丈，或七、八尺，广尺余、二尺许，花大如酒杯，形、色如芙蓉，著茎末百余子，大，名为房，相连累，甜美，亦可蜜藏……一名巴蕉，或曰巴苴，……其茎解散丝，以灰练之，可纺绩为絺绤，谓之蕉葛，虽脆而好，黄白，不如葛赤色也，交、广俱有之。”《三辅黄图》曰：“汉武帝元鼎六年，破南越，建扶荔宫，以植所得奇草异木，有甘蕉二本。”

杨孚《异物志》记载：“芭蕉……其茎如芋，取蕉镬煮之，则如丝，可纺绩，女工以为絺绤。”

《南方异物志》、郭义恭《广志》、贾耽等《十道记》也有类似的记载。

从上述材料看，南方少数民族确实以甘蕉（巴蕉）茎的纤维织布。其初加工方法是：将蕉茎顺着纤维纹路分为细长条，放到锅里，用石灰水煮炼，去掉纤维上的杂质。然后像葛麻纤维一样，把纤维缉绩连接起来，即可纺织。颜色有赤色和黄白色两种。赤色纤维质量比较好，织出来之布有粗有细（为絺为绤），总的来说，质量“虽脆而好”。

甘蕉在汉武帝时已移植在北方宫廷，所织之布，北方汉族应该也有所闻所见，所以才能记录于文献之中。

2. 竹

竹即以某些竹纤维织布。我国南方适宜于竹子的生长，竹的种类很多，古籍记载用于纺织者有3种：

篔筜竹和桂竹。《异物志》记载：“篔筜生水边，长数丈，围一尺五六寸，一节相去六七尺或相去一丈，庐陵界有之。始兴以南，又多小桂，夷人织以为布葛。”[①] 由此看来，似乎篔筜竹和小桂（竹）均可纺织。（晋）戴凯之《竹谱》记载：篔筜与桃枝“多植水渚”，高大，“长类纤叶，清肌薄皮”。“桂竹，高四五丈，大者二尺，围阔节大，叶状如甘竹而皮赤。南康以南所饶也。《山海经》云：‘灵原桂竹，伤人则死’。是桂竹有二种，名同实异，其形未详。”这种可以纺织的小桂属哪一种？暂时还不清楚。

又裴渊《广州记》记载：“蛮夷不蚕，采木棉为絮，皮圆当竹、剥古绿藤、绩以为布。”这里的“圆当竹”当即是篔筜竹。

箪竹。《南方草木状》卷下记载：“箪竹叶疏而大，一节相去六、七尺，出九真，彼人取嫩者，硾浸，纺绩为布，谓之竹疏布。”戴凯之《竹谱》也说：“单竹，大者如腓，虚细长爽；岭南夷人取其笋未及竹者，灰煮，绩以为布，其精者如縠焉。”

① （梁）萧统编：《文选》，卷五，刘渊林注引，中华书局，1981。

从上述材料可知，南方少数民族经过反复实践，选出几种竹节长、纤维比较柔韧的竹纤维用于纺织。初加工方法如下：砍取嫩竹，用石头捶烂，浸于水中或放到灰水中煮炼，后绩接，即可纺织。

3. 树木

树木即以某些树木纤维纺织成布。《后汉书·南蛮传》：南方少数民族"织绩木皮，染以草实，好五色衣服"。顾微《广州记》记载："广西阿林县有勾芒，俚人砍其大树半断，新条更生，取其皮织以为布，软滑甚好。"① 其初加工方法可能与竹纤维类似。

4. 构（縠、楮）

陆玑《毛诗鸟兽虫鱼疏》卷上记载："縠、幽州人谓之縠桑，或曰楮桑。荆、扬、交，广谓之縠。中州人谓之楮。殷中宗时，桑縠共生是也。今江南人绩其皮，以为布，又捣以为纸……"这是一种桑科落叶乔木，"其纤维细而柔软，坚韧有拉力，单纤维长达 24 毫米，平均强力约 12 克。"② 种縠楮方法，《齐民要术》卷五记载："楮宜涧谷间种之，地欲极良，秋上候楮子熟时，多收净淘，曝令乾，耕地令熟，二月耧耩之，和麻子漫散之，即劳，秋冬仍留麻勿刈，为楮作暖（若不和麻子种，率多冻死）。明年正月初，附地芟杀，放火烧之，一岁即没人（不烧者瘦，而长亦迟）。三年便中斫（未满三年者，皮薄不任用）。斫法：十二月为上，四月次之（非此两月而斫者，则多枯死也）。每岁正月，常放火烧之。二月中间，斸去恶根。移栽时，二月莳之，亦三年一斸……"

5. 草

① （宋）乐史：《太平寰宇记》，卷八百二十引，（清）江西万氏刊本。

② 《中国纺织科学技术史》，43 页。

《隋书·突厥传》：突厥都兰可汗向隋文帝贡鹳布。据说这是用蒿（植物）织成的粗布①。

第二节 动物纤维生产和初加工技术

一、丝纤维

蚕丝生产在这个时期有了很大的发展。蚕丝分布区域扩大，产量增加，生产技术提高都是很明显的。除了本篇第一章各节介绍的外，其他少数民族地区从事蚕桑丝织生产的资料有：

（一）生产地域的扩大

陕西宝鸡茹家庄強伯墓出土有玉蚕和丝织品。玉蚕大的长4厘米，小的长1厘米②。丝织品留到后面介绍。

成都出土有西周蚕纹戈和春秋时期的采桑错银铜壶。

湖南衡东县霞流市出土1件春秋晚期的蚕纹铜尊，口沿布满蚕纹，二三条小蚕为一组，昂首竖立；其腹部有4片桑叶，叶面内外也布满蠕动着的幼蚕。据研究这件蚕纹铜尊是古越族的器物③。

《后汉书·西南夷传》："哀劳夷（在云南保山、德宏、西双版纳一带），"土地沃美，宜五谷蚕桑，知染彩文绣"。《太平御览·四夷部·永昌郡传》：三国时，邛都夷（在今云南西北部和四川凉山一带）"特好桑蚕"。据云南省博物馆徐康宁为本书提供的文稿说：在云南江川李家山出土的战国至西汉时期的青铜针线盒中，也发现有一些丝线。（唐）樊绰《蛮书》：南诏"蛮地无桑，悉养柘蚕，村邑人家，柘林多者数顷"。又《南诏德化

① 林幹：《突厥史》，内蒙古人民出版社，1988。

② 李也贞等：《有关西周丝织和刺绣的重要发现》，载《文物》，1976（2）。

③ 高至喜：《湖南商周农业考古概述——兼论有关古代农业的几个问题》，载《农业考古》，1985（2）。

碑》："家饶五亩之桑，国贮九年之廪。"

《南史·夷貊下》：甘肃等地的氐人"种桑麻，出䌷、绢、布……"《唐会要·东女国》：羌人部落"土有丝絮，岁输于吐蕃"。

《汉书·地理志》：儋耳、珠崖郡（今海南岛）民"男子耕农，种禾稻、纻麻。女子桑蚕织绩"。《汉书》孟康注：汉代时，广西已能"桑蚕织绩"。到唐代时，更是"有地多生桂，无时不养蚕"了。

内蒙古和林格尔东汉墓后室壁画中有庄园采桑、筐箔图，说明东汉时内蒙南部地区也有了桑蚕丝织生产①。

东北涉貊人自西周箕子到朝鲜教田蚕之后，学会蚕桑。汉代时迁辽东，仍知"养蚕，作绵布"②。

由于这个时期的少数民族多没有自己的文字，因此各民族的蚕桑丝织生产技术难以记录保存下来；而汉族官吏、文人的见闻也很有限，只能是如上述那样极其简略的记述。这就给探讨这个时期少数民族的蚕桑技术带来很大的困难。好在许多地区的蚕桑技术是从中原地区或四川等汉族地区传过去的（如第一章介绍），其蚕桑技术应与汉族地区相似。至于入居、入主中原等汉族地区的少数民族，他们所学的生产技术和管理方法，更是汉族传统技术、方法的承袭和发展，当然也会有各民族各地区的一些特点。鉴于上述情况，我们将利用汉族地区的某些蚕桑丝织技术资料，特别是鲜卑北魏时期贾思勰所著《齐民要术》等著作的资料，结合少数民族蚕桑技术上的一些资料，进行概述。

---

① 吴荣曾：《和林格尔汉墓壁画中反映的东汉社会生活》，载《文物》，1974（1）。

② 《后汉书·东夷传》。

（二）桑树的种类和种植技术

桑树叶是家蚕的主要食粮①。它不仅是家蚕赖以生存的根本条件，而且是决定蚕的生产性能和蚕丝质量的最重要条件之一，所以人们历来非常重视栽桑技术的总结和改良，并逐步完善和理论化。这个时期的主要著作有《齐民要术》和唐代郭橐驼的《种树书》。现就两书的记载和其他资料介绍如下。

（1）最迟到战国时期，我国已有两种类型的桑树，一种是高大型（比人高），采桑时人要攀登上树采摘，后世称为“荆桑”；另一种是低矮型，与人体高度差不多，人站在地上即可伸手采摘，后世称为“地桑”或“鲁桑”。低矮型桑树叶多、肥厚，营养价值高，又便于采摘、饲养，所以低矮型桑树逐渐被培育发展起来。《齐民要术》卷五记载：“谚曰：‘鲁桑百，丰锦帛’，言其桑好，功省用多。”做了正确的总结。鲁桑在全国推广的实例在出土文物中可以找到。例如，甘肃嘉峪关魏晋时期壁画墓中有多幅采桑图。其中桑树有两种，一种与人体高度差不多，人站在地上可采摘全部桑叶（图 10），另一种比人略高些，人在地上可采摘树体中下部分的桑叶，上半部分的桑叶要站到梯架上才能够得着，可是从总体上看它又比荆桑低得多。所以我们认为，这两种桑树都应属于鲁桑。在这些采桑图中，有不少人像是少数民族的形象，当时这一地区也的确住着很多少数民族。显而易见，少数民族与汉族一样，也懂得选种优良的鲁桑。当然，在南方地区，由于自然条件等原因，同时也栽种有荆桑。《齐民要术》还记载有“女桑”（树小而条多者）、“梫桑”、“檿桑”等。女桑可能是鲁桑类，梫桑、檿桑应是荆桑类。

---

① 《中国纺织科学技术史》认为：从《诗经》等记录可知，周代的蚕似乎是兼饲桑檿两种树叶。檿又名山桑，即后来所说的荆桑，叶为分裂状。（按：应还有柘树叶等，因《礼记·月令》记载，周王朝规定：“季春无伐桑柘”。）

图10　采桑图，甘肃嘉峪关魏晋壁画墓出土
（蔡义选摄）

贵州罗甸国生产有一种“白椹”，应是白桑所产。

（2）桑树喜欢温暖潮湿的气候和肥沃的土壤，所以人们常把桑树种植于河边、房屋周围、田间隙地和道路两旁。因此说：“高树白桑宜山冈地上、墙边篱畔种之”；“矮短青桑宜山乡田土水畔种之”①。

（3）种植方法，有种椹和压条两种。

前期主要是用桑椹之籽种植，称为“种桑”、“种椹”。

《齐民要术》卷五总结的经验有：选用黑鲁椹（不用黄鲁椹），水淘取籽，晒燥（汉代以前用“阴干”法）畦种。明年春季移栽，要密些，其下点种绿豆、小豆，以调熟田土、促进桑树生长，又不失地利。2年后正月移栽，10步1树，行欲小掎角。取栽法是：用钩杙压下枝令着地，条叶生高数寸，以燥土壅之，明年正月截取而种。锄草不近桑，但要斫去桑树的浮根，用蚕

① （唐）郭橐驼：《种树书》，丛书集成本。

矢粪之。剥桑以 12 月为上时，等等。

压条法，可能源于种椹移栽压枝法。《齐民要术》已明确提出“大都种椹长迟，不如压枝之速”。《种树书》则总结了压条的不少经验，如压条时间以 2 月为宜，要用燥土压等。

此外，《齐民要术》还记录有梨树的嫁接法，因而也可能用于桑树。

（4）护桑。《齐民要术》等记载，早在周代人们已注意到，蚕发蚁后没有饲养的桑叶不行，因而严禁在这个季节砍伐桑树。这种政策后代沿用。北凉时期，新疆地区官府已伇工看护桑树。同时注意修枝，砍掉多余的荒枝，防止桑树长得过高过大，消耗养料，保证桑叶多产而又肥厚。

（5）柘。柘树是落叶灌木或小乔木，是野蚕和桑蚕的食粮，所以史书经常是“桑柘”并提。成都百花潭中学出土战国铜壶上的树，叶缘全，无锯齿，无裂纹，因而是柘树的形象资料①。甘肃武威出土的汉代丝织品，据化验，有的是柞蚕丝。唐代诗人元稹的诗中也说到：“吾闻昔日西凉州，人烟扑地桑柘稠。”说明甘肃地区也早已生长、种植柘树。

《齐民要术》有“种桑柘”专题，详细记载种柘的方法“种柘法：耕地令熟，耧耩作垄，柘子熟时多收，以水淘汰令净，曝干散讫劳之。草生拔却，勿令荒没，三年间斸去”。《荆楚岁时记》和《永嘉记》等书也都提到有柘蚕，以柘养蚕。云南地区柘蚕更多，“蛮地无桑，悉养柘蚕，绕树村邑人家，柘林多者数顷，耸干数丈”②。从上述材料可知，柘树原是山岗野生之树，比较高大，特别是南方地区。后来因养蚕的需要，渐为人工种植，种柘法与种桑法类似，主要用种椹法。柘叶喂蚕的优点是：结

① 杜恒：《试论百花潭嵌错图象铜壶》，载《文物》，1976（3）。

② （唐）樊绰：《蛮书》，卷七。

茧早，丝坚韧。

此外，云南等地还有“野桑木”①。

(三) 蚕的品种和饲养技术

蚕的品种很多，总的来说可分为桑蚕（家蚕）和野蚕两大类。

1. 桑蚕

如前所述，蚕是我国各族人民自己发现、培育的，各个地区自然条件、社会观念和技术水平又有差异，所以各地蚕的品种不同。它们基本上可分为南方与北方两大类，主要表现在化性和眠期的不同。

北方地区，一方面由于气温比较低，还受“马质禁原蚕”的传统观念的束缚②，所以桑柘产量不很丰富，每年养蚕的次数不能多；另一方面由于科学技术比较进步，而且一化性蚕的茧比较大、厚，丝较柔韧，而多化性蚕的茧比较小、薄、软，丝弱绵细，所以北方地区以养一化性蚕为主。这在《周礼·夏官·马质》和《淮南子》等书中都有记载。当然这也不是绝对的，据《齐民要术》卷五附注，张勃《吴录·地理志》的记载中，既有一化三眠蚕③，也有二化四眠蚕和多化性蚕。

南方地区气温高，桑树多，每年可多养几次蚕，所以南方地区以养多化性蚕为主。《齐民要术》卷五引《俞益期笺》曰：“日南（今越南中部，历史上曾属中国）蚕八熟。”《林邑记》曰：“九真郡（同上）蚕年八熟。”左思《吴都赋》说：“国税再熟之稻，乡贡八蚕之绵。”《荆楚岁时记》说：“八蚕茧出日南，至春

① （唐）樊绰：《蛮书》，卷七。

② 认为一年养蚕多次会伤害马的生长。

③ 所谓“三眠”，据秦观《蚕书》：“蚕生九日，不食一日一夜，谓之初眠。又七日，再眠如初。……又七日若五日，不食二日，谓之大眠。”

秋犹饲以柘。”《群书类丛》第四辑卷 96《唐太和上车征传》记载：天宝年间，海南岛振州（今崖县）“一年养蚕八次”。可见南方人民利用野生的滞育蚕，培育出多化性蚕①。《齐民要术》卷五引《永嘉记》更有详细记载：

“永嘉（今浙江温州一带）有八辈蚕：蚖珍蚕（三月绩），柘蚕（四月初绩），蚖蚕（四月初绩），爱珍（五月绩），爱蚕（六月末绩），寒珍（七月末绩），四出蚕（九月初绩），寒蚕（十月绩）。凡蚕再熟者，前辈皆谓之珍。养珍者，少养之。爱蚕者，故蚖蚕种也。……”

据研究，“这‘八辈蚕’并不是同一个系统的八个世代。柘蚕和四出蚕不与其余蚕发生关系，自成独立系统”。其他各种蚕是否同一系统？学者们的看法不一致，暂时还不能确定②。不过，从上述各种蚕生长的不同时间安排和上述其他材料所载的“八熟”，特别是蚖珍——蚖蚕——爱珍——爱蚕的连续生产环节等可知，它应是多化性蚕无疑，或以多化性蚕为主。据《新唐书·南蛮传》：夜郎和滇池以西的松外蛮也是“正月蚕生，二月熟”，似也是多化性蚕。

关于蚕的培育技术。一般来说，北方每年都从夏历三月初一开始浴种。每逢这一天，妇女们都把蚕种放到清水中去冲洗。其他地区的浴种不尽相同，如《蛮书》记载：云南蛮人养柘蚕，“三月初蚕已生，三月中茧出”，松外蛮则“正月蚕生”等。但浴种目的均相同，即清除蚕卵上的杂菌，增强蚕种的适应性。

蚕种浴种后，有的用“蘩”（可能是长白茸毛的蒿）煮汁浸泡，促其发蚁；有的用桑柴灰汁和雪水处理；有的用蒲、艾、柳、

---

① 杨宗万：《从“乡贡八蚕之绵”探索我国南方蚕业的起源》，载《农史研究》，第四辑。

② 《中国纺织科学技术史》，47 页。

井水略浸去尿收挂①。

治蚕室，多在清明节建于近水处，便于排水保持干燥；四面开窗、糊纸，四角着火，以调整温度和空气。室外还要围以棘篱，防止闲人出入，以免影响环境卫生和操作。

主要蚕具有：

箔、筐。它们是放养蚕的工具，北方叫做“箔”、“曲”、“曲箔”，多用萑苇编制，也有用竹篾编制，长方形。新疆吐鲁番出土文书中蚕的数量计算是以“箔”为单位，如“蚕叁箔”等，说明当时的新疆也是用“箔”养蚕。新疆的养蚕技术和工具是源于内地，基本上与内地相同。南方则把这些放养蚕的工具称为“筐”、“笸”。它们圆而稍长，浅而有缘，用竹篾编成。

蚕槌。先秦时蚕槌可能称为“笯”②，后称为“木关”、“持”、“植”等，是架起多个箔、筐的多层木架，一槌可放置多个箔筐。

蚕簇。又称“蓐”，是供蚕作茧的工具。北方用蒿梢、丛柴、苫席等捆扎；南方用短柴杆。蚕簇形状多种多样，有绳簇、苇簇、蜈蚣簇、蜘蛛簇等等。其技术要求：供蚕结茧的地方要多，疏密要适当，空气能流通和排湿便利，光线均匀，蚕上簇方便，容易采茧等。

蚕盘。它是盛蚕上簇之器，用竹编或用柜，以疏苇为底。同时饲养的蚕发育有快慢，因此要及时将已老熟的蚕挑出来，放到蚕盘里，分批上簇。蚕上簇不可过早，也不可过迟，这关系到丝的质量和产量。

蚕网。它是抬蚕工具，是用细绳结成的鱼网状物，当要挪

---

① 《中国纺织科学技术史》，47页。郭橐驼：《种树书》。

② 管仲：《管子·轻重篇》，四部丛刊初编本。其他参见《齐民要术》、《中国纺织科学技术史》等，不一一加注。

动蚕时，先在箔筐上放网，在网里放桑叶，待蚕闻桑叶香味而自动从网眼中爬进网里去时，即可提网移置别盘。

蚕出生后的注意事项，荀子《蚕赋》已有所总结。更详细、成熟的经验见《齐民要术》，其主要内容是：注意及时调节温度，使冷热得所，饲蚕桑叶要干燥，不带露水；饲蚕时要卷起窗帘，蚕见明则食；蚕小时应喂鲁桑，长大后，鲁桑、荆桑均可喂用，等等。

一茬蚕结茧收成后，为了来年更好地再生产，需要选留优良蚕种。西周时已有选茧、献茧的礼仪活动。《齐民要术》总结的选种经验主要有："必取居簇中者"，因为"近上则丝薄，近下则子不生也"。因为只有健壮的蚕才能挤在光线、空气、温度都好的簇中去结茧。唐代《种树书》除了重申上述按茧的位置选种的技术外，还总结出按茧的形状选茧的先进技术——"收蚕种，拣簇上硬茧尖细紧小者是雄；圆慢厚大者是雌。收同时出者……"这对促进蚕的优选、繁殖很有意义。

新疆地区当时崇信佛教，禁止杀生，规定要等蚕蛾咬破茧飞走后才能取茧治丝。这种做法是原始的工艺，对选种、治丝都很不利。

南方多化性蚕的培育技术，在《永嘉记》中有详细描述："蚖珍三月既绩，出蛾取卵，七八日便剖卵，蚕生，多养之，是为蚖蚕。欲作爱者，取蚖珍之卵，藏内罂中，随器大小亦可，拾纸盖覆器口，安硎泉冷水中，使冷折其出势，得三七日，然后剖生养之，谓为爱珍，亦呼爱子。绩成茧，出蛾生卵，卵生七日，又剖成蚕，多养之，此则爱蚕也。藏卵时勿令见人，应用二七赤豉器底。腊月桑柴二七枝以麻卵纸，当令水高下与重卵相齐。若外水高，则卵死不复出；若外水下卵，则冷气少，不能折其出势。不能折其出势，则不能三七日。不得三七日，虽出不成也。不成者，谓徒绩成茧。出蛾生卵，七日不复剖生，至明年方生耳。欲得阴树下亦有泥器口，三七日亦有成者。”根据这个记载，多化性蚕的培育技术主要是：蛾生蚕卵之后，最多再过7天，便要人工剖卵生蚕；或把蚕卵藏在陶器内，用溪泉水冷冻。该书特别强调，剖卵不能超过7天，最多8天；溪泉水与蚕卵位置高度要在同一水平上，太高或太低都不好。其他化育蚕的方法、工具应与北方类似（上面也讲到南方的一些工具）。

南方一些少数民族的蚕和养蚕技术方面有自己的一些特点，因缺乏这个时期的文献资料，所以留到第三编一并叙述。但从湖北随县擂鼓墩战国初期曾侯乙墓出土的提花丝织物看，其蚕丝纤度比较小，可能当时当地的蚕体比较小。而从长沙楚墓出土丝织品的化验可知，其丝纤维的抗张强度大于洛阳地区东周墓出土的丝纤维，说明楚地桑叶、蚕种比较好，养蚕技术比较高①。

2. 野蚕

《尚书·禹贡》记载：“莱夷作牧，其篚檿丝。”《诗经》的《魏风》、《豳风》、《郑风》等也都有关于檿的记载。（宋）蔡沈《书经集传》说：“颜师古曰：‘莱山之夷，齐有莱侯莱人，即今莱州之地。……檿，山桑也。山蚕之丝，其韧中琴瑟之弦。’苏氏曰：惟东莱有此丝，以之为缯，其坚韧异常，莱人谓之山茧。”《古今注》记载：汉元帝永元四年（公元前40年），“东莱郡东牟山有野蚕为茧，茧生蛾，蛾生卵，卵着石，收得万余石，民以为蚕絮”。这段记载说的也是原莱夷居住地区的情况。莱人主要居住在今山东昌邑、潍坊一带。考虑到《禹贡》关于檿丝的记载是最早的；又山东是我国历史上野蚕丝的发祥地，因此可以说，古代少数民族之一的莱夷是利用野蚕丝的发明者，然后

---

① 熊传新：《楚国的丝织业》，载《江汉论坛》，1982（8）。

由他们把野蚕丝的利用传播到其他民族、地区去（莱夷至少也是发明者之一）。这个时期其他地区的少数民族也会利用野蚕丝于纺织，如隋唐时期东北地区的渤海国，它生产的沃州绵、龙州紬很有名，应是用野蚕丝织造的。

野蚕的品种很多。《尔雅·释虫》根据野蚕所吃树叶的不同而将野蚕分为4种：樗蚕、棘蚕、栾蚕、蚢蚕。郭璞注曰：樗蚕食樗叶，棘蚕食棘叶，栾蚕食栾叶，蚢蚕食萧叶。《中国纺织科学技术史》认为，现在只知樗即臭椿，樗蚕就是现在的椿蚕，是属于天蚕蛾科的野蚕。其他3种蚕已不可考①。秦汉以来，野蚕仍在继续利用，“并从采集进入人工放养”，其根据是《广志》中的记载：“有原蚕，有冬蚕，有野蚕，有柞蚕，食柞叶，可以作绵。”但我们很难从这个材料中看出人工放养的迹象。应该说，当时的野蚕还基本上是野生的，所以历代统治者还都把各地的“野蚕成茧”视为祥瑞，即上天即将赐福的征兆。如果当时已有人工放养野蚕的经验和生产，野蚕就不会被那么高度重视了。

我国山地多，少数民族绝大多数居住在山区，而山地普遍生长有可喂蚕的柞、槲、青㭎、栎、柘、椿等树，具备野蚕生长的条件。如云南从曲靖州至滇池地区，南诏人“食蚕以柘，蚕生阅二旬而茧，织锦缣精致”②。《蛮书》卷七也明确记载：“蛮地无桑，悉养柘蚕……三月初蚕已生，三月中茧出。”不过，真正推广野蚕人工放养的，那是在宋元以后，特别是清代时期，详见第三编。

3．蚕茧初加工技术的发展

① 43～44页。但在第126页中又说：“棘蚕生棘树上，与樗蚕并无区别。”“萧蚕是一种食蒿叶的蚕种。”因执笔者不同，认识也有差异。

② 欧阳修：《新唐书·南蛮传》，中华书局校点本，1975。

蚕茧初加工技术的高低，与缫丝、丝织和丝织品的质量密切相关，由于人们非常关注，其技术水平迅速提高。主要工序是：

采茧、选茧。蚕结茧后，何时采茧，对于保护丝纤维的质量相当重要。如果过早采茧，蚕蛹尚未成熟，蛹体不太结实，容易出血，污染腐蚀茧丝；如果采茧太迟，蚕蛹变成蛾子，会咬破茧壳，撕断丝纤维，使长丝变成短丝，丝的质量大大降低，也给纺织带来困难，甚至有些丝只能作丝絮或织粗绸。采茧时还要注意选茧和分类（详见前面选种部分）。

贮茧。到了收茧季节，人们非常繁忙，不可能马上把全部茧子缫丝加工，但若不马上缫丝，茧中的蚕蛹就会破茧出蛾，破坏丝纤维，因此人们得有个暂时贮藏蚕茧、延缓蛹化为蛾、破茧而出的时间。据研究，先秦和秦汉时期，人们只懂得把蚕茧摊于阴凉的地方，以降低温度。但这种方法只能推迟一二天，不能从根本上解决问题。经过长期的实践、摸索，大约在南北朝时期，民间又创造了“盐腌法”和“日晒法”。陶宏景（公元452～536年）《药总诀》中记载：“凡藏茧，必用盐官盐。”《齐民要术》更有详细记载：用盐腌法，容易缫丝，丝也坚韧；用日晒法，茧虽白而丝脆弱，其做成的衣服不耐穿。看来，当时用盐腌的技术比较成熟，效果也好。而日晒法刚刚产生，经验不足，效果较差。宋元以后，日晒技术才渐趋成熟，见第三编。盐腌贮茧法的技术原理是：“用盐作封闭层，使蚕与外界的气温隔绝；同时吸收蚕蛹的水分，用卤汁渗透到茧中以杀蛹。由于茧丝的蛋白质未遭到破坏，因之丝的强力比之破坏蛋白质的太阳晒要好得多”，“这是蚕丝发展史上的一项重大成就”①。到唐、五代时，人们已有专门用来腌茧的茧盐，腌茧质量更好。

---

①《中国纺织科学技术史》，127～128页。

剥茧。蚕吐丝作茧时，开头必有一层乱丝，即茧衣。它乱而强力低，只能作丝絮，不能纺织。必须先把它剥掉，才能使可用的茧层的丝绪暴露出来，才能缫丝。辽宁朝阳出土周代的丝绵袍，说明当时人们已经认识到茧衣的用途，也学会剥茧了。

这个时期人们对利用野蚕茧的认识不够，采集蚕茧时，蚕茧多已成破口茧，只能用作丝絮和粗绸。另外，当时的加工技术也很原始。

少数民族地区，有的采用上述的加工办法，有的则大同小异，如《蛮书》卷七记载，唐代云南蛮人"抽丝稍异中土"。具体的技术方法我们不太清楚，但可知其只与汉族地区的"稍异"而已。新疆地区因为宗教信仰上的问题，只能用破口茧进行绢纺了。

二、毛纤维

毛纤维主要出产在我国北部、西北、西南少数民族地区，这是因为这里的人民多从事游牧生产，又有适合畜牧业发展的大片草原、山谷。因而少数民族的毛纤维生产要比汉族发达，技术也比汉族高。毛纤维的品种主要有：羊、驼、牦牛、兔、猪等毛绒和有关鸟兽的羽、毛等。

（一）羊毛

在各种牲畜中，羊的饲养最为普遍，数量最多。羊是游牧民族主要的衣食来源。羊毛是毛纺织原料中最为重要的原料。

1. 羊的种类很多，可作为纺织原料的主要是绵羊和山羊，尤以绵羊最为重要。从甲骨文"羊"字的形态看，商代时已有角成圈状的绵羊和角呈倒八字挺直状的山羊两大类。《尔雅·释畜》中有吴羊、夏羊、羳羊等种类。（有人认为这是指不同地区的羊，如"吴羊"是江南地区的羊，夏羊是秦晋地区的羊等）。在不同种类中又依雌雄分别称为"羒"、"牂"、"羭"、"羖"等。

学术界一般认为："我国古代饲养的绵羊有三大品种：一是

早先产于蒙古高原，后来广布于内蒙、东北、华北、西北等地区的蒙古羊；二是早先产于西藏高原的藏羊，后来广布于西藏、青海、四川、云南、贵州、甘肃等地；三是哈萨克羊，早先产于亚洲西南，后来广布于新疆、甘肃、青海等地以及中亚一带。”① 下面按此三类介绍。

蒙古羊。蒙古高原有丰美、辽阔的草原，是牧养羊、马、牛等牲畜的好地方，牲畜数量非常多。北朝时的《敕勒川》诗中有脍炙人口的名句：“风吹草低见牛羊”。短短的七个字，不仅生动描绘了壮丽的草原风光，抒发了游牧民族怡然自得的心情，宽阔的胸怀；而且使人一看便知，这里的牧草多茂盛！牛羊如草多！《汉书·匈奴传》记载：汉武帝元朔二年（公元前127年），卫青“击胡之楼烦白羊王于河南（指黄河以南，即今河套地区），得胡首虏数千，羊百余万”②。一次战争就获得这么多羊只，可知楼烦人养羊之多！上述的“白羊”，应是绵羊，因为《齐民要术》卷六说到“白羊”③ 1年可剪3次毛。至于是否绵羊中的特殊品种，有待今后进一步研究。北魏政权规定：“六部民”输羊马为赋，以“羊满百口为率”④，即每家有100口以上的羊。隋唐时，突厥族的羊马“遍满山谷”⑤，其兴衰“唯以羊马为准”⑥。唐末、五代，回鹘、党项的羊马在西北诸民族中是“最多”的，远近各地的商人纷纷带着丝绸等百货前去交换羊马⑦。由此可见，北方各民族畜养的蒙古羊一代接一代，发展非

① 《中国纺织科学技术史》，139页。
② 《史记·匈奴传》为“牛羊百余万”。
③ 谢成侠《中国养牛羊史》认为，“白羊”是匈奴语“窝足”之意。
④ 《魏书·太宗本纪》。
⑤ 《隋书·突厥传》。
⑥ 刘昫：《旧唐书·郑元璹传》，中华书局校点本，1975。
⑦ 薛居正：《旧五代史·党项传》，中华书局校点本，1976。

常快，并传布到整个北方地区。

蒙古羊的特征。因缺乏这个时期的记载，暂用宋元的资料说明。宋人洪皓《松漠纪闻》说："北羊皆长面多髯，有角者百无二三，大仅如指，长不过四寸，皆目为白羊，其实亦多浑黑，亦有肋细如箸者，味极珍，性畏怯，不抵触，不越沟堑。"《黑鞑事略》记载："胡羊则毻毛而扇尾。"此外，《新唐书·回鹘传》记载有一种"大足羊"。唐人郑望之《膳夫录》记载一种很大的羊："羊之大者不过五十斤，奚中所产者百余斤。"总之，蒙古羊多肥尾，无角或小角[①]，长面多髯，毛的品质比较复杂，多白色，少量杂色，有粗细之分。这种羊对气候、环境的适应力强，许多地区都可以饲养繁殖。中原地区的最好，毛纤维细、匀；西北、辽宁的其次，毛纤维粗细混杂；内蒙北部和东北部的较差，粗细刚柔的纤维都有。后来又从蒙古羊培育出寒羊、同羊、湖羊、滩羊等著名品种。

藏羊——羌羊。甲骨文"羌"字是由"羊"与"人"二字上下重叠而成，古文献也明确记载："羌，西戎牧羊人也。"[②]藏人祀"羱羝（大角牡羊）为大神"，羊很可能是古代羌人的图腾[③]。由此看来，古代羌人可能是我国最早把野羊驯化、畜养或养羊最多的民族，最早利用羊毛于纺织的民族，至少是养羊民族中最著名的一个民族。此后史书记载较多，如《后汉书·西羌传》载：羌人地区"水草丰美，土宜产牧，牛马衔尾，群羊塞道"。汉兵每次打败羌兵之后，动辄俘获"牛马驴羊骆驼十余万头"，"马牛羊十万头"，"牛马羊二十余万头"等等。

据研究，藏羊是古代羌人所养羊种的后裔，原产于今青海、

---

① "但狼山岩画中，羊多大角向后弯曲。"参看《文物》1980（6）。

② 许慎：《说文解字》。马端临：《文献通考》等。

③《新唐书·吐蕃传》等。

西藏、甘肃、陕西南部、四川西北部等省区，后来随着民族迁徙，又向云南、贵州、广西、新疆等省区传布、发展。牧区有草地型和农区山谷型两类。藏羊特点是：尾小短瘦呈锥形，无脂肪积贮，长10～12厘米，与其他羊有明显区别；大弯角，特别是草地型藏羊更为显著；羊毛较粗，但弹性大，光泽好，密度大，纤维长，是织造毛绒、地毯的优质原料①；羊毛有白、黑两色，毛如茧纩②，是质量较好的毛纤维。甘肃永昌等地沙井文化遗址出土有铜盘角羊饰和绵羊骨③；四川茂汶战国石椁墓出土1件陶羊头，角为螺旋形；西藏西部日土县岩画上的绵羊双角外撇，短尾上翘④。这些都展示了藏羊的基本特征。《北史·邓至羌传》记载：邓至以西有赫羊国，其羊"形甚大，色至鲜赤"，因以"为国名"。这应是比较特殊的品种。云南东部原来只有山羊，无绵羊，战国到汉代时才出现绵羊的图像。

哈萨克羊。又称大尾羊，原产于中亚，后传入我国新疆、甘肃、青海等省区，这在古文献中有不少记载。汉晋时期宋膺著，清代张澍纂辑的《凉州异物志》记载："有羊大尾，车推乃行，用累其身"。澍按，郭义恭《广志》云："大尾羊，细毛薄皮，尾上旁广重且十斤，出康居。"郭璞《山海经》注："大月氏国有大羊，如驴而马尾。"即此种也，唐书谓之"灵羊"，云可疗毒。《酉阳杂俎》："僧玄奘至西域大雪山高岭上，有一郫养羊，大如驴"。又说："月氏国有羊，尾重十斤，割之供食，寻生如故。"张澍按："即羬羊也。"又引《天中记》说："庄浪卫近雪山，有饕羊，土人岁取其脂，不久复满腹，即日及羊也。"由此可见，

① 薄吾成：《藏羊渊源初探》，载《农业考古》，1987（1）。

② （宋）周去非：《岭外代答》，丛书集成本。

③ 《考古学报》，1990（2）。

④ 《西藏日土县古代岩画调查简报》，载《文物》，1987（2）。

这种羊的主要特征是：臀肥尾大，脂肪层厚，割取后能自动补充修复，毛质粗硬，毛色混杂，多为黑、褐色或灰褐色与白色混合，但光泽较好，强度较高，适合制造地毯。这种羊适应性也强，便于粗放饲养。

与此同时，个别山羊的绒毛也可以纺织，留到下面再说。

2. 饲养技术。为了羊只能够顺利存活、生长、繁殖，为了提高羊毛的质量，在养羊过程中，必须注意掌握饲料、气候和管理等方面的技术方法。《齐民要术》卷六《养羊》总结的经验有：

选羔："腊月、正月生羔为种者上。十一月、二月生者次之"。这是因为这几个月的气温适宜，有利于今后羊只和羊毛的生长。留种十口羔中最好有三口羝，这样既可使母羊将来受孕，又不会乱群。又"羝无角者更佳"，以免伤胎。

放牧："牧羊者必须老人心性宛顺者"，才能"起居以时"，并保护好羊只。要"远水为良"，"二日一饮"，才可避免某些疾病。要"缓驱行，勿停息"，才能使羊吃草而不生病。要"春夏早放，秋冬晚出"，使羊避开盛暑霜露侵袭，健康生长。

治圈：要"与人居相连，开窗向圈"，以保护羊不受狼害。"架北墙为厂"，若以屋为圈则易病。"圈中作台开窦，无令停水，二日一除，勿使粪秽"。"圈内须并墙竖柴栅"，使羊不能揩墙，以保护羊毛。

饲料：以豆、谷、草作饲料。饲料要根据羊的多少预先备足，特别是春雨、冬寒时节，以便用于饲养。积茭（上述饲料）需在高燥之处，以桑棘木做圆栅两个，使羊能绕栅一点点、不断地抽食，这样既能吃饱，又不浪费。

育羔："寒月生者，须燃火于其边"或"内羔子坑中"。"初产者，宜煮谷豆饲之"，"十五日后方吃草"。"白羊留母二三日，即母子俱放。羖羊但留母一日"。

防治羊病，有治羊疥方，治羊脓鼻眼不净方，治羊脓鼻颊生疮如干癣者方，治羊夹蹄方等。还有检验羊是否有病的方法——栏前作渎，深、广各二赤①，能跳过者，无病；否则有病。并有隔离病羊，以防传染的认识。

这是一套完整、宝贵的经验，说明当时已有相当成熟的养羊经验和技术，这应与长期从事畜牧生产的几百万少数民族入居内地、带来养羊经验有密切关系。是与内地原有养羊经验相结合的结果。

当时，北方游牧民族的养羊经验还有：划分冬、夏两季牧场，轮流放牧；因地制宜，采用"一条鞭"法和"满天星"法等进步的放牧队形，以及羊群中设头羊带队，分群放牧，等等。这些都有利于羊的生长，增加羊毛产量，提高羊毛质量。

（二）其他动物毛

1. 牦牛毛

据统计，"我国有牦牛1300万头，占世界牦牛总数的85%以上，占我国牛总数的1/6"②，嫠在畜牧业中占有重要地位。牦牛原产于青藏高原，后来随着部分羌人向四川、云南等西南地区迁徙，牦牛也传布到西南地区和甘肃、新疆等地。牦牛分布地域扩大了，数量大大增多了，所以史籍有关牦牛的记载也日渐增加。牦牛在史籍中分别使用"犛"、"髦"、"旄"等字。出土实物也时有所见，如青海柴达木盆地都兰县诺木洪文化遗址出土了商周时期的陶牦牛毛和牦牛毛织品。牦牛背项部为驼峰状，腹部长毛及地，躯肥硕、短矮。这牦牛可能是畜养型③。《史记·西

① "赤"即"尺"，见《农桑辑要》。

② 张定邦：《牦牛源流考》，见《中国少数民族科技史研究》，第六辑。

③ 青海省文物管理委员会：《青海都兰县诺木洪搭里他里至哈遗址的调查与试掘》，载《考古学报》，1963(1)。

南夷传》说到四川西南部羌人中有“牦牛种”，表明那里应以养牦牛为主。《说文解字》释“牦”字说：“西南夷长髦牛也。”汉代的旄牛羌分布在今四川雅安、西昌等地区，并有“旄牛县”的设置和“旄牛道”之名（川西南通成都之路）。川西北汶山郡的冉駹夷亦有“旄牛”①。到北朝隋唐时期，西藏、青海、甘肃地区的吐谷浑、女国、宕昌、邓至、党项等羌人都喂养大量的牦牛，用牦牛毛于纺织②。西藏地区古代部族中更有“六牦牛部”，吐蕃赞普就出自六牦牛部。以牦牛命名的山川河流也很多，如青海省大通县有“牦牛川”，湟中与化隆县交界处有“牦牛滩”，乐都县有“犛牛峡”，海西藏族自治州有“犛牛山”，举世闻名的通天河过去叫做“犛牛河”；西藏雅拉山——牦牛山，阿里地区雅曲——牦牛河，止曲——母牦牛河，撮曲——犏牛河，等等③。这些资料，一方面证明青藏高原是牦牛的老家，原始牦牛的发源地；另一方面也充分说明青藏高原到处都有牦牛，牦牛数量很多。它对北方民族也有影响，如蒙古诺音乌拉汉代匈奴墓出土的绢上，周围绣有牦牛与长角狮兽等形象④。

牦牛的特点：野牦牛，体大角粗，鬐甲高耸，毛为单调的黑色。公野牦牛的背脊有白褐的条纹，额部及嘴圈亦有白褐色。西藏西部日土县岩画中的牦牛大角、粗颈、拱肩、大尾下垂、四腿粗壮，⑤ 这是野牦牛的真实形象。

家牦牛，比野牦牛体型小些，体躯深而偏长，肢短体矮，头

① 《史记·西南夷传》。

② 《晋书·吐谷浑传》、《北史·党项传》等。

③ 张定邦：《牦牛源流考》。

④ 忻鼎新：《沿丝绸之路出土的纺织品初探》（三），见《中国纺织科技史资料》，第13集。

⑤ 西藏文管会文物普查队：《西藏日土县古代岩画调查简报》，载《文物》，1987（2）。

呈楔形而偏重，额宽而略短，角变细短，性情较温顺，毛色变得更为复杂，全身披毛，尤以颈部、体中部、尻腹部为最厚密，毛长而粗，多黑、灰、白、褐、花色……①

牧养技术。从青海诺木洪遗址出土的牲畜圈栏和牛羊粪等可知，当时人们已知圈养和放牧，即史书上常说的“随畜逐水草”②。而“夷以多畜为富，村落凡庶者，晨牧之，顷牛羊弥山谷，喇嘛畜牦牛牧于高山，数百为群，广猛不可近，唯牧者能驯之”③，则是罕见的牧放牦牛的重要资料。牦牛从野生到牧养，使可用于纺织的纤维更多了。

2. 骆驼毛

骆驼，肉可食，毛可纺织。骆驼可用于运输、耕地，特别是它适应沙漠生活，耐饥渴，被誉为“沙漠之舟”。它是西北地区少数民族的重要牲畜。

我国的骆驼主要产于内蒙古、甘肃、新疆、宁夏、青海等省区，史籍有不少记载。如《汉书·匈奴传》：“唐虞以上，有山戎、猃狁、薰粥，其畜之所多则马牛羊，其奇畜则骆驼。”《汉书·西域传》：鄯善国“多骆驼”。《魏书·食货志》记载：北魏以河西为牧地，养马200万匹，“骆驼将半之”。即有100万头左右。甘肃、宁夏少数民族古代岩画中，也有骆驼的形象。湖北江陵和荆门后港楚墓都出土有骑驼铜灯，说明内地也喜欢骆驼。

骆驼有单峰和双峰两大类。我国饲养的以双峰驼为主。史书中说到的龟兹国献“明驼”，迷密国献“一峰黑骆驼”等，当是我国驼中的珍品。饲养技术为放牧与圈养结合。从唐代记载：

---

① 张定邦：“牦牛源流考”。

② 《北史·吐谷浑传》。

③ 《木里县志》，见张定邦：《牦牛源流考》。

“既杂胡种，杂畜益壮。”可知，当时人们已知杂交的长处，并用以改良畜种。

骆驼毛用于纺织，史书也多有简略记载，如《新唐书·地理志》记载：“会州会宁郡（今甘肃靖远、会宁、景泰和宁夏海原等地）土贡驼毛褐。”“丰州（今河套西北部一带）九原郡土贡驼毛褐、毡。”这些用作贡品的驼毛织物，应该都是质量比较好的。据研究，作为纺织原料，双峰驼的毛纤维比单峰驼的好。骆驼毛有粗、细两种，细的叫做骆驼绒，用于纺织。我国是世界上最大的驼绒产地之一。驼毛织品在纺织中占有一定位置。

3. 猪毛、狗毛、貂毛和羽毛

用猪毛、狗毛、貂毛于纺织是较为罕见的，似乎也难以想像，但确实存在。

东北地区肃慎系民族即以猪毛为纺织原料，事见《晋书·四夷传》：“肃慎氏，一名挹娄……无牛羊，多畜猪，食其肉，衣其皮，绩毛以为布。”原来只是“衣其皮”，现在能织其毛，进步了。该书又记载，肃慎族系民族还能“绩貂毛以为布”。

台湾高山族先民曾经“织斗镂皮并杂色纻及杂毛以为衣”[1]。从后来高山族的狗毛织物可知，这里的“杂毛”应包括狗毛。

关于羽毛的利用。羽毛可能是先用作装饰，继而用以纺织，它应是南方少数民族开创的一种纺织原料。例如《列女传》记载，春秋时，楚人老莱子之妻说：“鸟兽之解毛可绩而衣之。”周去非《岭外代答》翡翠篇记载：“邕州右江（今广西）产一等翡翠（鸟名），其背毛悉是翠茸，穷侈者用以捻织。”这里说的虽是宋代之事，但这种捻织鸟茸的工艺应是从前代沿用下来的，即

① 《隋书》，卷八十一，《东夷传·流求国》。

将鸟的毛茸捻绩成毛纱，再织成五彩斑斓的布。内地统治者看到这种布后，非常喜欢，即命工匠纺织，如唐安乐公主所穿的百鸟毛织裙等。

（三）毛纤维的初加工技术

这里主要讲羊毛纤维的初加工，它大约经过采毛、净毛和弹毛三道工序，使杂质多甚至粘合在一起的畜毛变成洁净、松散、可供纺织的原料。

1. 采毛

采毛方法有一个发展过程：第一阶段拾毛，即只拾用自然脱落的畜毛；大约到商周时期，进入第二阶段——采毛，即从屠宰时剥下来的畜皮上采集毛纤维，所以史书称之为“织皮”；到秦汉或更早些，进入第三阶段——铰毛（即剪毛），是采毛技术的根本性进步。《齐民要术》对采毛的经验和技术有明确记载，这些经验、技术有：(1) 白羊（绵羊）内地每年剪毛 3 次（3 月、5 月和 8 月初）；塞外天气冷，只剪 2 次（3 月、5 月）。羖羊（山羊）① 每年剪 1 次（4 月末 5 月初）。(2) 剪毛后，要把羊赶到河里洗净，才能长出优质毛来，但 8 月中旬后剪的羊，不能洗。(3) 绵羊毛可织褐、罽，但需注意“秋毛紧强，春毛软弱”。山羊毛比较差，只能搓制酒袋和绳索。总之采毛已有一套比较成熟的经验。《齐民要术》还比较了漠北与中原地区剪毛的不同点，说明中原地区剪毛技术与漠北游牧民大量拥入中原定居并带来采毛经验有关，开始中原人可能仍按漠北经验采毛，但后来他们在实践中发现一些问题，才根据各地气候条件的不同，决定各自的剪毛时间和次数。这些经验、技术以后继续沿用，并继续发展（详见第三编）。

---

① 《中国纺织科学技术史》作“羖羊”（山羊），《齐民要术》（丛书集成本）原作“羝羊”（公羊）。“山羊”说较合理。故正文中把“羝”改为“羖”。

2. 净毛

净毛是畜毛初加工最关键的环节。因为采下的畜毛都含有多种杂质和油脂，如果不将它们清除掉，将严重影响弹毛开松和毛纱的均匀度、光洁度，严重影响纺织和织成品的质量。可是如何净毛呢？古文献极少记载，根据个别资料和后来的经验，净毛可能有两种方法：

（1）在河流中用河水冲洗，借用河水的流动力，冲洗去掉杂质和部分油脂。

（2）在缺水的地方，用黄砂揉搓，去除油脂；然后拣选出较大、易见的杂质。如近代西北、西南民族地区所做的那样。

3. 弹毛

目的是将净毛分离，开松成松散的单根纤维，并去掉纤维间的细小杂质。这个时期的文献对弹毛方法的记载极少，我们将它留到第三编叙述。

第三节　矿物纤维及其加工、纺织技术

这里的矿物纤维是指用于织制火浣布的石棉纤维。据《中国纺织科学技术史》介绍：我国是石棉资源丰富的国家。石棉品种有蛇纹石石棉（又称温石棉）、钢闪石石棉（又称蓝石棉）、水镁石石棉等。产地遍布四川、甘肃、陕西、河北等省（新疆塔吉克族地区，青海海北藏族自治州、果洛藏族自治州等地也有石棉矿）。利用石棉纤维织成的织物即是石棉布。由于石棉布的不燃性，燃之可以去布上污垢，故我国早期史籍记载称之为“火浣布”……我国对石棉的开采和利用亦较其他国家为早，先秦时期，我国已会利用石棉于纺织，宋初对石棉的来源已有清楚的认识。在西方，英国《皇家学会哲学汇刊》到公元1701年始将石棉作为一种矿物正式确定下来。由于资料太少，所以我们把宋代以后的有关石棉的纺织资料也放在这里一起叙述。

我国少数民族发明石棉纺织技术的时间非常早。成书于春秋战国时期的《列子·汤问篇》记载:“周穆王大征西戎,西戎献锟铻之剑,火浣之布……”“火浣之布,浣之必投于火,布则火色,垢则布色,出火而振之,皓然疑乎雪。”从这个材料看,早在西周时期,西部的少数民族——戎族(西部民族的泛称)已经懂得用矿物纤维——石棉织布的技术,这是对我国纺织技术的重要贡献。

《拾遗记》也有类似的记载:“燕昭王……以龙膏为灯,……灯以火浣布为经。”这里有一个问题,燕国所用的火浣布是本地产的?还是从西戎传进来的呢?史书没有明确记载,但从某些迹象分析,我们认为,燕国所用的火浣布为燕国织作的可能性不大,应是从西戎传入的。因为一直到汉、唐时期,中原地区对火浣布的原料等问题还是一无所知,还处于胡乱猜测的阶段。如《魏志》记载:景初二年,西域献火浣布。神异经曰:“南荒之有火山,昼夜火燃,火中有鼠重百斤,毛长二尺余,细如丝,可布。”唐代《法苑珠林》卷三十五也有类似记载:“火浣布袈裟”,“纺织火鼠之毛而制之,火不能烧,有垢则投於火浣之”。“魏明帝时,西国献之”。《十洲记》有另一猜测:海中有大洲,洲上有树生火中,洲左近人剥取其皮纺绩作布”,等等。如果燕国早知石棉纺织技术并从事生产,中原地区的文人应有所闻,不至于出现如上的荒唐记述。何况《法苑珠林》已明确说是“西国献”的。

后来人们才逐渐对石棉有所认识,如郭宪《洞冥记》说石棉是“石麻”、“石脉”,细如丝,可制绳缆。《事物绀珠》也说“石脉布,出哺东国。细如丝,生石里,破石得之,一脉可缒万斤”。已经贴近事实了。

到宋初,人们对石棉已有了比较正确的认识。苏颂《图经衍义本草》卷六记载:“灰木出上党,今泽潞山中皆有之,盖石类也。其色白，如烂木，烧之不燃，以此得名。或云滑石之根也，出滑石处皆有之。”《太平寰宇记》也记载：“不灰木，烧之成炭而不成灰。”

石棉、石棉布，除上述“不灰木”、“石麻”、“石脉”、“火浣布”、“石脉布”等名称外，有的史书称为“火毳”，例如《后汉书·南蛮西南夷列传》说到：“赍幏、火毳、驯禽、封兽之赋，軨积於内府。”又有“石绒”之称，如《元史》、《庶物异名疏》等记载：“别怯赤山出石绒，织为布，火不能燃”。唐代元稹《送岭南崔侍御》诗中有“大布垢尘须火浣”诗句，表明岭南地区也有火浣布，称为“大布”，是火浣布的又一名称。

利用石棉、火浣布的防火性能，对于开发防火隔热材料是颇为重要的。

《中国纺织科学技术史》说：“我国四川石棉县所产石棉为蛇纹石石棉，其成分为 Mg_6〔Si_4O_{10}〕$(OH)_8$，开采矿体长度可达 2.3 米，纤维长度在 18 毫米以上，极适于手工纺织。”

据凉山州博物馆黄承宗实地调查后为本书写的文稿，在四川雅安地区的石棉县、渡口市的米易县，凉山彝族自治州的盐源县、会理县、会东县等地，地下蕴藏的石棉矿非常丰富，其中石棉县附近所产的石棉纤维长度是世界之冠。盐源县所产石棉呈蓝色，是世界上非常稀有的石棉品种。四川西南部少数民族地区不仅出产丰富多样的石棉，而且也能从事加工织作，这在清代初年成书的《蜀故》卷十九《物产》中已有明确记载：“会川卫产木，火煅不化，土人取以为灯心，既烬复故，名不灰木。土人取以织布曰火浣布。”会川卫即会川卫军民指挥使司，明洪武 25 年（公元 1392 年）置，属四川都司，下辖会川府、武安州、永昌州、黎溪州、姜州、会理州、麻龙州和守禦迷易千户所。上述辖地即现在的凉山州所辖的会理、会东、宁南县；渡口市的米易县、三堆子、金沙、密地等地区。土人是指当地的各族人民，这个材料说明，当时上述地区使用石棉纤维制作灯心，用于照明，并用以生产火浣布。

关于石棉的加工，在《马可波罗行记》有所记述："其矿可制火鼠，须知此火鼠非兽，……实为采自地中之物。""取此物碎之，其中有丝，如同毛线，曝之使干。既干，置之铁臼中，已而洗之，尽去其土，仅余类似羊毛之绒，织之为布。布成，色不甚白，置于火中炼之，取出，毛白如雪。每次布污，即置火中使其色白。"也就是说，先掘取矿石，然后捣碎，取出纤维，经曝晒干，再洗去尘土，便可纺纱织布。

至于纺织技术和方法，文献没有记载。根据石棉的性状和这个地区的民族纺织技术，我们认为：石棉是一种细毛状、能弯曲、有绢丝光泽的矿物纤维，但其纤维性脆，无拉力，若要纺织，必须另加别种纤维混纺夹织，否则无法操作。因此，它可能是用纺轮拧线，用水平腰机织布。纺织方法可能有两类：一是与本地所产的苎麻或丝绵等纤维混在一起，一根一根地拧成纱线，再挽成经纬线织布；二是先轻轻地把石棉纤维拧成线，绕在竹木竿上，织布时，用苎麻线作经线，纬线则一路麻纱，一路石棉纱，交叉混合织成。

又据《中国纺织科学技术史》说："有的地方还利用手摇纺车纺更短的石棉纤维"，技术和生产效率又有所提高。

此外据调查，明代时，云南保山生产的"料丝"，是用紫石英、瓷土、糯米混合，经高温抽丝而制得的玻璃丝。它用以编织灯罩、制作屏风等。"这是熔融纺丝法的雏形"①，是少数民族参与的又一贡献。

① 《中国纺织科技史资料的调查报告》，见《中国纺织科技史资料》，第4集。

第三章　缫丝工艺技术及工具的进步

缫丝是把蚕丝纤维从蚕茧中抽引出来，并经络丝、整理、并丝、加捻，使之成为可以织造丝织品的经纬线。这与麻、毛、棉的纺纱过程类似。从全国范围来说，我国缫丝工艺在商周时期已渐趋成熟，在春秋战国时期已有相当的水平，技术和工具继续改进提高，日臻完善。当然这主要是就中原、江浙等发达、先进地区而言的。边远少数民族地区在技术、工具上应该比较原始，也应有自己的一些特点。但是住在内地的少数民族和从内地传入缫丝技艺的少数民族地区，其基本工艺、工具应多仿自内地；同时有关这个时期的少数民族缫丝技术资料又非常少。所以为了解这个时期缫丝的基本工艺和技术，我们将以内地技术和少数民族的一些材料结合起来一并叙述。

第一节　技术的进步

一、缫丝

蚕开始吐丝作茧时，蚕茧周围开始总有一层乱丝，即蚕茧的最外层——茧衣。这一层茧衣强力低又杂乱，不利于缫丝，必须先把它剥掉，使可用的茧层的丝绪暴露出来，才能开始缫丝。在辽宁朝阳出土的西周时期的丝绵袍，似乎表明当时人们已经认识了茧衣的用途并对它加以利用；还表明人们已经认识了缫丝前剥茧这道工序的重要性，并开始剥茧缫丝了。

如何从蚕茧中把丝抽引出来呢？根据荆楚苗族的传说，几千年前苗族先民发现树上的野蚕茧，剥开茧层，找出绪头，可以勉强抽出丝线。但这样做较费劲，又易造成断丝。后来偶然的机会，蚕茧掉落开水锅中，人们用竹竿去挑，但蚕茧不见了，却从锅中挑出了长长的丝线来，又快又好①。这偶然的发现才使人们认识到开水煮茧分解丝胶便于缫丝的功效，煮茧缫丝就从此开始了。第一编已经说到，根据出土的丝织品可知，距今四千多年的百越族系钱山漾人已掌握了热水缫丝技术和使用索绪帚捞出丝绪的工具，为缫丝工艺奠定了基础。

缫丝的工序有煮茧、索绪、集绪和绕丝，其中最关键的是煮丝。

煮丝，即把蚕茧放到热水中浸煮，使茧中的丝胶软化，丝纤维舒解，丝绪浮出来。煮茧的关键在于掌握水温和时间，如果温度太高，时间太长，丝胶就会全溶解掉，丝纤维间没有抱合力，丝条就不会均匀；如果水温太低，时间太短，丝胶没有充分软化，丝纤维没有很好分离，容易粘在一起，另外丝纤维张力也大，在缫丝时丝纤维容易把锅里的茧子拉上来，造成丝容易断，缫出来的丝疙瘩多，影响丝的质量。煮丝的水温和时间掌握到什么程度为好?《礼记·祭义》记载："夫人缫，三盆手。"郑玄注："三盆手者，三淹也。凡缫，每淹大总而手振之，以出绪也。"即把蚕茧放入热水锅后，把浮在水面上的蚕茧按到水里去，并不断搅动，使热水能渗进茧壳，使蚕茧的各个部分都能煮到，都能脱胶、松解。大概西周时掌握的水温和时间是"三淹"，即把茧按到水里3次，每次应当有一定的时间要求，水温也有一定的要求，只是没有记录下来而已。后来人们逐渐总结出较为准确、容易掌握的经验来，即北宋秦观《蚕书》所说的："常令煮茧之鼎，汤如蟹眼"。即以热水水面出现蟹眼大小

---

① 杨昌雄：《苗族蚕桑史考》，载《农业考古》，1985（2）。

的气泡，作为煮茧水温的标准。湘西苗族叫做“雨点子水”①。按现在仪器测量，这时锅中央的水温约为100℃，而四周的水温略低于100℃。《中国纺织科学技术史》认为，这条经验至迟在唐以前已为人们所掌握。少数民族地区也可能已掌握煮丝的大概时间。《齐民要术》提出的蚕要吐丝结茧上簇时，要在簇下“微生炭以暖之，得暖则作茧速”。已含有明代总结出来的“出口干”、“出水干”，以保证生丝质量的因素。这说明北魏时期至少在中原地区的各族人民已掌握这种实践操作技术。

索绪，即把舒解后每个蚕茧缫出来的丝绪捞出来。所用工具有如钱山漾出土的那种用草茎捆扎的小帚；有多毛齿的植物草茎；也可能有苗族传说中的竹竿或筷子等等。只要容易把细细的丝绪捞出来的就可以作索绪的工具。

集绪。蚕茧丝纤的最大投影宽度只有20～30微米，其缫丝、织造都很慢、很难（易断）。如把若干根茧丝并在一起，其强度和加工速度都可大增。而把茧丝并为生丝的工作，必须在缫丝时完成，即把若干个蚕茧的丝绪撮合在一起，利用残存的丝胶，把若干个茧的丝纤并合成一根生丝，这又叫“茧粒数”。各种织物对生丝粗细的要求不同，茧粒数也就不同，细的由五六根茧丝并成；粗的多至几十、几百根。推测最早的缫丝为了缩短开缫时间，其茧粒数一定比较多，因而也就无法控制确切的茧粒数以及生丝的细度。随着技术的进步，缫丝时比较从容，茧粒数也相应减少，数目趋于稳定，所得生丝的匀度愈来愈好。例如，陕西岐山出土的西周丝织物经纬线的缫丝茧粒数有14粒、18粒、21粒等几种。湖北随县擂鼓墩战国前期曾侯乙墓出土的提花丝织物的茧粒数是20～22粒，而长沙出土的春秋楚墓的丝

① 蒋猷龙：《石桥古缫丝工具初探》，见《中国纺织科技史资料》，第16集。

织物的茧粒数只有 7～10 粒①。在“蛮夷半长沙”的汉代，马王堆出土的素纱禅衣，蚕丝纤度竟然只有 10.5～11.3 袋，比现在生产的高级织物乔其绢的纤度（14 袋）还要细②。从这个对比材料我们联想到：周代几百年间缫丝技术有了明显的进步；或者多民族成分的楚人缫丝技术比关中地区的还要进步，但无论是楚人的，还是西周时期华夏族的丝织物，其丝缕都光滑均匀，说明缫丝技术已有相当的水平。

绕丝，是把若干个茧的丝纤维并成生丝后，用绕丝架子把生丝收在一起。据甲骨文和金文“壬”字的造形，中原地区的绕丝架是工字形架子。而且为了使绕丝架上的丝容易取下来，绕丝架应有活动丝框。1979 年江西贵溪春秋战国时期的崖墓出土百越族人的一批纺织工具，其中就有两种绕纱架，均系竹木制，表面光滑：

绕纱板，3 件，平面呈“工”字形，整料制作，通长 63～72 厘米。

绕纬框，1 件，用小竹杆制成，形似X，中间交叉处用竹钉拴住，两头用榫头嵌入，长 36.7 厘米③。

这两种绕线器应该同时可以绕丝、麻、棉线。前者与甲骨文、金文表现的中原地区的工字形架子相同。后者比前者进步，可通过竹钉和榫头拆卸成为活动丝框，便于取出丝绞。由此可见当时百越族与华夏族缫丝技术是相同的，这种活动丝框为缫车的诞生打下基础。

类似的工具在云南也有出土。例如，江川李家山战国至汉

---

① 《中国纺织科学技术史》，50 页。

② 9000 米长的单丝重 1 克，就是 1 袋。何介钧，张维明：《马王堆汉墓》，文物出版社，1982。

③ 程应林，刘诗中：《江西贵溪崖墓发现一批纺织品和纺织工具》，见《中国纺织科技史资料》，第 3 集。

初的墓葬中出土的工字形铜器，长 22.1 厘米，宽 21.4 厘米[①]。昆明呈贡天子庙战国中晚期滇墓中也出土铜工字形器。中轴长 15.8 厘米，中间细、两端粗，横杆焊铸在中轴两端，上杆长 12 厘米，下杆长 11 厘米[②]。云南晋宁石寨山的汉代古墓中也出土有工字形铜器[③]。所有这些，表明西南夷所用的绕丝、绕线器与中原地区的相同，但质地不同，金属纺织工具以及用金属工具加工出来的竹木纺织工具，质量较好，利于提高纺织生产率和纺织技术。迄今所知，西南出土的工字形铜器是我国最早的金属纺织工具，是少数民族首先创造使用的。

边远地区和山区的取丝、绵的方法和缫丝技术、工具应该比较原始些。例如《文献通考》记载：新疆地区"养蚕不为丝，唯取纩绵"。又《蛮书》记载：唐代时云南地区南诏的"抽丝法稍异中土"。这些方法的差别在哪里？没有说明。参照其他民族地区的方法可能有：第一，"广西亦有桑蚕，但不多耳。得茧不能为丝，煮之以灰水中，引以为缕。以之织紬，其色虽暗，而特宜于衣"。"又以稻穰心烧灰煮布缕，而以滑石粉膏之，行梭滑而布以紧"[④]。即不是在清水中缫丝，而是直接把蚕茧放进稻穰、灰水中去煮练脱胶，像麻丝脱胶一样，然后由很多茧丝并合成较粗的丝缕。第二，如丝虫取丝法那样，"广西枫叶初生，上多食叶之虫，似蚕而赤黑色。四月、五月，出腹明如蚕之熟，横州人取之，以酽醋浸而擘取其丝，就醋中引之，一虫可得丝长六七尺，光明如煮成弓琴之弦，以之系弓、刀、纨扇，固且

① 云南省博物馆：《云南江川李家山古墓群发掘报告》，载《考古学报》，1975（2）。

② 昆明市文管会：《呈贡天子庙滇墓》，载《考古学报》，1985（4）。

③ 云南省博物馆：《云南晋宁石寨山发掘报告》，文物出版社，1959。

④（宋）周去非：《岭外代答·服用门》。

佳”[①]。即在醋水中取丝。第三，如云南晋宁石寨山出土的汉代铜贮贝器上的纺织群像那样，有一人用盘子装蚕茧，供应原料；第二人把蚕茧扯成薄薄的丝绵，第三人再把丝绵拉成绵丝，以供织造（织造者 4 人）[②]。

总之，各民族各地区的缫丝方法有许多相同之处，也有某些差异。

二、络丝、并丝、捻丝

缫丝之后得到的丝绞含有一些疵病，例如粘连、断头、不匀等等。必须整理、消除这些疵病，丝绞才能进一步使用，这就需要络丝。络丝是把丝绞全部倒到较小的籖子上，在倒丝的过程中，整理、消除发现的疵点，并把丝绞绕成适当形式的卷装。具体做法：《易·姤》记载：“系于金柅，柔道牵也。”即用垂直的竹竿，竖插在地面上或固装在木框上，将丝绞张开，箍在竹竿外围，丝缕经过屋顶的悬钩或横竿，绕在籖子上。转动籖子，即行络丝[③]。

秦汉以后，随着经验的积累和技术的提高，人们还解决了络丝后的其他技术问题，如根据手感，将丝按质量分级，分别使用；维持卷装内丝的恒定张力，以保证产品的质量，因为如果从松紧不同的卷装退出来的丝，在以后煮炼时，会产生不同的收缩效果，容易造成疵品[④]。这是中原地区的络丝法。但从中原传入丝织技术的少数民族地区也基本上使用这些工具和方法，例如 1966 年，新疆吐鲁番阿斯塔那墓中出土的晋代籰子，就是证据（详见工具部分）。

---

① （宋）周去非：《岭外代答·服用门》。

② 云南省博物馆：《云南晋宁石寨山发掘报告》，文物出版社，1959。

③ 《中国纺织科学技术史》，52 页。

④ 《中国纺织科学技术史》，161 页。

不同的丝织物，对经纬线粗细、有捻无捻、捻度大小等有不同的要求，这就需要在络丝之后，进行并丝和加捻。这在商代的织物中已表现出来。商代人们已知经丝要比纬丝细一些，捻度大一些，才便于织造。以后并丝、捻丝工艺相沿不断，并不断发展。《中国纺织科学技术史》列出了一些地区出土丝织物并丝、捻丝有关数字的比较表，这里转录下来，并补充一些其他材料，使其更完备一些。

各地出土丝织物丝线的分析

时期	文物编号	投影宽（毫米）		捻向捻度（厘米）		备注
		经	纬	经	纬	
商	1	0.2	0.4	不明	不明	实物出自河北藁城台西村。《文物》1979 年 6 期“台西村商代遗址出土的丝织品”
	2	0.3	0.5	不明	不明	
	3	0.1	0.1	不明	不明	
	4	0.3	0.4	不明	不明	
	5	0.1	0.3	Z，25～30	S，21～25	
	6			100	100	
西周	1	0.12	0.17	无捻	不明	实物出自陕西岐山和辽宁朝阳。《北京纺织》1979 年 2 期：“关于岐山和朝阳出土的西周丝织品的初步探讨”
	2	0.16	0.16	无捻	不明	
	3	0.15	0.15	无捻	不明	
	4	0.25	0.4	无捻	不明	
	5	0.25	0.25	无捻	不明	
	6	0.4	0.4	S，4～10	S，4～10	
战国	1	0.26	0.2	不明	不明	实物出自湖南长沙。《文物》1975 年 2 期，熊传新文
	2	0.25	0.08	不明	不明	
	3	0.13～0.18	0.7	S，微拈	不明	
	4	0.07～0.12	不明	不明	不明	
	5	0.17	0.05	S，微拈	不明	
	6	0.1	0.1	不明	不明	
	7	0.08	0.08	不明	不明	

续表

时期	文物编号	投影宽（毫米）		捻向捻度（厘米）		备　注
		经	纬	经	纬	
战国	8			无捻	无捻	湖北江陵马砖一号多数丝织品。马砖一号少数丝织品。《中国纺织科技史资料》第16集彭浩文
	9			S，5～10		
	10			10～15		
秦	1	0.08	0.15	不明	不明	实物出自陕西咸阳。《文物》1976年11期“秦都咸阳第一号宫殿建筑遗址简报”
	2	0.1	0.2	不明	不明	
	3	0.15	0.2	不明	不明	
东汉～北朝	1			无捻		新疆民丰尼雅。《考古》1985年2期，贾应逸文
	2			无捻		吐鲁番，贾应逸文
	3			S，2～3		吐鲁番，贾应逸文
	4			无捻	无捻	吐鲁番，贾应逸文
	5			Z，7～8	Z，6	巴楚，贾应逸文
北朝～唐	1			Z，5	Z，4～5（个别S拈）	吐鲁番丝棉混织品，贾应逸文
	2			Z，5～6	Z，5	巴楚丝棉混织品，贾应逸文
	3			Z，5	Z，4	巴楚丝棉混织品，贾应逸文
	4			Z，7	Z，7	巴楚丝棉混织品，贾应逸文
	5			Z，6	Z，6	于阗丝织品，贾应逸文

《中国纺织科技史资料》第16集彭浩文

从表中的资料可知，早期的并丝粗一些，后来细一些。当然各个时期都有粗有细，以适应不同织物、不同织造技术的要求；丝织品有高、中、低档的差别。中原地区，早期S捻、Z捻都有，后来多用S捻；楚文化区也多用S捻；新疆地区则多用

Z 捻。在手工纺织时期，中原地区早期捻度强，后来渐变弱，甚至不加捻；新疆地区则多加捻，而且捻度比中原地区强一些。据研究，这是因为新疆地区原来只有毛、棉纺织工艺，毛、棉纤维短，又有天然的屈曲性，容易纠缠，必须加捻，才便于上机织造；新疆有 Z 捻的传统（至今如此），所以用 Z 捻、强捻[①]。而楚文化区条件与中原差不多，又较多较早的接受中原文化因素，所以它与中原地区的共同点比较多。

第二节　工具的改进

一、缫丝工具

从考古发现和民族学的材料看，最早的缫丝工具只是竹木棍、树枝、多毛草茎等，把茧丝从热水中捞出来，用手并丝、摊放在簸箕或其他平面器物上，以备使用。后来发明的工字形器、又形器等，用以绕丝、络丝，都是极简单的手工操作工具。从河北藁城出土强捻丝织物来分析，商代时可能已有原始纺车或其他加捻机械。据推测，战国时已出现辘轳式缫丝轩，即手摇缫车的雏形。战国末，至迟到秦汉，手摇缫车已经逐步推广了，但从汉画像石的缫丝图推断，到汉代，还有用丝篗手工缫丝的。唐以前，手摇缫车则已相当普及了，所以晚唐诗人陆龟蒙的诗里才能说到："每和烟雨掉缫车"[②]。我国古文献中明确记录手摇缫车的，是宋代秦观《蚕书》，虽然它散见于若干条目，但综合之后即可见其基本结构。今录下以便与民族地区的比较研究。

"化治。当令煮茧之鼎，汤如蟹眼，必以箸，其绪附于先引，谓之喂头，无过三系。过则系粗，不及则绝。其审举之。凡系自鼎道钱眼升于镤星，星应车动，以过添梯，乃至于车。"

---

① 贾应逸：《新疆丝织技艺的起源及其特点》，载《考古》，1985（2）。

② 《全唐诗》，卷六百二十五。

“钱眼。为板长过鼎面，广三寸，厚九黍，中其厚，插大钱一，出其端，横之鼎耳，复镇以石，绪总钱眼而上之，谓之钱眼。”

“锁星。为三芦管，管长四寸，枢以圆木，建两竹夹鼎耳，缚枢于竹，中管之转以车，下直钱眼，谓之锁星。”

“添梯。车之左端，置环绳，其前尺有五寸，当车床足之上，连柄长寸有半，匼柄为鼓，鼓生其寅以受环绳。绳应车运，如环无端，鼓因以旋。鼓上为鱼，鱼半出鼓，其出之中，建柄半寸，上承添梯。添梯者，二尺五寸片竹也。其上揉竹为钩以防系，窍左端以应柄，对鼓为耳，方其穿以闲添梯，故车运以牵环绳，绳簇鼓，鼓以舞鱼，鱼振添梯，故系不过偏。”

“车。制车如辘轳，必活其两辐，以利脱系。”

从这些记载可知，缫丝车的形制就像辘轳一样，安在车架上，作为丝纴，而且其中有两根辐条必须可以拆卸，为的是便于缫丝之后，卸下丝绞。再加上添梯、锁星、钱眼和鼎盆，就是一整套缫丝工具。其技术原理是：蚕茧在鼎中煮练后，抽出绪来，通过钱眼集绪，再通过其上的鏁星（又叫“锁星”，是芦管作的滑轮）以消除丝缕上的糙节。再通过横动导丝杆添梯（上有送丝钩），把缫出来的丝缕送到丝轩上，卷绕起来。

这种缫丝车主要是在黄河流域和长江流域使用（二者又有一些区别），因此当魏、晋、南、北朝和五代十国时期，大量少数民族进入内地定居，并成为统治民族的时候，他们之中也会有人使用这种缫车缫丝或管理缫丝等丝织生产的。各个少数民族王朝更会继续使用这类缫车。

据分析推测，汉代前后已有脚踏缫车，但有明确记载的是元代《农书》。所以脚踏缫车留到第三编再说。

边远地区和山区交通闭塞、经济落后，可能没有这么先进的缫车，而是仍然使用原始的手工工具。其中比较进步的一种工具是见于湘西苗族自治州泸化县合水乡和甘肃省武都县柏林乡石桥村的转鼓式缫丝工具，二者基本结构相同，但稍有差别。

石桥式缫丝工具由三个部件组成：一是转鼓。二是转鼓支架。转鼓安在支架上，两端的轴嵌在支架上方的槽内，可以灵活转动（图 11）。整个木架放在锅口上。锅内煮茧。三是工字形木架（群众叫“丝拔子”）。工作程序是：抽引出来的丝绪通过转鼓下方系在木架上的锜眼，绕过转鼓一圈，引到工字形架上，缫丝时左手持工字形架，右手集绪成 8 字形绕绪。通过锜眼和转鼓，可以增加茧丝间的胶着程度，并可起到捻缴作用。一绪有达 200 粒茧的粗丝。

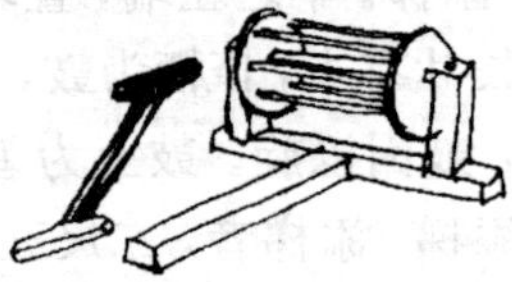

图 11　甘肃武都石桥缫丝工具图（陈炳应制）

湘西苗族式的缫丝工具也由如上三部分构成，但绕丝架有两种：一也是工字形，但两端横木是新月形的，有些弧度，而甘肃的则是平直的；同时，甘肃的要比湘西的略大些①。二是叉形器，并且是竹制的。

据研究，工字形器和转鼓在甲骨文中已有表现，也用于绕丝。但用这些工具所得生丝抱合不太好，因此后来发展到通过转鼓来增加丝的胶着性，但工效低，只能用于小规模生产。后来缫丝技术又发展为直接用转鼓来绕丝，这就是后来所说的“簑”。起初，簑是用手掌推动的；后来发展为安上柄手摇丝簑；簑也由小变大，速度提高很多；最后又发展成足踏式，腾出手来，更好操作，并且一次缫丝从一绪发展到多绪。生产效率又

① 蒋猷龙：《石桥古缫丝初探》，见《中国纺织科技史资料》，第 16 集。蒋猷龙，梁加龙：《中国少数民族蚕丝技术源流》，载《农业考古》，1990（1）。

有更大提高。通过实物和缫丝工具这个发展历程，推测这种转鼓式缫丝工具，可能产生在周初稍后至周代中期的一段很短的时期内，且在全国普遍使用，后来由于战争等原因，不少人隐居山中，与外界交往甚少，蚕丝产量又少，所以这种原始工具在个别地方仍世代相传使用下来。如果上述论断是正确的话，那么不难想见，商周时期古代氐羌人、苗蛮人与中原地区华夏族人的缫丝技术是处于同一水平上的，并不比中原地区差。因为甘肃是古代氐羌人的活动地区，湘西是古代苗蛮人的活动地区。甘肃、湖南古代灿烂的文化遗存充分证明了这一点。

二、络、并、捻等工具

原始的络丝工具叫做“篗”，又叫“篗”、“椱”、“辕”，是从工字形、X形、转鼓等绕丝器发展来的。它比工字形、X形器绕丝既快又省力，其结构是两组十字形的辐与4条横梁，用榫卯组装起来，两组辐的中央共穿1根轴，可以绕轴旋转。络丝时，将丝绞从缫车上脱下，转络到篗子横梁上。其最初的操作程序是将丝绪直接绕到篗子上，然后用手指拨转篗子，或以手掌托篗，轻轻抛转，即所谓“掉篗取丝”。后来的做法是把柅（缫车上的丝轩）竖立地面，丝绪穿过头顶上高处的钩子，再拉下来绕到篗子上，转动篗子，即可络丝。这样络丝有很长的空间，可以检查丝绪的毛病并加以整理，并使丝绪受到一定的张力，丝绪松紧合度。宋代以后，络丝的方法有了改进，留到第三编再说。这种工具和技术，在少数民族入居中原地区时，一定会被使用的。同时在中原地区的丝织技术传播到少数民族地区时，有关工具也会随着传去，并因地制宜，做某些变更，例如，1966年在新疆吐鲁番阿斯塔那晋墓出土的篗子，就是上述那种结构，横梁长19.8厘米（图12）。中原地区开头使用的络丝工具可能是竹制，所以文字从“竹”字头。后来中原地区竹子少了，络丝工具可能改用木制。木制的工具表面刨光，能像竹

图 12　络丝篗子，晋代，新疆吐鲁番晋墓出土
（赵广田供稿）

子那样光滑，不会刮伤丝缕。络丝工具传到新疆地区后，因缺乏竹子，所以也用了木制。

并丝、捻丝通常是同时进行的。宋以前人们主要是用手摇纺车，将几个篗子上的丝通过纺车并捻后，绕于小管子上。这样并捻的丝可用于经纬织造。凡是传入内地丝织技术或与内地有密切交流的少数民族地区，多用此法。而边远地区和山区，则可能在缫丝时就把几十甚至几百个茧丝并在一起了，不再需要经过并捻工序。

第四章　麻、棉、毛纺纱技术及工具的改进

随着社会生产的发展，生活水平的提高，人们逐渐摆脱了原始的生活习惯，对纺织的要求越来越多、越来越高，从而促进纺织品产量和质量的不断提高，纺织技术和工具也大有进步。从西周到五代，麻的劈绩仍用手工操作；棉、毛弹松后直接纺纱。纺纱工具主要是从纺轮发展为手摇纺车，汉族和部分少数民族都普遍使用。当然内地发展更快些，手摇纺车从单锭发展到多锭，并可能开始出现了脚踏纺车，进一步提高了纺纱的产量和质量。这种较为先进的纺纱机器，入居内地的少数民族也必然跟着使用。而在偏远、闭塞、生产力落后的地区，则仍然使用原始的纺轮纺纱，少数民族与汉族都是如此。

第一节　纺纱技术

一、麻葛纤维的绩纺

麻、葛沤煮脱胶之后，纤维之间的粘性虽然减弱了很多，但仍有少许胶质存在，纤维仍然连成片状，所以要先用手指甲或工具将纤维劈分成细长的线缕；继而把这些短线缕绩接起来，变成长线；并合股加捻（也有不合股，只用单纱的），成为可以织造的纱线，这才完成纺纱的工序。

纤维劈分要求细、匀。特别是两端接续处，更要细一些，才能使接头处与其他部分一样匀细。

接绩技术，在我国主要有两种：其一是“纺纱法”，即将劈

细的麻丝用纺轮或纺车捻接加工，使麻线通体加上捻度，很均匀，连头尾绩接的痕迹都不容易看出来；其二，只在麻线的绩接部分加捻，由于麻纤维上仍有胶质糊状薄层，所以通过这样的局部加捻也可以使麻线固定住。与此同时，当时的人们已经认识到，多加捻，可增加线缕的强度，提高麻布的厚实感，所以有的在铺经织造前，再次加捻。这种技术一直沿用下来，直至机器纺织产生为止。

麻、葛纺纱技术水平的高低，主要是看纺出来的纱线的粗细和匀度，市场上也以麻缕的细度、匀度决定价格的高低，细而匀者最好，非常细而匀的麻布甚至比丝绢价格高。随着时间的推移，社会的进步，纺纱技术也在逐步提高。例如商代时期，麻缕的投影宽度多在0.5毫米以上，甚至1毫米以上；到西周以后，则多在0.5毫米以下。这个时期，有些少数民族地区的技术水平并不比汉族地区低，甚至比汉族地区高一些，如多民族杂居的长沙地区战国墓中，出土的麻布估计纱线直径细到0.2毫米以下，经纬密度为每平方厘米28根×24根，比现在的细布还要细①。这在当时的中原地区是罕见的，而在南方百越地区却早已有之。这种对比在原始社会时期已经存在（详见第一篇草鞋山、钱山漾的织品），可见有的少数民族早期的葛麻纺纱技术是相当高的，并在此后一段时间内继续发扬光大，马王堆一号汉墓出土的一块苎麻布，经纬纱细到200公支左右（5号纱）②，是23升的精细布。它是先绩接，后通体加捻的，捻向S，捻度每厘米5～10捻回（大麻布比较粗疏，只有12升，捻向Z，捻度每厘米4捻回以上）。可见距今二千年我国的劈绩葛麻技

① 中国科学院考古研究所：《长沙发掘报告》，科学出版社，1957。

② 公支是在公定回潮率时，1克重的纤维或纱线的长度（米）。越细，公支数越高。

术和加捻技术已经相当成熟了。又据《北史·僚传》记载：当时南方的僚人已“能为细布，色至鲜净”。东北地区的黑水靺鞨也能织“细布”。总之，这个时期葛麻纺纱技术的成就是汉族与少数民族纺纱技术融合的结晶。

此外，江西贵溪出土春秋时期于越族的大麻布，经纱Z捻，纬纱Z捻或无捻；纱线有粗有细，粗的投影宽度0.7～1.4毫米，细的只有0.3～0.5毫米。苎麻布经纱Z捻，纬纱无捻；直径粗者0.9毫米，细者0.16毫米。男女都纺织，纺纱技术相当高，很有特点，特别是捻向，与中原地区不同[①]。

二、棉花纺纱

这个时期的棉花纺纱技术，古文献中几乎没有任何记载，这里只能非常简略地说一说。

三国时期的《南州异物志》说：吉贝治出核之后，“但纺不绩，任意小抽牵引，无有断绝”。也就是说，已掌握棉花纤维细而柔软，它们之间有一定的连接性能，稍为抽引一定长度也不会断；又当时可能只用纺轮纺棉，速度比较慢，也不容易断，所以不用事先绩接。操作方法是“以手握茸就纺”[②]。即把一团棉花放在手里，先抽引出一小缕，缠在纺轮杆上，然后一边转动纺轮纺纱，一边用手指牵伸，使棉纤维在同一方向产生滑移，一点点释放手里的棉花，就可纺成棉纱了。这样纺出来的棉纱，有的“绞如丝绵”[③]，棉纱比较细、匀，技术比较高。当然棉纱也有比较粗的。甘肃、新疆地区出土的唐代文书中就有“细继”、“次继”和“粗继之分，价格相差悬殊，细的每尺45文钱，粗

---

① 李科友，孙家骅：《试论东周时期干越族的纺织技术》，见《中国少数民族纺织科技史研究》，第六辑。

② （宋）赵汝适：《诸蕃志》。

③ （南北朝）沈怀远：《广州志》。

的才值10文钱。

还有一种纺纱法，即（西晋）郭义恭《广志》所说的“取其毳淹绩，缉织以为布也”。即需先用水浸湿，然后缉绩。前面已说过，这可能是木棉科木棉的纺纱法。

三、毛纤维纺纱

毛纤维在采集、清除杂质、洗毛、开松之后，用纺轮（后用纺车）纺纱。因为毛纤维比较短，又乱成一团，所以“纺纱时，需要通过手指牵伸动作，使毛纤维在同一方向产生滑移，相当于将纤维梳理伸直，从而使纱条细而均匀。这种技巧不同于长纤维的纺轮加捻。因此，毛纤维纺轮纺纱法的形成，标志着纺轮纺纱技巧的进步”①。这是西北、西南和北方少数民族对纺织技术的又一大贡献，并为后来更短的棉纤维的纺纱开辟了道路。

这个时期出土的毛织物和毛纺技术资料有：

青海诺木洪出土的西周初期的毛织物，经纱S捻，投影宽度0.75毫米；纬纱Z捻，投影宽度1毫米②。

新疆阿拉沟遗址出土战国时期的毛织物，纱线平均投影宽度为0.8毫米，最粗的1.4毫米，最细的0.3毫米。平均捻度每厘米3.8捻，捻向S、Z都有。

新疆民丰尼雅出土的东汉毛织物，纱线平均投影宽度0.3毫米，最粗的0.5毫米，最细的只有0.1毫米。捻向也是S、Z都有，均匀度良好。尤其是一块毛罗织物，纱线细度与条干均匀度犹如蚕丝，捻度也很均匀。

新疆吐鲁番阿斯塔那墓出土的北朝毛织物，纱线平均投影宽度0.5毫米，最粗的0.7毫米，最细的只有0.14毫米。捻向S、Z都有。

---

①② 《中国纺织科学技术史》，56页。

新疆巴楚脱库孜沙来遗址出土的北朝毛织物，纱线平均投影宽度 0.75 毫米，最粗的 1 毫米，最细的 0.5 毫米，捻向只有 Z。该遗址出土的唐代毛织物，纱线平均投影宽度 0.9 毫米，最粗的 1 毫米，最细的 0.5 毫米，捻向 S、Z 都有。

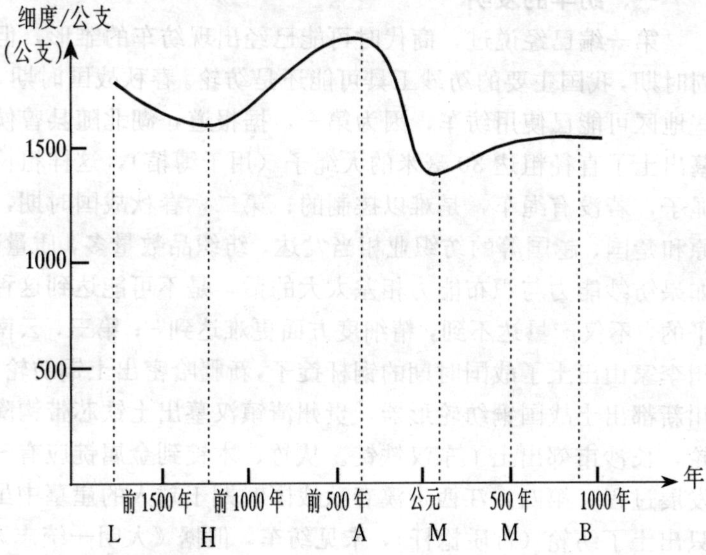

图 13 历代羊毛纤维细度发展示意图
（陈炳应据王裕中、徐金娣文中的图绘制）
L——新疆罗布淖尔遗址；H——新疆哈密遗址；A——新疆阿拉沟遗址；
M——新疆民丰尼雅遗址；B——新疆巴楚脱库孜沙来遗址

研究者认为，从新疆出土的上述毛纺资料看，“毛纺技术到汉代已出现重大进步，并有技术突破。估计中原地区的先进纺纱工具——纺车，业已传到新疆地区，并应用于毛纺生产，使我国毛纺技术水平得到普遍的提高。纺车的纺纱能力比起产量低下的纺轮要提高二三十倍。纺车的应用，标志着中国古代毛纺技术已进入成熟时期，这样的毛纺技术水平一直延续到近代”①。

第二节 纺纱机具

一、纺车的发明

第一编已经说过，商代时可能已经出现纺车的雏形，但商周时期，我国主要的纺纱工具可能还是纺轮。春秋战国时期，有些地区可能已使用纺车，因为第一，据报道，湖北随县曾侯乙墓出土了直径粗达30毫米的大绳子（用于缚棺），这样粗长的绳子，若没有绳车，是难以搓制的；第二，春秋战国时期，中原和楚国、越国等的纺织业相当发达，纺织品数量多，质量高，如果纺纱能力与织布能力相差太大的话，是不可能达到这种水平的，不仅产量达不到，精细度方面更难达到②；第三，云南江川李家山出土了战国时期的铜杆锭子，新疆哈密出土铜纺轮、四川新都出土战国铜纺轮形器，贵州清镇汉墓出土铁芯带钩陶纺轮，长沙市郊出土了东汉铁锭。从竹、木锭到金属锭应有一个发展过程；第四，江西贵溪春秋战国时期于越人的崖墓中虽然只出土了纺轮（竹质捻杆），未见纺车，但据《大明一统志》记载：安仁县（今余江县）的崖墓，人不能到，仰视穴中，有织机、纺车等，不知何时之物？若属五代以前的，也可作为这个时期少数民族纺车的证据；第五，到汉代时，山东、江苏等地的画像石、帛画上都出现了纺车图，这个时期的文献也有记载，

---

① 王裕中，徐金娣：《中国毛纺织发展简史——中国羊毛纺织渊源再探》，见《中国纺织科学技术史资料》，第15集。

② 据研究，秦汉以前，脚踏开口织机已经产生，织布能力大大提高，这时如果仍然使用纺轮纺纱，则一台脚踏织布机所用的纱，需三四十个纺轮同时加工才能供应纱线。见《中国纺织科学技术史》，174页。

《说文》:“轻，纺车也。”“維，著丝于筌车也。”筌是卷丝、纱的小竹管，早期并用作纱管、纡管和锭子，維车是捻丝作纬线的纺车；第六，春秋战国时期，铜铁工具已普遍使用（包括少数民族地区），并有了车子，要制作纺车是轻而易举之事。所有这些，说明纺车在春秋战国时期，特别是秦汉到五代时期，已在全国使用。纺车是汉族与少数民族共同发明的。山东临沂金雀山西汉墓出土的帛画中，操作纺车的是一个身穿左衽上衣的人，那时，左衽是少数民族有代表性的服装特点。孔夫子就曾说过“微禹，吾其披发左衽矣”，也可证实上述的论断。

纺车是由纺轮发展而来的，即把纺轮上的圆轮扩大变成绳轮，把捻杆变成锭子，并把二者分离开来，放在同一水平上，固定于车架上，再用绳子把二者联结起来，就成为纺车了，当摇动绳轮时，就带动锭子转动。后来在绳轮上安上曲柄，就是手摇纺车。纺车的发明，对于纺织纤维的并合、加捻，特别是短纤维所成条子的牵伸，都有非常重要的作用。据分析，纺车最初只用于麻、丝纤维的加捻和卷绕，后来又逐步用于毛纺、绢纺和棉纺，增加了牵伸工艺。虽然牵伸是在人手和锭子之间的纤维条上进行的，纺车本身只有加捻和卷绕作用，但是有了纺车的匀速转动，必然提高牵伸的速度和匀度。从纺轮到纺车，使纺纱生产由完全手工操作发展为半机械化，是技术上的一大变革。

二、手摇纺车

手摇纺车基本上可以分两类：

其一是卧式纺车，绳轮在纺者的右手方向，锭子在纺者的左手方向，锭子与绳轮的下沿在同一水平线上。这种纺车由一个人操作，纺者坐在凳子上，右手摇动绳轮，带动锭子转动；左手拉着锭子上的纱线牵伸、加捻、卷绕。

其二是立式纺车，即把锭子安装在绳轮或木轮之上，用绳弦把绳轮或木轮和锭子联结起来，转动轮子，锭子即可回转纺纱。使用这种纺车时，因线缕长，要用两个人配合，一人坐在纺车旁，摇动轮子；另一人则在远处拉着线缕。

因为卧式纺车比立式纺车简便，更适合于家庭副业生产，所以卧式纺车使用普遍，并一直沿用至今。

关于锭子与轮子的制作、使用：

簺锭子最早是用竹、木制成的，所以称为“筳”、“梃”。随着冶金技术的发展和普及，有的地区、民族用铜、铁制作锭子，改称为“锭”。我国最早的金属锭子出土在云南江川县李家山的战国墓，共8件，在直径2.6～5.3厘米的圆轮上安有13.3～22厘米长的铜杆，杆上仍存残线①。贵州清镇汉墓出土的陶纺轮上插有铁芯带钩，又进了一步②。从出土的纺车图看，锭子安装在车架左端两根平行的立柱中间，向着纺者的这一端要穿出立柱之外，其尖端要套上竹管或芦管，绕上纱线的一端，待纺；锭杆上则系上绳子，与绳轮联结，作为传动装置。

绳轮的结构一般是用两条长竹（或木）片，分别圈成两个圆环，二环平行并立，相距20～25厘米，并分别用竹竿为轮辐，把竹（木）环变成车轮状，固定于纺车轴上，再用绳索在两环之间交叉绑紧成鼓状，这就是纺车上的绳轮。绳轮的轴安装在车架右端的两根立柱上，向着纺者一边的轮轴必须伸出立柱之外，以便安上曲柄摇手。最后用绳子绕绳轮一周，并与锭杆联结，就成了手摇纺车了。至于绳轮的大小，一般直径在60～100厘米之间，根据纤维质地的不同而有所区别。丝、麻纺纱不需要牵伸，只需多加捻度，绳轮可大一些，带动锭子转速就大；而

① 云南省博物馆：《云南江川李家山古墓群发掘报告》，载《考古学报》，1975(2)。

② 详见下面“纺轮”部分。

棉、毛纤维纺纱，需要牵伸，但捻度小些，绳轮就要小些，带动锭子转速就小些。少数民族多居住在山区和草原、沙漠地带，衣服比较厚实，所用纱线比较粗，要求捻度比较小，又要经常搬家，所以绳轮和纺车都比较小，一般只有25～45厘米。据研究，通用的纺车，手摇轮轴转一转，锭子就能转动50～80转，按1分钟轮轴转30转计算，则锭子1分钟的转数就多达1500～2400转。而纺轮用手搓捻，每搓1次，最多不超过20转，1分钟最多150转。二者相比，纺车锭子的转速要比纺轮快10～16倍。而且用纺车卷绕纱线也要比纺轮快得多。这样总的计算起来，纺车的生产能力要比纺轮高15～20倍①。同时纺车的运用，还可根据不同织物的要求，同一织物经纬纱的不同要求，进行强捻或弱捻；又因纺车转速比较均匀，纺出来的纱线也就比较均匀，提高纺纱的质量。

这个时期少数民族的纺车资料极为罕见。甘肃敦煌莫高窟第6窟和98窟北壁壁画《华严经变》中绘有两幅纺车图，是五代时期的。图绘于极小的圆圈内，直径只有一二厘米，所以只能绘出大概的轮廓，绘技又草率，人们不容易完全弄清楚。研究时，似应把图右转90度，使绳轮竖立起来，才能看懂，简介如下：

第98窟的纺车只有机架和绳轮、锭盘三个部分，锭盘弧形，与绳轮弧度平行，上有2个椭圆形孔，代表2个锭子，未标明是手摇还是脚踏的。第6窟的纺车只标明机架和绳轮，绳轮轴的一端似有曲柄②。若将两图综合起来研究的话，应该是二锭手摇纺车。它既可加工很细的线缕，也可加工较粗的、需要加捻

---

① 《中国纺织科学技术史》，176页。有的文章认为能高40倍以上，见《中国纺织科技史资料》，第19集，高汉玉文。

② 王进玉：《敦煌壁画纺车织机浅谈》，见《中国纺织科技史资料》，第19集。

的线缕。与北宋王居正的纺车图的基本结构类似，但形制不同，比较简单。当时，甘肃河西走廊地区有好几个民族杂处，特别是回鹘和吐蕃的人数较多。而有纺车图的两个窟，一是河西归义军节度使曹议金的功德窟（98 窟），其纺车图是代表政府机构的纺纱工具，较为进步些；一是民间修建的一般洞窟（6 窟），其纺车应代表民间使用的，较为简陋。但两个图相似，可见五代以前，敦煌地区各族人民普遍使用这种纺车纺线。

三、脚踏纺车

战国、秦汉时期，已有多综多蹑织机，用脚踏板（蹑）代替双手提沉综片，提高了织布效率。这必然会启发人们去改进纺车，使纺车从手摇变成脚踏。事实也是如此，在江苏省泗洪县曹庄出土的汉代画像石上就有脚踏纺车图，东晋画家顾恺之为汉代刘向《列女传·鲁寡陶婴》作的配画中也有三锭脚踏纺车合线图。充分证明，在这个时期，至少在内地人们已较多地使用脚踏纺车了。因而当时入居中原的大量少数民族也应有人使用这种纺车。

因为这个时期脚踏纺车的资料太少，所以关于脚踏纺车的结构和功率，这里暂不介绍，留到第三编一起叙述。

四、纺轮

纺轮以其取材方便、制作简单、不用花钱买，又可在走路、放牧、休息闲谈、开会时不停地工作等优点，适合贫穷落后地区和家庭纺织所需纱线不多人家的需要，一直沿用到今天，少数民族与汉族均是如此。有的民族对纺轮非常珍视，如吐蕃的婚礼赞歌中唱："……新郎的生命箭，新娘的金纺锤，……男子的生命依赖于箭，女子的生命依赖于纺锤……"① 把纺轮当作女子生命、灵魂的象征。纺轮在这个时期各地区的考古发掘中，都

① 转引自王尧：《吐蕃文化》，吉林教育出版社，1989。

或多或少的有所发现，形式多样，这里只讲比较完整的和特殊的。

新疆且末出土有公元前9世纪的带杆刻花木纺轮（图14），洛浦山普拉战国至汉代的古墓中，与大量纺织品同时出土的就

图14　木纺轮，西周，新疆且末出土
（赵广田供稿）

有24件纺轮，质地有陶、泥、木、石四种，形状有扁圆、半球、圆锥等多种，直径在1.35～3.6厘米，厚0.7～1.4厘米，孔径0.3～0.95厘米。其中9件纺杆尚存，其形式和质地是：用木棍削成，多两头尖细、近圆轮处较粗的蘸笔形；只有1件一端截平。其中1件长23.4厘米，直径0.2～0.8厘米，并经打磨过。同时出土的还有绕线轴9件，木质，柱体形，有两种类型：A型，木柱上有二三处凹槽。又有直壁、单斜面、两斜面的区别。柱体截面两端各有1小孔，可固定在轴架上，长6.6～6.7厘米，直径1.7～2.6厘米，上面残留有黄毛线。B型，一端有穿孔，系绳用。柱体上凹槽2～4个，长6.4～11.6厘米，直径1.85～2.8

厘米，上面残留有红色毛线①。新疆民丰一女墓也出土有带杆木纺轮，长达16.5厘米。哈密焉不拉克墓地（公元前1300年～公元前600年），除出土陶、骨、木纺轮外，还有铜纺轮1件，圆饼形，两面均有螺旋纹，直径3厘米②。

贵州赫章可乐濮人墓和雍宁甲水古夜郎墓等（均战国晚期～汉代）都出土有纺轮。濮人墓陶纺轮1件，算珠形，直径3厘米，厚1.5厘米。夜郎墓石纺轮2件，圆饼形，直径4.6厘米，厚1.2厘米。特别是在清镇琊珑坝汉墓中出土的1件铁芯带钩陶纺轮，已是锭子的雏形，已有锭端加捻和防止纱线脱圈的功能③。

云南大理剑川鳌凤山、晋宁石寨山、昆明呈贡天子庙等战国至汉代的墓葬中都出土有陶纺轮，形制有扁平圆饼形、枣核形、半球形、算珠形、圆台形等。直径在3～4.4厘米之间。有的圆轮上饰有椭圆形纹和水波纹等。李家山还出土铜绕线板6件，近长方形，四边内凹，长9厘米左右，宽6厘米左右，多无纹饰，只一件有线刻绳纹、三角齿纹。板面多有线痕迹。同出的还有铜工字形器5件，长5.7～22.1厘米，宽2.4～21.4厘米。部分有穿钮。其中1件还有花纹④，绕线用。

四川新都战国蜀王墓出土有铜纺轮形器，直径4.2厘米，孔径0.7厘米，底部还刻有符号。

广东高要县茅岗水上木构建筑遗址中发现有陶纺轮17件，扁平圆形，直径2～4.5厘米，其中1件孔内仍插一根木棍，下

① 新疆维吾尔自治区博物馆：《洛浦县山普拉古墓发掘报告》，载《新疆文物》，1989（2）。

② 载《文物》，1960（6）。载《考古学报》，1989（3）。

③ 载《考古学报》，1986（2）、1981（2）。《中国纺织科技史资料的调查报告》，《中国纺织科技史资料》，第4集。

④ 载《考古学报》，1990（2）、1985（4）、1975（2）等。

端削成尖锥状。据研究，这些陶纺轮可能是战国～秦汉时期疍民先民的纺纱工具①。

湖北均县朱家台、湖南资兴旧市等西周～战国墓出土有陶、泥纺轮，形制有扁平圆形、车形、陀螺形等。特别是湖北当阳曹家岗和江陵天星观的楚墓都出土了几件绕线棒，形制特殊。曹家岗的2件，硬木制，黑褐色，有柱、轴、柄三部分。柱为椭圆柱体，长8.5厘米；轴在柱的上下各有一部分，长度分别为5.5厘米和3.7厘米；柄又分为连桯、垫片、柄杆、柄尾四部分，结构复杂，通长19.5厘米，八棱锥体，上刻饰对顶三角形柳叶纹12组。上仍缠有丝线②。江陵的5件，也是柱状体，上有安柄的圆形榫眼（已佚）。中段素面，两端髹黑漆，上也缠有丝线。其中1件残长8.9厘米，直径3.2～4.2厘米③。

此外，内蒙古、辽宁、黑龙江、吉林、河北北部、广西、青海、甘肃等地的少数民族墓葬、遗址中都出土有多种质地、多种形制的纺轮。

---

① 杨豪，杨耀林：《广东高要县茅岗水上木构建筑遗址》，载《文物》，1983（12）。

② 宜昌地区博物馆：《当阳曹家岗5号楚墓》，载《考古学报》，1988（4）。

③ 荆州地区博物馆：《江陵天星观1号楚墓》，载《考古学报》，1982（1）。

第五章 织机、织具和织造技术的大发展

从西周到五代，是我国织造机具和技术大发展的时期。

织机从原始腰机发展到斜织机、多综多蹑纹织机、束综提花机和罗织机等等，并几经改进，越来越完备，易于操作而又能大大提高产量和质量，达到手工机器时代的高峰。

织造技术方面，则从腰机简单织布逐步发展为腰机提花、挑花；多综多蹑机和束综机提花。织物组织从平纹发展到斜纹和各种复杂组织；从经线显花改变为纬线显花；发明了起绒、缂织等技术；其他织造技术也有很大提高。

以上织机和织造技术的发展是汉族与少数民族共同的创造和贡献，有的则明显是少数民族首创或首先使用的。历代入居内地的少数民族都有人会使用这些织机，掌握这些织造技术；入主内地的少数民族政权也或多或少推动了织机和织造技术的发展。至于边远地区和山区的少数民族，由于各种条件的限制，多只局限于腰机和斜织机阶段，但也都有自己的创造和特点，使原始织机逐步有所改进，并能在原始织机上织造出丰富多彩、鲜艳美丽的织物来，在我国织造机具和技术的发展史上，留下了不可磨灭的贡献。

第一节 腰 机

原始腰机的部件早在距今六七千年百越人的河姆渡遗址中已经发现，初步有了开口、引纬、打纬三个主要织作功能。

后来在内地渐为其他较为进步的织机所取代，而在边远的少数民族地区都继续使用到近代。例如，云南晋宁石寨山汉代古墓群出土的铜贮贝器上的纺织群像和许多地区出土的铜、木织机零部件，就是最好的证据。现择要介绍如下：

贮贝器（原报告称为“鼓形飞鸟四耳器”）。出于甲区一号墓，铜鼓形，有盖有底，体积也比铜鼓小一些，器内装贝。器身上阴刻孔雀 4 只。颈下有 4 耳，双股绳纹饰。腰与足交界处又铸有立体孔雀 4 只。盖上铸鸡、犬和小铜人 18 个，女 15，男 3，高 2.5～6 厘米。其中一女性形体大，跪坐于方形矮台上，身后一男子持杖侍立、护卫。其他人环列四周。其中有 6 个织布的图像[①]，均席地而坐；双脚伸直蹬紧卷经棍，腰缠卷布棍，使环状经纱保持张力，手拿又长又大的打纬刀，或竖起于经纱中形成梭口，或平放打纬（图 15）。显然是表现原始腰机及其主要的织造工艺。原始腰机上的其他部件没有表现出来，是此地的织机原本就如此简单呢？还是铸造时简化了呢？这需要参考云南地区出土的这个时期的织机零部件来一起分析。

江川李家山春秋末期墓出土部件是：(1) 卷经杆，木质加铜饰，木杆已朽，存铜饰 16 枚，有平头和叉头两类，断面长方形，銎内残存朽木杆，銎上都有两个小孔，用于钉固木杆。这些铜饰放置于经线两端，应是卷绕经纱用的，从出土时的痕迹可知，平头卷经杆长 44.4 厘米，叉头卷经杆长 48.4 厘米[②]。(2) 弓形器，3 件，是有弹性的弓状铜条，中段稍宽，两端渐细，顶端各有一凹槽，可能用以系绳，残长 28 厘米，“似为梭口布

① 云南省博物馆考古发掘工作组：《云南晋宁石寨山古遗址及墓葬》，载《考古学报》，1956 (1)。

② 云南省博物馆：《云南江川李家山古墓群发掘报告》，载《考古学报》，1975 (2)。

图 15　腰机织布群像，汉代，云南晋宁石寨山汉墓出土
（徐康宁摄）

面的撑弓”。(3) 梭口刀，1 件，直背弧刃，长 21 厘米，与此地解放前织布的梭口刀近似。此外还有缠线用的工字形器、绕线板、钺形器、长方形铜片、纺轮、针线盒、针线筒、针、锥等等。这些器物放在一起，应是纺织缝纫工具，而不仅仅是纺织工具。即使如此，其织机部件也比石寨山纺织图像的要多，至少多一个提综部件。

晋宁石寨山 17 号墓出土 4 件铜质织机部件：(1) 卷布轴，呈圆角长方形，两端有叉，中间开一道细窄的凹形长槽。另有扁平铜片，其刃部刚好插在这个槽内，可把织好的布夹在槽内，这是由两个部件契合而成的卷布轴。因为原始腰机一般使用环状经线，只有使用这种可以活动的卷布轴，才能与卷经轴一起把经面绷紧、固定，便于织造；织造出一段布之后，又便于打开卷布棍，把织好的布卷起来，把未织的经面移到织者前面，以便再织。(2) 卷经轴，是实心铜棍，一面扁平，便于织者双足蹬紧；另一面呈孤形，用于缠绕经线，便于环状经面循环转动。在弧面部分又有两个凸起的地方，间距 44～48 厘米，可能是限定经面的幅宽。(3) 打纬刀，长 44.5厘米，最宽处 4.3 厘米，最厚处 0.4 厘米。(4) 梭口棒，圆棍中空，长 36 厘米，直径 2 厘米，两端各有 1 个方形孔；有一弓状铜条，两端分别插入铜棍的两孔之中，其作用是套穿在提起开口的经线中，使经面不致晃动滑脱①。

昆明呈贡天子庙 41 号墓（战国中晚期）也出土 4 件铜纺织工具，据报道：(1) 卷经轴，扁圆竹节状，实心，长 25 厘米，宽 2.5 厘米，两端节外铸圆棒形轴头各两个，轴体上有 1 条槽，与一竹片形铜条刚好扣合，使用时似以轴头插于某种旋转机械上。(2) 梭口刀，长 24.1 厘米，有短柄，刀刃宽直。(3) 长方形器，一面平，另一面稍弧起，两端有节杴2 道，长 18.7 厘米，宽 2.5 厘米，器身粘结有篾纹和斜格纹。(4)工字形器，绕纱用②。从上述介绍，参照石寨山 17 号出土纺织机部件和实际操作需要看，其中的 1 应是卷布轴，而不是卷经轴。3 才是卷经轴。

祥云大波那木椁墓中也出土了铜质梭口刀和卷经杆。刀的刃、背均平直，只是刃部前端略呈弧形，长 19.8 厘米，宽 2.4 厘米；杆长条形，两端的中部都有叉口，长 17.6 厘米，宽 1.9 厘米③。

弥渡苴力战国墓出土的铜卷布杆，是扁平长条，两端分叉，

---

① 朱宝田：《略论云南少数民族的纺织技术》，见《中国少数民族科技史研究》，第六辑。

② 昆明市文管会:《呈贡天子庙滇墓》,载《考古学报》,1985(4)。

③ 大理州文管所,祥云县文化馆:《云南祥云大波那木椁墓》,载《文物》,1986(7)。

长10.2厘米。卷经杆是细长条，一面平，另一面起棱，长9.2厘米①。

上述几批资料是很珍贵的，它一方面使我们得以弄清楚，石寨山一号墓贮贝器上的腰织机图像，只是简略的示意图，并没有把织机的全部构件铸造出来，不能因这个图像就认为当时云南的腰织机就是如此简陋。实际上，图像上奇偶数经线未交叉形成织口就打纬这种不合情理的表现手法，也表明这只是表现腰织机大概轮廓而已。另一方面，综合上述织机部件和织机图像，使我们可以恢复当时云南腰织机的基本结构和织造技术。第一，它至少有卷经棍、卷布棍、提综杆、打纬刀和隔开奇、偶数经线的分经棒；第二，形制多，各地出土的卷经棍、卷布棍、打纬刀的形制和长短不尽相同，说明有几种不同类型的织机，布幅的宽度也大小不同；第三，卷布棍已由两个部件组成契合形；提综杆也是铜棍与铜弓形条的复合件，说明已是比较进步的腰机。特别是呈贡天子庙的卷布棍，如果两端真有轴头，使用时"以轴头插于某种旋转机械上"的话，那么这种腰机应有了简单的机架，那就是更进步的腰机了。

原始腰机的织造技术，第一编已介绍过，不再赘述。

最早的原始腰机，是用手或棍子分开奇、偶数经线，以便开口送纬，太费工了。后来发明一两片综来提、沉经线、开口送纬，方便了些。进而发明机架，如《列女传·鲁季敬姜传》所记载的鲁机，效率又有较大的提高。但它只能生产平纹织物，也无法织出纹饰来。随着社会生产力和生活水平的提高，人们不仅对纺织品的需求量大增，而且要求纺织品美观好看、品种多，因而导致腰机多综提花和挑花技术的发明，使这种极其简单的

---

①云南省博物馆文物工作队：《云南弥渡苴力战国石墓》，载《文物》，1986(7)。

腰机能够大放异彩，织造出鲜艳美丽的纹饰来。特别是挑花技术，可使花纹循环多达数百根（而一般腰机提花的纬纱循环数都在 30 根以内），既为腰机显花提供了广阔的前景，部分满足了人们的审美要求，又为以后显花技术的大发展开创了极好的前提条件。例如，多综提花法与踏蹑起综结合起来，就是多综多蹑机；按花纹要求，以一定程序起花的原理，可为束综提花机的诞生提供借鉴，等等。据研究试验，商周时期的各种回纹、菱纹织物都能用腰机多综提花和挑花织造。腰机提花、挑花，从花纹的构思到织作都由织工一人完成，技术要求高，充分显示了汉族与少数民族人民的聪明才智和技巧，在一些少数民族地区，这种织造技术沿用了几千年，直至今天。因为这个时期的资料太少，所以腰机提花、挑花织造方法留到第三编一起叙述。

第二节　斜织机

腰机虽然简便，并在实践中有所改进，但生产效率实在太低了，据推算，“若按织 14 磅粗布估计，每人每小时仅能织布半寸左右”①。若要挑花、提花织造纹饰，效率就更低了。必须改革，发展出新型织机。

迄今所知，我国考古发现最早的原始斜织机的部件和有关工具，可能是 1978～1979 年在江西贵溪春秋战国时期于越人的崖墓中出土的，这些部件（图 16）据介绍，是：

经轴，1 件，木质，长 80 厘米，轴面两侧各有一个椭圆形孔洞，中间有一长方形浅槽，可以转动，亦可作整经之用。

夹布棍，木质，2 副，每副各有一长一短两根半圆形棍子，合成一副圆木棍。棍两端削成鸭嘴形，两根合成后，两头呈八

① 高汉玉等：《纺织机械发展史略》，见《中国纺织科技史资料》，第 14 集。

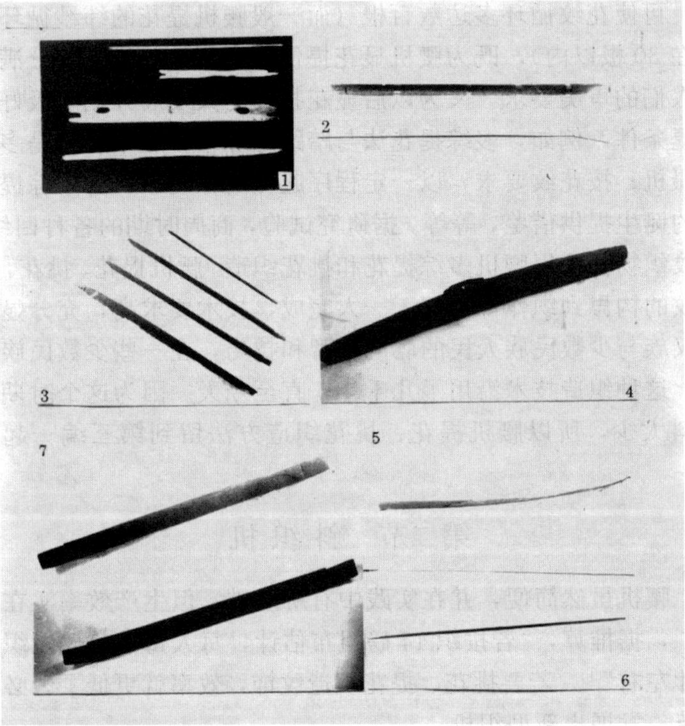

图 16　春秋时期于越人织机部件，江西贵溪崖墓出土
（李科友摄）

自上而下：1. 分经棒、经轴、梭子、杼；2. 导经棍；3. 梭、夹布棍（中间两根）、打纬刀；4. 提综杆；5. 挑经刀；6. 引纬杆；7. 夹布棍

字形。织布时，把布的一端夹在两根棍子中间，两端用绳子扎紧。现长分别为 23.8 厘米和 64.6 厘米。

提综杆，木质，2 件，中部较高，并有一个穿孔，可穿绳提起。两头稍拱，现长 23.8 厘米，高 2.5 厘米。

杼，2件，竹制，头作圆柱状（按：从图看，似为锥形），中间部分较细，可以多缠纱线。

梭，1件，竹制，长管状，两头有开口，现长46.5厘米，宽2.9厘米，头宽2.2厘米。

引纬杆，1件，竹制，杆头开口，纬线缠入叉口内，全长66.4厘米。

导经杆，1件，竹管截制，两端各有长条形通孔，孔内尚存麻绳一段。杆长73.8厘米。

打纬刀，1件，木质，长69.8厘米，有弧度，刃部稍有残缺。

挑经刀，1件，木质，现长43.5厘米（残）。

清纱刀，1件，木质，圆形长柄，刃部似鸭舌状，通体光滑，呈深红色，现长28厘米。

分经棒，1件，木质，两端呈锥状，中间有两道压低圈，现长84厘米。

撑经杆（板），1件，木质，全长65.2厘米。

弓，1件，木质，尾部已断残，长43.8厘米。

此外，还有其他辅助工具，如：

水盂，1件，陶质，敛口，微唇，圆鼓腹，平底，有3只乳钉或小足，通体磨光，呈青黑色，通长2.5厘米，放在装纺织工具的篾盘里。这不是纺织机部件，可能是盛油用，以润滑织机。

篾盘，盛放小件纺织工具用，盘身分三层交织而成，主筋篾薄如纸，绕丝篾细如发。盘高6厘米，口径56厘米[1]。（同时出土的纺纱、整经工具在其他部分介绍。）

---

① 李科友，孙家骅：《试论东周时期于越族的纺织技术》，见《中国少数民族纺织科技史研究》，第六辑。

上述织机部件究竟是腰织机的？还是斜织机的呢？

《中国纺织科学技术史》第26页认为是“腰机工具”。但在第198页说到斜织机时却说：“斜织机究竟起始于何年代，目前尚缺乏可靠的史料。现在我们可从出土江西贵溪崖墓中的织机零件和汉画像石推测：完成斜织机的改革，至少可以追溯到战国时期，至汉代已普遍推广使用。”则似认为贵溪这批织机部件是斜织机的部件。有的文章则推论是原始斜织机的部件，其理由是：从现存部件看，夹布棍长达64.6厘米，表面织幅相当宽，这是原始腰机上织不出来的；导经棍、分经棒都长达70厘米以上，两用经棍有钻孔，可以转动；综杆可以吊起来，上下提沉；撑杆则是直立起支撑作用的；上述部件都需要依托机架；明代的记载，有人看到崖墓里有织机，等等。并说上海纺织科学研究院的同志也认为它们可能是早期斜织机的构件①。

这是需要进一步研究的问题。说它是斜织机，可是斜织机的主要部件——机架、提沉综杆的蹑、马头和打纬的筘等都未发现；夹布棍虽有长达64.6厘米的，可是短的只有23.8厘米；导经棍、分经棒虽然长达70厘米以上，但提综杆却只有23.8厘米长，如果不是断残的话，那么这种织机所织之布也并不宽。也许上述介绍的一些机件名称和用途应该重新考虑，这样或可以解决一些矛盾现象。因我们未见实物，只好存疑。

如果说它是原始腰机，可是它的部件普遍比河姆渡遗址出土的腰机部件长得多（河姆渡所出多在40厘米以下）；提综杆上凿孔穿绳可以提拉，经棍可以转动等，似又反映出已有机架；经棍可以转动，已具有斜织机马头的功能；卷经棍、卷布棍似已发展为经轴和卷布轴，已有原始斜织机的某些因素。

---

① 程应琳，刘诗中：《江西贵溪崖墓发现一批纺织品和纺织工具》，见《中国纺织科技史资料》，第3集。

我们认为，从这些织机的部件看，上述斜织机似是从腰机到斜织机的过渡类型，其结构和织造技术应处于二者之间，不能完全套用汉代以后比较成熟的斜织机图。再从当时百越族的纺织生产能力看，当时也应已有原始斜织机，例如《吴越春秋》记载，越王勾践一次献给吴王夫差高级葛布10万，质量都非常好："弱于罗兮轻霏霏"。这样高的产量和质量，如果只用原始腰机织造，是难以想像的。这样的织造能力在内地也已存在，所以据史籍的记载统计，"战国时期各国诸侯间馈赠的布帛数量，比春秋时高达百倍"①。可见，当时使用原始斜织机甚至更进步的织机者，已不是个别现象，春秋战国之间是我国织机改进、换代的重要时期之一。总之，江西贵溪出土的织机部件可能是最原始的斜织机的一些部件。如果这个推论不错的话，那么百越民族可能是斜织机的首创者，或者是与华夏族同时发明的。

根据汉代画像石上的斜织机图像和有关文献记载，斜织机的基本结构及优点如下：

有一个水平机架，经面与机架成五六十度的倾角。机架上一端有一块座板，织工坐在上面织作，可以看清经面上的毛病，及时解决。增设一两块脚踏板（蹑），用绳子与综框及形似马头的提综杆相连结，利用杠杆原理，以脚提沉综框开口投纬，使手从提综操作中解放出来，从事投纬、打纬操作，这对提高生产效率和促进引纬打纬工具的改进至关重要。经面用经纱导棍和卷布导棍撑开，都固定在机架上，既可使经纱绷得紧、平、匀，也可减少织工的劳动强度（过去靠织工腰、腿的张力）。经纱导棍和卷布棍的两端都有轴牙，以便控制随时放经和卷布，不因放经、卷布而耽误过多的时间，提高织布工效。又用筘和幅撑

① 《中国纺织科学技术史》，199页。

控制经线密度、布幅，并用筘打纬，又进一步提高工效和质量。这样一来，织机的五大运动——开口、引纬、打纬、送经、卷取——就都齐备了，比腰织机大有改进，特别是用脚踏蹑提综开口，更是织机发展史上的重大发明。

提综开口有单踏杆和双踏杆两种。双踏杆还有单综和双综两类。单踏杆是靠一块踏板轮流提、沉底层经面。双踏杆（一长一短）单综是用两根踏杆轮流提沉一片综框开口，综只起提经作用。双踏杆双综是一杆连一综，交换提沉前、后综开口，每片综轮流一次提经，一次压经，兼有提经、压经的作用。因而每根经都须从一根综丝的结扣孔中穿过，这是现代织机综眼的前身。

斜织机的生产率高于腰机 20～60 倍，每人每小时可织 0.3～1 米布①。是后世家庭用平纹织机的前身。

1976 年，广西贵县罗泊湾汉墓出土一批纺织工具，现把可能的织机部件和织布用具，据报告介绍如下：

翘刀 3 件，皆杉木制成，一端有尖头双刃，背部隆起，有脊或无脊，腹部平或内凹，截面呈人字形，柄为竹节形。分两节或圆柱状，通长 19.7 厘米。

纬刀 10 件。其中 6 件杉木制成，4 件杂木制成。稍残，最长的 53 厘米，最短的 18.4 厘米，宽 1.3 厘米，背厚 0.5 厘米，背、刃皆平直，刃在两端圆弧上收，背在两端下切成角，两端涂黑。形制与壮族地区编织壮锦用的纬刀相似，两端正好双手握持（据调查，其中 1 件还带有纡子，成为投纬、打纬两用工具②）。

吊杆 35 件，由圆木制成，呈扁担形，两端有防脱卡，有的

① 高汉玉等：《纺织机械发展史略》，见《中国纺织科技史资料》，第 14 集。
② 《中国纺织科技史资料的调查报告》，见《中国纺织科技史资料》，第 4 集。

一端稍大，一端稍小，最长者长 51.6 厘米，厚 3.1 厘米，最短者长 36 厘米，厚 1.8 厘米。

调综棍 2 件，杉木制成，呈圆棒形，两端稍细，且有对穿小孔。长 29.5 厘米，截面直径 0.8 厘米。

纺锤棒 4 件，杂木制成，纺锤形，一端粗，一端稍细，两端都有榫头，粗的一端有圆孔，细的一端有平排两小孔，孔内有残木，似某一大器物的构件。完整的 2 件，长 33.5 厘米，最粗处直径 2 厘米。

圆棒 3 件，杉木制成，粗细均匀，两端截直，并涂黑，一端有 2 钻孔，长 36 厘米，截面直径 2 厘米，其中 2 件两端有防滑卡。

绕线棍 8 件，皆杉木质，长方条形，两端有叉，有的是连裆叉，有的是分裆叉，多口大内小，但有的口小内大。其中以 M1：574 做得最佳，两端较中部杆为粗，叉头作出 3 道凸箍形装饰。通长 24～36.4 厘米。

滚棒 2 件，杉木质，圆棒形，两端有防滑卡，是套绳围在腰部的①。

上述出土的纺织工具，经考证属一种较原始的斜织机②。

西藏地区原来是用腰机织毛褐。唐代初期，文成公主出嫁吐蕃赞普松赞干布，带去较为先进的织机和织造技术，此后西藏的织氆氇机有了机架"铁卡"，踏杆"杠者"和打纬的筘等③，应是斜织机之属。

---

① 广西壮族自治区博物馆：《广西贵县罗泊湾汉墓》一号墓，文物出版社，1988。

② 余文炽等：《古南越国史》，广西人民出版社，1988。曾少立供稿。

③《中国纺织科技史资料的调查报告》，见《中国纺织科技史资料》第 4 集。

第三节 多综多蹑纹织机

斜织机虽然提高了织造效率，但不能满足人们（特别是统治阶级）对织物纹饰、花色品种越来越高、越来越复杂的要求，于是，人们经过一段时间的摸索、实验，逐渐懂得使现有斜织机的脚踏开口机构与腰机多综提花技术结合起来，制造出多综多蹑纹织机。花纹越复杂，花纹的循环数越大，所需的综蹑就越多。

迄今所见最早记载多综多蹑机的文献，是西汉宣帝时期（公元前 73 年～公元前 48 年）的《西京杂记》，说巨鹿陈宝光妻子所织“散花绫”，“机用一百二十蹑”。使用较多的是五六十综，五六十蹑的织机。有人认为，这么多脚踏杆（蹑）怎么工作呢？难以想像，是不可能的。但是，既然文献有明确记载，四川农村又有七十综七十蹑的“丁”桥织机存世（详见第三编），巧妙地处理了几十蹑的难题，所以我们认为，这种织机应是确实存在的。从二综二蹑到五六十综、蹑，甚至一百二十综一百二十蹑，应有一个比较长的发展过程，但它应比斜织机产生晚一些（有的认为同时产生）；又从出土的织物看，战国时期已有这种纹织机了，所以我们认为，多综多蹑纹织机应在战国时期产生，战国至秦汉时期逐渐发展、推广。

但是，综蹑太多，太分散，不便操作，影响织造效率，例如，上述陈宝光家的一百二十蹑织绫机，60 日才能织成一匹，太慢了。所以到三国时期，陕西扶风人（今兴平）马钧把它组合改革成十二蹑带六十综（或更多些综），使操作简便，提高产量和质量①。

---

① 《三国志·魏书·杜夔传》裴松之注。操作技术参看《中国纺织科学技术史》，204～205 页。

从这个时期民族地区和多民族杂居区出土织物看，当时人们也使用多综多蹑纹织机。例如：

湖北江陵马山一号楚墓出土的大量丝织物中，有许多花纹纬向循环很大的，如塔形纹锦，幅宽在45～49厘米之间，花纹循环纬向宽29.6厘米，经向长7.4厘米，经密88根/厘米，纬密24根/厘米①，这样的花纹纬向循环是178根。除去一半作为交织纬外，作为起花的表经和沉在下面的里经间的夹纬，只有89根。

湖北随县战国墓出土的大花纹丝织物纬纱循环是136根，其中夹纬是68根。经丝的完全循环数是480根，可能使用提花综框织造②。

长沙马王堆一号汉墓也出土大量花纹循环数大的织物，比如，354～19菱纹绮织物，采用平纹素地上起左斜纹经花，一个花纹循环经丝数为116根，纬丝数为92根。花纹图案上下左右又全部对称③。

上述楚文化区出土织物那样大的花纹循环数和织幅，需要几十片到上百片综才能织成，用腰织机提花、挑花难以做到。但另一方面，花纹循环数还不是很大，用多综多蹑机完全可以完成。

新疆地区出土的汉代～唐代的织物也与此类似。例如有一种汉式组织绮，花纹组织循环72根，每一单元高3.9厘米，宽残存8.2厘米，幅宽40厘米左右，经线数在2500根左右，需要38片综才能织造（地综2片，纹综36片，因花纹循环72根，交织纬与夹纬各一半）。又如一块织锦，花纹循环约3.9厘米，

---

① 湖北省荆州地区博物馆：《江陵马山一号楚墓》，文物出版社，1985。

②③ 《中国纺织科学技术史》，60页。北京《纺史》编写组：《关于随县擂鼓墩战国墓出土提花织物》，见《中国纺织科技史资料》，第2集。

经线循环似横贯全幅，当在35厘米以上，每一纬线循环中约有100根纬，其中半数是提花纬（即夹纬），所以除去使用2片交织综框以外，还需要提花综50综左右①。虽然该文作者认为几十蹑难以工作，上述织物只能用束综机织造，但是正如我们前面提到的，用多综多蹑机是可能的。因此，上述织品也可能用多综多蹑机织造。

第四节 束综提花机

多综多蹑机在提花方面虽然比腰织机优越，但因综片和蹑杆的数量有限，不能太多，所以，一般地说，只能织造对称型、几何纹、花纹循环比较小的提花织物，而对于组织复杂、花纹循环变化大、根数多的大花纹，织造起来就很困难。于是更进步的花楼束综提花装置就应运而生了。

这种束综提花机的特点是："上织花纹开口不用综片，而是每组经线用线综牵吊，每梭所需提起的经线上的线综再另用挽线结起来，另由一人坐在花楼上牵拉，来完成开口动作。这样，花纹的纬循环根数可以大大增多。花样可以扩至很大，而且更为丰富多彩。"②

最早记载有束综提花机的文献是东汉王逸《机妇赋》。但从出土的织物看，早在战国时期，多民族杂居的楚国可能已经有了这种织机。例如：

湖北江陵马山一号楚墓出土的织锦，纹饰有塔形、凤鸟凫几何纹、大菱形纹、小菱形纹、十字菱形纹、条纹、几何纹、舞人动物纹等多种花纹。特别是舞人、动物纹是过去的织物所未

---

① 夏鼐：《新疆新发现的古代丝织品——绮、锦和刺》，载《考古学报》，52、57、58页，1963（1）。

② 《中国纺织科学技术史》，197页。

见的。花纹循环又比较大，试举几个例子：

凤鸟凫几何纹锦，幅宽49～50厘米，花纹循环纬向宽20.5厘米，经向长7.2厘米，经密112根/厘米，纬密38根/厘米①。这样，每一花纹循环的纬线多达274根，经线多达2296根。若用多综多蹑机织造，需要近140片综，不太可能。它很可能是用束综提花机织造的。又如：

舞人动物纹锦，幅宽50.5厘米，完整花纹循环是由纬向排列的上下7组不同的小图案组成，横贯全幅〔按顺序分别是：(1)对龙；(2)一对舞人；(3)对凤；(4)对龙；(5)一对麒麟；(6)对凤；(7)对龙〕，花纹经向长5.5厘米，纬向宽49.1厘米，经密为156根/厘米，纬密为52根/厘米②。这样，每一花纹循环的纬线多达286根，经线多达7660根。若用多综多蹑机织造，需要145片综，不太可能，也应由束综提花机织造。

大菱形纹锦的花纹纬循环更大，5种类型的花纹纬循环分别是378根，400根，412根，471根，542根。若用多综多蹑机织造，分别需要191～273片综，更不可能，更应由束综提花机织造。

在长沙左家塘的战国墓中，出土了褐地几何填花燕纹锦、朱条对龙凤纹锦等③，花纹也比较复杂。

到了汉代又有较大的发展，这从长沙马王堆一号汉墓所出的丝织品可以看得很清楚，特别是绒圈锦（甘肃武威汉墓也有出土）。

从上述材料看，在战国至西汉初期，楚文化区提花织物的花纹循环很大，纬向动辄数百根。春秋时的河南信阳楚墓和湖南长沙楚墓已出土有大小菱形纹组织的杯纹绮，实已开其端倪，

---

①② 湖北省荆州博物馆：《江陵马山一号楚墓》，文物出版社，1985。

③ 熊传新：《长沙新发现的战国丝织物》，载《文物》，1975（12）。

并在西汉初期（公元前194年～公元前188年）已使用难度相当大的绒圈锦（其产生可能还要早些）。相比之下，北方地区虽然在新疆、甘肃等地出土了不少丝织品，动物、植物、人像等纹饰较多，变化也大①，但时间晚一些，花纹循环似不太大，纬向根数只有几十根至一百多根②；关于绒圈锦的文献记载，可能到西汉晚期才极其简略地提到，这就是公元前48年～公元前33年史游《急就篇》所说的“秏”。实物也是西汉末期才出土于甘肃武威磨嘴子的棕色菱纹绒圈锦。虽然它表现的技术水平比马王堆的高一些，但却晚了二百年左右。根据上述比较可知：束综提花机很可能创造于楚文化区，它是楚国地区若干民族的共同创造，是对我国纺织技术的重大贡献。

束综提花机的构造相当复杂，主要有织造地纹装置和提花装置，还得有巧妙的花本，才能织造。但宋以前的束综提花机图像迄今尚未发现，文字记载也不多，所以留到第三编介绍。这里只说一下结花本的工艺。这是束综提花中最复杂、最奇特的，其工艺程序是：先将花纹设计图案，由纹工画成组织结构图，即表示显花的经（纬）浮点的花纹图。然后工匠根据经（纬）浮点进行挑花结本。即把所有的花纹组织点编制成提沉经线的花纹信息程序，相当于现代科学的信息存储和程序控制技术。这是“利用‘结绳记事’的原理，根据纹样设计图的规律性，通过‘同类项合并’，按一定规律把经丝编成很多组，并结集成一股股综绳，即挑结成花本。织造时，什么地方该起花，如何起花，只要根据‘行活’，循着悬挂于花楼上的花本，拽提脚子线，

① 忻鼎新：《沿丝绸之路出土的纺织品初探》，见《中国纺织科学技术史资料》，第12、13集。

② 夏鼐：《新疆新发现的古代丝织品——绮、锦和刺绣》，载《考古学报》，1963(1)。

织工就可以投梭织花了。”①

迄今出土的从战国至隋唐的大量提花织物表明，花纹越来越复杂，花纹循环越来越大，说明束综提花机在不断发展、进步、推广。但据《中国纺织科学技术史》估计：“从机台数量上说，唐以前多综多蹑机居多，唐以后则束综提花机大普及。”这种复杂的织机，主要是经济比较发达的地区使用。而边远的少数民族地区可能与此无缘。当然在某些历史时期，当大量少数民族入居内地，甚至建立统治政权之时，少数民族也会使用这种织机、管理这种织机的生产。例如：

（晋）陆翙《邺中记》记载：羯族建立的后赵政权，石虎时，在中尚方设有织锦署，织锦的花色品种很多（详见本编第七章），这些织锦显然也有用束综提花机织制的。

敦煌遗书中有一些关于“楼机”的记载，说明在宋以前，在多民族杂居的敦煌地区，也已经使用束综提花机，至少使用楼机织物，已有楼机的知识②。

第五节 罗织机

罗织机是专门化织机的一种，用以织造绞纱织物。在我国也有悠久的历史。

迄今所知，早在六千年前的江苏吴县草鞋山遗址中即已出土了简单的原始绞纱织物——有山形和菱形花纹、罗纹部纬纱上下绞结的葛织物。当然这应是偶然性的产物，与后世的“罗”不同（不是经线左右绞结，而是纬线上下绞结）。到商周时期，出现了真正的采用绞经组织的罗织物的印痕（河北藁

① 《中国纺织科学技术史》，217页。

② 陈炳应：《敦煌所出宋开宝八年郑丑挞卖地舍契订误、考释》，载《西北史地》，1983（4）。

城），是最简单的二经相绞丝织品——素罗。《中国纺织科学技术史》认为，商周时期可能已经使用了简单的罗织机，“是在带有支架的腰机（如鲁机）上、织地纹综片前，加一二片起绞装置。……起绞装置的结构是在机架的两侧，各吊一根环形的皮条（或绳），在皮条环中各穿一块竹制门形板，每块门形板两边各有1个小孔，两两相应，吊两根平形的木棍，每一根木棍绕有综绳，供吊综用。前后木棍上的综绳，两根为一组，同时吊套一根经纱，前一综绳是从旁边一根经纱下面绕过，供起绞用。起绞综片上的综绳只吊单数（或双数）经纱，当门形板向前滑动时，前吊综木棍下降，综绳放松。后吊综棍上升，把经纱带回到正常位置，然后提起织地纹综片形成梭口，引纬打纬。当门形板向后滑动，后吊综棍下降，综绳放松，前吊综棍上升，提起经纱，经纱从相邻一根经纱下绕过提起，呈扭绞状态，形成梭口，引纬打纬。……”最简单的只要1片绞综和1片地综就可以了。

《中国纺织科学技术史》又认为：“秦汉以后……素罗织物中出现了四经绞罗，以及用四经绞罗作地纹，两经绞起花纹的菱形罗。”但实际上，这种罗在战国时期已经出现。例如，湖北江陵马山一号楚墓就出土过1件四经相绞的素罗——“左右两根经线（即绞经和地经）有规律地交替向左右绞转，每相邻的4根经线形成近似六边形的网孔，每织入4根纬线完成一个组织循环，所以也称四经绞素罗。”① 此罗用作绣地，上绣龙凤虎纹。

据说纹罗在长沙地区的战国楚墓中曾有过发现②。楚国著名文学家宋玉在《神女赋》中也曾有“罗纨绮缋盛文章”的诗

① 湖北省荆州地区博物馆：《江陵马山一号楚墓》，文物出版社，1985。

② 何介钧，张维明：《马王堆汉墓》，53页，文物出版社，1982。

句，说明这种罗是有纹饰的花罗，而且纹饰非常精美。《楚词·招魂》也有“罗帱张些”的记载，王逸注：“以罗为绮属。”即是花罗。上述材料表明，战国时不仅有罗，而且有精美的纹罗，织罗技术渐趋成熟。汉代有更多更完美的四经绞素罗和杯形菱纹等花罗（又称“纹罗”），如马王堆等地汉墓出土的罗织物所显示的那样。唐代时，又有三经绞素罗和在素罗地上显出平纹、斜纹等不同组织的花罗①。

迄今所知北方出土的罗，最早为汉代（如河北满城、甘肃武威和新疆等），比南方地区晚。也许花罗织造技术是楚文化区各族人民首先创造的。

新疆尼雅汉墓出土的毛罗，是由两组经线（地经和纹经）与一组纬线织成。主要织法是每扭绞 1 次，以平纹交织 3 根纬线，即是三梭罗②。看来这是从内地传入织罗技术后，用于毛纺织并有所革新；也说明三经绞罗技术应产生于唐代以前。

第六节　立 织 机

立织机主要是用于织造地毯、挂毯、绒毯等类毛织物。顾名思义，这种织机的经纱平面垂直于地面，与上述的各种织机都不相同（其他织机都是平面或斜面的）。宋以前的文字资料主要见于敦煌遗书，有比较多的文书记载用这种织机织造的成品。例如：伯 3453《辛丑年贾彦昌贷生绢契》记载：“利头好立机两匹。”即以立机织作的两匹好的织物作为借贷若干生绢的利息。又如：斯 4504《乙未年龙弘子贷生绢契》记载：“里（按：应为利息之‘利’）头立机细緤壹匹。”即以立机织造的一匹细棉布

① 罗的纺织技术详见《中国纺织科学技术史》，296～305 页。第三编也将有论述（西夏的罗织物部分）。

② 贾应逸：《略谈尼雅遗址出土的毛织品》，载《文物》，1980（3）。

作为借贷若干生绢的利息。

这种织机早期可能只用于毛织，唐宋以后，在一些地区又用于丝、棉织物的生产，如上述敦煌文书就谈到“立机细绁(棉布)”。据说这种立织机和织造棉布的技术至今还保留在南疆的一些地方①。

在新疆罗布泊地区的古楼兰、民丰县尼雅、于阗县的屋于来克、巴楚县的脱库孜沙来等遗址中，不仅出土了数量可观的地毯残片，而且还出土了一些编织地毯用的打纬工具——木手(又称“耙子”、“木掌”)。如尼雅出土的1件，长15厘米，宽3～10厘米，顶端有22个木齿(齿数多少不等)(图17)。木手的发现，说明当时使用的立机，“已经有了绞轴，掌握了锭经技术，也就是说它有可能由支经杆分开的前、后两批经线，分别套锭在两根缯杆上，作为交叉变换经线的线轴。因为只有这样才能发挥木手的作用，

图17 立织机打纬木手，汉代，新疆尼雅出土
(赵广田供稿)

① 沙比提：《从考古发掘资料看新疆古代的棉花种植和纺织》，载《文物》，1973(10)。

将纬线砸紧”[1]。

新疆地毯的组织法是由一组经线和两组纬线（地纬与绒纬）交织而成。先由经线与地纬交织成一上一下的平纹或带有横向棱平纹的基础组织，再用染色的绒纬（又叫“绒头”）拴结在基础组织的经线上。织一段平纹基础组织，再拴结一排绒头。每两排绒头之间基础组织的地纬数，由于时代的不同而有变化。孔雀河下游 34 号墓出土的地毯是 6～8 根，现宽 1～1.2 厘米。尼雅遗址东汉墓出土的，只交织 6 根地纬，宽约 1.6 厘米。这两件地毯现存绒头的长度分别为 1.6 厘米和 2 厘米，垂挂着的绒头完全覆盖了基础组织，由其纵面显示纹样。脱库孜沙来遗址出土的地毯两排结扣之间的地纬数已减少到 4 根（也可以说是 2 根，每根由 2 股合并而成）。但是它的绒头却大大缩短，以其横断面显示图案纹样，表明织造染色技术提高了。至于绒头的结扣方法，斯坦因在楼兰地区发现的几件西汉时期的地毯标本，是采用“单经扣”[2]，即将绒头围绕一根经线旋转 1 周或 2 周，使绒头的两端悬挂于经线的前面，形成一种缨穗式的悬挂物。这种扣法，因为绒头只拴在一根经线上，可以充分发挥编织者的构思，自由地编织图案纹样。但绒头过于密集，基础组织不易打紧，因而织地松弛，坚牢度差。所以到东汉时候出土的毛毯，多改用“马蹄扣”（或“剪刀扣”）或 8 字形扣，即将绒头从第 1 根经线的后面绕到前面，再围绕相邻的第 2 根经线旋转 1 周，回到原来两根经线的中间。这样绒头的两个末端一起垂挂在这两根经线的前面，形成一个缨穗。这种扣法，不仅提高了编织速度，节省了绒头，而且便于把地纬打紧，质地坚牢耐用。所以一直沿用到十七八世纪。据说在若羌米兰地区发

---

① 贾应逸：《新疆出土的地毯研究》，载《考古与文物》，1985（2）。

② 武敏称为 U 形扣，详见《西域研究》，1994（1）。

现一块北朝毛毯，地组织是斜纹，绒纬采用S形打结法。虽然牢度不如马蹄扣，但便于采用简便机械来代替某些手工操作，减轻劳动强度①。归纳起来，毛毯的织造“工序是：先用木架将经线绷直，再用绞轴把前、后经分开。织时，先织一般平纹基础组织，再拴结绒头，剪头，引纬，牵动绞轴，交织基础组织，用耙子打紧，再拴结绒头，如此循环，直到完成”②。

关于世界上地毯的起源，英国人格立卡·路易斯在《东方地毯实用手册》中说：“看起来首先创造这种制毯法的是中国人。”有的更直接了当地说是新疆塔里木盆地的人民开始创造的③。我们基本上同意这个看法，认为我国的这种织造技术和立织机最早可能产生于新疆地区。因为：

第一，我国西北、北方、西南地区的少数民族多以畜牧业作为主要的经济生活来源，毛纤维多，毛纺织历史悠久，技术也比内地高，特别是新疆地区，迄今出土的原始社会以来的毛织物最多，技术水平也相当高，出土的毛毯也最早。1959年，和田地区民丰县的古精绝国址的墓葬中，出土了1块地毯残片，经考证为东汉时期的物品，这是我国历史上发现最早的地毯实物。

第二，从织机传统来说，中国主要的是水平织机和斜织机，西方则主要是竖机，即立机。新疆地处中国最西部，接触西方织机的可能性最大。

第三，新疆和田地区有我国最早的织造地毯的记载和传说：“早在二千年前，和田就有盛行地毯的记载。和田出土的一批

① 《中国纺织科学技术史》，395页。

② 贾应逸：《新疆出土地毯研究》，载《考古与文物》，1985（2）。

③ Syhuan：Investigation of Silk from Edsen－Goland hop－nor and a Sauvey of Wuol and Vegetable materials，P. 49，1949. Stockholm，转引自贾应逸：《新疆出土地毯研究》，载《考古与文物》，1985（2）。

佉卢文中（按：‘中’应是‘木’之误）简上已有‘地毯’、‘和田地毯’等字样。可见和田地毯的历史发（按：‘发’应为‘非’之误）常悠久。关于和田地毯，在当地还流传着动人的故事。据说在东汉时期，在和田的玉龙喀什河畔，有位叫阿克西凡的农民，他聪明勤奋，充分运用当地的棉花、羊毛特产，研究出用棉线作经线，用羊毛、毛绒作纬线，织扣栽绒的办法，织出地毯。同时还用当地盛产的核桃皮、石榴花、沙枣皮等植物的果皮、茎、叶拌上铁锈发酵染色，使织出的地毯绚丽多彩。他的发明创造，很快流传到和田、喀什等地，后来人们把阿克西凡称为‘地毯之父’。”① 这个传说，显然经过后代人们的补充修改，因为新疆地毯原来都使用羊毛作经线、纬线和绒头，直到明清时，才开始部分使用棉绒。而上述传说说汉代时用棉线作经线。不过传说地毯发明者是新疆人应是可靠的。阿克西凡被传颂为织制地毯的创始人。

第四，从织造技术看，新疆地区出土的地毯表明，西汉时期或更早些采用简单、原始的拴扣法——“单经扣”；东汉时采用比较进步的“马蹄扣”法。直到今天，“马蹄扣”法仍是世界上手工编织地毯的两大扣法之一。到北朝，又产生比较简便的S形打扣法。迄今所知，新疆使用这三种扣法比其他地区早，发展过程清楚，互相衔接。

迄今所能看到的最早的立织机的图像，是甘肃敦煌莫高窟98窟北壁五代时期的脚踏立织机图②，因为地方太小，画太简单，也不准确，使人不容易看懂。似应左转90度来看，主要表现两大部分：一是立机架和经面，经面中几条横线可能代表经轴、卷布棍、分经棍、压经棍、综框等，左上角的半圆形，可

① 楼望皓：《新疆民俗》，新疆人民出版社，1989。

② 王进玉：《敦煌壁画纺车织机浅谈》，见《中国纺织科技史资料》，第19集。

能代表提综杆两端的马头；二是脚踏杆两根联在一起，前端有3根绳子与棕框相连结，以便提沉综框开口。这种脚踏立机未见于文献记载，值得注意。

第七节　其他织具的演化

在织机发展的同时，其他各种织具也相应地有了较大的发展，织机与织具的发展是相辅相成的。

一、投纬、打纬工具

投纬、打纬工具经历了如下主要的发展阶段：

第一阶段，筟（纡子）和打纬刀。筟是一根小长木棒，把纬线缠绕在木棒上，送纬用。打纬刀，用于撑开织口和打纬，原始腰机上使用。如浙江河姆渡所出木棒、木刀和云南石寨山、呈贡出土的汉代的铜打纬刀等。呈贡的梭口刀，柄短，刃直宽，长24.1厘米。又有长方形器，一面平，一面稍弧形，两端有节坎2道，宽2.5厘米，长18.1厘米①。

第二阶段，刀杼。因为筟是把纱线缠在木棒上，体积太大，穿过织口时，必然会经常与经线碰撞、摩擦，很不方便；又投纬、打纬要通过织口2次，影响织造速度。后来人们从宽扁的打纬刀比较容易通过织口的实践中得到启发，就在打纬刀上挖一长条槽子，把绕好纱线的筟子（不能绕得太粗）嵌进去，两种工具合而为一。这样既可使筟子顺利通过织口，又可投纬、打纬，通过织口一次完成，提高了织造速度。这种工具大概形成于春秋时期②，在腰机上和早期斜织机上均可使用。江西贵溪春秋崖墓出土的杼，两头尖锥形，便于放在刀杼槽内；中部细，便于多绕纱线而又不至于太粗、妨碍穿过织口。似乎可视为从筟

① 昆明市文管会：《呈贡天子庙滇墓》，载《考古学报》，1985（4）。
② 《中国纺织科学技术史》，230页。

刀向刀杼的过渡类型（因同时出土的打纬刀未挖槽，仍是二者分别使用）。

第三阶段：梭与筘。刀纾太大，不利于进一步提高生产效率。与此同时，机架和踏蹑发明，织工双手可专用于投纬打纬。所以人们逐步把杼改革为体积较小、两头尖的梭子，同时把打纬刀改成定幅筘。

梭：前面说的江西贵溪的杼已开其端倪。“大约梭形成于战国至汉代”，并迅速流传。据说公元651年文成公主与吐蕃赞普结婚，带去内地的织机和织布工具等，并亲自到藏南传授纺织技术，因而必定也把内地的梭子等工具带去。藏语称梭为“准布”，称杼为“生布”，后藏称杼为“井心”，说明杼与梭早有区别①。

筘（又称梱）：用梭子代替刀杼引纬之后，打纬必须另找工具；同时，为了使经线布置均匀，又能准确控制织品的幅宽，打纬工具不能恢复原来的打纬刀，而是仿照梳子的形态，制成一把大梳子，固定在两根木条当中，经纱依次穿入梳齿之间，两齿间的经数相同。这样织工一手投梭，一手拉筘，速度快而省力，又保证织布的幅宽和匀称、有疏密感的效果，提高了产量和质量。在长沙马王堆一号汉墓出土的绢纱类织物中，就有上述疏密感的效果，而且有明显的筘路痕迹。“打纬筘的出现不会晚于汉代”②。筘这种先进织具出现后，也迅速传播到各地去。

“打纬筘起初是悬吊在机上弯竹竿上的，到后来发展成为下面装两个撑脚。为了投梭的方便，又在筘的近织口侧装上走梭板，梭子就可以在板上滑行，有了轨道”③，更进步了，投纬速度更快了，所以人们常用“……如梭”来形容快速。

---

① 《中国纺织科学技术史》，231、232页。

②③ 《中国纺织科学技术史》，231～233页。

此外，特殊织物有特殊的打纬工具。上述立织机的“木掌”就是其中之一。

又，缂织法是通经回纬，花纹分段分区织制，所以也不能用长竹筘打纬，而是用竹制的齿耙，如新疆出土的1件，长7厘米，宽1.2厘米，厚0.6厘米，一端有细而薄的齿7个，另一端有3个或5个，以便用于经密不同的织物，经密大者用7齿的一端打，经密小者用3～5齿的一端打，分段分区随织随打。这种工具和方法一直用到近代①，大小、齿数不尽相同（图18）。

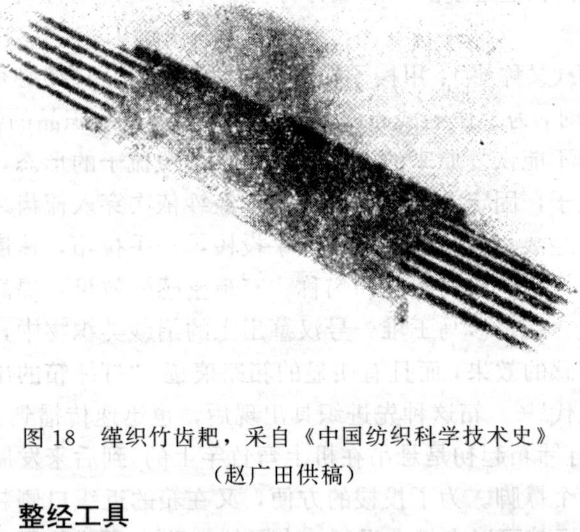

图18 缂织竹齿耙，采自《中国纺织科学技术史》（赵广田供稿）

二、整经工具

整经就是把纺好的纱线排列整齐，按一定规律牵于经轴上，以便穿筘上浆，进行织造。是织造准备的主要工作之一。一般

① 《中国纺织科学技术史》，231～233页。

来说，使用经耙式和轴架式两种经具和工艺。因为轴架式整经首见于南宋楼璹的“耕织图”，留到第三编介绍。这里只说经耙式整经。

经耙式整经是古代整经的主要形式。迄今所知，最早的实物出土于江西贵溪春秋战国时期于越族人的崖墓中。计有：

整纱经耙，3件，木质，残，横断面有槽呈L形，耙面为一排小竹钉，竹钉间距2厘米。最长的一件长234厘米，宽7.6厘米。其次的长113厘米，底板上刻有两个浅凹槽。短的残长45厘米（图19）。

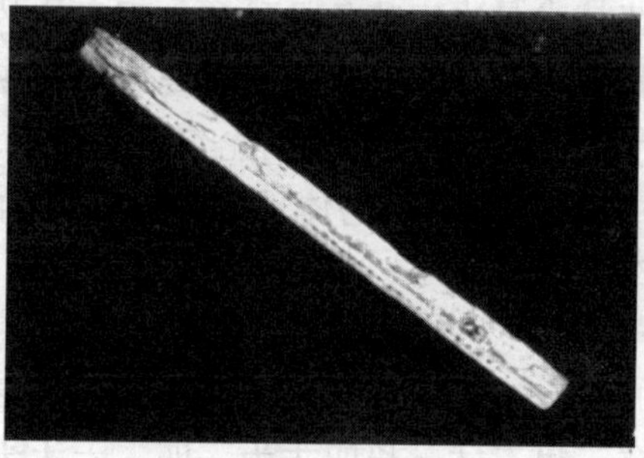

图19　整纱经耙，春秋，江西贵溪崖墓出土　李科友摄

结纱钉杆，1件，木制，长约300厘米，上钉等距离竹钉，整经时把纱的一头绕在经轴，另一头绕在结纱钉杆的竹钉上，再用理经梳把纱线梳平，成为整齐的经纱。

理经梳，1件，象牙制，长8～9厘米，齿长4.4～4.5厘米，上饰云雷纹①。

另有经轴1件，亦是整经的必要工具，在斜织机部分已介绍过。

至于操作过程，因为这个时期的材料缺乏，暂不叙述，留到第三编再说。

① 李科友，孙家骅：《试论东周时期干越族的纺织技术》，见《中国少数民族科技史研究》，第六辑。

云南昆明呈贡天子庙滇墓（战国中晚期）出土有铜卷经轴，扁圆竹节状，实心，两端节外铸圆棒形轴头各两个，轴体面上开 1 条槽，与另一竹片形铜条刚好扣合。使用时，似以轴头插于某种旋转机械上。宽 2.5 厘米，长 25 厘米①。

新疆洛浦县山普拉古墓群（战国～两汉）出土拉经木轴 1 件，完整，用圆木细棍刮磨制成，长 36.7 厘米，径 1～1.4 厘米，中间细，两头粗，两头各钻扁圆形孔 1 个，孔径 0.4～1.3 厘米②。

第八节　织物组织与显花技术的发展

织物的组织结构和显花技术是决定花色品种和外观风格的重要因素，其复杂程度则是织造技术水平高低的重要标志。织物的尺度能否统一规定，严格执行，不仅关系到能否合理使用、不至浪费的问题，而且也是纺织生产水平的体现。这些方面，在这个时期已全面发展，基本上完备。

一、织物的尺度

关于织物长度和宽度的统一，至迟在周代已经成熟，并著于典籍。按当时的规定：宽二尺二寸、长四丈为一匹，六丈为一端。分别相当于现在的宽 50.82 厘米，长 924 厘米。“布帛精粗不中数，幅广狭不中量，不鬻于市”③，“这大概与当时人的服饰有关，一匹这样的布帛，正好裁制一件‘深衣’”④。（深衣是衣裳相连，深长的衣服，作为诸侯、大夫、士家居之服，庶人吉服，广泛服用，又有一定制度，不能乱制。）汉代沿用西周的

---

① 昆明市文管会：《呈贡天子庙滇墓》，载《考古学报》，1985（4）。

② 新疆维吾尔自治区博物馆：《洛浦县山普拉古墓发掘报告》，载《新疆文物》1989（2）。

③《周礼·内宰·质人》，《礼记·王制》等，四部丛刊本，1926。

④《中国纺织科学技术史》，103 页。

标准①。少数民族政权时期也是如此。《魏书·食货志》记载："旧制，民间所织绢布，皆幅广二尺二寸，长四十尺为一匹，六十尺为一端，令任服用。后乃渐至滥恶，不依尺度。高祖延兴三年（公元473年）秋七月，更立严制，令一准前式，违者罪各有差，有司不检察与同罪。"可见北魏鲜卑族统治者也维护了这种制度。后来个别时候又有幅阔二尺五分、长四十二尺的规定②，折合今制也长得多（每尺从23厘米发展到30多厘米）。

从出土的织物看：

湖北江陵马山一号楚墓出土的战国时期的绢，"幅宽在49～50.5厘米之间，幅边宽窄不一"。纱，"幅宽32.2厘米，幅边宽0.25厘米"。素罗，"从单衣的拼幅上直接量得幅宽在43.5～46.5厘米之间，考虑到制作衣袍时幅边要裁剪去一部分，估计原来的幅宽要略大于此数"。"锦的幅宽在45～50.5厘米之间"。③

荆门包山楚墓出土车帷幔的纱幅宽约48厘米④。

长沙马王堆一号汉墓出土的一块"素纱料，正幅宽49厘米"。杯形几何纹绮"实物的幅宽50.7厘米"。练子（精细苎麻布）3块，幅宽有两种，分别为20厘米和50厘米。大麻布"幅宽45厘米"⑤。

新疆民丰尼雅等地出土汉族地区织制的"汉绮……幅宽约45厘米，与汉锦、汉绢等织物的幅宽相等"⑥。有的则说"万世

① 《汉书·食货志》，卷二十四下。

② 王溥：《五代会要》，卷二十五，光绪广东刊本。

③ 湖北省荆州地区博物馆：《江陵马山一号楚墓》，文物出版社，1985。

④ 《文物》，1988（5）。

⑤ 《中国纺织科学技术史》。

⑥ 武敏：《新疆出土汉—唐丝织品初探》，载《文物》，1962（7）、（8）。

如意锦”的“幅宽应在47厘米左右”。“延年益寿大宜子孙锦”“现存幅宽约40.75厘米，但“从花纹图案的排布规律来分析，织幅可能在50厘米左右”[①]。瑞典人西尔凡的研究结果说：“一般汉代素绢宽为50.38厘米（汉尺2.2尺）；实物资料证明为45～50厘米。有花纹的丝织物（包括汉绮和彩锦）是35～48厘米。”[②] 而新疆地区织造的锦幅很宽。据出土文书《北凉承平五年道人法安弟阿奴举锦券》：“丘慈锦一张……长九尺五寸，广四尺五寸。”又道人弘度向翟绍远借“白地锦半张，长四尺，广四尺”。又据吐鲁番出土7世纪木尺，每尺长29厘米[③]，从上述三种数据换算，新疆织锦一张（匹）长232～275.5厘米，幅宽116～130.5厘米，每张（匹）长度比中原地区小，而幅宽则大得多。

从上述资料看，在汉族地区和与汉文化关系很密切的多民族杂居区，基本上是执行中央政府规定的织物幅度的，只是稍微有些差别，可能与当时度量衡不太准确有关，一般比规定的稍小一些；也存在某些不同的尺度。总之，难以做到严格按规定办。

至于边远地区少数民族的织物，应是以地区、民族特色为主。大约用腰机织造的，织幅很小，多在三四十厘米以下。《新唐书·南蛮传》：唐代时云南“松外蛮”，“布幅广七寸”。若按唐尺每尺30厘米左右，则七寸为21厘米左右。若按南诏等蛮人一尺等于汉尺一尺三寸[④]，则七寸相当今27厘米左右。从云南出土的铜卷经轴、卷布轴、打纬刀等的长度看，织物幅宽有

---

① 《中国纺织科学技术史》。

② 夏鼐：《新疆新发现的古代丝织品——绮、锦和刺绣》，载《考古学报》，1963(1)。

③ 贾应逸：《新疆丝织技术的起源及其特点》，载《考古》，1985（2）。

④ （唐）樊绰：《蛮书》，卷八。

40 厘米左右，与上述记载很接近；但也有 10 多厘米的，甚至几厘米的（如果是实用器的话）。当然，也有个别民族地区能用宽织机织造广幅布，例如《后汉书·南蛮西南夷列传》记载：云南永昌郡（今保山一带）的哀劳夷所织的梧桐花布“幅广五尺”宽达 100 厘米以上，新疆地区织造的锦也属广幅之列。少数民族丈量布帛的单位有的与汉族也不相同，例如，南诏“帛曰幂，汉四尺五寸也……本土不用钱，凡交易缯、帛、毡、罽、金、银、瑟瑟、牛、羊之属，以缯帛幂数计之，云某物色，值若干幂”①。新疆则以“张”为单位，材料已在上面介绍，不再赘述。

二、组织、结构

就全国而言，原始社会时期只有平纹、斜纹组织和原始纱罗。商、周、春秋、战国时期纺织业大发展，又发展出平纹变化组织、斜纹变化组织、联合组织、绞纱组织，更重要的是出现了经二重、纬二重、大提花等复杂组织。秦汉以后到唐、五代时期，除了继续运用上述各种组织外，开始有缎纹组织的萌芽；联合组织运用更多了；改变穿综，以产生变化组织的方法也运用渐多。现依据《中国纺织科学技术史》等材料简要介绍一下，凡有民族地区出土织物可以说明的，则举例附后。

1. 平纹组织及平纹变化组织

平纹是织物最基本、最简单的组织，它是由经、纬纱以一上一下、一下一上规律交织而成，可用分式$\frac{1}{1}$表示，分子表示第 1 根经（纬）纱上的连续经浮点；分母表示第 1 根经（纬）纱上的连续纬浮点。2 根经纱和 2 根纬纱组成一个完全组织（组织循环），这种组织法简单、交织点多、结构紧密，织物正反面外

① （唐）樊绰：《蛮书》，卷八。

观相同、坚牢平整。新石器时代就开始采用这种组织。商周时期，在这种组织结构上有很大的发展，从纱支粗细、织品疏密、捻度大小等的变化来改变织物的结构，做成各种风格与质地的平纹组织织物，除了原有的布、绢外，增加了绡、纺、缟、纱、縠、纨、绨等十几个品种，就是利用这种变化而织成的，表现出较高的工艺水平。后来在平纹组织基础上，改变组织点浮长、飞数、织纹方向等，可使组织循环扩大，能演化出许多平纹变化组织，如经重平组织、纬重平组织和方平组织等，用这些组织可以织出多种织物。若组织循环中，经纬浮长各不相同，则分别写在分数上，如$\frac{2\quad 3}{2\quad 1}$等等。河北藁城出土的商代觚上的丝织品，青海诺木洪出土的西周早期的毛织品中，还有纬重平组织，纬向增加了一个交织点。

2．斜纹组织及斜纹变化组织

斜纹组织是相邻经（纬）纱的交织点连续而成斜线纹路，织物表面呈现连续斜线织纹的织物组织，其特点是：最少由3根经纬纱组成一个完全组织。其中有经组织点占多数的经面斜纹；也有纬组织点占多数的纬面斜纹；还有经纬组织点数相等的变化斜纹三种。斜向有左斜、右斜之分。如：一上二下或二上一下，即$1/2\uparrow$或$2/1\downarrow$；斜纹浮线比平纹长，花纹突出，富有光泽。它比平纹组织复杂，至少需用3片综框，标志着织造技术和织物结构上的重大发展。后来在斜纹组织的基础上，分别采用添加经纬组织点，改变织纹斜向、飞数或同时采用两种方法，可演化出多种斜纹变化组织，如加强斜纹、复合斜纹、角度斜纹、山形斜纹、破斜纹、菱形斜纹、曲线斜纹、阴影斜纹等等。从现有的出土织物看，商代才有绮、绫等。但距今六千年的半坡文化陶器上的编织纹已有用斜纹法编织的。新疆哈密五堡出土商代的毛织物也有用斜纹组织的。可见斜纹组织的出现应比过去的认识提前一些。先秦时期的斜纹组织还不是在织品中单独出现，而是出现在回纹、云纹、菱纹等几何图案中，同时又是以变化的斜纹出现。如有用一下一上、一下三上为基础的斜纹变化组织织成的菱纹，花纹经纬花循环很大。秦汉以后，又有利用穿综的改变产生变化组织，扩大完全组织的根数的，它可以利用比较简单的织机，织出比较丰富的花纹。例如，运用二上二下斜纹的变化组织，在只有4片综的织机上，可以织出完全组织为8根的花纹来。

3. 联合组织

由两种或两种以上的组织（原组织和变化组织）组成的。有绉组织、凸条组织、模纱组织（透孔组织）、蜂巢组织、网目组织等，都具有特定外观效应。例如，平纹地起斜纹花的绮，商周绮类的回纹、云纹、菱纹多是平纹、斜纹和变化斜纹组成的联合组织。在陕西宝鸡茹家庄西周早期墓中出现一个新的联合组织，是由5枚假纱组织组成一个个“井”字花纹，9个“井”字组成的一个菱形，每个“井”都有透孔，形成均匀的菱形透孔花纹，这在联合组织中是一个重大的发展。秦汉以后，又有在绞经织物中夹织入平纹提花组织，构成暗花罗的；有利用不同根数或不同斜向的斜纹组织联系构成矩纹绫的，等等。

4. 复杂组织

经纬纱中至少有一种为两个或两个以上系统的纱线组成的组织叫复杂组织。如多重组织、起绒组织、罗组织、毛巾组织等。

在出土的周代丝织品中，出现了经二重、纬二重、经三重组织，分别由二组经纱一组纬纱、一组经纱二组纬纱、三组经纱二组纬纱、二组经纱二组纬纱交织而成，属于复杂组织，它标志着我国周代在织物组织运用上有了重大的突破，由简单组织、变化组织跨入了复杂组织的行列，为我国古代织物组织的发展奠定了基础。

辽宁朝阳出土的经二重组织丝织品，正、反面都是采用三上一下经重平，表经和里经都沉于对方中间一根纬纱下面，形成完全对称的外观效果。至今在织物组织中，除平纹外很难找到比这更简单的、正反面互相对应的组织设计。

宝鸡茹家庄西周早期墓出土铜剑上的丝织品，湖北擂鼓墩战国早期墓出土的菱纹锦都是纬二重组织，甲乙两根纬丝1：1排列，经丝在表面形成菱形花纹，经丝浮在甲组纬丝之上显花，乙组纬丝与经丝以平纹交织。

长沙战国中期墓出土的深综地红黄色菱纹锦、褐地矩纹锦是经三重组织，是甲乙丙三组经丝与二组纬丝交织，其中乙丙两组经丝交织点相同，重合在一起，一组经纱成为夹经，经丝的排列比是甲：乙：丙为1：1：1，纬丝中有一组夹纬，明纬与夹纬的排列比为甲：乙为1：1。

长沙战国中期墓出土的褐地红黄矩纹锦、朱条暗花对龙对凤纹锦等四种锦是二重经大提花复杂组织，由两组经丝和一组纬丝交织而成，中间还有一组夹纬，以增加织物的厚度，在花纹轮廓处调换表里层经丝，使双层织物联成一体，织物紧密，轮廓分明，是我国至今发现的最多、最完整的大提花复杂组织。

5. 绞纱组织

绞纱组织是由平行的纬纱与扭绞经纱（绞经和地经）形成的织物组织，属复杂组织。织造技术上有几种不同类型。有二经相绞的，即以2根经纱（地经和绞经）为1组，绞经（双数的）在地经（单数的）的两侧各绞结1次，织入1根纬线，然后变换位置。如第一次先左后右，第二次则先右后左等等。有二经相绞变化组织的，即将绞经轮流同左右侧的地经相绞。这种织法需加2片绞综，以便分别控制经线绞织。有四经相绞的，则需有一套绞经装置，“先用绞综将偶数绞线的绞经拉至奇数经线的左侧后，再向上提，过梭后再提后综（此即织地经的两片上口综）。第二根纬线过梭后原绞综不动，再用另一绞综将奇数经线拉至偶数经线的左侧后，再向上提过纬后，又提起另一地经上口综”。花罗则“需要提花束综装置和绞经综装置配合织造，即左绞综和右绞综各一片，地经丝全部用提花束综，并另加一片下口综”①。织制纱罗织物，除了其他织物所用的综而外，还需特殊的绞综。

纱罗组织由于经纱扭绞，纬纱位置固定，使组织虽稀疏而纱不易滑动，织物结实而透气性好。纱罗的品种很多，织造技术复杂。应用于纤细的丝织品上，这是一个巨大的进步。

从出土织物看，早在六千年前，江苏吴县草鞋山遗址就出土了原始绞纱葛织物。陕西半坡的编织纹也有一绞一的纱罗组织和绞扭与绕环混合织法。河北藁城商墓则已有简单纱罗组织的丝织物。春秋战国楚墓和长沙马王堆汉墓出土更多更好的罗织物。

6. 缎纹组织的萌芽

缎纹组织是相邻两根经纱或纬纱上的单独组织点均匀分布但不相连续的织物组织，是由变化斜纹组织发展来的，一般认为宋以后才有，但汉代文献已出现“段”字，不过那时可能作为丝织物段匹的泛称。而到了唐代，如《唐六典·户部》载有：“罗锦绫段纱縠、绝、紬之属。”缎与罗、锦、绫、纱、縠、絁、紬并列，并有锦缎、绣缎、乌丝栏素缎等品种。这对于研究缎纹组织的历史是颇为重要的。只可惜还未见缎纹组织实物，但至少表明宋以前，已有缎纹组织的萌芽。

① 《中国纺织科学技术史》，296～300页。

三、显花技术

通过织造显花的方法，包括经纬线显化、挑花和绒面显花等。此外，印花、刺绣也是显花的重要方法，但与上述显花方法不同。印花将在练染印整部分介绍。至于刺绣，就附在这里略加说明。

1．从经线显花到纬线显花

我国的织物显花，唐以前基本上采用经线显花，唐代中后期以后，则逐渐改变为纬线显花。这是一个很明显的变化，也是织造技术上的一大改进。因为一批经线上机固定为经面之后要用以显花，在色彩和纬线循环数方面都有很大的局限性，所以织出来的花纹虽可横贯全幅，但长度多只有几厘米，花色较单调，织造速度也慢；改用纬线显花后，因纬线没有固定在织机上，可使用多种色线和灵活织造，织出变化多端、花纹循环数相当大的花纹，织造速度也快，提高了提花织物的产量和质量。

纬线显花在我国有悠久的历史，早在原始社会时期已有纬起花罗纹葛布（草鞋山）。秦汉以前已有纬二重织物，汉代的织成、缂丝、缂毛也是以彩纬显花的，新疆民丰还出土了汉代的纬显花毛织物，看来纬显花织法发端于少数民族地区。不过那时很少使用这种显花方法，而且最初可能采用挑花、挖梭的办法，靠手工织制的。8 世纪以后，才大量出现纬显花织物①。表明这种技术已经逐步普及使用。纬显花技术的推广、普及既有中国内部早已存在的技术因素，又与中西方技术交流有关。因

① 武敏在“新疆近年出土纺织品研究”一文中说：吐鲁番出土的 7、8 世纪的织锦中，占主导地位是经锦，8 世纪后才出现斜纹纬锦，但所占比例很小，因此片面夸大西方纬面效印的织造技术在 7 世纪时对中国织造技术的影响，是极不恰当的。详见《西域研究》，1994（1）。

为中亚、西亚主要以毛纤维纺织，南亚以棉花为主要纺织原料，纤维都比较短，需经纺捻才能织造。但加捻过的经纱含有捻缩纠结。早期，只好用经线稀疏来解决这个矛盾，造成织物的纬密大于经密的纬面效应。西方织物以纬线显花为传统。中国古代主要以丝、麻等长纤维纺织，多用经面效应技术。后来由于丝绸之路的交流，西方织物传入中国，中国的纺织工匠发现这种纬线显花技术便于织造的优点，便加以采用。首先在新疆地区用于织造毛织物，后来传入内地在丝、麻、棉纺织中广泛使用。在这一方面，新疆少数民族做出了重要贡献。

2. 挑花技术

这个时期出现两种新织法、新品种。

织成，是在地经、地纬的基础上，用彩色纹纬按图、按要求挑织成花型（包括鸟兽、花卉、山水、文字等）。这是通经通纬加回纬的织法，即只在构成衣片的轮廓线内用回纬起花，其余裁衣时丢弃的部分则只用通经通纬织地组织。一般认为织成出现于汉代，但也可能在先秦时期已经产生。

缂毛和缂丝，是全部用通经回纬织法的织物。即无纹饰处用平纹组织，有纹饰处用缠上不同色纱的多把小梭子挖织。迄今所知，这种织法先用于毛织物，新疆出土有东汉时期的“缂毛”，后来运用于丝织，产生了缂丝。因为这种织物没有地纬，纬向强力较低，所以不适用于服装用料，遂向工艺美术织物方向发展。

武敏在《新疆近年出土纺织品研究》一文中提出：通经断纬织物都属于织成。“它泛指机织或手工编结的被服衣履等成品或半成品，织成与一般织物的区别在于，它依预定设计的规格款式织造，如是成品，无需剪裁加工；若是半成品，则依其款式规格再加工缝制，其计量单位以‘段’或‘件’计，而一般织物通常按定制的长宽度织为匹端，随意剪裁使用。”这种织造技术源于罽宾（今克什米尔）和小亚细亚等地的缀织法，后传入中国。新疆出土的汉代通经断纬毛织物是从罽宾、小亚细亚等地输入，而非新疆当地织造的。其主要根据：一是中国的毛织物名称罽、氍毹、毾㲪、氍㲣等，都是上述地区地名、纺织名的译音。二是这些织物的织造工艺与纹样风格具有明显的西方特色①。从迄今为止出土的最早的织成、缂毛看，这种技术源于西域应是没有问题的。但新疆也属西域，其民族也从事畜牧业，有些民族与中亚、西亚、南亚民族同源；中国也早有毛织技术，商周时期已出土有罽等织物。我国最早的地理文献《禹贡》记载：夏代时梁州、雍州的西戎多"织皮"。《史记·夏本纪》西汉孔安国注："织皮今罽也。"《太平御览》卷七百零八引东汉杜笃边论曰："匈奴请降，毾㲪、罽褐、帐幔、毡裘积如丘山。"这些积如丘山的毛织物不会都是外来品。所以新疆是否也是缂织法的发源地？新疆出土的织成、缂毛是否都从西方传入？值得进一步研究。

3. 绒面显花

织物表面用细小纱圈或竖立茸毛以构成图案的，称为花绒。目前所知出土最早的花绒是马王堆汉墓和甘肃武威磨嘴子汉墓的"绒圈锦"。它兼备锦和绒双重特征，由经线起绒圈，其办法是织入衬纬（也称假织纬），织好后抽去，则经绒便呈圈状，突出在织物表面。

与此同时，新疆少数民族在汉代时期还运用纬线起绒的方法织造地毯。西藏的藏被也是用纬线起绒的方法，但都是用手工扎结或用起绒杆手工套圈织作。

武敏在"新疆近年出土毛织品研究"一文中提出：新疆出土的汉代和魏晋南北朝时期的栽绒毯，从织物名称或织造工艺

① 《西域研究》，1994（1）。

及纹样风格来看，可能多来自当时的大月氏、安息与大秦。这与上述织成、罽毛一样，对我们有启发，有的问题可以肯定，有的问题则需进一步研究。在远离西域的湖南，在比新疆出土织物更早的西汉初期已发现起绒织物，这就使我们更要慎重考虑。

4. 刺绣

刺绣是用针将绣花线（丝线、纱线或其他纤维）在绣料（已织好的织物）上按绘定的图案、色彩穿刺，以绣线缝迹构成花纹的装饰织物。但古代“刺绣”范围更广，可能把绘缋也包括在内，在绘画基础上，只用彩色线绣出局部花纹①。中国刺绣起源很早，《尚书·益稷》记载：相传“舜令禹刺五彩绣”，后来得到充分发展，但多用于衣饰。少数民族也会刺绣，如《文献通考》记载：乌桓“妇人能刺韦，作文绣”。

迄今发现最早的刺绣是殷代一个铜觯上粘附的菱纹绣，采用平绣法②。宝鸡西周弹伯墓，湖北、湖南春秋战国时期的楚墓，甘肃、新疆汉墓等出土的大量刺绣标本，是采用锁绣（又称辫子绣），这是先秦和汉唐时期最主要的刺绣方法，其工艺是“当绣针由 a 点处刺出织物正面时，将绣线在针的前面绕弯成一环折，然后将针由 a 点附近的 b 点处刺回到织物背面去，再由绕成环折的绣线的环内中央偏左的 c 点处刺出织物正面。然后每针都由前一环折内中央偏右处刺入背面，在另一新的环折内中央偏左处刺出正面。这种锁绣法由于 a、b 两点的密接或分开，使环折的圈子成为闭口或开口。闭口的锁绣处多使用于花纹的

① 黄能馥：《中国美术全集·印染织绣》，文物出版社，1987。

② 蒙古诺音乌拉 62 号墓出土的动物、花卉刺绣等，也采用平绣法。即按图案一针接一针直线绣出（用直针和接针等）。参见（端典）西尔凡：《殷代丝织物》，《远东博物馆馆刊》，9 卷，123～124 页，1937。

镶边或较细的线条；开口的锁绣多用于填充花纹中的平面[①]。春秋战国时期楚国的刺绣以龙凤为主题，但形态各异，图案数量富于变化（图 20）。甘肃、新疆等出土的鸟兽花卉刺绣，流利生

图 20 龙凤、虎纹绣罗禅衣（局部），
战国，湖北江陵马山砖厂一号墓出土
（采自《文物》）

动，活泼鲜艳（图 21），都显示了高度的艺术想象力和熟练的技巧。所以人们常把“锦绣”并称，视为织物中的珍品。而 1965 年在敦煌莫高窟 125、126 窟间发现的北魏太和十一年（公元 487 年）一幅刺绣佛像残片，则是迄今所见最早的满地绣实物。

据《高僧传·释道安传》记载：氐人苻坚（公元 357～384 年）统治时期，遣使赠外国金箔绣像中，有金缕绣像、结珠弥勒绣像。

① 夏鼐：《新疆新发现的古代丝织品——绮、锦和刺绣》，载《考古学报》，1963 (1)。

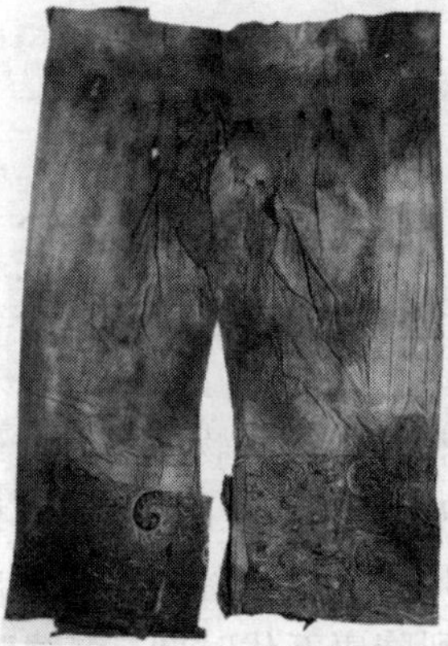

图 21　刺绣镶边裤，东汉，新疆尼雅出土
（赵广田供稿）

唐代是刺绣工艺有较大发展和创新的时期。斯坦因盗于敦煌的刺绣，虽仍用辫绣、平绣，但已运用戗针法，即用短直线顺纹样一批批由外向里排绣，色彩按批数分成深浅色晕，是直针法的发展。又有擞和针法，即用长短针直线参错，后针在前针中间绣出，由里向外作放射状，到边缘收齐，这种针法，在唐代时虽还不很有规律，但毕竟已经出现①。

① 黄能馥：《印染织绣工艺美术的光辉传统》，见《中国美术全集·印染织绣》。

第六章　练、染、印、整工艺技术的形成和发展

练、染、印、整是提高织物质量，使织物具有丰富色彩和花纹，既实用又美观的必要的工艺技术。根据文献记载和出土织物来看，至迟在周代时期已经基本上形成，并成为纺织业中的一个专业。此后到隋唐五代时期，继续改进、发展，在用料、工具、技术、操作方法等方面都渐趋配套完善，规模也日益扩大，从而提高了生产能力。边疆少数民族的练、染、印、整工具和技术虽较为原始，但很有特色。

第一节　丝麻的精练

精练，古文献称为“练”、“湅”，就是清除丝、麻纤维中的胶等共生物和混入的杂质，使纤维分散、柔软、精细、有光泽，以便更好地漂、染、印、整。精练可分为纤维精练和织物精练两种。因丝、麻的精练有所不同，所以分别简介如下。

一、丝的精练

我们知道，蚕丝原来被丝胶包裹着，缫丝时只能溶解掉其中的一小部分，这是生丝。然后用精练法把大部分丝胶和杂质清除掉，才成为熟丝。《周礼·考工记·㡃氏》已有关于练丝和练帛工艺的完整记载：用温草木灰水浸泡生丝，白天放在离地面一尺高的地方暴晒，晚上放到井水里浸泡，这样反复进行7昼夜，丝就精练好了。其科学原理是丝胶在碱性溶液（灰水）中易于溶解；太阳光中的紫外光也能促使丝胶氧化、分解色素；精

练过纤维织物的井水，既含有形成蛋白分解酶能力的微生物，水也多，又一冷一热，能加速丝胶和杂质的溶解，并使逐渐脱离丝纤维，又能缓和日光和碱对丝素的破坏。

练丝织物，要先用比较浓的楝叶灰溶液浸泡，使丝织物中的丝胶溶解；再用比较稀的贝壳灰溶液浸泡洗胶；要及时清除脱胶沉淀物，如此反复进行。其他工艺与练丝一样，也是白天日晒，晚上浸于井水中，历经七日七夜，才完成湅帛的过程。其科学原理与精练丝纤维基本上相同，只是由于织成织物后，碱溶液比较不容易渗透进丝胶里去，精练不匀，所以要反复浸泡、搅动、脱水、清除沉淀物。特别是使用成分不同的两种灰，效果更好，因为蜃（蚌蛤之壳）内含碳酸钙，煅烧成氧化钙，而草木灰含碳酸钾，两者放在一起，生成碳酸钾沉淀。钾盐溶液的渗透性比钙盐好，这就是练帛时先用楝叶灰，后用蜃灰的科学道理①。根据现代的经验，漂练生绢时，在碱水内加入蜃灰，才能提高精练的效率。但因蚕丝是蚕腹中的胶汁凝固而成，遇蜃灰会化为水。所以要有丰富经验的人才敢用，浓度不能大，与上述慌氏记载相符。所有这些表明，周代时人们已非常了解这两种物质的脱胶性能，并有丰富的实践经验。

这种精练工艺不仅在中原华夏族地区有，而且在多民族杂居的陕西、湖南、湖北等地区也存在。例如，陕西岐山县贺家墓地西周墓出土的丝织物，其截面照片清楚地表明，丝纤基本上是均匀分布的，证明已经过精练，而且精练技术已达到相当好的水平②（如果未经精练，则丝纤被丝胶粘连成几个团）。

---

① 《中国纺织科学技术史》，72 页。该书还引用瑞典学者西尔凡研究商代铜钺上的丝绸残片的结果，有的未经精练，有的已经精练，说明商代时已开始有精练工艺。

② 《中国纺织科学技术史》，73～74 页。

日本学者布目顺郎对战国时期楚国丝织品的精练程度也做了研究，发现不同用途的织物，精练程度不一。例如帽带、竹器上的带子、剑柄上的编结带等，没有经过脱胶精练，这大概是为了保持丝纤维强度。而帛书、丝头巾、剑鞘绸等，则精练得不错，表明“当时已经掌握了控制精练深度的技巧……这比周代前期，又大大地前进了一步”①。在我们看来，这不仅仅表现了后一时期比前一时期的进步，而且体现了多民族杂居区楚国当时的精练水平相当高，或许比中原地区还要高，这与当时楚国丝织技术的高度发展是密切相关的。其操作工艺可能与上述慌氏的记载基本上相同。

大约从秦汉时期开始，在灰碱溶液沤练的基础上，又增加砧杵捣练法，二者结合使用。文献记载最早始于西汉班婕妤“捣素赋”②。其操作方法应是丝绸用灰碱溶液浸泡后，放在砧上用杵捣打。唐人张萱“捣练图”画卷，就是生动、写实的捣练工艺的再现。搥捣可使被灰碱溶液浸泡膨润的丝胶迅速脱掉，所以这种新技术的发明，可以缩短精练的时间，提高精练的效率，并使丝织物更为柔软，是丝绸精练工艺的进步。这种砧杵法应是从先秦时期“锻”麻发展来的（详见麻的精练），在“蛮人半长沙”的马王堆汉墓里出土的丝织品，手感都相当柔和，当与此法的应用有关。

精练原料草木灰的品种也有所增加，如冬灰、荻灰、藜灰、青蒿灰、桧木灰等等③。

练染规模也逐渐扩大，据《唐六典》卷二十二《少府监·

① 《中国纺织科学技术史》，73～74页

② 《古今图书集成》，第七百九十九册考工典第二百四十卷钻杆部，中华书局。

③ 《中国纺织科学技术史》，245页。

织染署》条记载：唐时有6个练染作坊，其中的“白作”就是专门从事练染的。在统治中原的少数民族政权中，也应有类似的机构。例如南北朝时的宋、齐、梁、陈、北齐都有“司染署令丞”，后周有“司色、司织下大夫”。那么北魏、东、西魏等也应有类似的机构。

二、麻的精练

麻纤维在经过沤渍之后，所含胶质会脱落一部分，但也没有全部脱落，在成纱或织成布之后，也需进一步脱胶，使纱缕布匹较为柔软、洁白、精细。精练的方法有几种，因织物的用途不同，要求粗细、漂白程度不同，而采用不同的精练方法。若需要又细又白的麻布时，则用灰碱溶液煮练麻纱或麻布，可能与㡛氏所载练丝法基本上相同。需要粗疏本色的织物时，则只用“锻治”之法，即只捶打，而不用灰碱溶液浸泡。若要中下程度的麻布时，则只用水“澡”，即水洗。这些在《仪礼·丧服》中都有所反映。

从河北藁城商墓出土大麻布的研究结果看，有的大麻纤维已分离成单纤维状态，表明商代时期已知精练，但可能刚产生不久，所以出土的多数麻织物未经精练过。周代以后，则普遍使用精练技术。如陕西西高泉春秋墓出土的苎麻布，纤维基本上分散为单纤维状态，较少胶质、杂质，织物表面光滑，表明是经过很好精练的。当然麻与丝的精练效果不太相同，练麻并不能把胶质一下子完全清除掉，还是保留一些，但在今后洗涤衣服时，会逐步被清除掉的，所以麻布衣服越洗越白。精练的工艺过程是：“其绩既成，缠作缨子，于水瓮内浸一宿。纺车纺讫，用桑柴灰淋下水内浸一宿，捞出。每纑五两，可用一净水盏，细石灰拌匀，置于器内，停放一宿，至来日，择去石灰，却用黍秸灰淋水煮过，自然白软。晒干，再用清水煮一度，别用水摆拔极净，晒干，逗成纑，铺经纬织造，与常法同。”①

漂练还必须注意水质，最好是清洁、纯净的溪流。

第二节 染色原料和技术

一、染色原料

这个时期的染料主要有矿物染料和植物染料两大类，即石染和草染。每大类中又有很多品种。

（一）矿物染料

矿物颜料碾磨成粉末，加粘着剂，即可印染绘绩。主要有：

1. 赭石，即赤铁矿，主要成分是三氧化二铁，作为染料，可以用原生矿石，也可以用硫铁矿锻炼后的矿渣。暗红色，用以染赭色。起先应用比较多，后来因其色泽比较暗，又开发了别的红色颜料，所以内地只用以染囚犯的衣服——赭衣，在中原地区建立的少数民族政权也沿袭应用。广西花山岩画颜料赭红色是用方解石、石英赤铁矿、高岭土制成。粘合剂是木质素，从树液中的松柏醇转变而成的②。

2. 朱砂，古文献中也称为“丹”、“辰砂”，主要成分是硫化汞，色泽鲜艳，光泽度好，“最好的朱砂，表面光滑如镜，称为‘镜面砂’”③。朱砂是红色染料中的珍品，先秦时期多用于染上层人物的服饰。据《逸周书·王会解》记载：西周时期“濮人以丹砂”来贡，即中原所用的一部分朱砂是西南夷中的濮人生产贡献的，与后来的记载是一致的。在多民族杂居区也使用，并已有相当高的水平。例如，陕西宝鸡茹家庄西周墓出土一批丝

---

① （元）司农司：《农桑辑要》，卷二，丛书集成本。

② 邱钟仑等：《花山岩画颜料和粘合剂初探》，载《文物》，1990（1）。

③ （日）染织と生活，1979年春，特集，49～53页，载上村六郎《南蛮渡来の日本の染料》，转引自《中国纺织科学技术史》，252页。

织品和刺绣上的朱砂，颜色朱红鲜艳，说明已成功地掌握了朱砂的制作技术。朱砂的色泽，与其化学成分有关，另外其粒子的分散度也有重要影响。“在制作朱砂过程中，会出现多种颜色，上层发黄，下层发暗，中间的朱红色彩最好。”①

湖北江陵马山一号楚墓出土的大批丝织物，无论是锦、绢、纱，还是刺绣用丝线，多为朱红色，而且其纯度步度达 7～8（现代标准是 8），所在明度级达 6（现代标准是 6），如十字菱形纹锦等②。长沙左家塘战国楚墓、马王堆一号汉墓出土的大批丝织物中，朱红色也是重要色调之一。尽管已在地下埋葬二千多年，但迄今依然色泽鲜艳、匀透，没有堵塞孔眼或凹凸不平的现象，都表现出很高的提炼技术。

从汉代开始，朱砂的生产量大幅度增加，主要来源有两个途径：

第一，开采量大，例如《史记·货殖列传》记载：寡妇清一家，世代因在多民族杂居的四川涪陵开采朱砂矿而出名。可以想见，开采时间长，产量多。《北史》记载：吐谷浑和宕昌羌都出产朱砂，并作为贡品。唐、五代时牂柯人等贵州少数民族也向中央政府贡朱砂。

第二，开始用化学方法生产，这是随着炼丹术的产生、发展而兴起的。这在东汉魏伯阳《周易参同契》、唐代陈少微《九还金丹砂诀》中都有记载，即由水银（汞）和硫磺加热化合而成。而“用化学方法制得的硫化汞，色光鲜明，称为银朱，又名紫霜粉，是绘画和印花所广泛应用的颜料”③。显而易见，在北朝和五代少数民族政权时期，也会继续使用这种炼丹术的。

① 《中国纺织科学技术史》，77 页。

② 湖北省荆州地区博物馆：《江陵马山一号楚墓》，104～105 页。

③ 《中国纺织科学技术史》，252 页。

3. 石黄，黄色颜料，分雌黄和雄黄，主要成分是三硫化二砷和硫化砷，色泽纯正（红光黄），光泽度好。陕西宝鸡茹家庄西周墓的刺绣上就有这种颜料，据中国科学院化学研究所的光谱分析，含砷 0.1%～0.3%①。据《山海经·西山经》记载：甘肃、新疆等地区出产雄黄，如甘肃秦、阶二州之间的中曲之山，“其阴多雄黄、白玉及金”②。北魏时，宕昌羌即以雌黄为贡品，献给中央王朝。新疆的龟兹国、疏勒国也出产雌黄。湖北江陵马山一号楚墓出土的丝织品中，有不少染成“浅黄”、“绿黄”、“深黄”等色，不知是否用此染料染成，需进一步化验分析。

4. 空青，又名青雘，主要成分是碱性碳酸铜，绿色。据一些学者分析，青铜器表面生成的铜绿和孔雀石都可提炼这种染料。“空青耐大气作用性能好，而且有绿艳活泼的翡翠绿色，在颜料中有重要的地位。”③

另一种碱式碳酸铜矿石，呈蓝色，又名石青、大青、扁青，可提炼蓝色颜料④。

《山海经·西山经》记载的皇人之山、长沙之山、槐江之山等等地区（在甘肃、新疆等地）“多青雄黄”，或曰空青、曾青之属。《北史·西域传》中的龟兹产“盐绿”，可能也是这一类。又《南山经》中的青邱之山“其阴多青雘”，成山（在会稽）、鸡山“其下多青雘”，等等。现在甘肃、新疆、长江以南等多民族杂居区也盛产这种矿物颜料。湖北江陵马山一号楚墓出土的丝织品中，有钴蓝色线，不知是否用空青染成，需进一步化验研究。

5. 胡粉和蜃灰，胡粉又名粉锡、铅白，主要成分是碱式碳

---

① 《中国纺织科学技术史》，72 页。
② 郭璞注《山海经》西山经中的西次四经，上海古籍出版社，1989。
③④ 《中国纺织科学技术史》，77～78 页。

酸铅，用于制白色颜料。蜃灰也是白色染料。以湖南辰州和广东韶关等地所产最佳。马山一号楚墓出土的染色丝织品中有“灰白”绢和罗，不知是否用胡粉蜃灰制成，需化验研究。新疆龟兹国也出胡粉①。

6. 白云母，又称绢云母，主要成分是硅酸钾铅，有绢丝光泽，渗透性能和附着性能好，可制成优良的白色颜料。马王堆汉墓出的印花敷彩纱上有光泽晶莹的白色花纹，就用这种颜料绘的。

据《北史·宕昌羌传》记载：北魏孝文帝时，宕昌羌王梁勤“遣使子桥表贡朱砂、雌黄、白石胆各一百斤”。其中的白石胆，应与朱砂、雌黄一样，也是染料，是白色矿物染料。

7. 石墨，主要成分是碳，黑色颜料。早期收集松烟，人工制墨，“到了唐代，制墨原料又有了增加，动植物油也作为造墨原料”②。江陵马山一号楚墓出土的纺织物中有黑色经线，可能用此颜料染成。马王堆一号汉墓出土印花敷彩纱上也有这种黑色颜料。

8. 金银，即用金银粉末与粘合剂混合制成金泥涂料，在织物上绘画或用于印花，使织物纹饰金光闪闪，更加漂亮。江陵马山一号楚墓出土的丝织品上有金黄色线，不知是否含有金子的成分？但到汉代初年，则确是使用了，因为在马王堆一号汉墓中出土有金银色涂料的印花纱等。

青海诺木洪距今二千七百多年的遗址中出土的石臼，是用于研磨颜料的，是染色工具之一。

（二）植物染料

---

① 《北史·西域传》。

② 《中国纺织科学技术史》，255页。该书认为“汉代以来”才逐渐采用松烟制墨，但汉代以前已有墨和黑色织物，所以制墨和用墨染织物的时间应提前。

植物染料方面主要有：直接性的黄栀等；盐基性的黄蘖等；媒染性的茜草、苏枋、皂斗、荩草、紫草、槐米等；属于还原性的有蓝草等。据研究，湖南、湖北战国楚墓出土的丝织物上的色彩，除朱红色外多用植物染料染成①。

1. 靛蓝，据《通志》记载，靛蓝的来源有三种：蓼蓝染绿、大蓝染碧、槐蓝染青，三蓝皆可作靛。其中蓼蓝是一年生草本植物，叶中含有蓝甙，主要色素成分是靛蓝素。还有其他一些植物也含有靛蓝。靛蓝的色泽鲜艳，光泽度好，很受人们欢迎，广泛使用，第一编已经说过，东夷中的蓝夷等早已会用它染布。商周以后，对它的认识和提炼技术、染色技术又有很大的进步。原先，蓼蓝于2～3月下种，6～7月成熟，可采摘草叶；后又长新叶，9～10月间，又可采摘。要及时把草叶浸水发酵，"蓝甙水解溶出，即成吲哚酚"，把布帛浸泡在里面，然后取出来晾，在空气中，"吲哚酚就氧化缩合成蓝靛"。这种鲜叶发酵染法，季节性很强，使染色生产受到极大限制②。后来，人们发明了制取蓝靛的新技术，这在《齐民要术》卷五有详细记载："七月作坑，令受百许束，作麦秆泥泥之，令深五寸，以苫蔽四壁。刈蓝倒竖于坑中，下水，以木石镇压令没。热时一宿，冷时再宿，漉去荄，内汁于瓮中。率十石瓮，著石灰一石五升。急抨之，一食顷止。澄清，泻去水，别作小坑，贮蓝淀著坑中。候如强粥，还出瓮中盛之，蓝靛成矣。"这种蓝淀可以长期存放，使用时，把它放进石灰水中，发酵，"把靛蓝还原成靛白。靛白能溶解于碱性溶液之中，从而使纤维上色。染后经过空气氧化，便可取得鲜明的蓝色。这种造靛和染色工艺技术，与现代合成靛蓝

① 熊传新：《长沙新发现的战国丝织物》，载《文物》，1975（2）。

② 《中国纺织科学技术史》，79、262页。

的染色机理完全一致”①。这种技术的发明，使蓝草染色的季节性限制被冲破了，大大有利于染色生产的发展。这种技术可能发明于汉代或更早些，马王堆汉墓的丝织物中就有靛蓝染色品。

《齐民要术》对蓝草的种植技术也有明确记载，包括择地、细耕、浸籽、畦种、拔栽等。又说：“种蓝十亩，敌谷田一顷，能自染青者，其利又倍矣。”可见其价值之高。

2. 茜草，又名倩草、茹藘、茅蒐，是多年生草本植物，主要用其根提炼红色茜素和茜紫素。“茜素”色泽娇艳而略带黄光，染色牢度良好，我国大部分地区又都能种植，所以它是重要的红色染料。春秋两季挖采，晒干收藏，染色时要切成碎片，用热水浸泡溶解色素。“茜素是媒染性植物染料，染色时，如不加媒染剂，在纤维或织物上只能染得浅黄色。茜素的主要媒染剂是铝盐和铬盐，媒染剂不同，茜素染的颜色也不同，其中以铝媒染剂所得色泽最鲜艳……茜素等媒染染料称为多色性染料。”江陵马山一号楚墓出土的丝织品中，有桔红色线、紫红绢等，不知是否用这种染料染成，需进一步化验研究。但据上海纺织科学研究院等研究，长沙马王堆一号汉墓出土深红绢，肯定是用红色茜素和媒染剂多次浸染而成的②。

3. 红花，又称“红蓝花”，原产于西北地区，张骞通西域才得种于西域，并逐步在全国各地推广种植（除了西南部分地区外）。到了北魏时期，贾思勰《齐民要术》已能总结出比较成熟的种植经验：“花地欲得良熟，二月末三月初种也”，“种法：欲雨后速下，或漫散种，或耧下，一如种麻法，亦有锄掊而掩种者。子科大而易移理（按：‘理’恐系‘埋’之误），花出欲日

① 《中国纺织科学技术史》，262 页。

② 《中国纺织科学技术史》，80、256、257 页。

日乘凉摘取（不摘则干），摘必须尽（余留即合）。五月子熟，拔曝令干，打取之（子亦不用郁浥）[①]。五月种晚花（春初即留子，入五月便种，若待新花熟后取子，则太晚矣）。七月中摘，深色鲜明，耐久不黦（色坏也），胜春种者。负郭良田种一顷者，岁收绢三百疋。一顷收子二百斛，与麻子同价。既任车脂，亦堪为烛，即是直头成米（二百石子，已当谷田，三百疋绢，端然在外）。一顷收花日，须百人摘，以一家手力，十不充一，但驾车地头，每旦当有小儿僮女百十余群，自来分摘，正须平量，中半分取，是以单夫只妻，亦得多种。”

红花所含红色素只有0.5%左右，但它的色光比其他红色植物染料鲜艳，其结构“有苯乙烯型的特征，且在苯环上又具有可以媒染的基团，能适用于多种纤维原料直接染色”[②]；各地又广泛种植，所以它是最重要的、用得最多的红色植物染料，在许多重要方面代替了原来使用的茜草，特别是用于染“真红”或“猩红”。

制取方法在《齐民要术》中也有明确记载，称之为“杀花法”——“摘取即碓捣使熟，以水淘布袋，绞去黄汁（按：红花中的黄色素不能作染料，应除去），更捣以粟饭浆，清而醋者淘之。又以布袋绞去汁，即收取染红勿弃也。绞讫著瓮器中，以布盖上。鸡鸣更捣令均，于席上摊而曝干，胜作饼。花作饼者不得干，令花浥郁也。”这是宝贵的经验总结，符合科学技术原理，按现在的说法是：红花中的红花甙，“水浸后生成红花素和葡萄糖。红花素属弱酸性物质，易溶于碱性溶液内，在中性或弱酸性溶液内即产生沉淀，形成鲜红的色淀”。红花染料的不足

① （唐）郭橐驼《种树书》，五月，“收……红花……”。丛书集成本。
② 《中国纺织科学技术史》，257页。

之处是“耐光和耐碱、洗牢度稍差”①，不过在人工合成染料产生以前，它一直是人们普遍使用的红色植物染料。

4. 苏枋，又称“苏木”、“苏方木”，是南方和西南地区重要的红色植物染料，织物染上后色光均好。使用时间较早，在晋代稽含《南方草木状》卷中已有明确记载：“苏枋，树类槐，黄花，黑子，出九真，南人以染绛，渍以大庾之水，则色愈深。”其科学原理是：苏枋的“色素为媒染性染料，对棉、毛、丝等纤维均能上染，但必须经过媒染剂媒染，与金属盐络合产生色淀才能固着于纤维，有较好的染色牢度。苏方木染出的色彩，根据所采用的媒染剂而定：铬媒染剂得绛红至紫色；铝媒染剂得橙红色；铜媒染剂得红棕色；铁媒染剂得褐色；锡媒染剂得浅红至深红色”②。

5. 栀子，常绿灌木，其果实中含有藏红花酸，可制黄色染液。制法是先用冷水浸子，后再煮沸，非常简便。它可直接用于毛、丝、棉的染色，色光又相当鲜艳均匀。若加上媒染剂，“可得到不同的色光，如：铬媒染剂得灰色；铜媒染剂得嫩黄色；铁媒染剂得暗黄色”③。缺点是日晒牢度差一些。

据《史记·货殖列传》记载：若“千亩栀、茜……此其人皆与万户侯等”，可见西汉前期，栀子的种植数量不少。那么它开始种植并用于染色的时间应该更早一些。江陵马山一号楚墓出土染色的丝织品中的金黄色线和土黄色线和织物，可能是用这种染料染成，因为栀子所染黄色又称“詹葡金色”④。而在马王堆一号汉墓出土的“金黄色的绣线和土黄色的丝织物，经过

① 《中国纺织科学技术史》，257页。

② 杜燕孙：《国产植物染料染色法》商务版，1938。《中国纺织科学技术史》，259页。

③ 杜燕孙：《国产植物染料染色法》，《中国纺织科学技术史》，260页。

④ 李时珍：《本草纲目》，卷三十六，木部，2085页。

测定分析，均含有黄酮类物质，是属于用栀子植物染料，经直接染色或媒染剂染色加工而成”①。

唐代郭橐驼《种树书》有种植经验的记载。栀子最早可能产生于西域，叫做薝葡花。现在西南地区最多，与少数民族有密切关系。

6. 荩草，又叫“菉”、“王刍”，一年生草本，其茎叶中含有黄色素，是黄色植物染料。它是媒染染料，可直接在丝、毛等纤维上染色；若用铜盐作媒染剂，则可染成鲜艳的绿色，所以又叫做“绿”。若用靛蓝套染，则成黄绿色或绿色。

7. 紫草，多年生草本，其根含有乙酰紫草宁，与椿木灰、明矾媒染成紫红色，主要产于山东，但陕、甘等地也有种植。《齐民要术》卷五引《广志》曰：（甘肃）“陇西紫草，紫之上者。”并总结了种植、储藏的经验和价值，包括择地、种植时间和种子数量、耕锄、收刈、取子、储藏等。江陵马山一号楚墓出土有紫红绢、绦，说明春秋战国时，紫草已用于染色。

8. 皂斗、栩等，是栎、柞属树木的果实，内含鞣质（丹宁）等物质，用热水提取，加上铁盐媒染，可以作为黑色染料。从《周礼·地官·大司徒之职》等记载可知：先秦时期，人们已经使用皂斗。至迟到南北朝时期，人们已能制造出著名的黑色媒染剂“染皂铁浆”——“铁落”（铁屑）。根据近代分析：氧化铁不能溶于水，也不能起媒染作用。染皂铁浆应是“醋酸铁或醋酸铁与乳酸铁之混合溶液”，其制法可能是“将铁的薄片置于米泔水或浸入醋中，则在放置过程中能发生泡沫，引起发酵，与铁发生反应，形成醋酸铁或乳酸铁”。这种媒染剂，不仅比青

① 上海纺织科学研究院等：《长沙马王堆一号汉墓出土纺织品的研究》，见《中国纺织科学技术史》，260 页。

矾的有效成分纯，而且减少对纤维的损伤①。

9. 枫香，用以染黑色。（晋）稽含《南方草木状》记载："枫香，树似白杨，叶圆而歧分，有脂而至香。"

10. 松烟，是最早使用的黑色染料，取用也很简便。

二、染色技术和工具

染色工艺在这个时期逐步专业化、系统化，技术不断改进、提高，已有相当的水平，主要表现在如下几个方面：

（一）色彩越来越丰富

随着社会生产力的发展，纺织业的发达，生活水平的提高，加上统治阶级给服饰颜色赋予政治意义和各民族宗教、习俗的不同等因素，织物的染色色彩从原来简单的几种发展到几十种。在中央政权统治区域，有五方正色（青、赤、黄、白、黑）和五方间色（绿、红、碧、紫、流黄）以定尊卑的制度。各级官吏、民庶的服饰有许多具体规定。在内地建立的各个少数民族政权也是如此。当然各个王朝有不同要求和规定。现在以多民族聚居区和少数民族政权时期出土的织物和文献记载为例。

湖北江陵马山一号楚墓出土的纺织品中，色彩就有深红、朱红、桔红、紫红、棕、红棕、深棕、浅棕、浅黄、深黄、金黄、土黄、黄绿、灰黄、绿黄、钴蓝、藕、灰白、深褐、黑等20种颜色。甚至中原地区织素的绮，楚国都织成彩色绮，其经纬线有深红、深黄、土黄、棕、黑等多种颜色②。可见人们多重视染色。在楚国的染色中，红色占有重要的地位。据《墨子·公孟篇》记载："昔者，楚庄王鲜冠组缨，绛衣博袍，以治其国，其国治。"楚王穿绛色即红色、朱色衣服。楚国各地出土的漆器多

① （日）上村六郎：《万叶染色の研究》，晃文社版，1943。转引自《中国纺织科学技术史》，265～266页。

② 根据湖北省荆州地区博物馆《江陵马山一号楚墓》一书的附录综合而成。

黑底朱彩，战旗也全是红色的，可见楚人习俗尚赤。这当与他们是日神、火神的后裔的传说有密切的关系。

长沙马王堆汉墓出土的大量丝织物，多数都是染过色的，主要色彩有：朱红、深红、朱黄、金黄、深蓝、浅蓝、浅棕、深棕、藏青、深绿和黑色等，多达30多种，比春秋战国时期又有较大的发展，但仍保持楚人尚赤的习俗。

北朝时期，羯族建立的后赵政权的首都邺城，其织锦署生产的绨就有青、白、黄、绿、紫等等多种色彩①。

边疆少数民族更重色彩，总要穿上色彩斑斓的服饰，例如西南地区的“诸葛锦”，是将棉线“染成五色织之”。云南有些少数民族“入朱紫以为上服”，锦文颇为密致奇彩②。僚人的“绢布，色呈鲜洁”③。

新疆、青海等地出土的这个时期的毛织物也有丰富的色彩，计有鼻烟、米、红、幖、棕、黄、棕黄、褐、绿、紫、蓝、绯等等。

色彩丰富是染色业及其技术水平的重要标志，又反过来促进了染色技术的进一步发展。

（二）染色从有季节性到没有季节性的发展

在织物染色的初级阶段，由于对所用染料，特别是植物染料多只知简单的提炼，尚不掌握储存的技术，染料在采摘之后要马上提炼、染色，否则色素就会消失或染液变色、霉坏，不能使用。而植物染料的生长、收获是有一定期限的，收获多在每年的夏、秋季节，所以染色也多在这两个季节进行，这在《周礼·天官》中有明确记载：“凡染，春暴练，夏纁玄，秋染

① 陆翙：《邺中记》。

② 樊绰：《蛮书》，卷七。

③ 马端临：《文献通考·四裔考》，万有文库本。

夏（按：‘夏’指五色），冬献功。”

后来，随着植物性染料提炼、储存技术的发明应用，提炼出来的染料可以长期储存，什么时候使用都可以。这就打破了染色的季节性限制，既避免染料浪费，又可以提高染色质量，为染色工艺的大发展提供了广阔的前景。这种技术大约产生于商周时期，到南北朝时完备。

（三）粘合剂助染

要在纤维和织物上染色不是一件容易的事，因为染料与纤维之间缺乏亲和力，所以二者在接触之后，不管是涂染、揉染或浸染，都只能在纤维上留下淡淡的颜色，而又容易脱落。后来人们把生产生活中发现的粘合剂应用于纤维染色，使染料比较牢固地附着于纤维、织物之上。从文献记载看，最迟在周代时人们已比较成熟地掌握了这种技术。据《周礼·考工记·钟氏》的记载，这种助染技术是用朱砂（一说植物染料）和粘性大的谷物（有几种说法）一起浸泡到水里，经过3个月左右的浸软、膨化、发酵，朱砂和谷物都分化成极细的粉末和颗粒，并互相渗透。用时，经过炽煮，使谷物淀粉变成有粘性的浆糊，其中包融着染料朱砂。用这种粘性颜料涂染或浸染羽毛、纤维、织物，“颜料粒子就粘在羽毛、纤维上，干燥后即生成有色的淀粉膜，短时间的水淋也不会脱落”。1974年在长沙出土的战国时期的朱条地暗花对龙对凤纹锦中有两种经线，一是用矿物染料朱砂染成的；二是用淡绿色植物染料染成的。两种经线上下交织，但两种颜色却很少互相沾染，表明都使用了粘合剂，所以着色都比较坚牢①。而长沙马王堆汉墓出土的印花敷彩纱，所使用的粘合剂比起以前有较大的发展，不限于淀粉了。“可能已经掌握了有关蛋白质和其他胶类的固化方法以及把某些天然树脂、干

---

① 熊传新：《长沙新发现的战国丝织物》，载《文物》，1975（2）。

性油或漆类加以乳化、改性的技术，从而使制得的色浆在织物上具有较高的固着力，并能抵抗偶尔的水湿，耐受干湿态下的轻度摩擦”①。这种制取新粘合剂的技术，或许在春秋战国时期已经产生，例如江陵马山一号楚墓出土的一种深褐色方孔纱，上面有一层半透明的胶状物，干燥后发脆，成粉末，它或许就是漆纚②。

（四）多次浸染和套染

为了利用少量颜色，染出丰富的色彩，先民们发明了多次浸染法和套染法。

多次浸染法，是用同一种颜料经多次浸染，使颜色逐渐加深，这在《尔雅·释器》中有明确记载，例如：“一染谓之縓（黄赤色），再染谓之赪（浅赤色），三染谓之纁（绛色）。”其科学原理是：多数染料与纤维、织物之间的亲和力差，不能直接染色，而只是起物理性沾染的作用，每浸染一次，只能有少量上色，颜色很淡。所以必须染一次，晾一下使之氧化；再染再晾。如此往复，颜色才能逐渐加深、浓艳。例如我们常说：“青出于蓝而胜于蓝”，就体现了这个科学原理。

套染法，是先用一种染料多次浸染作为底色，再用另一种染料多次浸染，就会产生第三种颜色，浸染方法同上。据研究，马王堆汉墓出土的丝织品中，一定有“采用套染法”的，“例如，染玄色，先浸染三次，红色为底，再染三次黑色盖上”③。

（五）媒染

最早的纤维染色是用染料在纤维、织物上涂染、揉染和浸染，但因多数染料与纤维、织物间的亲和力很差，染出来的色

① 王矛：《马王堆汉墓的丝织物印花》，载《考古》，1979（5）。

② 《江陵马山一号楚墓》，33页。

③ 何介钧、张维明：《马王堆汉墓》，60页，文物出版社，1982。

彩单调而又比较淡薄。发明粘合剂和多次浸染法、套染法之后，解决了一些问题，但操作时间比较长，也比较容易掉色。后来人们发现了媒染剂和媒染技术，它与染料发生化学反应，能使染料比较牢固地固着于纤维、织物上；并使染料发生色变，获得更多的色彩，为染色工艺生产的发展做出了重要贡献。

我国古代所用主要媒染剂之一是“涅”。（汉）刘安《淮南子·俶真训》记载：“今以涅染缁，则黑于涅。”高诱注曰：“涅，矾石也。”（汉）许慎《说文》说：“涅，黑土在水中者也。”由此可见，涅包括皂矾、青矾、绿矾和田里黑土。据研究，其科学原理是：青矾“是含硫酸亚铁的矿石，它可以与许多植物媒染染料形成黑色沉淀……铁盐媒染，大多数染料色泽变暗，……茜素成紫，苏枋成黑，柘黄也成黑……”田里的黑土含大量腐蚀酸，能使部分铁的氧化物溶解，给媒染创造了条件[①]。其操作方法是：先用染料染底色，再用媒染剂媒染。或把媒染剂加入染液中，浸染纤维、织物。大概人们首先有用田里黑土作媒染剂的实践和经验，后来才找到青矾这种更好的媒染剂。明矾，即硫酸钾和硫酸铝的含水复盐，也是当时的媒染剂之一。

从周代时茜草、紫草等媒染染料的大量应用，表明至迟在周代时，已经发明了媒染技术，并推广到全国很多地区和民族，所用的媒染剂也越来越多。江陵马山一号楚墓和长沙马王堆一号汉墓、甘肃武威汉墓等出土的丝织品，经历几千年，至今颜色鲜艳坚牢，说明染色质量相当高，应是使用了媒染剂。

（六）线染和匹染

染色的工艺流程有两种：一种是先把纺好的丝、麻、棉、毛线染色，再织成织物；另一种是先把纺织纤维织成织物布匹，然后再将织物染色。前者称为线染法，后者称为匹染法。

---

① 《中国纺织科学技术史》，87～88页。

这两种工艺流程中，匹染法产生较早。原始社会时期各地出土的染色织物，都是只有一种颜色，证明是织造后，整块织物一起染色的。这种染法，虽然色泽较单调，但色调比较均匀。

线染的产生也不太迟，迄今发现最早的是1979年新疆哈密出土的距今三千二百年左右的双色花纹罽、刺绣花纹罽等，都是先把毛线染成不同颜色，再行织造。青海诺木洪也出土了距今二千三百年左右的斑罽。中原地区至迟在周代时期已掌握了这两种染法，如《周礼·考工记·染人》记载："掌染丝、帛……"。但把线染织物作为较高贵的服饰。也许线染法是喜爱斑斓色彩的少数民族首先发明的。它着色牢固，又便于织作文彩，优于匹染。

到战国时期或更早些，发明了巧妙的拼色工艺，即将两种色泽相近的色线并织在一起，形成第三种色彩的效果。例如长沙左家塘楚墓出土的褐地矩纹锦，"其中红褐色的经丝是由一根豆沙色的经丝和一根红色经丝合并而成的（无捻），由于丝缕很细，不用放大镜分辨不出原来的色泽。依靠这种方法，不需要经过复杂的拼色工作，只要在拼丝时稍加变化就能得到近似拼色的效果，所产生的新的色号，其数量可为原来色彩的几倍，大大充实了色谱。这样一举数得的办法，显示了我国古代的织匠、染工们的创造智慧"①。

（七）染色工具

从内地出土的文物和文献记载看，当时使用的染色工具有陶、铜制的缸、棓、炉、杯和木染棒等。在中原地区建立的少数民族政权也同样使用。

边远少数民族地区则有陶器、石板、石臼等，还用畜、兽肩胛骨的低凹处作为调色工具，如青海诺木洪距今二千七百多

① 熊传新：《长沙新发现的战国丝织物》，载《文物》，1975（2）。

年的遗址中出土有石臼等，应可用于研磨颜料。

第三节 画缋、印花技术

一、画缋

第一编已经说过，早在原始社会时期，人们就发明了在衣服上画缋的工艺。到了夏、商、周时期则已经有专职画师和“画缋”工种，这在《尚书·益稷》和《考工记》等都有明确的记载，并成为帝王、贵族的服饰标志。从陕西宝鸡強伯墓出土的西周时期的某些丝织品看，工艺过程是：先用植物染料染色，再用矿物颜料画缋①。矿物颜料要研细，然后用动植物胶或淀粉调匀，使有一定的稠度，才能盖住植物染料所染的底色，又不会互相渗透、晕染，绘出来的花纹清晰、整齐、美观而又牢固。据《论语·八佾》等记载，当时已经知道“素以为绚”的道理，即彩绘要靠白色底边相衬托，才更能显出其美丽来，所以在彩绘后，还要再画白色花纹衬边。绘缋不仅是后来的蜡染等工艺的先声，而且对后来的印花工艺的发明，也起了启迪作用。

1942 年和 1973 年在长沙子弹库发掘战国时期楚墓，各发现一幅帛画，其中一块面积 37.5 厘米×28 厘米，质地为细绢，因年久而呈棕色，上画一男子，执绳驾驭一条舟形巨龙，龙尾站一鹤，水下有鲤鱼。衣着、龙颈上等部分的飘带一起由左向右拂动，设色平涂和渲染兼用，基本上白描，部分金白粉彩，可以算作是丝织品画缋的佳作②。长沙马王堆西汉前期墓葬出土的 3 件印花敷彩丝绵袍，兼用印花和彩绘两种工艺，明确无误地证实由画缋向印花的过渡、发展。

---

① 李也贞等：《有关西周丝织物和刺绣的主要发现》，载《文物》，1976（4）。

② 湖南省博物馆：《新发现的长沙战国楚墓帛画》，载《文物》，1973（7）。

二、型版印花

画缋虽然简便，但每件必画，生产效率太低，若要成批生产，就有很大的局限性。所以后来随着纺织生产的发展，人们逐渐发明了印花技术。首先是型版印花法，即把要装饰在服饰上的花纹先刻镂在型版上，然后刷上颜料和助粘剂，在织物上刷印，花纹就固着在服饰上。一个型版可以反复使用多次，省工省时。

型版有凸纹版和镂空版两种。凸纹版是在版上刷上颜料，押印在织物上，所以又叫木版印花。为了印花时力压均匀，要求版体厚一些。镂空版是双面防染印花技术，应有雕版 2 块，把织物夹在中间，涂上颜料，镂空处显示花纹，所以又叫做夹缬。为了在镂空中刷浆均匀，要求版体尽量薄，花纹单元能向四方展开，互相衔接而又不出现接版痕迹，技术要求比较高。制造型版的材料，起初可能是用木板、兽皮、织物等，后来渐用皮纸。这些材料经过树脂、漆类等干性油处理，比较坚韧。印花的浆料，原来多用矿物颜料与淀粉糊或干性油等粘合剂混合成色浆。镂空版印花还有用石灰、豆粉、糊料制成的防染性白浆。到唐代，出现用草木灰或石灰与糊料等制成的强碱性浆料，作为碱剂印花之用。

印花技术应在先秦时期已经发明，现在所知最早的印花织物是 1979 年在江西贵溪仙岩一带春秋战国时期于越族的崖墓中发现的几块双面印花织物，在深棕色（一说深黄色）的苎麻布上，印上银白色花纹，“印花用的涂料，经初步分析是含硅化合物”，其中可能有“绢云母，蜃灰等”①。同时出土的还有 3 块刮浆板，木质、板薄，平面长方形，长 25 厘米、宽 20 厘米，带

① 《中国纺织科学技术史》，87 页。

有短把①，可用在浆纱和印花时刮浆用。这是迄今发现最早的印花工具。但有的学者对此提出了质疑，认为从照片上看，它不是印花而是涂绘的。因实物太小，我们又看不到实物，只好存疑，待以后有条件时进一步研究。即使贵溪所出非印花织物，但从湖南、甘肃所出西汉时期比较成熟的印花织物看，说印花技术产生于先秦也应是不成问题的。据分析，印花程序是：把织好的苎麻布先在锅中煮热，然后进行染色；待晾干后，用石滚压平，再铺于木板上，用矿物颜料印花。

我们认为，凸纹版印花可能应比镂空版印花更早发明，因为在原始社会时期就已经发明了在陶器上印花的陶拍，如陕西姜寨遗址（距今五六千年）等地都有出土，这应是凸纹版产生的主要依据。当然从陶拍发展到凸纹版，还要解决颜料与粘合剂的问题。因为利用胶液粘结器物和织物染色，在原始社会时期也已产生，所以凸纹版印花的发明时代应比较早，至于具体时间，还需依靠今后的考古发现来证明。到西汉前期，这种印花技术虽还不精，但已相当复杂，甚至使用了套印工艺。例如，长沙马王堆汉墓出土的两件泥金银印花纱，它是采用涂料色浆，以多版分色印花方式加工成的。花纹单位的外形为菱形，纹样全由细密的曲线和小圆点组成。曲线为银灰色和银白色，小圆点为金色或朱红色。图案线条分布很密，光洁挺拔，无渍版胀线现象，印纹交叉点无折纹，估计是由凸版印的。单位纹样用三版组成，一块模版只能印一个花纹单位的一部分。由于套印不够准确，所以有互相叠印和间隔不匀的现象。几乎个个图案单位殊异，找不出大面积分版的依据，但是对比各个图案单位的具体相应部位，则线条完全一致。这是目前世界上最早的彩

---

① 李科友，孙家骅：《试论东周时期干越族的纺织技术》，见《中国少数民族科技史研究》，第六辑。

色套印实物①。

关于镂空版印花，即夹缬的产生时间，宋代高承《事物纪原》曾有过推测："夹缬，秦汉时始有，陈梁间贵贱通服之。"断定秦汉之间才发明夹缬。虽然现在还没有发现更早的记载，而江西贵溪春秋战国时期于越族人所用的印花布"因面积太小，无法判断所采用的型版和印制工艺"②。但既然是双面印花，就有可能是夹缬制品；而且在西汉前期就已经有了比较成熟的夹缬产品。例如，长沙马王堆西汉墓出土的几件印花敷彩纱，花纹色彩有朱红、粉白、墨黑等六七种。纹样似藤本科植物的变形，由枝蔓、蓓蕾、花芯、叶组成，"藤蔓是用镂空版印到织物上的，纹样单位较小，一个版上刻有四个纹样单位。印纹细密、弯曲、柔软，分布均匀，轮廓清楚，但线条交叉处，具有镂空版特有的断纹现象，纱孔偶有覆盖或堵塞，纹样有少量墨渍溢出的现象……"而花、叶、蓓蕾是在印好藤蔓后彩绘上去的③。又，甘肃武威磨嘴子东汉墓出土的一件苇席针线篋，"其裹绢底色是深棕色，但套印白、绿二色涡纹，这种套色印花，相同的图案花纹之间，花纹的两组颜色之间，均有叠印痕迹，从叠印及花纹看，可能采用镂花版套印工艺。印花绢有绿花、小白花、大白花三色"④，而且印纹清晰，轮廓整齐，不仅用三套色型版，还有阴阳合模的轧纹印花，技术上比马王堆出土印花织物又前进了一步。新疆于阗屋于来克北朝墓也出土有龟甲朵花纹蓝白花布等。综上所述，夹缬印花产生的年代可能比秦汉要早一些。关于印花工艺，据实验分析，"印底纹时，素坯不需上浆，熨平即

① 何介钧，张维明：《马王堆汉墓》，62 页，文物出版社，1982。

② 《中国纺织科学技术史》，87 页。

③ 何介钧，张维明：《马王堆汉墓》，61 页。

④ 忻鼎新：《沿丝绸之路出土的纺织品初探（二）》，见《中国纺织科学技术史》，第 12 集。

可，以利于涂料色浆的渗透和附着。并可得到润泽流畅的印花线条。开印前，还要在花版上做出定位记号，然后从织物的幅边开始，把花版平贴在纱面上，用软毛刷蘸色浆刷印，按规矩接版或跳版连续操作。这样，花纹的位置就比较准确……印花的顺序，可能是先横印成排再向纵长扩展。以幅宽 47.5 厘米计算，每米可印单位纹样 800～1000 个，即使四个单位一版，亦须印刷二百来次……”①“如缯帛折为两层夹于型版间，则能制得左右相称的均齐花纹。如涂刷防染白浆，则经干燥和染色后，再经干燥并搓去白浆，就能得到双面的色地白花织物”②。另一种方法是：“将织物绷紧，夹于镂花夹版中间，涂以蜡（或以豆浆掺石灰的浆水为涂料），再解去夹版，染后晾干，剥去蜡即成。因涂蜡处（花纹）未吸收染色，即显出花纹”③。这种方法，也可以叫做蜡染。

隋唐时期，夹缬生产大发展，军队和民间广泛使用夹缬衣服。技术上也大有进步，不仅能用多彩色套印，色地印花等染、印、画三结合工艺生产五彩夹缬，而且从新疆吐鲁番阿斯塔那出土的唐代大批印染丝织物，如天青色敷金彩轻容、褐地绿白印花绢等看，“有不闭合的小圆圈花样，其内外圈有一线相连。这类图案的型版决非一般镂刻所能达到，可能是在镂空处保持连续点，并以生丝及粘附材料等加固，也可能是制成分版套印。这种镂空版技术的新创造，为后代的纸型印花和绢网印花，建立了初步的基础”④。有的从甘肃敦煌所见唐代绿地团花线绢的花纹大圆圈套小圆圈，已解决了圆圈的封闭问题，地色又很均

① 王矜：《马王堆汉墓的丝织物印花》，载《考古》，1979（5）。

② 《中国纺织科学技术史》，274 页。

③ 武敏：《新疆出土汉—唐丝织品初探》，载《文物》，1962（7）、（8）。

④ 《中国纺织科学技术史》，274 页。

匀等现象，认为“这是用绷丝托底的镂版所印成的，是为我国应用绢网印花之滥觞”①。也有人认为，从新疆出土的大批印花丝织物看，花纹中的小圆圈，内外图仅一线相隔，表明“唐代已进一步改进印花版的材料，采用纸张刻镂花纹做成型纸花版印花，在花纹镂空处可能还使用生丝纱网粘连加固，因此，能重复印制较为精细的花样”②。也就是说唐代似乎已有纸型印花工艺和绢网印花工艺萌芽。

三、蜡缬

蜡缬，又名蜡染、蜡防染，是先用蜡液盖住花纹防染，然后将织物浸染，最后去蜡，形成色地白花织物的染色工艺。

蜡染方法有两种，分属两种印染法：

一是利用印花的镂空版，在镂空处灌注蜡液防染；然后将整块织物放到染液中浸染；最后用开水煮去蜡液，现出白色花纹。这也可以说是印花的一种。

二是用两片铜片制成蜡刀，蘸蜡在织物上勾画花纹线条，辅以竹签点蜡，其他工序同上。这应是绘缋的继承和发展。

蜡染工艺的技术难点是蜡液的调制和温度的掌握。蜡液由蜜蜡、虫蜡等和松脂掺和而成，各用多少及其比例要根据凝固后的软硬要求而定。然后放在容器中加热，温度要恰到好处，低了，容易在绘画中凝固，花纹不匀细流畅；高了，会烫伤织物，使之变黄，影响织物质量和花纹的色泽。而且还要使蜡液能双面渗透双面都能防染才成。

蜡染的染料多用靛蓝，这是因为蜡质不耐高温，适应在常温或低温染液中进行，而靛蓝染液可在常温下染色。从而形成蓝底白花。染时，可把织物绷紧，以得到纹饰边沿整齐洁净的

① 《中国纺织科技史资料的调查报告》，见《中国纺织科技史资料》，第4集。

② 黄能馥主编：《中国美术全集·印染织绣》卷，文物出版社，1985。

效果。也可以把织物放松，这必然产生皱折。在染的过程中，使蜡膜产生裂痕，染液少量渗透进去，形成冰裂纹，纹饰虽不整齐，但有艺术化效果，更惹人喜爱。还有在制品中用猪血或植物染料汁液复制、点缀的彩色蜡染花布，更为美观①。

蜡染是在哪个地区、哪个民族首先发明的？现在还不清楚，但迄今发现最早的蜡染织物都在西北地区和西南地区。1959年在新疆民丰县尼雅东汉时期墓葬中出土的两块蓝色印白花棉布，其中一块饰直、斜线交叉的三角形纹，并以线条和锯齿为边框，框内有同心圆和圆珠点；另一块上印龙、狮和饰有光轮缨络的佛头像，还有小方块等图案花纹（图22)。质地匀密、色泽和谐、精巧细致，“为当时的其他印花技术所不及”，“表明汉

图22 蜡染花布，东汉，新疆尼雅出土
（赵广田供稿）

① 戴绍荪:《我国古代的蓝白花布之一“蜡缬”》，见《中国纺织科技史资料》，第11集。

代的蜡缬工艺技术已经成熟”[1]。同年，在新疆于阗屋于来克的北朝墓葬中，也出土了一块蓝色蜡染棉布和两块蓝色蜡染毛巾，一件蓝印双面斜褐。在新疆吐鲁番阿斯塔那北朝墓中，也出土了1件大红地白兰花的蜡缬缣。1968年，在吐鲁番阿斯塔那唐墓中出土了一些蜡染丝织品，如白色蜡缬纱、黄色鸳鸯蜡缬纱、绛地色花云绢、棕地色散花绢、土黄地花云绢等，“染色均匀，色彩别致”，特别是黄色纱，“染有浅黄对鸟花束，深绿地粉绿狩猎画面……狩猎众人有马上弯弓、有布索、有驰马追猎，神态各异。天空有飞鸟流云，前后花卉杂以山石树木，配以奔突的惊鹿逸兔，一幅生动的狩猎图展现眼前。这蜡缬纱是槐花、靛蓝套染而成”[2]，相当复杂精致。

1965年在甘肃敦煌莫高窟发现9件唐代缬染丝织品，其中蜡染的占多数。

可见蜡染织品产量越来越多，成为民间常服；其应用从棉织品扩展到毛、丝织品；蜡染技术也有了很大提高。隋唐时期，曾把蜡染织品作为珍贵礼品赠送外国[3]。据说，在四川东部奉节县风箱峡少数民族的崖墓中（战国～东汉），出土了蓝底白花印花布，是蜡缬染靛细布[4]。可惜未见详细报道，若真有其物，而且早至西汉或战国，那就是最早的蜡染品了。目前关于蜡染的

---

① 沙比提：《从考古发掘资料看新疆古代的棉花种植和纺织》，载《文物》，1973（10），《中国纺织科学技术史》，276页，载《文物》，1960（6）。但夏鼐：《中国文明的起源》第67页则认为它“当是印度输入品”，文物出版社，1985。

② 忻粛新：《沿丝绸之路出土的纺织品初探》（二）、（三），见《中国纺织科技史资料》，第12、13集。

③ （日）明石染人《染织史考》，转引自《中国纺织科学技术史》，277页。

④ 林向：《中国悬棺葬学术讨论会纪要》，载《文物》，1981（8）。

来源，学术界有中原说和南方民族说①，可进一步研究。

四、绞缬

绞缬，又名撮缬、扎缬、扎染。（元）胡三省《资治通鉴音注》说："缬，撮采以线结之，而后染色。既浆则解其结，凡结处皆原色，余则入染矣。其色斑斓谓之缬。"属于绞扎防染印花工艺，其绞扎印染方法主要有如下两种：

一是以谷粒作为衬垫物，基本上匀称地包在织物里，外面用线缝扎起来，染色，晾干，拆线，就可制得大小相同的遍地菱形圈花纹或圆圈纹或鱼子形纹等花纹。如先把织物扎成球包，在球包上再行分枝扎结，则能制得多种多样的奇丽形式②，这种方法，简便易做，所以广泛应用。

二是"将织物折成连皱，用针线穿过，然后将线抽紧钉牢，染色后晾干，拆去穿线，即出现按设计要求的花瓣形散点组成的图案……由于这种方法不便施用于宽幅的料子"，所以一件裙子由若干条宽几厘米的料子缝合而成，但花纹接对得很紧密，不同颜色相间，十分美观③。

同时需要注意的是：绞缬织品最好用质地薄的，经过精练的丝织品。所用的线要坚韧一些，不易折断；扎结时，既要求牢固、不易滑脱，又要便于染后拆线。

绞缬织物虽然扎结时间长，比较费工，但"由于织物纤维的毛细管效应，使制得的花纹带有艺术化的无级层次色晕（又称撮晕或晕裥）"，"色调柔和，层次丰富，有良好的艺术效果"，是生产艺术性织物的重要工艺。绞缬技术"是古代人民巧妙地

① 中国科学院民族研究所，贵州少数民族社会历史调查组：《苗族简史简志合编》，1963年。载《农业考古》，1990（1），蒋猷龙，梁加龙文章。

② 《中国纺织科学技术史》，278页。

③ 武敏：《新疆出土汉—唐丝织品初探》，载《文物》，1962（7）、8)。

利用了染色工艺的化学物理作用形成的，这是我国古代印染技术的一个巨大成就”[1]。

迄今所知，最早的绞缬织物是东晋时期的，有出土于新疆吐鲁番阿斯塔那墓地东晋建元2年（公元344年）的绛地绞缬织物[2]；有东晋太元年间（公元376～396年）的大红缬染织品（一说前秦建元二十年，即公元384年）[3]；东晋义熙年间（公元405～418年）的绛地白色方形花纹缬染绢；北朝的粟色缬染织品；于阗屋于来克城出土的北朝大红地白点绞缬绢；吐鲁番阿斯塔那墓地出土的高昌延昌二年（公元592年）的大红、茄紫、墨绿配色绢；垂拱四年（公元688年）的绛紫茄紫散点菱形网格花纹裙；1965年在甘肃敦煌莫高窟发现的一幅完整的缬染绢幡，多为绞缬制品，在绿地和紫色上显出成行整齐的白点，等等[4]。所有这些，充分证明至迟在东晋时期，我国的绞缬工艺技术已有一定的水平，此后直到隋唐时期，发展较快，日趋成熟。南北朝时的梅花型、鹿胎紫缬、鱼子型、鱼子缬，隋唐时期的青碧缬、锦红色的蜀缬和醉眼空花如红网的红色醉眼缬等，都非常有名[5]。

五、碱剂印花

碱剂印花，又称助剂印花、隐纹印花，是用碱（可能是草木灰或石灰等糊料配制而成）作为助剂配制印浆，印于丝织物上，利用碱对蚕丝的化学作用，使丝织物表面产生不同折光效果。这种印花虽然花纹上没有增加色彩，但却有瑰丽的丝光，同样可以达到显花的目的。同时在加工方面，还应用防染和拔印

①②⑤ 《中国纺织科学技术史》，278页。

③ 武敏：《新疆出土汉—唐丝织品初探》，载《文物》，1962（7）、（8）。

④ 忻鼐新：《沿丝绸之路出土的纺织品初探》（二）、（三），见《中国纺织科技史资料》，第12、13集。

技术，色光相映，更为绮丽多彩。

迄今所见最早的碱剂印花丝织品是在新疆吐鲁番阿斯塔那唐代古墓中出土的，大批印花丝绸中，除一件直接印花外，多用碱剂印花。其特点是："地色处丝束抱合紧密，手感较硬；色泽较暗；而花纹处却丝束松散，手感柔和，富有丝光"。据研究，出土的主要碱剂印花织品和制作方法是：

"原地印花纱"，是用强碱剂印浆在生丝坯绸上印花，由于花纹部分的丝胶在强碱的作用下膨胀，失去粘结性，经水洗而被清除，所以花纹部分丝束松散、手感柔和，并呈现出熟丝光泽。

"黄地对鸟纱"，是将生丝坯绸经碱剂印花后用直接性植物染料栀子浸染而成的，由于生丝地色部分与熟丝（花纹部分）在染浴中的上色率不同，因而形成深浅不同的色光。

"绛地白花纱"，碱剂印花后，不要水洗，待干燥后，放进红花染液中进行弱酸性染浴，花纹部位的碱剂因弱酸性中和，不能上色，呈现出微有红光的白色花纹；而地色则染为绛色[①]（图23）。

甘肃敦煌有一块唐代的天蓝地花纱，用生丝织造。其上的花纹，纤维疏散，与地色的光学效应不同，富有立体感，决非腊染效果所能及，也应是用碱剂印花技术处理的[②]。

从现有的材料看，碱剂印花工艺在唐代已有相当的技术水平，印制方法和品种也比较多，应该说经历了一个发展过程，因此其产生时间应在唐朝前期，甚至更早一些。

---

① 武敏：《吐鲁番出土的唐代印染》，载《文物》，1973（10）。见《中国纺织科学技术史》，280页。

② 《中国纺织科技史资料的调查报告》，见《中国纺织科技史资料》，第4集。

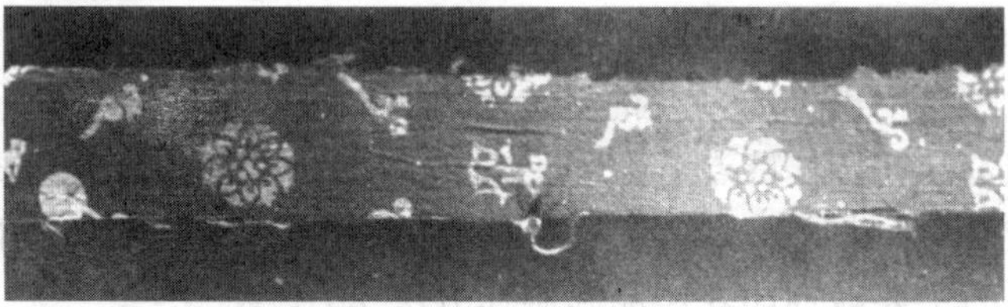

图 23 碱剂印花绛地白纱，唐代，新疆吐鲁番出土
（赵广田供稿）

第四节 整理工艺技术

一、熨烫

织物熨烫是为了消除皱纹，使其外观平整、洁白、光亮，同时起到稳定织物尺寸、符合规定幅宽的作用，是织染之后必要的工序，属于物理机械整理工艺。

熨烫整理工具从古到今都用熨斗，这是一种碗形带把的器具，平底或圆底。斗内装放烧热的火炭，导热斗底，然后用斗底在织物表面来回熨烫。《事物原始》说："纣用炮烙之刑，则二物自三代有。"《帝王世纪》云："纣作大熨斗，内盛以火，以熨罪人，皮肉焦烂，……"① 所以这种用于织物熨烫的熨斗也许在先秦时期已经产生。它选用铜铁制造，导热性能好，斗底平整光滑，熨烫整理效果好。汉、魏时已经盛行，许多地区均有出土，所以《古器评》说："汉慰斗"，"此器颇与今之熨斗者无异，盖伸帛之器耳，故以慰斗名之"。

熨斗的造型有两大类：其一是带盖的，见于吴云《两罍轩彝器图释》卷十二，是长柄圆斗，上有疏孔的斗盖，可以开阖，

① 《古今图书集成》，第七百九十九册二百三十七卷，34 页《熨斗汇考》。

并有架座，上有铭文："太和三年二月廿三日中尚方造铜熨人熨斗重卌四斤十二两第百六"[①]，是鲜卑北魏宫廷制造使用的，并说明有专职熨烫工匠。其二也是长柄圆斗，但无盖子。这一类熨斗出土较多，例如，1983年宁夏固原北周李贤夫妇墓出土有银熨斗1件，宽沿斜壁，底微弧，扁平长柄，柄端呈桃形，长14.6厘米，口径5.6厘米，底径4.3厘米[②]。1965年，辽宁北票北燕冯素弗夫妻二墓出土铜熨斗2件，其中1件长柄圆盘，通长34.8厘米，盘径13.4厘米，底薄0.1厘米。另1件稍短稍厚[③]。

1971年，河北平山北齐崔昂墓出土的铜熨斗，浅腹，唇外侈，圜底，柄上翘，顶端菱形，口沿及腹内均有几周凹弦纹，通长15.3厘米，高5.3厘米，口径6.5厘米[④]。

从上述资料可知，少数民族和少数民族政权也使用熨斗整理衣帛，质地和形制比较多。

二、涂层

（一）用漆涂层

用漆涂层是用漆刮涂、髹漆丝、麻织物，制成漆布、漆丝。由于漆树汁中含有漆酚、漆酶、树胶质、水分等，有防潮湿、拒腐蚀、耐高温、御雨蔽日、保护织物的功能，所以常用作舆服、包装用品的涂层。

我国用漆的历史非常悠久，距今六七千年的浙江河姆渡遗址第三文化层中就出土有1件木碗，碗内外都有朱红色涂层，色

---

① 孙家珍：《熨斗和鐎斗、刁斗》，载《文物参考资料》，1958（1）。

② 宁夏回族自治区博物馆，宁夏固原博物馆：《宁夏固原北周李贤夫妇墓发掘简报》，载《文物》，1985（11）。

③ 黎瑶渤：《辽宁北票县西官营子北燕冯素弗墓》，载《文物》，1973（3）。

④ 河北省博物馆，文物管理处：《河北平山北齐崔昂墓调查报告》，载《文物》，1973（11）。

泽鲜艳。在江苏吴江梅堰新石器时代遗址中出土的棕色彩绘陶器，彩绘颜料有漆。辽宁敖汉旗大甸子出土1件觚形薄胎朱色漆器，时代距今三千五百年左右。春秋战国以后出土的漆器更多，如湖南、湖北的楚墓等等，都出土数量比较多的漆器。北魏时期的《齐民要术》卷五还有专节介绍“种漆”的经验和漆器的特性及其保护等，说明已有了比较深刻的认识。

至于用漆作为织物涂层的实物，迄今所知最早的是：1953年，陕西长安县普渡村西周墓出土的漆器，是在木质或纤维编织物上涂上棕黑色漆皮①。1982年，湖北江陵马山一号楚墓出土的方孔纱，上面附有一层半透明的胶状物，干燥后发脆，成粉末，“它或许就是漆缅”②。到了汉代，使用较为普遍，漆布、漆丝被用作官帽、伞盖、车篷等等。这不仅在史籍中有明文记载，而且已有不少实物出土，如甘肃武威磨嘴子汉墓群出土有西汉时期的黑赤色漆缅冠纱，东汉时期的棕黄色透明的漆缅冠纱③。长沙马王堆3号汉墓出土的漆缅冠纱，完整，精细，外涂一层厚而匀的黑漆，既看不到纱线的原色，却又根根纱线乌黑清晰，而且至今仍“外观乌黑，富有耐水、耐腐蚀、硬挺等物理特性，反映了我国古代织物涂层整理的技术水平”④。新疆罗布淖尔出土的西汉涂漆麻布残片，迄今“表面仍然光亮，背面织纹依旧清晰可辨，说明汉代的单面涂层技术已具有一定水平。这种坚韧光亮的涂层制品，在当时往来繁忙的丝绸之路上，对商队和商品曾发挥防护作用”⑤。

（二）用油涂层

① 石兴邦：《长安普渡村西周墓葬发掘记》，载《考古学报》，1954（8）。
② 《江陵马山一号楚墓》，33页。
③ 甘肃省博物馆：《武威磨咀子三座汉墓发掘报告》，载《文物》，1972（12）。
④ 湖南省博物馆：《马王堆二三号汉墓发掘报告》，载《文物》，1974（7）。
⑤ 黄文弼：《罗布淖尔考古记》，科学出版社。《中国纺织科学技术史》，285页。

用油涂层就是用荏子、苏子、油桐等油籽榨成的干性油，涂抹在织物上，制成油布，作为防雨防湿材料。从文献记载看，汉代已经有了荏子油涂层工艺，事见《后汉书·礼仪志》所载用以“覆坑”的“油缇帐”，就是这种工艺制品。到南北朝时，对其生产、制作特点已有了相当程度的了解，积累了可贵的经验，所以《齐民要术》卷三已总结有荏子的种植、收藏经验。如果用“荏油与漆混合，可使油膜更为坚韧光亮，并提高涂油织物的耐水性和耐腐蚀性”。①

《隋书·礼仪志》记载：北朝和隋朝时的“衣书车”、“椟车”等，过江时“加绿油幢”或“油帨朱网”，以防湿。《隋书·炀帝纪上》还记载有“油衣”，是迄今所知最早的雨衣记录。据研究，上述油帨、油幢、油衣是用桐油作为涂层材料②。不过从上引资料可知，这种工艺制品在隋唐以前已经存在，应有较长的历史；而且桐油主要产于南方，这种工艺应是南方民族首先应用、发明的，为涂层工艺的发展开辟了更加广阔的前景。

三、研光

研光，又称为“砑”。汉代许慎《说文解字》说：“砑，以石扞缯。”即用表面光滑的大石块或石滚在织物上碾压，使织物表面平整光滑，织物纤维由圆形变成扁平，孔隙变小，从而更为美观，穿起来也较为舒适。

研光整理工艺在先秦时期已经产生，如山东临淄春秋墓出土的绢地刺绣，表面平整光滑，纤维间空隙小，“有可能是经过研光”的。湖南长沙战国楚墓出土的帽子里绸和剑鞘上的绸，用显微镜观察其切片，“与一般截面不同，是属于扁平，也可能是

①② 《中国纺织科学技术史》，285 页。

经过研光而成”①。湖北江陵马山一号楚墓出土的一些绢，是“在织造后经过捶砑，丝线扁平，多断裂产生的毛茸，使织物的孔隙缩小。一些较为稀疏的绢经砑纱处理后，经纬线的位置移动，形成不均匀的孔隙。有个别的绢经压光处理，具有较好的光泽”②。此后，这种工艺的使用更加普遍，技术也逐步有所提高，长沙马王堆一号汉墓出土的麻布，表面平整光滑，质地坚实，也经过砑光整理③。云南晋宁石寨山汉代滇人墓出土的铜贮贝器上的纺织群像中，有一块石头，可能是研光用的。

四、薯莨染整

薯莨染整是使用薯莨液胶多次涂染在精练过的纱绸坯上，并经加工而成莨纱、莨绸等品种，因为薯莨液汁含有胶质和单宁酸等物质，使绸纱织物具有透风、清凉、柔软、易洗、易干、免烫，并兼有染色等优点，很受人们欢迎。其加工过程，据《中国纺织科学技术史》介绍，有如下工序：

1. 精练。先将薯莨磨成小粒，多次浸渍，分次滤出浓淡的棕色液体，再混合至所需浓度。同时，纱绸坯经精练去胶和杂质，使具有较好的吸水性能。

2. 洒液。将织物纬向绷紧，平放在草地上。将薯莨浸出液均匀淋洒在其正面，用棕帚抹涂，晒干。再涂再晒，重复数次。

3. 浸渍。再将织物放入常温液内浸渍后摊平于草地上晒干。这样重复数次，先浓后淡，使表面能够均匀吸附缩合鞣质，且富有良好光泽。

4. 媒染。选取含铁质的河泥，用水稀释后，用棕帚均匀涂

① 山东博物馆：《临淄郎家庄一号东周殉人墓》，载《考古学报》，1977（1）。（日本）布目顺郎：《养蚕的起源和古代绢》，见《中国纺织科学技术史》，286页。

② 《江陵马山一号楚墓》，32页。

③ 《长沙马王堆一号汉墓出土纺织品的研究》，116页。

刷于织物正面，平摊于草地上进行媒染，待正面呈乌黑色，反面呈棕色时，即可水洗，除去河泥，晒干。

5. 浸渍。再次在常温下用薯莨浸出液浸渍，平摊于草地上晒干。

6. 定幅。再把织物平摊于草地上，在湿度较大的条件下，手工伸幅，使织物定形，并改善手感，增加透气性。

这样多次加工，使液中的缩合鞣质不断氧化，在纤维上渐次形成交聚物，形成上述的许多优良特性。

薯莨，古文献称为“禹余粮”、“赭魁”，主要产于我国南方和西南地区。又迄今所知最早的薯莨染整织物，是1931年在广州大刀山古墓出土的东晋太宁二年（公元324年）的麻织物，一面黑褐色，一面红色，显然是用薯莨染整过的①。因此，这种薯莨染整工艺应是南方民族发明的，是少数民族对我国织物整理技术的又一贡献。用河泥媒染的科学原理是：使薯莨中的单宁酸与河泥中的铁发生作用，从而使薯莨涂染过的香云纱从红色变成黑色。说明有些少数民族已自觉或不自觉地把科学知识应用于纺织生产。

---

① 《考古杂志》创刊号，广东黄花考古学院出版，1931。《中国纺织科学技术史》，288页。

第七章　丰富多彩的丝织品

从西周到隋唐五代，全国和少数民族地区、多民族杂居区出土的以及文献记载的丝织品很多，品种、色彩丰富，花纹秀丽工巧，寓意深刻，织制精细，代表了这个时期纺织染整科学技术的发展水平，是我国各族人民智慧和技巧的结晶，是丝织生产在社会生产、生活中占有极其重要的地位的反映，也是很多学科学者进行研究的珍贵资料。下面选用一些织物加以介绍，以印证、补充说明前面各章所述的纺织科学技术及其历史、艺术价值。

丝织品泛称为“帛”或“缯”，其中又把生丝织物称为“素”，熟丝织品称为“练”。这个时期丝织品的名称繁多，这是根据丝线的生熟、粗细和捻度大小，织物组织结构的差异，制造工艺的不同，密度、纹饰和成品的风格等因素而使用不同的命名，下面组合成几大类分别介绍。

第一节　绢　类

绢是采用平纹组织或平纹变化组织织成的结构最简单、没有纹饰的丝织物，其质地轻薄、疏朗、紧实、光洁，主要用作衣服、装饰材料和绘画书写等，用量在丝织品中是最多的。绡、纱、纺、縠、缟、纨等也属于绢类。除了上述共性外，它们各自的特点是：

绡，为生丝织物，有粗细两种，质坚脆。

纱（紗），织物表面有很多方孔，所用丝线极细，是最轻最薄的丝织品，织制纱和绡的丝线极为纤细，织技难度很大，一般织工难以胜任。

纺，生丝织物，因所用经纬线是经过并丝工艺的，比纱、绡的经纬线粗，因而织物也就比纱、绡略为厚实一些。

縠，熟丝织品，它与纱一样，表面有许多方孔，但又兼有纱所没有的特点，即织物表面充满细鳞形皱纹，这是因为织縠的经纬线都经过强捻，一般是10捻/厘米以上，而且捻向相反，相间排列，织物织成后，纱线间保存有一定的空隙，经过受潮煮练定形，加捻的经纬丝内部存在着应力，促使其退捻，从而引起收缩、弯曲，织物表面显示出凹凸的皱纹，这是经过特有的工艺过程才形成的特殊外观效应①。因其皱纹如谷粒，所以称为“縠”。

缟，生丝织物，经纬密度非常接近，织物外观素白、细密。

纨，虽与缟有相似之处，是素白丝织物，但不是生丝织品，而可能是熟丝织品，所以细腻而富有光泽；其经、纬密度也有较大差别，经密大于纬密很多。

此外，还有平纹织物“绨”、“缣”等。绨是染色丝织品，是有色织物，以绿色为多；经纬线经过并丝工艺，比较粗；因而织物也比较紧密、厚实；因织成后经过煮练，所以带有光泽。缣则是双经或双纬的比较厚实的平纹素面的织物，但比绢精细。

这个时期出土的绢类很多。

一、绢

1983年，河南潢川春秋早期东夷族黄君孟夫妇墓出土有绢的残片和麻鞋等②。1979年，江西贵溪于越族崖墓出土春秋时期的深色绢和棕色绢，经纬密度为每平方厘米60根×26根，经

---

①《中国纺织科学技术史》，92、295页。

② 何光岳：《东夷源流史》，44页，江西教育出版社，1990。

纬纱直径分别是 0.8～1.2 毫米、0.7～1.4 毫米，无捻[①]。

1973 年，长沙子弹库战国楚墓出土驭龙等纹饰帛画，平纹，长 37.5 厘米，宽 28 厘米。质地为细绢，经纬密度为每平方厘米 66 根×36 根。同时出土的还有普通平纹绢和由经线突出畦纹的畦纹平纹绢，经纬密度分别为每平方厘米 36 根×26 根、70 根×40 根[②]，更为细密。

1982 年，湖北江陵马山一号楚墓出土的绢就多达几十件，现据《江陵马山一号楚墓》一书的论述，简介如下：绢的颜色有藕色、灰白、深黄、浅黄、土黄、深棕、红棕、深褐、紫红等多种。经线密度有的每厘米 60 根以下，有的 60～100 根（占多数），有的 120 根，有的 120 根以上，最少的 44 根，最多的 164 根。纬线密度比经线密度小得多，只有其 1/3 或 1/2，每厘米只有 20～72 根，多数三四十根。织物厚度只有 0.04～0.41 毫米，大部分是 0.1 毫米左右。多数较稀疏，但有的较紧密。线条比较均匀。幅宽 49～50.5 厘米，幅边宽窄不一，幅边颜色多与正幅相同，只有红棕绢的幅边另用赭色经线织制。这些绢的经纬线多不加捻，少数的绢，经线加S捻，捻度有的 5～10 次/厘米，有的 10～15 次/厘米。多数衣衾的用绢是经煮练过的，个别是生绢。有的在织造后还经过捶砑、压光，具有较好的光泽。有的呈现纬向“畦纹”。这些绢多用作衣衾和其他物件的里、领缘、袖缘，也有的用作衣衾面、枕套和绣品的地等等。马山一号楚墓出土的绢，与同墓出土的其他丝织物比较，质量略差一些；但若与其他地区的绢比较，则已相当细密。例如陕西咸

---

① 江西省历史博物馆，贵溪县文化馆：《江西贵溪岩墓发掘简报》，载《文物》，1980（11）。

② 湖南省博物馆：《新发现的长沙战国楚墓帛画》，载《文物》，1973（7）。《长沙子弹库战国木椁墓》，载《文物》，1974（2）。

阳秦宫出土的秦末的绢，经纬密度最大的是每平方厘米160根×56根，而最小的只有28根×26根①，相当稀疏。广西也出土有汉代的绢、织、锦等丝织品（图24）。

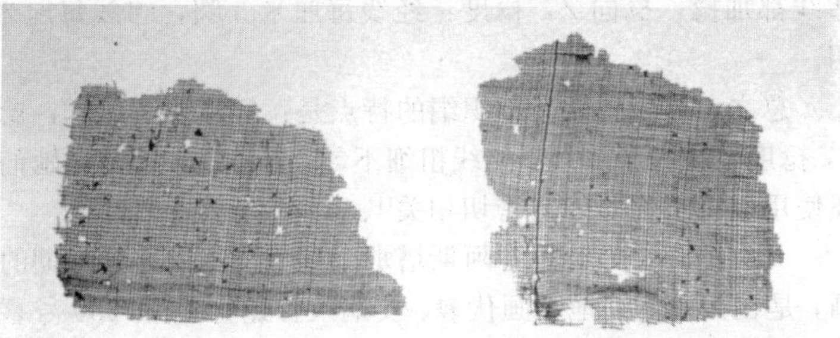

图24 汉代绢片，广西罗泊湾一号墓出土
（王梦祥摄）

山西寿阳县北齐贵族库狄回洛墓出土有绛色绢（或罗），质地细薄，透明如纸②。

新疆、甘肃都出土了不少汉代至唐代的绢，其中可能有些是从中原地区运来的，当然也会有本地区的织品，但难以区分。现仅就有些专家区分出来的几件略做介绍。

绞缬绢，新疆于阗屋于来克出土，时代北朝，颜色花纹是：在大红地上显出一行行白点方胜纹。经纬线均加捻，捻向Z，捻度平均每厘米6圈。

紫红色绢，新疆巴楚脱库孜沙来遗址出土，唐代织品，一

① 秦都咸阳考古工作站：《秦都咸阳第一号宫殿建筑遗址简报》，载《文物》，1976（11）。

② 王克林：《北齐库狄回洛墓》，载《考古学报》，1979（3）。

端墨书婆罗迷字母。经纬线均加捻，捻向Z，平均捻度：经线每厘米7～8圈，纬线每厘米6圈。

黄色绢，巴楚脱库孜沙来遗址出土，盛唐时代织品，用经重平组织法织制，经线采用白色棉纱，纬线则用黄色丝线，经纬线都加捻，捻向Z，捻度：经线每厘米5圈，纬线每厘米4圈。

总之，这个时期新疆织绢的特点是：经纬线都加捻，捻向Z，捻度经线大于纬线，丝线粗细不匀，多疵点，这是与她们习惯使用破口茧丝等因素密切相关①。

又有绢画，如吐鲁番阿斯塔那303号墓出土北朝时期的绢画，是在天蓝色绢地上画伏羲、女娲人首蛇身图②；230号墓出土唐代舞乐屏风（6扇）上画2个舞伎，4个乐伎，相向而立。舞乐伎挽着高髻，额上描绘红色雉形花钿，身穿蓝色卷草纹白袄，锦袖、红裳，足登高头青勾履。舞伎左手拈披帛，右手扬臂挥帛，姿态生动，绘技精湛，是初唐时期的艺术珍品。还有唐代彩绘绢，用蓝、绿、黄、赭、紫、黑、白七色绘变体宝相花。墨书素绢、质地疏松，上有墨书“先天二年八月”和押印③。有的用于刺绣，如吐鲁番出土东晋升平年间（公元357～361年）的绣裲裆和卷草纹绣等，红绢地，镶素绢边，花纹以黑、绿、黄等色线绣出蔓草与圆点相间的不规则花纹，中间绣有金钟花、圆点，用螺旋形锁针法绣成④。敦煌莫高窟125、126窟间发现的北魏太和十一年（公元487年）“广阳王”佛绣，上下两层是黄色丝绢，中间一层麻布，以红、黄、绿色线为主，配以紫、蓝

---

① 贾应逸：《新疆丝织技艺的起源及其特点》，载《考古》，1985（2）。

② 新疆维吾尔自治区博物馆：《新疆吐鲁番阿斯塔那北区墓葬发掘简报》，载《文物》，1960（6）。

③④ 忻鼎新：《沿丝绸之路出土的纺织品初探》，见《中国纺织科技史资料》，第12期。

色线，用细密的锁绣法绣出佛像、供养人和发愿文等，是迄今所见最早的满地绣实物。服饰上绣蓝、绿色花卉，配以深褐色的冠、靴，浅黄色地，显得色彩鲜明、谐调①。据说敦煌发现的唐代刺绣释迦说法图是用辫绣变化而来的切针绣轮廓，以短套针绣身体，显现晕色效果。伽衣用直针、缠针（平绣），画面相当复杂。

还有绢花。即用各色绢制成花朵、树叶等以供长期观赏。迄今所知，最早始于隋代炀帝时期。吐鲁番阿斯塔那 189 号墓唐张雄夫妇墓出土有“绢制白色百合花和粉色蝴蝶，在绿色枝叶衬托下，宛如园中初摘，娇嫩新艳，给人以生机勃勃的感觉”，至今一千余年，“依然栩栩如生，色彩鲜艳”②，是一种既有艺术价值，又有实用价值的工艺品，开辟了丝绸的新用途。

1979 年发掘的甘肃嘉峪关新城 12、13 号画像砖墓（魏晋时代）不仅有不少绢帛画，而且出土一些丝织品，主要是绢和绨：

绢，有酱红色、淡黄色、褐色、紫红色等数种，其经纬密度有每平方厘米 22 根×22 根、23 根×23 根等，均平纹组织，薄而透亮。

绨，也是平纹组织，比绢稍粗厚，经纬密度每平方厘米 16 根×16 根。有的紫色上用酱红、土黄线刺绣云团纹和草叶纹。有的红色，上绣花草纹③。

云南少数民族也会织绢，有黑或白二色，“其绢极粗，原细入色，制如衾被，庶贱男女，许以披之”④，可见质量虽较差，但

①② 忻鼐新：《沿丝绸之路出土的纺织品初探》。新疆维吾尔自治区博物馆：《新疆出土文物》。敦煌文物研究所：《新发现的北魏刺绣》，载《文物》，1972（2）。

③ 嘉峪关市文物管理所：《嘉峪关新城十二、十三号画像砖墓发掘简报》，载《文物》，1982（8）。

④（唐）樊绰：《蛮书》。

产量较多，以至一般人都可以用作衣服。

1983 年，广州南越王墓出土有绢、方孔纱、斜纹绮、绉纱、锦、罗、组等八大类二十多种丝织品，代表南越纺织技术的最高水平。

综上所述，在少数民族地区和多民族聚居区，绢的使用也相当普遍，纺、织、染、整技术也相当成熟。

二、纱

纱是受原始筛网工具的启发而织制的。

1970 年，辽宁省文物考古工作者在朝阳魏营子的西周墓中，发掘有方孔纱，经、纬密度都是每厘米 20 根①，比较稀疏；纱孔的分布虽然比较匀整，但因是平纹组织而非绞纱组织，所以不够坚牢稳定。

1957 年，在湖南长沙左家塘楚墓出土的一块手帕，长 28 厘米，宽 24 厘米，其质地是藕色纱，也是平纹组织，上有一些方孔，但比较稀疏②。经实测：其“经纬丝投影宽为 80 微米，约是 10 粒茧缫成的丝缕，透孔率为 70%，是相当轻薄的”③。

1973 年，长沙子弹库战国楚墓也出土一块 3.2 厘米×3.2 厘米的藕色方孔纱，平纹组织，经纬线很细；但织物较稀疏，经纬密度只有 45 根×30 根④。

江陵马山一号楚墓出土的纱有 6 件，颜色有素色、土黄色、深褐色等几种。平纹组织，经密为每平方厘米 17～45 根，纬密每平方厘米 12～30 根，密度最大的是每平方厘米 46 根×30 根，最小的只有每平方厘米 17 根×16 根，比较稀疏。织物厚度

---

① 辽宁省博物馆文物工作队：《辽宁朝阳魏营子西周墓和古遗址》，载《考古》，1977（5）。

② 熊传新：《长沙新发现的战国丝织物》，载《文物》，1975（2）。

③《中国纺织科学技术史》，9 页。

④ 湖南省博物馆：《长沙子弹库战国木椁墓》，载《文物》，1974（2）。

在0.02～0.15毫米之间，相当薄，有的幅宽32.2厘米，幅边宽0.25厘米，这些纱主要用作衣袍的面、竹笥中的巾等。有的用以制成漆缅①。

1978年，长沙象鼻嘴一号西汉初期墓（可能是长沙王吴著墓）出土有方目纱②。

1972年，长沙马王堆西汉前期墓出土的大量丝织物中，无论是在数量上还是技术水平上，纱都占有重要的地位。如先用凸纹版印制藤蔓，再用毛笔彩绘蓓蕾花穗叶片的印花敷彩纱；三套色型版印制的金银泥印花纱等，相当精美。特别应该着重提出的是，有两件薄如蝉翼、轻若烟雾的素纱禅衣（没有衬里的单衣），其中一件身长128厘米，袖长190厘米，经、纬密度都是每厘米62根，比马山一号楚墓的纱密度大得多，平纹组织，经丝弱捻（也有的强捻），纬丝强捻，结构精密细致，孔眼均匀清晰，而重量（包括衣领和袖口比较厚重的镶边）只有49克，真是“薄如空”，“举之若无”。究其原因是所用的丝织纤维非常匀细，经鉴定，其蚕丝纤度单根丝缕为11紥（旦），比现在生产的高级织物乔其绢的丝纤度（14紥）还要细③。另一块素纱料正幅宽49厘米，长45厘米，重量却只有2.8克④。

据《湖南通志·食货六·产物》记载：唐代时湘西的辰、锦、叙、化等州以“纱”为贡品。

1968年，新疆吐鲁番阿斯塔那唐墓出土一批唐代织造的纱，如白色蜡缬纱、绛色印花纱、黄色鸳鸯蜡缬纱、绿色骑士纹印花纱、天青色敷金彩轻容纱、提花纱等高级丝织物，其中

---

① 《江陵马山一号楚墓》，33页。

② 湖南省博物馆：《长沙象鼻嘴一号西汉墓》，载《考古学报》，1981（1）。

③ 9000米长的纤维或纱线在公定回潮率时的重量1克，就是1紥（称“旦尼尔”）。

④ 《中国纺织科学技术史》，293页。

有一种提花纱，采用一梭过二三根，另一梭过一根，交替变换，增加纱目变化。其中一件绛红色提花纱，纱面有浮起的八瓣或四瓣小花。开元九年的狩猎纹蜡缬纱，在深绿地染有淡黄色对鸟花束、粉绿狩猎场面，狩猎人或马上弯弓，或布索，或驰马追猎，神态各异，前后有花卉、山石、树木和惊逃的鹿、兔，天空有飞鸟流云，非常生动，它是用槐花靛蓝套染而成的。而天青色敷金彩轻容纱，残长 22 厘米，宽 6.5 厘米，经纬密度为每平方厘米 30 根×22 根，经纬丝的投影宽度约为 0.01 厘米，比马王堆的素纱稀疏，方孔大，制作多为轻柔、精巧①。所谓“轻容”，就是“举之若无，裁以为衣，其若烟雾”的轻纱②。

三、縠

縠是绉纱织物，至迟在商代已能生产，实物在河北藁城的商代遗址中已经出土③。1957 年，长沙左家塘 44 号战国墓中也出土了一块浅棕色绉纱手帕，经纬线都加强捻，密度为每平方厘米 38 根×30 根，其轻薄程度相当于现代的真丝乔其纱④，在我国商周时期就能生产这种工艺复杂的丝织品，说明当时我国的劳动人民在纺织上已具有精湛的技巧。

马王堆三号墓又出土了 4 块浅绛色织物表面皱缩凹凸不平的绉纱。经密度稀的为每平方厘米 34～36 根，密的为每平方厘米 60～64 根。纬密度稀的为每平方厘米 28～30 根，密的为每平方厘米 58～60 根。捻向 S，每厘米 20～24 捻，织物绉纹如沙状，这种织物汉代时有钱人家普遍穿用（包括婢妾），可见其产量相当大。1968 年，新疆吐鲁番阿斯塔那北区第 105 号墓出土

① 忻鼎新：《沿丝绸之路出土的纺织品初探》，见《中国纺织科学技术史》，293 页。

② （宋）陆游：《老学庵笔记》，丛书集成本。

③ 高汉玉：《台西村商代遗址出土的纺织品》，载《文物》，1979（2）。

④ 熊传新：《长沙新发现的战国丝织物》，载《文物》，1975（2）。

的唐代绿色狩猎纹蜡缬纱，其底纱也是绉，除有上述特点外，“织物表面形成条纹和横档”①，甘肃汉墓也有出土。

四、纨

商代已有纨。湖北隋县战国早期墓也出土了3块纨的残片，它们比其他地区商周墓出土的更为精致、细密、均匀，缫丝织造技术极为精湛，经纬投影宽分别为0.07～0.08微米和0.09～0.1微米。密度为每平方厘米（87～102）根×（32～33.5）根②。

五、绨

湖北隋县战国墓出土有绨织物残片，经纬密度为每平方厘米24根×21根，经纬丝投影宽度分别为0.3毫米和0.5毫米③。

江陵马山一号楚墓出土的麻鞋面上也有这种织物，据观察、研究，“土黄色，外观经线密集，呈明显纬向凸条，光泽好，并有正反两面相同的效果，其组织结构与绢相同，但要厚实得多，经线由双股合成，加S捻，捻度每米约500次。纬线已经干缩，在织物上留下圆孔。在纬线上似乎涂有一层褐色材料，使之增粗。现存纬线孔径0.6～0.8毫米，估计原来纬线直径与此相距不远。经密每厘米80根，纬密每厘米10根，纬密仅及经密的1/8，因而形成纬向凸条，厚度0.7～0.8毫米④。新疆吐鲁番哈喇和卓墓群出土有红绨、白绨、紫绨等，比较粗厚，平纹组织，经纬密度每平方厘米都是18根，用于裁制衣服⑤。（晋）陆翙

① 《中国纺织科学技术史》，295页。

② 《中国纺织科学技术史》，93页。

③ 高汉玉等：《台西村商代遗址出土的纺织品》，载《文物》，1979（6）。

④ 《江陵马山一号楚墓》，33页。

⑤ 新疆博物馆考古队：《吐鲁番哈喇和卓古墓群发掘简报》，载《文物》，1978（6）。

《邺中记》记载：后赵时织造多种色泽的绨[1]。

六、缣

新疆民丰和吐鲁番等地出土有汉代至唐代的缣，色泽有多种，如大红地白点花蜡缬缣，唐代用大红缣刺绣等等。据研究，它“致密厚重，接近于现代最好的纺绸（其织纹也相同），一般是经丝密于纬丝，经丝的曲度大，在放大镜下可以看出凸起的‘笆斗纹’”。经比较研究，“汉缣精细致密；平均每平方厘米经62～80根，纬35～55根。标本间疏密度相差不太显著。北朝至唐代初期的缣，质地一般比较粗厚，但也有比较细薄的，平均每平方厘米经66～70根，纬35～38根，但不论粗厚或细薄，都显然不及汉缣精细致密。”[2]

《新唐书·南诏传》记载：云南“自曲靖至滇池”的少数民族也会织“缣”，而且相当“精致”，工艺水平颇高。南诏从成都等地虏掠的“工伎悉送逻娑城，岁赋一缣”。看来西藏也因此会织“缣”了。此外，其他许多地区出土有丝织品或有文献记载，但品种不明者，简单介绍如下。

太原北齐娄睿墓出土丝质衣衾残片，质细密，平纹组织，经纬清晰，颜色不清[3]。山西寿阳县北齐库狄回洛墓出土有“绛色绢或罗”[4]，素面，质极薄，透明如纸。

《南史·夷貊下》：氐人“出紬、绢、布……”。《新唐书·南蛮传下》：云南的白蛮“妇人衣白缯”。乌蛮“妇人衣黑缯”。南诏“以缯帛及贝市易”，可见缯帛数量很多。

《东夷源流史》第464页：汉末魏晋时，秽貊族“蚕桑作

---

① 《太平御览》，卷816。

② 武敏：《新疆出土汉—唐丝织品初探》，载《文物》，1962（7）、（8）。

③ 山西省考古研究所，太原市文管会：《太原市北齐娄睿墓发掘简报》，载《文物》，1983（10）。

④ 王克林：《北齐库狄回洛墓》，载《考古学报》，1979（3）。

帛”。此外很多少数民族上层人物穿戴丝绸服饰，这些纺织品全是从中央王朝来的吗？难道就没有自己织造的？这都值得今后进一步研究。

甘肃敦煌马圈湾汉代烽燧遗址出土丝织品残片123件①，有锦、绢、罗、纱、缅等，颜色有朱红、深红、绛、紫、黄、月白、天蓝、浅蓝、深蓝、翠绿、墨绿、白、黑、烟色、茶色等等，非常丰富，用以制作香囊、玩具衣服等。

第二节　罗

罗是采用绞经组织，以地经、绞经和纬纱互相扭绞而织成的轻薄、透亮、有孔的织物。罗有素罗和花罗两种，在罗地织有花纹的，称为花罗，也叫提花罗，并因其花纹的不同而有许多不同的名称（以花纹命名）；没有花纹的称为素罗，它以绞经的数量来命名，例如：两根经纱相绞、织入一根纬纱的，称为二经绞罗；四根经纱相绞、织入一根纬纱的，称为四经绞罗……罗织物的经纱加弱捻，纬纱无捻。

一、素罗

第一编已经说过，早在原始社会时期，已经发现有原始的罗织物，商代遗址中也出土有结构非常简单的素罗织物。

战国时期，湖北江陵马山一号楚墓出土的素罗，是四经绞罗，“绞经和地经有规律地交替向左右绞转，每相邻的四根经线形成近似六边形的网孔，每织入四根纬线完成一个组织循环”。经线投影宽度0.15毫米，纬线则只有0.05毫米，经线比纬线粗得多。经纬线都加捻，捻向S，捻度每厘米30～35次，经纬密度每平方厘米40根×42根。织物灰白色，厚度0.17毫米，作

① 甘肃省博物馆，敦煌县文化馆：《敦煌马圈湾汉代烽燧遗址发掘简报》，载《文物》，1981（10）

为刺绣单衣的地，上绣龙凤虎纹。其边维是平纹织物，宽 3.5 毫米，经纬密度为每平方厘米 142 根×34 根①。

湖南长沙马王堆西汉前期墓出土的素罗织物，既有一般的二经绞罗——绞经时而在地经的左侧，时而在地经的右侧，每织入一根纬线，变换一次位置；还有变化组织的二经绞罗——绞经轮流同左、右侧的地经交替相绞，这种变化组织织成的绞罗，绞结点牢固，孔眼分布均匀。蒙古诺因乌拉东汉墓也出土有这种罗织物。唐以后，这种罗织物已是一般的大宗产品了②。

《魏书》卷一百一十记载：北魏时，“诸逃户占为细茧罗縠者甚众”。在中原地区建立的少数民族政权继承前代技术，生产罗等织物是很自然的。

二、花罗

从秦汉时期开始流行，是织造技术水平高、颇受重视的名贵品种。主要用于裁制衣服、香囊、手套、帐幔和刺绣地子等等。湖北江陵凤凰山、湖南长沙马王堆和甘肃、新疆等地汉墓均有出土。两湖地区尤多，花色品种也比较多。其中菱纹罗是出土最多的花罗织物，马王堆出土的有烟色菱纹罗、朱红菱纹罗、耳杯菱纹罗、皂色菱纹罗等等。它以粗、细线条构成明暗相间的两种耳杯形菱纹图案，作横行排列，分粗、细两档排列，花纹清新秀丽。一个图案循环纵向长 7 厘米，横向宽 3.7 厘米③。

新疆民丰出土一件东汉时期的绛色耳杯形菱纹罗，作为绣花粉袋四周边缘上的镶饰，经密每厘米 120～128 根，纬密每厘

---

① 《江陵马山一号楚墓》，33～34 页。

② 《中国纺织科学技术史》，297 页。

③ 《中国纺织科学技术史》，300 页。

米 35 根，正反面纹饰稍有差异①。

据比较，甘肃、新疆与河北满城汉墓出土的花罗织法相同，但甘肃的罗比新疆、河北的罗经纬密度大 1 倍以上，在组织上有四经平纹、三经绞斜纹等。

据（唐）樊绰《蛮书》卷七记载：云南的一些少数民族，原来“俗不解织绫罗，自大和三年蛮贼寇四川，虏掠巧儿及女工非少，如今悉解织绫罗也”。其织罗技术是从四川传入的，用四川的织罗工匠织制，其基本工艺应与四川的相同。

第三节　绮

一般来说，绮是在平纹地上起斜纹花的提花丝织物。可能产生于商代，从织物看，其花纹结构不顺经纬的纵横走向，而是斜向的。“它是由两种（或两种以上）组织（原组织和变化组织），按各种方式联合而成的”，是织物组织运用上的大胆革新，为织物品种的发展奠定了基础。绮多素色提花，也有染色的，多是先素织，后染色，也有彩色相间终幅织制的，一般不多于两色。后来有多至七色者。迄今发现最早的绮织物是商代的菱纹绮，但也有别的组织，如 1955 年在陕西宝鸡茹家庄西周早期墓出土的丝织物中，有一块“平纹地上五枚假纱组织织成菱形花纹的绮，在花纹处形成均匀的透孔，由于纱线成束集聚，织成花纹的纱线凹凸不平，具有立体感……它所织成的花纹比斜纹织成的花纹要丰富得多”②，其墓主人強伯及其妻井姬据研究是氐族的一员。

又有斜纹提花绮，其地纹为左向斜纹变化组织，经纬排列是$\xleftarrow[1\ 1]{3\ 1}$，花纹是简单菱形图案，是用提花机具织出的。“过去认

---

① 武敏：《新疆出土汉一唐丝织品初探》，载《文物》，1962（7）、（8）。

② 《中国纺织科学技术史》，94～96 页。

为绮是平纹地斜纹花，不尽然，应是斜纹地、斜纹花。”① 可备一说。

江陵马山一号楚墓出土了结构简单的彩条纹绮，由深红、黑、土黄三色窄长条顺经线方向相间排列。经线分区配色，黑色条区只有一种细经线，组织点是一上一下。其他两色区，经线粗、细并用，相间配置，其中细经线的组织点，一上一下；粗经线在织物表面有浮长线，其组织点是三上一下，其他部位也是一上一下。相邻两组浮长线部位又以两根纬线上下错开，构成品字形纹。由于上下两组纬浮线交错分布，因此位于两端的同一根细经线向左右各弯曲一次，与“汉式组织”绮相同。但其中又间以平纹组织黑色条带，则又别具特色。经纬密度每平方厘米 88 根×19 根。经纬线投影宽度是：粗经 0.2 毫米，细经 0.1～0.15 毫米，纬 0.15～0.2 毫米。织物硬挺，又有色彩，适用于衣服的缘饰②。

河南信阳长台关楚墓出土有复合菱纹绮、杯纹绮。

从汉代开始，各地出土的绮比较多。

长沙马王堆汉墓出土许多几何菱形纹绮和对鸟花卉菱纹绮等，都是单色生织，然后炼染的提花织物，其组织结构多为在平纹素地上起三上一下的四枚经斜纹花等。经丝投影宽度 0.05～0.07 毫米，经纬密度为每厘米（98～115）根×（42～64）根，织物厚 0.07～0.13 毫米③。

新疆民丰尼雅遗址出土了东汉时期的两种绮，这是哪些民族、什么地区生产的？目前暂难确断，现介绍如下以备考。

一是菱纹绮，本色，现发黄，长 25 厘米，宽 10 厘米，是

---

① 李也贞等：《有关西周丝织和刺绣的重要发现》，载《文物》，1976（4）。

② 《江陵马山一号楚墓》，34 页。

③ 《中国纺织科学技术史》，306～309 页。《马王堆汉墓》，54 页。

裙子残件。图案主要是为大型菱形，其里有树叶纹，菱形间点缀心形的树叶纹。二是鸟兽葡萄纹绮，以角鹿、鸾鸟、辟邪、瑞兽等动物为主题，穿插着成串有叶的葡萄，组成图案单位。按横幅间隔排列成直条，其中鸟兽或直立，或奔跑，生动活泼，也是本色。这两种绮，都是单层经丝，素色地提花织物，地纹是平纹组织，经密都是每厘米约 66 根，纬密前者约 18～19 根（一说 36 根），后者是每厘米 26 根。因经线细密，纬线稀疏，所以地纹表面呈现出由经线组成的一道道水平横行的凸线纹，原来被称为“畦纹”，现在有的译为“重平组织”或“凸纹”。至于图案花纹，虽然都以经起花，但其组织法却有两类：

其一是类似经斜纹组织，即将地纹平织的经线与纬线的交织由一上一下改成三上一下（即 3/1 斜纹组织），相邻的二枚经线和纬线的交织点，像阶梯一样斜出，成为连续倾斜的对角线状态，而这一整片的斜纹组织，由于经浮长线的关系，便由平织的地纹上突出来构成织物的花纹。而织物的背面便由纬线构成了同样的图案花纹。这种织物，如果织幅不宽，经线不多，或花纹不复杂的话，可以不用综框，而只用一根细杆挑起经线，形成梭口；否则，就需二片以上综框。穿法和提起法可有两种：一是地纹、花纹综分开，织花纹时，只提起花纹综（一片片分别提）；二是两者有联系，织花纹时需同时提起地纹综和花纹综各一片，织造时，第 1、2 纬用平纹织法（一上一下），在织入第 3、4、5 根纬线时，第 4 根花经都浮在纬线之上，第 6 根纬才又压在花经之下，形成三上一下的经浮组织。由此类推，按阶梯式排列成左右斜向的织纹图案，是这种绮提花最基本的组织结构。因为它只是将一部分经线的浮点变成浮线，所以实际上仍是平纹组织，是一种平纹变化组织，而不是真正的斜纹组织，这种组织的织物在商代以来就已存在，在新疆、内蒙古、蒙古的汉代遗址中都有发现。

其二，是汉式组织。主要特点是花部在两根经斜纹浮线之间织入一根经平纹线，形成一根三上一下的经斜纹组织点和一根一上一下的经平纹组织点的间隔排列分布，似是斜纹和平纹的混合组织，实际上仍是平纹变化组织，是上一种组织的改进型，既可增加织物的坚牢度又不影响花纹的外观，不过从其背面看，因浮线较短，又平纹组织的经线向中间的经浮线靠拢，所以背面不像前者那样有由纬浮长线织成的清楚的花纹，民丰尼雅出土的菱纹绮就属于这种组织，花纹组织循环的一个单元，高3.9厘米，宽(现存可复原部分)约8.2厘米，残留经线500根左右，估计原来幅宽40厘米，经线多达2500根左右。每一花纹组织的循环单元有纬线72根，由于图案单元大，纹饰复杂，必须使用38片综片——地纹综2片，花综36片。因为奇数纬线都要穿过提起经线的第1片综的梭口；而偶数纬线(72÷2＝36)却要穿过那些提起不同穿法的各片综框的梭口，同时还可能使用了筘子(防止经线互相纠缠，并用于打纬)，可能是每一扣齿穿过两根经线。这种汉式组织的绮在新疆、蒙古、叙利亚都有出土①。

在吐鲁番阿斯塔那出土了北朝至唐代初期的织绮8件（下表）。

名称	尺寸（厘米）直×横	标本描述						时代	备注
		织纹组织				图案			
		地纹	起花	经纬密度（根/厘米）		颜色和花纹	类别		
				经	纬				
龟背纹绮	20×5	平纹	三枚经斜纹②	64	60	本色、遍地龟背纹，内对鸟图案	I	北朝	同出高昌章和十八年（公元548年）葬物单

① 以上主要参考夏鼐：《新疆新发现的古代丝织品——绮、锦和刺绣》，载《考古学报》，1963 (1)。武敏：《新疆出土汉—唐丝织品初探》，载《文物》，1962 (7)、(8)。

② 夏鼐认为其组织不是素地起二至三枚经斜纹花，而是类似的经斜纹组织，即经线起花的平纹组织，载《考古学报》，66页，1963 (1)。

续表

名　称	尺寸(厘米)直×横	标本描述						时代	备　注
		织纹组织				图案			
		地纹	起花	经纬密度(根/厘米) 经	纬	颜色和花纹	类别		
对鸟对兽纹绮		平纹	三枚经斜纹				Ⅱ	北朝至隋初	高昌和平元年（公元551年）墓出，《文物》60.6
连珠套环团花绮	18×28	平纹	三枚经斜纹	52	45	本色连环相套和小团花，内有卷叶图	Ⅱ	隋	同出高昌延昌廿八年（公元588年）文书
连珠套环夔纹绮 Ⅰ	6×7	平纹	三枚经斜纹	50	31	紫色、做连环相套图案，环内有卷叶，外间夔纹团花	Ⅱ	隋	
连珠套环夔纹绮 Ⅱ	16×20	平纹	三枚经斜纹	54	30	油绿色花纹，同上	Ⅱ	隋	同出高昌延昌卅二年（公元592年）葬物单
回纹绮		平纹	三枚经斜纹	56	55	有紫、绿、大红、茄紫四种色，遍地回纹	Ⅰ	隋	同出高昌延昌卅二年（公元592年）葬物单
花树孔雀纹绮	30×20	平纹	三枚经斜纹	50	30	紫色，做连环相套，内有花树，左右相对两孔雀	Ⅱ	唐	出自唐显庆二年（公元657年）墓
棋局团花双鸟绮	31×15	平纹	三枚经斜纹	42	26	紫色，做遍地棋局网，内有团花和双鸟图案	Ⅰ	唐	同出有唐显庆六年（公元661年）文书

由上表可知，这些绮的图案风格分为两类。

Ⅰ类是散装遍地的龟背纹或回纹或棋局团花鸟兽纹。

Ⅱ类是各式团花连环相套，环内填以动植物图案，环的外缘饰以连珠纹，两环之间以小团花相接，套环连续成行，平行排列，套环行间空隙处饰以小团花。

但上述二类的提花方法和组织结构都是相同的（见上表和

表下附注）。

除本色绮外，还有染色绮。

据比较，这个时期绮的质量比汉绮稀薄，组织也疏密不一，不及汉绮致密，但经纬丝比汉绮的经纬丝为细①。从纹饰上比较，汉绮的几何骨格多用45度斜线构成菱形格，而南北朝时则多由弧线构成椭圆形，纹饰的内容、形式也吸收了外来文化的营养，并加以发展，比较复杂而有特色②。挑花技术也有了突破性的进步，如唐代纹绮出现写实的葡萄和驼、马等动物。

第四节 绫

绫是斜纹（或变形斜纹）地上起斜纹花、表面呈现出特殊的如叠山形的冰凌纹的丝织物，它是在绮的基础上发展起来的，所以比绮出现的时代晚一些。秦汉以来，散花绫是高级丝织品。三国时，马钧改制绫机的记载，说明绫机使用较多。北朝时期，统治中原地区的少数民族政权也重视绫的生产，例如，《北史·毕众敬传》记载：北魏时期，毕众敬以笃老，乞还桑梓，朝廷许之，众敬临走之前，贡献了许多珍宝，其中就有“仙人纹绫一百匹”。《魏书·食货志》：北魏太祖和平二年冬，“诏出内库绫锦、布帛二十万匹，令内外百官分曹赌射”。可见绫的数量很多。又《中华古今注》也记载：北齐“贵臣多著黄纹绫袍”。显然绫的图案纹饰和生产数量都比以前增加了。到唐代时，绫织物生产达到全盛时期，全国许多地区都有生产，作为贡品。边疆少数民族也会生产，如《蛮书》记载：云南少数民族原来不会织绫，后来攻占成都等地，虏掠了大量织工和机具，才学会织绫，他们用柘蚕丝纺织，“精者为纺丝绫”，成为比较高级的

① 武敏：《新疆出土汉—唐丝织品初探》，载《文物》，1962（7）、（8）。
② 黄能馥主编：《中国美术全集·印染织绣》，文物出版社，1985。

织物。《湖南省志》记载：唐代初年，湘西少数民族的进贡品是土绫，较多的有红绫、皂绫等。玄奘到西方取经，路过新疆高昌之时，高昌王麴文泰就送给他“绫及绢五百匹，又以绫、绢五百匹献叶护可汗”①。武则天时期的染织署所织的花绫图案中有的织上了梵文和少数民族文字等异样文字，恐怕主要是为了销售到使用这些文字的地区和国家去，从而促进这些地区和国家的织绫生产。

可惜秦汉至隋唐五代的绫在国内尚非常罕见，难以进行研究。但日本正仓院有所收藏，蒙古、朝鲜、中亚等地区也有出土，如蒙古诺音乌拉出土的汉代平地浮文绫、双鸟绫；刻赤出土的皂色绫；日本正仓院等保存的唐代狮子伎文白橡绫几褥、薄茶地绫、紫地绫、黄土绫等等。据对正仓院收藏的葡萄唐草纹绫的研究结果，经纬密为每平方厘米160根×100根。地经是三上一下右斜四枚纹，花纹是纬向三上一下左斜四枚纹。所以一般称为左右异向斜纹组织。纬花组织成葡萄花纹，经向四枚右斜纹的组织，使用四片综框，各片管理的经线是：第1片管理第1，5，9……根线；第2片管理第2，6，10……根；第3片管理第3，7，11……根；第4片管理第4，8，12……根，依次反复循环②，据此可知，汉唐时期绫织物的一般情况。

第五节　锦

锦是用几种彩色丝线织成的，有多重组织和精美花纹的丝织品，织锦生产在我国有悠久的历史，至迟在西周时期已经有了，它工艺复杂，技术水平高，是丝织品中的佼佼者，丝织技

① 慧立：《大慈恩寺三藏法师传》，卷一。

② 忻鼐新：《沿丝绸之路出土的纺织品初探》（二），见《中国纺织科学技术史》，318～319页。

术水平高度发展的标志。它色彩丰富，纹饰多样，整个织物显得绚丽多彩，也是我国古代产品设计不断创新完善化的重大成果。此后生产数量更多，质量更好，品种也多，主要有锦、绒圈锦、蜀锦。

一、锦

全国各地区出土的这个时期的织锦实物不少，从西周至战国早期，织锦的纹饰基本上是直线几何图案。《文献通考·四裔考》记载：商周时期，东夷“喜……冠弁衣锦……”。如1970年，在辽宁朝阳发掘的西周早期墓葬中出土一批丝织品，其中就有织锦几层，因已炭化，颜色难以辨别，但它们是经二重平纹组织的经锦，经密每厘米26根×2根，纬密每厘米14根。经线有两组：显花的纹经和分隔纹经、使其显花或下沉的夹经。纬也有交织纬与夹纬两种。夹纬的作用是在花纹轮廓处调换表里层经丝，使其分明；又用于分隔或联结纹经与夹经。交织纬则与纹经在正反面都采用三上一下交织，表面的经纬浮点呈现斜纹效果，与人们所说的“汉锦组织”相同（因这种组织的织物最初出土于汉墓，故名为“汉锦组织”），说明所谓“汉锦组织”早在商周时期，就已经形成了。据研究，丝的三角形截面完全分散了，说明是精练过的熟丝织品。染色可能用的是植物染料①。

陕西宝鸡茹家庄西周早期氏人墓出土的铜剑上粘附有经、纬丝显花，纬丝表里交换的纬二重绫纹织锦，现存1小块，长0.8厘米，宽1.5厘米，图案纹饰有菱纹，经密每厘米70根，纬密每厘米20根×2根，织造方法是：用一组纬与经交织成平纹；另一组纬将显花的经托起，将不显花的经压住。据研究，这种织锦技术为后世中南地区少数民族的土锦织法所使用。残存的

① 《中国纺织科学技术史》，96～97页。《中国美术全集·印染织绣》，黄能馥代前言。

花纹复原的纬丝循环达 42 根，显花纬丝浮长 3～4 毫米①。

1977 年，湖北随县擂鼓墩一号战国早期楚墓也出土一块经、纬显花，纬二重、纬丝表里交换的菱纹锦残片，长约 8.5 厘米，宽约 2.4 厘米，菱纹长 3.4 厘米，宽 4.8 厘米，由 0.12 厘米宽的斜线条勾出，菱纹内出现长短不一的横条，使花纹虚实分明，图案对称、和谐而又有变化，有较高的艺术水平，比上述宝鸡的那块较为精细②。上述两种锦，花纹都只是直线几何图案。

从战国时期开始，锦的纹样就比较多样、复杂、细致，色彩也较为丰富。

1957 年长沙左家塘 44 号墓（战国中期）出土一批丝织物，有深棕色地红黄色菱纹锦（图 25），褐地矩纹锦，褐地红黄矩纹锦，朱条暗花对龙对凤纹锦，褐地双色方格纹锦，褐地几何填花燕纹锦等。其中织锦组织有：三重经锦组织，二重经锦组织等。经密为表、里层各 38～70 根，共计每厘米 76～140 根。纬密：明纬、夹纬各 20～30 根，共计每厘米 40～60 根。经丝直径为 0.07～0.26 毫米。纬丝直径为 0.05～0.7 毫米。织物组织、色彩、纹饰等多样、精美。例如，褐地几何填

图 25　深棕地红黄色菱纹锦，战国，长沙左家塘 44 号墓出土（赵广田供稿）

①② 《中国纺织科学技术史》，97 页。《中国美术全集·印染织绣》黄能馥代前言。

花燕纹锦，经纬密度为每平方厘米126根×48根，经纬纱直径分别为0.17毫米和0.05毫米。三重经锦组织经丝排列：棕色1∶桔黄1∶土黄1。棕色经丝作地纹，其他二色经丝作几何纹及燕纹。经丝正手微捻，纬丝无捻。朱条暗花对龙对凤纹锦，经纬密度为每平方厘米130根×44根，经纱直径分别为0.13毫米和0.18毫米。正手微捻。纬纱直径为0.7毫米，无捻。经丝配置：深棕色纱作地纹，浅棕纱作花纹，1∶1排列。又在朱色彩条区内以深棕纱为地纹，朱色纱作花纹，还是1∶1排列。彩条宽8毫米，彩条间距有变化。组织：锦纹及朱色彩条几何纹条花是二重经锦组织，其边幅是：纬纱每隔三梭才与最边沿的经纱扣绕一次，幅边宽2毫米，一色深棕平纹变化组织，经密略大于其他部分，紧靠幅边还有8毫米宽的深棕色$\frac{3}{1}$对称的菱形斜纹组织的暗花条纹①。

这批织锦的织造技术颇有新意，如：用三色丝线织经二重组织，其中一色作夹经，另二色经丝交织点相同，重合在一起，织造方法有两种：一是在经二重组织中配牵一组分段换色的彩条经纱，使两组经丝能织出三种以上的颜色，例如上述龙凤纹锦的幅边暗花条，使织物花纹突出，雅致。又如褐色地矩纹锦，在花纹区域，除用褐色、桔黄色经外，还用一条浅土黄色经纱签条。二是在二重经中间加一组特殊的挂经，只在几何小方格的中心部位织出四上一下的浮点，以填充中心花，加强花纹层次。如，褐地双色方格纹锦就是二重经锦组织加特殊挂经，花纹设计方面也不只限于几何纹，还出现了龙、凤、燕等生动的动物形象，花纹循环也比以前大一些②。

---

① 熊传新：《长沙新发现的战国丝织物》，载《文物》，1975（2）。
② 《中国纺织科学技术史》，97～98页，《中国美术全集·印染织绣》。

长沙子弹库战国中晚期楚墓出土的是二重经组织的黑棕色几何纹锦①。长沙广济桥五号战国楚墓出土有双层菱形内夹有小花的织锦，据研究是用提花法织成②。

1982年在湖北江陵马山砖厂一号楚墓出土的锦，多达40多件（片），数量仅次于绢。下表据《江陵马山一号楚墓》所列登记表稍做合并增删而成：

名称	用途	经密（根/厘米）	纬密（根/厘米）	厚度（毫米）	备注
塔形纹锦	囊、带、木俑丝衣缘	88	24	0.22	经丝颜色有深棕、浅棕、土黄、朱红；幅宽45～49厘米，幅边宽0.35～0.7厘米
凤鸟凫几何纹锦	衾面	112	38	0.33	幅宽49～50厘米，幅边0.6厘米；经纬有灰黄、朱红、深棕、红棕；花纹循环经向长7.2厘米，纬向宽20.5厘米
凤鸟菱形纹锦	领	112	46		地纹浅棕色，花纹朱红色，花纹经向长9.8～10.2厘米，纬向宽2.6～5.9厘米
小菱形纹锦	袍面、囊等	128	46	0.35	土黄、深红、深棕、棕色；S捻，10～15次/厘米
十字菱形纹锦	席缘	84	38	0.30	厚度指花芯部分，经线土黄、深棕；纬线棕、朱红；花纹循环长4.2厘米，宽2.8厘米

① 湖南省博物馆：《长沙子弹库战国木椁墓》，载《文物》，1974（2）。

② 湖南省文物管理委员会：《长沙广济桥第五号战国木椁墓清理简报》，载《文物参考资料》，1957（2）。

续表

名　称	用　途	经　密（根/厘米）	纬　密（根/厘米）	厚　度（毫米）	备　　注
条纹锦	袍领、袖缘、裤脚口、絺衣袖缘、镜衣缘	土黄条 256 黑条 192	28	0.23 0.42	经线土黄、深棕色；经线投影宽度 0.05～0.1 毫米；捻向 S，捻度 15～20 次/厘米
A 型大菱形纹锦	袍缘、袖缘、领缘、摆缘、帽缘	136	44		经线深棕、深红、土黄色；花纹长 9.1 厘米，宽 12.2 厘米
B 型大菱形纹锦	衣袖、领缘、幎目缘、荒帷缘	132～150	38～52		经线深棕、深红、土黄色；花纹长 12.4 厘米，宽 9.2 厘米
C 型大菱形纹锦	袍袖缘、单衣缘、单衣领、裙缘	132	42		经线深棕、深红、土黄色；花纹长 9 厘米，宽 17.7 厘米
D 型大菱形纹锦	袖缘、袍摆缘	138	48		经线深棕、深红、土黄色；花纹长 11.3 厘米，宽 30 厘米
E 型大菱形纹锦	袍面	132	42	0.35	经线深棕、深红、土黄色；花纹长 9.8，宽 12.7 厘米
几何纹锦	襟里缘	132	40		经线土黄、深红、深棕色；纬线深棕色；花纹长 3.2，宽 7.6 厘米
舞人、动物纹锦	衿面、握缘、枕套缘	156	52	0.32	幅宽 50.5 厘米，幅边 0.7 厘米；经线深红、深黄、棕色；S 向弱捻；纬线棕色；花纹长 5.5 厘米，宽 49.1 厘米

据研究，这些锦的组织结构都是平纹地经线提花的经二重组织，根据其配色可分为两类：

其一，是二色锦，即在两种颜色的经线中各取一根成为一付，（或称为“一对”），织造时其中一根作表经（花纹经），另一根作里经（地纹经），二者不固定，同一根经线，有时作表经，有时则作里经，这样织物图案就有两种颜色。如要呈现更多的色彩，则采用分区配色法，即将图案分作若干区，每一区使用两种色线，在起花部位，表经的基本组织点是三上一下，里经是三下一上。在表里经互换时，组织点分作两组：二上三下，二上一下；三上二下，二下一上，相间排列。塔形纹锦、凤鸟凫几何纹锦、凤鸟菱形纹锦、条纹锦、小菱形纹锦、十字菱形纹锦都属于二色锦。例如，塔形纹锦分别以浅棕和土黄、深棕和土黄、朱红和土黄等组经线，织成19行条带，每行条带的塔形图案由若干个小矩形在一长方块内组成，顺经线方向排列，上下左右互为倒置。这样每行条带（每区）二色；整个织物则有多色，鲜艳多变，光彩夺目。19行条带中，以第10行为中轴，左右各行对称排列，美观大方。花纹循环，纬向宽29.6厘米，经向长7.4厘米，单位纹样纬向宽1.4～1.6厘米不等，经向长3.7厘米。凤鸟凫几何纹锦、凤鸟菱形纹锦、条纹锦等，虽则配色、图案变化有所不同，但织造方法基本上都是相同的。比较有特点的是：

小菱形纹锦兼用“挂经”，这种锦，单位纹样是小菱形，外套单虚线菱形格，作四方连续排列。用土黄、深红二色经线提花，纬线深棕色，在土黄色菱形的正中，用14根深红色经浮线织成花芯。因深红经浮线越过3根纬线（然后织入织物背面，直接去织下一个菱形的花芯）。未受到相邻经线相同的张力而呈弯曲状，所以称为“挂经”，它使二色锦的花纹中出现第三种颜色。

十字菱形纹锦“使用两色纬线，并改变表里经线的组织点，形成较长的纬浮线”。菱形由许多小方块组成，四角各有一个大十字，菱形内近四角处也各有一个小“十”字。经线有土黄、深棕二色。纬线有棕、朱红二色。花纹的大部分地方都用棕色纬线；只有大“十”字的中心用二色纬线相间排列；朱红纬线处于夹纬的位置。在这里，表里经线与棕色纬交织的组织点都是三下一上；而朱红色纬线则浮在25根经线之上。遮盖住其他经纬的交织点，使朱红色显现于十字形的中心。因有两种色纬，织造时需要两只“杼”。

其二，是三色锦，从三种色经中各取1根为1付，其中1根作地色，另2根显示花纹，织造时，1根作表经，2根作里经。基本组织点与二色锦相同。在花地交界处换线时，组织点也有两种：表经与1根里经二上二下，另1根里经是一上三下；表经三上二下，1根里经一上二下，另1根里经是一上三下。二者相间排列。大菱形纹锦、几何纹锦、舞人动物纹锦都属于三色锦。如大菱形纹锦，由三色经线各一根为一付，深棕经织地纹，深红和土黄线显示花纹。图案是大菱形内填充中、小菱形、“万”字形等各种不同纹样而成，并组成连续图案。舞人动物纹锦一个完整的花纹循环是7组不同纹饰的图案按纬向排列而成的，其纹饰主要是成对的龙、舞人、凤、麒麟等，各组图案间隔以拱形宽条纹，宽条纹中饰有龙纹和几何纹，姿态各异。锦本身呈深红、深黄和棕三色。幅边则呈深红和深黄二色。总之，纹饰和色彩都比较丰富。

这些织锦，经密多是纬密的3倍或更多。经线稍粗，多无捻，少数加S向弱捻，个别的为S向强捻。幅边也是经二重组织，一般以单色经纬两根为一组，组织点分别是三上一下和三下一上，但舞人动物纹锦的幅边是由深红色和深黄色两种经线织制的，经组织点同上，但在表里经换线处则是二上二下。从组织上说，二色锦比较稀疏，三色锦则紧密、厚实①。

1972年，长沙马王堆汉墓出土一批精美的织锦，显示了织锦技术的新进步。

1974年，湖北江陵凤凰山168号西汉墓也出土一批织锦，

---

①《江陵马山一号楚墓》，34～43页。

也是上述的纹饰和基本组织，充分说明这是那个地区当时织锦生产的基本技术和风格，也是战国时期楚文化织锦技术的继承和发展。

云南晋宁石寨山一号，滇王妃墓出土的铜贮贝器，上绣有52人的群像，其中有2人在展示连珠纹锦带和有平行条纹的织物①。

广西贵县罗泊湾汉墓出土有黑地桔红回纹锦残片。

在新疆和蒙古、中亚等地的遗址、墓葬中也出土不少汉代时期的织锦，基本上是中原地区织制的，这些锦都是经重平组织的经锦，其平铺满佈式的纹饰，多是祥禽瑞兽卷云纹、茱萸纹和汉文吉祥语、祝辞等，与上述两湖地区的锦有所不同。

从六朝到隋唐的织锦，在新疆地区也出土了不少。有些是汉族地区传入的；有些则应是本地各民族织制的，因为出土文书明确记载新疆有“黄地丘慈中锦”、“丘慈锦”、“疏勒锦”等。例如，《承平五年道人法安弟阿奴从翟绍远举锦契》明确记载：“承平五年岁次丙戌正月八日（5世纪时），道人法安弟阿奴从翟绍远举高昌所作黄地丘慈中锦一张，绵经绵纬，长九（尺）五寸，广四尺五寸……”在一份《杂物账》上记载：“传令口疏勒锦一匹，与处论无根……”② 说明丘慈锦是丝织品，黄色地，长度、幅宽都说清楚了，而且明确说是高昌地区织造的。

《魏书·西域传》也记载：疏勒等地“土多……锦、绵。”与出土文书的织锦相印证。如何区别这些锦？什么样的锦是新疆本地织制的？这是一个很不容易解决的难题。贾应逸“新疆丝

---

① 易学钟：《晋宁石寨山一号墓贮贝器上人物图像考释》，载《考古学报》，1988(1)。

② 新疆博物馆考古队：《吐鲁番哈和卓古墓群发掘简报》，载《文物》，1978(6)。

织技艺的起源及其特点”一文① 做了有益的尝试。她认为，主要的鉴别方法和标准是：第一，凡经纬线没有加捻或只加弱捻，而且捻向是S的，是中原地区织制的；而经纬线都加Z捻，捻度比较大，经线捻度大于纬线捻度的，则是新疆地区织制的，因这与新疆毛织品的特点相同，又符合新疆习用破口茧蚕丝纺织的特点。第二，中原地区织造的是纯丝织品，而新疆地区织造的则多丝棉混合织物，并以此作为鉴别新疆本地织锦的标准。例如：

几何纹锦，吐鲁番阿斯塔那309号墓出土，时代：北朝，丝棉混合织物。经线由粉红色的棉、丝组成，加Z捻，捻度平均每厘米5圈。纬线以黄色棉线作地纹，白、黄、红（有的又分大红、粉红二色）三色丝线显花，都加捻，捻度平均每厘米4～5圈（该文另一处说3圈），捻向除极少量S向外，其余都是Z向，经纬密度为每平方厘米30根×14根（图26）。

图26　丝、棉合织几何纹织物，北朝，新疆吐鲁番阿斯塔那309号墓出土（贾应逸摄）

巴楚脱库孜沙来遗址出土织锦，时代：唐，

① 载《考古》，1985（2）。

丝棉混合织物，用原色棉纱作经线，黄、绯色丝线作纬，经纬均加捻，Z 向，捻度：棉经每厘米 5～6 圈，丝纬每厘米 5 圈。

衣袖片，脱库孜沙来遗址出土，是 3/1 斜纹组织，在原色斜纹棉布上，织入色泽鲜艳、光泽度强的红、蓝色丝条纹，美观大方，其中的丝线都加捻，捻向 Z，捻度平均每厘米 7 圈①。

该文还研究了新疆织锦的组织法的特点是：与中原地区的经线显花法不同，大多采用纬线起花法，现概述如下：

几何纹丝、棉锦，是由两组黄色经线和红、黄、白三组纬线交织而成的纬二重平纹组织。两组经线为交织经和夹经，当交织经与红色纬线交织地纹时，黄色纹纬被压在浮长线下面，形成织物背面的地纹。花纹分区交织，交织经分别与黄、或白色纬线交织纹样时，白或红色纬线就组成织物背面的纹样，因而织物的正反面的花纹图案相同，但色泽相反。夹经不起交织作用，只是提花时，能延长织物的浮长线而使纹样清晰，从保存下来的幅边，可以看到纬线回梭形成的圈扣。

阿斯塔那 313 号墓出土的瑞兽纹锦和 328 号墓出土的兽纹锦也都是采用纬二重平纹组织法，但兽纹锦的夹经是双股，浮长线更长了，使织物表面呈现横向凸纹，花纹图案更为清晰，说明当时织造技术比较成熟。织锦和尼雅出土的东汉时期绿地人兽葡萄纹罽和黄地四瓣花纹罽的组织法完全相同。是新疆毛纺织技艺在丝织物上的运用。

新疆地区还生产斜纹组织的织锦，例如，吐鲁番出土的唐代初年的瑞花几何纹锦和规矩纹锦都是两重三枚斜纹纬锦。其中，规矩纹锦经线 Z 捻，平均每厘米 4 圈，密度每厘米 24 根，纬线未加捻，密度每厘米 34 根，交织经和一组深红色纬线织成

---

① 新疆出土的织锦标本的有关数据描述（包括本地织造和外地传入的），详见武敏：《新疆出土汉—唐丝织品初探》附表，载《文物》，1962（7）、（8）。

地纹，与另一组黄色纬线显出规矩纹来。特别是巴楚县脱库孜沙来遗址出土婆罗谜字母锦，经纬线都加Z捻，捻度平均每厘米6圈，经纬密度为每平方厘米25根×35根。经线分为交织经和夹经，交织经分别与黄、蓝色纬线交织成斜纹组织的黄色地纹和蓝色条纹，并在条纹上显出变体四瓣花纹和婆罗谜字母。据现在资料分析，新疆地区发现这种斜纹重组织的纬锦，最早的是7世纪，到8世纪时已经非常盛行了，阿斯塔那出土的对鸟纹锦（TAM322：029）、兽头纹锦（TAM331：04）、香色地菱纹锦（TAM301）等都是这种组织法。

在巴楚县脱库孜沙来晚唐房屋遗址中还发现了唐代的新品种——滴珠鹿纹锦，经纬线都加Z捻，捻度经线平均每厘米4圈，纬线平均每厘米2圈，经纬密度为每平方厘米26根×32根。其主要特点是：基础组织是平纹，又由黄、绿两组纬线和黄、绿两组经线交织成正、反两面花纹图案相同，但地纹和花纹颜色互相转换的双层锦，织物正面是在绿色地纹上显黄色滴珠和鹿纹图案。这种织物，现代纺织工业称为“表面换层的双层组织”，它必须在具有多梭箱的织机上进行生产，这种锦的出土，反映了新疆织锦技艺的新发展。

新疆本地织锦的花纹图案，最早出现的是在图案化了的“流云”或波浪纹上，立或卧着祥禽瑞兽。例如，斯坦因从新疆带走的一件瑞兽锦，织出吐鲁番戈壁沙漠中窜行的四脚蛇（蜥蜴）。阿斯塔那313、328号墓出土的瑞兽纹锦也是在酷似云霞、浪花、楼堞的横向图案上织出伫立着或张口奔驰的瑞兽。同时还常常点缀着一些被称为塔里木盆地绿洲居民的“种族标志”、广泛使用的四瓣花纹，这样既富于装饰效果，又具有鲜明的地方特色。据研究，这是在汉代以来满铺毯面的“文如云霞”或涡旋纹中翱翔、奔驰着禽兽的图案传入后，经新疆各族人民再创造，进一步图案化的产物。

6世纪以来的织锦中，还有一种遍地散花、散点和植物的图案，也是毛织品图案在丝织品中的运用。例如，吐鲁番出土的瑞花几何锦连珠小花锦等，都是四瓣花的变体。特别是阿斯塔那301号墓出土的菱花锦，在棕色地上满铺红色龟甲纹，各龟甲间以方胜相间，龟甲中再填充四瓣花纹，它和尼雅出土东汉时期的龟甲四瓣花纹罽的图案完全相同。规矩纹锦，是在圆形图案中填充四个矩形组成的类似“井”字形的纹饰。圆形代表月亮，著名的“阿依古丽”即月光花；四个矩形组成的“井”字，实际上是图案化了的四瓣花及其变体。几何纹锦是图案化了的佛塔建筑，并填充了四瓣花纹。婆罗谜字母锦也相间着变体四瓣花纹。

此外，还有条纹、格纹图案等织锦，如对鸟纹锦等。公元7世纪，生活在吐鲁番地区的麴娘，曾“晨摇彩笔，鹤态立于绿笺；晚弄琼梭，鸳纹出于红楼”。织的就是这种锦。氐族建立的前秦政权下，前秦州刺史窦滔的妻子苏惠（字若兰）曾在长方形织锦帕上织上著名的回文诗：“苏氏惠若兰织锦回文璇玑图”，全文是：“夫妻恩爱久别离，鸳鸯枕上泪双垂。思量当初结发好，谁料冷淡守孤凄。去时嘱托真情语，谁知至今久不归。更想家中柴米贵，再思身上少寒衣。野鹤尚能寻伴侣，阳鹊浓山叫早归。可怜天地同日月，我夫何不早回归。本要与夫同日去，公婆年老身靠谁？织锦回文朝天子，早放奴夫配寡妻。”

南北朝时期，在中原地区的少数民族政权的织锦纹饰也相当丰富。例如羯族建立的后赵政权的织锦署中，就有“大登高，小登高，大明光，小明光，大博山，小博山，大茱萸，小茱萸，大交龙，小交龙，蒲桃纹锦，斑文锦，凤凰锦，朱雀锦，韬文锦，桃核文锦”等等。其最高统治者石虎“冬月施熟锦流苏斗帐，四角安纯金龙头衔五色流苏；或用黄地博山文锦，或用紫绨小光明锦”①。

北朝的锦，多是在几何骨格中填以各种动物纹样，例如在甘肃敦煌莫高窟发现的几何骨格龙虎朱雀纹锦、新疆吐鲁番出土的几何格填鸟兽纹锦等等，并开始有了由西向东传播的联珠纹锦和纬锦，如吐鲁番出土的联珠拂林人对饮纹纬锦等，在联珠圆圈中有一对卷发高鼻，穿窄袖对襟紧身袍，着高统皮靴的拂林人，中间还有一个罗马式大酒罐②。又如阿斯塔那331号墓出土一件纬显花的瑞花几何纹锦和公元619年文书，它充分证明，纬锦在唐初甚至在南北朝和隋时已经产生。

考古工作者不断在我国西北丝绸之路沿线发现一种联珠纹装饰的纬锦，如北朝——隋联珠孔雀贵字纹锦和联珠胡王锦等（图27）。

图27 联珠凤纹锦复面，北朝，新疆吐鲁番出土（贾应逸摄）

据《新唐书·南蛮上》载：南诏曲靖州至滇池地区不仅能织锦，而且“精致”。《蛮书》也说：蛮人之锦，“锦文颇有密致奇采”，“朱紫以为上服”。据《南诏德化碑》：唐代时吐蕃回赐南诏之物有“锦袍”。这种锦是出自吐蕃人之手，还是来自中央王朝的？值得注意。

所有这些是少数民族讲究鲜艳、丰富的色彩和汉族织锦技术、纹饰的强烈影响相结合的必然产物。

① （晋）陆翙：《邺中记》。朱启钤：《丝绣笔记》卷下，2～3页，无冰阁本。
② 《中国美术全集·印染织绣》（上），30页。

东北地区的少数民族也织锦。据《三国志·乌丸鲜卑东夷传》,夫余人似也能织锦,出国时以锦罽为衣。到隋唐五代时期,渤海、契丹等能织朝霞锦①。

二、绒圈锦

在长沙马王堆汉墓、湖北江陵纪南城汉墓、甘肃武威磨咀子汉墓中还出土有织锦中的特殊品种——绒圈锦(又叫"起毛锦"),即在织锦花纹图案的表面上织有大小绒圈。因起绒织物耐磨,又美观,所以它主要用于衣袍的滚边和贴边以及香囊、镜囊的底部。

马王堆一号墓出土的红青地矩文绒圈锦(该墓共出的"遣册"上称为"绩"),它的纹饰由18种单元的小型的几何图案,如矩形、角形、折曲形、几何小点等等散列组成,都是有立体感的环状绒圈,花纹与长沙左家塘楚墓所出散点小几何纹锦的单元花纹相似,可见有一定的延续性。它以二三色经丝和单色纬丝交织而成,色调以深色为主,如褐色地朱红花、玄地绛红花等,沉稳艳丽,谐调突出。

经丝分为:甲地纹经(1)、乙底经、丙绒圈经、丁地纹经(2)四组。底经与纬丝交织成锦面的地子。两组地纹经交叉与纬丝交织地部的花纹;绒圈经则与纬丝交织起大小绒圈。两组地纹经交叉织造的目的是显现地纹色彩(多色),二是为了覆盖绒圈锦的固结点。

纬丝有两种,一种是织入固定于锦内的明纬;另一种是织入绒圈经内、起填充成卷的绒圈的作用,织成后即要抽掉,使绒圈经成为一个个环圈的起绒纬,也称为假织纬(可能是用细竹丝)。

组织结构比较特殊,是采用四枚斜纹的重经组织(三上一

---

①《新五代史·四夷附录,第一》。

下或一上三下），起出1～3枚浮长的经浮点的不同花纹。经密每厘米（54～56）根×4根（N6-1），176～224根（N6-2）。纬密每厘米43～52根（N6-1），41～50根（N6-2）。

甘肃武威出土的西汉末期的绒圈锦①，可能是内地汉族地区织造的，与上述两湖地区西汉早期的比较有些差别——两湖的经线四组，甘肃为三组，地纹经只一组；两湖的纹饰单元18种，甘肃的只有小耳杯形纹两种；两湖的经密176～224根，纬密41～52根，而甘肃的经密132根，纬密46根。可见两湖地区的绒圈锦有一定的地区、民族特色。

绒圈锦织造技术复杂，美观耐用，是我国丝织技术高度发展的重要标志。

绒圈锦中的绒圈，只要用剪刀剪开，就成为丝绒。所以它又是我国最早的绒类织物，是提花锦发展的产物。它的发现，说明早在二千多年前，已经创造出起绒组织，为后世绒类织物的发展打下了良好的基础②。

三、蜀锦

蜀锦是四川成都地区生产的很有特色的织锦，自汉代以来，在我国历史上是很著名的。唐太宗时期，益州大行台、检校修造窦师伦组织设计织造的许多新品种，"章彩奇丽"，影响全国。蜀锦的渊源当与巴蜀古代各族人民的丝织技术传统有着密切关系。特别是三国蜀汉时期，诸葛亮开发南中地区（包括云、贵、川和桂的部分地区），把先进的农、桑、丝织技术传入西南夷（包括濮、僚、叟、羌、昆明等民族），使他们去山林，居平原，建城邑，"务农桑"，学会了织锦，织成著名的"诸葛锦"，所以至今人们还传颂着著名的诸葛锦诗："丞相南征日，能回黍谷春。

① 甘肃省博物馆：《武威磨嘴子三座汉墓发掘简报》，载《文物》，1972（12）。
② 《中国纺织科学技术史》，347～358页。

干戈随地用，服色逐人新。苎幅参文绣，花枝织采匀。蛮乡椎发女，亦有巧手人。”① 并有许多动人的故事。

又唐太和三年（公元829年），云南地区乌蛮族建立的南诏政权攻陷成都，寇掠四川，把这里的能工巧匠虏掠到南诏，使南诏的丝织生产和技术有了很大的发展，其生产力与技术水平已赶上中原和巴蜀地区。那么它的丝织技术肯定主要是承袭四川成都的丝织技术，其中必定也有蜀锦生产，因而蜀锦与少数民族发生了密切的关系，成为蜀汉以来，西南各族人民生产的纺织品中重要的一种。下面根据文献记载有关蜀锦和诸葛锦的一般情况做简单介绍。

蜀锦原来也是经线显花的，从唐代开始，逐渐采用纬线显花，其代表性的品种：

汉～唐代，主要有：花树对鹿、对雉、斗羊、翔凤、盘龙、狮子、天马、辟邪、孔雀、仙鹤、芝草、万字、双胜、方胜、六破等。

五代的十样锦有：长安竹、天下乐、雕团、宜男、宝界地、方胜、狮团、象眼、八答晕、铁梗襄荷等②。

颜色方面，常用的有青绿、鹅黄、金鹏、紫皂、绯红、翠池、雪花、玛瑙、真红等。其中最重要的是真红色。日本法隆寺收藏的蜀红锦等就是见证。

唐末陆龟蒙在“纪锦裙”一文中叙述了他在朋友家中看到的一件蜀锦裙：“其前则左有鹤二十，势如飞起，率曲折一胫。……右有鹦武，耸肩舒尾。……隔以花卉。……五色间杂，……春草夹径，远山截空，……粉蝶涂染。……云隐涯岸。……”③

---

① 《蜀锦史话》，17页，四川人民出版社，1979。

② 朱启钤：《丝绣笔记》，无冰阁本。

③ 《中国纺织科学技术史》，359页。

美极了。

西南地区各少数民族仿造的蜀锦——诸葛锦（或称“武侯锦”）也非常漂亮，又结合本地区的条件和民族传统，很有特色。（清）田雯《黔书》卷四和《遵义府志》记载：“武侯锦，锦用木棉线染成五色织之，质粗有文采。俗传武侯征铜仁蛮不下，时蛮儿女患痘，多有殇者，求之武侯（武侯为之治病，并派工匠）。教织此锦为卧具，立活，故至今之名曰武侯锦。”可见这种锦与蜀锦相同，有五色，非常艳丽。至于纺织纤维，该志说是木棉，但多数研究者认为是棉、丝两种。可能是最初为棉织品或麻织品，后才为棉与丝、或麻与丝交织、或几种并用。又说：“诸葛锦”一名“洞锦”。贵州黎平苗族人民“以五色绒为之”。以白纱为经，蓝纱为纬，挑花织成各种精美图案，“亦有花木禽兽纹样，精者甲他郡，冰之水不败，渍之油不污，是夜郎苗妇之手，可与尧时海人争妙也”①。唐代樊绰《蛮书》记载：云南少数民族人民会织锦。“其纺丝入朱紫以为上服”。“锦文颇有密致奇彩”。《新唐书·南诏传》也记载：“自曲靖州至滇池”之人所织锦“精致”，“大利（按：“利”应为“和”之误，大和在今大理）流波濯锦”。并以“锦袍”贡献吐蕃②。蛮及家口悉不许为“衣服”，“蛮王并清平官礼衣悉服锦绣”。只有统治者才能服用。

第六节　织成与缂丝

一、织成

织成，又被称为“织绒”、“绒”、“偏诸”等，是从锦分化出来的一个品种。它是在经纬交织的基础上，以通经回纬方法

① 《蜀锦史话》，18页。

② 《南诏德化碑》，见《云南各族古代史略》，云南人民出版社，1977。

用彩纬挖花织制的。它以平纹或斜纹作地组织，并用彩色丝线以平纹或斜纹挖花织入图案纹饰，在花纹部分形成纬二重组织。这种织物既实用，又可作装饰品。

据研究，以南北朝后期的萧梁为界限，以前的织成多厚密实用；以后多轻薄，成为精细服饰和艺术欣赏品①。这使织成比汉锦还更受重视。从汉代以来，屡见于文献记载，不断生产，而且越来越成为珍贵品。这种织物，不仅汉族生产，少数民族也会织制。

北朝时期统治中原地区的少数民族政权，利用汉族的技术、工匠，组织生产织成。例如，《邺中记》记载：羯族后赵政权的中尚方有织成署，“有数百名”“巧工”。统治者石虎出猎，“著织成合欢裤”②，“合欢”指五色交合。《晋书·石季龙载记》：石勒从子石季龙“常以女骑一千为卤薄，皆著……五文织成靴，游于戏马观”。《隋书·礼仪志》记载：（北齐）河清中，“改易旧物，著令定制云。乘舆……衮服，皂衣绛裳，……织成为之”。研究者认为：“晋以前，皇帝的衮衣都是刺绣，公卿的衮衣始用织成。南北朝时变化不大，南朝皇帝的 衣仍是绣与织成并用。到南北朝末期，忽然改观。从北齐起，皇帝的衮衣一律改为织成，并把绣降等，降为侍臣之服”③。织成更为珍贵了。

边疆少数民族也会织造。例如：《南齐书，芮芮传》记载：齐永明中，活动于蒙古和新疆北部的少数民族，“芮芮王求医工等物。世祖诏曰：知须医及织成锦工，……并非所爱。……（唯）织成锦工并女人，不堪远涉。……不副为误”。虽未能从中原地区得到织成锦工，但有此需求，可能本地已有生产（当时，新疆部分地区在其属下），只是工艺不精而已。

---

①②③　赵承泽：《从新疆出土的三件织品谈有关“织成”的几个问题》，见《中国纺织科技史资料》，第3集。

杜甫《太子张舍人遗织成褥段诗》说到："客从西北来，遗我翠织成。开缄风涛涌，中有掉尾鲸。逶迤罗水族，琐细不足名。……奈何田舍翁，受此厚贶情。锦鲸卷还客，始觉心和平。"这里描写的是西北少数民族用织成方法织造的毛毯。可证明西北民族地区早已掌握了织成的生产技术。汉、北魏的织成毛织物也已在新疆地区出土，是我国迄今所知最早的通经回纬织物。丝织织成也有。例如，1964 年在吐鲁番阿斯塔那一座东晋时期墓中，（当时属北凉政权疆域）出土两双织成履。其中无字花鞋，以丝为纬，以麻为经，交织而成，纱线比较粗，每一平方寸大约仅有 14 根经线，11 根纬线，交织点明显凸起，大如半颗大米粒，相当厚实。用色较少，只有红、蓝、黄三色。鞋头处有我国传统图案——大朵云纹。云纹之中，一律单色平涂，没有点缀。两帮是单色素织，也没有文字。

有字花鞋，长 22.5 厘米，宽 8 厘米，高 4～5 厘米，丝质，纱线也比较粗，每 10.9 平方厘米（1 平方寸）有经线 26 根，纬线 22 根，虽比无字花鞋细密一些，但比较厚实。履用褐红、白、紫、黑、蓝、土黄、金黄、绿八色丝线织成，鞋尖处织蓝色对狮和褐红地上一排土黄色三角纹形带纹；鞋尖下沿处在褐红地上织出黄色飞舞的蝴蝶。鞋头中间有褐红色的彩带，在彩带的中间是一只绿色的蝴蝶纹，两旁有各 16 个绿色点纹。鞋面中间在白色地上有黄、紫黑、褐红三色组成叠山形，在叠山形两边布以汉隶褐红色的"富且昌"、紫黑色的"宜侯王"、黄色的"天延命长"的铭文。彩叠山形有五层五色，山坡用紫黑色的飘带纹组成。鞋口是褐红地上起出白色的云纹和星点纹。鞋帮内两条蓝色地上织出褐红色的四瓣小菱形和白色的卷云纹。中间一条彩带是金黄色地上起蓝色四瓣小菱形和白色的卷云纹。

研究者认为：上述这两种织成都是新疆本地织制的，……①

二、缂丝

缂丝也是采用通经回纬织法、非常轻薄的工艺美术织物，通常用以织制书画。

缂丝以本色丝作经，平纹组织为基础，用彩色纬织诗书、图画等花纹。

学术界一般认为这种缂织法最早用于毛织物（迄今所见最早缂毛为汉代新疆出土），后来才运用于丝织生产，先出现比较厚重的织成，后来发展为缂丝。但据介绍，在河南信阳长台关的春秋墓和湖北江陵望山的战国墓所出竹简中，有10支简上写有“缂”字，据研究，是指缂丝织成的带子②。如果这是真的，那么上述有关缂织法的历史就要重新认识和改写了。

（英）斯坦因和（日）大谷探险队曾在新疆和甘肃敦煌发现有唐代图案作风的缂丝残片。1973年，我国考古工作者在吐鲁番阿斯塔那206号张雄妻子墓女舞俑腰带上又发现了一条唐代的缂丝带，长9.5厘米，幅宽1厘米，由大红、桔黄、土黄、海蓝、天青、白色、沉香及草绿（底色）八色织成的四叶图案。并采用分段退晕法织出色晕层次；1/1平纹纬线显花；经纬密度为每平方厘米15根×116根③。（《中国美术全集·印染织绣》卷说长9.3厘米，宽1.9厘米。色为草绿、墨绿、桔黄、中黄、黄棕、白等，与上述稍有不同。）当然缂丝真正盛行那是在宋代以后。

---

① 赵承泽：《从新疆出土的三件织品谈有关“织成”的几个问题》，见《中国纺织科技史资料》，第3集。

② 张振林：《缂丝史的珍贵资料》，载《中山大学学报》，1980（1）。

③ 忻鼎新：《沿丝绸之路出土的纺织品初探》（三），《中国纺织科学技术史》，374页。

第七节 绸

绸，是采用基本组织或混用变化组织或无其他类丝织物特征的、质地紧密的丝织物。

绸出现于西汉，当时写作“紬”，专指利用粗丝、乱丝纺纱织成的平纹丝织品，丝粗帛厚而耐磨，类似后来的纺绸和绵绸。两晋南北朝时期，绸开始有了粗细之分：粗绸有“絁”、“絓”；细绸有“䌟”、“绕”。1973年，山西寿阳县北齐贵族库狄回洛墓出土的有粉红色绸，质地细腻，并织有平凸的花卉纹（现已坏）[①]。唐代绸也作贡品，有花绸、平绸、绵绸等品种[②]。南北朝时，氐人“出紬绢布……”[③] 据《大唐西域记》记载：唐代时，新疆于阗地区的各族人民“工纺织絁紬，……多衣絁绸”说明于阗地区已能纺织粗绸，或许还有花绸等细绸，是新疆地区的丝织中心之一。隋唐时期的渤海国，善于用本国沃州、龙州等地所产的柞蚕丝织制绵绸，其中“鱼牙绸”、“朝霞绸”等相当精美，常作为贡品，龙州（今黑龙江宁安）是著名的产地[④]。云南地区的西洱河蛮也能生产絁、绢等。

第八节 绦

绦是一种很窄的织带，装饰衣服之用。根据其组织结构，绦可分为纬线起花绦和针织绦两大类。

一、纬线起花绦

有两色或两色以上的纬线，其中一种为地纬，其他作为花

---

① 王克林：《北齐库狄回洛墓》，载《考古学报》，1979（3）。

② 《中国大百科全书·纺织卷》，22页，中国大百科全书出版社，1984。

③ 李延寿：《南史·夷貊下》，中华书局校点本，1975。

④ 《新唐书·北狄传》。

纬。按照花纬不同的织入方法，又可分为抛梭法和穿绕法两大类。这在湖北江陵马山一号楚墓都有出土。现据《江陵马山一号楚墓》一书的研究报告，简介如下：

（一）抛梭法织入花纬

抛梭法织入花纬即将花纬在起花部位织入梭口，不起花部位则把花纬沉悬于织物背面，成为长浮线。这种织物只有一件菱形花卉纹绦，在 N_{12} 的领部，地组织为一上一下的平纹。经线和地纬深棕色，为S向弱捻的合股丝线。花纬土黄色，未加捻。在起花部位，花纬与地纬作一比一的配置，纬密比地组织增加1倍。花纬在织物正面以浮线形成花纹，浮长1～3，一般是2，不盖住地纬。花纬在距离幅边3根经线处折回，连续使用。这样，相邻的两根花纬织入梭口时的方向相反。花纬小而稀疏，分作两组，不相连接。一组为小菱形格，另一组是对称的小花朵和几何形纹。

（二）穿绕法织入花纬

穿绕法织入花纬，地组织花纬与地纬的排列比等，与抛梭法相同。这种织法的主要特点是：花纹是以连续的短浮线压在地组织上面，浮线之间的缝隙很小，花纬盖住了地组织（抛梭法不盖住）。织造过程是：织某段花纹时，用小梭子“杼”先把花纬结头留在织物反面，并织入一根地纬，将其压住。花纬从花纹的起始点顺纬线方向，越过两根经线，在织物反面由经线的缝隙中穿到正面，再向相反方向（右或左）越过两根经线穿到反面（正好是刚才的起始点）。这样便在织物正面形成了跨越两根经线的一个花纬组织点（有时花纬的浮长为1和3）；花纬再从织物反面越过四根经线（如前所述，其中有两根已被遮盖过），穿到正面，再朝相反方向跨越两根经线穿入反面，这样在织物正面，又完成了一个组织点。这样连续穿绕，便在织物正面显示出由若干短浮线紧密相连而成的长浮线。若要织造复杂的花纹，需分区设色，每一小区一色，顺经向排列，花纹往往是左右对称的。因此，每色花纬需用两个或更多的“杼”，左右分置，每个杼仅在一个小区使用。这种织物，地组织的经密比较稀疏，每厘米只有 32～36 根，纬密则较抛梭织物稍密一些，每厘米 23～32 根。花纬线比地纬线粗，以便花纬遮盖地组织，又易显出立体效果。

这种织物出土比较多，主要用作衣袍的领。

按纹饰区分，主要有 3 种：田猎纹绦、龙凤纹绦、六边形纹绦。

马山一号墓出土纬线起花绦登记表

标本	名称和部位	地组织密度（根/厘米）		丝线投影宽度（毫米）			厚度（毫米）	幅宽（厘米）
		经密	纬密	经线	地纬	花纬		
N10	田猎纹绦　袍领	36	22	0.25	0.20	0.3～0.4		6.8
N22	田猎纹绦　袍领	32	32	0.20	0.2～0.25	0.3～0.4		5.6
N10	龙凤纹绦　袍领	36	22	0.25	0.20	0.3～0.4		6.3
N22	龙凤纹绦　袍领	32	32	0.20	0.15～0.2	0.15～0.5	0.42	5.7
N12	六边形纹绦　袍领	32	24	0.15～0.2	0.25～0.3	0.3～0.5		6.1
N15	六边形纹绦　袍领	32	24	0.15～0.2	0.25～0.3	0.3～0.5		6.1
N12	菱形花卉纹绦 袍领	48	20	0.15～0.2	0.2～0.25	0.15～0.2		2.3

二、针织[①] 绦

据马山一号楚墓出土物研究，属手工纬编织物，是把丝线弯曲成线圈并串连起来而成的。其线圈结构的特点是：第一，线圈形状如ㄨ，下部两个沉降弧与上部圆圈相交成闭口线圈，而现代机械纬编织物则不相交，是开口的，成ㄨ形；第二，新线圈要从纵行中的 2 个线圈中穿过，构成重套线圈。这也是现代机械纬编织物所有的。根据绦带组织结构的不同，又可分为横向连接组织绦和复合组织绦两大类。

横向连接组织绦，用深棕、淡黄两色丝线轮流编织构成线圈横列，形成彩色条纹——淡黄和深棕各 3 列，深棕 9 列，淡黄 6 列，深棕和淡黄各 3 列，深棕 20 列。花纹循环长 10.7 厘米。纵行 3 行，两侧向内卷曲，外形呈圆或半圆条状。反面上层是浅黄色衬绢。丝线双股合成。其操作过程是丝线作单向成圈活动，多从右至左编结。

复合组织绦，即由横向连接组织与单面提花组织合成。花纹主题是单面纬编提花组织，只在正面显示，花部每一线圈横列都用两根不同色的丝线编织；反面都有一根未参加编织的水平浮线。不起花部位则为单面重套组织。各主题花纹之间的红棕、深棕、土黄色段相隔，属横向连接组织，这种织物比较厚实、牢固。

发现的复合组织绦有 3 种主要纹饰，即：动物纹绦、十字形纹绦和星点纹绦。

---

① 学术界有不同认识，《中国大百科全书·纺织》等认为是针织绦，但赵丰"马山一号楚墓所出绦带的结法及其技术渊源"认为，针织是近代从国外传入的。马山一号出土的这种绦，不是针织绦，而是属于锁绣体系。载《考古》，1989 (8)，供参考。

马山一号墓出土针织绦登记表①

标本	名称和部位	宽度（毫米）	纵行数	圈高（毫米）	圈距（毫米）	丝线投影宽度（毫米）	丝线捻度（次/米）	厚度（毫米）
N7	横向连接组织绦，衾面	3.3	3	3	1.1	0.3	Z，S，1000	0.47
N9	横向连接组织绦，袍面	3.3	3	2.4～3.4	1.1～1.2	0.3	Z，S，1000	
N14	动物纹复合组织绦，领、袖缘	15	13	2～3.2	1.1	0.25～0.3	Z，S，深棕 1000～1100，土黄 2000～2500	1.55
43	动物纹复合组织绦，荒帷下缘	17	13	2.8～3	1.3	0.4	Z，S，土黄 2500 深棕 1000～1600	
43	动物纹复合组织绦，荒帷下缘	15	13	2.8～3	1.1	0.4	Z，S，土黄 2500，深棕 1000～1600	
N25	十字形纹复合组织绦，裤面	12	11	2.6～5	1.1	0.3	Z，S，深红 1250，其他 1000	0.77
N19	星点纹复合组织绦，领缘	15	13	2	1.1	0.25～0.3	Z，S，土黄 3500，其他 2900	1.55

第九节　组

组是一种没有纬线，只用两组经线相交编织而成的丝织窄带子，与绦的织造方法不同，但古代也称为“绦”，如马王堆出土的葬品清单中，就写作“绦”。现代的著作也多绦、组不分。不过，因编织方法截然不同，所以本书还是把绦与组分开叙述。

马山一号楚墓出土好几件，现据《江陵马山一号楚墓》一书的论述，做简要介绍如下：

① 《江陵马山一号楚墓》一书。

马山一号出土的组登记表

标　本	在织物的部位	单层经线数（根）	单层宽度（厘米）	经线颜色
N8	袍领、缘	96	8	浅黄
N17－1	质的系	163	7.5	土黄
N18－4	捆扎双臂的组带	137	19.6	土黄、黑、深红
N18－3	握上的系	80	9	深红、土黄
N21	佩饰的系	544	34	土黄
N23	衣领	108	9	浅黄
8－5B	帽系	672	39.5	紫、土黄
8－12	囊的系	26	2.3	深棕
8－6	囊的系	26	2.3	深棕
8－4B	铜镜纽上的系	94	10.5	深红、黑

上述的组都是双层，多单色；少数二三色。一般是交错排列，并不组成纹饰；只有8—5B帽系一对织出图案——用紫、土黄二色丝编织出三角纹、雷纹和横带纹等。

织造工艺是：两组经线均成90°角，轮流一沉一浮互相交织。每组经线又由两根丝线组成，浮在表层的那组经线两根上下分开；下沉的那组经线则以45°角从中穿过。然后上浮的那组经线改作下沉，下沉的另一组经线则变为上浮，如上法编织，形成两面相同的组织。在组的边缘，将经线向内回折成90°角，继续编织。组的上下两端是线头。

长沙子弹库战国楚墓也出土有2件棕色组带，长宽分别为22厘米×8.5厘米、26厘米×6厘米。由合胶状经丝斜编而成，类似罗织物，不起花①。长沙广济桥五号战国楚墓出土空花丝带

① 湖南省博物馆：《长沙子弹库战国木椁墓》，载《文物》，1974（2）。

2 条，宽 5 厘米，以斜纱织成既规则又均匀的网目空花，下端垂有 4 厘米长整齐的丝绍，织造技术高超①。

马王堆一号汉墓也出土有这样的装饰丝带。其中饰在手套和细麻布上的绛红、白、黑三色丝带，上织有篆书“千金”二字，同时出土的简册称之为绦——“千金绦”。但因绦与组的织法不同，而这种织物没有纬线，只用左、右经线织成，是“组”的织法，所以我们把它归于“组”类。

在甘肃武威磨咀子西汉墓出土的黄色丝带，每厘米有 9 根经丝；棕黄丝带，有 20 根经丝，分甲乙二组，交叉编织，也是组之类的织物。

这种用华丽的绦、组作衣服装饰的习俗，在南方少数民族中迄今仍然盛行，应是民族传统工艺的继承和发展。

第十节 刺 绣

1974 年，陕西宝鸡茹家庄西周前期氐人强伯墓出土刺绣品印痕，采用辫子股绣（即锁绣针法），在染色丝绸上，用黄色丝线绣出横、竖、卷等线条组成的图案，再用毛笔蘸色在花纹部位涂绘大块颜色制成。主要用单线条（一条辫子股）勾勒轮廓；在个别部位，为了加强纹饰效果，用双线条，舒卷自如，针脚匀整，表明刺绣工艺相当熟练。颜色有朱红、石黄、褐、棕四色②，非常鲜明。红、黄为天然朱砂、石黄加粘着剂涂染，刺绣料用植物染料染成③。

1958 年，湖南长沙烈士公园 3 号木椁墓（春秋）出土的丝

① 湖南省文物管理委员会：《长沙广济桥第五号战国木椁墓清理简报》，载《文物参考资料》，1957（2）。

② 《中国美术全集·印染织绣》卷。

③ 李也贞等：《有关西周丝织和刺绣的重要发现》，载《文物》，1976（2）。

被，在平纹丝织物上绣有堆花，还有朱色彩绘，是绘缋的余绪。又有 2 件绣品，在绢上以链环状针脚绣出龙凤图案，雄健有力①。

迄今所知，出土大量早期刺绣品的是湖北江陵马山一号楚墓，共有 21 件，主要用作衣衾等的面和缘，现据《江陵马山一号楚墓》等书的报道，简介如下：

绣地以绢为主，只有一件是罗地。针法都是锁绣。从绣品上的遗迹可知，在刺绣之前，多要先描绘图稿，图稿多是较淡的墨线，少量是朱红色线。绣工在刺绣过程中，还可局部修改图稿，使之更完美。刺绣都是在成幅的绢、罗上进行，使用时再按所需大小剪裁。较大的花纹由数人共同完成。花纹的主体部分一般用多行锁绣覆盖绣地；有些则以单行或数行锁绣排成稀疏的线条。绣线多双股合成，颜色有棕、红棕、深棕、深红、朱红、桔红、浅黄、金黄、土黄、黄绿、绿黄、钴蓝等 11 种。同时全部花纹都用色线绣成，但已不用绘缋、填彩，表明刺绣工艺已相当成熟。

花纹主题是龙凤，但形态各异，富于变化，主要有：蟠龙飞凤，对凤对龙，龙凤相蟠，舞凤逐龙，舞凤飞龙，龙凤相搏，飞凤，凤鸟，凤鸟花卉，凤鸟践蛇，龙凤虎纹等。这些龙凤纹以凤为主，似有尊凤之意，与中原汉族地区有别（以龙为主）。例如：

龙凤相蟠纹绣，就有一凤一龙相蟠，一凤二龙相蟠，一凤三龙相蟠等 3 种，但无论哪一种，都是凤处于中心地位。就以一凤二龙相蟠纹绣来说，在菱形图案中，凤鸟在正中，二龙从两侧盘绕于凤身，菱形四边又饰有连续的几何形纹，四角各有 1 个圆环，图案长宽约 28 厘米。颜色方面，绣地为浅黄色绢，花纹所用绣线有土黄、浅黄、红棕等色。还保留有朱色图稿痕迹。

---

① 高至喜：《长沙烈士公园 3 号木椁墓清理简报》，载《文物》，1959（10）。

又如龙凤相搏纹绣，花纹有的表现一只凤鸟正在追啄一条龙，龙反身躲避，紫红绢绣地，绣线有红棕、土黄二色，花纹长 39 厘米，宽 13.5 厘米；有的表现对龙与对凤搏斗，也是紫红绢绣地，绣线则有土黄、红棕、朱红、黑等 4 色。花纹长 40 厘米，宽 9 厘米。基本上是以花草、藤蔓、横、直、对角线等组成方形或菱形骨格，中间填以变体动物图案，由于采用“按几何骨格对位布局，同位对称与移位对称并用等方法，因而纹样已有严格的数序规律，又有灵巧的穿插变化”。色彩多用三五色，“多数采取暖色基调的缓和对比或邻近调和，在色彩明度上则拉开层次，故富丽缤纷，又和谐统一”①。

这些绣品在艺术上都有较高的水平，例如蟠龙飞凤纹绣，单元图案长方形，长 72 厘米，宽 44 厘米，上部是一条反 S 形盘旋的大龙，口衔一条作 S 形回首状的小龙的尾巴。下部是一只高冠、展翅飞翔的小凤鸟，鸟嘴与上部大龙的尾部相衔。凤鸟下部又是一条卷曲的小龙。中间有花枝和十字形作为对称轴。除凤冠、凤翅用稀疏的单行锁绣线填充外，其他部位均是满绣。

绣地为浅黄色绢，墨绘稿，绣线有棕、深红、土黄、浅黄色。整件看来构图紧凑、充实，颜色配置协调，给人以华丽之感。

绣品用针登记表

标　本	名　　称	部位	锁　扣		线径（毫米）	备注
			长（毫米）	宽（毫米）		
N2	蟠龙飞凤纹	面	0.7～1.2	0.4～0.6	0.3	绢地
N7，N14	对凤对龙纹	面	1.1～2	0.6～0.8	0.2	绢地
N13	一凤一龙相蟠纹	面	1.6～2	0.5～0.6	0.15～0.4	绢地

① 《中国美术全集·印染织绣》卷。

续表

标　本	名　　称	部位	锁　扣		线径（毫米）	备注
			长（毫米）	宽（毫米）		
N12	一凤二龙相蟠纹	缘	2～2.4	0.8～1.2	0.15～0.2	绢地
N5	一凤三龙相蟠纹	内缘	1～2.5	0.4～0.8	0.5	绢地
N2	舞凤逐龙纹	面	1.7～3	0.6～0.7	0.4	绢地
N22	舞凤飞龙纹	面	1～2.4	0.2～0.8	0.1～0.15	绢地
N13	龙凤相搏纹	缘	1.5～1.8	0.8	0.15～0.2	绢地
44	龙凤相搏纹	缘	2～4	1～1.2	0.25～0.3	绢地
N7	飞凤纹	内缘			0.2	绢地
N5	凤鸟纹	内缘	1～2.5	0.4～0.8	0.5	绢地
N16	凤鸟花卉纹	缘	1.6～1.8	1～1.2	0.15～0.25	绢地
N25	凤鸟花卉纹	面	1.8～2	0.8～1	0.2～0.25	绢地
N19	凤鸟花卉纹	缘	1.4～2.1	0.4～1.5	0.2	绢地
N10	凤鸟花卉纹	面	1.5～2	0.4～0.6	0.15	绢地
8－4A	凤鸟花卉纹	面	2～2.8	1～1.2	0.2～0.3	绢地
8－3A	凤鸟践蛇纹	面	3	1.2	0.15～0.2	绢地
N9	龙凤虎纹	面	2～2.4	1～1.2	0.2～0.5	罗地

长沙马王堆西汉墓出土了很多刺绣，有“信期绣”，上面绣满长尾小鸟，可能是变形的候鸟——燕子，取其每年定期往返南北方的特性。有“长寿绣”，上绣多色的云彩、花蕾和叶瓣。有“乘云绣”，上绣有翻卷着的云雾和云雾中稍露头部的神兽。还有“茱萸”纹绣、云纹绣、方棋纹绣等等。针法基本上都是采用锁绣法，但又可分为开口锁绣和闭口锁绣两种。同时还使用了两种新技术：一是使用了类似接针的绣法，使花纹尖端更细，如长寿绣。二是使用单针辮子股绣法，与后来打籽绣的针法非常相似，如方棋纹绣。另外，铺绒绣是以直针针法满绣而

成，属于平绣系统。这些绣品，有的图案单元小，线条细密，做工精巧，如信期绣；有的则图案单元大，线条比较粗，如长寿绣、乘云绣等。总之，纹饰多样，寓意深刻，色彩丰富、协调，针法细腻、流畅，是精美的高级绣品①。

在我国西部也出土了汉～唐的刺绣品，例如：甘肃武威磨咀子东汉墓出土1件苇胎针黹箧，苇胎箧面四周用赭、白两色平纹经锦缝制成宽边，中间则是绢地花卉纹绣品，其针法是锁绣。

新疆出土的也是锁绣绣品，以尼雅出土的花草动物纹绣来说，在草绿色细绢地上，用绛紫、宝蓝、湖蓝、正黄、藕荷、白色等丝线绣出成束成丛的卷草、金钟花、菱形涡旋纹、豆荚形对叶，以及叶丛中的兔子，形态生动，色彩绚丽。在吐鲁番出土的（晋）升平年间的绣裲裆等，是在红绢地（镶有素绢边）上用黑、绿、黄色线绣出金钟花、蔓草、圆点纹等。圆点用螺旋形锁针法绣成。云纹绣则在烟地绢上用酱红、土黄丝线绣出云团纹。

蒙古诺音乌拉匈奴墓出土有龙纹、斗兽纹、鱼鸟纹、玉凤纹等绣毯和绣帷。1927年，在蒙古诺颜山（乌兰巴托北112千米）匈奴墓25号墓出土匈奴人像刺绣——头发浓密，梳向后方，前额宽广，眼睛巨大，上唇有浓密的胡须，眼珠黑色，瞳孔蓝色，是突厥人的特征②。

1965年，在甘肃敦煌莫高窟125、126窟间，发现一幅北魏“太和十一年”（公元487年）“广阳王”供养的绣品，用细密的锁绣法绣出一佛一菩萨和几个供养人像，还有忍冬、联珠、龟背纹及发愿文等，线条流畅，是迄今所知最早的满地绣实物，色

---

① 何介钧等：《马王堆汉墓》。

② 策·道尔吉荣：《北匈奴》，乌兰巴托，1961。

彩以红、黄、绿为主，配以紫、蓝等色。即在黄褐绢地上，以朱红线绣出人物与服饰；以深紫褐色线绣出冠、靴；以蓝绿色线绣出花卉，色泽鲜明协调①。

1907年，斯坦因在敦煌发现的唐代刺绣《灵鹫山释迦说法图》，上绣释迦、二佛、二僧、飞天、供养人等等，采用平绣法（一说是用辫绣变化而来的切针绣轮廓，以短套针绣身体，显现晕色效果。而伽衣又用直针与缠针，相当复杂）。另一幅佛像长3.3米多，采用辫绣法②。

吐鲁番阿斯塔那332号墓出土的唐龙朔三年（公元663年）的吉庆如意荷包，在大红缣地上用黄、宝蓝、湖蓝、浅绿和古铜色丝线绣出大小如意纹和人字纹③。

在我国南方和西南地区也有刺绣生产。唐代樊绰《蛮书》记载：当时云南的少数民族除能织造锦、绫、绢外，“亦有刺绣，蛮王及清平官礼衣悉服锦绣”。唐永贞元年（公元805年），南海少女卢眉娘在33厘米绢上绣上《法华经》七卷，字小而工整。

东北地区的少数民族也会刺绣，《后汉书·乌桓鲜卑列传》记载：乌桓“妇人能刺韦作文绣”。《三国志·乌丸鲜卑东夷传》记载：夫余能“绣”。

---

① 忻痈新：《沿丝绸之路出土的纺织品初探》（二），见《中国纺织科技史资料》，第12集。

② 忻痈新：《沿丝绸之路出土的纺织品初探》（三），见《中国纺织科技史资料》，第13集。

③ 《中国美术全集·印染织绣》

第八章　葛麻毛棉织品

从西周至五代，葛麻织品是很多地区劳动人民的主要衣料。毛织品是游牧民族传统的、制作衣服和住房的主要材料。棉织品则只在西北、西南和东南的少数地区生产和使用。这些大众化的织物虽然没有丝织品那样精美，那样受到重视，但在古文献中都有所记载，考古发掘也有所发现，基本上能反映各个时期、各个地区、各个民族的纺织科学技术水平，其中有一些是很精致、技术水平相当高的，也出现了一些新技术产品，对于研究我国的纺织科技发展史颇为重要

第一节　葛麻织品

一、葛织品

葛织物以其有良好的吸湿、散湿性能而受到欢迎，主要是用作夏天的服装。

先秦时期，葛织物生产相当广泛，特别是东南沿海地区，产量较多。《诗经》中有40多处谈到“葛”，粗葛布称为“绤”，细葛布称为“絺”，更细的称为“绉”。据《吴越春秋》记载：越王勾践被吴王夫差打败后，为了麻痹吴国，争取时间，积蓄力量，以便灭吴，他动员10万人到山中采葛，“使女工织细布”——“黄丝之布”。于越人生产的这种葛布“弱于罗兮轻霏霏，号絺素兮将献之”。非常精细，甚至比用蚕丝织的罗还要轻细，简直就像雨雾一样！它略带黄色，到唐代时仍是黄色，所以李白作有《黄葛》诗。当然，南方民族也有生产雪白葛布的，有唐代

鲍溶《采葛行》诗为证[①]（详见本书107页引文）。从诗中看，葛丝如雪白，织成的布自然是白的。这又是“蛮女”采葛织成，应是少数民族的织物。

《史记·西南夷传》：西南夷能用山葛织成“细斑花罽”，又称为“斑布”。

《汉书·地理志》记载：岭南“地近海，多犀象，……布之凑”（韦昭注：“布，葛布也”）。而且“中国”很多商贾到那里去买葛布，运往内地贩卖。《太平环宇记》郁林县中也记载：“籍细布……一号郁林布……《汉书》云‘白越’，即此布也。”可见广西地区生产的葛布历史悠久，产量较多，质量不错，远销于内地，它主要应是骆越等民族织制的，可与蜀之黄润比美，而“筒中黄润，一端数金”，说明质量高，价格也高。

汉代时，闽越人也能织制“荃葛”，即细葛布，成为贵重礼品之一，送与江都易王建[②]。

据《水族简史》等史志介绍，隋唐时期，水族先民用葛、麻、茅花等混合织毡。唐代，黔川、夷州、思州的贡品中也有“葛布”。

二、麻织品

（一）大麻布

在内蒙古、辽宁、河北交界地区的夏家店上层文化中，出土有麻布覆面，时代为商、周之际至春秋。族属东胡系民族[③]。北京延庆也发现有东周时期山戎的麻布覆面的痕迹[④]。匈奴器

① 《全唐诗》，第八函，第一册，卷七。
② 《汉书·景十三王传》。
③ 靳枫毅：《夏家店上层文化及其族属问题》，载《考古学报》，1987（2）。
④ 《北京延庆军都山东周山戎部落墓地发掘纪略》，载《文物》，1989（8）。

物上有粗布印痕。鲜卑墓中出有麻布[①]。1963 年，在呼伦贝尔盟陈巴尔虎旗完工古墓中出土的麻布，经纬密度为每平方厘米 14 根×22 根，平纹组织[②]。

1978～1979 年，在江西贵溪鱼塘仙岩乡的崖墓中，发现了春秋时期越人的大麻布 3 块，都是平纹组织。其中：

黄褐色麻布，经纬密度为每平方厘米 12 根×8 根。经纬纱的投影宽度是：经线 0.8～1.2 毫米，纬线 0.7～1.4 毫米。经线 Z 捻，纬线无捻。

深棕色麻布，残存长度为 110 厘米，宽 10～26 厘米。经密每厘米 8 根，纬密每厘米 12～14 根，与一般织物相反，纬密大于经密。经纬线的投影宽度是：经线 0.3～0.5 毫米，纬线 0.6～0.8 毫米，都是 Z 捻。

浅棕色麻布，经纬密度为每平方厘米 10 根×14 根（双根），也是纬密大于经密。经纬的投影宽度分别是 0.3～0.4 毫米和 0.4～0.5 毫米，均 Z 捻[③]。

湖北、湖南的楚国遗址、墓葬中也出土有麻布残片和麻鞋。长沙马王堆西汉早期墓出土的大麻布是用于包裹尸体的，在 45 厘米的幅度内只有经线 810 根，平均每厘米 18 根。

甘肃甘谷毛家坪的西周遗址出土的青铜剑，其茎上缠有麻布[④]。西周至战国时期的沙井文化遗址、墓葬中出土较多的麻织物残片，颜色有：单一绿色，棕、黑二色相间和黄、绿、黑三

---

① 田广金：《近年来内蒙古地区的匈奴考古》，载《考古学报》，1983（1）。《文物考古工作三十年》。

② 《内蒙古陈巴尔虎旗完工古墓清理简报》，载《考古》，1965（6）。

③ 李科友等：《试论东周时期干越族的纺织技术》，见《中国少数民族科技史研究》，第六辑。

④ 甘肃省文物工作队等：《甘肃甘谷毛家坪遗址发掘报告》，载《考古学报》，1987（3）。

色相间的。质地比较粗厚，但结构清晰。经纬线都是左捻的双股线，经线比纬线稍粗，捻度较大，直径 0.5～0.6 毫米，纬线直径 0.3～0.4 毫米。织物组织为一上一下的平纹组织。经纬密度为每平方厘米 16 根×10 根。因为经线比纬线粗，密度大，所以布面的经向比较突出①。发掘者认为这可能是月氏民族的文化遗存。甘肃地区的汉墓和魏晋南北朝墓出土的麻布、麻鞋更多，如武威磨咀子出土有裱背棺椁的麻布、覆盖尸体的麻布单、黄褐色麻布禅衣和麻鞋等。

新疆各地也出土不少麻布。罗布淖尔北岸古烽燧遗址出土了一些西汉后期的大麻布短裤，禅衣残片、布囊和油漆麻布残片等，平纹组织，经密为每厘米 28 根。吐鲁番阿斯塔那墓地也出土了北朝至唐代的大麻布小裤和小外套、被褥、鞋袜、谷物袋等。每个墓都有麻织品，说明当时使用麻布相当普遍。当然这些麻布有的是来自内地，有的是本地生产的。

四川阿坝藏族自治州的一些地方也出土有战国至西汉时期冉駹人的黑、白、红三色麻布②。茂汶羌族地区出土有秦汉、三国时期的纺轮和麻线痕、麻布。川西山区战国、秦汉青衣羌墓出土有麻织品等。

辽东青铜时代洞穴墓和吉林西团山文化（战国时期）都出土有麻织品。辽宁北票北燕冯素弗墓出土的麻布，细者经纬密度为每平方厘米 20 根×20 根。

上海马桥战国中晚期墓出土的器物上有麻布痕。宁夏固原周代早期墓也有麻布痕等等③。

---

① 甘肃省文物考古研究所：《永昌三角城与蛤蟆墩沙井文化遗存》，载《考古学报》，1990（2）。但需化验才能确证是毛布、麻布还是什么纤维织品。

② 童恩正：《近年来中国西南民族地区战国秦汉时代的考古发现及其研究》，载《考古学报》，1980（3）。

③ 见《文物考古工作三十年》和《文物考古工作十年》二书。

史籍记载也很多：

《文献通考·四裔考》等书记载：氐人“有麻田，……能织布”。北狄稽胡“多衣麻布”。东北的沃沮人能织“貊布”，并可作为贡品。豆莫娄、勿吉也“衣麻布”。渤海国的细麻布，特别是显州（今吉林省和龙一带）所产细麻布颇为精细、有名。“南海之昆布”也很有名[①]。土家族先民板楯蛮用大麻纤维织成细布——“賨布”[②]，唐宋时，进一步发展，“织五色线为之，文彩斑斓可观”[③]。

唐代时，广西、贵州等地都有以““纻布”作为贡品的[④]，等等。

（二）苎麻布

苎麻纤维是麻类纤维中最好的，具有细白、柔韧等特点，因而苎麻织品一般说来比其他麻织品好，先后被称为“缌”、“练”等。有花纹的被称为“花练”。

江西贵溪干越人崖墓中，有2块苎麻布，一是土黄色，经纬密度为每平方厘米14根×12根，经纬线的投影宽度是：经线0.6～0.8毫米，纬线0.6～0.9毫米。经线Z捻，纬线无捻。双面印银白色花纹（有人认为是绘涂的，但文章尚未发表）。保存较好，尚有拉力。二是深棕色，残长110厘米，宽10～26厘米[⑤]。

湖南长沙浏城桥等春秋战国楚墓出土的苎麻布更好，经纬密度已达每平方厘米28根×24根，纤维几乎都呈分离状态，残留胶质很少，细密匀整，都是平纹组织[⑥]。

---

① 《新唐书·北狄传》。

② 《后汉书·南蛮西南夷传》。

③ （宋）朱辅：《溪蛮丛笑》。学海类编本。

④ （唐）李吉甫：《元和郡县志》。丛书集成本。

⑤ 李科友等：《试论东周时期干越族的纺织技术》。

⑥ 中国科学院考古研究所：《长沙发掘报告》，科学出版社。

江苏六合春秋墓、福建武夷山战国墓和河北定县战国时期中山国墓都出土有苎麻织物，其中中山国（山戎族所建政权）墓所出的苎麻布，洁白如新，经纬密度为每平方厘米20根×12根①。

秦汉时期，湖南长沙马王堆和湖北江陵凤凰山都出土有苎麻布，精致柔韧。马王堆的苎布经密达每厘米32～38根（一说32～37根），纬密每厘米30～44根，薄如蝉翼，并经轧光，是迄今所见最为精细的苎麻布，说明脱胶和纺织技术都相当高。有的表面有灰白光泽，用显微镜观察，纤维形态扁平，似经轧光整理②。到三国、南北朝时，吴国地区的葛麻织物，已是“纤絺细越，青笺白纻、名竦夺乎乐浪，英葛光乎三辅”③，名闻全国。又据三国时沈莹《临海水土志》记载：台湾“山夷能作细布，亦作斑纹布”。可能就是苎麻织的竦子，或苎麻与别的纤维合织的织物。因为《隋书》卷八十一也记载：高山族先民“织斗镂皮并杂色苎及杂毛以为衣，制裁不一”。即用树皮纤维和苎麻、畜毛等混杂纺织。

四川的苎麻布“蜀布”被称为“黄润”，非常精细柔软，《华阳国志·蜀志》记载：“安汉上下，朱邑出好麻，黄润细布，有羌筒盛。”一整匹布都能装进竹筒里去。司马相如《凡将篇》也说：“黄润纤美，宜制禅（衣）。”所以价格很高，“一端数金”④。因为质量好，所以很早就流传到南亚和中亚等地区去⑤。又《后汉书·西南夷传》记载：云南西部的哀牢人用苎麻纤维

---

① 《中国纺织科学技术史》，101页。

② 王世民：《汉代纺织品的发现与研究》，见《新中国考古发现与研究》，472页。

③ 《太平御览》，卷八百二十，见《吴都赋》。

④ 杨雄：《蜀都赋》。

⑤ 《史记·大宛传》。

织制“阑干细布”，《华阳国志·南中志》说：“阑干，獠言“纻也，织成文章如绫锦”。即织制、色彩、花纹都相当精美。

其他史书也有所记载，只是多未注明苎布，难以分清哪是大麻布，哪是苎麻布。大概有关南方地区的记载既有苎麻布，也有大麻布。有的则比较明确记载是苎布，如《元和郡县志》记载开元年间各地的贡品时就写道：“贵州（今广西贵港市）……贡“纻布”，“宾州（今广西宾阳县）贡……筒布”等。《汉书·地理志》记载：儋耳、珠崖郡的蛮人“种……纻麻”，能织“广幅布”，等等。

三、蕉、竹、树皮织品

（一）蕉布

南方生产之蕉布，早为世人所称赞。西晋左思《吴都赋》曰：“蕉葛升越，弱于罗纨。”说蕉布比丝织的罗、纨还要细薄。南朝梁沈约《咏甘蕉诗》云：“抽叶固盈丈，擢本信兼围，流甘掩椰实，弱缕冠缔衣。”说蕉布比一般的夏布柔软。特别是广西的蕉布，以精细取胜，所以唐朝时才列为贡品，《元和郡县志》就记载：贺州（今贺县）、宾州的蕉布是开元年间的贡品。

（二）竹布

《太平御览》载诸葛恢表中有：“天恩图报，物赐纤絺细竹。”纤絺是细葛布，细竹应是细竹布。唐李吉甫《元和郡县志》记载：贺州生产的竹布因质佳而被列为贡品。

（三）树皮布

《太平御览》卷八百二十引《广州记》曰：“阿林县（今桂平县境）有勾芒木，俚人斫其大树半断，新条更生，取其皮绩以为布，软滑甚好。”

第二节　毛织品和毛毡

毛织品和毛毡是我国北部、西部、西南部许多少数民族的主要纺织产品，考古发现以新疆、青海等地最为丰富。匈奴时期的毛织品则主要出自蒙古人民共和国的诺音乌拉和伊沃尔加古城等地。一般来说，细的毛纺织品称为“罽”，粗的称为“褐”；毛毯称毾㲪（大块的褥子）、氍毹（小块的脚踏垫）。还有毛毯和纺织产品毡。此外，史书上还有很多其他的名称，如氍毹、青顿、毞毲、羊羖、毵毸、毛席等等，还有以色泽、纹饰、毛的种类等命名的。大约因地区、民族的不同，而有不同的称谓，而缂织法、纬显花、栽绒法等技术都是先在毛织物生产中应用，然后再传播到内地和其他纤维织物中去的。

1957年，在青海柴达木盆地南部的都兰县诺木洪塔里他里哈遗址中，发掘出西周初期（距今2795±115年）的许多羊毛织品，多为毛布，有素织的，也有染色的，多黄、褐色相间；有少量灰黑、红、蓝、黄色组成的条纹，编织在上述二色间。还有1块黄、红相间条纹的。残片大的90厘米左右，小的才8.2厘米。多为平纹组织，纬线多单根，个别双根。经线有的2根或2根以上，较为紧密。经纬密度为每平方厘米13根×6根。有1块纬重平组织，纱线较粗，经纬密度较小，但纱线均匀，织作平整光滑，防风保暖性能较好。还有毛带，其中有的是经纬线交织的绦；有的则是两组经线成人字形交织的组。又有单层与双层之别①。

新疆出土这个时期的毛织物更多，地点也多，主要有阿拉沟、洛浦县山普拉、民丰尼雅、巴楚脱库孜沙来、和田、若羌米兰、罗布泊古楼兰等遗址、墓葬。特别是洛浦县山普拉战国至汉代的古墓群（据C^{14}测定和器物分析，第一期距今2295±75

---

① 王裕中等：《中国毛纺织发展简史——中国羊毛纺织渊源再探》，见《中国纺织科学技术史》，102页。王文说上述纬密为16根，恐是6根之误。青海文管会等：《青海都兰县诺木洪搭里他里哈遗址调查与试掘》，载《考古学报》，1963（1）。

至 2000 年；第二期距今 1960±80 至 1715±100 年），1983～1984 年发掘了墓葬 19 座，马坑 2 座，出土各种服饰和织物用品 160 件左右①，占出土文物总数 644 件的 24.84%。织物中，毛织品又多达 85%，品种也多，充分体现了当时新疆地区毛纺织生产的发达和精湛技艺，反映了新疆各族人民的经济生活特点和民族风情。下面分类介绍。

一、缂毛

缂毛虽然基本上仍是采用平纹组织或平纹变化组织织造，但它是我国古代织造工艺上的新产品，它采用新技术——通经回纬的缂织法织制花纹，先用于毛纺织生产，后来才推广应用于丝织生产。迄今所见最早的缂毛织物全部出于新疆地区，有通幅缂织和局部缂织两类。

1930 年，斯坦因在古楼兰遗址发现 1 块东汉时期的缂毛织物，它用深红、棕黄、浅棕、浅黄、绿色、浅绿、淡紫等彩色纬线缂织出生动、精细的希腊风格人物、卷草、奔马纹，是游牧民族驰骋于广袤草原的经济生活和豪放精神的真实写照。还有 1 块北朝风格的缂毛织物，其上缂织出横条形式的蔓草、动物纹②。

1980 年，我国考古工作者也在楼兰城郊的汉墓中，挖掘出缂毛织物 2 件，据研究都是中亚风格③。

在洛浦山普拉古墓群中出土的缂毛织物更多，其中，有一种套头长外衣，其荷叶形下摆的饰边上接缝有缂毛饰物，平均长 207 厘米，宽 3～15.5 厘米。有 1 条毛裤，裤腰和裤腿上部

---

① 《新疆文物》1989 年第 2 期发表的发掘报告，前后数字似有差别，如第 8 页说服饰 149 件；第 28 页说 127 件。还有生活用品中的织物 23 件。

② 《斯坦因西域考古记》，向达译，第 8 章。

③ 新疆楼兰考古队：《楼兰城郊古墓发掘简报》，载《文物》，1988（7）。

是黄色褐布，裤腿下部是缂毛织物，其上缂织花纹：左裤腿为持矛侧面武士像，右裤腿为人首马身像，周围饰瓣花。人嘴正竖吹长管乐器，双手手指按在乐器上作吹奏状。据研究，这是用一幅缂织壁挂裁剪下来的，原图应是：上层为人头马身像，下层是武士像，周围是四瓣花等纹饰。经拼合，残长230厘米、宽21～49.3厘米。武士的头、胸部都采用晕色技法，立体感强。武士和人首马身像也具有希腊风格。又有一种缂毛带，上面缂织动物、植物、山和变体几何纹等多种花纹。如鹿纹缂毛带用青、草绿、深褐、浅褐、驼、深红、桔红、黄等8色毛纱织成。还有绿地骆驼纹缂毛等，山形纹、植物纹缂毛带、菱格十字蒂花缂毛带、七色勾连纹缂毛带、连树朵花纹缂毛带等等，色彩艳丽，反映了东西方文化的交流融合。织物组织是变化平纹组织①。

1959年，在巴楚脱库孜沙来遗址出土了2块北魏时期的缂毛毯和3块唐代的缂毛残片（一说6块）。其中北魏的织花毛毯以灰白色毛纱为经，黄、红、深蓝、天蓝、淡蓝、深棕6色毛纱为纬，织成大幅宝相花等花纹，不仅有豪放的气势，而且花朵分层戗色，花色、地色交互辉映，织作技巧也相当成熟，是难得的缂织品。其经纬密度为每平方厘米4根×12根，毛纱比较粗，织物比较厚实。唐代的缂毛织物，色泽与北魏的近似，经纱也是灰白色；纬纱也有黄、红、深蓝、淡蓝、棕等5色，只少一种天蓝色。经密每厘米14根，纬密每厘米10～16根，比北魏时期的较为精细②。

---

① 新疆维吾尔自治区博物馆：《洛浦县山普拉古墓发掘报告》，载《新疆文物》，1989（2）。武敏：《新疆近年出土毛织品研究》，载《西域研究》，1994（1）。

② 《中国纺织科学技术史》，374、391页。赵承泽：《从新疆出土的三件织品谈有关织成的几个问题》，见《中国纺织科技史资料》，第3集。

因上述缂织物上的人物多中亚、希腊风格，故有些专家认为是从国外传入的。但巴楚所出北魏和唐代的缂织物一脉相承，且有宝相花奔马等中国也常见的纹饰。我们推想，即使缂织法是从国外传入的，但新疆地区也应早已学会织制，早期可能效仿国外的纹饰、技法织造，所以我们把上述资料简介于上，供进一步研究参考。至于缂织法是中国本土产生的？还是外来的？等以后有更多的材料时，再行研究。

二、罽

我国西北少数民族织制的花罽非常有名，价格也相当昂贵。东汉时期，班固给其弟班超写信，托他在西域代买杂罽，共 80 万钱才买得 10 余张（匹），平均每张 7 万钱左右。

新疆各地出土的实物也不少。如：

洛浦山普拉古墓出土的罽较多，按织物组织区分有 3 种：

其一，平纹组织罽。有一种存放梳子和镜子的袋子，由多种织物制成，其中就有这种罽，又可分为 2 类：一是平纹地罽，残存幅宽 11.2 厘米，经纬密度平均每平方厘米 10 根×26 根；二是重纬罽，纬线显花，残长 11.5 厘米，密度是：纬每平方厘米 19 根×2 根，明经和夹经每厘米 10 根。毛纱细密，表面起绒毛层，是较高级的毛织物。

其二，斜纹地罽，为二上一下的斜纹，纬线显花，最大残幅宽 45.5 厘米，经密每厘米 12～16 根，纬密每厘米 38 根。又有晕涧斜纹，花纹图案用多色纬线手工补织，常凸起，没有缝隙。

其三，复杂组织罽，如双层葡萄纹罽，单经双纬，表里 2 个平包统，即用两种色经、纬线同时织出平纹组织的表里。织葡萄纹时，表里两层同时交换，在同一个经或纬线的位置上，两种色经、纬线仍以平纹组织交织，仅葡萄纹边缘部分是表里两层换位交织，其余部分均两层。其中一块残长 20.5 厘米，宽 3.8

厘米，经纬线是黄、绿二色，经纬密度是每平方厘米16根×25根。花纹似是在片片葡萄叶上装点6颗葡萄①。

在民丰尼雅东汉遗址出土有彩色罽多件，是以彩色纬线起花的平纹重组织（复杂组织）。如：

绿地人兽葡萄纹罽，双面平纹，由黄色夹经与交织经和黄色纹纬、绿色地纬交织而成的，是纬显花的纬二重组织。纬密每厘米30根，因是两组，所以实际上是每厘米60根。经密每厘米20根（一说28根，双股线，即56/2根）。交织经在与绿色地纬交织时，黄色纹纬被遮盖在地纬浮长线下面，组成织物背面，因此，织物正、背面图案相同而颜色相反。这种双面平纹组织、纬显花技术等，对中原地区的丝织技术产生了积极的影响，如唐初出现双面平纹锦、纬锦等②。同时，夹经能使织物浮线延长；又因其是并股毛线，使表面呈现横向凸纹。这些都使织制的花纹非常清晰。其花纹主要是成串的葡萄、片片的绿叶和人面兽身怪物等，相当复杂。

蓝色龟甲四瓣花纹罽，纬线有三重——蓝色地纬和红、白二色纹纬，是纬三重组织。当其中一组纬线与交织经交织时，另两组纬线合并组成织物的背面，因而背面花纹呈现带有条纹的纹饰。经密每厘米16根（一说21/3，即7根三股线）。纬密每厘米8根，因是三组纬线，所以应是每厘米24根（一说26/2，即13根双股线）。花纹主要是在龟甲状图案中间镶嵌着红色四瓣小花，非常清晰（图28）。

此外，还有黄、绯、紫罽（有黄、红、紫三种），经密每厘

① 《洛浦县山普拉古墓发掘报告》，载《新疆文物》，1989（2）。

② 《中国美术全集·印染织绣》卷。

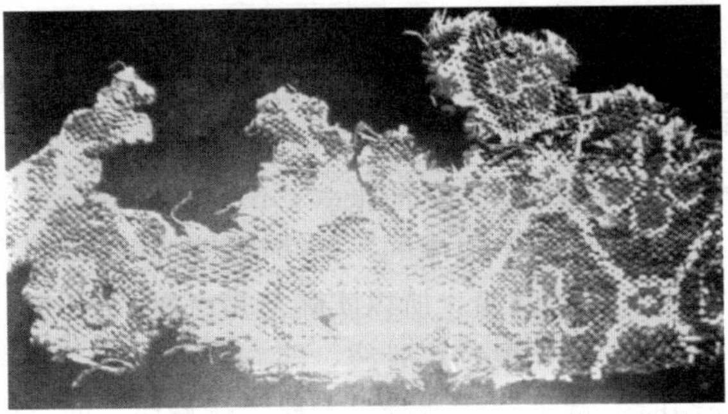

图 28 蓝色龟甲四瓣花纹罽，东汉，新疆尼雅出土
（赵广田供稿）

米 14～24 根，纬密每厘米 20～21 根①。

1980 年，在楼兰古城郊汉墓出土彩色罽，以棕色线为经，夹织青、土黄、棕三色纬线起花，排列成相间的竖条纹。经、纬线均双股，经 S 捻，纬 Z 捻，经纬密度每平方厘米 10 根×24 根②。

和田地区北朝遗址也出土有 2 种罽：其一，斑罽，经纬密度为每平方厘米 18 根×15 根。其二，紫罽，经纬密度均为每厘米 25 根。都是纬重平组织③。

吐鲁番哈喇和卓也出土了北朝（公元 481 年）的彩色毛罽，用在鞋面上，由红、黄、白、褐四色经线显花，分成白褐、红黄、白褐红等几组。纬线红褐色。经纬密度为每平方厘米 17 根

---

① 贾应逸：《略谈尼雅遗址出土的毛织品》，载《文物》，1980（3）。《中国纺织科学技术史》，391～392 页。

② 新疆楼兰考古队：《楼兰古城郊古墓群发掘简报》，载《文物》，1988（7）。

③ 贾应逸：《略谈尼雅遗址出土的毛织品》，载《文物》，1980（3）。

×12 根（包括明纬和夹纬）①。

甘肃敦煌马圈湾汉代烽燧遗址出土了黄地棕色方格图案的彩罽，平纹组织，经线有单有双，纬线单股，工艺高，质地细密②。

史书也有所记载。《文献通考·四裔考》：浑末人“以罽毯代钱帛”。慧琳《一切经音义》卷八十二：跋禄迦国（又名割禄、姑墨等等，在龟兹即今库车南），“此国出……上细毛罽，为邻国、中华所重，时人号为末禄毡，其实毛布也”。《后汉书·西域传》：莎车降匈奴，约岁给罽絮。匈奴也多罽毡，贵者以罽为幕。《后汉书·乌桓鲜卑传》：东北的乌桓人“以毛毳为衣”，妇女能“织氀毼”，即罽。以上是北方民族的一些资料，从西北到东北都能生产。

南方民族也生产罽，《华阳国志·南中志》说云南永昌地区产“罽旄”。《后汉书·南蛮西南夷列传》：冉駹夷“能作旄毡、斑罽、青顿、毞毲、羊羧之属”。《新唐书·南蛮传》：南诏也产“毡罽”，并给唐王朝“献珍怪毡罽百床”。《新唐书·吐蕃传》：贞元三年，吐蕃军袭唐军于平凉，俘虏唐朝的一些官员，夜晚时，给“蒙以罽”以御寒。《新五代史·四夷附录第三》：五代时，回鹘人、党项人也会织罽，等等。

三、毛罗

毛罗是采用绞经罗纹组织的毛织物。迄今所知，主要出土于新疆地区。

洛浦山普拉出土汉代的菱格卷草纹毛罗，地部平纹；花纹

① 忻鼎新：《沿丝绸之路出土的纺织品初探》（二）。新疆博物馆考古队：《吐鲁番哈喇和卓古墓群发掘简报》，载《文物》，1978（6）。

② 甘肃省博物馆，敦煌县文化馆：《敦煌马圈湾汉代烽燧遗址发掘简报》，载《文物》，1981（10）。

部分由四根经纱分左右互相绞结显花，每织入五根单股拈地纬后，织入一根股纱拈纬，再纠经起绞恢复原状，形成上下两排透孔，用纬线方向透孔的排列组合构成菱格，并填充卷草纹，属于横罗，与丝罗不同。最大一块残长 36 厘米，宽 23 厘米，经纬密度为每平方厘米 8 根×8 根①。

在民丰尼雅东汉遗址也出土有几件毛罗织物，但织制工艺与山普拉的不同：其地部是二经绞三纬组织；花部却是平纹组织。它由地经、绞经各一组经线，与一组纬线交织，每扭绞一次后，以平纹组织法交织 3 根纬线，即三梭罗。其中绯色罗的经纬密度是每平方厘米 24（12 组）根×18（6 组）根②。

四、褐

新疆各地出土的褐很多，主要有：

洛浦山普拉古墓群出土的褐帽、裤、套头长外衣、靴面、袋子等。按织物组织区分，有平纹和斜纹两类。

平纹组织褐多是单色，有浅黄、白、蓝、红、绛红、深绿、黄等。也有多色褐，是用红、黄、蓝、绿、黑、原白、青、草绿、桔红、桔黄、浅蓝、咖啡等多种颜色的经、纬线，织出多种色彩、宽窄的色条，排列组合成大小区间、对称的条带纹，并有晕涧效果。因为经纬线疏密、松紧不同，在织物表面显现出凸出的畦纹。例如，几种两色格纹褐，都是用两色经纬线排列交织成不同条格纹，并显露出 4 种色别——2 种单色，2 种混合色。

斜纹组织褐，有二上一下左右绮纹的（2/1↑，2/1↓）；也有二上二下两面斜纹的（2/2）③。

---

① 《洛浦县山普拉古墓发掘报告》，载《新疆文物》，1989（2）。

② 贾应逸：《略谈尼雅遗址出土的毛织品》。

③ 《洛浦县山普拉古墓发掘报告》，载《新疆文物》，1989（2）。

古楼兰遗址出土汉代少女干尸，上下身都裹粗毛布，平纹组织，经纬密度为每平方厘米3根×5根或6根×8根，毛纱虽比较粗，但纺织比较均匀①。

民丰尼雅东汉墓也出土有平纹组织褐和斜纹组织褐，其中：

平纹组织褐比较多，多数经线捻度大于纬线（有的则经纬线捻度相同），因纬线比较蓬松，织物表面多呈横向凸纹。多数纬密大于经密；有的密度相同；少数经密大于纬密。比较精细的有：紫红色褐，经纬密度为每平方厘米12根×14根。绯色褐，经纬密度每平方厘米12根×20根。这两种褐的经纬线捻度、粗细相同。

斜纹组织褐有2种。一种是蓝色斜褐，经线为原色毛线，两股合捻为一根，密度为每厘米12根，纬线蓝色，排列紧密，密度为每厘米30根②。采用一上二下（1/2↑）三枚纬向右斜纹组织织成。因为纬线捻度比较小，比较蓬松，织物两面经线完全被蓝色纬线覆盖，成蓝色织物。这种织物表面平整光滑，织造技术相当高。另一种是黄色菱纹斜褐，经纬线都是黄色，采用二上三下（2/3↑）斜纹为基础的五枚菱形斜纹变化组织，每织入8根纬线后改变斜线方向。在菱形中央的浮线上增加4个交织点，既起固定浮长线的作用，使织物更加结实，又增加花纹，更为美观。在相邻两个菱形纹的中间，又织有以斜纹为基础组织构成的纵山形斜纹，形成类似回纹的纹饰。经纬密度为每平方厘米24根×28根，比蓝色斜褐较为细密③。

和田地区的北朝遗址出土1块蓝色印花斜褐，也是一上二下斜纹组织，经纬密度都是每厘米22根。并用蜡防染印出由8

---

① 忻鼎新：《关于我国古代毛毡的资料》，见《中国纺织科技史资料》，第5集。

② 《中国纺织科学技术史》第392页，说是16根。

③ 贾应逸：《略谈尼雅遗址出土的毛织品》，载《文物》，1980（3）。

个小圆点组成的梅花纹和大圆点纹相间、排列整齐的图案。还有驼色方格纹毛布和紫红色毛布等。两者的经纬密度每平方厘米分别为18根×15根和25根×25根。巴楚脱克孜沙来遗址出土的北朝斜褐，是2/2斜纹组织。而大量的唐代斜褐则比较粗糙，经纬密度只有每厘米10根左右①。

1980年，在楼兰古城址（东汉—前凉）出土毛织物39件，有布、毯、绳、辫带、毡等。其中有方格毛布，用棕色线与素色线十字相交织成方格，每平方厘米有经线15根，纬线13根。在城郊汉墓又出土毛布9件，有彩色的，以黄色线作经，红、黑、绿、蓝线作纬，纬线起花。经线双股S捻，纬线单股Z捻。平纹交织，间或在交织处经线浮长两股外露。残长5.5厘米，宽4厘米。经纬密度每平方厘米9根×26根。又有紫红绒布，平纹，经线双股，纬线3股，较粗疏。经纬密度每平方厘米17根×38根②。

新疆米兰吐蕃墓出土有毛毡、毛布和麻布③。

哈密焉不拉克墓地（公元前1300年～公元前600年）出土毛织物30件，有裙、裤、帽等，颜色有红、紫红、黄、棕、白、绿、驼色等（参见第九章）。织物组织有3种：一是一上一下的平纹，共19件，经纬线均右捻，直径0.02～0.05厘米。疏密不一，驼色的每平方厘米7根×7根，红色的10根×12根，黄色的5根×28根，经线完全被纬线遮盖，织物畦纹效应明显。二是二上二下的斜纹组织，10件，经纬线也右捻，单根的直径0.02

① 《中国纺织科学技术史》，392～393页。王裕中等：《中国毛纺织发展简史》。忻鼎新：《沿丝绸之路出土的纺织品初探（二）》。

② 新疆楼兰考古队：《楼兰古城址调查与试掘简报》、《楼兰城郊古墓群发掘简报》，载《文物》，1988（7）。

③ 陈戈：《新疆米兰古灌溉渠道及其相关的一些问题》，载《考古与文物》，1984（6）。

～0.03 厘米；双根的直径 0.1 厘米。经纬密度：黄色的每平方厘米 13 根×13 根（单根），红色的 10 根×10 根（双根的）。三是编织的，驼色，1 件，编织法与今手工毛线平针织法基本上相同，线的直径 0.1 厘米①。

和静察吾乎沟口西周～春秋墓和且末等也有出土②。

青海诺木洪出土毛布有黄、褐、红、蓝等色，有的还有黄、褐相间条纹③。

文献也有记载。《文献通考》等载：宕昌、邓至、党项等羌人"皆衣裘褐"。悉立人"衣毡褐"。乌桓人"妇女能刺韦作文绣，织氀毼"。

《新唐书·吐蕃传》：吐蕃有一种"獭褐"，作为给唐王朝的贡品。

《新五代史·四夷附录第三》：回鹘有"毦褐"。

特别应该指出的是，《天工开物》记载用山羊绒织细褐，是在唐末时由西域传入甘肃临洮。从这里可以看出两个问题：第一，新疆地区用山羊绒织褐的时间应该更早；第二，这个时期已知用山羊绒织制精细的褐。

敦煌文书提供了很多褐的名称，如有：褐、斜褐、绯粗褐、淡白粗褐、粗紫褐、桃花褐、散花昌褐、淡青褐、红斜褐、紫斜褐、红褐、碧褐、碧昌褐、官布斜褐、桃花斜褐、白桃花昌褐、紫褐、白细褐、生褐、白生褐、绯褐、白褐、白粗褐、白斜褐、绯斜褐、淡粗碧褐、白昌褐、绯绫褐、粗绁花褐、淡斜褐、碧粗褐、淘花斜褐、细紫褐，等等，花色品种非常多。

---

① 新疆维吾尔自治区文化厅文物处等：《新疆哈密焉不拉克墓地》，载《考古学报》，1989（3）。

② 《新疆和静县察吾乎沟口一号墓地》，载《考古学报》，1988（1）。

③ 《青海柴达木盆地诺夫洪、巴隆和香日德三处古代文化遗址调查简报》，载《文物》，1960（6）。

五、毛绦与毛组

用经纬线交织的编织带叫做绦。没有纬线，只用经线交织的编织带叫做组（有的著作把二者都称为绦）。

在新疆洛浦县山普拉古墓群出土49件毛质编织物，作为腰带和饰带，发掘报告都称为“绦”。但有两种编织方法，为了区分得细一些，我们分为绦与组两类来介绍。

（一）毛绦

毛绦按其组织结构，又可分为平纹组织绦、斜纹组织绦和绕编绦三类。

1. 平纹组织绦

平纹组织绦数量最多，有34件。其中又可分为一般平纹绦和重经平纹绦两种。

一般平纹绦，有两色横条格绦；2、3色条格纹绦；4～11色条纹绦等。经线总数有（4/4）～（145/146）（上下表示两根纬线上的所有经线数）。织造技术有紧密，较紧密，很粗疏。有的留存有经头或经尾，并分成3股辫编，或为十字系结。纬纱有单、双之别，双纬又有同向或反向之别。毛纱的颜色有红、黄、黑、咖啡、绿、白等。幅宽0.5～9.5厘米。经纬密度为每平方厘米5根×2根，4根×3根，28根×10根。例如两色横条格绦，毛纱粗，由黄、黑二色经，纬为两色同向双纬编织，经纬密度为每平方厘米4根×3根，织物厚0.3厘米，长4.5厘米，幅宽1.3厘米。而两色条格纹绦则用咖啡色与黑色反向双纬。红色细绦是用红色经、黄色单纬，幅宽虽只有0.5厘米，很窄小，但毛纱很细，织造紧密，所以每平方厘米的经纬密度多达28根×10根。

重经平纹绦是用二三种不同色经纱织成的重经织物，也可分为两种：一种是整块织物都是细密毛线，对称、规整；另一种是仅在中心部位出现重经，而且还有疵漏（错织漏织），很像是摹仿品。背面的浮经最多覆盖 19 根纬线，长度达 1.5 厘米。出土的重经平纹绦织品有：三色三角双菱纹绦，四色矩树叶纹绦，五色红蓝三角菱格纹绦，五色条菱格纹绦等。幅宽 1.7～3.8 厘米，经线密度小者为每平方厘米 15 根×2 根，大者为（36～3）根×（2～3）根。例如，四色矩树叶纹绦，长 23.4 厘米，幅宽 2 厘米，毛纱细密规整。经线有：红 16，青 8，蓝 22＋34，黄 63＋16 根，幅经（54/54）根。幅边为红、黄、青色窄条。花纹图案为黄色地上显蓝色竖连续变形树叶纹和相间的叉纹、矩形纹。变形树叶纹为边饰图案，对称，经密度为每平方厘米 26 根×2 根，纬密为每厘米 12 根。

2. 斜纹组织绦

斜纹组织绦如三色折向斜纹绦，长 29 厘米，厚 0.13 厘米，幅宽 1.6 厘米。用同色或两色 4 根经线（左右各 2 根）为一个单元，整幅 30 个单元（120 根经线），其中红色 12 个单元，黄色 4 个单元，咖啡色 4 个单元，黄色与咖啡色共存的 10 个单元。每个单元一正一反循环排列为红、黄色条，咖啡地。中心独立菱格纹被两个黄横条隔断，基本组织是 2/2 斜纹，菱格周围的组织变为 3/1 和 1/2 斜纹。组织复杂特殊，毛纱细密，图案对称清晰，是一种高级编织绦。还有一种空心斜纹绦，长 21 厘米，厚 0.4 厘米，幅宽 2.9～3 厘米。它由 2/1 和 2/2 两种斜纹组织交替织成，空心，经纬密度为每平方厘米 40.5 根×12 根。

3. 绕编绦

绕编绦长 48 厘米，厚 0.6 厘米，幅宽 3 厘米。经线 4 组，每组 2 根毛纱。纬线有黄、黑二色，交替错位绕编，绕编次序是：黑纬从第Ⅰ、Ⅱ经线下向左到第Ⅲ经线上；黄纬从第Ⅳ、Ⅲ经线下向左到第Ⅱ经线上。黑纬在Ⅲ上绕一下黄纬，折回Ⅲ上后，再到Ⅱ、Ⅰ下，逆时针绕Ⅰ两周，从Ⅰ、Ⅱ下到Ⅲ上重复绕编。而在Ⅱ上的黄纬同样绕一下黑纬，折回Ⅱ上后，再到Ⅲ、

Ⅳ下，逆时针绕Ⅳ两周，从Ⅰ上到Ⅲ下，到Ⅱ上重复绕编。在错位时，黄纬从Ⅱ上到Ⅰ下，顺时针绕Ⅰ两周，从Ⅰ上到Ⅱ下，折回重复（黑纬绕编）；而黑纬从Ⅲ上到Ⅱ下，折回到Ⅱ上、到Ⅲ下、到Ⅳ上，顺时针绕Ⅳ两周，从Ⅳ上到Ⅲ下，重复黑纬绕编。如此循环交替错位，工艺复杂。织物正面是相间窄条格，背面显宽条纹。毛纱由3股搓成一根，直径0.3厘米，相当粗，所以经纬密度小，每平方厘米只有1.5根×8根。

类似的织物于1980年在楼兰古城址出土有毛辫带，一般是并排毛绳2～6根，再用一根来回横穿编成。残长42厘米，最宽处6厘米①，工艺非常原始，是最原始的绕编织物。

（二）组

据报道，山普拉出土的2/2斜向编织物没有纬线，都是6或8根毛线分左右交叉成45°角编织。那么“两色编织绦”和“黄色两面绦”应属于这种组。例如，“黄色两面绦”，长77厘米，厚1.1厘米，幅宽2.3厘米，用作腰带。它是用10根经线，5根在上，5根在下，各自斜向编织。在中心，每根经线相交换，即正面经线右向编入背后，向上返折幅边，再左向编入背面后，向上恢复原位。而背面经线反向编入上面后，向下反折。如此循环，两面结构相同。幅边编织比较疏松。

有的编织带是绦、组两种织物并用。如有一种两色条格纹织物，幅宽1.6厘米，长37厘米，分为3部分；其一是黑色反向双纬绦；其二是黄色反向双纬绦；其三，幅边是由黄、黑两色经线交替编织而成的组。经纬密度为每平方厘米5根×2根。

1957年，青海诺木洪出土的毛带，黄色，多人字形编织而成，不用纬线。毛绳两股搓、纺成，打死结或活结，个别的绳

---

① 新疆楼兰考古队：《楼兰古城址调查与试掘简报》，载《文物》，1988（7）。

上连续打几个结①。应属于“组”之类（当然诺木洪也出土有绦）。

六、毛毯

新疆织毯历史悠久，又很精美，唐代时已成为中央王朝皇宫的用品。史书也有记载，如《魏书·西域传》说龟兹出“氍毹”，即毛毯。工艺多种，如栽绒有单、双面栽绒之别；结扣有马蹄形、8 字形、U 字形 3 种。

洛浦山普拉出土的毛毯，多作为垫毯用，相当精美。如有 1 件鞍毯，长方形，长 26 厘米，宽 74 厘米，中央黑地，绛红色菱格纹，内填以桔红色与黄色组合的果子、果叶纹。周围又用黄色宽线与外缘的树叶、花边分隔。花边是绛色地，钴蓝色弓形格填黄色五裂状树叶、浅黄色线条叶脉。最外一层是绛红、白、黄、黑四色斜条边饰。四角还有绛红色毛线扎成的穗子。织物组织有平纹组织和二上一下或二上二下的斜纹组织两种。平纹垫毯用粗毛编织。斜纹垫毯中有些毛纱细密，表面有一层绒；有的存留有经线头和残幅边，经线头以 3 根经线为一组，搓成细绳，再拧成三大股的粗绳，使不错位、滑脱，固定好经头以后再织纬线。

有两种栽绒地毯：一种是每隔二三十根纬线，用马蹄结扣（又称“结吉奥狄斯扣”或“土耳其扣”）栽一排毛线，套结在两根经线上。经纬密度为每平方厘米 4 根×6 根。颜色较少。另一种是每隔 4～12 根纬线就栽一排毛线，用红、黄、黑、原白、深蓝、浅蓝、驼色、浅肉红、深咖啡等 9 色毛线结出图案，残长 17.3 厘米，宽 31.8 厘米。经纬密度为每平方厘米 10 根×12

---

① 青海省文物管理委员会：《青海柴达木盆地诺木洪、巴隆和香日德三处古代文化遗址调查简报》，载《文物》，1960（6）。

根，比较细密①。

民丰尼雅东汉墓也出土有 2 件彩色栽绒地毯，是在平纹组织基础上拴结小型羊毛绒纬（又称“绒头”）的方法编织而成，即在相邻的两根经线上拴结马蹄扣，绒头长 2 厘米。平均每 10 厘米内有纵向结扣 7 排，横向 22 个，每平方米有 15400 个结扣，相当于现在的 160 道地毯。其中 1 件，以红、绯、黄、蓝、棕、白等 6 色显出类似平行四边形的纹饰。另 1 件是在红色地纹上织出蓝色菱形格，并在一个角隅里填充上棕色近似椭圆形的图案，外加白色“包皮”。经纬密度为每平方厘米（7～8）根×4 根。绒纬长约 2 厘米，完全覆盖了基础组织，在纵面呈现花纹图案，匀整绚丽。两端的底子（即幅边）用粗毛绳缝在毯子后面最外层的经线上，以保护纬线②。其中有 1 件是正反双面起绒的③。

巴楚脱库孜沙来遗址也出土有北朝时期的栽绒毯，打结方法是 8 字扣（又称“结生纳扣”、“波斯扣”）。若羌县楼兰古遗址孤台出土的栽绒毯，用的是结半环形的 U 形扣，正反面均如此，残存绒头正面 1.3～1.5 厘米，背面 0.5 厘米④。

罗布泊地区出土的地毯更多，1934 年出土的东汉彩色地毯绒纬长约 1.6 厘米，结扣纵向每 10 厘米 8 排，横向 22 个，相当于 170 道地毯，有一段 4 厘米宽的几何纹样边框，由深棕、黄、红色线显出横向条纹和方格纹；其中心部分由黄、绯、红、深棕等色线显出井字格为骨式组成菱形角隅和方格等纹样，还有些蓝、绿色斑点⑤。

---

① 《洛浦县山普拉古墓发掘报告》，载《新疆文物》，1989（2）。

② 贾应逸：《新疆出土地毯研究》，载《考古与文物》，1985（2）。

③ 《中国美术全集·印染织绣》卷。

④ 武敏：《新疆近年出土毛织品研究》，载《西域研究》，1994（1）

⑤ 贾应逸：《新疆出土地毯研究》，载《考古与文物》，1985（2）。

1980年，在楼兰古城址出土有素毛毯，经线是细而结实的褐色毛绞成。纬线双股绞合，一般长10～25厘米，粗0.2～0.6厘米。城郊汉墓也出土8件毛毯。有彩色毯，有红、黄、蓝、黑四色，经纬线均双股捻成，密度为每平方厘米34根×8根，花纹看不清。又有双面栽绒地毯，有紫红、粉红、桔黄、中黄、草绿、深蓝、墨绿及羊毛本色等。织造方法是：每两根地纬嵌结绒纬一根，一正一反为一组，用U字形打结法，与地经隔行拴结，正面显出彩色花卉，反面为深蓝色素地。地经为8股并用的无捻羊毛绒。残长18厘米，宽9厘米，厚0.9厘米。又有条纹毛毯，黄色，用双股经线与单股纬线平纹交织为地纹，间隔5组地纹加红、褐二色纬线起花，在起花处又用红、褐纬线勾织双扣，露出毛边，使毯面起绒，质地厚实，残长22厘米、宽8～15厘米。经纬密度每平方厘米8根×10根①。

若羌米兰出土的北朝毛毯，地组织是斜纹，绒纬则用S形（一说平纹8字扣）打结法。唐代的几何兽纹挂毯，也是斜纹组织，用蓝、黄及原色等多种色纬织制而成，纬纱显花，是比较精致的挂毯②。

甘肃敦煌出土有汉代毛毯，深红色，经线为两股相纠的粗线，排列稀疏；纬线单股，比较细密，遮盖了经线，厚实美观③。

据《南诏德化碑》，唐代时，吐蕃回赐南诏的物品中也有“毯”，说明吐蕃人也能织制毛毯。

七、毡

毡是西北、北方和西南地区少数民族的特产，产量很高，用

① 新疆楼兰考古队：《楼兰古城址调查与试掘简报》、《楼兰城郊古墓群发掘简报》，载《文物》，1988（7）。

② 《中国纺织科学技术史》，395页。

③ 甘肃省博物馆，敦煌县文化馆：《敦煌马圈湾汉代烽燧遗址发掘简报》、载《文物》，1981（10）。

以制穹庐、衣服和垫子等。如汉朝细君公主嫁到新疆西北的乌孙国之后，曾写了一首《黄鹄歌》，说乌孙人“穹庐为室兮旃为墙”。蔡文姬在《胡笳十八拍》中说匈奴人“毡裘为裳”。《南史·宕昌国传》记载，甘肃等地的宕昌羌人住“百子帐”，即“穹庐也”。《新唐书·吐蕃传》记载，吐蕃人“联庐帐以居，此大拂庐，容数百人”。贵州等地的夜郎人衣青毡等等（后来汉族也学会生产，各地也多有出土）。

新疆洛浦山普拉古墓出土有毡帽、毡衣、毡靴、毡袜、皮面毡里靴、褐面毡里靴、裹尸毡片等等。颜色有原色、绛红、紫红、绿、黄、灰、白、赭等。如1件儿童毡衣是灰白杂色的。有的毡片上还缝有绛红色毛褐，并绣上卷状藤蔓花纹①。

1980年，在古楼兰遗址出土的女干尸，头戴毡帽，厚约4毫米，柔软细致。古墓群中也出土了毡3件，是用羊毛经过蒸煮、敲打、压结成板块状②。

巴楚唐墓出土有花毡残片，厚约5毫米，两层缝合；上层是黄色羊毛毡，制作匀密；下层是用麻纤维压制的衬里。表面还用深棕、浅绿二色丝线绣出精美艳丽的花纹，刺绣方法有平绣和锁绣两种③。

1965年，辽宁北票的北燕冯素弗墓也出土有毛毡残片，颜色灰白、棕白，质地细软④。

甘肃敦煌马圈湾汉代烽燧遗址也出土几件毡，如白色坐垫，边棕色，并以棕色双线作十字交叉和品字形等图案。毡鞋，红

---

① 《洛浦县山普拉古墓发掘报告》，载《新疆文物》，1989（2）。

② 《楼兰古城址调查与试掘简报》，《楼兰城郊古墓群发掘简报》，载《文物》，1988（7）。

③ 《中国纺织科技史资料》，第5集。

④ 《辽宁北票县西官营子北燕冯素弗墓》，载《文物》，1973（3）。

面白里，以棕、白二色毛线相间绣人字形图案等①。

蒙古诺因乌拉的汉代匈奴王族墓群还出土有绣花毡，不仅毡的质量高，细密、平整、光滑，而且用彩色丝线绣上龙、鱼、鳖、斗兽、花草、玉佩、树木、云气等纹饰。毛毡四周还加色绢为缘边②。

史籍也有不少记载。如：

东汉马融《樗蒲赋》说有“素毡紫罽，出于西邻，缘以缋绣，绒以绮文”。

《魏书·西域传》：龟兹“出细毡”。

郭义恭《广志》：4世纪时，甘肃和四川北部的“羌女人披大华毡以为盛服”。

《魏书·契丹传》：魏晋南北朝时，契丹人“以青毡为上服”。

唐代李瑞《胡腾儿》诗：“扬眉动目踏花毡，红汗夹流珠帽偏。”

慧琳《一切经音义》卷八十二记载：跋禄迦国（又名割鹿、姑墨等，在龟兹南），“此国出细好白毡，为邻国、中华所重，时人号为末禄毡，其实毛布也”。

《唐六典》记载：原（今宁夏固原）、夏（今陕西横山）等州出产白毡，安西（今新疆南部）出产绯毡。特别著名的有“轮台毡”、“单于毡”。

（唐）张鹜《朝野佥载》卷一记载：“赵公长孙无忌以乌羊毛为浑脱毡帽，天下慕之。”

《新唐书·南诏传》：南诏献给唐王朝“珍怪毡罽百床”。

---

① 《敦煌马圈湾汉代烽燧遗址发掘简报》，载《文物》，1981（10）。

② 忻鼎新：《关于我国古代毛毡的资料》，见《中国纺织科技史资料》，第5集。

唐代时，贵州南部水族也用毡作为贡品①。

由此看来，有色毡、花毡、绣毡等，质量很好。

第三节 棉织品

这个时期的棉织品主要出土于新疆。

洛浦县山普拉汉墓出土几件棉织品，以原色为主，少数染为草绿色。织物组织为平纹，经纬密度为每平方厘米 13～26 根或 13～36 根。其中有 1 件防染印花的蓝地白花棉布，花纹有瓣花、小圆点、重圈纹、曲长线、连续勾纹等，一排排横向排列。残长 11.5 厘米，残幅宽 41.2 厘米，一端留有经线头，是折回排列的经线，并有 S 向微弱加捻，可能是挂经线后为防止移动而搓捻。特别值得注意的是，在圈点花纹部分起织时，织入了几组用 7 根棉纱组成的纬线（凸起），预先织出防染的局部枢线。经纬密度为每平方厘米 10.5 根×8.5 根②。

民丰尼雅东汉墓也出土几件棉织品，有蓝白印花餐布，白布裤和手帕等。其中，蓝地白花印花布残存面积分别是：80 厘米×50 厘米，89 厘米×48 厘米。平纹组织。经纬密度为每平方厘米 18 根×13 根，并采用蜡防染法印染纹饰：有的是在大长方格内饰米字网格纹，四边加锯齿纹和大圈点纹；有的是分区布局、比较复杂的纹饰——在各个方形、长方形格子内分别是头部有光轮的佛像、动物和排列整齐的圈点纹等，比例合适，结构新颖，富有地方特色③。

1960 年，在吐鲁番阿斯塔那 13 号晋墓中出土的布俑，穿棉

---

① 《水族简史》。

② 《洛浦县山普拉古墓发掘报告》，载《新疆文物》，1989（2）。

③ 忻鼎新：《沿丝绸之路出土的纺织品初探（二）》，《中国纺织科技史资料》，第 12 集。《中国纺织科学技术史》。

布衣裤。309号墓（6世纪高昌时期）出土的几何纹织锦，是用丝、棉两种纤维交织而成的，有大红、彩红、黄、白四色，美观而有光泽，残存面积37厘米×25厘米。还有一些白棉布。哈拉和卓94号墓出土有北朝的蓝棉衫裙，平纹组织，经纬密度为每平方厘米11根×11根。2号唐墓出土棉布口袋，残存面积48厘米×24厘米。又有拼接的棉布单，由两幅宽60.5厘米的棉布拼成，平纹组织，经纬密度为每平方厘米12根×12根①。

1959年，于田屋于来克遗址出土有北朝时期的棉褡连布，面积21.5厘米×14.5厘米，织造比较细密。墓葬中也出土一块蓝白印花棉布，残存面积11厘米×7厘米，在蓝色地上显出白色花纹。

巴楚脱克孜沙来北朝至晚唐遗址出土有棉布（图29）和蓝

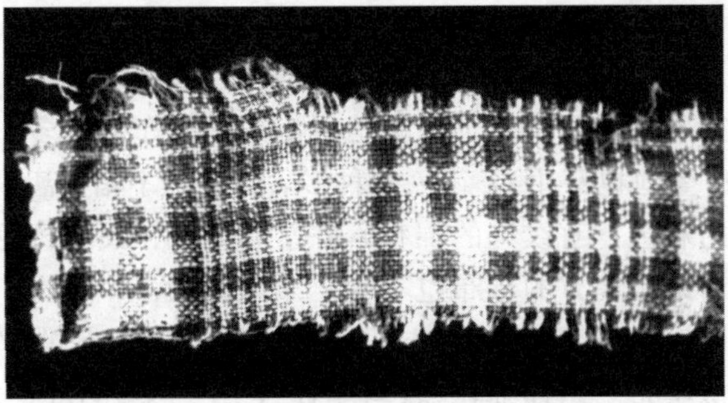

图29　北朝方格纹棉织物，新疆巴楚出土

（贾应逸摄）

① 沙比提：《从考古发掘资料看新疆古代的棉花种植和纺织》，载《文物》，1973（10）。下同，不再一一注出。新疆博物馆考古队：《吐鲁番哈喇和卓古墓群发掘简报》，载《文物》，1978（6）。

白织花布。后者残存面积 26 厘米×12 厘米，用蓝色地经与本色纬线织出花纹，颇为美观，但质地较为粗重。

1980 年，在楼兰古城址（东汉～前凉）出土的棉织品有 6 件，疏密不同。有 1 件素色棉布，纱线较细，织造紧密。捻向 S，经纬密度为每平方厘米 18 根×15 根。另 1 件红色纱布，纱线较细，织造稀疏，捻向 Z，经纬密度为每平方厘米 16 根×14 根。在城郊古墓群也出土棉布 5 件，其中 1 件残长 57 厘米，宽 29 厘米，素色，经纬线单股，间或以双股交织，纱线较粗密，经纬密度均是每平方厘米 17 根①。

1979 年，甘肃嘉峪关新城 13 号墓，出土 1 件抹胸，面为酱红色绢，夹里是白色棉布，一边用丝线缝合②。时代为魏晋。

史籍也有不少记载。

《梁书·西北诸戎传》：高昌人用白叠子织制的布“甚软白”。

敦煌文书记录有“鲜净绁”、“细绁”、“粗绁”等。

综上所述，这个时期新疆地区出产的棉布数量多，使用广泛（甘肃等地也穿用），花色品种多，质量也不错，甚至有印染和织造的彩色，有纹饰的棉布，并富有地方、民族特色。

史籍记载南方的棉布也不少。东南地区：

三国时的《南州异物志》记载：用吉贝织制的“五色斑布”，“似丝布”一样细，“软弱厚致”，并“染之五色”。“文最繁缛，多巧者名曰城域。其次小粗者名曰文辱。又次粗者名曰乌驎”③。

---

① 新疆楼兰考古队：《楼兰古城址调查与试掘简报》和《楼兰城郊古墓群发掘简报》，载《文物》，1988（7）。

② 嘉峪关市文物管理所：《嘉峪关新城十二、十三号画像砖墓发掘简报》，载《文物》，1982（8）。

③《太平御览》，卷八百二十。

《梁书·林邑国传》记载：用吉贝纺的布“洁白与纻布不殊，亦染成五色，织为斑布”。

白居易《新制布裘》诗吟诵曰：“桂布白似雪，吴绵软如云。布重绵且厚，为裘有余温。朝拥坐至暮，夜复眠达晨。谁知严冬月，肢体暖如春。”① 说广西棉布白软而防寒性能极好，但织造技术还不太高。元稹《送岭南崔侍御》诗也有类似的认识，如说“木棉温软当绵衣”。《太平广记·夏侯孜传》更有一段动人的故事：唐文宗的左拾遗夏侯孜有一天穿着绿色的桂布衫前来朝谒，文宗问他：“衫何太粗涩？”夏侯孜答曰：这是桂布，“布厚可以欺寒”，文宗听后嗟叹不已，亦穿起桂布衣。于是满朝文武竞穿桂布衣，称为“桂管布”。

西南地区。《后汉书·南蛮西南夷列传》：云南哀劳人织造的梧桐木华布，是广幅布，“幅广五尺以还，洁白不受垢污”。还有一种“帛叠”。《外国传》：“诸薄国女子织作白叠花布。”

《华阳国志·南中志》：云南的上方、下方夷亦出“华布”。古哀劳国出“青色帛”。

《新唐书·南蛮传》：“南诏的大和、祁鲜而西，人不蚕，剖波罗树实，状若絮，纽线而幅之。”即用木棉娑罗树絮织布。（宋）《续博物志》称之为“细织”的“娑罗笼段”。

（宋）周去非《岭外代答》卷六记载：“南诏所织尤精好，白色者朝霞也。国王服白氎，王妻服朝霞。唐史所谓白氎吉贝、朝霞吉贝是也。”即云南地区生产的棉布，质地和色彩都比较好，成为国王、王后的用品。唐代《蛮书》记载：汉棠蛮用朝霞缠头。说明已有批量生产。

综上所述，西南地区各民族也早已用木棉织布，数量和花色品种多，有的质量很好，不仅南诏国王、王后用它，连当时

---

① 《白氏长庆集》，卷一，四库全书·集部·别集类。

称雄中国西部的吐蕃赞普也以“朝霞”为冠帽。特别是“广幅布”，幅宽5尺多，若按汉代的尺计算，相当于今天1米多宽，这在当时全国范围内都是很罕见的。

第九章　各民族的服饰

从西周到五代，许多民族的社会生产力有了较大的发展，纺织技术和生产能力都比这之前进步了，因此，服装的数量比以前多、全，样式也比过去多。与此同时，汉族与其他民族的联系、交流多了、密切了，对许多民族的服饰有所了解，并用汉族文字记录下来（当时，绝大多数少数民族没有自己的文字），流传下来，考古发现的服饰资料也比较多。这才使我们对各民族的服饰有了较多的认识。

总的说来，各民族的服饰有自己较显著的特点。但各少数民族上层人物多已穿用汉族织造的高级面料——丝绸缝制的衣服，甚至时而穿上汉装，特别是迁居内地的少数民族更是如此。如北魏太武帝时，为了巩固统治，推行汉化政策，禁止穿鲜卑民族原来的服装，一律改穿汉装。而汉族统治者也为了军事上的方便等原因，学习少数民族服装的长处，以改革汉装的一些弊病，如春秋战国时期赵武灵王推行胡服骑射等；甚至因少数民族服装很优美而风行效仿，这个风气在唐代特别盛行。从而使我国的服饰文化形成“胡风国俗，杂相柔乱”① 的局面，加快了各民族服饰交流、融合的进程。下面按大致方位，把史书记载和考古资料做一简单介绍。

---

① 萧子显：《南齐书·魏虏传》，中华书局校点本，1972。

第一节　东方民族服饰

东方各族，经济生活或农或牧。服装面料或麻布或皮革或丝绸。服饰富有民族特色，有的则同汉族“冠弁衣锦”。

涉人原在朝鲜，汉武帝元朔元年，涉君南闾率领28万口诣辽东内属，置苍海郡，“知种麻、养蚕，作绵布”，“男女皆衣曲领”①。即涉人用自己生产的麻布、丝绸绵布缝制衣服，男女服装基本上相同，都是曲领，男子多“系银花，广数寸以为饰”②。

乌桓人“以髡头为轻便”。“妇人能……织毲毼”。以皮、布为衣，并在臣服匈奴时，向匈奴交纳“皮布税”。“与匈奴同俗，丈夫、妇人为木帻，朱染之，如杅盆以沓头”。即戴桦树皮冠，穿毛布、麻布衣服。1972年在内蒙古和林格尔汉墓壁画中，发现有不少乌桓人的形象。他们髡发，即头顶留发，或打一小髻，或竖20～25厘米长的发辫一根，其他头发全部剃去。身穿赭红色衣服。这是迄今仅见的乌桓人的服饰资料③。

室韦（失韦），“丈夫索发”，“女妇束发，作叉手髻”。“男女悉衣白鹿皮襦裤”，左衽，“俗爱赤珠，为妇人饰，穿挂於颈，以多为贵，女不得此，乃至不嫁”④。即穿左衽的短皮袄，皮套裤；男辫发，女梳髻。“南室韦，丈夫皆披发，妇女盘发，衣服与契丹同”。“北室韦，则冠以狐貂，衣以鱼皮”⑤。

契丹，古时以畜牧为生，嫁娶之际，“以青毡为上服”。五

---

① 《后汉书·东夷列传》。

② 《后汉书·乌桓传》。《汉书·匈奴传》。《文献通考·四裔考》。《三国志·乌丸鲜卑东夷传》。

③ 吴荣曾：《和林格尔汉墓壁画中反映的东汉社会生活》，载《文物》，1974（1）。

④ 《魏书》，卷一百。

⑤ 《北史·室韦传》。

代时，因已建立了强大的政权，最高统治者有时穿戴中央王朝帝服，如通天冠，绛纱袍、龙凤赭袍等，并执大圭以视朝；有时则“胡服视朝”。其部属、百姓则多“毡裘左衽”①。

挹娄，古肃慎之国，在东北北部，气候寒冷，穴居，经济生活以养猪和原始农耕为主，所以其服装“夏则裸袒，以尺布蔽其前后”，“冬以豕膏涂身，厚数分，以御风寒”②。即没有正式的衣服，冬天用厚厚的猪油涂身，夏天只用一小块布遮羞。这种布，据《晋书·肃慎传》，是“绩猪毛以为布”，“绩貂毛以为布”。

夫余，“在国衣尚白，白布大袂袍、裤、履革鞜。出国则尚缯绣锦罽，大人加狐狸、狖白、黑貂之裘，以金银饰帽”③。夫余人以农业、畜牧业为生，所以服装面料有麻布、毛织物和丝织物。基本款式是大袖的长袍和裤子，脚穿皮靴。色彩方面，在国内多穿白色衣服；出国时则多穿织绣有花纹的彩色衣服。

勿吉（靺鞨）以农业和养猪、射猎为生，“妇人则布裙，男子猪犬皮裘”。或曰：“妇人服布裙，男子衣猪皮裘，头插武豹尾。”隋代时，因“与边人来往，悦中国风俗，请被冠带。帝嘉之，赐以锦绮……”唐代时改称“黑水靺鞨”，“俗编发，缀野豕牙，插雉尾为冠饰，自别于诸部”④。总之，勿吉人原来是编发，头上插雉尾或豹尾，后来受汉文化影响，上层人物有戴冠的。衣服面料原只有麻布（或手布）和猪犬的皮，后来也从汉族传入丝织品，上层人物可以穿用。

高句丽，“其公会，衣服皆锦绣、金银以自饰。大加、主簿

---

①《魏书》，卷一百。《北史·契丹传》。《新五代史·四夷附录第一》。

②《后汉书·东夷列传》。

③《三国志·乌丸鲜卑东夷传》。

④《魏书》，卷一百。《北史·勿吉传》。《新唐书·北狄传》等。

皆著帻，如冠帻而无后；其小加著折风，形如弁”①。解放前后，在吉林省集安发掘的一些高句丽壁画墓中，有不少歌舞、奏乐和墓主人、侍者的形象，为我们提供了5世纪时高句丽人服装的珍贵资料，基本形制是：

男装：头发多潇洒地披散，也有戴束发小冠的，应为史籍记载的“折风”。有的还在折风上插一簇向后弯的长羽毛，与史籍记载的“士人加插鸟羽”相符。身穿套头无领长袖花短衣，肥筒小裤。骑马的主人似穿对襟长袍。

女装：头发梳挽得极其扳正，身穿对襟长袖合衽带襈缘的长裙。

服装色彩朴素大方，如通沟第12号墓的舞蹈男子，身穿无领红地（或黄地）、黑花短襦，青色或青地黑花肥筒裤②。

豆莫娄，“有麻布，衣制类高丽而幅大（《北史》作“帽大”），其国大人以金银饰之”。关于高丽（高句丽）的服式，该书没有明确记载，只是说“其祖先朱蒙至普述水，遇见三人，其一人著麻衣，一人著纳衣，一人著水藻衣”③，（水藻衣和麻衣的形制不明。纳衣应即衲衣，是僧人之衣）。幸好有上述高丽壁画资料可以参考，豆莫娄的服饰也应大致如此。

地豆于（地豆干），养牛羊马为生，“以皮为衣服”④。

乌洛侯，“其俗绳发，皮服，以珠为饰”⑤。因多养猪，其皮服应为猪皮所制。

渤海（原称“粟末靺鞨”，隋时改称为“渤海”），是隋唐时东北地区的强国，能生产丝绸和麻布。官服“以品为秩，三秩

① 《后汉书·东夷列传》。《三国志·魏书》等。

② 方起东：《集安高句丽墓壁画中的舞乐》，载《文物》，1980（7）。杨泓：《高句丽壁画石墓》，载《文物参考资料》，1958（4）。

③④⑤ 《魏书》，卷一百。

以上服紫，牙笏，金鱼。五秩以上服绯，牙笏，银鱼。六秩、七秩浅绯衣。八秩绿衣，皆木笏”①。

鞨劫子“其人髦首，披布为衣”②。

第二节　北方民族服饰

这个时期北方民族建立的主要政权是鲜卑北魏，从土德，服尚黄。北魏服制，史书记载极为简略，只说太祖天兴六年（公元403年）初，“制冠服，随品秩各有差”，因“时事未暇，多失古礼”。世祖时，仍以军事为主，服装“取于便习而已”。高祖太和年间（公元477～499年）“始考旧典，以制冠服，百僚六官，各有差次”。但因高祖早逝，仍未完备。到北魏即将灭亡的熙平元年（公元516年），还在讨论之中。最后决定：冠冕从前代，帻随服变。但仍没有具体描述。现把零星记载摘录于下，主要讲祭服：太和十五年十一月，祭太和庙，“帝衮冕，与祭者朝服。既而帝冠黑介帻，素纱深衣，拜山陵而还宫”。祭圜丘，临太华殿，朝群官，也是“帝衮冕剑舄，侍臣朝服”。又“帝冠通天，绛纱袍，临飨礼”。太和十五年四月，荐於太和庙。既出，侍中、南平王冯诞跪奏请易服，“进缟冠，皂朝服，革带，黑履。侍臣各易以黑介帻，白绢单衣，革带，乌履。……奏事、中散以上，冠服如侍臣。刺史以下无变”。“侍中跪奏，请易祭服，进缟冠素纰，白布深衣，麻绳履。侍臣去帻易帢。群官易服如侍臣”③。从上述祭服看，君臣礼服沿袭汉装。

敦煌石窟壁画中，北朝时期的供养人就穿戴着这种汉化的帝王衮冕和褒衣博带，而且大袖长裙远超过汉族早期的深衣袍

① 《新唐书·北狄传》。

② 《新五代史·四夷附录第二》。

③ 《魏书·礼志》，四、一、三。

制度。如285窟国王像，头戴通天冠，前有博山，后有卷梁，身穿皂色或绯色深衣，领袖镶白缘，并有曲领。有的头戴小冠，上加白纱笼冠。288窟贵族头戴笼冠，对襟开领大袖深衣袍。贵族妇女也如此，头梳圆髻。

鲜卑族的服饰，史籍记载不多，但出土文物和石窟、墓室壁画的服饰资料却非常多，以至本书难以一一介绍，而只能举出几个例子而已。

云冈石窟太和年间前后的供养人，敦煌莫高窟太和十一年的刺绣，宁夏固原北魏墓漆棺画上的人物都是鲜卑贵族及其侍从。贵族头戴高冠，身穿圆领窄袖长袍，窄口裤，腰束带，足穿尖头乌靴。侍者头戴黑高冠，角巾披于肩上，上身穿交领宽袖大衣，下身穿宽腿裤，足穿乌靴。有的腰束带并束腿。还有的男戴高冠，女梳高髻，身穿夹领、窄袖长袍，脚穿乌靴[①]。以上可算是中原地区鲜卑人的一种服饰。

甘肃敦煌莫高窟壁画中的鲜卑供养人像则是另一类服装——头戴卷沿毡帽或裹巾，有的脑后垂小辫；身穿圆领小袖紧身衣、白色小口裤，腰束带，垂鞊䩞七事（佩刀、刀子、砺石、契苾、真哕、厥针筒、火石袋），脚穿乌靴。婢女头梳双髻，身穿无领开襟深衣。甘肃张家川出土的北周王令猥造像碑上的供养人的服饰基本上也是如此[②]。这个地区，多民族杂居，互相影响、仿效，表现在服饰上有杂用的现象。如有的帝王像，头戴卷沿白毡高帽，身穿深衣大袍；有的头裹幅巾，身穿深衣，却披大裘等。壁画中的劳动人民，男子多裸上身，穿黑或白色“犊鼻裤”[③]。女装多大袖裙襦。武士穿戎装，乘铠马，戴头牟，

① 宁夏固原博物馆：《固原北魏墓漆棺画》，宁夏人民出版社，1988。

② 吴怡如：《北周王令猥造像碑》，《文物》，1988（2）。

③ 高录：《事物纪原》：“以三尺布为之，前后各一幅，中裁两尖，裆交续之。”

内穿裤褶，外披裲裆甲①。有的穿护膊、胸甲、护髀，但没有甲片，可能是“牛皮铠”或“犀甲”②。甘肃嘉峪关魏晋墓壁画的男人髡首、后脑留发，穿毳毛衣，在耕地或侍奉主人，似是鲜卑劳动人民的形象。

山西寿阳县北齐库狄回洛墓中出土陶俑120余件，有各种各样的人物服装，比较齐全，介绍如下：

按盾武士，身穿红绿与贴金鱼鳞式肩铠，腰束红色宽带。头戴赤色贴金的圆顶盔。下着白裤、黑鞋。

佩刀武士，头戴红色披巾盔。身穿赤红色裲裆，窄长袖蓝色内衣，腰束细带。下身白裤黑鞋。

负盾武士，头戴赭红披绿冠。身穿赭红翻领短褐圆领黄色内衣，束黑腰带。下穿白裤、圆头黑鞋。

披氅侍卫男俑，头戴三脊小黑冠，肩披赭红大氅，身穿杏黄窄袖短褐，束黑腰带。下穿白裤，圆头黑鞋。

袒肩侍卫男俑，头戴三脊披绿黑冠。身穿翻领左衽蓝色短褐，袒右肩，腰束黑带。下穿白裤、黑鞋。

翻衽侍卫男俑，头戴三脊披绿黑冠。身穿杏黄窄袖翻左衽短褐，腰束黑带，上缀4枚扁圆珠饰。下穿白裤，圆头黑鞋。

翻领双衽侍卫男俑，头戴披绿赭红弁帽。身穿赭红翻双衽窄袖短袍，圆领白内衣，腰束黑带，一端折至后胯（有的缀4枚扁圆形珠饰）。下穿白裤，圆头黑鞋。

伎乐俑，头戴赭红小冠，梳发。身穿赭红圆领左衽胡袖长袍，内穿白衣，腰系红色博带。下穿宽敞肥大白裤，圆头黑鞋。

舞蹈胡俑，头戴赭红色船形胡帽。身穿赭红色左衽胡袖紧

---

① 一片当胸，一片当背。

② 段文杰：《敦煌壁画中的衣冠服饰》，见《敦煌研究文集》，甘肃人民出版社，1982。

身长衫。下穿白裤，船头形鞋。

文吏俑，头戴黑笼冠。身穿朱红色长胡袍，腰束黑带。下穿白长裤，黑色圆头鞋。

侍女俑，有二式：一式，头戴黑笼冠。身穿宽衣博带的红色左衽胡袖短衫，腰围红色褶叠长裙，外束白带。脚穿圆头黑鞋。二式：身穿红色左衽胡袖短衫，腰束黑带。下穿白色长裤，圆头黑鞋。

墓中壁画也有一些服饰资料。东壁 4 个男人。第一人裸上身。下穿灰色短裤，挽褶至膝，脚胫以红带缠裹，扎结垂缨。赤足。第二人戴黑弁帽或小冠。穿赭红色圆领露胸窄袖长衫，束黑带。下穿白裤，黑色半圆筒短靴。第三人戴黑弁帽。穿杏黄圆领露胸紧身窄袖长衫，灰色圆领内衣，黑腰带，灰裤。第四人似穿对襟宽博红色长衫（或大氅），灰白裤，黑筒短靴①。

1986 年，在山东济南北朝墓出土 58 件陶俑，壁画上也有很多人物服装。其中较有特色的是：

背箭箙俑，头戴小冠，上身穿酱紫色交领右衽大袖衫，袖口在手腕部打结扎紧，外罩砖红色翻领左衽短袖衫，领袖口均嵌绿边。腰扎鞶带两匝。下穿白色大口裤，膝下加缚。

男侍俑，多戴小冠。穿红色交领左衽大袖衫。但有的袒右臂，右衣袖掖在左手臂下的腰带内。下穿白色大口裤，膝下加缚。

戴风帽胡俑，深目高鼻，头戴赭色风帽。上身内穿大袖衫；外披赭色带袖风衣，内衬绿里。下身白色大口裤。

牵马俑，小冠，紫色圆领小袖衫，白长裤。上衣套入裤内，腰系巾，结花下垂。

女侍俑，有两式，一是双髻，白色交领大袖衫，袖口露出

---

① 王克林：《北齐库狄回洛墓》，载《考古学报》，1979（3）。

桔黄色衬里。大口裤，膝下未加缚。二是扇面形或圆帽式高髻并扎巾。交领左衽中袖衫。白色长裙。腰束带垂至脚面①。

以上两批资料，基本上可以概括鲜卑人的多种服饰。

匈奴人以游牧为生，故服装男女都是“衣其皮革，被旃裘”。单于死，有“金银衣裳”随葬②。后来与汉朝和亲，从汉族输入大量丝织品，统治阶层和富有人家也有以丝绸缝制衣服的。《魏书》卷一百零三记载：匈奴宇文莫槐部“人皆剪发而留其顶上，以为首饰，长过数寸则截短之。妇女披长襦及足，而无裳焉。”敦煌莫高窟 275 窟匈奴男供养人头戴冠，冠后垂巾，穿窄袖衣、白裤。这是受中原文化影响较深的河西匈奴人的服装，已有不同民族服饰文化交融的特征。

蠕蠕，匈奴别种，“辫发，衣锦小袖袍，小中裤，深雍靴”。又有“狮子皮裤褶”。③

高车（又称“敕勒”、“狄历”、“丁零”），“衣皮食肉”，“妇人以皮裹羊骸，戴之首上，萦屈发鬓而缀之，有似轩冕”④。

稽胡（步落稽），匈奴别种或山戎赤狄之后，“地少蚕桑，多衣麻布，其丈夫衣服及死亡殡葬，与中夏略同。妇人则多贯蜃贝以为耳颈饰”⑤。

回鹘（回纥），“妇人总发为髻，高五六寸，以红绢囊之。既嫁，则加毡帽”。“可汗胡帽赭袍坐帐中”。唐咸安公主嫁回鹘登啰羽没蜜施句主毗伽崇德可汗，“被可敦服，绛通裾大襦，冠金冠，前后锐……”回鹘人原以畜牧为生，毛毳为衣，后因助唐平安史之乱有功，得到大批丝绸织物，有些人穿起丝绸衣服，其

---

① 山东省文物考古研究所：《济南市东八里洼北朝壁画墓》，载《文物》，1989(4)。

② 《汉书·匈奴传》等。

③ 《南史》，卷七十九。

④⑤ 《北史》，卷九十六。《文献通考·四裔考》。

衣服以窄小为特点。（唐）花蕊夫人《宫词》诗咏："明朝腊日官家出，随驾先须点内人，回鹘衣装回鹘马，就中偏称小腰身。"回鹘所属的"都播"（都波），以渔猎为生，所以"衣貂鹿皮，贫者缉鸟羽为服"。白霫人也以射猎为生，"以赤皮缘衣，妇贯铜钏，以子铃缀襟"。新疆库木吐喇石窟 79 窟壁画有不少供养人像，着回鹘装。男装：盘领袍，饰小团花；束高冠，发辫垂后，腰束带，有鞊鞢五事。或著冠，垂双带于颌下，足著乌靴。女装：有的交领红袍，上有鳞状花纹；发束红绢，披于头后。有的穿盘领对襟俗装，披长发。有的穿汉式宽博衣，外披氅，披发饰栉。童装：盘领团花回鹘装，发辫垂后，戴翻边毡帽或红袍束冠①。

黠戛斯，"服贵貂、豽。（其君）阿热冬帽貂，夏帽金釦，锐顶而卷末。诸下皆帽白毡，喜佩刀砺。贱者衣皮不帽，女衣毳毼、锦、罽、绫，盖安西、北庭、大食所贸售也"②。

突厥，以游牧为生，"其俗，被发左衽，穹庐毡帐……身衣裘褐"。隋大业年间，突厥启人可汗与义成公主上表曰："乞依大国，服饰法用一同华夏。"炀帝不同意"改衣服"，诏曰："君子教人，不求变俗，何必化诸削衽，縻以长缨。"③ 突厥的服装主要是圆领左衽长袍，束腰带，戴幞头，穿短靴，既适合游牧生活，又有民族交流的成果。

蒙古族的先民原来只围毛皮护腰，进而有了鹿皮服装，后来因与突厥、室韦、契丹等民族发生联系，吸收了这些民族服饰的一些特点，穿上了圆领左衽长袍。内蒙古狼山崖画上的人

---

① 《新唐书·回鹘传》。《文献通考·四裔考》。《全唐诗》，第十一函第十册。梁志祥、丁明夷：《新疆库木吐喇石窟新发现的几处洞窟》，载《文物》，1985（5）。

② 《新唐书·回鹘传》。

③ 《北史·突厥传》。

物很多，能看出服饰的，有无领无袖束腰长衫。多有衣尾或饰尾习俗。发饰多种，有的垂几根辫子；有的似披发；有的似梳高髻或戴高帽，两侧各垂下一辫；多数则无发饰①。

北狄，1974～1978年，在河北省平山县调查发掘的战国时期中山国墓葬中，出土有几件小玉人，从简报附图看，妇女头梳牛角形双髻。身穿无领窄袖长袍，长及地，长袍上有长方格纹，长方格内有的加饰网格纹，有的空白，上下左右间隔布置。儿童则在头顶正中梳一个圆形髻。似裸上身，胸露两乳。下身似内穿长裤，外罩长裙。唯中间一条带子长及于地。裙、裤的纹饰同上。另有1件玉人，发髻同女玉人，衣服却似童玉人，可能是男子的形象。这3人的服饰应是白狄人服饰的真实反映。此外，有1件银首人俑灯，在一兽纹方形座上立一持灯男子，身穿右衽宽袖长袍，腰束带。在十五连盏灯的下部有2个抛食引猴的男子，裸上身，穿短裳，可能是住在中山国的其他民族之人②。

第三节　西方民族服饰

《后汉书·西羌传》记载："羌胡被发左衽"，"女披大华毡以为盛饰"，"羌人括领"③。而且因其"地少五谷，以产牧为业"，所以这种服装的质料多是皮革和毛织品，有的书上就明确说是"皆衣裘褐"④，后来与外界特别是汉族来往密切，服装的面料有所增加，上层人物和富有人家穿上了丝织品。此外，羌

① 王迅，苏赫巴鲁：《蒙古族风俗志》，中央民族学院出版社，1990。盖山林：《内蒙阴山山脉狼山地区岩画》，载《文物》，1980（6）。

② 河北省文物管理处：《河北省平山县战国时期中山国墓葬发掘简报》，载《文物》，1979（1）。

③ 刘安：《淮南子·齐俗篇》，四库全书·子部·杂家类。

④ 《北史·宕昌传》。

人早有麻织品，也是服装原料之一。甘肃武威磨咀子72号汉墓出土一块木板画，披发有须，短衫缘边，系腰带、裹腿、穿靴。又有一块绢地刺绣屯戍图，上一吏人头戴尖顶帻，身穿窄袖紧身衣。甘肃靖远吴家川岩画人物头上有1～3股竖立的尖长饰物①。所有这些都是少数民族形象，可能是羌族。

宕昌羌、邓至羌（白水羌）、党项羌等男女“皆衣裘褐”，“披毡”，“其衣服、风俗与河南（即吐谷浑）略同”。“跣足，重虎皮，以之送死。”南京博物院收藏1幅北朝的《职贡图》，上有“邓至国使”图，头包黑色巾，结于脑后垂至腰部。身穿圆领对襟、长袖长衫，长至膝部。脚穿长统靴，靴上有平行横短线为纹饰。

东女羌，“王服青毛绫裙，被青袍，袖委於地，冬羔裘，饰以文锦，为小鬟髻，耳垂珰，足曳䩞䩮。䩞䩮，履也。……男子……披发，以青涂面”②。

大羊同，“辫发毡裘”③。

嘉良夷，“其俗以皮为帽，形圆如钵，或戴幂䍦，衣多毛褐皮裘。全剥牛脚皮为靴。项系铁锁，手贯铁钏。王与酋帅，金为首饰，胸前悬一金花，径三寸……”④

白兰，“其男子通服长裙，帽或戴幂䍦。妇人以金花为首饰，辫发萦后，缀以珠贝”⑤。

悉立，“男人以缯彩缠头，衣毡褐。妇人以辫发，著短褐”⑥。

吐蕃，早期“衣率毡韦，以赭涂面为好。妇人辫发而萦之。

---

① 张宝玺：《甘肃省靖远县吴家川发现岩画》，载《文物》，1983（2）

② 《新唐书·西域传》等。《魏书》，卷一百零一。《南史·夷貊下》。

③ 王溥：《唐会要》卷九十九，中华书局，1955。

④ 王钦若等：《册府元龟》，卷九百六十一。《隋书·附国传》，中华书局影印本，1960。

⑤⑥ 《册府元龟》，卷九百六十一。

……居父母丧，断发黛面、墨衣……”松赞干布赞普与唐朝文成公主联姻之后，羡慕唐人服饰之美；又“公主恶国人赭面。弄赞（即松赞干布，又名弃宗弄赞）下令国中禁之。自褫毡罽，袭纨绡，为华风。……”民庶也有以绢帛为服装的，服装式样可能也有所改变，唐朝诗人陈陶《陇西行》说：“自从贵主和亲后，一半胡风似汉家。”当然，吐蕃人的服饰基本上还是“暑毼冬裘”，即夏天穿褐布衣服，冬天穿皮袍。如“赞普坐帐中……身被素褐，结朝霞冒首”。勇敢的人，“生衣其（指虎）皮”[①]。即赞普可能身穿丝绸衣服，外披毛褐大衣或大氅，头上戴朝霞帽。这种朝霞帽，有人认为是像朝霞的颜色。但从西藏的松赞干布赞普的塑像看，帽子是白色的，并非彩色。所以我们认为，朝霞帽可能是用南诏生产的棉布裁制的，因为南诏当时生产的棉布中有一种精致的，就叫做“朝霞”，王后服用[②]，又是白色的，与文献记载和塑像都相符。南诏当时服属于吐蕃，要得到这种棉布也很容易。如果上述分析不谬的话，那么反映在赞普身上的服装面料就是多民族纺织品的兼用，而以吐蕃民族的织品为主。具体的服式在敦煌莫高窟159、158、220、238、240、359窟的壁画可以看到：赞普头戴红毡高帽，身穿着地长袍，长袖、大襟、宽腰阔摆、缺骻，交领左衽。上加披肩，项饰瑟瑟珠，腰束革带，足穿蹊袜。其他供养人的衣服基本上也是如此，只是比较紧窄一些。有的戴虎皮帽，穿虎皮衣，是民族英雄的服饰。有的奴婢穿左衽长袍，头束双童髻，兼有蕃汉装特点。另外，唐代著名画家阎立本的《步辇图》上的吐蕃大论（大相），身穿紧身窄袖直领长袍，袍长仅及小腿，袍上有鸟纹团花纹饰，脚穿

① 《新唐书·吐蕃传》。王尧，陈践译：《敦煌本吐蕃历史文书》，民族出版社，1980。

② （宋）周去非《岭外代答》，卷六。

黑色狗鼻靴，腰束窄带，带上缀有瓶、袋等用品。头上束布幞，与吐蕃贵族大臣的宽袖大袍不同，可能反映“吐蕃人在选择服饰时是讲究礼节的”。因为这幅画是反映吐蕃使者到唐朝时的情景，表现出对中央王朝皇帝的“敬谨诚挚情态”①。西藏西端日土县任姆栋山等地的吐蕃以前或吐蕃早期的岩画中，执杆人穿无领无袖束腰长袍，似套头式，长到膝盖。有的头戴大圆帽，有的戴鸟首形面具正在跳舞，有的头挽环形髻，穿长袍，外套罩袍。

拉萨查拉路甫石窟转经廊北壁有一些历史人物像，虽被神化，但其服装与佛、菩萨不同，可资参考：

松赞干布像，头戴塔式尖帽（似由白色织物裹成），顶端露出一个小佛头像，戴大耳环。上身穿交领左衽宽袖衫，外斜披络腋；下身穿竖纹长裙，脚穿筒靴。

文成公主与尼泊尔尺尊公主均梳高髻；戴耳环，手镯；上穿交领左衽窄袖衫，外斜披络腋；下穿竖纹长裙。

禄东赞和创造藏文的吞米桑布扎头戴塔式尖帽，戴耳环、项链（一有一无）、手镯；袒露上身；下穿长短裙或长裙，腰垂带；脚穿筒靴②。

氐人，“著乌皂突骑帽，长身小袖袍，小口裤，皮鞾”。“有麻田，……衣服尚青”。“其妇人嫁时，著衽露，其缘饰之制有似羌，衽露有似中国袍……”③

吐谷浑，出自辽东鲜卑，西迁后融合其他民族、部族而形成吐谷浑族。经济生活以畜牧为主，“亦知种田”。可汗“夸吕

---

① 王尧：《吐蕃文化》，吉林教育出版社，1989。

② 西藏文管会文物普查队：《西藏日土县古代岩画调查简报》、《拉萨查拉路甫石窟调查简报》，载《文物》，1987（2）、1965（9）。

③《北史·夷貊传》。《魏略·西戎传》。《文献通考·四裔考》。

椎髻毦珠，以皂为帽，坐金师子床。号其妻为‘恪尊’，衣织成裙，披锦大袍，辫发于后，首戴金花冠。其俗，丈夫衣服略同于华夏，多以罗幂为冠，亦以缯为帽。妇人皆贯珠贝束发，以多为贵”。其人“著小袖袍，小口裤，大头长裙帽。女子披发为辫”。“男子服长裙……”①

此外，甘肃嘉峪关黑山战国时代崖画中的舞蹈人物，头上耸立着雉尾一类的饰物，袒露上身，下身穿长短裙。永昌县东四沟魏晋墓壁画中有9个女子，穿红衣多褶裙，都是少数民族的形象。

龟兹，“其王头系彩带，垂之於后，坐金师子床”。“俗断发齐顶，惟君不翦发……王以锦冒顶，锦袍宝带”。新疆拜城克孜尔千佛洞新一号窟东侧壁画有一个龟兹供养人，头扎锦绸，颈后有一飘带，身穿翻领窄袖折襟袍，腰束带，时代初唐。69窟东汉时代的供养人，服饰同上。龟兹农民耕作时，头戴圆锥形帽，下身穿裤衩，克子喀拉罕石窟11号窟的武官供养人头戴幞头，二带垂脑后，身穿短袖长铠甲②。

且末，“人皆剪发，著毡帽，小袖衣，为衫则开颈而缝前”③。

疏勒国，“其王戴金师子冠”④。

于阗，隋代时，其王“练锦帽，金鼠冠，妻戴金花”。五代时，于阗国君李圣天“衣冠如中国”。于阗人“其衣布帛”。“男子冠中国帽；女辫发，戴瑟瑟”。敦煌五代壁画中的于阗国王头

---

① 《魏书·吐谷浑传》。《南史·夷貊传》。《新唐书·西域传》。

② 《魏书》卷一百零二。《新唐书·西域传》。朱英荣：《新疆拜城克孜尔千佛洞新1号窟》，载《文物》，1984（12）。闫文儒：《新疆天山以南的石窟》，载《文物》，1962（7）、（8）

③ 《魏书》，卷一百零二。《南史》，卷七十九。

④ 《北史·西域传》。《新五代史·四夷附录第三》。《文献通考·四裔考》。《册府元龟》高昌条。段文杰：《敦煌壁画中的衣冠服饰》，《敦煌研究文集》。

戴冕旒，上缀北斗七星。穿滚龙深衣袍，方心曲领，有沙中单，长裙蔽膝，大带，分稍履，衣裳也饰十二章纹。头后垂二尺绢，广五寸以为饰。手戴镶嵌宝石的指环。牵狮的于阗国王像，戴绣花搭耳帽，穿朱红褛袍。妇女梳高髻，戴凤钗步摇冠或毡笠，穿窄袖翻领左衽长袍，绣花鞋，汉、回鹘装兼用。

乌孙，“与匈奴同俗”①。

高昌，“服饰，丈夫从胡法；妇人裙襦，头上作髻”，“被发左衽”。“剪发垂之于背，著长身小袖袍，小口裤”。隋时尚华容公主，与中央王朝关系密切，国王伯雅下令国中：“其庶人以上，皆宜解辫削衽”、“曳裾”。但因“畏铁勒，不敢改也”。吐鲁番阿斯塔那唐代张氏墓出土女舞俑，上衣为超短锦衫，围以披帛；下身曳地彩色长裙，外罩轻纱②，可能是高昌女装的写照。

焉耆国，“俗祝发毡衣”。“丈夫并翦发以为首饰”。“妇人衣裙襦大裤”③。

滑国（车师别种）、呵跋檀、周古柯、胡密等国，男“著小袖长身袍，用金玉为带。女人被裘，头上刻木为角，长六尺，以金银饰之”④。

跋禄迦国（汉作姑墨国）等，“衣毡褐皮氎，以缯缭额”⑤。

渴盘陀国，“衣古贝布，著长身小袖袍，小口裤”⑥。

出土的服装实物也不少，都出在新疆。如1983年在洛浦县山普拉古墓群中出土衣服、鞋、帽、袜127件：

---

① 《文献通考·四裔考》。

② 《北史·西域传》。新疆维吾尔自治区博物馆，西北大学历史系考古专业：《1973年吐鲁番阿斯塔那古墓群发掘简报》，载《文物》，1975（7）。

③ 《新唐书·西域传》。《北史·西域传》。

④ 《南史》，卷七十九。

⑤ 《新唐书·西域传》。

⑥ 《南史》，卷七十九。

1. 帽，有毡帽、褐帽两种。毡帽的形制有 3 种：其一是圆顶的，蓝色，顶缝一块柳形毡条，帽后开叉，叉头系带，帽下缘有 2 厘米高的饰边。其二，平顶锥状尖帽，由两块绛红色毡用黑毛线缝制，帽后开叉。其三，椭圆形顶，帽前部较陡，后部坡度比较缓，原色，底边饰深绿色褐布条。

褐帽也有 3 种形制：其一，覆斗形顶，上半覆斗形，下半长方形，后开叉，顶面中部柳叶形。其二椭圆形顶，前沿连有覆面。其三，直筒脊顶，有系带。

2. 衣，质地有毡、毛织、丝织三种。

毡衣，有 2 件。其一，儿童毡衣，由前后两片缝制，套头式，圆领无领边，短袖，衣两侧边开口。其二，成人毡衣，有 2 件均残，只可看出属广袖口型。

毛织衣，有 40 件，都用毛褐、罽毛等织物缝制，为套头长外衣。有二式：其一，多用一幅单色薄褐对折拼缝，中部挖出领口，下摆两侧边加长三角，使下摆口径加大，呈喇叭状。有的附加荷叶形带折饰边。袖子长短都有，肩部接袖稍向内凹，有的束袖口。领口多呈椭圆形，有的领口右侧开一小口。有的在衣领口、袖口、左右肩、肩袖接缝处、前后片中央等处饰有绦带或色绢。合缝处镶有多股毛纱搓成的牙线。其二，与一式的主要区别是：下摆两侧不加三角，衣上下径相近，或下摆大于衣腰；有的无荷叶边及下摆两侧开叉，有的有荷叶边但下摆两侧不开叉；有的用两片缝制，即一片对折，另一片横折拼缝，布料较厚。

丝织衣，3 件，用绢、纱缝制。其一，小孩绢上衣，黄色，套头式，长袖，椭圆领，衣长达腿部。其二，短夹衣，面、里均用蓝色绢，袖口包米蓝色绢，内填薄丝絮，椭圆形领，长袖。其三，敛衣，用黄色方孔假纱缝制，由两片接缝（同上），椭圆形领，领口也包缝米蓝色绢。

3. 裤，质地有皮、毛织品和丝织品三类。

皮裤，1条，残，带毛，属窄裤腿型。

毛织裤，其中有褐裤9条，宽腰大裆式，裤脚有的折收，有的束收，似灯笼裤。颜色有黄、深绿、绛红等。缂毛裤1条，裤腿用几块缂毛拼缝。裤腰和部分裤腿用褐布，灯笼裤式，裤角打折束口。

丝织裤，1件，绢质，残。

4. 靴、鞋，有12双。其中，儿童鞋1双，皮面毡里，鞋面开口系带。靴11双，有的皮面毡里；有的全是皮的；有的褐面毡里；有的全是毡的。形制有：圆头，三角翘头。腰有长短。褐面靴上还绣有曲折纹。

5. 毡袜，8只（双）①。

新疆哈密焉不拉克墓地（公元前1300～公元前600年）出土毛织物30件，其中有木俑身上的紫红色平纹长裙，裙摆用红色毛线缝缀；肩部用黄、棕、白三色毛线拧成绳子捆扎。还有尖顶毡帽，有红色毛裤，绿色斜纹毛裙，黄色平纹毛裙等②。

1980年在古楼兰遗址发现的少女干尸上，头戴“斗”形毡帽，身裹粗毛布，脚穿毛皮靴③。

1959年，吐鲁番阿斯塔那北区墓葬出土一些尸体和服装，展现了当地居民的服饰。

发式：男子有的双辫交盘于后；有的头顶束髻。女子头顶束髻。

衣服：或男女均穿斜领右衽外衣，下系裙；或女穿直领对

---

① 《洛浦县山普拉古墓发掘报告》，载《新疆文物》，1989（2）。

② 新疆维吾尔自治区文化厅文物处等：《新疆哈密焉不拉克墓地》，载《考古学报》，1989（3）。

③ 忻鼎新：《关于我国古代毛毡的资料》，见《中国纺织科技史资料》，第5集。

襟齐膝外套和裙子，胸上缝对马纹锦；或圆领右衽外套和裤子等。质地：绢、麻都有。颜色有茄紫等。

鞋：有麻布男鞋，蓝色，单层，里衬纸一层，敞口。有女丝鞋，绛地，底用麻绳编结，帮用细麻绳作经，黄、红、酱及原色丝线编织花纹。里衬一层粗麻编织物。敞口，鞋脸兽面纹，工极细。还有凉鞋，用麻绳编底，丝绳为帮，两带交叉，似今草鞋。另有纸鞋，鞋底前尖上翘。

袜，刀形锦袜，脚指处不分叉①。

此外，敦煌唐代壁画中，有些人穿盘领窄身小袖缘袍，腰束革带，脚穿乌皮长靿靴；有的剪发；有的戴各式毡帽、绣帽、毡笠、浑脱帽或头束缯彩等，可能是葱岭以东的疏勒、龟兹、高昌、吐谷浑等民族的服饰②。

第四节　南方民族服饰

据《后汉书·南蛮西南夷列传》记载：蛮人有"镂体（按：即纹身）卉衣"的。《文献通考》：西南蛮"冬编鹅毛木棉，夏缉蕉竹麻苎为衣"。唐代樊绰《蛮书》对于西南各民族有比较详细的记载，我们将以它为主，并兼及其他文献记载一一介绍。凡其他文献记载与《蛮书》相同者，恕不注出。

东爨乌蛮，有的"男则发髻，女则散发，……无布帛，男女悉披牛羊皮。"有的则"妇人以黑缯为衣，其长曳地"。《新唐书·南蛮传》作"男子髽髻"。

乌蛮中的独锦蛮，服饰可能较特殊，因"锦"为名。

裳人（《新唐书·南蛮传》称为"汉裳蛮"），是楚将军庄

① 新疆维吾尔自治区博物馆：《新疆吐鲁番阿斯塔那北区墓葬发掘简报》，载《文物》，1960（6）。

② 段文杰：《敦煌壁画中的衣冠服饰》，见《敦煌研究文集》。

跻率军远征云南的遗裔，庄跻等到云南后，“变服从其俗以长之”①，所以其服饰应是“袭汉服，后稍参诸戎风俗，迄今但朝霞缠头，其余无异。”

长裈蛮，乌蛮之后，“其本俗皆衣长裈曳地，更无衣服，惟牛羊皮……”

施蛮（今傈僳族先民），乌蛮之种，“男以缯布为缦裆裤。妇人从顶横分其发，当额并顶后各为一髻。男女络身，并跣足，披羊皮”。

磨蛮（磨些蛮，今纳西族先民），乌蛮之种，“男女皆披羊皮”。

扑子蛮，“以青婆罗段为通身裤”。《新唐书·南蛮传》有同样记载，但改“婆罗”为“娑罗”，是正确的。并补充有新资料：“妇人食乳酪，肥白，跣足；青布为衫裳，联贯珂贝珠络之；髻垂于后，有夫者分两髻”。

寻传蛮（今阿昌族先民），“俗无丝绵布帛，披波罗皮（有的书作‘婆罗笼’），跣足，……射豪猪，生食其肉，取其两牙，双插髻傍为饰，又条猪皮以系腰。每战斗，即以笼子笼头如兜鍪状”。《新唐书·南蛮传》作“竹笼头”，而非“笼子笼头”。《文献通考》记载“以木皮蔽形，……战以竹笼头”。

裸形蛮，又称“野蛮”（今景颇族先民），“无衣服，惟取木皮以蔽形”。

望苴子蛮（今佤族先民）“跣足衣短甲，才蔽胸腹而已，股膝皆露。兜鍪上插牦牛尾……其妇人亦如此”。

望蛮外喻部落，“妇人亦跣足，以青布为衫裳，联贯珂贝、巴齿、真珠，斜络其身数十道。有夫者竖分两髻；无夫者，顶为一髻……”

① 《汉书·西南夷传》。

黑齿蛮、金齿蛮、银齿蛮（今傣族先民），“皆顶为一髻，以青布为通身袴，又斜披青布条”。

绣脚蛮（今傣族先民），“衣以绯布，以青色为饰”。

茫蛮（今傣族先民），“皆衣青布袴，藤篾缠腰，红缯布缠髻，出其余垂后为饰。妇人披五色娑罗……”《新唐书·南蛮传》作：“衣青布短袴，露骭，以缯布缭腰，出其余垂后为饰，……”

粟栗两姓蛮、雷蛮、梦蛮，“皆乌蛮、白蛮之种族。（乌蛮）丈夫、妇人以黑缯为衣，其长曳地。又东有白蛮，丈夫、妇人以白缯为衣，下不过膝”。

桃花蛮，“披羊皮或披毡，前梳髻……”

南诏政权是以乌蛮为主建立的。

“其蛮，丈夫一切披毡，其余衣服略与汉同，唯头囊特异耳——南诏以红绫；其余向下，皆以皂绫绢。其制度：取一幅物，近边撮缝为角，刻木如樗蒲头，实角中，总发於脑后为一髻，即取头囊，都包裹头髻上结之。羽仪已下及诸动，有一切房甄别之（按：此句疑有讹脱），然后得头囊。若子弟及四军罗苴已下，则当额络为一髻，不得带囊角，当顶撮鲨髻，并披毡皮。俗皆跣足，虽清平官、大军将亦不以为耻。曹长以下，得系金佉苴（按：‘佉苴’即腰带），或有等第、战功褒奖得系者，不限常例。”“贵绯、紫两色。得紫后，有大功则得锦。又有超等殊功者，则得全披波罗皮；其次功，则胸前背后得披，而阙其袖；又以次功，则胸前得披，并阙其背。谓之大虫皮，亦曰波罗皮。谓腰带为佉苴。”“妇人一切不施粉黛，贵者以绫锦为裙襦，其上仍披锦方幅为饰。两股辫其发为髻，髻上及耳多缀真珠、金、贝、瑟瑟、琥珀。贵家仆女亦有裙衫，常披毡及以赠帛韬其髻，亦谓之头囊。”“蛮王并清平官礼衣悉服锦绣，皆上缀波罗皮……”要用“赤黑文深者”的虎皮，“文浅不任用”。

《新唐书·南蛮传》还有其他记载：

南诏的军兵“人岁给韦衫裤”，有的“戴朱鞮鍪，负犀革铜盾[①]而跣。”“自曹长以降，系金佉苴。尚绛、紫。有功加锦；又有功加金波罗。金波罗，虎皮也。功小者，衿背不袖。妇人不粉黛，以苏泽发。贵者绫锦裙襦，上施锦一幅。以两股辫为鬟髻，耳缀珠、贝、瑟瑟、琥珀……”“国王衣绛紫锦罽，镂金带。”作战时，“衣金甲，披大虫皮，执双铎”。

昆明蛮（即昆弥）“人辫首，左衽，与突厥同”。

东谢蛮（水族先民）“居黔州西三百里……宜五谷，为畬田，……俗椎髻，韬以绛，垂于后。……男子服衫袄，大口裤，以带斜冯右肩，以螺壳、虎豹、猿狖、犬羊皮为饰……”酋长“冠乌熊皮若注旄，以金银络额，被毛帔，韦行縢，著履”。

松外蛮，是楚将庄跻及其部属的后裔，散居在夜郎、滇以西，出产有丝、麻，“男子毡革为帔，女衣絁布裙衫，髻盘如鋈，……徒跣……”

嶲州诸羌蛮，“酋长衣虎皮，余皆红帮束发，锦缬袄，半臂。既见（唐主管官员），请匹锦、斗酒……”

南平僚，“妇人横布二幅，穿中贯其首，号曰通裙。美发髻垂於后。竹筒三寸，斜穿其耳，贵者饰以珠珰，……男子左衽，露发，徒跣”。

葛僚，从唐朝昌州、泸州处交换得缯为衣。

《后汉书·南蛮西南夷列传》也有些记载：

哀劳夷，穿贯头衣，“邑豪岁输布贯头衣二领……以为常赋”。《太平御览》卷三百五十八引《永昌记》曰：“哀劳王出入射猎骑马，金银鞍勒，加翠毛文饰。”卷七百九十一引郭义恭《广志》曰：“黑僰濮……其衣服，妇女以一幅布为裙或以贯头。”

---

① 《蛮书》卷九作“罗苴子……戴光兜鍪，负犀皮铜股排”。

作都夷，“其人皆披发左衽”。

云南朱提郡山谷间的“夷”，“食肉衣皮”。

《太平御览》卷七百九十一引《永昌郡传》：兴古郡的鸠僚之民，“咸以三尺布角割作两襜”。

《新唐书·南蛮传》：三濮（今布郎族、崩龙族先民），妇人“以幅布为裙，贯头而系之。丈夫衣縠皮”。

《新五代史·四夷附录第三》：“昆明，在黔州西南三千里外，地产羊马。其人椎髻，跣足，披毡。其首领披虎皮”。

《文献通考·四裔考》：两爨蛮，“多牛马，无布帛，衣皮”。“黑僰濮……妇人一幅布为裙，或以贯头。丈夫以縠皮为衣”。

西南地区出土的少数民族服饰资料有：

云南晋宁石寨山等地战国至东汉时期墓葬中出土的铜贮贝器等有很多人物，多数椎髻纹身，统治民族梳元宝髻，奴隶梳螺髻。男女贵贱均穿宽大对襟、无领外衣，长及膝下。男子束腰带，中有圆形带扣。女子无腰带。战时穿盔甲。节庆仪式时插羽毛。贵族男子有时穿华丽披风。奴隶则衣后拖一后幅；或另有披巾拖曳于后。这是当时滇人的服装。其族属是土著民族百濮靡莫之属（按：有不同看法，或认为属氐羌系叟人，或认为是楚人与土著民族融合等）。

有的辫发，男女身穿直条纹短袖之衣。男子或外披皮革状肩甲和护领，右袒，或额束带。有的披蓑衣。有的右肩披一匹织物，大者幅宽与人身宽相近，前垂至膝，后垂至腰，幅面有平行直条纹；小者则窄短。妇女头梳三长辫，上身外穿皮裘，袒右臂肩，内穿白衣。应是昆明人、嶲人的服饰。

有的头结髻。女子穿短袖上衣，无褶紧身裙（如今筒裙），有的外加披风，或肩着披巾。男子穿短袖衣或赤身，下系围腰，可能是从远方掠买来的黑齿、金齿等蛮人，从事纺织等劳动。李思聪《百夷传》说到：“百夷……妇女……身穿窄袖白布衫，皂布筒裙。……贵者以锦绣为筒裙。”

有的头梳螺髻，也穿短袖衣，下身穿裙，人数较少，也从事织布等劳作。今滇池苗女仍然是这种发式。《元江州志》说：“糯比……妇女花布衫，以青白绳辫发数绺，盘旋如螺髻。”①

云南沧源崖画人物中，有戴牛角饰的风俗。有的似穿无领无袖上宽下窄短衫；有的则穿长袖窄腰长袍②。

1963年，在云南昭通后海子发掘的东晋壁画墓中，其西壁下层有许多汉族与少数民族部曲的形象。其中少数民族部曲27人，头上梳“天菩萨”（男子剃发，仅额前留一束，神圣不可侵犯）；有的头后还有一髻，且拖红缨（也有不拖红缨的）。身穿披风式披毡，上有土黄色小圆圈纹，暗红色树枝条状纹，淡墨色等多种色彩、纹饰。多数赤足。与今彝族服饰相同，说明东晋以来彝族的服饰即是如此③。1978年，昭通东汉墓出土的牛头人物出行铜扣饰上，有一人头戴帷帽，骑马。另一人无冠，前额梳成一髻④。昭通出土的一块方形雕画砖上，有一牛一驴和两个夷人。夷人椎髻、披毡⑤。

1980年，四川西昌北山唐代火葬墓出土5件铜俑，男俑头戴软巾。身穿圆领窄袖袍服。腰系带。臀部束一宽带，扎双结于身前，带两端垂至膝间（应是史书所说的“佉苴”）。足穿薄

---

① 汪宁生：《晋宁石寨山青铜器图像所见古代民族考》，载《考古学报》，1979（4）。童恩正：《近年来中国西南民族地区战国秦汉时代的考古发现及其研究》，载《考古学报》，1980（3）。易学钟：《晋宁石寨山1号墓贮贝器上人物雕像考释》，载《考古学报》，1988（1）。

② 林声：《沧源崖画调查续记》，载《文物》，1983（2）。

③ 云南省文物工作队：《云南省昭通后海子东晋壁画墓清理简报》，载《文物》，1963（12）。

④《云南昭通东汉墓出土牛头人物出行铜扣饰》，载《文物》，1981（6）。

⑤《云南昭通的一块汉画砖》，载《文物》，1979（7）。

底鞋。女俑头正中梳双髻，髻间饰一朵花，有带垂于肩。耳戴圆形大耳饰。衣着同男俑。时代为南诏后期至大理早期①。

四川西昌汉墓出土的陶俑，头顶正中挽一髻，无发饰。身穿窄袖长衫，高鼻大眼，应是彝族先民的服饰②。

1973年发掘的四川宜宾东汉崖墓，出土有画像石棺3具，上有迎客图、杂技图、厨炊宴客图等等。其中的人物多戴高冠，从照片上看，形制多样，有冠顶前后高出、三角形，中腰下凹，形似元宝式的，有冠顶前低后高斜坡式并有帽沿的。有花冠式的等。身穿无领、窄长袖、紧身长衫，腰束带。据研究，其中有些人可能是僰人③。

1965年，成都百花潭中学10号墓出土的战国时期的嵌错铜壶上，有采桑、宴乐、习射等图像，人物多，其服饰是：头上或有帻，或无帻，或有长辫。衣服或长裳，或短服④。

1975～1976年，在贵州兴仁2号汉墓出土的铜跪人灯1件，人高鼻大眼，螺旋状卷发，上身袒露，腰、裆及臀部有凸线条护身⑤。

东南地区民族的服饰、史书和出土文物都提供了一些资料。

《北史》、《隋书》：流求国（今台湾等），“男女皆以白纻绳缠发，从项后盘绕至额。其男子用鸟羽为冠，装以珠贝，饰以赤毛，形制不同。妇人以罗纹白布为帽，其形方正。织斗镂皮并杂色纻及杂毛以为衣，制裁不一。缀毛垂螺为饰，杂色相间，下垂小贝，其声如佩。缀珰施钏，悬珠於颈。织藤为笠，饰以毛羽……编纻为甲（按：另一处谈到‘布甲’），或用熊豹皮”。

① 黄承宗：《西昌北山古代火葬墓出土铜俑》，载《文物》，1988（6）。

② 《四川西昌县发现汉代椎结陶俑》，载《文物》，1979（9）。

③ 兰峰：《四川宜宾县崖墓画像石棺》，载《文物》，1982（7）。

④ 四川省博物馆：《成都百花潭中学十号墓发掘记》，载《文物》，1976（3）。

⑤ 贵州省博物馆考古组：《贵州兴义、兴仁汉墓》，载《文物》，1979（5）。

杀敌者，以其髑髅为冠。人死，“以布帛缚缠之，裹以苇席，衬土而殡，上不起坟。”根据明代的记载可知，当时多数人可能还是裸上身，下身用草裙、兽皮等蔽体。

《南齐书·蛮传》：豫州“蛮俗：衣布，徒跣，或椎髻，或翦发”。

《汉书·地理志》：海南岛之民“皆服布如单被，穿中央为贯头”。

《后汉书·南蛮传》：交州境内蛮人“项髻徒跣，以布贯头而著之。后颇徙中国罪人使杂居其间”。东汉初，“教其耕稼，制为冠履”。

干宝《搜神记》卷十四：蛮人有的“织绩木皮，染以草实，好五色衣服，裁制皆有尾形”。“其邑君长，冠用獭皮，取其游食于水”。

罗泌《路史》：畲族先民衣服左衽，与仡僚等“衣服趋向大略相似”。

江西贵溪越人崖墓出土一束头发，长 5 厘米，两端剪得很整齐，是越人剪发的实物证据。

湖北江陵楚墓（战国中晚期）出土墨绘木俑上，穿圆领短袖连衣长裙，领系领结，胸前两侧各挂很长的珠玉等佩饰①。

江陵马山砖厂一号楚墓出土战国时的锦袍，高领（领口心形），右衽，直裾，两袖平直窄长，下摆缘平。长 161 厘米，袖展 277 厘米，袖口宽 36.5 厘米。这是用于裹尸的，比实用的大些。又有“绑衣”，对襟，后领凹，袖短而平直，领、襟、袖都加缘，长 45.5 厘米，袖展 52 厘米②。

---

① 江陵县文物局：《湖北江陵武昌义地楚墓》，载《文物》，1989（3）。

②《湖北江陵马山砖厂一号墓出土大批战国时期丝织品》，载《文物》，1982（10）。

荆门包山楚墓出土漆奁盖壁上有一组车马出行迎宾图，可分为五段。人物多深衣博带，冕冠垂缨，色彩多黄或青。有的青衣带帻①。

1956年，湖南长沙黄泥坑20号墓出土女木俑，头围丝帛，周围下垂长丝线。两手腕关节戴一对丝手圈，（衣服残）较为罕见②。

长沙树木岭战国墓出土铜匕首，柄部有女奴隶像，越人，大眼高鼻，裸上身，腰下束短围裙。头梳圆形髻，脑后垂一发辫至肩，双耳垂大耳坠，腕戴手镯③。

湘乡东周楚墓出土木俑12件，多穿开襟长服或裹长服，唯一人裸体④。

1972年，广西西林县普驮铜鼓墓出土铜鼓，上有戴长羽冠的羽人。戴冠、穿裤褶的骑士。戴冠、穿长袍和鞋的坐俑⑤。

1980年，广西苍梧倒水南朝墓出土的陶俑中，有的头戴尖锥盔，身穿紧身铠甲，是武士俑。有骑马俑，头戴凹顶、前部加饰物的圆形帽，身穿交领短袍，腰束宽带。侍俑则头戴尖锥形、顶上有勾形帽缨的帽子，身穿交领衣。男俑，头戴凹顶、前部加饰的圆形帽，身穿左衽衣，坐于牛车内⑥。

1985年，江苏镇江王家山东周吴国墓出土的铜匜、盘、鉴等器物的纹饰中有不少服饰资料，可分很多类——双髻，深衣；双叉冠，深衣；短发，深衣；短发，紧身衣裤；双髻附长冠，深

---

① 胡雅丽：《包山2号墓漆画考》，载《文物》，1988（5）。

② 《黄泥坑第二十号墓清理简报》，载《文物参考资料》，1956（11）。

③ 湖南省博物馆：《长沙树木岭战国墓、阿弥岭西汉墓》，载《考古》，1984（9）。《文物》，1980年第12期也有高至喜文可参考。

④ 《湖南韶山灌区湘乡东周墓清理简报》，载《文物》，1977（3）。

⑤ 《广西西林县普驮铜鼓墓葬》，载《文物》，1978（9）。

⑥ 广西梧州博物馆：《广西苍梧倒水南朝墓》，载《文物》，1981（12）。

衣；头饰翎毛，深衣；三叉冠，上衣下裳；三叉冠，深衣；三叉冠，紧身衣裤；双髻，紧身衣裤等①。

浙江绍兴 306 号战国墓出土的铜屋中有 6 个人物铸像，均是裸体，其中 2 人有乳突，束发于头顶。4 人未表现乳突，结发于脑后，但头顶中部有方形饰物。据研究是越人之物。又出土的插座以 4 个跪人为垫脚，头戴翘角状额饰，头顶左右侧突出一斜向角状髻，腰缠宽带，身上满饰云雷纹，是奴隶的形象②。史籍也有一些关于越人服饰的记载。如《史记·越王勾践世家》：越人“文身断发”。《淮南子·齐俗训》：“中国冠笄，越人劗发”，即剪发。

---

① 镇江博物馆：《江苏镇江谏壁王家山东周墓》，载《文物》，1987（12）。

② 浙江省文物管理委员会，浙江省文物考古所等：《绍兴 306 号战国墓发掘简报》，载《文物》，1984(1)。

第 三 编

动力机器纺织萌生时期

（宋代～民国初年）

从宋代至民国初年，我国的纺织生产和纺织科学技术继续向前发展，在某些方面更有了突破性的进展。主要有：第一，虽然仍以手工机器为主，但是宋代开始出现动力机器的雏形——水力大纺车；18 世纪以后，又出现了近代纺织机器，使纺织生产由人力发展为动力，实现了纺织科学技术上的革命性突破，大大提高了生产率。第二，棉花在内地种植的技术问题解决了，迅速在全国普及，棉纺织业遍布全国，棉布取代了我国人民几千年来传统的衣着来源——麻葛织物，从此，棉布成为我国人民的主要衣着原料，应该说这也是突破性的成就。第三，在织物组织方面，缎纹组织正式出现，三原组织全部形成。第四，工艺上，艺术化织品迅速发展，例如，缂丝、织金、织绒、妆花等产量大增，织物的花色品种非常丰富。

在这个时期，近代各少数民族逐渐形成，他们多处在边远地区，交通不便、生产力低下、条件极差，但仍充分发挥自己的智慧，就地取材，织造出各种精美的织物，例如，壮锦、苗锦、傣锦、蜡染花布、氆氇、爱的丽斯绸等等，都是非常著名的，很有民族特色。他们对棉花种植、棉纺织技术、织金等技术在全国的普及做出过重大贡献。与此同时，有些少数民族在部分地区甚至全国建立统一政权，如蒙古族建立的元朝，满族建立的清朝等，纺织业都有较大的发展，对于继承和发展我国的纺织生产和科学技术起了积极的作用。

由于中央和边疆的纺织工艺相差比较大，各民族又有较多的文献记载和实物资料可供研究，所以这里拟分两条线叙述：一条是边疆各民族的，包括一些地方政权的；一条是全国性的，指以少数民族为主建立的元朝和清朝两代。以后者为主线，把前者贯穿进去，一并论述。

第一章　各民族纺织生产的发展及其政策

从宋代到明清，我国进入资本主义萌芽时期，商品经济较这之前发达，促使各个社会生产部门（包括纺织业）有了显著发展。如今的50多个少数民族也陆续从众多的古代民族中分化、融合而成，有了比较固定的地域和生产、生活习惯，有自己的纺织技术和产品。当然，由于我国长期处于封建制度的统治之下，统治阶级又多实行歧视、压迫少数民族的政策，使得全国特别是少数民族的纺织生产受到严重束缚和损害，发展比较缓慢。后来欧洲首先推翻封建制度，实行产业革命，发明了各种各样的动力机器，包括纺织机器，使纺织技术从落后变先进。而中国则从先进变落后，19世纪以后虽然也陆续从西方传入一些动力机器和纺织机器，但由于外国资本的掠夺、破坏，中国近代纺织业和技术的发展是很有限的，只有到中华人民共和国成立以后，各族人民当家作主，平等互助，中国的纺织业才有了广阔发展的前景。下面按时代分四个阶段论述。

第一节　宋、辽、金、西夏时期

一、宋代发展纺织生产的政策

北宋初年，由于结束了唐末以来长期的战乱、割据状态，实现全国大部分地区统一，又实行均田法和劝课蚕桑等政策，农业生产和社会经济迅速发展，包括宜于纺织原料生产的少数民族地区。例如闽、广的棉花种植和棉纺织生产，过去的史籍很少记载，现在突然多起来了，并迅速向江南以至全国范围大发展，这应是最好的信息和证据。

与宋同时，在全国还存在几个少数民族政权：在北方先后有契丹族建立的辽政权，女真族建立的金政权，在西北有党项族建立的西夏政权，回鹘民族建立的高昌、于阗、哈拉汗、甘州政权，在西南有吐蕃族建立的唃厮啰政权，白蛮建立的大理政权，壮族建立的南天国，彝族建立的罗殿国(罗氏鬼国)等，此外，在北方和西北地区还有鞑靼、乌古、敌烈、乃蛮等部，在南方地区则还有今瑶族、苗族、黎族、畲族等等。或者直接在宋辽金政权的管辖下，或间接隶属于宋政权，用以蛮治蛮的羁縻州府形式进行统治，他们对纺织业的发展都做出了应有的贡献。

二、契丹纺织业的发展及其政策

契丹族出自鲜卑宇文部的一支。公元 907 年，耶律阿保机在统一契丹各部和邻近地区的吐谷浑、突厥、党项族之后，即可汗位。公元 916 年称帝，国号契丹。公元 947 年改国号大辽，都临潢府(今辽宁巴林左旗)，疆域包括今东北和华北的大部分，军事力量比宋略强。公元 1125 年为女真所灭，大部分人与汉、女真、蒙古人融合；小部分人西迁新疆西部和中亚，建立西辽政权，公元 1219 年为蒙古所灭。契丹人原是以畜牧渔猎为生的游牧民族，吃喝湩酪，衣被皮毛。后来受汉族文化的影响，又使汉人、女真人等与之杂处，逐渐产生了农业。8 世纪时，其首领涅里被唐王朝任命为松漠都督，教民耕织和盐铁之利。仲父述澜时，“饬国人树桑麻，习组织”。随后又多次颁布劝课保护农桑、教纺织的诏令。“太祖平诸弟之乱，弭兵轻赋，专意于农……分北大浓兀为二部，程以树艺，诸部效之。”太宗时，“寻诏有司劝农桑，教纺绩”①，使社会经济渐从游牧变成半农半牧，加强与内地的贸易交换，纺织业得到

① 脱脱等：《辽史·食货志》，中华书局校点本，1974。

初步发展。与此同时,组织汉人、室韦人、渤海人中的手工业者向契丹人传授各种技艺,使手工业成为独立的、重要的生产部门,镔铁、金银器,纺织品与鞍、陶瓷器等都享有盛名。纺织业发展更是如此,例如《旧五代史·卢文进传》记载:自后唐寿州刺史卢文进投降契丹后,“自是戎师岁至,驱虏诸州士女,教其织纴,中国所为者悉备。”也就是说,中央王朝各种纺织技艺,契丹人都跟汉人学到手。特别是有很多汉人参加其纺织生产,如胡峤《陷虏记》说:“上京西楼……有绫锦诸工作,……皆中国人,并、汾、幽、蓟为多。”为此,契丹的纺织业很快发展起来,9 世纪时“习织组”①。9 世纪末、10 世纪初已有锦袍和大带②。稍后就充分发展起来,质量和技术水平也从起初的“颇朴拙”变成“多工巧”。上京临潢府设绫锦院,有“绫锦诸工作”,即有织造多种高级丝织品的作坊,生产宫廷贵族和官僚们所需的丝织品。宜州弘政县(今辽宁义县),“世宗以定州俘户置,民工织纴,多技巧”③。“中京白川州,地宜桑柘,民知织纴之利,岁奉中国布帛,多出白川州税户所输云”④。即东北有些地区已能养蚕缫丝、丝织,而且能织造出相当高级的、可作贡品的丝织物。对于布帛的宽度也有规定:“布帛短狭不中尺度者,不鬻於市。”通令全国执行⑤,技术水平很高。南京析津府更发达,政府规定,这里的农民纳赋税,可以用绢代纳盐钱。显而易见,蚕桑丝织业在农村副业中已占有非常重要的地

---

① 《辽史·太祖纪下》。

② 《新五代史·四夷附录第一》。

③ 《辽史·地理志三》。

④ 曾公亮:《武经总要》,前集卷一六,《北番地理志》。四库全书·子部·兵家类。

⑤ 《辽史·食货志》。

位。纺织技术也非常高，生产的“锦绣组绮，精艳天下”①。祖州（今内蒙昭乌达盟林东镇）也设有“绫锦院”，有班院祗候，蕃、汉、渤海等工匠300人，供给内府取索②。甚至有了丝织等纺织专业户，这在路振《乘轺录》中有明确记载：“灵河有灵、锦、显、霸四州，地生桑麻贝锦，州民无田租，但供丝织，名曰太后丝蚕户”③，生产的主要丝织品有绫、紫绫、锦、细锦、罗、花罗、红罗、绢、绛丝、透背、金银线、绣、绮、纱、縠等等。麻纺织业仍很发达，麻布产量高，所以辽初曾以布与银作为货币使用。质量也应不错，所以能作为商品卖到宋朝去。在牧区和一些城镇，以羊毛、驼毛为原料的毛纺织业继续发展，织造出毛锦、毳布、毛毡等多种产品，很有民族特色，深受其他国家、地区人民的欢迎。

三、党项纺织业的发展及其政策

党项族出自古代羌系族群，本来游牧于今青海、甘肃、四川交界地区，唐代时因吐蕃兴起，一部分党项人被迫北迁到甘肃、宁夏、陕西、内蒙古、山西等地。后来因帮助唐王朝平息“安史之乱”有功，其首领拓跋思恭被任命为夏州节度使，世代相袭。公元1038年，李元昊正式称帝，建立大夏国，史称西夏，建都兴庆府（今宁夏银川），版图包括今宁夏、甘肃的大部分，陕西、内蒙古、青海的一部分，是当时能与宋、辽、金抗衡的强国。公元1227年被蒙古军队所灭。党项人北迁西北地区之后，因此地区早已开发，又与汉族杂处，受汉文化影响更大、更直接；西夏统治者也注重发展农牧业和手工业，例如重视垦辟土地，兴修水利，战乱时建立堡寨以兵护耕，用汉人俘虏从事农

① 钟邦直：《许亢宗宣和乙巳奉使金国行程录》，《大金国志校正下》，中华书局，1986。

② 《辽史·地理志》。

③ 江少虞：《皇朝事实类苑》，卷七十七，四库全书·子部。

业、手工业生产[①]。西夏字典《杂字》记载有:“桑麻”、“结丝匠”。在政府机构中设立了群牧司、农田司、文思院、世界工院、三边工院、刻字司、造案司、金作司、织绢院、首饰院、铁工院、木工院、造纸院、砖瓦院、舆辇院等等农业、手工业管理机构[②],分工相当细,所有这些,都有利于农业和手工业的发展。整个西夏国也已是半农半牧经济，有的地区以农为主，有的地区以牧为主，有的地区则农牧兼营。手工业方面，广大农牧民兼营家庭副业，如纺织和畜产品加工、酿酒等；城镇里则“居民是商贾工匠”，以工商业者为主，“众匠率职，百工效技”。并生产出如夏国剑,驼毛毡、青白毡等等著名的产品[③]。纺织业应以毛织业为主，产量很多，用之不尽，不仅牧民们的帐蓬、毡毯、衣服、鞋帽，军队用的帐蓬、马毡、护城毡等等，都使用毛织品，而且毡毯、毛褐等毛织品又是西夏对外贸易的主要输出商品。织造技术也相当高，织品精细，甚至有加织金线的(详见织物部分)。西夏也有一定的丝织业，这是古丝绸之路上丝织业的继承和发展，它有自己的织绢院和独特的丝织品，据《契丹国志》卷二十一记载,西夏向契丹进贡的物资中就有锦绮和织成锦被褥。西夏文字典《杂字》和《番汉合时掌中珠》中记载有十多种丝织品名称，现初步翻译如下:“细纬、薄绢、绫罗、透贝、紧丝、纱帛、绢丝、縠纱、缣绢、绫锦、彩帛、绯条、漉绢、铺帛、绣锦、缂丝等”。西夏文法典《天盛鼎新律令》(或直译为《天盛改旧定新律令》)记载，作为军功赏赐的有:绸、绫氅、丝氅、丽氅、绸氅、七珠丝氅等。从上述品名

① 陈炳应:《略论西夏的社会性质及其演变》，载《兰州大学学报》，1980(3)。

② 陈炳应:《西夏文物研究》，宁夏人民出版社，1985。

③ 西夏碑铭等，见《西夏文物研究》。

和用途看，西夏丝织品生产数量不算少，技术也比较高，当时中央王朝有的新产品，西夏也有了。此外，有麻、棉纺织生产工艺（详见后面原料部分）。

四、女真纺织业的发展及其政策

女真族源于商周时期的肃慎、两汉时的挹娄、南北朝时的勿吉、隋唐时的黑水靺鞨，五代时始有“女真”之称。原来活动于东北北部，附属于渤海国。公元926年，契丹灭渤海，一部分女真人随渤海人南迁到辽阳以南地区，依附契丹，与汉等民族杂处，称为“熟女真”；留在原地的称为“生女真”。后来生女真酋长统一各部，公元1115年，完颜阿骨打建立大金政权，并先后灭辽和北宋，成为与南宋对峙的强大政权，公元1234年为蒙古所灭。为了生存和巩固政权，金国统治者能够纠正战争时期的杀戮、破坏政策，注重发展农、牧业和手工业生产。

农业方面，太祖阿骨打时，就注意把战争中缴获的耕具、耕牛发给女真人；所占耕地，派兵屯田；把俘获的汉人迁到东北、内蒙古，与女真人杂处，教女真人耕垦，并带来先进的农具和技术①，使东北、内蒙古地区的土地得到迅速开发，农耕技术迅速提高，连社会的各个方面，“皆与中国侔矣”②。当时黑龙江地区“田宜麻谷，以耕凿为业”③。公元1123年、公元1126年、公元1131年、公元1161年、公元1179年、公元1194年都颁布保持、发展农业的诏令——禁止扰民农耕；地方官吏必须以劝课农桑为己任和考核政绩的主要依据；没收官僚贵族冒占的土地，分给无地少地的农民和流民，或收归国有；在女真人猛安

① （宋）李心传：《建炎以来系年要录》，卷四，金人攻陷宋汴京，“华人男女驱而北者无虑十余万”。

② 《建炎以来系年要录》，卷十九，丛书集成本。

③ 徐梦莘：《三朝北盟会编》，卷三，四库全书本·史部·纪事本末类。

谋克组织中实行计口授田法，明令要亲自耕种；规定农户种植桑枣的数量等等，使农业生产有了较大的发展。

在这里要特别说一说种桑的规定，《金史·食货志·田制》等记载:“凡桑枣，民户以多植为勤，汉族民户少者必植其地十之三；猛安谋克户少者必课种其他十之一。除枯补新，使之不阙。”如不按规定办，则“以事怠慢轻重罪科之”。又禁伐桑树为薪，规定：(女真人的)“牧畜有犯民桑者，许所属县官立加惩断”。“辽东等路女真、汉儿百姓，可并令量力为蚕桑”。又规定：“桑被灾不能蚕，则免丝、绵、绢税”。保护、鼓励蚕桑生产。所有这些，使原来不习惯植桑养蚕的女真人也逐渐开始蚕桑生产。如明昌四年（公元1193年),“邢、洺、深、冀及河北西路十六谋克之地野蚕成茧”[①]。说明女真人已懂得用柞蚕丝于纺织。这对麻、丝等纺织原料的生产和纺织业的发展比较有利，所以，丝、绵、绢成为金对夏、宋贸易的主要输出商品。

女真也很重视发展手工业生产,主要表现在如下两个方面：

一方面是把大量的汉族工匠迁到东北等女真人的原住地去，如天辅七年（公元1123年）“命习古乃、婆卢火监护长胜军及燕京豪族工匠由松亭关徙之内地”[②],“尽徙（山西）六州氏族富强、工技之民于内地”，从而把汉族的先进工具、技术、工匠带到东北，使女真等民族学会原来没有的手工业技术。例如女真人原来“土产无蚕桑，惟多织布”[③]。现在学会植桑、养蚕、缫丝和丝织。原来有的生产部门技术也得到进一步的提高，如麻纺织业等。

另一方面是在女真人占领的北宋大片土地上，继承、发展

① 脱脱等:《金史·五行志》，中华书局校点本，1975。

② 《金史·太祖纪》。《金史·食货志·户口》。

③ 《大金国志校证》，卷三十九，中华书局，1986。

原已高度发达的手工业生产和技术(这里也有南迁的女真人、奚人等)。纺织业更是如此。在政府机构中，有都转运司和少府监两个机构。都转运司在真定、平阳、太原、河间、怀州等重要的丝织产地都设置了绫锦院，生产高级丝织品。少府监下设文绣署和织染署等机构，织染绣制皇帝、妃嫔等宫廷用的高级织物，规模很大。例如文绣署设都管1人，都绣头1人，副绣头4人，绣女496人(其中又按技术高低分为：上等70人，次等426人)，还有描绣工、见习徒工等，人数多达500多人①。织染署的工作头绪多，人数就可能更多了。这些纺织工匠的报酬采用月俸制，按月付给钱与粟，标准不同，如绣女都管每月五贯石(即钱五贯，粟五石)，都绣头四贯石，副绣头三贯五百石(即钱三贯另五百文，粟三石半)，中等细绣人三贯石，次等细绣人二贯五百石，习学本把正办人(学徒工管理者)钱支次等之半，描绣五人，钱粟三贯石……这似乎比屯田的女真人、奚人、契丹人的待遇还高，因为据《建炎以来系年要录》卷六十八和《大金国志·屯田》记载，女真的屯田军平时只是“春秋量给衣焉。所遇出军，便给其钱米”。其数量是：“月给……米不过十斗，钱不过数千”。其中，米十斗，即一石，远不及绣工所得，钱数千文，即数贯，具体数不明。看来这些纺织工匠的社会地位较高，有一定的人身自由和法律保障。大定二十三年四月，祁州刺史大磐因“无罪掠死染工，妄认良人二十五口为奴”等罪，“被削官四阶，罢之”②。由此不难想到，这些工匠应有一定的劳动积极性。同时允许民间私营纺织业和纺织作坊的存在、发展，例如山东嘉祥县的成氏家族男人以农为业，“妇女

① 《金史·百官志》，卷五十六。

② 《金史·世宗纪下》。

治蚕丝麻枲，以制衣服”，“积年殷富”①。而这个家族人口多达三四百人，那么从事纺织的至少应有一二百人，规模大，经济效益也很高。

上述措施，对发展纺织生产和提高纺织技术都起了积极的作用，因此女真金国的纺织生产相当普遍、发达，又各有地区特色，例如，辽阳府的师姑布，涿州的罗，平州的绫，河间府的无缝锦，东平府的丝绵、绫、锦、绢，大名府的绉、縠、绢，平阳府的卷子布，相州的纐，定州的缂丝，单州和亳州的纱等等②。不仅品种多，而且质量好，技术水平高，因而远近闻名。

五、其他民族政权的纺织生产

其他民族政权和少数民族也都注重纺织生产，例如北方的鞑靼、乌古与敌烈从事毛、麻纺织生产。西北回鹘等民族建立的黑汗、于阗、高昌、甘州等政权在前代的基础上继续从事毛、棉、丝、麻纺织，生产出白氎布、花蕊布、织金锦、西锦（胡锦)、绵帛、细白氎、黄湖绵和毡毯等著名织品。吐蕃族主要生产氆氇、罽毯。在大理政权下白族、彝族先民主要生产披毡等毛织物，也有罗、绫、布等丝、麻纺织生产。大理崇圣寺三塔塔刹基座就发现了一批大理国时期的纺织品。有些地区还能利用木棉制成莎罗毯、莎罗幔、莎罗鞍等棉织品。壮族先民则自隋唐以来就能生产纻布、都落布、蕉葛布、竹子布、斑布等等，宋代时又能生产粗细不同的棉布——“粗吉贝”和“幔吉贝”。由于政府实施提高价格、鼓励生产的政策，使得苎麻织物产量大幅度增加，一年多达 37 万匹，并有宜州都感场的花布、左右江溪峒的緂布和练子布等著名织品。苗族、瑶族的麻纺织和蜡染很有名。黎族的棉纺织经验为棉纺织生产在我国的推广打下

① 《金文最》，卷八十六，《成氏葬祖先坟茔碑》。

② 部分材料见漆侠，乔幼梅：《辽夏金经济史》，河北大学出版社，1994。

了基础，并生产出黎锦、黎单、黎幕等精美的织品来。

第二节　元代时期

蒙古族在成吉思汗等首领的统率下，逐步统一蒙古各部，公元1206年建立大蒙古国，又先后灭西夏、金、南宋和中国境内的其他少数民族政权，实现全国的大统一，公元1271年建立大元王朝，公元1368年为明朝所取代。

蒙古族原来以游牧为生，社会发展尚处于早期奴隶制阶段，加上战争时期，所到之处，杀戮、掠夺，变耕地为牧场等等，使宋、金、西夏地区比较发达的社会经济一度遭受严重的破坏。但同时，大统一结束了唐末以来的战乱、割据状态；在各少数民族地区实行行省制和土司制；广建驿站交通和屯田；及时纠正错误政策，注意恢复、发展生产等等，使社会比较安定，加强了各地区、各民族间的经济文化交流，这对发展生产，对边疆少数民族地区的开发，都较为有利。例如，在多民族地区的云南建立行省之后，推行中央的政令、制度，兴修水利，屯田兴农，整肃吏治等，使云南地区“吏治文化，侔于中州”①。社会生产有了较快的恢复和发展。对一些原来极其原始的民族，为他们“制衣冠袜履，易其卉服草履”②，传入了纺织技术，开始了纺织生产。

元朝建立前后，比较重视农桑生产，“世祖即位之初，首诏天下，国以民为本，民以衣食为本，衣食以农桑为本”。有了明确的认识，并采取了一系列政策、措施加以贯彻执行。例如，中统元年（公元1260年）、二、三年，至元七年、九年、十年、二十二年、二十五年、二十八年、二十九年，大德元年、十一年，

---

① （元）李京：《云南志略·云南总叙》、《说郛》本。

② （明）张洪：《南夷书》，天一阁藏本抄本。

延祐三年、五年和致和以后，都诏令选拔劝农官；成立劝农机构；官吏要以劝课农桑为己任，为考绩升降官职的主要根据；罢"妨农之役"；禁军卒"纵畜牧伤其禾稼桑枣"；规定"每丁岁种桑枣二十株"(土性不宜者可改种榆柳)；每50家成立一社，社长的主要职责是教督农桑之术和检察勤惰，抓好农桑生产；诸部族兵——探马赤也要"随处入社，与编民等"，也要从事农桑生产；推广苗好谦的种桑法；命人编辑《农桑辑要》和《栽桑图说》(苗好谦撰)二书，颁行天下，传播比较先进的农桑生产技术① 等。上述政策措施，促进了农业和纺织生产的复苏、发展，这从历年租赋收入的"丝料"(按：元代的租赋由收绢帛改为收丝料)的数量可以看出来。例如，中统四年(公元1263年)收入356086千克，至元三年(公元1266年)收入526613千克，天历元年(公元1328年)收入549422千克。② 由此可见，收入逐年增加，60年间增加1/2以上。这也反映了生丝产量的增加趋势和大概的比例。

元朝也重视发展棉花生产——颁布了劝种棉花的诏谕(刊于《农桑辑要》卷二)；设置浙东、江东、江西、湖广、福建等处木绵提举司；元贞二年，"始定征江南夏税之制。于是秋税止命输租，夏税则输以木绵布绢丝绵等物"③，以棉花充当赋税等，对于促进棉花、棉布生产的发展和我国纺织原料、纺织品的换代都起了积极作用。

官府纺织业也有很大的发展。蒙古统治者在对各国和国内各地区的征战中，十分注意保护、搜刮各种手工业工匠，不许

① 《元史·食货一》。《通制条格》。《续通志》，卷五十八，万有文库本。魏光焘：《蚕桑萃编》，卷一。

② 李仁溥：《中国古代纺织史稿》，143～144页，岳麓书社，1983。

③ 宋濂等：《元史·食货一》，中华书局校点本，1976。

杀戮，并大多集中起来作为官府匠户。例如，窝阔台汗八年（公元1236年），括中原民匠得72万户；至元十六年（公元1279年），籍匠人42万户；至元二十一年，籍江南民为工匠凡30万户，选有艺业者10余万户；至元二十四年，又括江南诸路匠户，把很多南方工匠迁到北方的涿州、弘州、邢州等地，专门从事织染生产。又从欧洲、西亚、中亚俘掠很多工匠，全部集中到官府手工业作坊去①。这种政策在当时战争的情况下，有好的一面，即保护了手工业者和手工业，便于发挥集约劳动的优越性——规模大，分工细，要求严，又便于各国各地纺织工匠直接进行技术交流等，有利于发展高级纺织品生产，提高技术水平和质量。据（明）沈德符《野获编》卷二十六记载："元时下大理，选其工匠艺高者入禁中。至我国初，收为郡县，滇工布满内府。今御用监供用库诸役，皆其子孙也。"这个材料明确无误地说明少数民族在发展我国纺织业上做出了重要贡献。

《长春真人西游记》记载：在俭俭州（今新疆西南部柯尔克孜族住牧地区）有"汉匠千百人居之，织绫罗锦绮"。汉族工匠对发展民族地区的纺织业做出贡献。当然搜刮工匠也有不好的一面，那就是"匠不离局"，生产条件极差，束缚了手工业者的积极性，妨碍手工业生产的发展。对于这两个方面要正确对待，有些著作只强调其束缚、压榨、摧残、破坏的一面，是不公允的。

据《元史·百官志》记载，元朝政府利用这大量的工匠，在各级、各地政府机构中设置了很多掌管纺织染的提举司和局、院。特别是至正元年在苏州平桥南设织造局，开创了元、明、清三代在江南设置织造局的先河。

---

① 《元史·直脱儿传》。《元史·何实传》等。李仁溥：《中国古代纺织史稿》，140～141页。

此外，蒙古贵族、官僚富商、寺庙等也利用这些工匠开办纺织作坊和工场。

这些官私工场、作坊利用各国、各族工匠，既生产自己需要的高级奢侈品，又可出卖赚钱，从而客观上促进了纺织技术的提高和纺织生产的发展。主要表现在：织金技术空前广泛使用，毡罽生产比前大有发展，纺织品品种多、产量高等等。意大利旅行家马可·波罗就亲眼看到，当时的汗八里大城（今北京），“用马车和驮车载生丝至此处的，每日不下一千起。金丝织物和各处生丝织物有极大量的制造”①。

随着民族大迁徙和屯田的兴起，有些边疆少数民族地区也逐渐开始有了农业和纺织业，或在原有的基础上得到进一步发展。如：

蒙古族地区原来主要从事毛纺织生产，现在谦州等地也设置绫锦绮罗等丝织品的工匠局，生产比较复杂的丝织品。

新疆等地的畏兀儿人原来就能从事毛、棉、麻、丝纺织，并掌握了织金技术。到元代时进一步发展，别失八里、哈剌和州、斡端等地成为著名的纺织中心。别失八里还专门设局织造御领袖金锦纳石失，并出现了著名的农学家鲁明善。鲁明善，讳铁柱，其先为“高昌令族”。元时“连领六郡，五为监，一为守”（指安丰路、太平路、池州、衡阳、桂阳、靖州）。他复葺农桑为书，以教人，并“亲劝耕稼”②，延祐年间，他在出监寿郡（今安徽寿县）时，撰写、刊印了《农桑衣食撮要》一书，共2卷，按十二月令，把与农桑衣食生产有关的注意事项写在上面，对于宣传、劝课农桑起了一定的作用。回回人扎马剌丁率领工

---

① 沙海昂注，冯承钧译：《马可波罗行记》，卷二，第四版，商务印书馆，1984。

② 虞集：《靖州路达鲁花赤鲁公神道碑》。《道园学古录》，四部丛刊初编。成功允：《太平路鲁总管德政碑》。

匠织造织金锦，也做出了贡献。

西藏地区从唐末以来几百年间处于“种族分散”、“无复统一”的状态，到元朝时才统一起来，有利于社会经济的发展。“氆氇”和“蕃呢”织造精细，成为上贡和贸易的佳品，很受欢迎。

云南地区，元代时有大理等处巡行劝农使张立道在大理传授养蚕植桑技术。《元史·张立道传》：“爨僰人虽知蚕桑，而未得其法，立道始教之饲养，收利十倍于旧；云南之人由是益富庶。罗罗诸山蛮慕之，相率来降，收其地悉为郡县。”回回人赛典赤瞻思丁任云南平章政事时，也传播桑麻种植等技术，都再次推动丝织业的发展。傣族先民金齿白夷就有比较发达的蚕桑丝织业和毛纺织业。白蛮、罗罗的毛纺织业是衣被之源。

第三节　明代时期

明王朝（公元1368～1661年）鉴于元末农民大起义的教训，比较注重农业和手工业的发展，包括在少数民族地区，如洪武二十九年（公元1396年）命令从淮安府、徐州取桑种20石，送至湖广、辰、沅、靖、全、道、永（州）、宝庆、衡州等处，各给1石，使民种之①。又给予手工业者比较自由的地位，除轮班定期供役外，可以自己劳动，出卖自己的产品，调动了手工业者的劳动积极性。所有这些，对于促进少数民族地区丝、棉纺织的发展起了积极作用。所以徐光启《农政全书》卷三十五引《大学衍义补》说：“至我国朝，（棉花）其种乃遍布于天下，地无南北皆宜之，人无贫富皆赖之，其利视丝枲盖百倍焉。”例如：

元朝灭亡后，分散在全国各地的蒙古人，大部分被其他民族同化，今内蒙古等北方地区的蒙古人则逐渐形成今天的蒙古

① 李仁溥：《中国古代纺织史稿》。

族，他们仍以牧业和毛纺织业为主。从16世纪开始，汉族农民渐有迁入与蒙古人杂处的。有些蒙古族首领又能实行正确的政策给予鼓励，例如，俺答汗时期，给迁来的汉民发放牛羊、毡帐等生产、生活用品，允许他们盖房子；禁止盗割他们的庄稼、偷盗他们的粮食等，使汉民有安全感，生产生活有着落，从而吸引了更多的汉民从内地迁来定居，从事农业生产和手工业生产。16世纪末，土默特一带的汉人多达10万人左右①。公元1581年，俺答建造板升城（即今呼和浩特市），成为蒙古人的手工业和商业中心，蒙、汉杂居，一些蒙古人向汉人学习，开始农业、手工业等生产。

藏族，继续从事牧、农业生产，自元末以来的帕木竹巴政权比较重视农业生产和发展社会经济，把土地以庄园（谿）为单位分给封建贵族经营；经常派人检查生产；鼓励多植树，以利水土保持；修建道路，以加强各地、特别是与内地的联系，所有这些都利于农业和手工业等社会经济的发展。

畏兀儿，明代时期，新疆各族人民通过贡奉方法加强与中原地区的经济联系，又注重提高农业技术，使农、牧业和纺织等手工业又有发展，如于阗，"桑麻黍禾，宛然中土"。柳城"四面皆田园，流水环绕，树木阴翳，土宜穄麦豆麻……"② 在前代纺织技术的基础上，白氎布、胡锦、花蕊布等精品继续生产、提高。甘肃、陕西地区还有用羊毛交织的绒褐。

南方地区少数民族则生产麻、棉、丝交织、挑织的五彩绒锦和丝布、披毡、毡衫等。如广西壮族地区，明代时设立许多卫所，招募汉、壮士兵、民耕垦；又有许多汉人迁去，带去

① 江应梁：《中国民族史》，109页。

② 张廷玉等：《明史·西域传》，卷三百三十二、卷三百二十九，中华书局校点本，1974。

先进的生产技术和工具，促进了经济的发展。纺织上用染色丝绒织成的“壮锦”继续生产，越来越精美，受到其他民族的欢迎。

海南岛沿海地区的黎族与汉族杂居，又与内地的交流密切，社会经济也比较发达，种植棉花等经济作物，并能用棉、丝等织成著名的“黎锦”。

云南地区的“白夷”是后来的傣族，古百越族的后裔。明代时大量汉人迁来杂居，带来先进的生产技术和工具，使白夷的生产技术和社会经济有了较大的发展。例如，明初只知锄耕，只种水稻，明代中期以后则已用犁耕，并能种芋和蔬菜等，多种经营①。明末张献忠余部孙可旺等把部分蜀锦工匠迁到云南②，使纺织业又有较大发展。织锦工艺在元明时期得到进一步发展，如李京《云南志略》记载：他们“衣文锦衣”。“贵者以锦绣为筒裙”。傣锦已作为方物向中央进贡。《滇略》记载：“永昌、腾越之间……其人儇巧，制作……布罽之属，皆精好，甲他处。”毛织物以“毛毡”最有名。布的种类多，“以永昌细布为佳，有千扣者，其次有桐花布、竹布、井口布、火麻布、莎罗布、象眼布”等等，因地制宜，就地取材进行纺织生产。百濮族后裔的佤族也早知用棉和棉纺织。

苗族以农为主，灌溉、牛耕、施肥、园艺等比较先进的耕作技术广泛使用，纺织技术也有很大提高。例如，原来黔西一带纺麻纱，每次只能纺 1 根；后来改进了纺车，一次能纺 4 根，功效大增③。蜡染和苗锦的织造技术也比前提高了。

---

① 《百夷传校注》，112 页。李思聪，钱古训：《百夷传》，南京国学图书馆影印本，1927。米孟震：《西南夷风土记》等，丛书集成本。

② 《华阳县志》，卷二。

③ 江应梁：《中国民族史》，177 页。

其他民族的纺织业也有不同程度的提高，只是缺乏材料，或极为原始。暂时略而不述，到下节一并介绍。

第四节　清代和民国初年时期

以满族为主体建立的清王朝（公元1639～1911年），是我国历史上第二个以少数民族居统治地位的全国性大统一的王朝，它基本上奠定了现代中国的版图。现代中国50多个少数民族也正式形成。

入主中原以前，满族尚处于奴隶社会向封建社会过渡、封建制初期阶段；在征服统一全国过程中，又处于激烈的民族矛盾、阶级矛盾和战争之中，所以曾经实行残酷的杀戮、掠夺政策，使许多发达地区的社会经济遭受严重破坏。纺织业也不例外，例如江南许多纺织中心，战争中变成一片废墟；全国人口锐减，纺织工匠大量死亡、逃跑等等。

但是清朝统治者很快就认识到，要想巩固统治，就必须安定社会，发展经济，所以顺治、康熙年间采取一系列措施，例如，顺治元年施行的圈地给满族（当时多“不习耕种”）的政策，从顺治八年起就多次下令停止。总之，注意在全国各地（包括各边疆少数民族地区）大规模招集流民，屯田营田，垦辟土地，兴修水利，教导耕获，鼓励农牧业生产等，使战争期间被破坏荒废的土地，很快被耕作利用。加上大统一，社会比较安定，各民族交流加强（如嘉庆十五年，台湾噶玛兰就有福建省漳州等地之人四万多①），使社会经济复苏、发展。手工业也如此，据《清史稿·食货二》，嘉庆时，工匠“倍於昔”。满族本身也是如此，清朝规定旗民只当兵，不从事生产和经商。但后来各旗都在北京设生计处（首善工厂）收容贫困户，生产爱国布、斜纹

---

① 赵尔巽等：《清史稿·食货一》，中华书局校点本，1977。

布、绸缎和刺绣等。东北地区的满族也因山东等地工匠的涌入，即从19世纪80～90年代开始，许多家庭都有了织布机，自己能弹棉、纺纱、织布①。

边疆民族地区也是如此，例如，内蒙古科尔沁“皆招佃内地民人开垦”。“垦地几遍，郡县亦最多，诸扎萨克王公等得租丰溢，而化沙砾为膏沃，地方亦日臻富庶”②。鄂尔多斯地区“牲畜蕃盛，殷实”③。又如台湾地区，原来只有原始农业和狩猎业。明末清初汉族大量涌入，经济发生重大变革，《诸罗县志》记载：“诸罗始皆土番，卉服鲜食而已……耕作之兴，自郑成功窃据始也。”特别是康熙二十二年（公元1683年）正式归附清朝后，掀起垦荒浪潮，据黄淑墩《台海使槎录》：“昔年近山皆为土番鹿场，今则汉人垦种，极目良田。”种植苎麻、粮食等。《诸罗县志》记载：“年年捕鹿丘陵比，今年得鹿实无几。鹿场半被流民开，艺麻之余兼艺黍。”④

康熙、雍正、乾隆等又都命人绘制《耕织图》，亲自题诗，宣传推广，也促进纺织生产和技术的发展，这时有几个方面相当突出：

一、种植棉花普及全国

棉花的种植在明代基础上进一步发展，几乎已遍布全国各地。乾隆时期，李拔《种棉说》就说得非常明确：“予尝北至幽、燕，南抵楚、粤，东游江、淮，西极秦陇，足迹所经，无不衣棉之人，无不宜棉之土。”⑤ 清朝专门介绍棉花的主要绘画著作

---

①《满族社会历史调查报告》（内部资料），1963。

②《清史稿·藩部一》。

③《清史稿·藩部三》。

④ 郭志超：《清代台湾生态环境的变迁与高山族耕猎生产的变动》，载《农业考古》，1985（1）。

⑤《皇朝经世文编》，卷三十七。

有：乾隆年间直隶总督方观承的《棉花图》，把种棉和棉纺织的过程绘成16幅画，并刻石供大家学习①；高晋《奏请海疆禾棉兼种疏》和《御制棉花图》，褚华《木棉谱》更全面地记述木棉的种植历史和技术。

二、蚕桑生产大发展，包括家蚕和柞蚕

家蚕饲养方面，不仅在浙江、江苏、广东、福建、陕西、四川等地大普及，在边远少数民族地区也加以推广。例如，道光二十年（公元1840年）贵州巡抚贺长龄在奏折中报告：“在贵州试种桑秧、木棉，教民纺织，渐有成效。”包括“劝导苗民广种桑棉，兼教纺织”②。湖南湘西苗族虽还不懂育化蚕种技术，但已会种桑、养蚕、织绢。徐珂《清稗类钞·农商类》就说到：“辰州苗民与汉民交易，辄以牛马驮载杂粮、布、绢之物，以趋市集……易盐、易蚕种、易器具……”“春时，俟汉人所育之蚕出，辄结伴负笼以货物易之。”

在云南昭通，道光年间，知府黄士瀛“乃劝民种桑养蚕，教以取丝之法，行之数年，颇有成效”③。

柞蚕饲养方面，我国利用野生柞蚕丝于纺织的历史非常悠久，但人工放养柞蚕的时间比较晚，大约宋、元时期才有。而真正大规模放养是在清代，首先在山东摸索出一套比较成熟的经验，然后推广到全国，包括少数民族地区。例如：

贵州省是推广最有成效的省份之一，是乾隆年间遵义太守陈玉璧首倡力行的。据道光《遵义府志》记载：“乾隆七年春(公元1742年)，知府陈玉璧，始以山东槲蚕蚕于遵义。玉璧山东历城人，乾隆三年来守遵义，日夕思所以利民，……郡故多

① 甘熙：《百下琐言》，卷八。

② 《清宣宗实录》，卷三百三十一、卷三百四十一，中华书局，1986。

③ 杨履乾等：《昭通县志》，卷三。

槲树，从不中屋材，薪炭而外，无所于取。玉璧循行往来见之，曰：此青（州），莱（州）间树也，吾得以富吾民矣。乾隆四年冬，遣人归历城，售山蚕种，兼以蚕师来。至沅、湘间，蛹出，不克就，志益力。乾隆六年冬，复遣归售种，且以织师来，期岁前例，蛹不得出。明年，布子于郡治侧面小丘上，春，蚕大获。(尝闻乡老言，陈公之遣人归售山蚕种者，凡三往返。其再也，既于治侧西小丘获春蚕，分之附熟之民为秋种。秋阳烈，民不知避，成茧十无一二。次年烘种，乡人又不谙薪蒸之宜、火候之微烈，蚕未茧皆病发；竟断种。复遣人之历城，候茧成，多致之。事事亲酌之，白其利病，蚕则大熟，乃遣蚕师 4 人，分散 4 乡。收茧既多，又于城东 3 里许白里坝，诛茅筑庐，命织师 2 人教人缫煮络导牵织之事，公余亲往视之。有不解，口讲指画，虽风雨不倦。……今遗址尚存，邑之人过其地，莫不思念其德，流连不能去。）遂谕村里，教以放养缫织之法，令转相教告，授以种，给以工作之资，经纬之具，民争趋若取异宝，(皆乾隆七年事)。乾隆八年秋，会报民间所获，茧至 800 万(是年，蚕师织师之徒能蚕织者各数十人，皆能自教其乡里。而陈公即以冬间致政归，挽送者出贵州境不绝，莫不泣下也，惟蚕师织师仍留)。自是郡善养蚕，迄今几百年矣。纺织之声相闻，槲林之阴迷道路，邻叟村媪相迂，惟絮话春丝几何，秋丝几何，子孙养织之善否?”从此以后，至道光年间，遵义地区的柞蚕饲养和丝织业有了很大发展，不仅产量多，而且织制的“遵绸”相当好，很受其他省区的欢迎：“土著裨贩走都会，十十五五骈坒而立贻，遵绸之名，竟与吴绫、蜀锦争价于中州，远徼界绝不邻之区。秦晋之商，闽粤之贾，又时以茧成来𡍼鬻，稛载以去，与桑丝相搀杂为绉越纨缚之属。使遵义视全黔为独饶，皆玉璧之力也。”

正安州也同时放养柞蚕织绸。刘汝璆《种桑议》记载：“乾隆初，嘉兴徐君阶平官贵州正安州吏目，悯其地瘠民贫，无以谋生。偶见橡树中野蚕成茧，自以携来织具，织成绸匹，令民制织具，而令其妻教之，其地遂成市集，大获其利。至今所谓川绸者，皆从贵州而来，土人名曰徐婆绸。”①也就是说正安州的少数民族也在汉族官吏的指导下，学会放养柞蚕，并织造出著名的丝绸来。

在遵义府、正安州的示范带动下，贵州其他地区也仿效推广，如咸丰《安顺府志》卷十七记载：安顺府邑柔西最多青㭎树，又名橡树，“道光四年九月，奉各宪扎，饬捐买橡子，趋民领种，并禁伐橡树。道光五年，招遵义匠数人，教民饲蚕，……道光六年春，蚕大熟，而民未知织，因招商开设机房，……在城乡设机房三所，以教民织。道光七年，蚕复大熟，民亦踊跃，……六乡之领种橡子、橡秧者，亦有数十处，从此种橡益多，放蚕益广”。

毗邻的四川綦江等地区受贵州少数民族养蚕织绸成功的影响，从遵义传入槲树、蚕种和技术人员，发展起养蚕缫丝生产。②

我国东北地区各族人民也在山东移民的帮助下，开始放养柞蚕和治丝生产。

此外，葛、麻的种植也有新的发展。

三、官营纺织业规模大

清王朝承袭明代制度，在京城和江宁、杭州、苏州设置织造衙门，而且规模更大，品种更多，管理机构的权力也更大（李仁溥《中国古代纺织史稿》已有详细介绍）。

官营纺织业的发展主要是为封建统治阶级服务的，而且利

① 《皇朝经世文续编》，卷三十五。

② （道光，同治）《綦江县志》，卷十。

用政治特权对民间纺织业进行控制、盘剥，阻碍、影响民间纺织业的发展。

四、民营纺织业及其资本主义因素的发展

由于社会长期统一安定，生产发展，经济繁荣；也由于从康熙时起，清政府实行比较开明的政策——废除了对民营纺织业经营规模等方面的种种限制（原规定每个机户的织机不得超过100张等），减少苛重的税金，使纺织业得到较大的发展，资本主义因素也在前代的基础上发展起来。

在城市个体纺织手工业和农村家庭纺织生产大普及的基础上，私营大型纺织工场发展迅速，表现在：规模大，一个工场有纺织机器“四五百张”，“五六百张”[①]。苏州、杭州，甚至“已出现拥有千架织机的纺织工场”。镇江一家纺织工场“拥有千架织机”[②]，工人多达4000人。其规模甚至超过官营织造，也可见雇佣劳动比较多，这些工人一无所有，全靠出卖劳动力为生，但各有技术专长，分工较细，有纱工、车工、缎工等等。

外国资本和纺织技术的输入，在一定程度上促进了我国纺织机具和技术的革命，近代化的纺织机器诞生了。到清朝末年和民国初年，我国的纺织科学技术和生产开始进入崭新的阶段（详见技术部分）。

与此同时，随着清王朝对边疆的开发，各少数民族的社会经济和纺织生产也得到进一步的发展。

东北、华北地区，蒙古族、满族、鄂伦春、鄂温克、赫哲和从朝鲜迁来的朝鲜等民族都各自逐渐形成单一的民族共同体，由于清统治者对本族发祥地的扶持，对蒙古地区的重视，提倡民族间的交流和汉族的大量迁入，与少数民族杂居，带来先

① 《申报》，光绪十二年二月十六日。（光绪）《续纂江宁府志》，卷十五。

② 巴尔：《中国状况》，63页，见李洵：《明清史》。

进生产工具和技术，人口的增加，使荒地垦辟，农业和手工业有较大的进步，包括毛织、丝织、纺织印染在内。

清政府一贯重视对西北地区的经营（平叛、征服、统一、开发），奠定、巩固了我国的西北疆域；大兴屯田，其规模和实效超过历史上任何时期；同时发展商品经济，使纺织原料生产和纺织业进一步发展，如从19世纪末到20世纪初，莎车的乌兹别克族兴办了一些丝织手工业(最盛时可达二百多户)，有两类：一类是具有资本主义萌芽性质的作坊，有的作坊雇佣工人150人左右，有手工纺织机数十架，煮锅十多个；一般作坊有20～40名工人，手工纺织机十几架，煮锅几个；另一类是个体手工业者，带一两名徒工或雇佣一两人①。特别是维族的毛纺织业和悠久的棉花种植、棉布生产和丝绸生产等，产量多，质量好，远销国内外。1943年，青海、甘肃撒拉族的商人、地主合办一所小型工场，擀毡制毛袜等。1915～1916年，甘肃东乡族也有染房，织褐作坊，有雇佣关系②。

西南地区的少数民族很多，由于统一、安定，实行改土归流政策，改革了各民族原来封闭落后的土司制度；招来汉族流民的迁入，比较先进的生产技术和工具传入，少数民族的农牧业和手工业生产进一步发展。纺织生产、技术也不例外，如藏族的氆氇，傣族、侗族、苗族的织锦和蜡染、刺绣，仡佬族的铁笛布等都很有名。产量也有了较大的增长，如清代李宗昉《黔记》记载："黔省苗仲，颇能自衣其力。而汉人惟资楚布，岁需千亿万费。"把同一地区的苗人与汉人做对比，苗人的纺织生产更为突出。从清初到鸦片战争前，水族的经济有了明显的发展，"家家植棉，户户纺织"，并已有少数人成为独立的手工业

① 中国科学院民族研究所：《乌兹别克族简史简志合编》（初稿），1963。
② 《撒拉族简史简志合编》。《东乡族简史简志合编》（内部资料），1963。

者。贵州烂土、三脚屯及荔波县等城镇，“出现了一批经营纺织、印染、打铁等行业的小型手工业作坊。生产的专业化，使生产技术有了提高，产量质量更加有了保证”。19世纪末，由于洋纱洋布大量倾销，各民族的纺织业受到严重打击，水族地区的不少机房被迫改用洋纱作经，土纱作纬，掺杂使用，才使土纱的生产、销路勉强维持下来①。清朝末年，羌族地区甚至有织毪子、麻布的纺织工场十余家，每家都有十几个工人，成品销售当地的羌、汉人使用。1928年在茂县城内建立一个手工业综合厂——民生工厂，分纺纱、织棉、织毛、栽绒、染色诸科，学徒40人②，开始有了近代工业的萌芽。

中南、东南地区的情况也基本上与西南地区相同，壮锦、黎锦等很有名。清末民初，湘鄂西土家族地区也已出现手工工场，县城里有一些织布手工业者到工场出卖劳动力织布。农村妇女也在赶集时，带纱去工场换布和棉花③。1934年，广西三江侗族地区建成手工纺织工厂，有纺纱机10架，弹棉机1架，清花机2架，摇纱机2架，……④ 此外，各村寨都有轧棉机、手执弹棉机、纺纱机、织布机等，是自制的铁木机具。侗族妇女人人会纺织，并互相竞赛，比较突出。在我国宝岛台湾，由于郑成功的收复和经营，几十万大陆移民入台，对台湾的政治、经济、文化产生了巨大影响，纺织生产也有了较大的发展。虽然在新石器时代，台湾已有纺轮、打棒等纺织工具，三国时也有织布的记载，但其纺织技术一直停滞不前，产量很小，直到明代时仍然“冬夏不衣，妇女结草裙，微蔽下体而已”⑤。鸡笼

① 《水族简史》，贵州民族出版社，1985。

② 《羌族地区近代经济资料汇辑》（内部资料），1963。

③ 《土家族简史简志合编》（内部资料），1963。

④ 《广西侗族社会历史调查》，广西民族出版社，1987。

⑤ 陈第：《东番记》。

(即基隆)人仍“裸逐无所避，女或结草裙蔽体”①。到清代时，“夏月结麻枲，缕缕挂于下体。后乃渐易幅布，或以达戈纹为之”②。即从以野生的草、树蔽体发展到用纺织纤维麻缕蔽体，再发展到用布疋蔽体，多用原始的纺织机具。高山族妇女“为夫馌饷为夫锄，为夫日日织麻缕。缕缕须净亦须长，捻匀合线紧双股。斫木虚中3尺围，凿开一道两头堵。轻圆漫卷不支机，一任元黄杂成组。间彩颇似霓虹生，绽开疑落仙姬舞”③。女孩子10岁左右就会绩麻，请老师，学纺织，成年时便都已有相当熟练的纺织技术了，甚至形成如下的风俗习惯——纺织技术的高低、速度的快慢等是决定妇女社会地位的重要因素。有些地区，家家都有织机和理经架，甚至一家有几架。所有这些表明，纺织已是重要的生产部门。

① 张燮：《东西洋考》。

② 黄叔璥：《台海使槎录》番俗六考，丛书集成本。

③ 阮蔡文：《大甲妇》诗。

第二章　纺织原料的换代和生产、初加工技术

从宋代至民国初期，我国的纺织原料生产发生了很大的变化，首先是一年生棉花的种植突破了原来的东南、西南、西北的少数地域，逐渐传播到全国，使我国广大人民群众的衣着原料，从几千年来以麻纤维为主变成为以棉纤维为主。这是少数民族纺织原料在全国大普及的范例。其次，蚕丝特别是野蚕丝的生产有较大的发展。这是汉族的纺织原料生产技术适应少数民族地区条件，在少数民族地区结出丰硕果实的重要例证。生产和初加工技术也在前代基础上有了较大的提高。

第一节　棉花生产的大发展

一、棉花种植地域的逐渐扩大

从各种文献材料和出土文物来看，我国棉花种植地域是逐步扩大的，其过程基本上可以分为三个阶段。

（一）宋代

从宋代开始，有关棉花的种植，文献著录逐渐多了起来。

彭乘《续墨客挥犀》卷一记载：“闽岭以南多木棉，土人竞植之，有至数千株者，采其花为布，号吉贝布。”

乐史《太平寰宇记》：“桂州古县场（今广西永福县）……有古终藤，俚人以为布。”

王象之《舆地纪胜》卷一百一十五：广西宾州“俗多采木棉、茅花，揉作絮绵，以御冬寒”。

李纲《梁谿全集》卷二十三《即事》：“宾江两岸木棉飞。”

史炤《通鉴释文》：“木棉，江南多有之……”

王明清《补辑熙丰日历》记载：元丰元年（公元1078年），广州知府陈绎的儿子陈彦辅因“役使广州军人织造木棉生活”等罪而被惩处。可见这种木棉织品生产比较多，比较好。

南宋时，曾任福建市舶司的赵汝适在《诸蕃志》中记载：“海南，汉朱崖儋耳也。……土产……吉贝……之属。”“吉贝，树类小桑，萼类芙蓉，絮长半寸许，宛如鹅毳，有子数子。”这种吉贝应是棉花。

公元1174～1189年曾任桂林尉的周去非在《岭外代答》卷六中也记载广西等地：“生长的吉贝木，如低小桑枝，萼类芙蓉花之心，叶皆细茸，絮长半寸许，宛如柳绵，有黑子数十，南人取其茸絮……以之为布。”“唐史以为‘古贝’，又以为草属，顾‘古’，‘吉’字讹，草木物异，不知别有草生之古贝，非木生之吉贝耶，将微木似草字画，以疑传疑耶。雷、化、廉州及南海黎峒富有，以代丝纻。”这种吉贝应是棉花。

范成大《桂海虞衡志》记载：黎族妇女“工纺织，得中土绮彩，拆取色丝，加木棉，挑织为单、幕。又纯织木棉、吉贝为布”。木棉与吉贝并列，这里的木棉应是木棉科木棉；吉贝应是棉花，证明这里木棉与棉花并用。

庞元英《文昌杂录》记载：“闽岭以南多木棉，土人竟植之，采其花为布，号吉贝布。”

谢枋得《谢刘纯文惠木棉诗》吟颂道：“嘉树种木棉，天何厚八闽。厥土不宜桑，蚕事殊艰辛。木棉收千株，八口不忧贫。江东易此种，亦可致富殷。奈何来瘴疠，或者畏苍旻。吾知饶信间，蚕月如歧邠。儿童皆衣帛，岂但奉老亲。妇女贱罗绮，卖丝买金银。角齿不兼与，天道斯均平。所以木棉利，不异江东人。”

福建漳州还有以棉花命名的寺庙——“木棉庵”①。

从上述资料可知，两宋时期，我国棉花生产在海南等少数民族地区继续发展。有的地方棉花逐渐取代了丝、麻，作为主要纺织纤维，开始了我国纺织原料的换代过程。闽、广地区也基本上普及棉花种植，种植数量很多，甚至一家种植数千株。同时上述资料还提到木棉和草棉的区别，似乎南方地区除了原来的多年生棉花（树高二三米，如柞树）外，还有“类小桑”的一年生棉花。这种矮小的棉花似非新疆来的草本棉，而可能是从南方移植到长江流域的木本棉，是适应气候变化的形态变异。王祯《农书》记载这种棉花“不由宿根出，以子撒种而生。”即已注意到两种植株形态。《农政全书》更进一步做了科学分析：棉“是草本，而《吴录》称木棉者，南中地暖，一种后开花结实，以数岁计，类似木芙蓉。不若中土之岁一下种也。故曰十余年不换，明非木本矣……”当然，也可能有两个品种，这种一年生棉是宋代时随着海上丝绸之路的大发展而刚从南洋传入我国的②。不管是哪一种，都为棉花向长江、黄河流域以至全国的大普及打下了基础，这一点很重要，因为能向全国广大地区推广普及的只能是一年生棉花。

与此同时，新疆地区的草棉已在甘肃种植，并向陕西等地传播。证据是：宋天圣年间，甘肃的甘州回鹘已能向宋王朝进贡白叠③；安西榆林窟西夏壁画中已发现有棉花的图像；文献资料也记载西夏有“白氎”和“棉褐”④。

（二）元代

① 《宋史·贾似道传》。

② 章楷：《我国历史上栽培棉花种类的演变》，见《农史研究》，第五辑。

③ 徐松：《宋会要辑稿·蕃夷》，中华书局影印本，1957。

④ 陈炳应：《西夏的纺织资料初辑》，见《中国少数民族科技史研究》，第三辑。

元代，棉花的种植地域已扩展到长江和黄河流域的许多地区。史学通、周廉《元代的植棉与纺织及其历史地位》一文[①]作了比较全面的介绍。下面将把福建、两广、新疆、云南之外的其他省的情况简介一下。

江西行省（包括今江西和广东东部）是当时植棉最多的地区之一，所以仅至大三年就共买“木绵八万匹，双线单线四万匹”[②]。《通制条格》卷四有关于临江路以木棉布顶替麻布支给贫民御寒的记载，可见这里已开始用棉布替换麻布的过程。

浙江是元代征收木棉、布和棉袄——“胖袄”的少数地区之一[③]。温州人陈高还专门写有《种橦花》诗：“炎南有橦树，衣被代蚕桑，舍西得闲园，种之漫成行……”[④]诗人的吟诵和亲自种植，足见该地区棉花种植时间较长，数量较多。

松江府是著名的棉纺织技术传播、改革者黄道婆的家乡。那里的棉花生产有较快的发展。吴兴人沈梦麟所作《黄浦水》诗就吟涌道：“潮来栽木棉，潮去催官米。……黄浦之水不育蚕，什什伍伍种木棉。木棉花开海天白，晴云擘絮秋风颠。男丁采花如采茧，女媪织花如织绢。……官帖昨夜下县急，官科木棉四万匹。”[⑤]由此看来，黄浦江沿岸种棉与种稻同样重要，数量很多，以至棉花开花时节，整个海天都白了。

在湖广行省（地跨今湖北、湖南和广西的一部分），棉花和“木棉土布”的产量也相当多，每年都要有一部分“解纳”京师[⑥]。

---

① 《文史哲》，1983（1）。

② 《元典章》，卷二十六，《户部》，十二。

③ 《元典章》，卷十四，《吏部》，八。卷二十四，《吏部》，十。卷三十七，《兵部》，三。

④ （清）顾嗣立：《元诗选》庚集，四库全书·集部·总集类。

⑤ 沈梦麟：《花溪集》，卷之二，《枕碧楼丛书》本。

⑥ 《元典章》，卷二十一，《户部》，七。

淮南地区的植棉证据从马祖常《淮南田歌》中可以找到："江东木绵树，移向淮南去；秋生紫萼花，结绵暖如絮。"① 这里把棉花种植的传播方向也说清楚了。

河南植棉的例证之一是，迺贤《新乡媪》诗："蓬头赤脚新乡媪，青裙百结村中老。日间炊黍饷夫耕，夜纺棉花到天晓。棉花织布供军钱，借人辗谷输公田……"② 看来河南种棉不少。

山东地区的植棉虽未见于文献记载，但从它能织造棉袄——"胖袄"③，邹平元代李裕庵墓中出土的棉布交领长袖单袍④ 和明代山东棉花种植之盛看，元代时期，山东开始种植棉花应是毫无疑义的。

陕西也开始种植，《农桑辑要》卷二有明确记载："……近岁以来，……木棉种於陕右，滋茂繁盛，与本土无异……（民）深荷其利，遂即已试之效，令所在种之……"

从上述资料看，从宋末和元代的一百年左右的时间内，我国棉花种植地域迅速扩展，除了原产棉花的西北、东南、西南之外，长江、淮河、黄河流域都已开始种植，并在扩大种植面积的观念和技术上有了较大的突破，为明清时期的大普及打下了坚实的基础。长江流域的植棉比较普及，收益较多，引人注目，所以在至元 26 年（公元 1289 年），元政府下令在这个地区设"置浙江、江东、江西、湖广、福建木棉提举司，责民岁输木棉（布）十万匹"⑤。元贞二年（公元 1296 年）又规定："夏税则输以木棉、布、绢、丝、绵等物"⑥。棉花、棉布已正式成

---

① 《元四大家集》中《马石田先生集》，卷五。

② 《金台集》，卷一。

③ 《元典章》，卷三十五，《兵部》，二。

④ 《邹县元代李裕庵墓清理简报》，载《文物》，1978（4）。

⑤ 《元史・世祖本纪》。

⑥ 《元史・食货志》中的《税粮》。

为赋税交纳物资。

（三）明清时期

明代时，棉花种植扩展到全国，“其种乃遍布于天下，地无南北皆宜之，人无贫富皆赖之，其利视丝枲盖百倍矣”①。这时，北方普及植棉，产量甚至超过南方，以至于北棉南运，这在徐光启《农政全书》卷三十五中有明确记载：“今北土之吉贝贱而布贵，南方反是。吉贝则泛舟而鬻诸南，布则泛舟而鬻诸北。”少数民族地区也有较大的发展。如黎族在山坡上“杂植山萸、棉花，获利甚广”②。棉纺织业的发展和棉布的广泛使用，进一步促进了棉花生产，如《思南府志》卷二记载：贵州思南府的仡佬族因棉花“种之获利”，因而“弃菽粟而艺棉”。

清代时棉花生产进一步普及。东北地区已大量种植，和其衷《陈盛京边防民食疏》就明确记载：“奉天各处，地多宜棉，……大抵旗民种植者……多。”③在黄河流域和长江流域的一些省区，甚至种棉面积大大超过种粮面积——种粮者只有十分之二三；而种棉者多达十分之七八，甚至十分之八九④。少数民族地区也有大发展。如《新疆吐鲁番乡土志》记载：“岁产草棉三百余万斤。”水族有“家家种棉，户户织布”的美称。贵州侗苗、侗家苗甚至以种棉花为业，“善种棉”⑤，种棉技术不断提高。特别是清代末年，比较优良的品种陆地棉传入我国之后，因其适应性强，迅速传遍全国，成为我国近代棉花的主要品种。

---

① （明）邱睿《大学衍义补》。

② （明）顾岕：《海槎余录》。

③ 《皇清奏议》，卷四十二。

④ 《皇朝经世文编补》，卷三十七，高晋《奏请海疆禾棉兼种疏》，《御制棉花图》，方观承跋。

⑤ 李宗昉：《黔书》，卷三。

二、植棉地域扩大的原因和传播路线

从现有资料看，棉花种植的传播路线主要有两条：

其一，是从南方少数民族地区向北传播到长江流域、淮河流域和四川盆地等地区。这在有些著作中有明确记载，如王祯《农书》卷二十一："夫木棉产自海南，诸种艺制作之法，骎骎北来，江淮川蜀，既获其利。"马祖常《淮南田歌》也说："江东木棉树，移向淮南去。"褚华《木棉谱》记载："邑种棉花自海峤来，初於邑之乌泥泾种之，今遍地皆是……"又引《诸蕃杂志》说："木棉，占城、阇婆国皆有之，今已为中国珍货。"

其二，是从新疆传播到甘肃、陕西地区。这在《农桑辑要》卷二有明确记载："……木棉亦西域所产，近岁以来，……木棉种於陕右……"

至于黄河下游的河南、山东和东北地区，植棉技术是从南方传来的？还是从西北传来的呢？史籍似无明确记载。但从政治中心在北京的元代中央政府司农司编的《农桑辑要》的记载看，当时北方的棉花加工工具只有南宋初期闽、广使用的铁杖和梨木床板；又，南方的棉花（后称"中棉"、"亚洲棉"）质量比新疆棉（后称"非洲棉"、"草棉"）好，因此，河南、山东、东北的棉花很可能是从南方经长江、淮河流域而北上的。

植棉技术和生产向全国大传播的时间主要是从宋末、元初开始的，《木棉谱》引邱睿《大学衍义补》已经明确说到："汉唐之世，木棉虽入贡中国，未有其种，民未以为服，官未以为调。宋元间传其种，关陕闽广首得其利……"

为什么到宋元间植棉生产才得以向全国传播呢？有些论著明确或不太明确地说到一两点。本书加以综合、补充、提高，认为主要有如下三方面的因素促成的。

其一是有迫切要求。汉唐时期，全国人口只有5000万左右，丝、麻、毛纤维纺织品勉强可以够用。到宋代时，全国人口增至1亿人左右；统治者对纺织品的需要又有增无减，因此，仅用丝、麻、毛织品远远不够需求，急需发展新的纺织原料。同时，比起丝、麻来，棉花又具有很多优点：一方面，“比之桑蚕，无采养之劳，有必收之效；埒之枲纻，免缉绩之工，得御寒之益。可谓不麻而布，不茧而絮”①。即所需劳动力和劳动时间比较少。另一方面，“其幅匹之制，特为长阔。茸密轻暖，可抵缯帛。又为毳服毯段，足代本物”。“北方多寒，或茧纩不足，而裘褐之费，此为省便”。即棉织品适用而又便宜，对北方寒冷地区尤为重要。由于上述原因，东南和西北地区少数民族早已种植并被用于纺织的棉花就受到高度重视，加以推广。

其二是有实现的条件，包括自然条件、经济发展水平和科学技术条件。

自然条件方面。我国棉花虽然最早生长于南方和西北边疆，但南方太热、多雨；西北又过于干旱、寒冷，都不是棉花生长的理想之地。而长城以南、长江流域以北的广大地区，气温、雨量适宜，又多是冲积土，是种植棉花最好的地区。

经济发展水平方面。从南北朝开始，我国的经济重心逐渐从北方向南方转移。到宋代，南方特别是长江流域的经济得到更快的发展，南方已成为全国的经济中心。当时，广州、泉州等港口已成为我国对外贸易、交流的主要门户，因而南海诸国的棉花、籽种和植棉技术容易传入我国，与我国南方原来的棉花种植技术一起向北方传播（占城稻也在此时传播到江、淮一带）。

科技条件方面。棉花原是热带亚热带作物，现要北移到比较温凉的地区，在栽种技术方面必须首先解决地区差异，找到适应新环境的一套技术方法。同时，棉花加工工具和技术也必

① 王祯：《农书》，卷二十一，四库全书本·子部·农家类。

需逐步完善，使收获的棉花有用途、有出路，这样棉花才能大规模推广种植。而这些问题，在宋末元初通过实践、摸索，已经逐步解决了（详见后面技术部分）。

其三是有多方面的推动力，包括各民族人民的共同努力和政府的决策。

各民族人民的共同努力方面。南宋时期北方大批知识分子南下定居和元代大统一，都使许多文人和有识之士到少数民族地区游历，把在南方少数民族地区见到的植棉和棉花加工技术写成著作、诗文（前已引用），在社会上流传，这在客观上起了很好的宣传作用，为棉花的广泛传播打下了基础，有的文人和有识之士还直接到新植棉区辅导种植和加工。如：

元代著名农学家王祯于大德四年（公元1300年）在江西知永丰县事时，即“以课农兴学为务，常买桑苗及木棉子导民分艺”。又撰写了《农器图谱》和《农桑通诀》等书，刊刻行世，以教导农桑、木棉生产经验和技术①。江西行省成为当时全国的植棉中心之一，应有他的一份功劳。

维吾尔族官吏燕立帖木耳则在陕西汉中教民植棉，对陕西推广植棉生产起了一定的作用，其事迹在蒲道源《顺斋闲居丛稿》中有明确记载：兴元路西乡县原来“不知得种木棉之利”，至治三年（公元1323年），畏兀儿人燕立帖木耳在西乡任职，“自兴元求（棉）子，给社户，且教以种之之法，至今民得其利，而生理稍裕”②。

最著名的当然是黄道婆了。黄道婆是松江府乌泥泾（今上海旧城西南9里）人，年轻时为生活所迫，“流落崖州海峤间”

---

① （光绪）《江西通志》，卷一百三十一，《宦绩》十一，《广信府》，四库全书·史部·地理类一。王祯：《农书》。

② 史学通等：《元代的植棉与纺织及其历史地位》《文史哲》，1983（1）。

（今海南省黎族苗族自治州），与黎族（有的文章认为是社会经济较发达的临高人，详见技术部分）人民一起生活，一起从事棉纺织等生产，熟知黎族人民在木棉、棉花等方面的种植以及加工、纺织的技术和工具并能够熟练使用。元代元贞年间（公元 1295～1297 年），返回故乡乌泥泾，把黎族的棉花加工、纺织工具和技术"携……归"故乡，"传其法於乌泥泾人，人皆大获其利"。使松江很快成为全国的棉纺织中心，影响波及全国。所以黄道婆逝世之后，人们永远怀念她，多次"立祠祀之"——至元二年（公元 1337 年）立祠祭祀。至正二十二年（公元 1362 年），张守中迁祠于其祖父墓地之南。明天启六年（公元 1626 年），张之象"复塑其像於宁国寺"。清嘉庆年间，在上海"城中渡鹤楼西北小巷内，亦立祠祀之。邑之女红，岁时群往礼拜，呼之曰黄娘娘。"① 由此可见，黄道婆在沟通黎族等少数民族与汉族之间的棉纺织技术交流方面和棉纺织生产在上海以至全国的发展方面，功不可没，影响很大。同时也说明少数民族在我国纺织生产和技术上的重大贡献。

政府的政策对扩大植棉地域和发展棉花生产效果最为显著的要算元代，从有关资料看，元政府主要做了如下几方面的工作。

第一，先在未种植过棉花的某些地方试种，成功后再下令大面积推广。也就是说，先用事实教育大家，使人信服，然后就毫不犹豫地通过政府命令，大力推行。这样做既扎实又有高效率。这在元代司农司编纂的《农桑辑要》卷二中有明确记载："……苎麻本南方之物，木棉亦西域所产，近岁以来，苎麻艺於河南，木棉种於陕右，滋茂繁盛，与本土无异，二方之民，深

---

① 陶宗仪：《辍耕录》，卷二十四，丛书集成本。褚华：《木棉谱》，丛书集成本。

荷其利。遂即已试之效，令所在种之。”

第二，破除阻碍棉花在全国传播种植的旧观念、旧习惯，不仅从理论上讲清道理，而且还提出一套切实可行的技术方法，使人容易学习、实行。过去，棉花之所以长期局限于少数边疆地区种植，是因为“悠悠之论，率以风土不宜为解”。所以先需讲清道理：“盖不知中国之物出於异方者非一，以古言之，胡桃、西瓜，是不产於流沙葱岭之外乎？以今言之，甘蔗、茗芽，是不产於牂柯、邛笮之表乎？然皆为中国珍用，奚独至于麻、棉而疑之。”又针对以前在别处试种失败，影响推广信心的事实，分析其原因：“种艺之不谨者有之；抑种艺虽谨，不得其法者亦有之。”并附上正确的、有成效的种棉方法，供大家仿效试种——“故特列其种（棉）之方於右，庶勤於生业者，有所取法焉，他日功效有成，当暑而被纤絺之衣，盛冬而袭丽密之服，然后知其不为无补矣。”① 最后还加以淳淳善诱的劝说工作。实践证明这种工作方法是很科学、有效的，并使类似的农书越来越多。

第三，在棉花推广种植之后，马上于至元二十六年（公元1289年），在种植木棉较多的浙东、江东、江西、湖广、福建等行省设置木棉提举司，加以专门管理，并责民岁输木棉布10万匹②。元贞元年（公元1296年）又正式把棉花、棉布列为国家常年租赋交纳的重要物品：江南“夏税则输以木棉、布、绢、丝、绵等物，其所输之数，视粮以为差”③。这虽然主要是统治者为了增加收入的新举措，但也不能否认，其中有促进棉花生产的意图和作用，因为统治者也知道，税收与生产是密切相关的，以税收收棉花棉布，来巩固、发展棉花生产和纺织业，也应是明

---

① （元）司农司：《农桑辑要》，卷二，丛书集成本。

② 《元史·世祖纪》。

③ 《元史·食货志》。

智之举，是行之有效的。

三、棉花的生产技术和品种

（一）生产技术

宋人的记述很少涉及植棉技术。史炤《通鉴释文》只说到："木棉，二三月下种，秋生黄花。"到元初，《农桑辑要》和《农书》才开始有比较详细的记载，但已谈到植棉的许多重要的科学技术问题，看起来当时已有比较成熟的经验。《农桑辑要》卷二总结了如下经验：

1．选地，种棉的土壤要沙，土配合适当，地力肥瘦适当，湿度适当，即选"两和不下湿肥"地。因为虽然棉花在一般可耕地上都可以种植，但它最适宜在土沙并存的冲积土上生长，粘土太多或沙太多的土壤对其生长都有妨碍。棉花喜爱肥地，但也不宜太肥，否则枝叶太旺，影响棉花产量；太瘦，则枝、叶、花都长不好。太低湿的土壤则容易烂根。

2．整地，包括适时的耕地、松土、打碎、作畦、平整等工序。其目的是使棉籽下种后，在土壤的温度、湿度、土质等方面得到良好的生长条件，另外，整地也便于今后的灌溉和田间管理。

3．种植，下种时间是谷雨前后，而且要挑天气好的日子，可能是晴和之日。下种前一天，先要浇水 3 次，使土壤湿透；还要用水把棉籽淘过、盖好，闷 1 个晚上；种前，匀拌小灰；用撒播法；用原挖出的土覆盖，厚 1 指；暂不再浇水。所有这些，都是为了使棉籽能早点发芽，破土，健康生长。

4．田间管理，包括浇水、锄草①、移苗（使疏密合适，每步 2 苗）和在苗高 67 厘米以上时摘去顶芽等等，都是促进棉花

---

① 公元 1285 年，胡三省《资治通鉴音注》说得更具体："既生，须一月三薅其田旁，失时不薅，则为草所荒秽，辄萎死。"

正常生长的重要措施。

5. 收获，成熟一批，摘掉一批，日晒夜晾干透。成熟的标志是“棉欲落”。这就需要有丰富的实践经验才能识别。

公元1313年王祯撰成的《农书》，除了讲到上述技术经验外，还补充了“选种”技术——“所种之子，初收者未实，近霜者又不可用，惟中间时月收者为上。既经日晒，带棉收贮，种时碾出。老农云，棉种必於冬月碾取，生气收敛，晒曝上车，不伤萌芽，春时生意茁发，便不宜近日，先泄其生气矣”。

上述植棉技术和经验，应是我国南方和西北少数民族长期植棉技术、经验与汉族人民在不同地域试种经验相结合的产物，这里包含有黎族、维吾尔族等的技术因素。

元代时，畏吾儿人鲁明善著的《农桑衣食撮要》也总结了不少植棉技术和经验：三月，“种木棉，先将种子用水浸，灰拌匀，候生芽，於粪地内每1尺作1穴，种五七粒。候芽出时，稠者间去，止存旺苗二三窠，勤锄，常时掐去苗尖，勿要苗长高，若苗旺者，则不结，至八月间收棉”。其中种植的时间、浸种、拌种、间苗、锄草、摘顶芽等项，基本上与《农桑辑要》、《农书》记载相同。但也有不同点，那就是：第一，种子先要浸、拌到发芽后才下种；而上述两书说只浸1天，拌后即种。第二，种子种于粪地内，穴种；而上述两书说是撒播（当然也有穴种的）。第三，棉苗的疏密要求一穴留二三棵，每穴间距1尺（33厘米）；而上述两书说是每步只留2棵，等等。这些差别究竟是地区、气候等条件不同造成的？还是技术来源不同造成的？值得今后进一步研究。

到明代时，人们已懂得防止棉种退化，用腊雪水浸种防虫，在棉田套种大麦以保护棉苗等等新技术、新经验。

清代乾隆三十年（公元1765年），直隶总督方观承把棉花种植、加工、纺织等全过程绘成16幅图，并刻石立于保定，以便推广。其内容标题顺序是："布种，灌溉，耘畦，摘尖，采棉，拣晒，收贩，轧核，弹花，拘节，纺线，挽经，布浆，上机，织布，练染"。每图都有说明和题诗，并有乾隆皇帝的七言诗，书上还有康熙皇帝写的《木棉赋》和奏摺、跋语等。把元、明以来的植棉和棉纺织技术进一步加以宣传、推广。褚华《木棉谱》收集更多更详细的植棉技术、经验，其中有些或以前未见，或比以前进步。

从宋代至民国初年，边疆少数民族的棉花生产技术和方法不尽相同，试举几例。

明代末年，建州女真"善缉纺"。入关前，努尔哈赤实行"计丁授田"，每一男丁授田六日，五日种粮，一日种棉（按"一日"含汉族 666.6 平方米），推行棉花种植①。

新疆种棉历史悠久，技术水平也应比较高，产量也高，清代时，仅喀什噶尔、叶尔羌、和阗三个地区的棉花年产量就高达 14000 千克左右②。

云南西双版纳的基诺族等山区民族种植棉花比较多，民国时，每县种棉 666～1000 公顷，每公顷产皮花 225 千克（一说 75 千克多）。也种植木棉，每公顷产籽花 300 千克，纤维长 3.7 厘米以上③。他们于每年的 2～3 月烧地整地；3 月底雨后点种棉花；翻地；4～7 月拔草，要拔 4 道；8 月，棉花开花，收获。好地可连续种 3 年；不好的地只能种一两年，就要休耕。若种植 10 千克棉籽，从整地到收成，共需 208 个工（砍地 6 个工，烧整地 10 个工，点种 2 个工，拔草 160 个工，摘花 30 个工）。

---

① 《辽东志》，卷二。

② 江应梁主编：《中国民族史》，民族出版社，1990。

③ 宋兆麟：《傣族社会历史调查》（西双版纳二），载《文物》，1965（4）。

收成好时，年可收250千克棉花[1]。

在西双版纳景洪县中东部，有的棉花与稻子轮作，如今年种棉，明年种稻等等。他们3月种棉、4月在棉地中套种高粱、苡仁、蔬菜等；5月除草；10月收花[2]。哈尼族还有种棉仪式歌："献上一对鸡，献上一对鸭；摘来一把红花，摘来一把白花；七十岁的老人把籽种抓一把，朝着两把花上撒；种下去的籽种啊，要像花一样的撒。"[3]

贵州有"早花桃，迟草苗"的农谚[4]。即早种的棉花能结棉桃，多产棉花；迟种的棉花则只长苗，棉花产量低。

四川凉山彝族基本上是农历二月种棉花，农历五六月薅草。

（二）棉花品种

总的来说，新疆、甘肃、陕西等地原来种植非洲棉（草棉）。后来陕西和黄河中下游地区推行亚洲棉；新疆和甘肃西部仍种非洲棉。福建、两广、长江流域、淮河流域等地区，原来种植亚洲棉（中棉），清末以来也改种陆地棉。草棉和中棉都是粗绒棉，其质量较差。陆地棉是光绪十八年（公元1892年）首次从美国引进的，先在湖北种植。光绪三十年（公元1904年），引进的新品种"斯字4B"，在河北正定试种成功，质量又好，所以很快在全国推广，成为我国近代的主要棉花品种[5]。

原来，中棉的品种很多，明代王象晋《群芳谱》，徐光启

---

① 《傣族社会历史调查》（西双版纳七），云南民族出版社，1983。

② 尹绍亭：《基诺族刀耕火种的民族生态学研究》，载《农业考古》，1988（1）、（2）。

③ 《哈尼族简史简志合编》。

④ 刘纯业：《植棉农谚辑录》，载《农业考古》，1986（2）。

⑤ 卢惠民：《河北植棉小史》，载《农业考古》，1982（2）。

《农政全书》等都有一些介绍①。褚华《木棉谱》又进一步从不同角度提出不同的品种，如：

“江花出楚中，棉不甚重，二十而得五，性强紧。北花出畿辅、山东，柔细中纺织，棉稍轻，二十而得四。浙花出余姚，棉少重，二十而得七，吴下种大多类此。更有数种稍异者，一曰黄蒂，穰蒂有黄色如粟米大，棉重；一曰青核，核色青，细于他种，棉重；一曰黑核，核亦细，纯黑色，棉重；一曰宽大衣，核白而穰浮，棉重。此四者皆二十而得九。黄蒂稍强紧，余皆柔细，中纺织。又一种曰紫花，浮细而核大，棉轻，二十而得四。”

边疆少数民族多居住在高山密林和荒漠，交通阻隔，人口稀少的地区，不可能统一推行优良品种，而是有什么棉子就种什么棉花。因此，品种应该是多种多样的，只是缺乏记载和研究，我们还难以做系统的说明，如《永顺县志》记载：湘西各村所种棉花，“较常洋客货更绵软”，但用以织布“粗厚”，“不能多种”。

四、棉花初加工技术和工具

棉花采摘、晾晒干燥之后，还必须经过初加工，才能用于纺织。主要工序有：第一，轧棉，因棉花中含有棉籽（称为“籽棉”），所以必须先把棉籽从棉纤维中分离出来，这样的无籽棉花（“净棉”、“皮棉”），才能用于纺织。第二，弹棉，即把皮棉弹松，去掉泥沙等杂质，使皮棉成为“熟花棉”，以保证棉纱棉布的质量。第三，卷筵，在技术上属比较原始的阶段，熟花棉不需再加工，便可一手转动纺轮或捻棉轴，另一手供给棉花，纺成纱线。纺车出现之后，因锭子转速快，用手随时撕扯

① （明）王世懋《闽部疏》说，福建的棉花“高六七尺，有四五年不易者”。仍有多年生木本棉。

供应棉花，来不及，所以增加这道工序，把棉花卷压成筒条状，再用以纺纱，以保证纺纱的速度和质量。第四，浆纱，使纱条匀整，便于纺织。上述四道工序的技术和工具，从宋代到民国初年，都有比较迅速、显著的发展。下面分别介绍。

（一）轧棉

轧棉，古代称为扞棉或赶棉。当植棉技术刚刚传到长江、黄河流域时，轧棉技术相当原始，据元代陶宗仪《辍耕录》记载：乌泥泾的棉花初加工是“初，无踏车、椎弓之制，率用手剖去子”。没有任何轧棉工具，只能用手一点点剥掉棉籽，这时的轧棉尚处于最原始的阶段。可见南方和新疆少数民族最早的棉花初加工，也应经过这个阶段。

周去非《岭外代答》，赵汝适《诸蕃志》记载：在海南岛、广西等地，“南人取其茸絮，以铁筋碾去其子”。方勺《泊宅编》也记载：“闽广……土人……以铁杖扞尽黑子。”也就是说，宋代时，南方的少数民族已发明使用最简单的轧棉工具——铁棍，用铁棍扞棉去籽。宋末元初，这种工具和技术传到长江流域、黄河流域，这在《农桑辑要》中已有明确记载：“用铁杖一条，长二尺，粗如指，两端渐细，如赶饼杖杆。用梨木板，长三尺，阔五寸，厚二寸，做成床子。逐旋取绵子，置于板上，用铁杖旋旋，赶出子粒，即为净棉。”史炤《通鉴释义》称之为“铁梃”。用工具代替手来加工，无疑是重大突破。

到元代中、晚期，出现了轧棉机械——搅车。王祯《农书》卷二有专题介绍“木棉搅车”，并附有搅车图。该书说到这种搅车的结构：“夫搅车四木作框，上立二小柱，高约五尺，以上方木管之。立柱各通一轴，轴端俱作掉拐，轴末柱窍不透。二人掉轴，一人喂上棉英，二轴相轧，则子落于内，绵出于外，比用碾轴，功利数倍”。从记载和附图可知，这种搅车已经安装了曲柄碾轴（即“掉拐”）和杠杆等机械零件，利用两根反向转动的轴轧棉，比用手搓动一根碾轴轧棉，既省力气，又提高功效。到元代末期，搅车上的木轧棍又改革成不易磨损的“铁轴”①，提高了效率。总之，元代是我国轧棉技术、工具飞跃发展的重要时期。

到明、清、民国时期，搅车又有重大改进，有手摇式和脚踏式两种。一个人即可边喂棉花，边自摇、自踏搅车轧棉，一个人可顶元代时三四个人的工作②。《中国纺织科学技术史》就详细介绍过山东章邱邹平和江苏太仓的两种轧车的结构和使用方法。其效率是：一人一天工作 12 小时，可轧籽棉 5 千克，出净棉 1.5 千克③。

这个时期边疆少数民族的轧棉工具和技术因地域、条件的不同而异：

1. 有的工具相当简单，但很有特色。如海南黎族使用一种十字架式的轧棉工具，即一根木杆，下端安装一个十字架，是由两根木棍交叉制成的。轧棉时，先把籽棉放在一个口小底大的篓形容器中，再把十字架插进棉堆里去，用两手搓动十字架上的木杆，十字架就不断搅动籽棉，使棉籽与纤维分离开来④。据研究，这种工具比较适合于联核棉花的脱籽加工⑤。云南的基诺等民族也使用这种工具轧棉，一天可轧籽棉 5 千克⑥。

2. 有的工具比较进步。如云南的傣族、佤族、景颇族，广东的黎族等，使用一种玲珑精巧的手摇小型木质轧花车，但各

---

① （明初）李昱：《木棉绞车诗》中有“铁轴横中穷”之说。

② 徐光启：《农政全书》，卷三十五。《木棉搅车》，四库全书·子部·农家类。

③ 史宏达：《论宋元明三代棉纺织生产工具发展的历史过程》，载《历史研究》1957（4）。《太仓州志》。

④ 宋兆麟：《云南西双版纳傣族的纺织技术》，载《文物》，1965（4）。

⑤ 《中国纺织科学技术史》，154 页。

⑥ 《傣族社会历史调查》（西双版纳一）。

人介绍的尺寸等不尽相同。有的说："高约20厘米，阔、长各25厘米，下边有丁字形木座，二轧轴左端各刻有齿槽，呈螺旋线状。工作时，右手摇曲柄使下轴转动，借齿沟使上轴反向回转；左手喂入籽棉在二轴间，二轴相轧，籽落于内而棉飘积车前。"① 有的说，长75厘米，高53厘米，两根木轴长42厘米，右端较粗，直径2.5厘米；左端较细，直径1.8厘米，其中一根安有曲柄②。有的说，佤族用两根长50厘米、直径5厘米及两根长35厘米、直径5厘米的方木制成长方框，在50厘米长的两根木条上端各挖两个小圆孔，加两根小圆木（并拢），同一端各有刻四五个齿不等的木齿轮，下面一根圆木齿轮的尖端装有一摇柄③。有的说"是用四块木板作框，上面树立两根木柱，高54厘米。柱头两旁各装有曲柄子母螺丝作转轴"，操作时两脚踏在丁字架上，右手摇柄，左手喂棉④。这种轧花车比元代搅车进步，元代搅车要3个人共同操作，而这种轧花车只要一个人即可操作，效率也不低，一人一天可轧1.5～2千克，也比同时代的中原地区的灵巧进步。因为中原地区的（如邹平式、太仓式等）都是手脚并用，以带动两轴相轧；而这种小轧花车只用一手摇动，即可带动两轴相轧，可以说这是"手工轧车中最简洁灵巧的。这里特别值得一提的是螺旋齿轮的利用，使回转均匀平稳，这在机械零件设计上是重大的进步。"⑤ 贵州、福建少数民族的木棍轧棉机，也使用这种螺旋齿轮互相咬合传动的

---

① 《中国纺织科学技术史》，154页。

② 宋兆麟：《云南西双版纳傣族的纺织技术》，载《文物》，1965（4）。

③ 《佤族社会历史调查》，云南人民出版社，1983。

④ 朱宝田：《略论云南少数民族的纺织技术》，见《中国少数民族科技史研究》，第四辑。

⑤ 《中国纺织科学技术史》，154页。

装置[①]。这充分说明，在边疆少数民族的轧棉工具中，机械原理已得到比较广泛的应用。

3. 中原式的工具，是手足配合操作的较大型的轧花机。如侗族的“赶恩”，它由轧机、踏动杆、坐凳三部分组成。木凳，长方形，高80厘米，凳面长40厘米，宽35厘米。轧机置于凳上，是一个方形木框，高40厘米，宽35厘米，其上有两根上下并排的轴：下轴木制，直径10厘米，右侧安有拐柄；上轴铁制，直径6厘米，左端安有一个十字架，在十字架的一根木条上拴一根绳子，绳的另一端拴在凳脚附近的踏杆上。轧花由1个人操作，右手摇动拐柄，同时踩动脚踏杆，使木、铁二轴向内转动；左手往两轴间喂籽棉。二轴相轧，籽落于内，棉出于外。其结构与王祯《农书》上的搅车基本上相同，但搅车要3人操作，而侗族轧花车只要1个人操作，一人一天能轧2千克棉，每千克籽棉加工出皮棉750克，简易轻便，节省人力[②]。据《傣族社会历史调查》（西双版纳二）说，西双版纳的阿卡、攸乐人（基诺族）除了使用上述的手摇轧花机外，还有一种手摇足踏的轧花机，但数量少，效率低。

4. 近代轧花机。民国时，云南宁洱有一家利民工厂，有皮辊轧花机3台，每天可轧花50多千克[③]，效率大增。

此外，四川凉山彝族人民使用一种自制的“轧棉花夹子”。

（二）弹棉

弹棉，又称弹花。籽棉脱籽成为皮棉后，因纤维有粘连和杂质，难以纺纱，所以必须再进行弹打。迄今所知，最早记载弹棉工艺的是南宋方勺《泊宅编》，说当时闽、广地区已有弹棉

---

① 《中国纺织科技史资料》，第4集，5页。

② 宋兆麟：《侗族的棉纺工具和技术》，见《中国纺织科技史资料》，第15集。

③ 《傣族社会历史调查》（西双版纳二）。

工艺："徐以小竹弓弹，令纷起"[1]。但南宋前期的著作《岭外代答》和《诸蕃志》还没有这方面的记载，似乎弹弓的使用是在南宋中晚期。

最初的弹弓"以竹为小弓，长尺四五寸许，牵弦以弹棉，令其匀细"[2]，"线弦竹弧，置案间振掉成剂"[3]。可见这种弓很小，以竹制弧，线为弦，用手指牵弦以弹棉，功效很低。但已有了好的开端。这种工具和技术沿用到元代初年。

到元代中、晚期，弹棉工艺有了较大改进。王祯《农书》卷二十一《木棉弹弓》记载：当时的弹弓"以竹为之，长可四尺许，上一截颇长而弯；下一截稍短而劲，控以绳弦，用弹棉英，如弹毡法。务使结者开，实者虚，假其功用，非弓不可"。这种弓比宋末元初的弓大二三倍；弓弦用绳取代线，弹力增强了，生产效率有一定提高。

到元代晚期，人们发明了非常重要的工具——弹椎（弹槌）。根据是，《辍耕录》说：黄道婆回乡之前的松江，"初无踏车、椎、弓之制"。也就是说，到陶宗仪写书时，已有了椎、弓。又，李昱诗更明确说到："铁轴横中窍，檀椎用两头，倒看星象转，乱卷雪花浮"[4]。这种弹椎一头大，一头小，其功用和使用方法是：先用小头击打弓弦，使棉花随弦而起；后用大头击弦，使棉花四下飞散。如此反复进行，把棉花弹松，省工省时，比用手拉弦弹棉进步得多，这种工艺一直沿用至今。

到明代，弹棉工艺又有进步："以木为弓，蜡丝为弦"，"长

---

① 南宋末年艾可叔《木棉诗》："弓弯半月夜弹寒"。史炤《通鉴释文》："以小竹弓弹之，"等，记载较多。

② 胡三省：《资治通鉴音注》。

③ 陶宗仪：《辍耕录》。

④ 《李草阁诗集》，卷三，见冯家升：《我国纺织家黄道婆对于棉纺织业的伟大贡献》，载《历史教学》，1954（4）。

五尺许”；又有悬弓弹花技术①。弓比元代的又大了些，特别是弓与弦的原料改变了，弹力增强，又有悬弓设备，省去用手举弓之劳，从而提高弹棉效率而又减少劳动强度。

清代和民国初年的弹花工具，据记载：“弓上端镶薄板，方而斜，纵横四寸许。其下端，于圆柱之末刻之，使弯圆而厚，阔二寸余。以弦施于二端，弦之余者绕柱上。弹花槌长七八寸，隆起两端，板光滑。弹花必坐，其坐者如椅而矮，几及地，名弹花凳。凳之背贯以竹竿，如钓鱼者而曲。竿之极处悬绳，绳下着弓。以左手执弓，右手执槌，坐击之。”“其弓弦以羊肠为之。”“近代，浙江则将悬弓竹竿缚于弹花工人腰背，则运弓更为灵活方便。”② 弹弓又有改进，更适用了，进一步提高效率，一人工作 10 小时，能弹棉约 5 千克。这种工艺也一直沿用至今。

边疆少数民族的弹棉工具和操作技术各有特点。

云南布朗等民族使用一种小弓，竹弓竹弦，弓长 64 厘米，高 12.5 厘米。弦用竹青制成，扁宽状，宽 2.5 毫米，厚 0.5 毫米。其特点是：当它与上述弦弓的振幅、频率相同时，“作用在纤维上不是一个作用‘点’，而是一段‘线’，致使纤维不易缠曲，减少裹弦机会。这种小弓特别适合用于云南产的纤维细且长的灌木状棉花。无此弓时，曾有人把棉纤维剪短后，再弹纺，以免裹弦”③。从这资料来看，布朗等民族原来也可能使用类似闽、广等地的线弦竹弓，后发现不太适用，才就地取材，改用竹青为弦。

海南岛黎族人民仍沿用几百年前的工艺：“用竹弓弹为

---

① 徐光启：《农政全书》。

②③ 《中国纺织科学技术史》，155～156 页。

绒”[①]。

傣族也使用一种木弧竹弦或藤弦小弓（图 30），长仅 82 厘米，宽 15 厘米，弧两端瘦削，富有弹性，一端套一竹筒，长 7

图 30　傣族轧棉、弹棉图
（徐康宁摄）

厘米，便于掌握。弦平直光滑，弹性较强，每人每天弹 0.5～1 千克皮棉[②]。这种弓效率低，清棉效果欠佳，所以后来人们多改用长竹弓，甚至使用较为进步的弹椎。

侗族使用的椎弓，长 150 厘米，弹花由男子承担。弹花时，人坐在特制的木凳上，在背后的凳腿上拴一根竹条，高 2 米许，在竹条顶部拴一条绳子，将弹弓悬起来，然后弹者左手执弓，右手握弹椎，每人每天弹花 5 千克[③]。

云南宁蒗彝族自治县之人使用大竹弓，长 164.8 厘米，宽

---

① （明）邓廷宣：《琼州黎民图》上，清顺治时黄宗炎的注释。（清）张庆长：《黎岐记闻》。

② 宋兆麟：《云南西双版纳傣族的纺织技术》，载《文物》，1965（4）。

③ 宋兆麟：《侗族的棉纺工具和技术》，见《中国纺织科技史资料》，第 15 集。

13.4 厘米，弧为粗厚的竹板削制，弦竹条①。

据《黔南识略》记载：清代时，在布依族聚居的贵州兴仁县城，居民只有1000多户，却有弹花弓500多张。“地产棉花，……纺车之声络绎于午夜。”可见弹棉和棉纺织之兴盛！

（三）卷筳

卷筳，又称拘节、擦条、搓条子等。弹好的棉花蓬松细软，不便纺纱，必须先搓成均匀的棉条才能上纺车纺纱。

南宋的一些著作基本上都没有涉及这种工艺和工具。如《岭外代答》、《诸蕃志》都记载：广西、海南人民在轧棉、弹棉之后，“即以手握茸就纺，不烦缉绩”。《泊宅编》记载：闽、广人民在弹棉之后，即“纺绩为布”。可见，南宋前、中期，似还没有卷筳这个工艺和工具。

到宋末元初，开始有卷筳记载，如史炤《通鉴释文》记载：弹棉之后要“卷为筒”。胡三省《资治通鉴音注》进一步说：“卷为小筒，就车纺之，自然抽绪如缫丝状，……”这些记载虽然都没有直接说到卷筒工具，但表明当时确实已有了卷筒工艺，因此也应有卷筒工具了。

最早详细记载卷筳工艺及其工具的书是王祯《农书》。其中记载：“淮民用蜀黍梢茎，取其长而滑。今他处多用无节竹条代之”。这种工具即是卷筳工具。其操作方法是：“先将棉毳条于几上，以此筳卷而捍之，遂成棉筒。随手抽筳，每筒牵纺，易为匀细”。即用黍秆或竹条放在摊平的棉条的一端，卷成筒，用手压住，在几上扞压稍实，工艺简单，但很实用。元代诗人熊硐谷《木棉歌》也说到：“尺铁碾去瑶台雪，一弓弹破秋江云，中虚外泛搓成索，昼夜踏车声落落。”② 把棉花初加工三个过程

① 宋兆麟：《云南西双版纳傣族的纺织技术》，载《文物》，1965（4）。

② 《元诗选》癸集之癸上。

都说到了，由此可知卷成的棉条的形状像“索”子。

从上述资料来看，南宋晚期已发明了卷筵工艺和工具。浙江兰溪南宋墓出土的经纬相当匀整的棉毯，应是经过卷筵加工的。

清代时，上海用的卷筵是：“以竹削如箭干较细，长二尺余，名栅子。卷棉于上而搓之，其搓之器如桶盖，方而长，名搓花盖。以左手按其栅子，右手执盖向外推之，随去其栅。卷压成的棉筒宛如玉蒜”①。由此看来，清代上海用的卷筵比元代有进步，其上增加的搓花盖，可能是用木板制成，因它有一定重量，又刨磨光滑，所以用它加工出来的棉筒，平整匀称，优于元代用手搓压的棉筒，同时生产效率也提高了，所以这种卷筵在现在农村中仍然继续使用。

侗族搓棉条的方法起初是用一根无节竹管为轴，外卷棉花，用双手搓，搓好后，把竹管抽出来。后来技术提高，改进了工具，在原来的工具上增加了搓棉条木椎子。这种木椎子是用硬木制成的板子，长方形，长25厘米，宽10厘米，下面平滑，上面有一个把手。搓条时，取一张方桌或木凳，把棉花薄薄地铺在上面，以竹管从一侧卷起，然后用木椎子一搓，即赶成棉条，这种做法与汉族地区的相同。第一根棉条搓好后，将竹管抽出来，继续扦第二根棉条。每人每天能搓千克棉条，约500根。搓好的棉条放在竹篮里，以便下一步纺纱用②。

傣族织工通常只是用一根无节竹棍卷棉筒，棍长23厘米，直径0.4厘米。工作时把棉花纤维摊在竹席上，然后用竹棍将棉卷成筒。

（四）浆纱

① 《沪城岁事衢歌》，见《中国纺织科学技术史》，156页。

② 宋兆麟：《侗族的棉纺工具和技术》和《云南西双版纳傣族的纺织技术》。

纺成后的棉纱，多粗细不匀，又多毛茸，严重影响织布的质量，所以还必须经过浆纱工序，才能改善经线的匀度、强力、牵伸和减磨性能。

傣族浆纱所用材料是粘性较强的米糊。浆纱的方法是用锅将米糊加热后，把经纱成束放入米糊中，浸泡片刻，即取出，用手将纱线搞蓬松、分开，晾晒于竹竿上，到晾干为止。纬线不用上浆。

有的民族没有这道工序，如佤族等。

最后，我们着重论述一下黄道婆在传播海南少数民族的技术经验上的功绩和有关问题。这里只谈棉花种植和初加工方面，纺织方面留到后面再说。

黄道婆从海南崖州把植棉、棉花初加工和纺织技术传播到上海松江地区，史书已有明确记载。但是黄道婆在崖州是向黎族还是向其他民族学的棉纺织技术呢？学术界却有不同看法：

一般都认为，黄道婆是向黎族人民学的。但也有不同的观点，认为黄道婆在崖州是向居住在沿海地区的临高人（百越人后裔）学的，其主要根据是：黎族本身的纺织技术原始落后，难以作为先进技术推广；宋、元代人没有详细区分黎人和临高人，把临高人也称之为黎人，以致产生误解①。

我们认为，上述意见有一定的道理，但值得研究。首先，黎族的纺织工具虽然还很原始落后，但黎族已有悠久的植棉和加工、纺织经验，总比刚刚学习种植和棉纺织的长江流域要进步一些，这从陶宗仪《辍耕录》等著作的记叙中可以看得很清楚。该书卷二十四记载："松江府东去五十里许曰乌泥泾，其地土田硗瘠，民食不给，因谋树艺，以资生业，遂觅（棉）种于彼（指闽广）。初无踏车、椎弓之制，率用手剖去子，线弦竹弧置

① 梁敏：《黄道婆究竟向谁学艺?》，载《民族研究》，1990（3）。

案间，振掉成剂，厥功甚艰。”“国初时，有一妪名黄道婆者，自崖州来，乃教以扞弹纺织之具……”清代褚华《木棉谱》说：“黄道婆本邑人，流落崖州海峤间，元元贞中，携纺织具归，传其法於乌泥泾人，人皆大获其利。婆死，立祠祀之。”从上述资料可知，松江乌泥泾可能在宋末元初才从闽、广地区传入棉花种子和种植技术，才开始种植棉花。当时还基本上没有初加工工具，人们只能用双手剥棉籽；用一件小竹弓弹棉。因而棉花的种植和利用难以推广。幸亏黄道婆及时从崖州回来，带来初加工技术和纺织工具，教民制作“扞、弹、纺织之具”，并加以改进，使轧棉从用手剥发展到用铁棒扞，用搅车轧；弹棉从小竹弓发展为绳弦大弓；并有了卷筳工具和工艺等。而这些工具，黎族早已有之（前面已介绍）。当然，黎族的棉花初加工工具比较原始，后由黄道婆结合汉族地区的情况进一步加以改革发展。其次，关于海南岛的生熟黎问题。据《岭外代答》卷二记载：海南岛确有生、熟黎的区别，“海南有黎母山，内有生黎……外为熟黎……多湖广、福建之奸民也……”就是说，山外即近海处的熟黎不是真正、纯粹的黎族，而是百越人、汉人陆续迁居来的，这是事实。但是为什么这些外来人被称为黎人而不是其他族称呢？根据民族史上的惯例，这一地区应是原有黎人居住，外来人被他们逐渐融合、同化了；或外来人遵从黎人的习俗，从事生产和生活，才有可能被称为熟黎（当然也包括外来人原来的生产技术等）。该书还记载：熟黎时常“阴结生黎以侵省地，邀掠行旅。”生黎之人“半能汉语，十百为群，变服入州县墟市，人莫辨焉”。可见生、熟黎之间有密切联系，表面的差别并不太大。因此，像棉花初加工这种当地最普遍、最起码的生产技术和工具，生、熟黎之间应没有多大的差别。所以不管黄道婆是住在生黎地区，还是住在熟黎地区，她所学的植棉和初加工技术、工具，基本上应是一样的。而且海南的植棉和棉纺织历史比湖、广早，所以这种技术、工具很可能是源于生黎的。因此说黄道婆向黎族人民学习植棉、棉花初加工和棉纺织技术，应是站得住脚的。

最后必须指出，黎族的植棉和棉纺织历史虽然比较早，但该地区生产力十分低下，所以植棉和棉纺技术在该地区提高极其缓慢，棉花产量也不高。而当植棉和棉纺织技术传到经济发达的长江流域等地之后，这些技术才能得到迅猛地发展和提高。因此正确的认识应是：棉花种植和棉纺织技术的推广普及，是少数民族与汉族共同努力的结果。

五、木棉的继续利用

随着棉花种植、应用的推广普及，木棉很少用于纺织，主要是作为填充料。当然在个别少数民族中仍然有用于纺织的，如：

黄承宗为本书提供的文稿说，宋代时，四川凉山地区就利用莎罗棉（即木棉）于纺织。史书有不少记载：大中祥符九年（公元1016年）邛部川（今越西县）山前前后百蛮都王贡娑罗毡。天禧二年（公元1018年），黎州（今汉源县）山后两林百蛮都王贡婆罗毡。咸平元年（公元998年）黎州山后风琶蛮王贡白地红花娑罗毡，素地红花娑罗毯。景德三年（公元1006年）又贡莎罗幔、青绯间色娑罗幔、莎罗鞍複、莎罗勒帛、莎罗花毯、白莎罗毯等等①。表明彝族用木棉织造出多种多样的织物。

明代时，“平缅出娑罗树，大者高三五丈，结子有绵，纫绵织为白毡、兜罗锦”②。又，洪武时，蜀人邓廷宣所作《琼州黎

---

① 《宋史·真宗纪》。《宋史·蛮夷传》。《宋会要辑稿·蕃夷》。李焘：《续资治通鉴长编》，卷八十八、卷九十二。中华书局，1986。

② 李时珍：《本草纲目》木棉下引祝穆《方舆志》。

民图》的绘图附诗说，这里的黎民："不养桑蚕不种棉，织来吉贝锦文连。共传黎妇今多巧，远过珠崖入汉年。"后有黄宗炎释文："黎地不产棉绒，不艺蚕桑，无纺车机杼之制，惟采木棉树之实，取其棉，以竹弓弹为绒，足纫手引为线，染为红、黑等色……"① 可见明代和清初，仍有少数民族用木棉于纺织。但与前述宋代时黎族用棉花于纺织的记载不同。不知是记载之误?还是情况有变，不同历史时期所用原料不同？待考。

根据文献记载，在清代和近代，木棉多作为填充料，并与棉花明确分开。如《升庵外集》和《盐边厅志》说："棉有三：一曰丝棉，出于蚕组；一曰木棉，出於交趾（在今越南国），名攀枝花；一曰草棉，即织布之棉花也。"徐炯《使滇杂记》记载："木棉，今称攀枝花，最暖人，且除湿气，高年者用之大有益。"可能指用于枕芯、茵褥，今四川金沙江上游仍生长很多攀枝花。檀萃《滇海虞衡志》卷九有更详细考证和记载："扳枝花者，木棉花也，金沙江热地方多有之。元谋绕署皆扳枝花，树高大亦如粤，但花色微淡，且稀疏，不及粤之深红绵密，远望如红锦攒於云，为差减耳。……其花可以炙食，花卸结角如大肥皂，裂开则柳絮轻盈，飞空卷地，盖瓦萦墙。其茸甚滑，而病於太短，不能如吉贝之易缕牵连。苟设法而匠运经营，未尝不可同归于杼轴。……攀枝花本名橦木……今广东人见木棉之絮轻滑茸短，不可捉绰，间扫地收茸以装袜及坐褥、马屉。市者谓用之则蚀血伤肤，故不售。"若按注（《后汉书·哀劳夷传》注），"必淹渍而后可缉织，犹麻之必沤，丝之必煮，而后可治也。必经覆亡人而乃服之，或亦厌胜之法，不生他病也……"但仍有用于纺织的，如黎族等（详见下面）。

因为木棉纤维短，光滑，无捻曲，坚韧性差，难以纺织。但

① 李露露：《明代黎族的风俗画卷》，载《民族研究动态》，1992（2）。

在缺乏纺织原料，生产力十分低下的地区，木棉就可以用于纺织，因为它是天然原料，容易得到，人们想办法使用它。如五代时沈怀远《南越志》记载："南诏诸蛮不养蚕，唯收娑罗木子中白絮纽（或写作"纫"）为丝，织为幅，名娑罗笼。"明代《汪广洋诗·斑枝曲》也说，将木棉花"搓就琼簪腻如茧"[①]。在这里用"纽"、"搓"两字，而不用"纺"字，应是用手搓成纱之意，这是克服木棉纤维短、光滑等不利纺织因素的办法之一。可能还要如（晋）郭义恭所说的那样，"取其毳淹渍，缉织以为布也"。即先把木棉纤维放在水里淹渍，然后才能搓成纱条。其科学技术原理是什么呢?现在所知木棉的特性之一是抗潮耐湿，可用作救生圈填料。这与古书记载的淹渍法是不是矛盾呢？淹渍法究竟能使木棉纤维发生什么变化呢？我们未做过试验，但既然古书有记载，应是实际可行的，也许通过长时间在水里浸泡并加以挤压，会使纤维从圆筒状变成扁平状，并有扭曲，又降低光滑度，从而增加木棉纤维间的抱合力和张力，比较便于缉搓成棉纱。明、清时用多锭大纺车捻丝时，要先使丝件通过竹壳水槽或湿毡"过湿"，以提高丝的张力，便于加捻，其技术原理应与木棉淹渍相同。

有的文章认为，黎族自古代至解放初期多用木棉作纺织原料，而且利用木棉比利用棉花的时代更早，历史更悠久。其纺织方法是：把木棉絮用手理成条，把絮花一丝丝地接起来，放在腿上搓捻，用手转动一端装有泥饼或铜钱的小竹枝做的木棉纺锤，卷成纱锭，然后在手脚并用的腰机上织成疋布，制成

---

① 该曲叙述木棉从开花到织成布的全过程："翠苞半拆渐吐绵，雪花填满人行道，越娃携筐争采绵，采绵盈筐胜万钱。搓就琼簪腻如茧，丝成冰缕细如烟。……轧轧机声暗相语，停梭掩袂那得眠。吉贝相将下机杼，并刀裁剪秋江云，与郎为衣白且新……"

“黎单”（被子）、“黎厂”（吊襜）、“黎包”（包布）和男女的上衣、筒裙等①。有人还把中山大学解放初期收集的黎族木棉织品进行化验，证实这种棉织品是用木棉科木棉纺织的，其棉纱很粗，纤维纵向形态是棒状，表面光滑，是一种中空的薄壁纤维。原来其横截面是圆筒形，压挤后形成扁平的带子，并产生转曲、扭结②，是珍贵的木棉织品实物资料。

第二节 蚕丝生产的发展和初加工技术

一、桑树和家蚕

（一）桑树的品种和栽培技术

到这个时期，人们对桑树的品种、形态、生长规律等有较深刻的认识。如元代《农桑辑要》卷三，援引金元时期的《士农必用》说：“桑之种性，惟在辨其刚柔，得树艺之宜，使之各适其用。”（“荆桑多椹，鲁桑少椹。叶薄而尖，其边有瓣者，荆桑也。凡枝干条叶坚劲者皆荆之类也。叶圆厚而多津者，鲁桑也。凡枝干条叶丰腴者，皆鲁之类也。荆之类根固而心实，能久远，宜为树。鲁之类，根不固心不实，不能久远，宜为地桑。”）也就是说，我国的桑树从大的方面可分为两大类——鲁桑和荆桑。鲁桑的特点是叶圆厚多汁，椹少，枝干丰腴，根不固心不实，生长时间短，树型矮小；荆桑的特点是叶薄而尖，边有瓣，椹多，枝干坚劲，根固而心实，生长时间长，甚至可活千年以上，树型高大。对养蚕来说，鲁桑优于荆桑，特别是湖州的鲁桑以叶嫩、养分丰富而最为著名。后来各地又发现、培养一些

---

① 容观琼：《关于我国南方棉纺织历史研究中的一些问题》，载《文物》，1979(8)。

② 赵文榜：《关于我国古代木棉纺织问题的研究》，见《中国纺织科技史资料》，第5集。

不同的品种，清代卫杰《蚕桑萃编》就把桑分为两大类（大叶、小叶）18个品种："桑分十八种：湖桑、川桑、鲁桑、荆桑，以地殊者；子桑、女桑、花桑、椹桑、丛桑、火桑、丛生桑、富阳桑、地桑、山桑，以种类名者；移桑、接桑、嶍桑，以人力成者。"表明桑树栽培技术的提高，人们根据各地不同的自然条件可以培植出各地的优良品种。各地还有许多不同的品种，如甘肃的牛叶桑、油桑、湖桑、岩桑（野桑）和柘等①。

《农桑辑要》介绍有多种栽桑方法，如种椹、压桑、栽条、栽桑梢等，它"遍求古今所有农家之书，披阅参考，删其繁重，摭其切要"而成，以便各地根据不同条件"择而行之"。而且其技术比前代又有发展。例如，种椹方法，过去只介绍以水洗椹、取籽杂黍籽撒种法。现在《农桑辑要》又总结出其他几种方法：如在绳索上匀抹湿椹子而种，把桑椹与蚕沙或炒黍谷相和而种，先搭棚或先种苘麻后种椹，畦种与点种，种子宜新不宜陈等。压桑取栽技术和"插条法"等也比过去的记载具体、进步。

有些技术，后来通过实践，得到修正或发展。例如，清代杨屾《豳风广义》认为《士农必用》的春分时埋桑条的技术不对，而应是"腊月埋条春栽"或"九十月盘栽"最好。

其中最重要的进步是把嫁接技术应用于植桑。虽然早在战国晚期，我国已知树木嫁接技术，但明确记载桑树嫁接的是宋代陈旉《农书》："若欲接缚，即别取好桑直上边条，不用横垂生者。三四寸长截，如接果子样接之，其叶倍好……"金末元初的《士农必用》一书记载女真人统治地区的桑树科斫嫁接经验是："惟在时之和融，手之审密，封系之固，拥包之厚，使不致疏浅而寒碍也。"即注意科斫嫁接时机必须是天气和融之日，

① 何池：《甘肃省蚕桑丝绸的历史和现状》，见《中国纺织科学技术史资料》，第18集。

下手要轻、仔细，包裹要严密厚实，以免冻死等。《农桑辑要》有“接废树”专题，详述插接、劈接、靥接（又名“贴接”、“神仙接”）、批接（又名“搭接”）等嫁接技术。

王祯在著《农书》时，说嫁接有六种方法：“一曰身接，二曰根接，三曰皮接，四曰枝接，五曰压接，六曰搭接。”看来元代的嫁接技术发展很快，经验已相当丰富了。《农书》又说：“一经接缚，二气交通”，对嫁接后两种桑树如何互相交流、新陈代谢得以存活、生长的生理机制也进行探索，但仍模糊。到清代，陈淏子在《花镜》一书中进一步说到：“树以皮行汁，斜断相交则生”。《中国纺织科学技术史》认为：“这种解释符合砧木接穗，是通过两者木质部和韧皮部的营养输送，而达到嫁接成活这一原理的。”也就是对嫁接后桑树的生理机制有了一些比较具体的科学认识了。

此外，元政府于延祐三年还推广淮西廉访佥事苗好谦的种莳之法，即把农民分为三等，分别以0.66公顷、0.33公顷、0.13公顷地种桑，“皆筑垣墙围之，以时收采桑椹，依法种植。”很有成效，因此，风示诸道，命以为式①。

在边疆少数民族地区，有的桑树品种是来自汉族地区的，例如明代洪武二十九年（公元1396年）“取淮（安府）及徐（州）桑籽二十石”，命种辰（州）、永（州）、宝（庆）、衡（州），“数年之后，民获大利”。红苗聚居的乾州（今吉首），“桑麻遍野，赖以为衣”。辰溪“民间俯仰在蚕桑”。溆浦“白云深处有人家，不种桑麻便种竹”。湘西“各民族用蚕丝作绣花衣裙、丝包头、土绢、丝帐等”②。

① 《元史·食货志》。

② 沈汝禄：《湖南蚕丝业的起源和发展》，见《中国纺织科技史资料》，第18集。

清代道光年间，贵州地区“试种桑秧、木棉，教民纺织，渐有成效”，并“劝导苗民广种桑棉，兼教纺织”①。可见贵州少数民族地区所种桑树品种，有些也是从汉族地区传入的。但据调查，南方山区的少数民族用以养蚕的，主要是中高干乔木桑和野桑，这是由于山区土壤贫瘠、多石等因素造成的（解放后推广低干密植桑园，成效也不大）。如湘西苗寨的野桑高达3～6米，桑叶很小，其品种有荆桑、油桑和早生芽桑。有的桑叶更差，据《湖南通志》：湖南黔阳“桑味苦，叶小，蚕所不食”。贵州有白桑、鸡桑、蒙桑、圆叶树、华桑和长果桑。大的桑树胸围9米。“贞丰之桑大，数抱者甚多”②，一株桑可喂两张蚕种。凯里现存有一株六百年的华桑。海南岛黎族也用荆桑养蚕③。栽桑方法：贵州荔波县瑶族采用扦插无性繁殖法。苗族把桑树栽在房前屋后和田边地角，既便养蚕，又可当篱墙。

四川邛部少数民族地区古代已有桑树。据《清史稿·土司二》记载：石达开率领太平军西走到此，被敌军围困断粮，饥饿难忍，只好“日杀马煮桑叶为食”。近代，四川木里多民族地区养蚕也都用野桑——岩树，数量不太多。

宋代新疆高昌地区的野蚕却“生苦参上”④，较为特殊，专以苦参为食粮，并因而可能成为独特的野蚕品种。

鲁明善编写的《农桑衣食撮要》，总结的桑树种植护理方法有：正月，“嫁树”，即于“元旦五更点火把照桑”树，可使桑树“无虫”；又“以刀斧斑驳敲打树身，则结实”。“栽桑时”，要注意“耕地宜熟。移栽时，行须用宽，横行阔八步，长行相离

① 《清宣宗实录》，卷三百三十一、卷三百四十一。

② 《贵州通志·风土志》。

③ 蒋猷龙，梁加龙：《中国少数民族蚕丝技术源流》，载《农业考古》，1990(1)。

④ 《宋史·外国六》。

四寸，对栽。桑行中间，可用牛耕，故田不废，桑不致荒。二月内移栽亦可，腊月亦得。”“修桑”方法是：“削去枯枝及低小乱枝条，根旁开掘，用粪土培壅，与腊月同。此月不修理，则叶生迟而薄”。三月“种旧椹”，注意方法是：“宜熟耕地打成畦，以旧椹撒于畦中，常用水浇灌，候芽出时，如法爱护，冬间附地割去，其窠用柴草薄盖，以走火烧过，火大则伤根。粪草盖，至春，耙耧去粪草，用水浇灌。每一窠出芽数枝，留旺者一枝，余枝削去。至秋，长五六尺，来春可移于熟地内，相对作大宽行栽之”。“压桑条”，若用“湿土压，则条烂不生根”。“燥土压之，则易生根。”五月，“斫桑，不可留觜角，比及夏至开喔，根下可用粪或蚕沙培壅，此时不斫，则枝条来春不旺”。“收椹，椹子熟时，摘取，以水淘过，略晒干，便种，同二月法或畦种之，便生，即时多收椹子，以待来春种，尤佳，收贮勿近湿壁墙边，则浥损不生”。

（二）家蚕的品种和饲养技术

如前所述，宋以前我国蚕的品种，北方多三眠一化蚕和四眠二化蚕；南方多八辈蚕等多化性蚕。到宋元明清时期，北方主要发展原有的三眠一化蚕，南方则变化比较大，从多化性蚕发展为一化性或二化性四眠蚕。所以《农桑辑要》一书中有一专题“养四眠蚕”。此外还谈到“疾老少病，省叶多丝”的“植蚕”；“迟老多病，费叶少丝”的“晚蚕”、“夏蚕”、“秋蚕”等等。王祯《农书·农桑通诀·蚕缫篇》也说：“北蚕多是三眠，南蚕俱是四眠。”据研究：“三眠蚕的抗病力比四眠蚕强，容易饲养。但四眠蚕的蚕体比三眠蚕肥大，茧质也比较优良。故四眠蚕的培育成功和推广，在养蚕技术上是一大进步。”①但是，为什么北方原有的四眠蚕没有发展成为北方蚕品种的主流？而南

① 《中国纺织科学技术史》，123页。

方却能从多化性蚕培育出优良的一化或二化四眠蚕呢？我们认为，这应与北方人口大量南下，全国经济重心南移有密切关系。北方经济发展缓慢，只要能维持生产就行；南方则发生南北方人员、技术的交流，科学技术水平提高快，在这个前提下，蚕丝的数量和质量都很受重视。因此，四眠蚕的培育推广是南北方养蚕技术交流融合的结果。

边疆少数民族也多养蚕。例如：

宋代时，甘州回鹘以很有特色的蚕丝织造的“黄湖绵”作为贡品①。

元代时，平坝地区的金齿、百夷（傣族先民）一年四季养蚕，自织纻丝绫锦。这种蚕应是多化性蚕。

四川木里多民族地区也养蚕，在雅砻江流域的矮山气候暖和的村寨，人们用野生桑叶养蚕。每年叶桑发芽时，为开始饲养蚕的时间。因桑叶有限，养蚕的数量不多。

贵州苗族的蚕种是自养自留土家茧，茧有的黄色，有的白色，个体比较小，但抵抗力强。荔波瑶族养的是三眠蚕，蚕体色为暗色、黑缟等混杂，茧黄色②。

云南有许多地方早会养蚕；但也有些地区却不知蚕桑，或已失传，后因官员教导，才学会养蚕③。当地多养八辈蚕，如（元）李京《云南志略》记载：“风土多暖，至有八蚕。”“四时皆蚕”。《滇南杂志》引《云南志》：“凡土多暖，至有八蚕。言八蚕养至第八次，不中为丝，只可作绵，故云八蚕之绵。”

东北地区则因乾隆嘉庆年间，又有山东流民的拥入而传去

---

① 《宋史·外国六》。

② 蒋猷龙等：《中国少数民族蚕丝技术源流》，载《农业考古》，1990（1）。

③ 杨履乾等：《昭通县志》卷三记载，道光年间，知府黄士瀛“以地方贫瘠，所需布帛皆取资楚蜀，乃劝民种桑养蚕教与取丝之法，行之数年，颇有成效”。

柞蚕放养和取丝技术。

台湾养蚕是“郑成功由大陆将蚕种带入台湾，乃为本省养蚕之始。此后，刘铭传任台湾巡抚时，先后派人赴大陆考察蚕桑，并携有蚕种来台”①。

湖南自古以来多养三眠蚕，如永顺、辰溪、澧县等《县志》记载：“蚕，蓄者颇多，止一化，三眠。”湘西有少量二化性蚕，如《辰溪县志》：“原蚕，俗名二到蚕，但不如春蚕多。”《沅陵县志》：“原蚕，亦名魏蚕，今叫晚叶养之品。”二化性蚕应是晚近传入的②。

养蚕技术也比前代进步，详细的记载主要出于《农桑辑要》、《士农必用》、《蚕桑要旨》等著作。《农桑辑要》卷四是《养蚕》专节，介绍了“论蚕性”，“收种”，“择茧”，“浴连”，“收干桑叶”，“制豆粉米粉”，“收牛粪”，“收蓐草”，“收蒿梢”，“收治苫荐”，“治蚕具”，“蚕室”，“火仓”，“安槌”，“变色”，“生蛾”，“下蛾”，“凉暖总论”，“饲养总论”，“用叶”，“分抬总论”，“初饲蛾”，“擘黑”，“头眠抬饲”，“停眠抬饲”，“大眠抬饲”，“养四眠蚕”，“稹蚕之利”，“晚蚕之害”，“十体”，“三光”，“八宜”，“三稀”，“五广”，“杂忌”，“簇蚕”，“择茧”，“缲丝”，“蒸馏茧法”，“夏秋蚕法”等。《士农必用》是女真人、蒙古人统治下的金、元时期的著作，它所总结的经验与少数民族的养蚕技术有一定关系。其主要内容包括：对蚕生长各个时期所需不同温度有非常细致的了解并能加以控制；对选种收种的重要性有高度认识；择茧（出种者）知取簇中腰东南明净厚实者，并有严格的时间要求，还有浴连、收干桑叶、治蚕具、治

---

① 《台湾省通志》，卷四。

② 沈汝禄：《湖南蚕丝业的起源和发展》，见《中国纺织科学技术史资料》，第18集。

蚕室、火仓、安槌、变色、生蛾、下蛾、凉暖总论、饲养总论、用叶等等具体的技术方法。

元代维吾尔人鲁明善在《农桑衣食撮要》中也总结了一些养蚕的经验。主要经验是：修蚕屋，织蚕箔；择好茧；薄摊于干净箔中生蛾；选无病蛾匀布连上；用蒲艾井水浴蛾；钓挂要注意不受烟熏，但能受辰精月华之气；收储干桑叶，捣磨成面，以消蚕热病等等。

康熙、雍正、乾隆时，多次命人绘刻《耕织图》，并亲自赋诗宣扬。如康熙命宫廷画师焦秉贞重绘宋楼璹《耕织图》，并有所改变，如把织 24 图改为 23 图，减去“下蚕”、“喂蚕”、“一眠”三幅图，增加“染色”、“成衣”二图；图画的顺序也变为：浴蚕、二眠、三眠、大起、捉绩、分箔、采桑、上簇、炙箔、下簇、择茧、窖茧、练丝、蚕蛾、祀谢、纬、织、络丝、经、染色、攀花、剪帛、成衣。这些图应反映清代的蚕桑丝织工序。每图不仅保存楼璹原有的五言诗，还增加了康熙写的七言诗和序文，名为《御制耕织图》。

在这种风气的影响下，民间也有许多类似的图画和著作，如冷牧、陈枚的耕织图，宗承烈的蚕桑图①，张集贤的《桑织图》②。

特别应该提到的是杭州知府林启（迪臣），在国内外有关人士的推动下，呈准在杭州创设我国第一所纺织学校——蚕学馆。学校于公元 1897 年创设，公元 1898 年正式开学，设理化、动植物、蚕种生理、病理、解剖、气象、土壤、养蚕、栽桑、制丝、显微镜检查等课程；栽桑 2 公顷左右。第一届招生 25 名，学制二年。学校派人到日本学习养蚕的先进方法，把外国先进

---

① 王潮生：《明清时期的几种耕织图》，载《农业考古》，1989（1）。

② 李露露：《清末关中桑蚕业的生动画卷——木刻〈桑织图〉考释》，载《农业考古》，1988（1）。

养蚕法与中国土法比较试验，证明新法优于土法，然后加以推广。从公元1898～1943年，学校共培养学生1164人，遍布全国各蚕桑地区，对于我国蚕种改良、蚕桑生产的发展起了相当大的推动作用①。此后清末民初，政府又在杭州、上海、苏州、山东、河南等地设立蚕桑学校二百多所。少数民族较多的省区也有蚕桑学校，如沈阳在公立甲种农业学校设蚕科，在铁岭设女子蚕业学校。贵州松桃也在松桃县县立甲种实业学校，设蚕科等。这些学校对少数民族地区蚕桑人才的培养和蚕种改良、防病等做出了贡献②。

蚕桑生产在一些少数民族地区也得到推广。如新疆地区的丝织业原来较有名，宋元以后逐渐衰落，只有于阗等少量地区仍保留有丝织业。来自中亚的浩罕、费尔干纳等地的蚕卵质量和工人的剥茧技术比较差。公元1884年新疆建省后，为使蚕桑业复兴，督办新疆军务的左宗棠等人做了很多工作，主要有：

（1）在哈密、吐鲁番、库车、阿克苏、疏勒、和田等地建立了推广蚕桑的官方机构——蚕桑局③。

（2）从浙江湖州请来技术工人60名，带来较好的蚕具，培训少数民族技术人员。

（3）引进湖桑，改良原有的桑树，并用压条、接木、壅肥等技术培育优良桑树。

（4）从湖州选购优良蚕种394张，以取代、改良已经退化的、质差的蚕种。

（5）从兵饷中拨出银两作为倡办蚕桑和屯垦的资金，解决

① 朱新予，求良儒：《蚕学馆——中国第一所纺织学校》，见《中国纺织科学技术史资料》，第4集。

② 《中国纺织科学技术史资料》，第12集。

③ 《左文襄公在西北》、《新疆图志》。

经费的困难等。

但由于新疆与湖州的气候、土壤、水质等条件不同，桑蚕或病死、或生长不好，使复兴事业一度中辍。光绪三十三年（公元1907年），新疆当局继续努力，并任用熟悉桑蚕技术的浙江人赵贵华负责推广工作，把浙江的先进经验和本地的具体情况结合起来。如解决桑叶老、嫩揉杂，积叶过多，轻重不匀，温度失调，熏蒸致病等问题；派技术人员分头深入农村，指导植桑、插秧、修剪、捕虫、饲蚕，使用蚕具、蚕室、缫丝等方法，取得了良好的效果。赵贵华还提出度地、设局、考工、栽桑、择种、制器、选丝、程功等推广八事，由南疆各地官吏宣传推广。一两年后，“蚕业骎骎，日有进益”。3年间，茧丝产量由15万余千克增至35万余千克。仅和田地区就植桑200万株，等于建省前新疆全境桑树的2.5倍。其他地区也新栽了不少桑树。从事丝织者多，仅和田、洛浦、皮山就有织户1200余家。花色品种也多，如夏夷绸（似关内棉绸）、回回锦（丝棉锦缎）、洛浦锦、洛浦白绸等。产量也不少，如夏夷绸岁产3万余匹。并影响到北疆和东疆。如《新疆图志》所云：“山北不习蚕事之区，亦闻而兴起，栽秧购种，转相传习。”据《支那年签》：至1915年，新疆植桑面积多达3848.7公顷，数百万株，养蚕户达38721户（恐有误，应更多），专职缫丝户1917户，茧丝产量多达999260.5千克（其中春蚕茧606960千克，秋蚕茧23150千克，天蚕茧和蚕丝约369150千克），是历史上最高纪录。并有丝织工厂14个，工人133人，在各类工厂中是最多的（仍用手工织成），质量也提高，如和阗丝毯甚至比毛毯更好，洛浦的夏夷绸、于阗的缣缟绡绸、策勒的绸布等都很精美，很受欢迎。蚕桑丝织成为新疆利税的主要来源之一①。

湖南人李建中本世纪初曾在云南开南、和曲等地，用他掌握的日本等栽桑养蚕知识，“授以当事者”，并“仿试之”，“所获辄常倍”，各方面“无不较我之陈法之倍优也”。在理论与实践结合的基础上，著有《蚕桑求是草》一书，其宣传蚕桑科学知识之功不可没，在某些方面也起到了促进作用②。

在其他边疆少数民族地区，蚕桑生产也有较大发展，技术也有所提高。贵州苗族养蚕方法是：催青在妇女怀中暖种或放在火盆上加温，10 天后出蚕蚁，用鸡羽扫收蚁蚕。喂养时，叶剪成条状。蚕室要通风透光恒温，使蚕能多吃快长。小蚕养在簸箕内，大蚕养在席垫上。一家养蚕多的三席，产丝 1～1.5 千克（1 千克茧产丝 150 克）。养蚕期间用柏枝薰烟，蚕座喷烧酒或撒草木灰。在蚕大眠成熟时，选其健壮而蚕身大必定变为雌蛾的蚕，单独放在一处结茧。若气温较低就加小火，既以引蚕吐丝，不乱爬；又使吐出的丝立即干燥，经久不坏。待种蚕上簇结茧后，选择色光、壳厚的茧为种，把茧衣剥去，用针线串之，挂在通风干燥处，6～7 日后即出蛾。然后把雄、雌蚕放在纸上或布上交配，让其自然散对；或把雄蛾提走，只把雌蛾合在碗内产卵。有时烧纸等生烟刺激产卵。最后把蚕种挂放在清凉处。待第二年立春后，行浴种处理，一般采用简易浴种法——在蚕种上撒上一层火灶烧的柴灰。浴种后，用纸、布松松包住，放在木箱里保藏，以防虫、鼠侵害。待桑叶长出后，再把蚕种取出孵化。还有一些忌讳：刚分家时，老人去世时，妇女怀孕、

---

① 罗绍文：《新疆近百年的蚕桑丝绸业》，见《中国纺织科学技术史资料》，第 17 集。

② 汪子春：《手稿“蚕桑求是草”介绍》，见《中国纺织科技史资料》，第 18 集。

生子时，新建的房屋等都不养蚕；葱、蒜、辣椒不能进入蚕室；蚕房隔壁不能吵闹等。所有这些表明，苗族在养蚕方面掌握了选种、择茧、配种、蚕具消毒、防护通风、保暖、催生、“出口干”等科学技术①。

海南岛黎族养蚕，数量少时用篮子；多时用篮篙，即在大厅内安放几根竹篙，上吊几个小竹篮，用以装蚕。有空时就喂叶；没空时就让它们饿着，蚕忍不住饥饿就会沿着篮子的吊绳往上爬。成熟时，找一些已干的藤类放在篮内，让蚕在藤上吐丝结茧，经三五日，茧子结好后，采下制成丝被，用以包裹尸体②。

四川大凉山甘洛地区藏族的一支耳苏人，“在春分之后，把蚕卵拿出来，让七八岁的女孩子揣在胸口上，借助体温孵化。2～3日后，小蚕陆续出世，大人们用羽毛将其轻轻扫进切有碎桑叶的簸箕里，随出随扫，2～3日就全出来了”③。

湖南的蚕架为竖长方形，设13层，实用10层。每层置芦席，蚕养在芦席上，每给桑一层，就将此层递上或递下3层，再喂另层。这是古老的蚕具。绕丝架（湘西沪溪，古五溪蛮地）不是工字形，而是半月形，也是古老绕丝架。这里的捻丝工具，《辰溪县志》载：“蚕吐丝化蛾，啮茧而出，制其茧为绵，挂绵于竿，手捻成丝，织为紬，亦名‘钓紬’。”④ 相当原始。

二、蚕茧的初加工

要提高丝的产量和质量，必须十分注意采茧、选茧、留种、贮藏、杀蛹等环节的时机和技术。宋以前，我国已有许多比较

---

①②③ 蒋猷龙，梁加龙：《中国少数民族蚕丝技术源流》，载《农业考古》，1990(1)。杨昌雄：《苗族桑蚕史考》，载《农业考古》，1985(2)。

④ 沈汝录：《湖南蚕丝业的起源和发展》，见《中国纺织科学技术史资料》，第18集。

成熟的经验。不过到了这个时期，我国才有较具体的记载，这些技术又有某些改革和进步。

南北朝时人们已知用盐贮茧杀蛹法，但迄今所见的具体做法是出于宋元著作，如元代王祯《农书》引《蚕书》说到："凡浥茧，列埋大瓮地上。瓮中先铺竹箦，次以大桐叶复之，乃铺茧一重。以十斤为率，掺盐二两。上又以桐叶平铺，如此重重隔之，以至满瓮。然后密盖，以泥封之。七日之后，出而缫之。"其科学原理："主要是利用盐作为封闭层，使蚕与外界的气温隔绝，同时吸收蚕蛹中的水分，以卤汁渗透到茧中以杀蛹。由于茧丝的蛋白质未遭到破坏，因之丝的强力比较好。"①

此时人们还发明了更好的"蒸馏茧法"，即"用笼三扇，用软草扎一圈，加于釜口，以笼两扇坐于上，其笼不论大小，笼内匀铺茧，厚三四指许。频于茧上以手背试之，如手不禁热，可取去底扇，却续添一扇在上，如此登倒上下，故必用笼也。亦不要蒸得过了，过了则软了丝头；也不要蒸得不及，不及则蛾必钻了。如手背不禁热，恰得合宜。于蚕房槌箔上，从头合笼内茧在上，用手微拨动，如箔上茧满，打起，更摊一箔，候冷定，上用细柳梢微覆了，其茧只于当日都要蒸尽，来日必定蛾出。釜汤内用盐一两，油半两，所蒸茧，不致干了丝头（如馏茧多，油盐旋旋入）"。"如蚕成茧硬，纹理粗者，必缲快，此等茧可以蒸馏，缲冷盆丝，其茧薄，纹理细者，必缲不快，不宜蒸馏，此止宜缲热盆丝"②。这种技术比起日晒法和盐腌法可以缩短杀蛹时间，也可以提高茧丝质量。明清时发明的烘茧灶和烘茧杀蛹法，就是在此基础上创造的，并沿用到近代机械烘茧。

边疆少数民族的蚕茧加工技术比较原始、多样。

---

① 《中国纺织科学技术史》，127 页。

② 《农桑辑要》引《韩氏直说》（即《农桑直说》）。

四川木里许多民族聚居区的做法是：成茧后，待茧出蛾，再采茧壳，用水煮过，扯成绵丝，缉拧成线，当时木里许多民族似乎还不知道缫丝之法。

据考察，对蚕的认识和利用基本上有三个发展阶段：第一阶段是以蚕蛹为食品；第二阶段是初步认识到蚕茧可作衣料，扯平缀衣或作絮，或撕开打线作衣；第三阶段是缫丝纺织①。直到解放以前，我国少数民族中，仍然存在这三个不同发展阶段。处于第一阶段的有：四川大凉山藏族的一支，自称"布朗米"，其含义就是吃蚕蛹的人。处于第二阶段的有：耳苏人，虽仍多以蚕蛹为食品，但已懂得把蚕茧三三两两地套在一起，放进细柴灰水里煮开，再用清水洗净、晒干，然后把它撕松，用手捻出一段丝，放在纺轮上纺丝。广西桂州地区也是如此，"得茧不能为丝，煮之以灰水中，引以成缕，以之织䌷，其色虽暗，而特宜于衣"②。贵州罗甸的白苗、荔波县的瑶族，也不会抽丝，而是把茧剪开，撕成薄片，缀在布上为装饰。施秉、龙泉、黄平的花仡佬也是"衣服周身饰以蚕茧，累累如贯珠"③。第三阶段的实例见后面缫丝部分。

三、野蚕的放养

野蚕的食物是柘、槲、栎、青㭎等树叶，而这些树在全国多山贫脊地区（包括许多少数民族地区），都大量自然生长，不用人工种植。野蚕丝比家蚕丝强韧，用途更广范，这在孙廷诠《山蚕说》、张嵩《山蚕谱》等书中有明确记载。后期，野蚕丝不仅用做衣服，而且还开始用于工业生产等方面，并大量向国

① 蒋猷龙，梁加龙：《中国少数民族蚕丝技术源流》，载《农业考古》，1990(1)。

② （清）《史璜与史念祖书》。

③ （清）李宗昉《黔记》，卷三，丛书集成本。

外销售。我国真正推广人工放养野蚕是在宋元明清时期。清代初年，放养技术才渐趋成熟。所以全国许多地区，包括少数民族地区都发现有野蚕放养。如西夏文类书《圣立义海》中就明确记载西夏境内甘肃河西地区“野出丝宝也”。把野蚕丝称为“宝”，应已知用于纺织。《宋史·外国六》也记载，新疆地区的高昌国，“地有野蚕生苦参上，可为绵帛”。即已用野蚕丝于纺织。宋代时，广西则有虫子食枫叶，所取的丝坚固，可作弓弦或佩弓刀纨扇之用①。辽宁凌源从公元 1125 年开始发展柞蚕生产，据《塔子沟记略》记载：先是山东人“携带蚕种出口试养，以后，人争放养者众”②。许多原来较落后的少数民族地区也开始放养野蚕。据记载：贵州遵义地区原来就“地故多槲树，但不懂放养野蚕，“仅供爨薪”。到乾隆三年，遵义知府、山东人陈玉壂（字韫璞）发现这里有放养山蚕的条件，才从山东引来蚕种，聘来蚕师，教民放养山蚕和丝织，并迅速普及发展，到乾隆八年，就“得茧至八百万，至是，郡人户养蚕，今百余年，为黔富郡”③。放养技术渐趋成熟，归纳起来有如下几个方面：

蚕的品种。山东主要放养柞蚕，柞茧以柞、槲、栎、青杩等树叶为食粮。而贵州原来盛产槲树，又从山东引入蚕种，当以柞蚕为主，蚕绿色，长 10 厘米左右，茧长 3 厘米左右。后来野蚕品种似有增加，如（清）李宗昉《黔记》记载：清朝嘉庆道光年间，“遵义蚕事最勤，其丝行楚、蜀、闽、滇诸省。村落多种柘树，茧客至春时，买其树，放蚕于上，茧成来收之。广东程乡茧，亦遵义丝也”。这时的遵义又有很多柘树，而柘树主要用以饲养柘蚕和桑蚕，所以这时遵义似又有柘蚕。据《中国

① （宋）周去非：《岭外代答》卷六，丛书集成本。

② 《中国少数民族蚕丝技术源流》，载《农业考古》，1990（1）。

③ 吴振棫：《黔语》，卷下，丛书集成本。

纺织科学技术史》介绍，贵州还有吃椿树叶的樗蚕（又称“椿蚕”），“茧褐色，细而长，不封口”。

放养技术。从道光《遵义府志》等书叙述的贵州各地养蚕的经验教训看，放养技术主要是：野蚕可以春、秋二季放养，但要注意时间早晚和阳光的强弱，以适中为宜。太迟则蚕种出蛹；阳光太烈，则成茧十无一二。

烘种。要掌握火候之微烈，薪蒸的诀窍，否则蚕未茧皆病发，甚至断种。

放养应在离村落、家庭不远的小丘的槲树、柘树、橡树上进行。这样容易照料、管理并及时收茧。《农桑辑要》引用的《博闻录》说到，用柘叶饲蚕必须注意的事项：“柘叶多藂生，干疏而直，叶丰而厚，春蚕食之，其丝以冷水缫之，谓之冷水丝。柘蚕先出、先起而先茧。柘叶隔年不采者，春再生，必毒蚕。如不采，夏月皆要打落，方无毒。”

《中国纺织科学技术史》介绍了近代野蚕茧加工法，可以参照补充：

下茧。因为野蚕结茧于树叶上，所以收获时茧和树叶要一起摘下，并分类（好坏）贮藏。

剥茧。即剥去蚕茧所依存的树叶，要注意顺着茧头的系剥，否则会剥伤茧系，难以缫丝。

烘茧杀蛹。即在房中置火坑，坑上架木板，茧盛在筐中，放木板上烘烤，火候以使蛹干为好，过与不及都不好。亦可用蒸茧法杀蛹。

1917 年由日本私人资本在丹东建立一个毛绢纺织厂，用灰丝下脚料纺织，这是我国第一个大型的柞蚕绢纺厂①。包括柞蚕丝的初加工到纺织的全过程，厂里的工作人员也应有满族等少

① 《中国纺织科技史资料的调查报告》，见《中国纺织科技史资料》，第 4 集。

数民族。

第三节　葛麻的种植与初加工技术

宋、元时期，特别是到明、清时期，由于棉花种植的大发展和普及,棉花成为我国人民的主要衣料,原来的主要衣料——麻、葛纤维降到了次要地位，产量也有所减少。在南方少数民族地区，麻、葛仍是重要衣着原料，特别是苎麻，因它有快速吸湿放湿性能，作为夏季服装和蚊帐等，优于棉花，所以苎麻种植比较多。有的民族则仍采集一些野生的麻、葛、木棉、草棉作为纺织原料。

一、葛、麻纤维的种类

(一) 麻

1. 苎麻

(宋) 王象之《舆地纪胜》记载：广南西路的一些地区，“无火麻（大麻），而土产苎麻，岁四番收采。闽、粤多用之”。到元代，有“南人不解刈麻，北人不知治苎”之说。

这个时期，苎麻主要种植于长江以南的两广、福建、江西、浙江、湖南和安徽、河南、江苏、新疆等地。特别是广西，从宋代时起，苎麻种植非常普遍，“除耕水田外，地利之博者惟麻苎耳”①。广西境内山多田少，素有“八山一水一分田”之称，但可种苎麻的坡地却比比皆是；况且苎麻一年三收，宿根十年不衰，农忙种稻，农闲绩麻，两不误时；加上北宋初年，广南西路转运使陈尧叟根据广西不宜桑枣而宜种苎麻的实际情况，提高苎麻收购价格和便利出售，奖励植麻，使广西种植苎麻有很大发展，盛况空前。《岭外代答》记载：“广西触处富有苎麻，触处善织布。柳布、象布，商人贸迁而闻于四方者也。”广西培育

---

① 《宋史·陈尧叟传》。

的苎麻黑皮莞，为全国有名的良种。至本世纪30年代，一般66.6平方米产苎麻150千克。1933年，全区生产苎麻1946450千克[1]。

到清代时，南方种植苎麻又有所发展。浙江地区“田皆种麻”，或“枲多于桑”，“麻园盛者，望之荫蓊可爱”。这里的麻、枲都指苎麻，且多白苎[2]。广东新安县，“其女红络麻者十之九，(其中)，治苎麻者十之三，治蕉者十之一，养蚕作茧者千之一而已”[3]。福建省，“麻，诸邑有之”[4]，畲族也历来以种植苎麻为主。湖南湘潭种植的苎麻有两种：“一种紫麻，一种白苎，俱岁三刈，每亩可数十斤”[5]。

台湾种植的苎麻是由福建泉州人王列带到新竹试种成功后而推广的，由此，“新竹种苎竟名于世”[6]。高山族所用纺织原料也以苎麻为主，或单独用，或与鸟兽毛、树皮等合织成达戈纹布，如六十七《番社采风图考》说：“以苎丝为线，染以茜草，合鸟兽毛，织布斑斓相同，名曰达戈纹……” 高山族所种的苎麻的品种有：(1) 阿美族的麻，是阿美人最早种植的，成熟时，全茎红褐色，实心，可食，可用其叶与熟糯米混合舂制年糕；(2) 泰雅族的麻，是泰雅人最早种植的，茎浅绿色，茎内一节空心，一节实心，多种在山上，质量较差，不坚韧；(3) 汉人的麻，从汉族传来，优点是生长快；(4) 从汉族传入的另一种

---

① 曾少立供稿。

② 张履祥：《杨园先生全集》，卷二十一，《补农书》下。(光绪)《平湖县志》，卷二，同治《安吉县志》，卷八。(乾隆)《杭州府志》，卷五十三。见《中国古代纺织史稿》。下同。

③ 屈大均：《广东新语》，卷十五。

④ (乾隆)《福州府志》，卷二十六。

⑤ (嘉庆)《湘潭县志》，卷三十九。

⑥ 《台湾省通志》，卷七。

麻，长成高达 3 米左右，但纤维粗，不坚韧，织成的布只能缝制小佩袋①。

湖南湘西土家族等，家家种苎麻，一年三刈，谚语说："头道见秧（阴历四月），二道见糠（阴历七月），三道见霜（阴历十月）。"据《永顺县志》记载：该县所产苎麻，"其梗短小，色不甚白"。

2. 大麻

全国很多省区种植有大麻。

四川木里多民族地区二半山② 以下的农户每年都种植大麻，按自家人口多少的需要量决定种植面积，目标是保证每人每年能缝制一套衣服。

云南的许多少数民族自古至今都把大麻作为纺织原料，如元代郭松年《大理行记》记载：白崖甸"禾麻蔽野"。雍正《景东府志》卷三《夷民种类》记载：彝族"男女衣裙麻布"。而且女子从小就要学种麻田。纳西、傈僳、白、怒、普米、独龙等民族也都以纺织的麻布和麻毯为传统织品。

四川、云南、贵州的彝族也把大麻作为纺织原料。几乎家家户户都从事大麻种植和麻纺织，以供给自家用的衣被（当然还有毛纤维等）。

3. 苘麻

苘麻主要种植于北方，王祯《农书》谷谱十记载：用苘麻"可织为毯被，及作汲绠牛索；或作牛衣、雨衣、草履等具。农家岁岁不可无者"。

① 凌曼立：《马太安阿美族的纺织》，载台湾中央研究院《民族学研究所专刊》之二，1962。

② 这里多是海拔 1500～2500 米的高山，上下分为三部分：上部称为"高山"，下部称为"矮山"，中间部分称为"二半山"。

4. 黄麻

黄麻是一年生草本植物，原产亚洲东南部，我国江西、安徽、两广都有野生黄麻。唐代时主要种植于陕西、甘肃。到这个时期，黄麻主要在南方地区种植、加工。广西是主要产区之一。福建等地的畲族也种黄麻，并于康熙年间由福建省诏安县人游念四携带黄麻种子去台湾，教台湾人种植，使台湾也有了黄麻生产①。

5. 亚麻

亚麻是一年生草本植物，可能是在宋代时才从国外传入我国。最初在山东、江苏、安徽等北方地区种植，作为药用②。明代时，贵州、四川的山区也有种植③。到清代时，《方土记》和《三农记》等书才明确记载"皮可绩布"。

6. 蕉麻

蕉麻主要种植于福建、江西、广东、广西等地。屈大均《广东新语》卷十五记载："蕉类不一，其可以为布者曰蕉麻。山生或田种。"即有野生的和种植的蕉麻。（清）吴震方《岭南杂记》也记载："有蕉葛，不花不实，人家沿山溪种之，老则斫置溪中，俟烂，揉其筋织为葛布，亦有粗细，产高要、广利、宝查等村者佳，然一年即黑而脆，逊葛远矣。"广西自古以来就多产蕉麻，并用以织布（见第二编）。到这个时期织造的蕉布质量很好。《岭外代答》说：广西之蕉布，"细者，一匹值钱数缗"。《古今图书集成》说：广西蕉布"细者匀滑莹洁，几与蕲葛相埒"。生产也很普遍，《太平寰宇记》记载：昭州（今昭平县）产红蕉布。容州（今容县）缉蕉葛以为布。王象之《舆地纪胜》：

① 《台湾省通志》，卷四。

② （宋）苏颂：《图经本草》。

③ 《尔雅谷名考》。

横州（今横县）“服用惟蕉葛”。元代郁林州（今玉林市）各县都产蕉布，出现“男勤耕，女勤织”的盛况。横州蕉布与苎麻布并列为土特产。《大明一统志》记载：平乐县有红蕉布，《古今图书集成》记载梧州府所产“蕉布，各乡皆有，土人植麻蕉绩之”，等等①。

上述麻类在有畲族杂居的福建、浙江、广东等地都有。海南岛黎族也“绩麻织布”②。

（二）葛

宋代以后，葛主要种植于海南岛、广东、广西、江西、浙江、江苏等省区③。如张萱《疑耀》卷一《玉林葛》记载：“粤中多产葛，惟玉林州所产者，知名最久……即今之玉林葛也。”屈大均《广东新语》卷十五记载：福绥都山中所产葛丝，“以蔓生地上而稚者为贵，……采者日得斤，城中人买而绩之，分上中下三等为布”。海南雷州等地所“出葛种不同”，有不同品种，可惜没有详细介绍。有的葛是在“家园种植者”④。

台湾高山族也用葛织布。郁永河《裨海纪游》说是用“树皮合葛丝织毡”。

湖南湘西土家族种葛，“取其藤皮，以石灰水渍而刮之，绩以成布，谓之葛布”，并有“葛布宜洗不宜浆”的认识⑤。

云南省大部分地区的气候属于亚热带，适合葛的生长，很多民族用人工种植或野生的葛纤维进行纺织。例如，元代时，居

---

① 广西部分由曾少立供稿。

② （道光）《琼州府志》，卷三。

③ 详见《宋史·地理志》。《太平环宇记》潭州、永州、全州等条。苏颂：《图经本草》葛根条。（宋）寇宗奭：《本草衍义》葛根条。（清）李调元：《南越记》。《广东新语》等。

④ （乾隆）《赣州府志》，卷二。

⑤ （乾隆时）《辰州府志》。

住在穷乡僻壤的部分阿昌人仍用野生葛纺织①。雍正《景东府志》卷三记载："窝泥（即哈尼族）……男亦务耕力作，女织粗布葛……止堪为袋。"西番、巴苴（普米族）也"织葛成衣"②。

（三）其他

除上述麻、葛之外，少数民族地区还就地取材，利用多种野生植物纤维纺织。如：

1. 树皮。高山族用野生乔木荨麻科构树属的楮树、构树的树皮加工成树皮布。据介绍这些树有三种形态：其一，楮树雄株，树皮白，叶似葡萄叶，有分叉，花作头状花序，实如杨梅，织成的布软白。其二，楮树雌株，基本形态同雄株，但枝有密毛，叶粗糙，花长穗形如柳花，不结实。其三，构树雌株，树皮多斑疤，褐色，叶呈桃形，分叉，不结实，织成的布棕褐色，较楮树布稍差。这些树皮的加工方法和工艺是：选用树干粗直少疤眼者，用刀取皮，并立即放在光滑平整的大杆上，用卵形石槌或方、圆形木打棒敲打，使其皮起毛成球状；用手撕去外皮，再打内层皮，先横打，后纵打，使纤维松软如毛毯；折成方块，上绑压大石头，浸入河水中半小时；取出后用手轻轻揉搓，或用脚慢踩；再浸水中，……如此反复操作 3 次，去掉树汁，树浆，脱胶，绞干水分，平铺于草地上晒干，或挂于竹竿上晾干，树皮布就制成了。小块的作头巾、背带。大块的用竹针穿香蕉茎纤维，缝成衣裙等③。郁永河《禆海纪游》记载：高山族用"树皮合葛丝织毯"。"多揉树皮为裙，白如苎"。雅美人用椰树皮纺织坎肩④ 等。

---

① 江应梁：《中国民族史》。

② 《丽江府志》，见（道光）《云南通志稿・种人志》。

③ 龙村倪：《台湾兰屿雅美族造舟与花莲阿美族树皮布》，见《中国少数民族科技史研究》，第四辑。

④ 《高山族简史简志合编》（初稿），1963。

明代时，贵州清平卫的仡佬族也用楮树皮缝制衣裳①。

广西一些民族继续用勾芒木皮纺织，（宋）《太平御览》卷八百二十引《广州记》说："阿林县（今桂平市境）有勾芒木，俚人斫其大树半断，新条更生，取其皮绩以为布，软滑甚好。"《明一统志》和《嘉庆一统志》也有记载。

2. mugaso 和 aramai。高山族也用这两种野生植物纺织②。

3. 藤皮。高山族雅美人用以织制坎肩③。广西龙胜、雒容（今鹿寨县）、凤山、思林（今田东县）、田阳诸县近代仍用藤皮织布。

4. 茅花。仡佬族用茅花、葛麻、构树皮等纤维于织布④。

5. 薅麻。野生，傈僳族用于纺织。

6. 野生"活麻"。一年生植物，生长于水沟、山沟两边，嫩叶可作蔬菜食用。秋后砍下枝干，晒干，打弃掉皮上的细毛针刺，储藏备用。用时放入水中浸泡，后剥皮。这种纤维可用于扭制绳子，或混织在大麻纱内，以节省大量人工种植的纤维材料⑤。

7. 火草（因旧时多用于击石取火，故名）。又叫"火麻"、"生山中"，是一年生草本植物，与杂草同生；纤维呈白色，生长在叶子背面。夏天或秋天采集，稍微干燥一下，叶背纤维即可剥取成线，绕在尺余长的木杆上，待干燥后，就可以与麻纱混合纺织成布⑥。

8. 竹。广西等南方地区继续前代做法，用竹纤维纺织。宋代乐史《太平寰宇记》记载："竹子布，容州出"。邕州"今之

---

① 《贵州图经新志》，卷十二，见《仡佬族简史》，贵州民族出版社，1989。

② 陈国强等：《高山族文化》。

③ 高山族简史简志合编（初稿），1963。

④ 《仡佬族简史》，贵州民族出版社，1989。

⑤⑥ 黄承宗为本书提供的文稿。

僚（壮族先民族称之一），布以竹，灰为盐”。《元一统志》记载：“镡津县产竹子布”。乾隆《梧州府志》记载：藤县产麻竹（一说箪竹），有花穲、白穲之别。白穲篾脆，可为纸；花穲篾韧，与白藤同功，练以为麻，可织，谓之竹练布。《嘉庆一统志》记载：“平乐、恭城出筋竹，县妇能以竹作衫，充暑服”①。

9. 棕榈。《农政全书》记载：“棕榈，……一名‘栟榈’，出岭南、西川，今江南亦有之，……九月十月，取其皮用。”“其皮有丝毛错纵，如织，剥取缕解，可织衣帽褥椅之属。”僳僳族曾用野生棕榈纤维作纺织原料。

10. 桐麻。羌族种植桐麻，用以织口袋、打草鞋、搓绳等。

二、麻葛的种植和初加工技术

（一）种植技术

大麻的种植基本上沿用前代的技术方法，所以《农桑辑要》的记载全是引用《齐民要术》的。

苎麻的种植在《农桑辑要》卷二有详细的总结。苎麻的繁殖分为两大类：一是有性繁殖法，即经过育苗、移植两个阶段；二是无性繁殖法，其中又分为分根种植、分株种植和压条三种技术方法。据研究，这两种繁殖方法各有利弊——有性繁殖法可以扩大推广面，但费工，收获较迟；无性繁殖法省工，收获早，但若无特殊包装，种苗难以移植远处②。《农桑辑要》已注意到这个问题，所以对移栽远处的包装方法做了详细、重点介绍。使苎麻从南方顺利地移植到北方。

鲁明善《农桑衣食撮要》对苎麻的种植技术也有比较详细的记载，并与《农桑辑要》的记载有些差异，如初撒籽应在肥地还是沙薄地，移栽一次还是两次，初刈麻的最好时机的把握

---

① 曾少立供稿。

② 《中国纺织科学技术史》，136 页。

标准，收、藏子种的时间和方法等，两书可以互为补充。

边疆少数民族还有自己的一些种植技术和方法。

台湾高山族泰雅人种麻没有固定季节，全年都种。他们采用的种麻方法是麻根种植法。麻种后3个月即可收获。因收获时只砍下麻茎，留下的部分可以再发芽生长，所以每年收获多达5次，热天3次，冷天2次。因为他们不知施肥，所以麻种植4年后，地力耗尽，麻必需移种他田。但当时人们已掌握麻质好坏的一些相关因素，例如第一次收获的麻不太好，长得过矮，没有什么用处，可以丢弃；长得较高的，也只能用于搓绳以备织带之用。以后热天成熟的麻长得较高，质量较好。冷天成熟的麻长得比较矮，质量就差一些，等等。泰雅人因为相信男人种麻犯忌，即不仅会使所种之麻难以生长，而且会使种麻的男人外出狩猎时发生危险，所以男人不参加种麻，只参加麻田锄草工作。麻的种植、收获全落在妇女身上①。

高山族阿美人则男女都参加种麻生产，并多把麻种植在家屋附近，以便管理。种植法与泰雅人的相同，也采用分根法，每株相距2米左右。可能是麻的品种不同，阿美人种的麻的生长时间较泰雅人的麻要长得多，至少要经过一年才能长成。“初生的麻长到1米高时生长的速度就慢了下来，得立即割下。约2月后，新麻又长高再割。如此割过3次后，再生的麻即可采用。”原来，阿美人也不懂得施肥，与泰雅人一样，种麻4年后，地力耗尽，麻要移植。后来阿美人从汉人处学会了施肥（自然肥），就不一定要四年一移植了。阿美人种麻多各家自给自足，但据报道，“也有以种麻为生的人家”，即成了种麻专业户。麻纤维有了商品生产了。收麻工具是一种较长的佩刀或镰刀，收

---

① 石磊：《泰雅族南澳群的纺织工业》，载台湾中央研究院《民族研究所集刊》，1964。

麻时在距根部约6厘米处将麻秆割断，在家里或树荫下剥皮，留下的麻根可以继续生长①。

四川木里多民族地区是在大麻雄株扬花后割麻。雌株则留下结果，收取麻籽。麻籽可留种和榨油。

傈僳族家家种麻，户户织麻，并有一个以善于种麻织麻而得名的氏族——麻氏族（“直扒”）②。

畲族人民每家每户都种苎麻，但所种的面积都不大。苎麻的种植、管理及加工均由妇女承担，一般在春天谷雨到芒种之间下种。中耕管理则有锄草、施肥等。苎麻种植第二年可以收成，但如留到第三年收成则更好，收成时一年的4、7、9月收刈3次，每公顷每次收15～22.5千克，全年每公顷收75千克左右，根可留5～10年③。

四川、云南、贵州的彝族多种大麻。如镇雄县种“白麻”，农历正月栽、六月刮、九月刈。种“火麻”，是农历二月栽、六月刈。有的地方（宣威县）在园中种火麻则4月栽，7月收。路南彝族多选肥沃的“麻塘”地种麻。弥勒县种麻面积不大，但麻地肥沃，施肥较多，所以麻株生长较快，农历五月挖麻地、撒麻子、八月收麻。还有一个特点：麻的种植生产，除了开始的挖地是由男子承担外，其他工作全由妇女完成。武定则是农历四月撒种，六七月薅草各一道，八月刈麻④。楚雄每户种麻133～400平方米地，每66.6平方米地产麻4～5千克，麻的初加工过程同上。

---

① 凌曼立：《马太安阿美族的纺织》，载台湾中央研究院，《民族研究所专刊》之二，1962。

② 《傈僳族简史简志合编》（内部资料），1963。

③ 石奕龙供稿。

④ 《武定万德区万宗铺村彝族社会历史调查》，见《云南彝族社会历史调查》（内部参考），1963。

四川泸沽湖畔的摩梭人是农历四五月种火麻，七九月收刈，十一二月纺纱织布①。

广西种苎麻之法“与桑柘不殊，既成宿根，旋拔新条，枝叶繁茂则刈之，周岁之间，三收其苎，一固其本，十年不衰”。特别是左右江所产者“洁白细薄而长”②。

西藏察隅僜人种植火麻（即大麻）的过程是：最初将野生火麻移根栽种于开荒地或住屋前后。火麻处于一种半野生半栽培的地位。这反映了火麻从野生到栽培的中间过程③。

怒族解放前种植的各种农作物，基本上都不施肥，只在麻地里施一些厩肥④。

（二）加工技术

麻、葛的加工方法基本上相同，基本上沿用过去的剥皮、刮青和沤渍、煮练脱胶方法。

王祯《农书·农器图谱二十》详细记载了剥、刮工具和方法：“用竹刀或铁刀，从梢分开剥下皮，即以刀刮白瓤，其浮上皱皮自脱，得其里如筋煮之，若冬月刮麻，用温水湿润，易于分劈。”“刮麻皮刃也，锻铁为之，长三寸许，仰置手中，将所剥苎皮横置刃上，以大指按之，苎肤自脱。”

《农桑辑要》卷二记载的加工技术比较详细而有特点。加工的基本过程是：剥皮刮青，晾晒，洒水擘绩，浸水，纺绩，浸于桑柴灰水，再浸于石灰水，再用黍秸灰水煮练，最后用清水煮练，洗净晒干。工序虽多，但每道工序时间短，特别是采用沤渍与煮练结合的方法。这样处理过的麻、葛纤维细而白，质

① 宋兆麟：《泸沽湖畔摩梭人的农业》，载《农业考古》，1982（10）。

② （宋）江少虞：《皇朝事实类苑》，卷八。

③ 游修龄：《〈中国南方少数民族原始农业形态〉读后感》，载《农业考古》，1989（1）。

④《怒族简史简志合编》（内部资料），1963。

量很好（其中也有苎麻优于其他麻葛的成分），表明麻葛初加工技术臻于完善。

《农桑衣食撮要》记载的剥麻、刮麻等技术也基本上相同。

《农书·农器图谱二十》还记载几种比较简便的加乳剂调节湿度及灰水、日晒的苎麻脱胶法：

“毛绝布法。拣一色白苎麻，水润分成缕，粗细任意，旋缉旋搓，本俗于腿上搓作纻，逗成铺，不必车纺，亦勿熟沤，只经生纻论帖，穿苎如常法，以发过稀糊调细豆面刷过，更用油水刷之，于天气湿润时不透风处或地窨子中洒地令润，经织为佳。若风日高燥，则纻缕干脆难织，每织必先以油水润苎及润纻。经织成生布，于好灰水中浸沾、晒干，再沾再晒，如此二日，不得揉搓。再沾湿了，于干灰内周遍渗浥两时，久纳于热灰水内浸湿，于甑中蒸之文武火，养二三日，频频翻覷，要识灰性及火候紧慢。次用净水浣濯。天晴，再三带水搭晒如前，不计次数，惟以洁白为度。灰需上等白者，落黎、桑柴、豆秸等灰入少许炭灰妙。”

“铁勒布法。将拣下杂色苎麻水润分缕，随缉随搓，经织皆如前法。水煮过便是，先将生苎麻折作二尺五寸长，不断晒干蒸过，带湿剥下，去粗皮，如常法水润，缉搓如前。”

“麻铁黎布法。将杂色老火麻带湿曲折作二尺五寸长，晒干收之，欲用时，旋于木甑中蒸过，趁湿剥下晒干，以木椑子两个夹麻，顺历数次，至麻性颇软堪缉为度。水润缉绩纺作纻，生织成布，水煮便是。此布妙处，唯在不搓揉了麻之骨力；好灰水沾布子洁白而已。虽曰沾晒颇烦，而省缠萦熟纻等工亦多，比之南布，或有价高数倍者，真良法也。”

由此看来，当时人们对麻纤维的特性有了更深刻的认识，已采用了既较省工、又能提高加工质量的技术方法。

蕉麻的加工，前引《南方草木状》等书都说是煮茎解丝。屈大钧《广东新语》记载有加工蕉茎的方法："以蕉身熟踏之，煮以纯灰水，漂澼令干，乃绩为布。"有的地方则用"煮叶剥丝"①。

少数民族地区别有特色，例如广东雷州所织葛布非常有名，"其治葛无分精粗，女子皆以针丝之，干捻成缕，不以水渍，恐其有痕迹也"②。与其他地方不同者，是不用刀或手，而是用针分擘葛丝和干捻成缕。

台湾高山族苎麻的初加工比较有特色，其步骤是：先用手除去被砍下麻茎上的叶子；次把麻茎近根部处折断，从折断处开始剥下麻皮；再次用刮麻器刮麻，即把麻纤维与表皮剥离开来。这种刮麻器是用长60～80厘米，直径3～4厘米的竹竿，从一端的中央竖劈下去，到二分之一左右的地方，再把劈开部分的四边削成尖锐而锋利的牙，端部开口大些，以便放麻；根部开口小些，以便刮麻。刮麻器置于刮者左脚背与右脚面之间，将麻皮放入劈开的缝隙，拉出来，其上下二牙就会把麻的表皮刮去。阿美人有的用竹制刮麻器刮麻；有的则用小刀刮麻，而且因麻不同而有不同的刮麻法，如对阿美族麻用刀背；对汉人的麻用刀刃。麻刮后，一般再用水冲洗，晒干。阿美人则把刮好的麻捆成束晒干，雨天晾干，即可纺绩。绩接的方法一般是：将一根麻绳套在颈上，垂于胸前，打一滑结；麻束一端打一死结，套入滑结内，拉紧，右手取麻搓两股和接续；左手持两股麻合起来。绩好的麻绕在食指与小指间的手掌上。阿美人则把两股麻丝放在腿上，用右手搓合成线。绩接则用右拇指与食指完成。据说用这种方法制成的麻线粗细均匀、结实。纺成线后，再用灰水（水二灰一）煮练，即以碱除去胶质和杂质，使纺线洁白。工具是煮饭铁锅。方法是将线放在水中煮2小时左右；然后

① （乾隆）《赣州府志》，卷二。

② 屈大钧：《广东新语》，卷十五。

去灰，将线晾在屋外，任凭日晒雨淋，让雨水把灰冲尽，晒干；最后是舂线，即把麻线放在木臼里，用小米细糠拌匀，以杵舂之，使糠内油质渗入麻线，使麻线变得光滑。舂后把米糠抖掉，晾干即可。细线不宜舂，则放簸箕内拌糠脚踏①。

高山族加工野生纺织纤维 mugaso、aramai 和蕉麻时，妇女坐地上，用脚指夹紧植物的一端，左手抓紧另一端，右手持小铁刀把它划破成丝；然后将丝放在右膝上，用右手搓捻成丝，再挂在棍子上，放到海水中浸洗，再将浸洗后的丝挂在屋顶上晒干，用手指捻成细线，捻时，手要沾点石灰，防滑②。

在四川木里多民族聚居区，加工方法是：先将麻枝浸泡于水中，然后再剥取麻皮。妇女总是随身带有一束麻皮，随时可以取下一子麻，将麻头含在口中，用牙咬住，慢慢地将麻皮撕开，搭配均匀成线，挽成小圆圈，待纺；纺好后，绕成一束束，每束重约 500 克重；然后放在大铁锅内，加水和木柴炭灰，煮沸。直到线呈白色绒状，随即把线掏出，搁在石板上，用木槽枧水冲洗，用脚不断踏浣，直到冲洗干净。再晒干，绕成纱锭，这时的线便可织布了③。

云南哈尼等民族加工葛藤的方法是：把葛藤放在开水中煮练，使其皮变软，逐渐分离出一缕缕纤维，同时纤维通过煮练而变白。

清代，广西各地仍用传统方法进行蕉茎脱胶。如《北流县志》载：“蕉葛，盖芭蕉既熟，其茎解散如丝，以灰汤练治，纺织为布，谓之蕉葛。”直至近代，龙胜、雒容（今鹿寨县）、凤山、思林（今田东县）、田阳诸县仍有一种葛麻藤蔓生于野，藤

① 石磊：《泰雅族南澳群的纺织工业》。凌曼立：《阿美族的物质文化》等。

② 陈国强，林嘉煌：《高山族文化》。

③ 黄承宗供稿。

皮纤维颇细，掺石灰少许，放入釜中煮后，藤皮疏解，质韧如麻，粗者可纽索，细者可织布①。

畲族加工苎麻的方法：乾隆《福州府志》卷二十六有明确记载："于溪旁为坑，藏大束麻纳其中，石覆而水沃之，良久乃剥。"具体步骤是：苎麻收刈后，打掉叶子，剥下皮，浸入水桶中，浸泡几小时，再用瓦状刮浆刀（由一个套拇指的竹筒和一个铁质半圆槽组成）刮掉表面的青色麻皮，留下纤维，晒干后用手理成丝状，经灰水煮过，再用石头压在小溪中漂洗后晒干，就成了漂白的苎麻纤维了②。

彝族的加工方法因地区不同而不同。

有的地区是：麻秆砍下之后，先晒干，再放水泡一天，然后取出，剥下麻皮，再晒干，最后用木棒敲打，使麻皮柔软，用于纺轮捻线③。

有的地区（如武定）则是：麻刈下后，先晒1个月，再泡水里3天，趁湿剥麻皮，用冷水洗净，再晒干，就可起麻、捻纺了。一个正常的劳动力，一天可剥麻2.5千克左右。把纺好的麻线与火塘灰放在一起煮1天，然后洗、晒，再用白苞谷或碎米浆染，晒干。这些工艺目的是为了使麻纱漂白，并增加韧性④。楚雄漂练麻纱的方法，除用通常木柴灰水煮练外，还用洋芋浆洗⑤。

湖南土家族等刈麻后，"解其皮刮之，长肥而脆者绩为夏布。

---

① 曾少立供稿。

② 石奕龙供稿。

③ 《四川省凉山彝族自治州彝族社会历史调查》（内部资料），1957。

④ 《武定万德区万宗铺村彝族社会历史调查》。

⑤ 《楚雄县第六区力伯所乡大益居村彝族社会调查》，见《云南彝族社会历史调查》（内部参考），1963。

短瘦者韧为绳索”①，并用没有糯性的米浆进行刷浆。

第四节 毛纤维的生产和初加工技术

关于羊、牦牛、骆驼等的饲养和毛纤维初加工技术，第二编已做了比较详细的论述。后代也基本上沿用这些技术。例如，元代《农桑辑要》记载的养羊技术都是引自《齐民要术》的，当然也有所发展，所以这里只把第二编未提到的和有特殊之处的略做补充。

一、羊

第二编已经说过，我国绵羊基本上有三大系统，即肥尾无角或小角的蒙古羊、肥臀大角的哈萨克羊和小尾无脂的藏羊。但宋以前，绵羊、山羊统称“羊”，称蒙古羊为“胡羊、北羊”，称藏羊为“蛮羊”，即按地域、民族称呼，而非按品种称名。到宋代范成大《桂海虞衡志》和周去非《岭外代答》等著作中才开始有“绵羊”之称，开始有了科学的定名，而这个定名是从称呼南方少数民族所养之羊开始的。《桂海虞衡志》记载：“南中无白羊，有花羊，多黄褐，白斑，如黄牛；又有深褐黑脊白斑似鹿……又诸蛮有绵羊，与胡羊不异。”《岭外代答》卷六、卷九记载了宋代我国西南地区的绵羊品种和特点，“西南蛮地产绵羊，固宜多毡毛”。“绵羊，出邕州溪峒，及诸蛮国，与朔方胡羊不异，有白、黑二色，毛如茧纩，剪毛作毡，尤胜朔方所产者”。由此可见，我国西南地区的绵羊基本上属于藏羊系统，毛纤维的质量比较好。《宋史·外国传》记载，新疆、甘肃的回鹘民族善养“大尾羊”。四川木里地区各民族不仅饲养毛质细软的绵羊，而且饲养山羊，其毛虽较粗硬，但也用以织制卧具、毯子。“南中民俗，以牲畜为富。……重牧而不重耕，……马牛羊

① 《辰州府志》。

不计其数，以群为名，或百为群，或数百及千为群。”“羊于滇中为盛，……其羊脂满腹，肥者不能行……时亦有大尾羊，皆来自迤西者……”① 可见云南除藏羊外，还有西域羊。

（明）宋应星《天工开物·乃服·褐毡》记载：“凡绵羊有两种，一曰蓑衣羊（按即蒙古羊），……自徐淮以北州郡无不繁生。南方唯湖郡饲养绵羊（按即湖羊），一岁三剪毛（夏季希革不生，每羊一只岁得绒袜料三双）。……一种矞艻（按庆为‘艻’）羊（番语）。唐末始自西域传来，外毛不甚蓑长，内毛细软，取织绒褐，秦人名曰山羊（即羖䍽羊），以别于绵羊……”西藏、青海、甘肃、四川、云南等省区的藏族畜养的绵羊很大，不仅毛多，且能负重10～15千克，可作运输工具。

台湾高山族鲁凯人则用苎麻纤维与羊毛夹织。

清代杨屾《豳风广义》记载，全国比较著名的羊有：“哈密一种大尾羊，大食一种胡羊，临洮一种洮羊，江南一种吴羊，英州一种乳羊，我秦中一种绵羊，一种羖䍽羊，同华之间一种同羊。”根据地域、形态分析，哈密的大尾羊应属哈萨克羊系统；甘肃临洮的洮羊可能属藏羊系统，其他则可能属蒙古羊系统。宁夏在蒙古羊的基础上培育出优良的摊羊，毛皮的质地非常好。羌人的养羊业仍较发达，所养铜羊（成都铜羊）是优良品种。

关于羊的饲养技术，西夏人有丰富的牧畜经验和技术，如每年“八月初，羊、牛群放交配”的经验和技术。元代《农桑衣食撮要》记载：“收羊种，腊月生者良，正月亦好，春夏早放早收，若收晚，迂巳午时热，必汗出，有尘土入毛内，即生疮疥。秋冬晚放，若放早，吃露水草，口内生疮，又鼻生浓。久在泥中，则生茧蹄。性好盐，常以盐啖为妙。若有疥，便宜间去，则免致相染。”包括选羔、放牧、饲养、防病等方面的技术。

---

① （清）檀萃：《滇海虞衡志》，卷七，丛书集成本。

虽然它主要是依据《齐民要术》的经验，但也有些新材料，例如说秋天、冬天放羊要晚出以防病的原因时，不仅谈到《齐民要术》所说的一些疾病，还提到《齐民要术》未说的另外一些病，如鼻生脓和生茧蹄。又如提到羊应常喂食盐等。显然这些是后来实践经验的进一步总结和发展。蒙古等民族牧场多，牲畜数量多，能分类牧养，如有羯羊倌、山羊倌等之分。《桂海虞衡志》还说到“乳羊食仙茅，举体化脂无血肉”，有防病技术。

取毛和初加工技术方面，绵羊春、秋二季剪毛，秋毛好；春毛差，易生虫。这在宋人洪皓《松漠纪闻》中已明确记载。《天工开物》提到南方湖郡的绵羊，则一年春、秋、冬三季剪毛，夏季因毛不多而不剪。（《滇海虞衡志》卷七只说“羊，岁薙其毛，以为毡罽，毯、氉”。未说剪几次毛，是否一年一次？）又提到，新疆、甘肃的矞艻羊（山羊）有两种收毛方法：“一曰挡绒，用梳栉挡下……一曰拔绒，乃毳毛精细者，以两[①]指甲逐茎挦下，……”其加工方法是“凡打褐绒线，冶锤为锤，坠于绪端，两手宛转搓成”。即用金属纺轮捻线。

凉山彝族“绵羊高山放，庄稼坝上种”，每年1～2月剪毛。泸沽湖畔的摩梭人则3月剪头次毛，6月剪2次毛，10月剪3次毛[②]。

青海藏族剪羊毛时还非常注意羊身上各部位羊毛的长度、细度。羊毛剪下后按不同长度、细度分别存放、使用。平均长度11厘米，有白、黑、棕褐三种色，不染而用于纺织。初加工只是用手把毛撕松，清除草刺、土块；并把毛纤维顺直，不洗

① “两”字原书误为“雨”。

② 宋兆麟：《凉山彝族的犁耕农业》，载《农业考古》，1981（2）。《泸沽湖畔摩梭人的农业》，载《农业考古》，1982（1）。

毛，保持其油脂和光泽①。

二、牦牛、骆驼和其他毛纤维

（一）牦牛

四川木里各民族也饲养牦牛，一年剪毛一两次，以保证毛纤维有足够的长度。将毛剪下后，用手分理比较好的绒毛用于纺织衣服；而粗毛则用作绳子或织成帐蓬布②。

藏族地区的牦牛体大、毛长且密，棕褐色，在春季换毛季节，用抓毛方法采毛。西藏黑河宗的蒙古族，以牧牦牛、羊等为主，牧养技术已较先进，除了牲畜少的穷人仍采用混合放牧外；牧畜多的富户则按畜类、公母、大小等分群放牧，并注意选种、配种、接幼畜、阉割等技术程序③。

（二）骆驼

以党项羌人为主体的西夏，牧养大量的“骆驼、马、牛、羊”和杂羖畜等，知道“按时交配”。北方、西北其他民族也饲养大量骆驼。

（三）鸟毛

在这个时期用鸟的羽毛纺织，虽然不如唐代兴盛，但仍有使用鸟的羽毛纺织的，如《岭外代答》卷九记载：宋时，广西“邕州右江产一等翡翠（鸟），其背毛悉是翠茸，穷侈者用以捻织”。

清代皇帝龙袍的某些部位也加绣孔雀毛。

四川木里多民族聚居区也用鸟禽羽毛与纺织纤维混合纺织④。

---

① 《中国纺织科技史资料》，第 6 集。

② 黄承宗供稿。

③ 《西藏黑河宗罗马让学部落调查材料》（内部资料），1964。

④ 黄承宗供稿。

（四）狗毛

台湾高山族自古以来，即多用狗毛于纺织。郁永河《裨海纪游·番境补遗》记载："朴仔篱、乌牛栏诸社，有异种之狗，状类西洋（狗），不大而白色，毛细软如棉，长二三寸，番（人）拔其毛，染以茜草，合成而线，杂织领袖衣带间，相间成纹，朱殷夺目。""水沙连诸番，善织罽毯，染五色狗毛杂树皮为之，陆离如绪锦，质亦细密。"有的则说"剪下狗毛，然后加以搓捻，织成衣服"；或织成带子，以装饰衣服①。

（五）兽毛

鄂伦春人用犴毛、熊毛、马尾、马鬃等加工毛褥子、马屉等。

仡佬族用羊毛和兽皮毛等制成披毡、鞋、帽等②。

三、毛纤维的初加工技术

（一）采毛

技术比过去有进步。例如：绵羊毛的采剪，《齐民要术》虽已注意到秋毛比春毛好，但认识还不够深，所以剪毛时间定于 3 月和 5 月，"八月初，胡菓子未成时，又铰子"，"漠北塞之羊则八月不铰，铰则不耐寒"。纺织时要春毛、秋毛拌和用。到了宋代《松漠纪闻》有较深刻的认识，认为春毛不值钱，为毡则蠹；唯秋毛最佳。所以要求也就不同："羊顺风而行，三月、八月两剪毛。当剪时，如欲落絮；不剪，则为草绊落，可捻为线。"主张 8 月剪秋毛。即把剪秋毛的时间从 5 月改为 8 月，这样，秋毛可以长得更好些，提高毛纤维的质量和产量。这应是技术上的进步；也可能与气候的变化有关。据研究，我国在东汉到南

---

① 陈国强：《台湾高山族的纺织技术》，见《中国纺织科技史资料》，第 6 集。
② 《仡佬族简史》，贵州民族出版社，1989。

北朝时期处于寒冷期；而宋末元初时期，则处于温暖期[1]。由此看来，剪秋毛的时间推迟是适宜的。这也表明宋人不墨守成规，而是根据自然条件的变化而改变技术要求，这也是技术进步的表现。

关于山羊绒的收采，到明代宋应星《天工开物》和陈奕禧《皋兰载笔》才有明确记载。《天工开物》第二卷《乃服·褐毡》记载："一种矞艻羊（番语）。唐末始自西域传来[2]，外毛不甚蓑长，内毳细软，取织绒褐，秦人名曰山羊，以别于绵羊。此种先自西域传入临洮，今兰州独盛，故褐之细者皆出兰州，一曰兰绒，番语谓之孤古绒，从其初号也。山羊毳绒亦分两等：一曰挡绒，用梳栉挡下，打线织帛，曰褐子、把子诸名色；一曰拔绒，乃毳毛精细者，以两指甲逐茎挦下，打线织绒褐。此褐织成，揩面如丝帛滑腻。每人穷日之力，打线只得一钱重，费半载工夫方成匹帛之料。若挡绒打线，日多拔绒数倍。凡打褐绒线，冶锤为锤，坠于绪端，两手宛转搓成。"由此不难看出，山羊的毛绒用于纺织及其收采技术，是新疆等地的少数民族发明的，后来才传到甘肃临洮等地。恐怕主要也是回、藏等少数民族在放牧、纺织，所以宋应星特别引用番语名称"孤古绒"。书中说到的剪采毛技术主要也是维、回、藏等少数民族的经验总结。由此也可看出，山羊毛绒的收采方法与绵羊毛不同，不是剪绞，而是用梳子梳采和手指甲挦拔。质量上内毛比外毛优越，可是收采起来也格外费工。

在四川木里许多少数民族的聚居区，采毛是用剪子剪，每

① 倪根金：《试论气候变迁对我国古代北方农业经济的影响》，载《农业考古》，1988（1）。

② 实际上至迟在魏晋时期已经传入甘肃，因为在甘肃嘉峪关魏晋时期的壁画墓中已有牧放山羊的图画，羊头上长弯刀角，领下有山羊胡子，小尾上翘等。

年只剪一两次，以使毛纤维可以长得更长更好。

西藏黑河宗和当雄宗的蒙古族有两种采毛方法：一是割毛，即用一把长23～26厘米、柄长6～10厘米、宽1.5～5厘米的两面刃刀割毛。速度也快，每只羊（主要是公羊，母羊毛少）可采1.5～2.5千克毛，一个劳动力每天可采40～100只羊的羊毛。割毛时间一般来说，绵羊7月，山羊5月，牛6月。二是抓绒，主要是牛毛，因其背部毛少；而穷人家连割毛的刀也买不起，牧畜也少，就连羊毛也用手抓，每头牛每年产绒0.5千克左右①。

藏族则用竹梳梳毛。昌都地区藏族，因工具缺乏，技术落后，羊毛加工不完，每头羊采毛1千克，每头牦牛采毛约2千克②。

（二）净毛

净毛基本上仍然沿用以前的水洗和沙搓两种方法。但在水洗方面比以前进步，过去只用河水冲洗，现在“凡绵羊剪毳，粗者为毡，细者为绒。毡皆煎烧沸汤，投于其中搓洗……”③这里说的虽然是制毡，但用开水搓洗羊毛，比用凉水冲洗要快要好。这个方法也应用于净毛。还有更先进的方法，如清代时新疆地区的消皮之法，“或以碱水、或以乳汁浸之二三日，敷于板，曝之使干，再涂以酥油揉之，使软。蒙古人制法较精，库车次之”④。这里说的虽是消皮之法，但皮上带毛，兼有净毛的功用。它用碱、酸（乳）浸洗、乳化，又曝晒，净毛的速度更快，质量更好。

① 《西藏黑河宗罗马让学部落调查材料》。

② 《昌都地区社会调查材料专册》（内部参考），1963。

③ 宋应星：《天工开物》，第二卷。

④ 《新疆图志·实业志·牧》。

四川木里的许多少数民族净毛有两种方法：一是用竹刀弹过，去掉杂质；二是剪毛前，先把要剪毛的牲畜赶到河水里去洗澡，使纤维比较干净①。

云南山区则仍用黄沙搓羊毛去油脂法（第二编已介绍）。

（三）弹毛

因地区不同而采用不同弹毛方法，主要有：

1. 用皮条或绳子弹。在内蒙、宁夏、甘肃、新疆等西北地区，弹粗羊毛和山羊毛时，在空地上筑一个石台或泥台，将厚约 5 厘米的羊毛铺在台面上。在台子两端树立高于台面的木桩 4 根，从每根木桩上引出 1 根皮条或绳子，引向台子对面。台子两端各站立 1 人，两手各执 1 根上述的皮条或绳子（没有拴在木桩上的那一端），这样，4 根皮条或绳子就可上下挥动，弹打台面上的毛纤维。两人不时移动位置，使全部羊毛都能弹到②。

2. 用弹弓弹。王祯《农书》卷二十一记载："木棉弹弓，以竹为之。长可四尺许，上一截颇长而弯，下一截稍短而劲。控以绳弦，用弹棉英，如弹毡法。""务使结者开，实者虚，假其功用，非弓不可。"所谓弹毡法，就是少数民族传统的弹毛法，这说明弹弓用于弹打纤维是少数民族首先发明的，元以前用于弹毛，以后多用于弹棉，这是少数民族对毛、棉初加工技术的重要贡献。当然，由于"羊毛纤维比棉纤维长，弹性比棉纤维强，单纤维强力比棉纤维大，因此要把毛纤维弹松，需要更大的弹松力，所用的弹弓尺寸也应大些"③。例如，甘肃东乡族擀毡工具之一"弹弓"就比一般射箭的弓长大得多，长达 3 米多，

① 黄承宗供稿。

② 《中国纺织科学技术史》，144 页。

③ （日本）《染织和生活》，1980 年夏季刊，No. 29，134 页。《中国纺织科学技术史》，144、145 页。

用细牛皮绳作弓弦，弹力大而又结实，可以把羊毛弹得如同飞雪飘絮，蓬松洁净。这种弹弓比《农书》记载的弹弓也大得多。1804年传到日本去的羊毛弹弓，全长218厘米，比东乡族的小，但大于《农书》记载的。其弹毛方法是：在弓背中央结绳，悬吊在屋梁上，弓弦朝下，搁在铺满羊毛的台子上。另有弹毛槌和与弹毛槌相连的半圆环形角套。弹毛人左手持弓，右肩套上肩套，右手握住弹毛槌，有节奏地敲击弓弦，同时移动身位，把羊毛全部弹松①。

3. 最原始的方法，是把羊毛用手撕松而已，没有任何工具。例如四川羌族地区，有的只把从松潘来的羊毛——草毛“撕泡”而已，即用手撕松，用水浸泡，即用以纺线②。

---

① （日本）《染织和生活》，1980年夏季刊，No. 29，134页。《中国纺织科学技术史》，144、145页。

② 《羌族地区近代经济资料汇辑》。

第三章　缫丝技术和机具的发展、完善

就全国而言，宋、元、明清时期的缫丝工艺技术比前代又有较大进步，日趋完善。这主要表现在，缫丝工艺除用“热釜”外，还使用“冷盆”法控制水温和“出口干”、“出水干”的技术。机具方面，较先进的脚踏缫车已基本普及。络丝工艺从以前的手转簸子改进为绳拉络丝车。并、捻丝线工艺从前代的手摇或脚踏锭数少（1～5锭）的纺车，发展为多锭（多至三五十锭）打线车、捻线车，甚至使用水动力的大纺车，开创了动力机械的先河，这是手工捻线机械的最高水平。这些先进的技术和机具，在少数民族占统治地位的元代和清代，继续沿用和发展。边疆少数民族地区，则仍有使用比较原始的技术和工具的，而且不同地区和民族各有自己的特点。

第一节　工艺技术

金、元时期的著作《士农必用》，总结女真人、蒙古人统治下的北方各族人民的缫丝技术相当详细，并且包含有新的技术。主要内容有如下几个方面：

（1）明确提出缫丝的目标是：要生产出“细圆匀紧”、无接头、无疙疸的丝。并说到，只有这种丝才能用于织制纱罗等高级织物。

（2）认为最好直接用生茧缫丝，若不得已要用杀过的茧缫丝，最好用蒸馏茧。

（3）除介绍前代常用的“热盆”法外，还着重介绍了“冷盆”法，包括工具和操作方法、优点等。冷盆法是把煮茧与抽丝分别在两个盆里进行，先把茧在一个盆里煮练，然后移到水温较低，但仍是“大温”的串盆中去抽丝，这样既不会煮茧丝太过或不及，也避免缫丝人被水烫、烟熏、火燎，可以更好地操作，从而保证缫出的丝质量比较好。

（4）提出热盆法，“水须热”，而且茧要旋旋下，使每个茧煮练的温度、时间相同。冷盆水温要保持稳定，不能乍冷乍热，为此改进了烧火设施；下茧少而频，使每个茧煮练不要过或不及。

（5）提出：索绪要轻手剔拨、提缀，若手重则好丝受损失。添绪要频添，但每次最多三四绪，不添或少添，则缫出的丝太细、易断；多添则缫出的丝太粗，影响质量。为避免添绪引起的接头存在，必须把所添清丝用指面喂在丝窝内，使其自然带上去。

以上较为先进的技术、要求，有利于提高缫丝的质量和产量，一直沿用下来。其中有些技术到了明清时期又有发展，如发明“连冷盆”①，总结出“出口干”、“出水干”的技术要

① 徐光启：《农政全书》卷三十一：“釜俱改用砂锅或铜锅，比铁釜，丝必光亮。以一锅专煮汤，供丝头。釜二具，串盆二具，缫车二乘，五人共作。一锅二釜共一灶门。火烟入于卧突，以热串盆。一人执爨，以供二釜二盆之水，为沟以泻之，为门以启闭之。二人值釜，专打丝头。二人值盆主缫。即五人一灶可缫茧三十斤，胜于二人一车、一灶缫丝十斤也。是五人当六人之功，一灶当三缫之薪矣。”

求[①]，重视用水质量[②]和燃料的选择[③]，等等。

有些地区技术比较原始一些，如甘肃地区的缫丝经过如下工序：

(1) 剥茧衣。即把茧上的茧衣剥净。

(2) 蒸茧。茧少时，直接用鲜茧缫丝；茧多时，则先蒸后缫。蒸茧时间以在水沸后上笼蒸半小时为宜；或闻到锭娃的肉香就成了。

(3) 汤温。缫丝锅里的水温以锅边泛小水泡（“雨点子水”）为宜，温度过高则添凉水降温。

(4) 定粒。缫丝锅内的茧一般七八十粒，最多一百粒。用一双筷子索绪后，有绪茧约占70%以上，其他无绪茧，应赶到有绪茧处，借有绪茧的滚动而使无绪茧解舒下的丝头裹夹上去。

(5) 缫丝的工具结构。在煮茧锅的架子上有一个鼓轮，架子横档木中央用一个铜钱钉入三分之一，以钱孔留出为度，用一双筷子索绪后将绪丝穿过钱孔，以集绪；上丝的拔子是木制

---

① 宋应星：《天工开物》第二卷《乃服·治丝》条记载：“丝美之法有六字：一曰‘出口干’，即结茧时用炭火烘；一曰‘出水干’，则治丝登车时，用炭火四、五两，盆盛，去车关（按即筬角）五寸许。运转如风时，转转火意照干，是曰‘出水干’也（若晴光又风色，则不用火）。”《结茧》条又介绍了“出口干”的具体做法：“其法析竹编箔，其下横架料木，约六尺高，地下摆列炭火（炭忌爆炸），方圆去四、五尺，即列火一盆。初上山时，火分两略轻少，引他成绪，蚕恋火意，即时造茧，不复缘走。茧绪既成，即每盆加火半斤，吐出丝来，随即干燥，所以经久不坏也。”《农政全书》补充说：所加火“不宜中辍，稍冷，游丝亦止，缫之即断。”

② 要求用流动的湖水、漾水、泉水、清水，但不能用井水，也不能用矾澄清水，见（清）思补楼《蚕桑备要》四十六。

③ 要求用无烟或少烟的干柴木炭。以栗柴最佳，次桑柴，次杂柴，切不可用香樟。见（清）思补楼《蚕桑备要》四十六。

工形，其尺寸分别是：竖46厘米，横16.5厘米左右。缫丝时，先用一根光滑而与拔子横棒等长的小竹管子放在横棒上端（便于以后落丝），然后捡出集绪孔中的丝，并缠过鼓轮，再搭上拔子，而后用右手不停地转动拔子，丝缠到拔子上，拔子要一左一右摆动，使丝成交叉形，便于以后加工时解丝①。

边疆少数民族的缫丝工艺技术基本上也是如此，但各有特色。例如贵州缫治野蚕丝时，是“以大锅盛清水，候其沸，加入䒷灰汁，调匀，乃置茧于中。约煮半小时，将茧翻转，再煮一二刻，视其茧软，壳外浮丝松散，则是熟可缫矣。试之如不熟，再加灰汁略煮。司缫者执短小竹棍，谓之缴竿，先缴其浮丝成绺，分作数提，仍存锅内，锅上置木架一，名曰锅马，其上有丝笼，又其上有天辊，时以缴竿缴其茧，和其丝，引绪上从丝笼绕出天辊外，复向右下萦于缫车，旁以一人亟转车收之。灶内不可断火，若丝不顺，火稍加重，水热则丝易抽。……去车底五寸，置一灰盆，火不可猛，使丝旋干”。“丝之粗细，视提丝缕之多寡。茧之绪曰喂头，缫者随尽随续，无绝喂，则丝匀……初时茧多顺绪，取丝较细，为经丝。至后半日，茧绪多乱，取丝稍粗，为纬丝。又春蚕之丝，绵密精致，取丝可经多纬少。秋丝性稍脆，取丝则纬多经少”。织“府绸之丝，缫时车缓，取丝略粗，而绸厚实，其品上也。水绸之丝，缫时车急，取丝极细，而织绸单薄，品为下”。“每日一人可缫茧三四千”②。从这段记载来看，它吸收了汉族地区的缫丝经验和技术，例如煮茧缫丝，注意水质，用清水缫丝；用碱水煮练，以消去野蚕丝

---

① 何池：《甘肃省蚕桑丝绸的历史和现状》，见《中国纺织科技史资料》，第18集。

② （咸丰）《安顺府志》，卷四十六，常恩：《放养山蚕说》。

的杂色；使用缫丝车；运用了“出水干”技术，锅上的木板已发展为木架，等等。但也有自身的特点，例如：用收灰作碱剂，集绪不是用丝笼，等等。也可看到，贵州少数民族的缫丝技术已比较成熟——掌握不同用途的丝应采用不同的丝料（春丝与秋丝）和方法（缫车转动的缓急），掌握了技术标准——细、匀、无接头疙疸的丝是好丝等。所以贵州特别是遵义生产的绸子，在当时颇为著名。当然也有比较原始之处，如一锅煮茧，后缫者绪乱；仍用手摇纺车等。也有原始的办法，如《黔记》卷二，遵义“居民无男妇大小，手中皆持一捻丝坠子，至余莅郡时，见执事役伺应之暇，就怀中取木坠，捻丝不辍，可云勤矣，似用纺麻棉纱的方法。还有更为简单的方法，即以5～25粒茧丝集为一绪，抽出的丝散落在簸箕里，阴天用小火烘干；晴天放在阳光下晒干。然后用细小豆粒稍稍轻压，不致使丝绪混乱，再用纺车纺成经、纬线。对于薄茧、出蛾茧、乱丝头等也不丢弃，设法凑成丝线使用。也有以51～52粒茧集一绪的，很粗，用于绣花。脱胶方法是：将缫出的丝浸在糯稻草灰液中煮15分钟即可”①。

广西少数民族的方法较简单，“得茧不能为丝，煮之以灰水中，引以成缕，以之织紬”。所以，“其色”较“暗”，但质量还不错，“特宜于衣”②。又有一种取虫丝的方法，是“以酽醋浸而擘取其丝，就醋中引之，一虫可得丝长六七尺”③。这种方法也应可用于缫取蚕丝。

---

① 蒋猷龙，梁加龙：《中国少数民族蚕丝技术源流》，载《农业考古》，1990（1）。杨昌雄：《苗族桑蚕史考》，载《农业考古》，1985（1）。

② 《岭外代答》，卷六。

③ 蒋猷龙，梁加龙：《中国少数民族蚕丝技术源流》，载《农业考古》，1990（1）。杨昌雄：《苗族桑蚕史考》，载《农业考古》，1985（2）。

湖南蚕架，长方形，13层

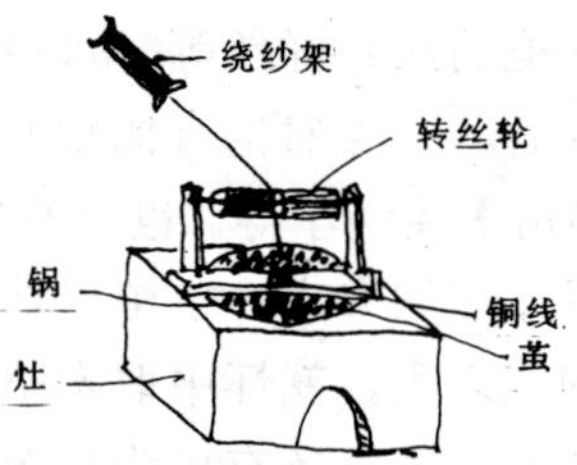

湘西原始缫丝绕丝框

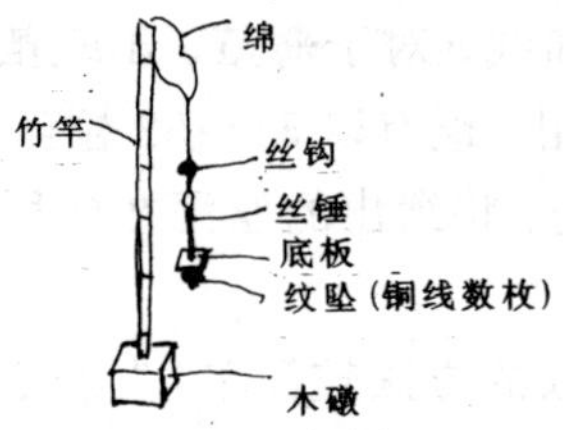

湘西捻绵丝工具，用以织“钓紬”

图 31　湘西民族养蚕、织丝工具

以上三图陈炳应据沈汝禄《湖南蚕丝业的起源和发展》的附图摹绘

湘西苗族用一种古老的转鼓缫丝（图 31）。这种缫丝工具由三部分组成——能转鼓，“T”字形架和 X 形丝篗。鼓、架木制，篗竹制。操作方法是：把转鼓放在铁锅上，茧子在锅内煮沸。用一根竹筷子不断搅拌，使开水均匀渗透到茧层内，以便于舒解，2个小时后，即可开缫，操作者左手执籰，右手搅拌集绪，一边搅拌，一边理出丝头，集绪，通过缫丝器上的一个孔眼，再绕转鼓一周，再引到X形丝籰上，然后边转动丝籰、边搅拌集绪。甘肃武都柏林乡石桥村也有这类缫丝工具，只是丝籰为“I”字形，转鼓和架子比较小一些。这些工具工效很低，只能用于小规模的缫丝生产①。

第二节　机　具

一、缫车

宋、元、明、清时期，除了沿用前代的手摇缫车之外，还普及使用脚踏缫车。就目前所见资料看，最早记载脚踏缫车的是金末元初的《士农必用》。元初的《农桑辑要》加以介绍、推广，该书记载：“轩车床高与（缫丝）盆齐，轴长二尺，中径四寸，两头三寸（用榆槐木），四角或六角，臂通长一尺五寸（六角不如四角，轩角少，则丝易解。臂者，辐条也，或双辐，或单辐，双辐者稳），须脚踏。又缫车竹筒子宜细（细似织绢穗筒子），铁条子串筒，两椿子亦须铁也（两竖椿子，上横串铁条，铁条穿筒子，既轻又利也，不如此，则不能成绝妙好丝。古人有言，工欲善其事，必先利其器，余如常法）。”“缫丝（用一人）……右脚踏轩右转……手脚相应……”从上述材料看，该书虽然还没有明确谈到完整的脚踏结构，但却多次提到要用脚踏，用“脚踏轩”转动，“手脚相应”缫丝，并提到“轩车床”等装置。显然已有脚踏缫车了。所以不久之后，王祯便在《农书》中明确记载了这种脚踏装置——“轩必以床，以承轩轴。轴之一端，以铁为袅掉，复用曲

① 蒋猷龙，梁加龙：《中国少数民族蚕丝技术源流》，载《农业考古》，1990（1）。

木摞作活轴，左足踏动，轩即随转”。看来脚踏缫车可能是在宋、金、元之际发明的①；也可能是在宋以前就已发明，但开始普及使用是在宋、元之际，这才引起作者的注意，才著录于书中。此外，从上述记载看，以铁框竹管代替木框芦管作为锁星（又名“星丁头”、“响绪”），以消除丝缕上的粗节，在宋、金、元之际已有，而不是迟到明代以后。

脚踏缫车是从手摇纺车发展而来的，所以除脚踏装置外，其他部分的结构与手摇缫车基本上相同，第二编已介绍过，这里就不赘述了，当然后代也有一些改进。例如，集绪的钱眼到明代时改进为“竹针眼”，有豁口，丝绪容易穿过，可以提高缫丝速度，是现代缫丝导纱钩的雏形。至于脚踏装置，则是以前所没有的，简介于下：有一台轩车床支撑着轩轴，轴必须是活轴，下连脚踏装置。踏板有两种形式：南方缫车一般是一根窄长木板，平放在地上，一端用连杆与轩轴的曲柄相连，稍高于地面，另一端靠近缫盆，着地。缫丝者脚踏踏板，则带动连杆曲柄和轩轴转动，使轩车运转起来。北方的缫丝车的踏板一般是呈角尺形，与南方缫车稍有不同。

脚踏缫车与手摇缫车相比，最大的优越性是：可以节省劳力，提高劳动生产率。主要表现在：用手摇缫车缫丝时要有两个人配合操作——一人手摇丝轩，另一人投茧索绪。而脚踏缫车则只要一个人手脚配合就可以操作生产。可以说：“脚踏缫车是手工缫丝机器改革的最高成就。”②

此外，在明、清时期还有 2 人一车缫丝（1 人踏轩缫丝，另 1 人备料加料③）。还有 5 人协作的大缫车（1 人煮茧，2 人打丝

① 汉代已有脚踏纺车，是否用于缫丝，一直未见记载，金、元时期才见于著录。

② 《中国纺织科学技术史》，163 页。

③ 《天工开物》卷二《乃服》治丝图。

头，2 人缫丝)①。

公元 1862 年，英国人在上海创办第一家机械缫丝厂——“纺丝局”。公元 1877 年德国人在烟台设立利用柞蚕茧的机械缫丝局。公元 1872 年开始，中国商人陈启源等也在广东、上海、无锡等地设立机械缫丝厂，并研制出缫丝小机，供小业主使用，使缫丝技术进入了新时代②。

边疆少数民族的缫丝工具一般说来比较原始一些，例如，从上引缫丝技术看，贵州用的可能还是手摇缫车，其部件有：缫车、竹磨、锅马、丝笼、缴竿、铁锅、手车、风车、缫架、缫心（即牛角尖）、车筳（导丝用）等③。

二、络、并、捻工具

1. 络车

络丝原来是靠手指拨转篗子或手掌托篗子抛转来进行，后来改进为绳拉络丝车。这在元代王祯《农书·农器图谱·络车》部分有明确记载：“其车之制，必以细轴穿篗，措于车座两柱之间（谓一柱独高，中为通槽，以贯其篗轴之首；一柱下而管其篗轴之末）。人既绳牵轴动，则篗随轴转，丝乃上篗。此北方络丝车也。”也就是说，络丝的篗篗中间有一根细轴，轴的两头安放在车座的两根柱子上可以转动；轴上再兜绕绳子的一端，络丝人只要拉动绳子的另一端，篗篗就可转动络丝。这种络丝车显然要比原来的手拨篗子好，速度快而平稳。

边疆少数民族也有绳拉络丝车，如新疆和田有整经络纬车，叫做“塔兰姆恰哈”④。

---

① 《古今图书集成·食货典·蚕桑部》。

② 《中国纺织科技史资料》，第 9 集。

③ （咸丰）《安顺府志》，卷四十六，常恩：《放养山蚕说》。

④ 《中国纺织科技史资料》，第 4 集。

2. 并、捻纺车

络丝之后，要根据各种织物对丝线捻度和粗细的不同要求，进行并丝、捻丝工艺。这两种工序通常是同时进行的，即将几个籰篗上的丝并、捻成可以织造的丝线。

过去，并、捻丝通常是使用手摇纺车，一般只能加工几个锭，到宋、元、明、清时期，人们已生产出加工能力很大的多锭大纺车和露地桁架两种机具。

多锭大纺车主要是在人力较多、生产规模较大的作坊中使用。其构造将留在麻、棉、毛纺纱部分介绍。

露地桁架则是个体生产比较普遍使用的并、捻工具。据《中国纺织科学技术史》介绍，露地桁架有两种：一是“打线车”，在丁字形木架的横杆上，装置 8 个半圆形竹圈；架前几十米处立一长竹竿，上钉若干个竹针；加捻的丝缕二端结扎纺轮或锭子，分别通过一个竹圈、活套，一个竹针；用两块有柄的长木檫板搓转锭杆而加捻。二是手摇纺车式的捻线架，由半圆形的锭座、带手柄的木轮和车架三部分组成。可同时操作一二十个锭子加捻。

从工效看，露地桁架并、捻线的区域很大，比大纺车好得多，结构也简单，又“利用捻缩率来控制丝缕上的加捻程度，捻度可在阻力极少的情况下，传递整根丝缕之上，而达到均匀分布，使各段丝缕上的捻角均等，成线的抱合力增强”。这对于提高并、捻的质量和产量，都是比较好的。

卫杰《蚕桑萃编》记载：“纺丝之法惟江浙、四川为最精。东豫用打丝之法；山、峡、云、贵亦习打丝法，以一人牵，一人用小转车摇丝而走。”说明云南、贵州等少数民族地区，到近代也用露地桁架来进行并捻丝线的工作。

第四章　棉、麻、毛纺纱技术和机具的大发展

宋、元、明、清时期，棉、麻、毛的纺纱除了继续沿用前代的手摇纺车之外，还开始推广普及脚踏纺车，发明了多锭大纺车，甚至利用水力为动力的大纺车；到清代，又创造了张力自控式多锭纺纱车，解决了以前的纺车不能自动牵引的严重缺陷，使我国的手工纺车机具臻于完善；清代后期，又引进西方的动力纺纱机，完全实现纺纱的机械化。当然，在边疆各少数民族中，除有一部分民族使用纺车之外，其他民族仍继续使用原始的纺轮。但各民族、各地区的纺具各具特色。

第一节　手摇纺车

手摇纺车的基本形制已在第二编介绍过，后代变化不大。唯到清代时，上海出现了专门生产铁锭的工厂、作坊。铁锭产量多，作为商品出售，较多地改变过去纺车多用竹、木锭的状况。手摇纺车，以其结构简单、造价低廉、占地少、轻便灵巧适合于个体家庭副业生产等优点，深受各族人民喜爱，被广泛使用。下面介绍一些少数民族地区的手摇纺车。

贵州侗族妇女经常唱着一首纺纱歌："右手摇拐，左手引纱，日夜纺呀，纺车不停。纺出之纱，又白又细，如花似玉，铺满地。"由此可见，侗族已经淘汰了纺轮。她们曾经主要使用一锭手摇纺车，叫做"夏恩"。它"以木制成，底座呈丁字形，长 80 厘米，宽 55 厘米。底座的一侧有 2 根并立的木柱，高 54 厘米，

其上安一个竹轮，轮径 62 厘米，中间横穿一根木轴，轴的一侧安一拐柄。在底座的另一侧安一个纱锭，长 22 厘米。在轮盘和纱锭之间安一根绳式轮带。用这种纺车纺纱时，一般用右手摇拐柄，使轮盘向顺时针方向转动，从而通过轮带将纱锭带动起来，出现顺时针方向的急速旋转。同时左手向上引动事先系在纱锭上的棉条，使棉纱出现一定捻度，引伸到一定长度后再倒转纺车轮盘，把纺好的棉纱绕在纱锭上，如此不断纺纱。如果出现断纱或者其他故障，右手停止操作，配合左手排除故障，继续进行纺纱”。其效率每人每天只能纺 50～100 克纱。此外，还有一种手摇纺架，主要用以打绳子用①，后来改为脚踏纺车。

拉祜族的手摇纺车（图 32）的车轮是两个很窄的竹木圈，中

图 32　拉祜族手摇纺车

（赵广田供稿）

① 宋兆麟：《侗族的棉纺工具和技术》，见《中国纺织科技史资料》，第 15 集。

间用绳子编结成六边形，以承轮带①。

四川木里的少数民族使用一种非常简易的纺车纺麻线，纺时要将麻纤维喷上水，使潮湿，才能纺纱。

傣族、白族也使用这类单锭竹轮手摇纺纱车。傣族纺车底部丁字形架，长80厘米，宽50厘米，其横木上架竹轮，轮径多为60厘米左右，中贯木轴，一端与曲柄相连，其竖木上安纱锭，锭长20厘米，轮与锭之间用一条绳带相连，一起转动。纺时先捻一段纱，缠在锭子上，然后左手拿着棉条引纱向上，协助纱锭高速旋转，增加捻度，到一定程度再倒绕在锭上。纺出来的棉纱较粗，投影直径0.6毫米，相当于现今纺织工业的7～10支规格的棉纱。因竹轮也是沿顺时针方向转动，所以棉纱也呈S向捻度②。白族纺车的轮幅直径约为70厘米，比傣族的纺车略大一些。

景东彝族纺麻车是自制的，似汉族纺棉车，但粗糙笨重③。

怒族用小手车和竹纺轮纺线④。

阿昌族和傈僳族也有竹木纺车。

瑶族用木制纺轮和手摇纺车纺纱，纺车结构与汉区的无多大差别（大概是从汉区传入），只是制作手工粗糙一些。

畲族纺车的构件有一节穿5对线孔的盛水竹筒，一个轮子，一条苎麻绳制的轮带和5根线轴。还有“牵绩架”，是由一对构造略同的能站立的木制架组成，亦用以纺线，但较少用，线易细软，不耐穿。“缠线车”，竹制，用以将麻线锭缠成可以放在

① 《拉祜族简史简志合编》（初稿），1963。

② 宋兆麟：《云南西双版纳傣族的纺织技术》，载《文物》1965（4）。

③ 《景东县彝族社会历史调查》（内部参考），1963。

④ 《怒族简史简志合编》（初稿），1963。

梭里用和张经用的①。

广西地区有一种“三锭手摇纺车，三只锭子分别横卧于纺车车架上，用三根绳弦分别将锭子与绳轮连结，当手摇轮时，三个锭子就同时回转，即使其中一根绳弦断头，也不影响其他两个锭子的回转。纺时把绩好的麻团三个放在盛水的盆内，将三个头分别引出，用左手握一短竹管。把引出的头绕过竹管后，从指缝中抽出，绕于三个锭子的芦管上。在反绕时，为了把麻缕绕上节管，利用纺妇右脚底上扎的一块长竹片，作为引导”②（图 33、图 34）。

图 33　广西壮族纺车
（王梦祥摄）

朝鲜族有两种纺车：一是高圆轮低锭架，与汉族手摇纺车

① 《福建省宁德县畲族调查报告》，石奕龙供稿。

② 《中国纺织科学技术史》，177～178 页。

图 34　广西融水苗族纺纱机
（孙明光摄）

类似，可纺二锭；二是长锭架，上有六锭，轮子是水车式，带叶片，很有特色，摇把也是曲柄的。

在游牧民族地区用于纺毛纱的纺车有两种：

一是纺细羊毛纱的上述通用的手摇纺车（图 35）。据说用这种手摇纺车“纺出的毛纱，初看似乎不太均匀，但经过并合、加捻、染色、整理后，织出的地毯就绚丽多彩，比之机械纺的要自然、大方、别具风格，给人以一种艺术品的感受”①。

二是纺粗杂羊毛纱的六锭立式手摇纺车。羊毛中的粗杂毛缺少天然捻曲，又比较粗硬，一般的纺车难以加工，所以西北少数民族从实践中摸索发明了可以加工这种粗杂羊毛的纺车。其构造和操作方法是：“在木轮上面安装两块半月形的木板，板上对称地安装六个锭子的皮臼，锭子安装臼内，用皮带把锭子与木轮连结。纺纱时一人手摇木轮，带动六个锭子回转，在锭子前面有 3 个人，每人（负责两个锭子）腋下挂一经过混合处理的羊毛卷包。先在锭子上捻一段毛线，在锭子回转时，就用两手不断从布包中搓出毛纤维，一面后退，给羊毛纤维牵伸加捻。待纺捻到一定长度，就将两个锭子的毛纱并合再加捻。有时，将三只锭子的毛纱合股加捻成三股毛线。”经过这样的处理，

① 《中国纺织科学技术史》，178 页。

图 35 藏族纺纱

（李坚尚摄）

把看来似乎用处不大的粗杂羊毛，“纺成粗毛线，织帐篷布或毛口袋，其坚牢度比之棉和麻，有过之而无不及”①。明、清时，宁夏回族汉族杂居地区也采用这种六锭手摇纺车纺出用于织造毛袋的毛纱。据说“一人一天工作 10～12 小时，可纺毛纱 3.5～4 千克”，而且这种纺车和纺纱技术一直延续至今②。

第二节 脚踏纺车

纺捻麻线的脚踏纺车在第二编已做介绍，不必赘述。只是

① 《中国纺织科学技术史》，178～179 页。

② 王裕中，徐金娣：《中国毛纺织发展简史——中国羊毛纺织渊源再探》，见《中国纺织科技史资料》，第 15 集。

从宋、元时期开始，由于纺捻锭数增加了，从一、二、三锭增加至四、五锭。如元代王祯《农书》中的“五锭小纺车”，所谓“小”是与“大纺车”相对而言的，实际上并不小，而且随着锭数增加，纺车车架随之增大、增高，整架纺车也较前大了些。到明、清时期，锭子也由木制改为铁制。

这里要着重介绍的是，随着宋、元以后棉花种植的推广、普及，由棉纺织生产技术的改进、发展而改革创造出来的木棉纺车，是与著名纺织家黄道婆从海南黎族人民学艺归来，结合汉族传统纺纱工具、技术，融会贯通进行改制的功劳分不开的。

据研究，我国早有多锭脚踏纺车，但那是为纺捻麻纱而制造的，主要起并、捻作用，而无牵伸纱条的机制，所以锭子与轮的速率不同。由于棉纱纺制时需要边牵伸、边加捻，若把这种纺车用于纺制棉纱的话，则牵伸速度慢而加捻速度快，以致加捻太多，而使棉纱断掉。人们可能经过实践，无法解决这个难题，只好暂时放弃，用手工“捻织毛丝，或棉装衣服”①。即没有用纺车纺棉，而采用原始的手摇单锭纺车来纺棉纱。这稍为好一些，但生产效率仍然很低，据说每天辛勤捻纺 10 个小时，仅能纺棉纱 200 克。当时，海南岛黎族的纺纱工具和技术是什么样？史籍记载不明确。宋代周去非《岭外代答》卷六记载：“以手握茸就纺，不烦缉绩。”即直接用棉花（而非棉筒、棉纱）纺纱，但是，是用纺轮？还是用手摇纺纱车或脚踏纺纱车？还是用其他特殊工具纺纱？仍不明确。据调查，解放前黎族纺纱多用纺轮，也有用脚踏纺纱机的②。当然这应有个发展过程，即先用纺轮，后渐出现用纺车。据研究，南方少数民族纺车的绳轮比较小，用它纺的纱比较粗，轮与锭子的转速能够相适应，

① （元）司农司：《农桑辑要》，卷二。

② 《黎族简史简志合编》（初稿），1963。

棉纱也不容易中断。也许黄道婆从海南带回来的就是这种手摇纺车，进而把汉族地区较先进的多锭脚踏纺车进行改造，缩小其绳轮直径（参考黎族纺车的轮径），使轮的转速与锭的转速能够相适应，棉纱不易中断，从而成功地把三锭纺车应用于棉纺生产①，大大提高棉纺生产率。这应就是陶宗仪在《辍耕录》中所说的，黄道婆在江苏“教以造扞、弹、纺织之具”中的纺车。这种纺棉车和其他棉纺织工具一起，使人“竟相作为，转货他郡”，迅速传遍全国各地。王祯《农书》中的木棉纺车图，应就是黄道婆综合汉、黎人民纺车的优点而改制的。其构造由纺纱和脚踏两大部分组成。

纺纱部分由竹木制的绳轮轮架与轮上3个锭子组成。若所纺棉纱较粗，轮径可以大一些；若纺细棉纱，则轮径要小一些。锭子上套着用细竹管或苇管等制成的纱管。纺纱时，“左手握其棉筒（即棉条）不过二三，绩于筟䌨（即纱管），牵引暂长。右手均捻，俱成紧缕，就绕䌨上”②。

脚踏部分则由踏杆、凸钉、曲柄等构件组成。这是运用杠杆原理制成的，《中国纺织科学技术史》根据若干书中的插图和说明，综合出这种结构的基本形制和操作方法：“踏杆与凸钉座相衔接处装有铁质凸钉，构成一完整的滑动配合结构。这种滑配结构是移用当时木船上所装置的使橹能前后左右摇动的‘橹锥’和‘橹印’结构。橹锥又名‘铁橛’，用熟铁打成，大如小手指，长20～22厘米，以承踏杆。在踏杆中间刻一小窠，如手指顶大，深0.71厘米，如橹印。将踏杆上刻着的橹印套放在橹锥之上，用二足在以橹锥与橹印为支点的两侧交替踏动，能促

① 《中国纺织科学技术史》第181页说：“纺棉的脚踏纺车在元代之前已装有三只纺锭。”但未列出证据，而且与上引材料不符，值得怀疑。

② （元）王祯：《农书·农器图谱十九》。

使踏杆以凸钉支点为分界的动力臂向相反方向做圆锥形转动，通过曲柄带动绳轮做逆时针方向转动，给纱条加上S向捻度……”

并纱时，为了使各根棉纱松紧相同，既不绞结而又能均匀地并合，当时还增添了一种高高的“木棉线架”，与绳轮相对而立，使各根棉纱都具有一定的张力，从而达到上述的目的。

从上述材料可知，元代时人们发明了脚踏三锭纺棉车，并迅速发展、完善它。所以这种纺车在明、清时期仍然继续沿用。清代褚华《木棉谱》明确记载，这种三锭脚踏纺棉车“以木为之，有背有足。首置木铤三，形锐而长，刻木为承，其末以皮弦襻连一轮上，复以横木名踏条者，置轮之窍中，将两足抑扬运之，取向所成之条子，粘于旧缕，随手牵引，如缫茧丝，皆绕铤而积，是名棉纱”。用脚踏纺车纺纱提高生产率，“夜以继日得斤许”。清代《豳风广义》记载，陕西纺车形制是：“轮制用木板六块，俱长一尺四寸，以三板正中斜锯扣子，硬安成轮子；以两轮相去四寸；中安木撑桄六个，便相合成一轮，周围用皮弦 攀紧，以承转弦。”关于棉纺车的锭子数，《中国纺织科学技术史》根据《农政全书》的记载和一手只有指缝4处，难以夹住5根棉条的实际，认为最多只有4锭，不可能5锭。而包铭新《中国古代的五锭‘棉纺车’》一文根据《农政全书》关于“江西乐安至容五维”的记载和《天工开物》中的五锭纺缕图，认为元明之际存在五锭纺棉车，它以带齿小棒代替指缝作为牵伸器，但因技术要求高，不能普及，少为人知①。

从清代中期开始，贵州侗族使用二锭脚踏纺棉车，称为“夏定”，只是绳轮和木轮的直径较小，所以纺棉纱较粗。其形制是：车架为“丁字形木座，长120厘米，宽80厘米，在横木

① 《中国纺织科技史资料》，第19集。

一侧有一立柱，柱上安一轮盘。在轮盘上方的立柱上横安两根纱锭，然后在轮盘和纱锭之间套两根绳式轮带。……在木座上安一根小木桩，其上装置脚踏杆，该杆另一端安在轮带上。纺纱时，操作者坐在一个较高的木凳上，以脚踏脚踏杆两侧，‘由于转轴与踏杆相衔接处具有动滑配合结构的作用，两脚在支点的两侧交替踏动，能促使以支点为分界的动力臂互向相反的方向各做圆锥形的转动，通过曲柄带动轮轴的转动’①，从而带动两根纱锭快速旋转，以达到纺纱的目的。侗族称纺在绽上的纱团为‘拉下’，即纱穗之意。侗族的脚踏纺车与王祯《农书》卷二十五上的木棉纺车大同小异……两者不同的是，侗族的脚踏纺车仅有两个纱锭”。据调查，这种脚踏纺车一人一天能纺 150～200 克纱，比手摇纺车效率提高 1 倍多”②。

据介绍，明代时，滇、黔边境的苗族妇女把原纺一根纱的手摇纺车，改进为同时能纺四根纱的脚踏纺车③。

清初，黄宗炎注释《琼州黎民图》时说：黎族纺棉“无纺车机杼之制”，只是“足纫手引为线”④。后来也有少量脚踏纺纱车，但也还有不少使用比较原始的纺轮的⑤。

西藏地区多用纺轮纺纱，但“也有用绳轮传动类似于制绳的脚踏纺车。（纺出的）纱线粗细不匀，很适宜织制藏被的生产工艺”⑥。

据介绍，福建畲族还有“五锭脚踏纺车，锭盘直径 30 毫米，

① 李崇州：《我国古代的脚踏纺车》，载《文物》，1977（12）。
② 宋兆麟：《侗族的棉纺工具和技术》，见《中国纺织科技史资料》，第 15 集。
③（明）田汝成：《炎徼纪闻》，第三卷，丛书集成本。
④ 李露露：“明代黎族的风俗画卷”，载《民族研究动态》，1992（2）。
⑤《黎族简史简志合编》（初稿），1963。
⑥《中国纺织科技史资料的调查报告》，见《中国纺织科技史资料》，第 4 集。

绳轮直径450毫米，也就是脚踏1周可以加15个捻回，所纺的纱是比较粗的，捻向是S向”。贵州彝族“有双锭和三锭脚踏纺车”。“有的少数民族的脚踏纺车，比江、浙一带农村汉族所用土纺车还要先进”（《中国纺织科技史资料的调查报告》）。

第三节 大纺车

并、捻丝麻的大纺车虽是内地汉族地区的产物，但它在蒙古族统治的元代有较多地运用。个别少数民族地区也使用大纺车，所以这里略做介绍。

大纺车是在宋元时期社会经济和科学技术有了较大发展的基础上创造的，也是纺织生产规模和分工迅速发展的必然产物。

王祯《农书》记载：“大纺车，其制长余二丈，阔约五尺，先造地柎木框，四角立柱，各高五尺，中穿横桄，上架枋木，其枋木两头山口，卧受卷纑，长轩铁轴次于前。地柎上立长木座，座上立臼，以承镜底铁簨，镜上俱用杖头铁环，以拘镜轴。又于额枋前排置小铁叉，分勒绩条，转上长轩，仍就左右别架车轮两座，通络皮弦，下径列镜，上拶转轩，旋鼓。或人或畜，转动左边大轮，弦随轮转，众机皆动，上下相应，缓急相宜，遂使绩条成紧，缠于轩上，昼夜纺绩百斤。”可见这种大纺车由加捻卷绕、传动和原动三大机构组成。

加捻卷绕机构有车架、锭子、导纱棒和纱框等构件。上装单列等距离的锭子32个（有木轴承臼和铁锭杆）。车架前还有小铁叉32枚，使经纱不相纠缠，但却能交叉卷绕成形。

传动机构有传动锭子、传动纱框等构件。

原动机构则因原动力不同而设置的机构不尽相同。人力大纺车是在左侧竹轮的一个轴端安装手摇曲柄，用人手摇转大竹轮。水力大纺车则在纺车左侧设置一个带辐板的大水轮，与竹轮的轴连结起来，水流冲击辐板而带动水轮旋转。

由上述三大机构组成的大纺车，一旦开动起来，则“弦随轮转，众机皆动，上下相应，缓急相宜”。32枚锭子和各方面的机件都同时运转起来。就拿纱线的加捻和卷绕工作来说，过去的手摇纺车和脚踏纺车都靠锭子来完成这两项任务的（即手纺加捻法），一会加捻，一会卷绕，劳动生产率自然不会太高。而大纺车则用锭子和纱框两套机构来同时完成加捻和卷绕工作，卷绕由纱框担负（即退绕加捻法），生产效率必然大大提高，“昼夜纺绩百斤，不劳而毕，可代女工，兼倍省”①。据分析，其产量比小纺车提高了30～50倍②。同时，家庭、个体纺织者都可把麻纱送到大纺车作坊去加捻合线，自己可以省去纺纱的劳作，解放了劳动力，专事织布工作。大纺车使麻纱规格化，提高了纱线质量，从而表明我国手工纺纱技术和纺纱生产已经发展到很高的水平。

但是，由于大纺车没有牵伸纤维、纱条的机制，而这个时期我国最重要的纺织原料棉花的加工又非要牵伸不可，这就限制了大纺车的实际应用和发展。不过这又促使人们去进行探索、改革。到清代时，这个问题终于解决了，人们发明了利用张力和捻度控制牵伸的纺棉纱大纺车。这种大纺车是用旋转的棉卷筒、纱框和不动的加捻钩相配合，来完成牵伸加捻工艺。后来人们又发现了利用捻度和加压来自动控制纱支的技术；把原来的大纺车的车架从长方体变为梯形体；把锭子从单面排列改变成双面排列，使锭子从原来的32锭扩大到50～56锭；在大纺车上安装给湿定形装置——竹壳水槽或湿毡，提高了纱条的张力等等③，进一步提高了纺纱的产量和质量。

---

① （元）王祯：《农书》，卷二十二。

② 高汉玉：《纺织机械发展史略》，见《中国纺织科技史资料》，第14集。

③ （清）卫杰：《蚕桑萃编》。

我国许多少数民族居住在深山峡谷地区，那里的水力资源非常丰富，有发展水力大纺车的自然条件，人们也有借助水力舂米等经验，但因社会经济比较落后，人们居住分散，尚无使用水力大纺车的必要，所以大纺车很少使用。但也不是绝对没有使用的，例如新疆和田洛浦地区"使用畜力拖动的 12 锭大纺车纺毛线，12 个立式锭子通过皮筵带动旋转，纺纱产量大增"①。还有一种锭子为两排，每排八锭的十六锭大纺车。贵州毕节地区也"曾有毛纺织厂，采用水力作动力"②。

第四节　西方纺纱机器的传入

西方发明纺织机械的年代比中国晚得多，但西方比中国发展得快，所以后来居上，在公元 1738～1828 年间，就完成了从手工纺织向机器纺织的过渡③。

19 世纪末，随着外国资本输入中国，西方的纺纱机器和技术也传入中国。我国一些官办的和民办的纺织企业从外国进口一些纺纱机器设备。例如：公元 1877～1880 年，左宗棠在甘肃兰州创办了中国第一家机器毛纺厂——兰州织呢总局。公元 1878～1890 年，李鸿章在上海创办中国第一家机器棉纺织厂——官督商办的上海机器织布局。从公元 1898 年起，张之洞在湖北创建麻纺厂，1904 年，又创建了中国第一家机器麻纺织厂——湖北官麻局。与此同时，外国资本和中国工商界人士也纷纷投资兴办机器纺织厂。所有这些，标志着中国近代动力机器纺织生产的良好开端。

---

① 王裕中等：《中国毛纺织发展史——中国羊毛纺织渊源再探》，见《中国纺织科技史资料》，第 15 集。

② 《中国纺织科技史资料的调查报告》，见《中国纺织科技史资料》，第 4 集。

③ 高汉玉：《纺织机械发展史略》，见《中国纺织科技史资料》，第 14 集。陆树豪：《机器纺织发展的一部分史料年表》，见《中国纺织科技史资料》，第 15 集。

兰州织呢总局的主要生产者是陕、甘的丁勇，其中应有不少回族青年，所以这里要特别加以介绍。公元1877年，动议向上报告，托人购买机器，公元1879～1880年运到兰州，安装，开工生产，计有厂房230多间。织呢机器包括24匹马力和32匹马力的蒸汽机各一台；梳毛机3种；纺线机3架，每架有360个纺锭；织呢机20台和清毛、剪毛、漂洗、填笼、烘毛、刷清、染色、催干、砑光等等生产流程的各种机器。开始，只有部分织机开工，每日生产20匹粗呢子。据估计，若20台织机一块开动的话，每年可织呢子六七千匹。但因花钱太多，公元1884年（一说公元1883年）兰州织呢总局被裁撤①。兰州织呢总局存在的时间虽然很短，但它是当时的陕甘总督左宗棠及其部下机器制造行家总兵赖长，为了利用西北丰富的羊毛资源，织成呢子、绒缎，以顶替向外国人购买呢绒；为中国购置一台毛纺织机，以便仿制，然后在关内外广大地区推广应用而设置的。其爱国精神和学习推广先进技术的精神是很值得提倡的，当时在全国也颇有影响。兰州织呢总局对于在我国传播推进西方机器纺织技术做出了一定贡献。

第五节 纺轮等原始纺纱工具

宋、元、明、清时期，虽然各种纺车已经普及使用，但边远偏僻地区，由于社会生产和纺织技术落后，或为了抓紧一切时机（走路、闲谈）纺纱，或某些纺织纤维不适于用纺车纺纱等原因，所以仍然使用原始的纺轮等工具进行纺纱。

在西北地区，有过去常用的陶、石纺轮，如甘肃武威西夏、元代遗址出土的西夏时期和元代初期的陶、石纺轮，可用于一般麻、毛纺纱。

---

① 参考《左文襄公全集》，卷七、卷十九、卷二十二等。

青海藏族所用纺轮，木杆圆形，长25厘米，径2厘米，木杆上方有一个槽，作为欠伸加捻的握持点，下端有一木圆轮。纺纱方法与其他地区相同，纺的纱2～3支，捻度30捻/米，Z捻，纱支和捻度的不匀率较大。一天可纺羊毛纱0.5千克，牦牛纱1千克①。

甘肃东乡族把纺轮叫做“木乎斗”，其轮轴是竹杆或筷子，转轮是木制的或小洋芋，很简单。因此家家户户都能纺毛线，并用自家纺的毛线请褐匠织造褐子。

西北地区还有大型纺轮，竖立在地上，上端置于人的腿上，以手搓转加捻纺纱②。

山羊绒的纺纱较为特殊，“凡打褐绒线，治铅为锤，坠于绪端，两手宛转搓成”③。用的是铅制纺轮。

西藏则用木纺轮，纺杆上的毛纱卷绕高度约28厘米，直径15～20厘米。也有用绳轮传动类似于制绳的脚踏纺车④。

南方地区，清代时，也用石、陶、木、铅纺轮，如“蛮纺，用一小胡卢如铎状，悬以小铅锤，且行且挼而缕就，不似汉纺之繁难”⑤。

云南攸乐（基诺）人纺棉纱的“手锭”也是纺轮。阿卡人（哈尼族）妇女也用纺轮边走边搓线，如他郎地区的妇女“虽出山入林，跬步之间，背负竹笼，左手以圆木小锤，安以铁锥，怀

① 刘柏茂：《青海省恰卜恰地区民间毛纺织生产技术调查》，见《中国纺织科技史资料》，第6集。

② 王裕中，徐金娣：《中国毛纺织发展简史》，见《中国纺织科技史资料》，第14集。

③ 宋应星《天工开物》，第二卷《乃服·褐毡》。

④ 《中国纺织科技史资料的调查报告》，见《中国纺织科技史资料》，第4集。

⑤ （清）檀萃：《滇海虞衡志》，卷五。

内竹筒，装裹绵条，右手掀裙，将铁锥于右腿肉上擦撵，左手高伸，使绵于铁锥上团团旋转，堆垛成纱，谓之撵线”①。因此所纺的线比较粗，用以织布也比较粗。

东北鄂伦春族的纺槌叫“车尔故”，形式较为特殊，木质。中间是“轴”，由上而下“穿过被弯成冂形的托板，（一端）安在与托板两端相连接的一根横木条上，……纺线时将毛打成一个扣，套在横木条的一端，用手转动托板，托板和横木便在木轴上旋转。待线纺好一段后，把线绕在纺槌中间，再转动托板，就这样反复不断地一直缠绕到够用时为止。最后将已绕好的两个纺槌的线合为一股，并套在第三个纺槌的一端，然后要由两人同时转动托板，就能纺出线来。纺出的线细的可做衣服用，粗的可以做绳索……”②

东南地区台湾高山族纺纱都用垂直纺轮。泰雅人用由竹杆和石轮或铁轮合成的纺轮。其杆子近似圆锥体，底粗顶细，顶端有一个倒钩，挂线之用，叫做筳。轮为圆盘状，原为石质，后有了铁，就多改用铁质的。纺纱方法是把竹杆垂直插进纺轮中间的洞内，固定好。把要捻纺的麻线的一端系在竹杆底部，靠近纺轮。麻线由下而上缠绕于杆子，直至杆顶，以倒钩绊住。纺时双手急搓转筳子，使纺轮转动，然后一手提起麻线，纺轮悬空转动，麻线也就跟着转动，成为结实、光滑的麻线。纺好的先缠在筳子上，放麻缕继续纺，……等到纺好的麻线把筳子缠到三分之二时，可把纺轮取下，以筳子上的麻线团代替纺轮，再接着纺。纺好的线再缠上，直到筳子缠满麻线为止。

然后把纺好的许多筳线再用轩子轩成长长的纱线，便于整经织布。泰雅人的轩子木制，形似横置的H，上下各一根圆形

---

① （道光）《他郎厅志》。

② 韩有峰：《鄂伦春族风俗志》，中央民族学院出版社，1991。

横木，比较细而短，叫做轩边。中间一根竖木，比较宽，叫做轩隔。而且中央宽，有一椭圆形孔，插手操作用，两端窄，呈弧形。轩长约100厘米，宽约30厘米。操作方法是：右手横握线筳；左手握架轩，拇指在外，其他四指插入轩孔内，握紧。麻线头打一活结，套在左手掌上，右手引线上轩，按右上、右下、左上、左下的顺序绕，然后把线引到左手掌边，套入活结内，原来的活结送到轩隔附近，手掌上则套上新活结，完成第一道绕线。第二道则方向、顺序与第一道恰好相反，即左上、左下、右上、右下。第三道同第一道。第四道同第二道……直到轩满为止。最后，把边轩抽出，即成线缕①。

阿美人把麻纤维加工成可以织布的麻纱有两种办法：一是只用手在腿上搓成（如前所述）；二是先搓后纺。纺纱也用纺轮，但是竹杆陶轮（泰雅是石、铁轮）。麻缕上纺轮的方法与泰雅人相同，但转动方法有别：他们不是用双手搓转，而是右手掌用力向上搓，使纺轮转动，并用右手背支住麻线，同时左手放线，使纺轮转动的力量达于麻线上。纺轮停转时，置于地上，防止其倒转，使麻线变松。过长的线先绕在左手上，以便于缠绕到纺轮上去。阿美人框线（即泰雅人的轩线）的工具与泰雅人相同，但框线法比较简单，只有一种，即先将线的一端结一圈套，套在左手的四指上，右手执线筳，按左下、右上、右下、左上的顺序把线框于框架上，线框后，还须放在水内浸过，挂在竹竿上晒干，挂晒时，线束下部要垂吊石杵，使线保持平直。然后绕线球以备整经；缠梭以备织纬。绕线球的方法是：先在左手的食、中、无名指上缠绕，到相当程度时，将手指抽出，然后再按8字形缠绕，中间留一空洞，线尾结在线球的外侧。这

① 石磊：《泰雅族南澳群的纺织工业》，载台湾中央研究院《民族学研究所集刊》(17)，1964。

种绕线球法，使用时可将球心内的线头拉出，线由内向外展开，线球不会在地上乱滚，比较便利，可提高工效，也很有特色。缠梭法是用手指把线头压在梭上，然后以十字交叉的方式把线缠到梭上去①。

西南地区，解放前哈尼族、布朗族、攸乐人、彝族等民族仍用纺轮纺纱。（清）《冕宁县志》记载："妇女喜缉羊毛粗线，头插线车，腰带小篦筐，以盛羊毛，出入走坐，手不停缉。"其中，彝族的纺轮有多种多样，人们从不同角度加以区分。宋兆麟等认为："以彝族的纺轮看，有两种形制：一种称'沙乌加玛'；一种称'布乌加玛'，两者形制基本相同，均由纺杆和纺轮组成。不同点是前者较小且轻，纺轮上下杆长的比例为三比二，以手加捻，用于纺纱；后者较长且重，纺轮上下杆比例为一比一，一般在左腿上或借助两块木板搓动加捻，用于合纱纺线。"② 全是木质，纺粗纱用直径 6 厘米的大纺轮；纺细纱，用直径 2.5 厘米的小纺轮。林玉提供的四川省博物馆收藏的彝族纺轮，从质地上可分为竹杆木纺轮、铁轴木纺轮和竹杆石纺轮三种。轮的形制又有圆形和蘑菇形之别（图 36），其中的蘑菇形是整木制成，长约 17.5 厘米，两端及中轴均成蘑菇状。一端有一条缝隙线，与中轴对直；另一端的缝隙线则与中轴稍有偏差。这种缝隙线可能是代替钩子的作用。因为竹杆纺轮和铁轴纺轮，其杆的顶端一般都有一个钩子，用以定捻，使已加捻的纱线不致松解，便于连续操作，提高纺纱效率。所以蘑菇形纺轮应是特殊形制之一。另一种特殊形制是：铁轴上无钩，但在轴上凿

① 凌曼立：《马太安阿美族的纺织》。

② 宋兆麟，牟永抗：《凉山彝族的锯织机——兼谈河姆渡文化的纺织技术》，载《凉山彝族奴隶制研究》，1982（1）。宋兆麟：《云南西双版纳傣族的纺织技术》，载《文物》，1965（4）。

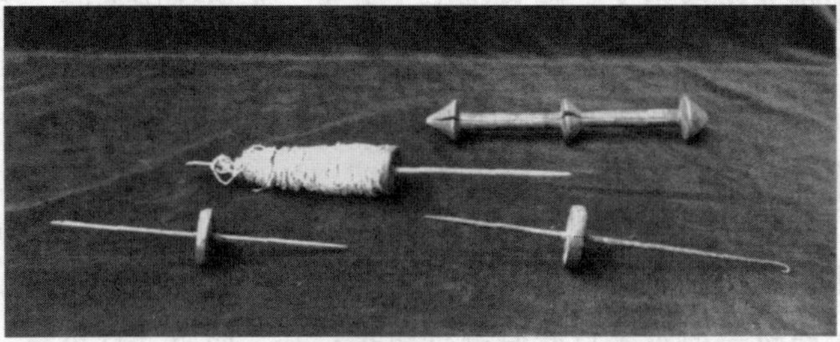

图 36 彝族纺轮
（谢志诚摄）

有螺环，这样也能平稳地捻转，使纱线均匀。

四川木里多民族地区除缉麻外，均不用纺车，而是用原始的纺轮旋转、手捻成纱线的。纺轮有大小之分，大者直径 8 厘米，厚 2～3 厘米不等；小者直径 2 厘米，厚 1 厘米；一般的纺轮直径 3～4 厘米，厚 2 厘米。大者缉线比较粗，小者捻出的线就比较细。总之，所用纺轮的大小主要取决于纱线的粗细规格。纺轮的质地有硬木质的，石块磨制的，陶土烧制的，甚至还有用粘性泥土捏制的，中间钻一个圆孔，其上插一根木棍或竹棍。因为制作简单，所以纺轮都是使用者自己闲时做好收藏备用的，从没有人出售或交易。纺纱都由妇女操作，放牧、行路、劳动间歇或在家中闲坐时，她们总是腰带系有一个小竹筐，内盛纺纱用纤维，手中不停地纺缉。每缉满一杆线后，拔下纺轮，更换一根木棍，待积累到一定数量后，再编排成经线织布①。

清代和民国时羌族农村也用石纺轮纺纱。

云南的哈尼族等有的纺纱用纺轮，有的则只用手搓捻而已。

① 黄承宗供稿。

佤族使用木制纺轮，由一根竹竿和一块圆木合成，纺纱时，先把棉花搓成棉条，随身带上三五支，走路或闲谈时，在大腿上搓一下，手提棉条在上，旋转纺轮在下，边转动边抽出细纱缠在手上，再搓一下，循环往复，纺成卷的棉纱，呈S向捻度，比较粗，投影直径0.8毫米①。

景颇族的纺具是：一根23～26厘米长的小竹竿，下端串几个小铜钱。没有纺车。

西藏黑河宗蒙古族有两种纺轮，其一叫做“各尔”，木制，长3.3厘米左右，上有一铁勾，牛毛只能用这种各尔捻纺；其二叫做“邦”，木制，长也3.3厘米左右。操作方法是：把撕松的毛绒放在“各尔”勾上或“邦”上，转几十下，捻成一段，再添毛绒捻②。

① 徐康宁供稿。

② 《西藏黑河宗罗马让学部落调查材料》，1964。

第五章　织制机具和技术的完善及发展

我国传统的织制机具在宋代以前已出现，在宋、元、明、清时期得到进一步普及和完善。如束综提花机在内地普及，束综提花与多综多蹑相结合的提花机的运用，在罗织机上安装了打纬筘等等。但从19世纪开始，以蒸汽为动力的西方织布机引进后，我国的织制机具实现了由手工机械到动力机械的飞跃。

织制技术方面，缎纹组织主要是在这个时期推广应用的，因而织物组织的三原组织也只有到这个时期才真正完备。同时织制工艺进一步向艺术化和大众化发展，使我国的手工机器织制技术和工艺达到很高的水平。

边疆少数民族地区多沿用比较原始的织制工具，而且织制技术发展水平也不平衡，既有与汉族地区农村类似的比较进步的织机和技术，如白族、傣族、侗族、维族的斜织机、水平架机、多综多蹑机，壮族的竹笼机以及蒙古族大力提倡、推广的织金技术等；也有相当原始的腰织机，腰织机的织制技术非常巧妙，能够用以挑花、提花，织制出非常精美的纹饰。这充分体现了边疆少数民族人民在极其困难的条件下努力提高织制技术的智慧和才能。

第一节　腰织机及其提花挑花技术

腰织机虽然是最原始的织制工具，但它简便，制作容易，适合于在深山老林、穷乡僻壤居住，生产力原始，生活十分穷苦，衣服用量极少（多用天然物）的少数民族使用，所以从古代到近代，许多边疆少数民族一直沿用这种织机。当然各地区各民族使用的腰织机在繁简、结构、形式、大小、质地和技术等方面不尽相同，反映了腰织机的不同发展阶段或民族特色。本书对腰织机略加区分，并给予相应的命名，希望有助于今后对腰织机发展历史的系统研究。

一、膝、腹机和木架编织机

研究纺织史的学者总是把腰织机（或称踞织机）作为织机发展史上的第一个阶段。实际上，腰织机已有比较齐全的部件，在它之前应还有更原始的织布工具。从近代民族学的资料看，更原始的织布工具主要有下面三种：

（一）折干

贵州、广西的侗族中保存有1种非常原始的织布工具，叫做“折干”，它只有三个部件：一是综片，侗语叫做“高”，是一根20厘米长的竹棍，下拴几十个绳套；二是分经棍，侗语叫做“冬”，是长15厘米、直径5厘米的竹棍；三是机刀，侗语叫做“喜”，长25厘米、宽12厘米。

上机方法：织制前，先把约45根经纱整理成圆圈状，套在两个膝盖上；用分经棍把单、双数经纱分成上下两层，单数在上，双数在下；再把双数经纱穿过综套，就可以织制了。纬纱整理成纱团状。

操作方法：第一步，用膝盖拉紧经纱，形成第一个织口，把纬线从右向左投去，再用机刀打纬；第二步，提起综杆，使单、双数经纱的上下位置对调，形成第二个织口，再从左向右投纬，打纬；第三步，放下综杆，使单、双数经纱回复原来的位置，形成第三个织口，再投纬、打纬，如此循环往复直至织完。

因为这种织机太简陋、原始，生产效率很低，所以现在一般不用，只作为小孩学习纺织或织制很窄的腰带时才使用[①]。当然，这种织机的综片已比较复杂、进步，最早可能没有分经棍和综片，只用手分单、双数经线和提经，以便投纬打纬；或有分经棍而无综片。这应是最原始的织具之一。

（二）弓形编织机

高山族和瑶族都使用过弓形编织机，其结构是：高山族“以木弓为架，用弦将经线提张起来，两端以绳系经，然后以竹杆把经纱固定在同一个水平面上，再用梭子编纬。北美洲也有类似编织机。这是简陋的张经方式之一，应是从编织机发展而来的。在这里编织机已经出现了弓形机架，定经杆和梭子，后来的腰织机就是在这类弓形编具的基础上改进和完善的”[②]。

云南富宁、麻栗坡等地瑶族用以编织彩色饰带的弓形编织机长 62 厘米，宽 13 厘米，已有综和打纬刀等重要部件。编织时，人站立着，将织机一端抵在腹部，另一端顶在墙上或木柱上。用经纱 95 根，两侧各 35 根（由黑、红、黄、绿色纱相互搭配），中间 25 根（黑色 16 根，白色 9 根）。中间经纱是起花的核心部分，没有提花综，只依靠织者用手分离、组合经纱来编织出几何纹图案。其穿综顺序是：

前综：……………………（13 根）

后综：……………………（12 根）

其操作过程是：

（1）提前花综中间 1 根白线，纬线自外侧各 2 根经线上边引过。

---

① 宋兆麟：《侗族的棉纺织工具和技术》，见《中国纺织科技史资料》，第 15 集。

② 宋兆麟：《凉山彝族的踞织机——兼谈河姆渡文化的纺织技术》，载《凉山彝族奴隶制研究》，1982（1）。

（2）提前平综，打纬。

（3）提后花综内侧 2 根白经线，纬线自外侧各 2 根经线上边引过。

（4）提后平综，打纬。

（5）提前花综内侧 2 根白经线，纬线自内侧 3 根经线上边引过。

（6）提前平综，打纬。

（7）提后花综外侧 2 根白经线，纬线自内侧 5 根白经线上边引过。

（8）提后平综，打纬。

（9）提前花综外侧 2 根白经线，纬线自内侧 3 根白经线上边引过。

（10）提前平综，打纬。

（11）提后花综内侧 2 根白经线，纬线自外侧 2 根白经线上边引过。

（12）提后平综，打纬。

（13）提前平综中间 1 根白经线，纬线自外侧 4 根白经线上边引过。

（14）提前平综，打纬。①

弓发明于中石器时代，比织机产生的时间早，用它作为最早的织布工具是可能的。但上述两种弓形编织机已有较多的部件，也不是最原始的织具。据情理推测，最早的弓形编织机可能是用经线取代弓弦，或置于弓弦的附近，加上打纬工具或再加分经棍而已，站着织布，这应是另一种最原始的织具。

折干机和弓形机，一坐织、一立织，结构不同，是由不同

① 朱宝田：《略论云南少数民族的纺织技术》，见《中国少数民族科技史研究》，第四辑。

途径发展而来的，但后来都发展为腰织机。

（三）木架编织机

云南武定彝族、傈僳族等使用一种“麻布架”（图 37），其构件是：4 根木叉桩，插在地上，两两相对。再用 2 根木棍，每根架在 2 根木桩上，形成编织架。经线的两端就固定在这 2 根木棍上。长 6.6 米，宽只有 16.5 厘米。然后在经线上进行编织，织者在架的左侧一点点从一端向另一端织制。每编织 0.5 米，剪下来，叫做一页。一件成人的上衣由 12 页布缝成。一户农家一年大约能收成 10 千克大麻，可织成 100 页布，制作 8 件上衣①。

图 37　傈僳族织麻布架

（赵广田供稿）

① 《武定万德区万宗铺村彝族社会历史调查》，见《云南彝族社会历史调查（内部参考），1963。

楚雄的织布架长 3 米左右，另有一件穿经用的篾子①。可能也是这类编织机。

景颇族的织具只是在地上插 2 根木桩，每桩上架横木张经，然后用 9 根竹签编织②。

以上三种都是编织机，是织机的雏形。

二、腰腿并用坐织机

腰织机中最常见的是腰腿并用坐织机，现按使用该类织机的不同形制举例子说明。

（一）台湾东部高山族

台湾东部高山族阿美人、排湾人、鲁凯人都使用这种水平式的腰腿并用机。现据凌曼立《马太安阿美族的纺织》③ 等文的调查报告，把阿美人的织机介绍如下。

1. 织机部件

踏板，长方形，面略呈弧形，也有平的，长约 70 厘米，宽 20 厘米。

尖木棒，包括固定棒、隔棒、综绕棒、梭路棒等，为方柱锥形体，长约 70 厘米。轻木制。

刀状打棒，硬木制，长 80 厘米，宽 12 厘米。

近身布夹，由 2 根半月形木柱合成，长 75 厘米，直径 2.5 厘米。

腰带，用藤条编织或兽皮制成（后来也有用橡皮制成的），近似长方形，长约 60 厘米，宽约 5 厘米，两端较窄，上有小孔或铁环，以便系绳。

---

① 《楚雄县第六区力伯所乡大益居村彝族社会调查》，见《云南彝族社会历史调查》（内部参考），1963。

② 中国科学院民族研究所：《景颇族简史简志合编》（初稿），1963。

③ 载台湾中央研究院《民族学研究所专刊》之二。李亦园等：《马太安阿美族的物质文化》第十二节。

梭子，是小竹棍，两端削出V形缺口，以便绕纬，长度以比布幅略小为原则。

2. 织布工艺

坐在地上或床上织制，因理经方法不同和布疋组织结构不同，而有几种织法。

单综绕织布法。用无架理经法和四柱理经法整理出来的经纱只有一片综绕，用它织布时，织机部件的顺序是：近身布夹，刀状打棒，梭子，综绕棒，隔棒，固定棒和踏板各1件。操作方法与一般腰机织平纹布的方法相同，但阿美人有独特之处，即为了解决麻、棉纱线太软的问题，开始织时，先用稻草等草茎作为纬线织五六梭，使布面固定，然后再用麻、棉纬纱织制，等完全固定后再把草茎抽掉。

甲种双综绕织布法。因用五柱理经法整理的经纱含前后2片综绕，所以要织造它，就要增加织机部件，即在单综绕织机部件基础上，增加梭路棒和综绕棒各1件（放在前综绕棒和隔棒之间）。操作方法比较复杂：第一步，脚尖向上微仰，放松经线，提前综，平插打棒；提后综，插梭路棒；第二步，脚尖向下微压，撑紧经线，把两综推向靠近踏板处；第三步，打紧纬线；立起打棒，穿梭引纬，再打纬；第四步，把打棒放平，抽出，显出另一梭路，两脚紧蹬踏板，平插打棒，打纬，立起打棒，引纬，打纬，第五步，抽出打棒和梭路棒，显出又一梭路，插打棒，打纬；再立起，引纬，打纬。然后再从第一步开始，如此反复织制。

乙种双综织布法。用六柱理经法整理的经纱也有2片综绕，织机部件比甲种多1根隔棒（前后二隔板）；其他部件位置与甲种相同。操作方法与甲种相似，但因多一根隔棒，所以在第五步抽出梭路棒、织完一纬之后，抽出打棒，显出另一梭路，可再引纬、打纬。即为六步操作。

二综合一织布法。即在甲、乙种双综织布时，织到一定长度后，将梭路棒抽出，将前后两片综绕合并为一，以单综织法织两梭，再用双综织法，如此循环往复操作。这是因为双综织法织出的布疋虽然美观，但较疏松，不很牢固，所以要加上二综合一法，使织物既美观，又加强牢度。

当织到不能再织时，把织具取出；但要在布疋两端拴结经线，即每三根经线都用纬线打一死结，防止经纬线松脱，这样才算完成织布工艺的全部工作。

（二）海南黎族

海南黎族人民织制筒裙、饰带、头巾也多用这类织机，（清）张庆长《黎歧纪闻》记载：这种织机是“复其经之两端，各用一小圆木条贯之，长出布阔之外，一端以绳系圆木而围于腰间；以双足踏圆木而旁而伸之，于是加纬焉，以渐圆木而成布”。显然也是腰腿并用的水平腰织机。现据李也贞《黎族的腰机提花》一文① 和《中国纺织科学技术史》等介绍，综合简介如下：

1. 织机部件和织造工艺

绕经纱棍，木质，长 58 厘米，直径 2.8 厘米，全部经纱整齐地绕过此棍。

定经纱棍，又称导纱棍，木质，长约 30 厘米，直径约 0.8 厘米，全部经线都在此棍上绕 1 圈，间隔均匀地平列其上，基本上固定了每根经线的相对位置，又使经纱张紧、平整。

分绞棍，是细竹杆，长约 40 厘米，径 0.2 厘米，对折成一头连上的二叉杆，分别穿上单、偶数经纱。

提花综杆，有 15 叶，形状、大小与分绞棍类似，但穿经方法与所起作用完全不同。其上绕线综，需提起的经线根据织制

① 见《中国纺织科技史资料》，第 2 集。

纹样的要求分别绕进不同线综内。由于综圈内有二三厘米的空间，穿过的经线可上下自由活动，因此，虽然一根经线穿过前后若干根综杆，也不会互相影响提经运动。

平纹综杆，有2叶，长31厘米，将竹子的一端劈成有两根支杆的U形钗状，支杆直径0.5厘米；另一端不能劈开，而且应有竹节，才能牢固耐用。一根支杆上绕有细绳作为吊综。单数经纱绕入综杆a的综圈内，每根综线穿2根经纱。偶数经纱绕入综杆b的综圈里，每根综线穿4根经纱。开叉的一端用绳捆紧，以免综绳脱落。

卷布轴，有2根木杆，a是长46厘米、厚1厘米的扁杆；b是长52厘米、径2.5厘米的圆杆，两端各有1个缺口，以便捆扎。二杆并合可把经线或织好的布夹紧。

砍刀，长约33厘米，宽约4厘米，是半月牙状扁杆，硬木制成。打纬和扩大梭口用。

挑刀，长约55厘米，宽约2.5厘米，一端细尖，一端平，用于挑理梭口。

挑花棒，长30厘米，径1.5厘米，也是一头尖的木棒，也用于挑理梭口。

梭杆，即梭子，形状与内地梭子不同，是一根两端圆滑的细木杆，长35厘米，径0.8厘米，仅中间一小段用于绕地纬。

定幅棒，长37厘米，径1厘米，用于定布幅的宽度，在织布之前要先织定幅棒。

此外还有1条布制背带和1把割线用的竹制小刀片。可见这种腰织机比阿美人的腰织机复杂、进步一些。

织布前先要整经和上机，即把经线整成环圈状，一端穿进绕经棍；另一端穿进卷布轴。然后织者席地而坐，两脚前伸，顶住经棍的两端；把卷布棍用背带绑在腹部，以便依靠腰、腿的活动来调节经纱的张力，如提综时，张力要减小；打纬时则要绷紧。进而把绞杆、综杆等部件穿在经线上，就可以织造了(最复杂的是穿提花综杆，留到后面介绍)。

2. 提花工艺

织制简单花纹用提花方法。

第一步，提起平纹综杆Ⅰ，形成梭口；在杆前插入，立起砍刀，固定梭口，投入地纬；放平砍刀，打纬；然后抽出砍刀。

第二步，提起花综杆1，形成第二梭口；在平纹综杆和花综杆之间，用砍刀固定梭口；按织物要求用手指拨入有关色纬(地纬纱绕在梭杆上。纹纬纱剪成每根50厘米长，平放身边，用时，一根根纳入不同梭口，每一根纹纬都要在织口外留下0.5厘米左右的线头，第1根留在一端，第2根留在另一端，如此循环往复，各线头不用打结连接。因为织物是从背面往上织的，所以线头都留在织物背面，不影响织物的美观)；然后照样打纬、抽刀。

第三步，提起平纹综杆Ⅱ，形成第三个梭口，然后投纬、打纬、抽刀。

第四步，提起花综杆2，其他操作方法同上。

总之，平纹综杆Ⅰ、Ⅱ轮流使用。花综杆1→15按顺序提起。然后则按14→2的倒数顺序提起。其后又是按1→15和14→2的顺序循环织制、提花。连接带每边则都由16根经纱用平纹综杆织成平纹布边。提花的纬纱循环数一般在30根以内（图38)。

3. 挑花工艺

织制复杂大花纹时，必须用挑花技术，其纬纱循环数可达数百根。操作顺序是：

第一步，织平纹地，利用分绞棍形成的自然梭口，放进砍刀，引纬，打纬。

第二步，挑花，先提起综片，形成梭口，放入挑花刀A；随

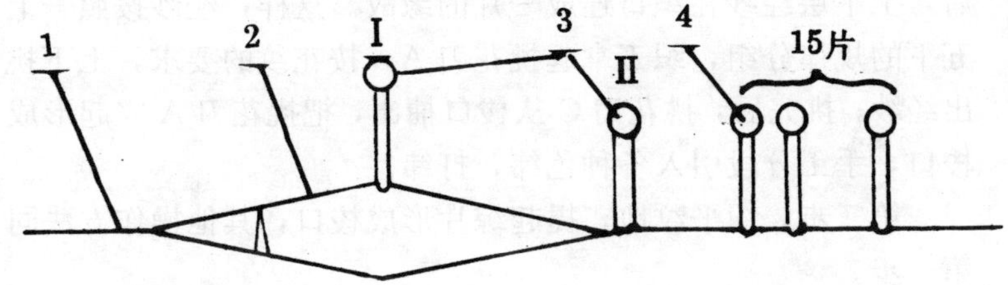

腰机提花开口图(1)

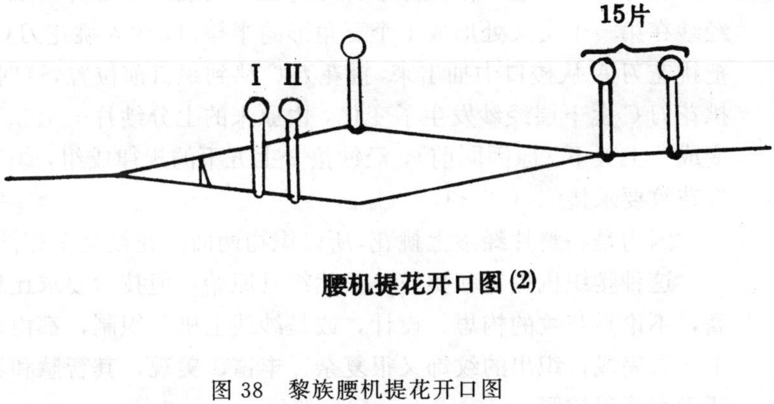

腰机提花开口图(2)

图 38　黎族腰机提花开口图
(陈恩尧据《中国纺织科学技术史》绘制)

后放下综片，使与原来的梭口形成1个交叉，出现第二个梭口，放入打纬刀B；同时，分绞棍后移，使下片经纱向上移，相对应的下分纱片则前移到靠综片的位置，立起，把下分纱片上的经纱分成上下两层：上层经纱在第一交叉处形成1个三角形的半梭口，放入挑花刀C；把挑花刀A从梭口中抽出；挑花刀C移到织口前位置，使上下层经纱数发生变化，由原来的下分纱片上面的一上二下变成一上五下，这是由于挑花刀A从梭口抽出后，上下层经纱在织口连成一片的缘故。这样，经纱按照一上五下的规律分组，织工拿起挑花刀A，按花纹的要求，上下挑出经纱；挑完后，挑花刀C从梭口抽出，把挑花刀A立起形成梭口，手工分段引入各种色纬，打纬。

第三步，织平纹地，提起综片形成梭口，其他操作方法同第一步。

第四步，挑花，先在梭口中放入挑花刀A，然后提起综片，与挑花刀形成1个交叉，出现第二个梭口，放入打纬刀B；又放下综，分绞棍后移，上片经纱在上，与其相对应的上分纱片前移到综片处，立起，把上分纱片上的上下两层经纱分开，上层经纱在第一个交叉处形成1个三角形的半梭口，放入挑花刀C，把挑花刀A从梭口中抽出来，挑花刀C移到织口前位置，这时，挑花刀C上下层经纱发生了变化，由原来的上分纱片一上二下变成一上五下（原因同前），经纱按一上五下的规律成组，织工按花纹要求挑织（图39）。

因为是在整片经纱上挑花，所以织物两面的花纹完全相同。

这种腰织机提花和挑花，虽然织具原始，但技术要求比较高，不论是花纹的构思、设计，或是纱线上机、织制，都由织工一人完成；织出的纹饰又很复杂、丰富、美观，其智慧和灵巧确实值得钦佩。

（三）云南佤族、傣族

云南西盟、沧源等县佤族和元江傣族等所用的腰织机（图40），比黎族的简单些，但基本部件相同，有十六七件，只是个别部件略有差别，如黎族分绞杆对折成一头连结的二叉杆，而佤族、傣族的是一根细直棒；黎族定经棍是一根细木棍，经线在棍上绕一圈以定位置，而佤族、傣族（还有阿昌、普米、基

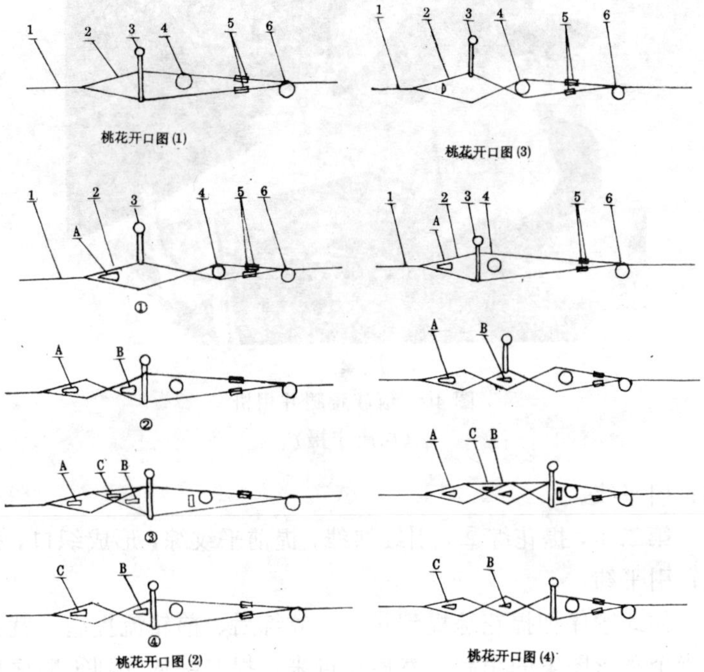

图 39　黎族腰机挑花开口图

（陈恩尧据《中国纺织科学技术史》绘制）

诺、景颇等族）的梭口棒，是在细木（竹）棍两端各钻一个小孔，有 1 根细绳两端固定在两孔里，用以套穿在提起开口的经线中，使经面不致晃动、滑脱等等。佤族、傣族妇女用这种织机每天可织 66.6 厘米宽的布 1 米。织彩纬织物时还加提花综。

操作方法，如佤族缝在两幅筒裙中间的“狗牙齿”花带的织制方法是：

第一步，提花综①，引红纬线；提后平纹综，形成织口，打

图 40　佤族腰腿并用机
（徐康宁摄）

纬；引平纬。

第二步，提花综②，引红纬线；提前平纹综，形成织口，打纬；引平纬。

如此顺序把提花综提到⑩；平纹综后、前轮流提起，就完成半个菱形图案的织制。然后反过来，提花综从⑨到①顺序提起，平纹综同上，织成另一半菱形图案[①]。

三、腰挂坐织机

腰挂坐织机即张经只用腰和工具，而不用腿的织机。主要分布在几个地方，分述如下。

（一）云南省西北部

云南省西北部的傈僳、怒、独龙、纳西等民族使用的腰挂坐织机，主要部件有：卷布轴，皮幅（用兽皮或树皮制成），纬

① 朱宝田：《略论云南少数民族的纺织技术》，见《中国少数民族科技史研究》，第六辑。

刀，综杆，梭口棒，分经棒和挂钩等。其主要特点是，没有卷经轴，而代之以挂钩。它用木棒弯成弓形，用麻绳作弓弦。环形经纱长360厘米、宽30厘米，穿过弓弦，然后把它挂在木挂钩上①。别小看这个小小的变化，它具有重要意义——首先，织工织布时，经纱的张力依靠腰部和挂钩，双脚不用顶着经轴，把双脚解放出来；其次，可以延长经线的长度，不受两腿长度的限制；同时，它使经面呈前高后低的斜坡状，为后来改进成斜织机打下基础。但由于生产力十分低下，其优越性未发挥出来，独龙族用这种织机织1张宽33.3厘米、长165厘米的布需要7天的时间，剥麻、搓麻、洗染麻线全用手工，又主要精力用于解决食粮，所以一个妇女一年只能织二三张布，不能自给。德昂族、基诺族、景颇族的织机也基本上属于这个类型。

（二）四川凉山彝族

四川凉山彝族有几种织布机，其中最简单的一种是织毛布用的腰挂坐织机（图41），“植木于地，维经于木，趺足坐地，贯杼而纬之，最巧捷，幅宽五六寸，染之似罽”②。它或把经纱的一端穿过经轴，系在墙上或固定在木桩上；或不用经轴，只用一根绳子拴在木桩上，拉住环形经线的一端。经纱的另一端穿过卷布轴，固定在织者的腰部。经线可长可短，一般长为165～200厘米，宽33.3厘米，远远超过两腿的长度。经线短者，两端直接用经轴（或绳套）和卷布轴撑起来；若经线很长者，则把暂时织不上的经线打上很多活扣，一个套一个，最后一个扣套在木桩或墙上，以缩短织布时的经线距离，便于腰部用力控制织造。这种织机还有分经棍（一根木棍），缠纬线的小木棒和光滑的打纬刀等。用这种织机织造一件擦尔瓦，约需20天的时

① 朱宝田：《略论云南少数民族的纺织技术》。

② （清）檀萃：《滇海虞衡志》，卷十三。

间①。

图 41　四川彝族腰挂坐织织布
（吉木布初摄）

云南宁蒗彝族和布朗族也使用这一类织机，拴经木桩高 30 厘米，经面长 150 厘米左右，在靠近木桩处有两根竹交棍，经纱各绕交棍 1 周。用 1 根木轴，长 63 厘米，径 5 厘米，将经纱分为两层，单数经纱为面经；双数经纱为底经，底经各纱均拴一根综丝，长 4 厘米，往上穿过面经，依次系在综杆上。综杆可上下前后移动。打纬的木砍刀，长 76 厘米，宽 12.3 厘米。没有梭子，用纬锭引纬。用这种织机织造毛、麻布，彝族一天可织 80 厘米，布朗族一天织 66 厘米左右②。弥勒县彝族的布幅宽 23 厘米左右，一人一天能织 300 厘米左右。

（三）台湾兰屿

台湾兰屿高山族雅美人的织机也属这一类型，但与上述织

① 《四川省凉山彝族自治州彝族社会调查》（内部资料），见《彝族简史简志合编》。

② 宋兆麟：《云南西双版纳傣族的纺织技术——兼谈古代纺织的几个问题》，见《中国少数民族科技史研究》，第六辑。

机有些差异，它不是用挂钩或绳套代替卷经轴，而是有卷经轴，是长约60厘米的木棍，上有一些缺口，以便绕住经线的一端。织布时不用双足顶住经线轴，而是在经线轴的两端系上绳子，系挂在两根柱子上。织者坐在地上，脚蹬石头进行织造。其他织机部件还有：

打线板，形扁平，两头较尖，即打纬刀。

夹布板，2块，两头均有叉口，可以系绳。

背带，长70厘米，宽20厘米，两端各扎一根小木棍，用绳子连接夹布板的两端。

分经轴，用猪骨制成，一头尖。

梭子，长16厘米左右，木制，表面有折线纹，中间有沟，可绕线。

此外，还有竹、木制的各种细长和扁平的部件，插在经线中，起提综、分隔等作用。

这种织机一般可织长100厘米，宽20厘米左右的麻布。但若织较粗的蕉麻，把经线一端固定在石墙上，织工双脚顶在石墙上（像腰腿并用机），织物长只有50厘米左右①。

（四）台湾省台东市南王里

台湾省台东市南王里的高山族卑南人使用的织机别具特色。他们不用双脚直接撑经卷，而通过脚撑工具箱（与经卷相接）用腰、腿控制经线张力。这种织机介于第二、三类织机之间，究竟是第二、三类织机的过渡型？还是第三类织机的改进型？值得今后进一步研究。现据王端宜《卑南族的织布和衣物》② 等文，把织机部件和织造工艺简介如下。

1. 织机部件

---

① 陈国强，林嘉煌：《高山族文化》，学林出版社，1988。

② 载台湾大学《考古人类学刊》41，1970。

背带，生牛皮制成，长约47厘米，宽15厘米。

布卷，由2块半圆形木棒合成，两端较粗，并有缺口。全长约48厘米，径3厘米，其上常漆有红、黑色几何纹图案。

综绕棒，一组7支以上，用细竹枝制成，表面磨光，一端削尖，便于挑经线组，有时从一端垂直剖开，另一端不剖开，以便夹住综绕线。棒长约45厘米，径约1厘米。

隔棒，有五六支，粗细不同，直径2～3厘米，长约50厘米，多用竹制；也有藤制的，较差。一端削成斜面，便于插入梭路中。棒的两端常漆有红、黑色几何纹图案。

固定棒，竹枝制成，长约50厘米。

打棒，木质，形似刀，长约60厘米，宽8厘米，刀背厚约1.5厘米。棒上浅刻有由数种几何纹组成的美丽图案，再涂上红、黑色，是卑南人的典型纹饰。

经卷，长方形木板，长约65厘米，宽约10厘米，厚约2厘米。以前，经卷固定在地上，现在固定在工作台或架子上，两端也有纹饰。

吊杆，木质，两端向上弯翘，并各有一小孔，可系绳由屋顶悬吊到工作台中央上方，长约50厘米，厚约1.5厘米，织宽幅布时才用。

梭，竹或木质，两端稍窄，并挖出叉口，长约30厘米。

挑线刀，铜质，似匕首，刀尖微翘，有以弹头作柄的，请汉人加工而成，长22厘米，柄与身基本上等长。

工作台，以前坐地织布，工作台以木板搭成，长16.5～20厘米，宽115厘米左右。后来改在床上织布，以床头栏杆固定经卷，比较舒适。

工具箱，是有盖木箱，长约80厘米，宽、高各约25厘米，放在固定经卷的床头栏杆前，平时用于放织具和半成品布疋；织布时用以抵脚，增加腿腰控制经纱的力量，又增加了经纱长度。

长形木块，三四块，如要加长经线时，可把它放在工具箱与织者的脚之间，使脚仍能间接地蹬住工具箱和经卷。

2. 织布工艺

织布工艺分平织与棱织两种。

（1）平织，又有单色平织与夹色线平织两类。

单色平织，只用前综第一支棒 A 及在其综线间加插一棒 A′，把原综线分为两组——第一组是第 1，7，13，19……根经线；第二组是第 4，10，16……根经线。由这两组交替提起织制。

夹色线平织，用前综三支综棒操作，步骤是：

第一步，拉起第一支综棒 A，出现梭路，放入 1 根隔棒。

第二步，拉起第二、三支综棒 B、C，出现另 1 梭路，放入另 1 根隔棒。

第三步，把上述两根隔棒推到一起，出现第三个梭路，插入第三根隔棒，并抽走前两支隔棒。

第四步，拉紧经面，把打棒插入第三个梭路，立起，用挑线刀把色线穿过梭路。

第五步，抽出打棒，出现第四个梭路，插入打棒，打紧，再引纬通过第四梭路，完成一梭的织制。

第二梭则用 A′、B、C 三棒。如此循环重复，直至织完。

（2）棱织，分为织纬和夹织两部分，先夹织，后织纬，织法相同。但织纬是操作前综 A、B、C 三综棒；夹织是操作后综 D、E、F、G 四综棒。一个组织包括 4 个循环过程。每个过程有 8 个类似的步骤，最后一个过程只有 5 步。

第一过程：

第一步，同时提起 E、F、G 三棒，使这三综经线上升，D 综经线在下，出现梭路甲，插入隔棒甲。

第二步，把 D 和甲推向经卷，出现梭路乙，插入隔棒乙，抽掉甲棒。

第三步，提起D，出现梭路丙，插入隔棒丙。

第四步，把A、B、C三综棒推远，则梭路乙移到近身处。

第五步，打棒插入梭路乙，打上一梭纬。

第六步，撑紧经线，则D综的经线浮在丙棒上。由于卑南族夹织一梭色线，往往是由好几色线构成，因此，一梭的色线很少是连续的。

第七步，抽掉丙之外的其他隔棒，在梭路丙内另插8根棒，打紧刚夹织的毛线，完成一梭夹织工序。

第八步，织纬线，用A综棒操作，之后把纬线圈推到B综棒上。

第二过程：

第一步，同时提起F、G棒，出现梭路甲，插入隔棒甲。

第二步，把E推向经卷方向，出现梭路乙，插入乙棒。

第三步，提起D，出现梭路丙，插入丙棒。

第四步，同时提起乙、丙棒，在经线上来回几下，出现梭路丁，插入丁棒，打纬（前梭之纬线）。

第五步，提起E，出现梭路戊，插入戊棒。

第六步，撑紧经面，E综的经线浮在戊棒上，夹织。

第七步，抽去戊以外的其他隔棒，把打棒插入梭路戊，打紧夹织的线。

第八步，织纬线，用B综棒操作，之后把纬线圈挂到C综棒上。

第三过程：

第一步，同时提起D、E棒，出现梭路甲，插入隔棒甲。

第二步，提起G棒，出现梭路乙，插入乙棒。

第三步，把F，G往经卷方向推，出现梭路丙，插入丙棒，抽去乙棒。

第四步，甲、丙棒形成梭路丁，插入丁棒，抽去甲、丙棒。

第五步，提起F，出现梭路戊，插入戊棒。

第六步，把打棒插入梭路丁，打纬、夹织。

第七步，抽去丁棒，留下戊棒，插入打棒，打色线。

第八步，织纬，用C棒操作，之后，纬线圈挂到A综棒上去。

第四过程：

第一步，提起G，出现梭路甲，插入甲棒。

第二步，同时提起D、E、F棒，出现梭路乙，插入乙棒。

第三步，把打棒插入乙路，打纬，夹织。

第四步，抽去打棒和乙棒，把打棒插入甲路，打紧色线。

第五步，织纬，用A综棒操作。

这四个过程是先后使D、E、F、G综的经线轮流上浮，以便计算经线，织制纹饰。用这种方法可以织制菱形等几种简单的几何图形。

四、腰腿并用与腰挂坐织机的结合型

台湾北部高山族泰雅人的织机和织布技术可算是这一类型的一种。现据石磊《泰雅族南澳群的纺织工业》[①]等文，简介如下。

1. 织机部件

经卷，把一段树干挖空成锁头状，底部较宽，顶部较窄，有的长97厘米，高30.5厘米，宽10厘米，腹宽14厘米[②]，从顶部往里挖洞，顶部开口面积87厘米×7厘米，经卷内的洞比顶部大得多。它既是卷经轴和踏脚，又可以储藏小件的纺织工具，以免丢失，一器多功用。

---

① 载台湾中央研究院《民族研究所集刊》(17)，1964。

② 原文作：腹宽20厘米，底宽14厘米，似有误，因从图看，腹部并未凸出，而是从底向顶斜收，腹应小于底。

近身布夹，由2块木板合成，其中1块上刻长方形槽，板长85.9厘米，宽6厘米，厚3.9厘米；槽身长70.5厘米，深4.5厘米，两端柄分别长7.6厘米和7.8厘米。另1块为长方形椎刀状，长85.7厘米，宽6厘米，背厚2厘米。其中，刀身长70厘米，两端柄长分别为7.8厘米和7.9厘米。使用时，用刀刃把布插入槽中，即可夹紧。两板相合宽8厘米。其形制与近代大陆少数民族所用的卷布轴不同，但与云南晋宁石寨山汉墓出土的铜卷布轴是同一类型。

刀状打棒，即打纬刀，近似月牙状，细长，背略平，木质，长90.5厘米，宽5.2厘米，背厚2厘米。其形制与上述海南、云南的不同，但与甘肃武威出土西夏时期的木打纬刀属同一类型。

隔棒，用以分隔奇、偶数经纱，近似长方形，木质，长74.2厘米，宽5厘米，厚2厘米。棒上开口也近似长方形，长64.7厘米，宽2厘米。

综绕棒，用带叉的树枝制成，其中一叉枝穿进综套内；另一叉枝在套外，用线把开口的一端扎牢，使经线不易脱落、散乱，长70厘米。

系经棒，用于穿经线，使经线一端固定在墙壁上。竹或木质，长100厘米左右。

梭子，竹片刮成，器表光滑，中间为长方形板状，两端各有一叉，略微弯曲，长36厘米，宽20厘米，厚1厘米左右。

这些织机部件有的可以自己寻找、制作，有的因技术较复杂（在生产力很低的情况下），需由专人制作，出卖。例如制作经卷，需用一个星期的时间，因此价格昂贵，要用一头猪交换。

这种织机的特点是：以近身布夹为中心，将经线的一端固定在经卷；另一端经近身布夹后，又折回去，通过经卷之下，固定在墙壁上的系经棒。它兼有腰腿并用机与腰挂坐织机的优点，而摒弃了二者的缺点。因为腰腿并用机所占面积小，但织物短；而腰挂坐织机织物长，但占地面积大。而这种织机兼有占地面小，又织物长的优点。

2. 织布工艺

与腰腿并用机相同。泰雅人多坐在床上织布。当然也有坐在地面草席上织布的。

泰雅人也掌握挑花技术。也是用挑花工具——竹片等把经线上层（穿有综绕的那一组）分成上下两层；再用一竹片使这两层经线的上下层位置对调，从而形成梭路，即可挑织，这样使彩色纬线暴露在经线之外。

泰雅人能织平纹布和斜纹布（人字纹布），二者织法有些不同。织人字纹布之前，理经时可能把偶数经线也置于综绕内，在综绕中形成一个三角形的开口。织布时将一细棒或竹竿穿进开口内，前两梭的织法与平纹布织法相同；两梭后，将穿在综绕内的细棒抽出，现出另一梭路，织第3梭。“简单地说，平布织法拉综绕一次，可织2梭。斜纹布则可织3梭”。

石磊的调查文章还注意到：由于织布需要体力、技术和眼力，所以泰雅妇女一般是15～19岁学织布，20～40岁是最理想的织布年龄。一个身强力壮、技术熟练的织女，半个小时可织幅宽50厘米左右的平纹布16厘米。

五、腰织机的改进型

四川凉山彝族的织机似有几种，现据四川省博物馆收藏的彝族织具①，加上我们的初步归纳分析，简介如下。

凉山彝族织机都属腰织机，没有机架，坐在地上或凳子上织造。但织机部件多少不等，有的只有10件；有的多达18件。织机部件数量的不同主要是织机在引纬、打纬上有所改进。其

① 资料是林立为本书提供的。

大致可分为三类：

第一类，最简单，在腰挂坐织机部分已介绍。

第二类，用两把大梳子——筘，将单、双数经纱依次穿入，比第一类进步，其优点是：可以控制布幅的宽窄，织造时，经纱有条不紊；筘可代替打纬刀打纬快而有力等。但也有落后之处，即仍用小木棒缠绕纬纱引纬。

第三类，使用木梭，使引纬时阻力减少，提高织布效率。这类织机又可分为两种：一种是使用木棒分隔单、双数经纱；另一种是使用筘控制单、双数经纱。后一种似乎算是腰机的改进型。

主要的织机部件及其形制是：

竹木梳，又称为筘，长39.5厘米，宽26.5厘米，梳齿是用劈细的竹片整齐地固定在两根木条当中，经纱依次穿入，侧边再用两根木条固定牢。

木棒和竹棍，用作卷纱棍、绞纱棒等。

打纬刀，木质，长57厘米，宽10.5厘米，扁平光滑。一般地，用筘即不用打纬刀；用打纬刀的则不用筘。

小竹棍，1至数根，绕纬引纬用。

木棒打叉，长48.5厘米，周长8厘米，两头叉口深2.6厘米，可能是撑幅器，俗称边撑，用于控制布幅的宽度。

线综，线绳制成，提沉经纱开口用，根据要织布疋及其纹饰的要求，穿系有关经线。

木梭，有大小两种，大的长30厘米，中粗23.5厘米，口深5厘米。小的长25.5厘米，中粗14.5厘米，口深2.5厘米。

木桩，埋在地上，有一二根，长50厘米左右，固定经线的一端。

根据上述织机部件的尺寸和织机上留下来的半成品看，彝族织物幅宽一般是18厘米左右（一说33厘米），长度不等。

宋兆麟《凉山彝族的踞织机——兼谈河姆渡文化的纺织技术》一文① 对彝族织机及其操作技术做了详细的考察，综合摘要如下：

先在底经右侧第一根经线上拴住纬线头，后用机刀扩大面经与底经间的织口，由右向左投纬，打纬。随后把分经木向前推，提起综杆，使底经上升到面经之上，出现第二个织口，再插入机刀，投纬，打纬……如此循环往复织制。控制经纱的松紧，依靠织女腰部的前后活动。为了布幅的平整、密集，并有助于打纬，还使用幅撑——两头尖的竹条或树枝，横置于新织的布幅上，两端插入布幅边缘，长度略短于布幅（彝族布幅 33 厘米，幅撑 32 厘米长）。每织二三十厘米布，就往卷布轴上卷一次，同时放一段经纱，继续织造。

第二节　斜织机与平（卧）织机

如前所述，在春秋战国时期，我国已发明了斜织机，秦汉时期开始普及使用后，其结构和织造技术日趋完善。但因前代的文献记载太简略，遗留的图像也不甚详细、清楚，所以人们对斜织机的结构及操作工艺难以完全明了。元朝开始有了比较详细的记录和插图，这不仅使我们了解到斜织机的全貌，而且可以看到它比前代有所改进。

元代的资料主要见于薛景石《梓人遗制》的小布卧机子图和有关构件的名称、尺寸②，还有王祯《农书》中的布机卧机图。经面有斜面和水平两种，即有斜织机和水平织机两种。构件有：机身、马头、脚踏子、豁丝木、鹞儿木（织地纹提综杠杆）、滕子（绕经辊）、筬框（筘）、辊轴耳子、攀腰环儿等等。这类织

① 载《凉山彝族奴隶制研究》，1982（1）。

② 《永乐大典》，卷一万八千二百四十五十八漾匠字诸书十四。

机使用双综双踏杆，由二踏杆带动二综升降，踩下长踏杆时，后综下降压经，前综上升提经，形成梭口。踩下短踏杆时，则前综下降压经，后综上升提经，出现另一梭口（单综则只起提综作用）。如此循环往复织造。打纬的竹箱有两种安装方法：一是将竹筘连接叠助木（重型摆杆），用以推动筘打纬；二是用绳子吊挂于两根弯杆下面，依靠弯杆的弹力打纬。既轻便，又有力量，提高了打纬的工效和质量。下面介绍几个民族的斜织机或平（卧）织机（包括从腰机向斜织机、水平架机发展的过渡类型）。

一、几种过渡类型的织机

（一）四川木里藏族自治县的木架式织机

四川木里藏族自治县居住着藏、彝、纳西、傈僳、苗、布依、壮、傣、汉等9个民族，除汉、彝、苗族外，其他6个民族都使用一种木架式织机（图42），它是用4根高约150厘米，

图42 四川木里木架式织机

（黄承宗摄）

直径3～4厘米的柱子，制成长约400厘米，宽约100厘米，高

150厘米的机架。经线一端拴在木桩上（钉在地上）。综杆横挂在机架顶的木杆上，可以随便来往移动。底经纱、面经纱由下面所系两根木棍一上一下形成交叉，以便左右投梭引纬。用扣杆击打纬线。已织成的布卷捆于卷布轴上，置于前腰。织者坐在机架的木板上，用右脚来往踏里、面经线木棍以操作织造。梭子用硬木挖制成简易的、两头尖中空间的船形，中空以便纳线。织布时，两手来回传递，空着的一手则掌扣打纬。若用几种纤维混织时，梭子只纳麻纱，而火草纱、木棉纱等仍绕在木棍上，与纳入麻纱的梭子轮流使用。这种织机所织布幅一般只有12厘米，最宽者30厘米①。这种织机有了机架，织者坐在机架上织布，比较舒适；综杆悬吊架上，可以活动；机架代替挂钩，较为稳固，织造时不至于晃动；可把经线拉得相当长。用脚代替手提沉经线，把双手解放出来。所有这些，都是从腰织机向斜织机和平卧机过渡的重要条件。

（二）土家族的织机

土家族的织机有：机架，“I”字形经轴，分经杆、压经杆、线综、打纬刀、挑花刀（牛角制成）、坐机板、踏杆、筘等部件，织机一端稍高，另一端稍低，所以有人称之为“斜织机”。但布帛卷于织者腰部，仍有腰织机的某些因素。

这种织机因机架高低不同而分为高机和矮机。但均用2片综；操作方法都是用脚控制提沉经线，用手织纬、挑花。清代时即已如此：“土妇或经纬皆丝，或经丝棉纬，用一手织纬，一手挑花，遂成五色。其挑花用细牛角。”② 经调查考察，织造土家锦的工艺是：甲、乙、丙三组经线（丝）分配比例为乙、丙、甲、丙，丙层经线穿入综内，纬线用毛线和纱线。第一纬用挑

① 黄承宗供稿。

② （乾隆）《永顺府志》。

花刀把毛线织入，三层经线均参加交织，然后将打纬刀伸入甲、丙梭口，先打紧毛纬线，再引出一根纱纬线，用筘打紧，然后提起线综，使丙层经线在甲、乙层经线之上，同时踏[illegible]经杆的踏杆，引入纬线，用筘打纬，完成一个循环。[illegible]机法有所不同，是把单数经线随甲层经丝分经；双数经线随丙层分经。这样，随着甲、丙层经线的一上一下织成平纹边组织。总之，只要改变分经比例，即可形成不同组织的织物①。

（三）广西民间的织布机

广西民间织布机的机件主要有机台和机架。一般机长 173 厘米，呈倒梯形，前端宽 65 厘米，后端宽 77 厘米。机台前端设有坐板，后端承接机架。机架高 77 厘米。经纱从机架后梁出发，下降至分经轴后，水平转向，通过综、筘，到卷布轴（系于腰前）。筘装置在摆杆上，借助摆杆的重力和惯性打紧纬纱。筘的后面是两片地综，地综由综丝和竹综框组成，长方形（上下综框，中间综丝），两片地综下连踏板。这种织机可织布，加上提花片综后还可织锦。提花片综置于地综之后，由综杆和综丝组成，从前到后依次排列，悬挂在机架上。50 年代后，随着机织布取代土布，这种织布机才渐消失②（图 43）。

二、侗族的水平架机

广西、贵州等省区侗族使用的织机，陆次云《峒溪纤志·余志》略有记载："布刀者，峒人织具也。峒人不用高机（按：指带花楼的提花机），无箸无枝，以布刀兼之。刀用山木，形如刀，长于布之阔，锐其两端，背后而椭如弓之弧；刃如弦而薄；刳其背之腹以纳纬，而窾其锐而吐之，以当梭纬；既吐，则两

① 蒋猷龙，梁加龙：《中国少数民族蚕丝技术源流》，载《农业考古》，1990（1）。

② 曾少立供稿。

图 43　广西壮族织布机
（孙明光摄）

手扳其两端，以当箸也。”过于简略，只知引纬与打纬合一；不带花缕。宋兆麟《侗族的棉纺织工具和技术》① 一文对这种织机的主要部件和操作技术有详细叙述，简介于下。

（一）织机部件

机架，长方形，长250厘米，宽100厘米，高160厘米，平放。机架前面有一个支架，其上的横梁支撑着棉纱轴，轴的两侧安有弯脚。机架中央又有一个支架，其上的横梁下悬挂综片。

木坐板，长120厘米，宽15厘米，可前后移动、拆装。

卷布轴，长100厘米，直径8厘米，轴两端安在机架两侧。还有一块带若干缺口的木板，用以调节布，即可根据织布的多少，把卷布轴插在不同的缺口中。另有一根木楔，用以卡住卷布轴。

① 《中国纺织科技史资料》，第15集。

梭子，木或铜质，长30厘米，宽13厘米，内有一个长槽，可容纬团。

筘，是长方形木框，长80厘米，宽30厘米，内装三四百根筘丝。筘上有2孔，穿系2根绳子，悬吊在机架上的横梁上。下有弯拐，前边安装在卷纱轴上，后连在筘侧。筘是分经兼打纬工具。

综，长方形，长85厘米，宽32厘米，由竹棍和综丝组成，一台织机有2或4个综，起分经和提拉变综作用。

踏板，系于综框之下，长60厘米，宽8厘米，数量与综相同，2或4个，用两脚交错踏动，带动综上下运动。

分经棍，长85厘米，直径5厘米，分隔单、双数经线。

卷纱轴，长80厘米。两侧各有一个十字架，长70厘米。经纱均匀地绕在轴上，每绕1层，垫1层竹片，防止经纱紊乱。

由此可见，侗族这种水平架机与汉族的斜织机实质上是相同的。

（二）操作工艺

织者坐在坐板上，两脚踩踏两个踏板，交错踏动俯仰，带动两综提沉，轮流变动面经与底经的上下位置，可以不断开口、投纬、打纬。熟练的织工一天能织40厘米宽的布300～500厘米。

侗族的纺织生产主要由妇女担当（男子只作轧花、弹棉等少量工作），她们从七八岁开始跟母亲学纺纱、织腰带，长大后，纺织技术就都相当熟练了。纺织技术的高低成为衡量妇女劳动好坏的基本条件。与此同时，侗族还通过许多游戏、童谣、谜语、民歌等来传播纺织生产知识和技艺，如对歌猜谜问答的一例：

唱问："矮人穿白衣，脚落地。哪个是后娘，披着纱挂着？哪个是狗，穿石壁？哪个鹞子罗汉，身后拖着线追？"

唱答："敦穿白衣，脚落地。综是后娘，披着纱挂着。铜钩是狗，穿石壁。梭子是鹞子罗汉，身后拖着线追。”

通过这类唱歌问答等形式，使纺织工具形象化、通俗化，容易记住，人人皆知，以广泛传播纺织技艺，提高纺织技术，甚至有了纺织专业户，从而使侗族的纺织技术和生产在少数民族中占有重要的地位。据统计，解放前夕有些地区有30%的侗族妇女专门从事纺织，其收入占家庭收入的20%～30%。

据宋兆麟研究：“从文献记载和民族文物遗存分析，侗族的水平架机也有一个发展过程：起初的水平架机由于刚刚脱胎于踞织机，必然有许多踞织机的特点，如经面依然保持水平状态，利用综变交，有分经轴等；但是出现了机架，卷布轴已脱离腰部，综也发展为两个，并且有了脚踏杆；但是投梭引纬和以机刀打纬还是分开的。再进一步发展才改进了织纬、打纬工具，……它的最大改进是把织纬和打纬合二为一，即在机刀上挖一个长孔，内贮纬纱，每穿一次纬，即同时用机刀击纬，把引纬、打纬两个动作尽量缩短了，从而提高了织布功效。不过这种机刀较重，侗族又发明了筘，以其打纬就更加迅速而有力了。”

据说，水族也使用类似的水平架机。

三、傣族的织布机和织锦机

（一）织布机

傣族织平纹布所用的也是水平架机，据宋兆麟的调查考察①：

织机木制，长方体，经面水平式，长约220厘米，高约152厘米，宽约98厘米②，大体上可分为机架和机台上下两个部分。

机架：高约100厘米。后梁拴绳，以系经线。机架顶部中

① 《云南西双版纳傣族的纺织技术——兼谈古代纺织的几个问题》，载《文物》，1965（4）。

② 几篇文章的数据都不尽相同，所以均加“约”字。

央有1根横木，用于悬吊综和筘。悬筘用粗绳子，可前后摆动。因为两片综要做升降交错运动，所以除了用绳子悬吊之外，还安有滑车或杠杆。前梁供导经纱用，其下有一根经轴。综长方形，长72厘米，宽19厘米，其间拴有密集的综丝（250～400根），各丝间有综眼，每个综眼穿1根经纱；每两根综丝中间拴1个结，因而每个综面都有2层综眼，可把经线分成单、双根。综上联横木，下用绳子拴在竹踏杆上，以便织者踩动踏杆，带动两个综上下运动。

机台：有4足，高52厘米（多与机架合制在一起）。后边有1块坐板，长115厘米，宽25厘米。其前是卷布轴，长125厘米，直径3.5厘米。此轴右端粗大、有孔，横插在木柱上，使卷布轴高于机台16厘米。下面有2根平行的竹踏杆，长140厘米，一头着地，一头吊起，上联综框。

此外还有梭子，长41厘米，两端小，中间大，有一梭槽，长8.2厘米，宽4.3厘米。还有一根竹纬管，中通一根梭芯，长11厘米，插在梭槽内，织制时，由梭槽一边将纬纱拉出来。打纬工具原用木打纬刀，后改用筘，长83厘米，宽25厘米，上为木板，有2个孔，穿绳吊挂用；下用竹杆为框；中间嵌有平行、密集的竹筘齿250～460根，齿间宽度仅能穿纱。

这种织机多用于织白色平纹布。也有在白布上织红、绿色条纹的。织造工艺与一般织平纹布的方法相同。

云南宁蒗纳西族的织麻布机与此类似。

（二）织锦提花机

织锦机是在织布机上配以多综提花装置而成的。

织机架长200厘米，高150厘米，呈长方体。机架上两端有悬经横木和卷布轴，承担张经和卷布任务。机架上有3根横梁，分别用于悬吊2个平纹综（分前后），提花综（花本）和筘，其下垂绳子的长度略有差别，使经面略呈前高后低的斜面，便于织女操作提花综。

两片平纹综把环形经线分成上下两层，前综穿单数组经纱，每根综线穿过2根经纱；后综穿双数组经纱，每根综线穿过4根经纱。傣族所用总经数一般是200～300根。

根据花口的不同，多综提花装置分为竖提花综（花本）和横提花综（通丝）两种。竖提花综是用绳子编织成花本，是编织花纹的绳子，起花的纬线，位置在后综处，有人称之为“纹版”。其根数与总经数相等，经线一一穿过花综的综眼。提花综时，由织工双手拨动花本中的横绳，利用横绳分出经线中的织花口。待织工依次将花本上的横绳全部移动完毕，即织出一个完整的图案。横提花综是利用细竹棍编插在平纹综之前的经线中，一般为40～60根。织造时，织工顺次拨动竹棍，分出织花口。这种细竹棍的作用，与晋代马钧改革绫织机中的蹑的作用相似，织造出来的几何形图案，就其纹饰结构来说是一致的，所以傣锦织机似是水平架机向多综多蹑机发展的过渡形式，或是有了一些多综多蹑机的因素。

织造时，织工坐在织机后部的横板上，脚踏控制平纹织口的两片综的踏杆。其织造顺序是，一梭地纹，一梭花纹，交替进行。即：第一纬，织工踏下一根踏杆，单数组经线提起，形成交叉织口，穿梭而过，梭中绕有纬线的纡管转动，使纬线置于经线织口之中；然后用竹筘打纬。第二纬，织工用手拨动横绳（通丝），形成第二梭口，用木斫刀扩大、固定梭口，再把装有彩色纬线的梭子穿过，然后抽出斫刀，用筘打纬。第三纬，织工踏动另一根踏杆，双数组经线由底经变成面经，形成织平纹地的新梭口，再引纬、打纬。第四纬又织花纬，工艺同第二纬……如此循环织造。提花顺序是：先由第一片花综织到最后一片花综，再由最后一片花综织到第一片花综。如此循环操作。

值得注意的是，傣族的提花综虽然能形成织口，但所开织口不大，需用斫刀来加以扩大，才能引纬打纬，这种织法比较原始。提花综的多少，是由织造图案的大小与繁简决定的，因此，有些地区为了适应图案的多样化、大型化，织机上出现了6片乃至更多的提花综。为了有效地控制织物的宽度并防止变形，还用竹棍和铜皮制成长54厘米的幅撑，比布幅略大一些（布幅一般是50厘米左右），置于布幅的两端①。

四、其他民族的织机

据有关资料，有些民族的织机应属斜织机或水平架机类，但我们掌握的资料太少，现只能简单介绍一下。

（一）苗族织机

苗族妇女从七八岁起就学纺织，家家都有织布机（图44）和织锦机（图45），甚至一家有几架织机。原来，苗族使用矮机，席地而织。清朝中后期，才改为高机坐织②。

图44　广西融水苗族织布机

（孙明光摄）

据黄赞雄《苗锦探索》一文③介绍，苗锦织机大约有四种类型：一是手工挑花织锦机，即在腰机上挑

① 以徐康宁供稿为主，参考其他有关文章。

② 《苗族简史简志合编》（初稿），1963。

③ 见《中国纺织科技史资料》，第16集。

图 45 广西融水苗族织锦机
(孙明光摄)

花织造。二是类似织壮锦的竹笼机。三是排子机。四是脚踏钢线提花机。其中第一、二类是苗族古代的传统织机；第三、四类是近现代改进的织机。第二类织机由机身(包括机床、机架、坐板)、装纱(包括卷经纱机头、纱笼、布头轴、绑腰、压纱棒)、提纱(包括纱踩脚、纱吊手，小综线)和打花(包括筘，挑花尺、筒、绒纬)等四个部分组成。如果再加上花踏脚、花吊手、花笼、编花竹、大综线、综线梁和重砣等提花装置，就与竹笼机完全相同了。织造方法是：经线作底，纬线起花。但有的采用二梭法，有的采用三梭、四梭法。其中的三梭法是挑、织同时进行：第一梭织花纹，第二梭织地纹，第三梭织平纹。平纹纬被花纹纬、地纹纬所包裹。花纹纬的织法有两种：一种是采用通经回纬的缂织法，即是根据色彩要求，回旋缠绕地向上挑织，这样织出的苗锦正面有花，背面无花。另一种是采用通经通纬的一般织法，即以白纱为经，黑纱为纬。这样织出的苗锦两面都有花纹，正面白地黑花；背面黑地白花，酷似侗锦，是受侗族织锦技术影响的产物。

蒋猷龙、梁加龙介绍过湘西花垣县的苗族普通织机。它由机架、经轴、卷布轴、二片综片，二片提综片，二块脚踏板和筘、梭、分经杆等组成。整台织机呈水平式，木、竹并用。梭子近似半个橄榄。提综片中间有 1 孔，活套在固定于机架上方的一根轴上，左端通过绳子连接综片；右端通过绳子连接脚踏板。织法与其他织机相同，这种织机只能织平纹织物，要织花纹，需用挑花[1]。

（二）贵州的织绸机

据咸丰年间编的《安顺府志》卷四十六，常恩《放养山蚕说》记载：这种织绸机的主要构件有，“曰机床，曰天平，曰坐板，曰踩板，曰竹筘，曰线纵，曰筘夹，曰辊心，曰梭，曰柲尺，曰幅尺，曰铜剪，曰铜镊，曰铜针，曰铜钩”。

（三）畲族织机

图 46　畲族织布机

（石奕龙摄）

畲族织机（图 46）俗称“楠机”，高约 150 厘米，宽约 100 厘米，总长约 200 厘米。梭子木制，长约 33 厘米，宽、厚各约 5 厘米。经帘，竹制，上有 350～400 个齿，用以张经线。操作时，手脚并用，脚踩踏板（竹制），使吊经板不断上吊、下放，轮换形成不同织口。一手拿梭，一左一右轮换投纬。一手拨经帘，以扣紧纬线。所织纻布，幅宽约 60 厘米，有厚、薄两种。这种织机与当地汉族所用织机相同，可能是从汉人那里引进的。畲族妇女都会织布，一个能干的妇女从早到晚能织宽 0.66 米、长 5 米纻布。家庭人口多的，一年要织 23.3

① 《中国少数民族蚕丝技术源流》，载《农业考古》，1990（1）。

～26.6 米布；人口少的也织 10～13.3 米，所织的布主要是自给，极少拿去卖。只有在邻近城镇居住的畲民才出卖自织的少量纻布①。

（四）朝鲜族织机

朝鲜族织布机也呈斜面，也用脚踏二根踏杆，带动带子提沉综杆开口织纬（图 47）。

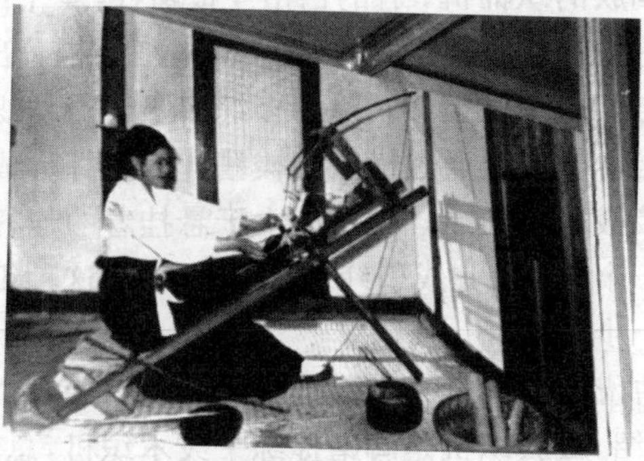

图 47　朝鲜族织布机
（陈炳应摄）

第三节　多综多蹑纹织机

宋、元、明、清时期，多综多蹑纹织机仍在全国许多地区使用，例如清代的江南三织造府，织缎就用这种织机。

多综多蹑纹织机的结构和使用方法在第二编已介绍过，不再赘述。唯四川的丁桥织机结构比较特殊，其主要特点是：在脚踏板上布满竹钉，作为蹑，代替许多脚踏杆，可织绫、锦等

① 石奕龙供稿。

多种织物。各个品种所用综、蹑数不同，如织散花绫，需用72综72蹑。这种织机，素综2～8片，花综几十片，脚踏板上的竹钉都呈4排排列。素综脚踏板在机框中央，花综脚踏板在机框内两侧。织造时，先踏完左边的竹钉，后踏右边的，左右脚轮流管花、素。

边疆少数民族虽没有这样复杂的多综多蹑机，但其织机已吸收其中的某些因素。例如：

上述侗族的织锦机，有的已用4根踏杆，4个综。傣族的织锦提花机的横提花综通丝，用40～60根细竹棍分出花口等。白族的织机与傣族织机类似，除用多综多蹑进行纺织外，还具备飞梭的功能，即经线通过横躺的梭槽，当变综形成织口后，织工手拉连接梭子的细绳，梭子即由于悬挂着的连杆的作用，沿梭槽飞跑一个来回，完成引纬、投纬工序①。这种织机在技术上又前进了一步。

藏族的氆氇木织机有4根踏杆，4叶综框。《中国纺织科学技术史》介绍，藏族织机是脚踏提综平纹木织机，总经数124根，2根为一组。每隔6根纬纱织进1根绒纬。机上挂1只粗绒纬纱管，旁边有长度与机幅相仿的竹棍，织绒纬时，用右手从绒纬纱管引出绒纬，投入梭口中；接着，左手提起旁边的长竹棍，并捏住绒纬的末端，使竹棍贴着梭口上层经纱的上方向右移动；同时，右手指每隔2根经纱从梭口中挑起绒纬，并使其整齐地卷绕在竹棍上；然后绕进6根底纬；再用剪刀将绕在竹棍上的绒纬圈等分剪开，形成毛绒。如此循环往复织制。

新疆和田的织绸机是脚踏提综、拉梭木织机，有6根踏杆，6片综，1片综连结1根踏杆，用绳子连结。6片综上面共系于1根提综杆，用橡皮联结，有伸缩性。用手投梭拉梭。因经纱上

① 徐康宁供稿。

机时张力不平衡，使花纹轮廓呈现参差不齐的肌理感，颇有特色。

甘肃的织褐机有8扇综，4踏轮，也应属多综多蹑机之列（详见后面“毛织机”部分）。

第四节　束综提花机

经过长期的发展，到了宋代，束综提花机已相当完善了，这从宋人楼璹所作耕织图可以看得很清楚。这种织机在内地使用也比较多了。元、清两代自然也沿用这种织机。

元代薛景石《梓人遗制》一书，是迄今所知最早详细记载束综提花机结构的古文献。书中所说的“华机子”就是束综提花机，它的主要部件有：机身、机楼、冲天立柱、龙脊杆子、机子心扇心榥合心、卷轴、卧牛子、筬框、特木儿、弓棚架子、椿子、萜椿子、拔梁、白踏椿子、樑子、滕心轴等等。每个构件的大小尺寸，安装部位，制作方法等都有详略不同的记载，并配有具体而真实的零件图和总装配图。织制不同织物也有不同的要求：“凡机子制度内，或织纱，则用白踏；或织素物，只用撍子；如是织华子什物，全用其机子不等，随此加减。”段成己在序言中说：“其所制不失古法，而间出新意。”由此可以看出蒙元时代束综提花的技术，是很宝贵的织机资料。

清代《蚕桑萃编》、《豳风广义》介绍了南北方两种束综提花机。还有蜀锦机、川式花缎机等多种。其主要部件、结构和技术原理各地基本上相同，如有花楼，两人配合操作（按花式提综线或蹑竿）等。但一些构件和安装、操作方法却略有差异，这反映了各地区各民族人民的创造才能和对于纺织科技的贡献。

结花本是束装提花机织制的主要依据，为便于读者了解，现将《中国纺织科学技术史》的介绍摘要于下。

结花本要经过挑花、倒花和拼花三个工序。

挑花是最基本的工艺，在特制的挑花棚架上进行。根据单位意匠图，横向格子代表纬线，纵向格子代表经线，即经纬交织排列次序，用纱线挑制出所织花纹的规律。经线显花的，挑经；纬线显花的，挑纬。通常以丝线作经线（脚子线），以棉或麻线作纬线（耳子线或过线）。脚子线的根数是由单位纹样所需经线数确定的。明综（起脚子线编交的作用，相当于束综）按照意匠图的色彩染色，以表示分综时的"记号"，一种色染一根。脚子线的长度一般为3.3厘米，制花本时的脚子线约需33厘米，配色较多的要加长。耳子线的根数是根据纬密乘单位纹样长度再乘配色数多少来计算的，其长度一般为1.1米。由于打结和操作方便，故需要以2倍计算，即2.2米。

倒花，是根据已挑的花本，复制出同样花本的工艺过程。它可节省工时，提高功效，如四合纹样，先把其中一个单位花纹挑出，后复制其他三个单位，拼合而成。

拼花，如单位纹样经线达600根以上，需分两半挑花，然后拼合。主要是先将花面脚子线开口，然后引换过线——把上层脚子线相应的一根过线（花面以下部分）和下层花本的过线交替互换，依次反复进行开口和引换操作，就能把所有的过线替换并合。拼花时，明综的着色和排列次序必须完全相同，同梭同色才能拼花。

与宋王朝并存的北方辽、金、西夏等少数民族政权，占有原属中央王朝的大片地区，居住着大量的汉人；而西南地区的大理政权则是继承南诏政权的地域和人民，因而应会沿用前代的束综提花机，只是文献缺乏记载而已。但有点线索，如（宋）叶隆礼《契丹国志》卷二十一记载：契丹贺宋礼物中就有"合线搂机绫"，其中的"搂"字，有的释为"缕"，写成"合线缕机绫"。我们认为，这种解释似较勉强，如果把"搂"字释为

“楼”字的笔误，则不管从意义上，还是字形的接近上，都更恰当，整个织物名称是“合线楼机绫”，即用“合线”，由“楼机”（束综提花机）织成。从而说明辽国使用束综提花机。

边疆少数民族虽然由于生产力、人口、交通等方面的原因，还不需要大型的束综提花机，但已有了束综提花的某些技术因素，如傣锦织机的竖提花综，已用绳子编结花本，用于织造。壮族的竹笼机也有编结花本的竹笼装置。佤族腰机用于织制彩纬织物如彩带、暗花筒裙等时，利用绳线编成竖提花综，即用细绳编织出花本，根数与经线总数相等，经线一一穿过花综的综眼。提花综时，由织工双手拨动花本中的横绳，利用其分出经线中的织花口，并用小斫刀形成开口，投穿彩纬，然后穿入大斫刀，打紧。如此循环往复。而平纹只作地组织出现①。

第五节　罗织机

从宋、元时期起，全国出土的罗织物渐多，说明罗织机的应用比前代多。现在所能看到的最早记载罗织机的文献是薛景石著的《梓人遗制》。书中的“罗机子”即是罗织机，其主要构件有：机身，机楼子，遏脑，前脚，卯，卷轴，立人子，特木儿，大泛扇椿子，小扇椿子（综框），斫刀，文杆，等等。该书详细记载了“罗机子”主要构件的尺寸大小，安装部位和功用等。不同织物所用构件多少略有差异：“凡机子制度内，或素，不用泛扇子；如织华子随华子，当少做泛扇子。”即织造花罗时，需要使用少量的提花束综，织素罗则不需要。使用这种罗机子，可以织造二经绞罗、三经绞罗、四经绞罗等②。到明清时，罗机子又有发展，明代可织七梭罗，清代可织十五梭罗……

---

① 徐康宁供稿。

② 绞经与地经绞缠一次，连续织入几根纬线，就称为几梭罗。

第六节 立织机

如前所述，立织机图像曾发现于甘肃敦煌莫高窟五代时期的壁画中。山西高平开化寺的宋代壁画中也有。但有详细文字记载并附有比较真实图像的书，要算是薛景石著的《梓人遗制》。该书所载“立机子”的主要构件有：机身，马头，大五木，垂手子，后引手子，小五木，机肞膝，卷轴，高梁木，豁丝木，鹦儿木，曲肞肘子，悬鱼儿，长脚踏，短脚踏，兔耳，下脚，滕子轴，布绢篋框，梭子，等等。整个机架是直立的，上端横木为滕子（卷经轴），两旁形似马头的是吊综杆，连接综框和长短踏板。中间横棍是豁丝木（分经木），起分经和分绞、开口、压经的作用。织造时，织工双脚踏两根踏板，牵动马头上下摆动，轮流交换梭口，同时不断引纬打纬。据研究，这是织平纹麻布、棉布的立织机，具有占地小，容易制造、操作简便等优点。

新疆维吾尔族织造花马褡棉毛褥垫的织机就是立织机。

第七节 竹笼机

广西壮族织锦的历史相当悠久。壮锦至迟在宋代时已经生产，明代时已作为重要贡品，表明壮锦织造的技术水平和质量已经很不错了。到了清代，织锦已普遍生产，成为重要的家庭副业。生产这种壮锦的织机，除了原来的木机多综提花外，还有竹笼机，因其开口提花机构很像竹编猪笼，又被称为“猪笼机”或“竹笼机”，它是我国各民族历代织机中形制比较特殊的一种（图 48）。

竹笼机的分布地域很广，南达忻城、宾阳，北至环江。全机用竹、木制成，长 173 厘米（或 158 厘米），高 142 厘米，前端宽 65 厘米，后端宽 79 厘米，机架高 109 厘米，顶边长 48 厘米，底边长 76 厘米，从前到后呈倒梯形，机座距地高 37 厘米。

图 48　壮族竹笼机
（陈炳应摄）

机座下面有地综踏杆和竹笼踏杆各 1 根，方形。机架中部和上部有 2 个杠杆结构——V 形摇臂架，分别用来提拉一个编结花本的竹笼和一片织造地纹的地综。其中悬挂竹笼的杠杆长约 150 厘米，后端吊重物以保持平衡。竹笼两头用绳垂挂 1 根竹棍，以分隔两面通丝。竹针编排在竹笼周围。竹笼直径 27 厘米，长 102 厘米。竹笼上的圆形竹棍多少不等，为 30～100 余根（或说 70～120 根，90～130 根等），根据花纹纬纱循环大小而定。经轴是一根方木，长 150 厘米。分经纱圆筒为栅状，长 65 厘米，外经 16.5 厘米。综是木综杆上绕若干综丝而成，每根综丝带动 1 根地经，综杆上连杠杆，后端连着踏板，综杆长 66 厘米，综绳长 8.5 厘米。筘为竹制梳状，宽 45 厘米，高 14 厘米，筘齿高 5.5 厘米。还有腰带，用腰脊和经轴控制经纱张力。经面呈前高后低的斜面。

这种织机有一套上机吊综的专门技术。上机最主要、最困难的是吊综，要求有高超的技艺和艺术才华，才能上好综，才能织出精美的织物和纹饰，所以这种织机一般由熟练织工操作。吊综分地综和花综两种。安装地综的吊综比较容易，即在卷经轴前用一个约14厘米长的分经纱圆筒把经纱的奇、偶数分隔成上下两层，然后用吊综联结下层经纱。安装花综的吊综就比较复杂，每一根综绳只吊一根经纱，呈环形绕在竹笼上，按单、双数分成两组，中间用一根竹棍分开。再根据花纹组织的组织点，把同一梭口需要提起的不显花部位的经纱穿入竹棍，挂在竹笼上；用另一根竹棍把下一纬同一梭口反面显花部位的经纱吊起，所吊经纱与上一根的正好相反。这样每两根为一组，按花纹图案组织的起综顺序安放在竹笼上，竹棍之间的吊综绳交叉，使竹棍互相分开。

壮锦是纬二重、纬三重组织，正反面都显花，花纹相同，但颜色不同。其织造工艺是采用纬线显花的三梭织法，即一梭织表面花纬，一梭织底面花纬，一梭织平纹地。织锦时，根据花本编的程序，按顺序取下竹针，拉起一组提花通丝，就能牵动经线形成开口。具体操作程序是：

第一，织花纬，右脚踩下竹笼踏脚，抬起竹笼摇臂和竹笼，从而把不显花部位的经纱提起；再按照花纹要求，用手工分段引入各种色纬，用筘打紧；然后抬起右脚，竹笼靠自重下降，双手取下竹笼的起花竹棍后移到竹笼上。

第二，织花纬，右脚再次踩下竹笼踏脚，提起竹笼，底面显花部位的经纱提起，用手分段引入各种颜色丝线，用筘打纬，再抬起右脚，竹笼下降，双手取下竹笼起花竹棍后移到竹笼上。

第三，织平纹地纬，左脚踩下综片踏脚，提起综片摇臂，带动综片和底层经纱上升，手按压纱杆，形成梭口。梭口太小时，还要穿入一个一端尖的分绞竹筒，使梭口张大，再用梭子引纬，用筘打纬。

第四，织花纬的工艺同第一步、第二步。

第五，织平纹地纬，与前不同，是利用分经纱圆筒形成的自然梭口，引纬打纬，不必踩下综片踏脚。

然后再从第一步开始。如此循环往复操作。送经由人工调节，织几梭之后，转动一下经轴，放一段经纱，继续再织。

竹笼机的优点是：构造不太复杂，用两根脚踏杆（代替多蹑机的很多蹑）即可带动许多综；它用缂织技术（是一种独特的织锦机），织出的花纹非常美丽。但竹笼机也有某些原始特点，如仍然使用原始腰机的腰带，依靠腰与经轴来控制经面张力，劳动强度大，产量也不高，织一匹壮锦需一星期左右。

壮族妇女的纺织工艺主要是靠母传女，姐教妹，邻里互学互教而承传下来。妇女从八九岁就开始学，长大后不仅掌握了精湛的技艺，并逐步有所创新、发展①。

第八节　织带机

我国各族人民，特别是西北、西南、东南地区的很多少数民族，都非常喜爱镶边的衣服和装饰带，所以自古以来他们就织制各种各样的绦、组、绶带。其织制方法，早期主要是用编织法，即用左右两组经线相交45°编织。当然也有用经、纬线交织的，用织机生产。后来则主要采用经纬交织法。如清代的《金陵物产风土志》记载："江南妇人喜妆饰领标襟裙，诸缘有金线栏杆，旗带花边之属皆出。"所谓栏杆，就是用栏杆机织制的花边。栏杆的织制方法有多种，如用6～30片综框织制；用束综织制；而"一些少数民族地区，仍用栏杆机原理的分段织

① 曾少立供稿，并据《中国纺织科学技术史》及刘柏茂《竹笼机调查》增删。

带机织制”[①]，即用分别织制的几根窄丝带，一道一道地并列拼成花边装饰，就像栏杆似的，例如前述侗族的“折干”，瑶族和高山族的弓形编织机等，都可织制这样的栏杆饰带。而畲族织带子和合手巾的工具只有两根牵经辊，一根固定于柱上或其他地方，另一根固定在织者腰上，以便牵经。用一二枚梭子以导纬。一把打纬刀。织成的带子，幅宽只有2～4厘米。瑶族有一种简易的织布法，把棉纱大匝扎在一起，一头绑扎在树桩上，另一头在织板上，手持织梭针，细细编织。这种织布法主要用以编织腰带、彩带及镶边用的多种织带。

甘肃舟曲藏族妇女织“锦带”用的织机叫做“它介”，木或竹制[②]。其主要部件（均有大中小三种）是：

“塔海”（“它海”），即卷经轴，I字形。

“泽”：即夹布板，由2块木板合成。

“尼”，即提综杆，但它上面绑的经线不是直上直下，而是形成串式交错，2根线为一组。其形制是圆棍，有大有小，小的长27厘米。

“达玛”，即打纬刀，弧形，木质铁刃，大的长50～60厘米，小的长40厘米。

“涩”，是小圆棍。在织机前部隔开经线用。

“普尔”，是两头尖的棱形棒。隔开经线用。

“书钮”，小圆棍，隔经用，但可移动，开头放在织机后部（距织者最近的地方），后可移到织机最前端，在脚与“塔海”之间。

“畏”，窄长六边形，有尖端，共2片，用于隔经线和挑花。挑花时，用它挑出经线，与后面的“尼”一起提起开口；把

① 《中国纺织科学技术史》，230页。

② 冰鼎：《舟曲藏族妇女锦带之美学》，载甘肃舟曲《山泉》，总第4期，1992。

“达玛”竖起，扩大开口，穿过纬线，再用“达玛”打纬。

“不三半”，即梭子，为一头尖的圆棍。

这是用腰机挑花织造饰带。

西藏日喀则地区还使用一种综版式织机。

综版是用正方形或六边形的皮版制作的，长、宽均7～9厘米，厚0.2～0.3厘米。在皮版的每个角上打孔，正方形的打4个孔，六边形的打6个孔，孔径约0.2厘米，皮版数量决定织物的宽度，很窄的用几片就可以，较宽的则需几十片。

一根横木，系在织工腰部，作为卷布棍。

一把打纬砍刀。

一个纡子。

主要技术特点是利用综版起开口作用，织制技术类似编织方法。首先，将经纱穿入综版的每个孔中，根据织物的要求，每孔穿经纱1根或多根。所有的经纱，一端系于木桩或树杆上，另一端系于卷布棍上固定在织工腰部。织工席地而坐，手拿综版，按顺时针（或逆时针）方向旋转半周，形成一个织口，然后引纬，打纬。再将综版旋转半周，形成新的织口，再引纬打纬。如此不断循环操作。转至一定次数后，需以同样次数向相反方向旋转，以免经纱扭结①。

第九节　毛 织 机

各地有不同的织机，下面举几个例子。

西藏黑河宗蒙古族的毛织机，主要部件有：

“汤各尔”，卷经轴，系在墙上，是长39.6厘米的圆木，1根。

“塔开”，卷布轴，拴在织者腰上，形制、长度同“汤各

① 《中国纺织科学技术史》，28～29页。

尔”，1根。

“捻马”，是30多厘米长的细圆棍，共3根，用于隔经和调济线用，放在织机后部织者腰部之前。

“给单”和“寄”，形制、尺寸同捻马，隔经用，各1根。

长方形木板，1块，30多厘米长，隔经开口用。

长六边形木板，1块，一边镶铁片，打纬用。

毛线团，来回投纬用。

这种织机的经面最少的只有50根线，织出来的毛布幅宽13～17厘米。最多的有200～240根经线，织物幅宽66厘米左右。一人一天可织3.3～5米，用于制口袋、单子、被子、衣裤、帐篷等①。实际上这也是一种腰机。

青海恰卜恰地区藏族的毛织机（图49）比较特殊、罕见，其主要特点是织者站着织布；综片架可以移动。这种织机的综片架像一条长凳子，长200厘米，宽15厘米，高52厘米，作为起综杆支架，上面中间只有一片综，综片是由一根综棍和绕上若干条皮条综绳构成的，每条综绳穿2根经纱。综片后是1块长150厘米，宽8厘米的长方形木板，把经纱按单、

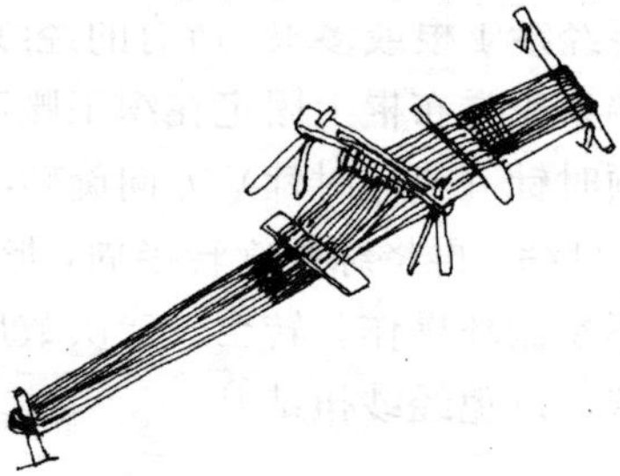

图49 青海藏族毛织机
（陈炳应据刘柏茂《青海省恰卜恰地区民间毛纺织生产技术调查》附图摹绘）

① 中国科学院民族研究所，西藏少数民族调查组：《西藏黑河宗罗马让学部落调查材料》，1964。

双数隔开，成上下两层。打纬砍刀木质，长 150 厘米，宽 70 厘米。引纬用纡子。经纱也是环形上机，一端穿入横木，另一端挂在地桩上，每匹经纱长 3000 厘米，宽 32 厘米，总经数为 52 根×2 根，织成品纬密每厘米 2.2 根。织造时，起综、开口、打纬等方法与原始腰机的工艺相同，但因经纱是固定的，张力无法调节，只能依靠张得很长的经纱和毛纱的弹性，起综、引纬、打纬。织完一段，移动一下综片架，再织。因机架低，站着织制的织者要不断弯腰投纬打纬，所以劳动强度大，产量低①。

《天工开物》记载：甘肃有一种毛织机，名曰“织绒褐机，大于布机，用综八扇，穿经度缕，下施四踏轮，踏起经隔二抛纬，故织出文成斜现。其梭长一尺二寸。机织、羊种皆彼时归夷（即归附的少数民族）传来（名姓不详），故至今织工皆其族类，中国无与也”。这种织机用于织山羊绒褐。它类似多综多蹑机，但用轮为蹑，很有特色，它从西域传来，为新疆、甘肃少数民族使用（图 50）。

第十节　近代织布机器

近代的织布机器是西方资本主义国家首先发明的。公元 1733～1897 年，英国人凯伊（John Kay）、卡德莱特（Edmond Cartwright）、诺斯洛泼（Northrop）、日本人丰田佐吉等先后发明了不断来回投纬的飞梭、机械动力织布机、自动换纡织机、自动换梭织机等，完成织布机器的机械化、自动化。

清代时，随着外国资本的输入，西方的织布机也随之而来。例如，左宗棠在甘肃兰州创办“兰州织呢局”，李鸿章在上海创办“上海机器织布局”，张之洞在武昌创办麻纺织厂“湖北官麻

① 刘柏茂：《青海省恰卜恰地区民间毛纺织生产技术调查》，见《中国纺织科技史资料》，第 6 集。

图 50　甘肃藏族毛织机
（赵广田供稿）

局”等等，都采用了西方的近代织布机。

有的边疆少数民族地区也曾酝酿过，如清朝末年，湘、鄂西土家族地区曾筹建过官督绅办的机器轧棉厂和纺纱织布厂，后因故未能实现①。

第十一节　其他织具

各种织机共用的一些织具，如投纬、打纬、整经等工具，在前代已经产生，在宋、元、明、清时期，主要是继续沿用，当然也有所改进。在边疆少数民族地区，织具更是五花八门，从原始到近代的织具都有，是纺织工具发展史的活标本。

一、投纬、打纬工具

我们在第二编已经说过，宋以前，投纬、打纬工具已经经历了筟（纡子）和打纬刀、刀杼、梭与筘三个发展阶段；也说到一些特殊的工具，如立织机上用的“木掌”，缂织中使用的竹

① 《土家族简史简志合编》（初稿），1963。

齿耙等。

宋、元、明、清时期，汉族地区基本上已使用梭和筘。这些梭和筘已有所改进，如打纬筘原来悬吊在织机上部的弯竹竿上，后来改为在下面装上两个撑脚；又在筘的近织口处装上走梭板，梭子可以在板上滑行，加速了投纬速度和打纬力量，从而提高了织造效率和质量。从18世纪开始，西方相继发明了用投梭棒左右打击梭子的飞梭和自动换纡机，自动换梭机，使投梭半自动化和自动化。清朝末年，这样的织机传入中国，带来了投纬打纬工具的革新。至于带有工艺品性质的缂丝生产，仍用传统的齿耙手工打纬方法。织造地毯，也仍用木掌齿耙，只是质地由木改为铁，可以增强打纬力量，使织造的地毯更加紧密、匀称、厚实。

在边疆少数民族地区，早晚两个阶段的投纬、引纬工具都在使用。第一阶段有箄和斫刀。箄是在一根竹、木杆上交叉缠绕纬线，或用骨片、竹木片两端挖缺口绕线。使用时，用左右手轮流投、接。斫刀多用硬一些的木料制成。直到解放前夕，使用第一阶段织具的民族仍占多数，这与他们所处的社会发展阶段极低、仍使用原始腰机是一致的。有的少数民族甚至使用更为原始的线团投纬，如佤族和侗族的原始织法。第二阶段有刀杼，即把箄纳入杼的腔腹中，杼下端带刃，引纬与打纬合一。第三阶段有壮族、傣族、四川木里彝族等民族使用的梭和筘；侗族使用有铜梭子。有的民族甚至使用类似飞梭的装置（有梭槽，用绳拉梭），使梭能飞跑一个来回，如白族的织机。这是半自动化的萌芽。边疆各族的织具在介绍上述织机时已经具体说到，这里不再赘述。

二、整经工具和技术

（一）内地的整经工具

内地的整经工具主要有经耙式和轴架式两种，元和清代时期开始有了详细的记载，下面做些介绍。

1. 经耙式整经

经耙式整经有竖式和横式两类。

(1) 竖式整经：薛景石《梓人遗制》一书中就附有经耙式整经工具经牌子（有的称为“掌扇”，即分绞经牌）和边籰子的插图。根据明代《天工开物》的记载和插图，竖式整经的操作方法是：把绕上纱线的篗子整齐地排列在地上，把篗上的纱线一根根穿过高架横竹竿上的篾圈（每根穿过一个圈），再往下分别穿过经牌子上的上下两排孔眼，进行分绞。再集成纱束由另一个人绕在经耙的一排竹钉上。竹钉的多少与整经的长度、经轴上卷绕的长度相适应。最后起出上下两排经纱的交头，完成整经工作。

(2) 横式整经：清代《豳风广义》和《蚕桑萃编》都有横式整经的详细记载。其主要部件有：经牙、木桩、木橛、撑桄、交墩、竹棍、经杆、铁环、丝篗、方架、天篗、缠篗、滕梯、滕子、绳钩、纼床、拨簪等等。其中，交墩上的5根竹棍，左3根编大交用，右2根用以挂小交。地上50个丝篗上的丝头分别贯入经杆上50个铁环内，总收一处，挽成一结，挂在交墩右边第一根竹棍上，手牵丝绺挂在右边木桩下第一橛上，复牵在左边桩下第一橛上。如此往来层层牵挂到顶橛尽处。又将丝绺牵在左桩外侧木橛之外边。再用手指一左一右拾成交，挂在交墩竹竿上。如此层层经挂，回回拾交，周而复始，以足数为止。……

以上是丝织物的上经方法。麻、棉织物的上经，也多用横式，有两种方法：一是在木架上钉上桩头，绕经其上；二是在地面上钉木桩绕经。

2. 轴架式整经

轴架式整经有斜式和水平式两种。

(1) 斜式整经：斜式整经最早见于宋代楼璹的耕织图，但图太简单。王祯《农书》有较详细的记载："先排丝籰于下，上架横竹，列环以引众绪，总于架前经牌，一人往来挽而归之纼轴，然后授之机杼。"从书中的经架图可知，斜式整经由一个经架和一个经轩组成，经架高于经轩。整理中的经纱成斜面，需3个人共同操作，其中一人在经架旁边整理丝籰和经架上的丝缕，防止乱头；两人在经轩旁边，一人转动经轩，卷绕经纱；一人拿一把木梳理经。当经轩卷够所需经纱肘，即可剪断打结，插上经轴，上机织造。

（2）水平式整经：水平式整经在《农政全书》和《豳风广义》中有记载和附图。从《豳风广义》的《纼丝图》可知，它主要由滕梯和压天簔架子组成，二者高低基本上相同，整理中的经纱处于同一个水平面上。图中只绘出2个人：一人在滕梯边拨动滕右端的齿轮式装置，可以再放纱线；中间一人左手持一把分经筘，右手握一根尖状物，以使经丝均匀排列，并解开经丝上的纽结。雍正时御制的《耕织图》中的配诗就明确道出了它的作用："昨为籰上丝，今作轴中经。均匀细分理，珍重相叮咛……"

（二）边疆少数民族的整经工具和整经、上机工艺

边疆少数民族的整经工具和整经、上机工艺多种多样，归纳起来有如下几种。

1. 先用工字形绕线架等整经，后再上机。如傣族的原始整经工具是一根长约40厘米的木杆，两端各装横木1根，成工字形。一个人手拿着它，把经线绕在两根横木上，成环形经纱。有的则是在地上栽2根木桩，把经线绕在木桩上，成环形，然后上机。侗族用折干机织布之前，把约45根经线整理成圆圈状，然后套在两膝上，用分经棍把单、双数经纱分成上下两层，单数在上，双数在下；再把双数经纱穿过综套，就可织布了。黎族用木棍整环形经线，一端绕进绕经棍；另一端穿进卷布轴，用

背带绑牢在织者腹部，坐在地上，双脚前伸顶住经轴，插上分绞棍、定经纱棍等，即可织造。最复杂的是穿提花综杆，全凭织工的经验、智慧或背诵的口诀，把经线绕穿到不同的提花综杆的综圈里去，每叶综中每一根综线所穿经纱根数和次序不同。现据《中国纺织科学技术史》把黎族穿综工艺简介如下（图51）。

提综分地、花两部分。

（1）织地提花部分：有两叶竹制U字形手提综杆，第一叶综穿单数组经纱，每根综线穿2根经纱；第二叶综穿双数组经纱，每根综线穿4根经纱。织平纹地。

（2）提花起综部分：用15叶手提综，每叶综中每一根综线穿入若干根经线。

提花综后面是1对分绞棍、导纱棍和经轴。分绞棍上的经纱是二上二下；导纱棍上的经纱是2根一组绕在棍上。分绞棍与导纱棍上的经纱两两相应。

2. 整经与上机同步。如彝族的两人挂经法：织者坐地上，腹前系好卷布轴；经纱头先拴在卷布轴右侧，由另一人引向脚前的木桩，绕上木桩；再绕到卷布轴。如此循环往复，绕够为止，经面呈环形。在此过程中，织者要注意调匀经线，与绕经人配合好。佤族的整经上机方法之一与此相同，总经线数150根左右，织幅40厘米左右。

3. 无架理经法。高山族阿美人等所用的整经方法之一，是两人对坐，各执1根尖木棒，互相传递经线，把经线按8字形绕在2根尖木棒上。一个人也可以整经，即把一根尖木棒夹在织者腿弯里，尖端外露；另一根尖木棒则高举于手上，绕纱方法同上。其上机方法是：第一步是准备。先把经线两端尖棒分别系于织者腰间和脚面，拉紧。第二步是换棒。拿一尖木棒穿入经线，由上往下推，把8形经线的交叉处推至脚面，换下原

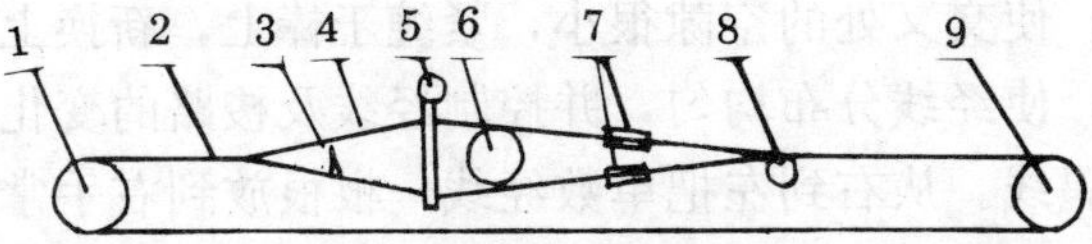

腰机桃花上机示意图

1. 卷布棍　2. 织物　3. 打纬砍刀　4. 经纱　5. 手提综片

6. 分绞棍　7. 上、下分纱片　8. 异纱棍　9. 卷经棍

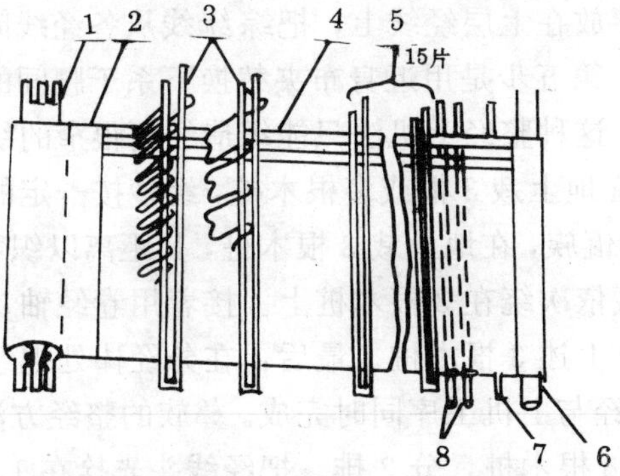

黎族腰机提花上机示意图

1. 卷布棍　2. 织物　3. 地综　4. 经纱

5. 提花综　6. 绕经纱棍　7. 导纱棍　8. 分绞棍

上、下分纱片，桃花刀上经纱排列图

(1、2. 上、下分纱片　3. 桃花刀)

图 51　黎族腰机提花、挑花上机示意图

(陈恩尧据《中国纺织科学技术史》绘制)

来的尖棒，使交叉处的空隙很小，紧缠于棒上，新换上的棒成为固定棒，使经线分布均匀，并控制经线及梭路的变化。第三步是分奇偶线。从右到左把单数经线一根根放到右手掌上，偶数经线则压在掌下，再用梭路棒把手掌换下来。第四步穿综。先把偶数经线从下层拉到上层，单数经线从上层拉到下层；用综棒带着综线从上、下层之间穿过，留下综线兜住整个上层经线，再把综棒放在上层经线上；把综绕线从各经线间拉出，绕在综绕棒上。第五步是用近身布夹替换下系于腰间的尖棒，完成上机操作。这种整经上机法只能织造经面很窄的织物①。

4. 在地上栽 3 根或多根木桩，经纱按一定的变化规律缠绕其上。如佤族，在地上栽 3 根木桩，其距离以织物长度确定。然后把经线依次绕在 3 根木桩上。接着用卷经轴、卷布轴和分经棒替换下上述 3 根木桩。最后，在分经棒处把经线穿到综杆上去②，整经与上机工序同时完成。彝族的整经方法之一是：在地上栽 5～8 根木桩，分 2 排。把经线头先拴在 1 根木桩的底部，2 根线为 1 股，由下往上绕，当绕到代表 2 根定经杆的木桩时，要在其上各环绕 1 周。绕够之后，把经轴、定经杆、分经木、卷布轴等织机部件依次插在上述木桩上，然后拔去木桩，唯经轴仍拴在木桩上，并把织具、经面放平，使其从垂直状态变成水平状态，便于织造（图 52）。彝族的分经和穿综很有特色。它用 1 根长 60 厘米、直径 7 厘米的木棒作为分经木，隔在奇、偶数经线之间，奇数经线在下，偶数经线在上。有的还用一个绳套或一根棍加绳套笼住面经，以便在停织、取下分经木时仍可以分开底经和面经，不致紊乱，但它又不是综，不能变交，可称为分经套。这在其他民族的织机中是很罕见的。在分经木之后，

① 凌曼立：《马太安阿美族的纺织》。

② 朱宝田：《略论云南少数民族的纺织技术》。

图 52　彝族挽线
（吉木布初摄）

安置综杆，并平放在面经上边，以控制奇偶数经线的变交。综杆上的综眼有两种拴法：一是在综杆一端固定一根绳头，然后一圈圈绕在综杆上，每绕 1 圈，穿系 1 根底经。这种综眼是活动的，很原始。二是在综杆上系缚若干绳套，并排地垂挂在综杆下边，长 6 厘米，每隔 1 根面经，垂吊一根综线。有的用单综，即手综；有的用双综或吊综①。

朝鲜族整经是用 16 根木桩栽在地上，分 3 排——一端栽 1 排 5 根；另一端栽 2 排，紧挨着，其中 1 排 5 根（内），另 1 排 6 根（外）。纱线先在 6 根的那排木桩上缠成麻花状，然后在 2 排 5 根的木桩上来回间隔斜缠。

① 宋兆麟：《凉山彝族的踞织机——兼谈河姆渡文化的纺织技术》。

5. 在一块木板或长条凳子上钻几个洞，插上竹木杆，在杆上绕经。如高山族泰雅人的整经，是用1块长方形厚木板为底座，上面凿5～7个小洞，距离不等，但有1个洞在底座中央。洞中插上竹、木柱——有单柱（直柱）和双柱（柱的上部分叉）两种，用柱的多少和缠绕方法，与布疋长度有关。石磊《泰雅族南澳群的纺织工业》有一个表概括了这种关系。整经之后，要退出支柱，插上综绕棒，隔棒、经卷和近身布夹等。纬线缠梭法是：右手四指托住梭子，左手持纬线，由上而下，由内侧而外侧缠绕。

高山族卑南人整经是在床缘或长约150厘米的长条凳上挖几个距离不等的小洞。从中选3个洞，插上A、B、C三支竹杆，其距离视所织布疋长度而定，一般A～C之间距离1.6～2米（因是环形经线，所以布疋长正好是它的1倍），理经次序是：(1) 把线头活套在A杆下端；(2) 拉到B杆，由内往外绕1圈；(3) 引至C杆外侧，折向内侧；(4) 再引回A杆内侧，折向外侧。随后再织第（2）至第（4）步。如此循环织造。引线时，力量要均匀，线与线按顺序挨紧而又不交叉重叠。整经之后，用布卷取代A杆；经卷取代C杆，并固定在工作台的一端或架子上；B杆不动，成为固定杆。最后，分线组装综绕，用三支前综，四支后综。分三个步骤：第一步，所有经线分3组，单线装上前综，即第一棒挑起第1、4、7、10……根经线；第二棒挑起第2、5、8、11……根经线；第三棒挑起第3、6、9、12……根经线。第二步，所有经线分为4组，双线装上后综，第

布疋种类	布疋长度	理经架孔位	左端的支柱
毯子	长	左$_1$　右$_1$	双
被单	次长	左$_1$　右$_2$	双
披风布	次短	左$_2$　右$_2$	双
上衣布	短	左$_1$　右$_2$	单

左$_1$　右$_1$ 指靠外端的支柱。
左$_2$　右$_2$ 指靠内侧的支柱。

一棒挑起第 1、2、9、10、17、18……根经线；第二棒挑起第 3、4、11、12、19、20……根经线；第三棒挑起第 5、6、13、14、21、22……根经线；第四棒挑起第 7、8、15、16、23、24……根经线。第三步，按上述分组把所有经线悬挂在各自的综绕棒上，即用一根长综线把一组经线全部交替悬挂在综绕棒上。此外织平纹与斜纹的分线组不同①。

高山族阿美人有几种整经上机法（图 53）：

要织平纹布，就用四柱理经法。a、b、c、d 代表理经的步骤顺序；①、④是撑经的撑柱，②是系综绕的综柱，③是分隔奇、

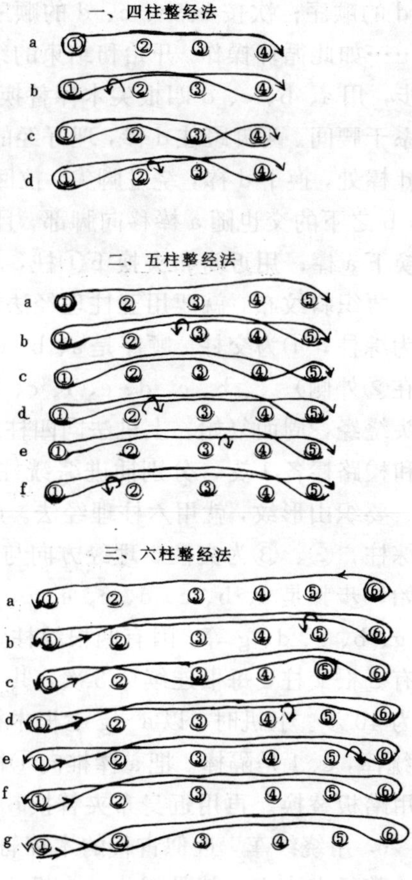

图 53 高山族阿美人的几种整经方法
（陈炳应据凌曼立《马太安阿美族的纺织》一文绘制）

① 王端宜：《卑南族的织布和衣物》。

偶经线的交柱（有的②与③对调），↘代表综线位置。先按a、b、c、d的顺序；次按c、b、c、d的顺序，再按a、b、c、d的顺序……如此循环操作。开始和结束的线头都在①柱。上机时，第一步，用a、b、c、d四根尖木棒替换下②、③、④柱，留下①柱系于腰间。两脚蹬住d棒，理好经的次序。第二步，把a棒推向d棒处，换下d棒，绕过脚尖，拉回身边，系经于d棒上。同时，b之下的交也随a棒移向脚部，且空隙变小。第三步，用踏板换下a棒；用近身布夹换下①柱，即可织布。

要织斜纹布，就要用五柱理经法。其中①、⑤为撑柱，②、③为综柱，④为交柱。顺序是a、b、c、d、e、f、c、b（但综绕线在②外侧）、c、b、c、d、e、f、c、b（综绕线在②外侧）。再从头绕经，周而复始。上机法同四柱理经上机法，但增加综绕棒和梭路棒各1支，分别插进综绕柱内和综绕之间。

要织山形纹，就用六柱理经法。其中①、⑥为撑柱，④、⑤为综柱，②、③为交柱。理经方向与前两种理经法相反，从⑥开始，步骤是a、b、c、d、c、e、c、f、c、b、c、d、g、f、g、b、g、b、g、d、g等。因有两根综柱，在理经架上有4种变化；因有2根交柱，每根连续穿5次，共10次。这样，理经每一循环为40步。上机时，以a～g七根木棒替代6柱，其中b、d是综绕棒，e、f是隔棒。把a棒推向①柱，将经线分为上下两层，并用踏板替换。再用近身布夹替换⑥柱，完成上机程序①。

6. 用绕纱车，近似古代的木棉轩车，每次只绕1根线。傣族的整经方法之一就是如此。上机：经纱从后梁牵越横木、前梁、到经轴，是由上而下的斜面；随后急转成水平方向，通过综、筘，拴在卷布轴上。经纱的长短因织物用途不同而有差别，短者只有150厘米左右，长者达500厘米以上。重点在于穿综，

① 凌曼立："马太安阿美族的纺织"。

经纱穿第一面综时，一般是单数经纱从上层综眼穿过，双数经纱套在综结上。穿第二面综时则相反①。

7. 用比较复杂的整经架。如侗族，先用绕纱架整纱（图54）：上部是方形木架；下部是底座，长80厘米，宽50厘米，底座两侧各安1根木柱，高75厘米，柱上端留有凹口，以容纳木轴。木轴两端分别安装有十字形架，两架间以绳索相系。要用2个绕纱架，一个放圈纱，另一个用手摇动，把前一个架上的棉纱绕到这个绕纱架的十字架上。然后，再把棉纱倒到圆筒状的竹笼上，竹笼，圆顶、细腰、大座，下有一个木底座，长30厘米、宽25厘米，座上安一个厂形木架，竹笼即安在厂形架上，通过手摇厂形架，把十字架上的纱绕到竹笼上。每个竹笼绕1根很长的纱，每家每户需准备几十个竹笼。整经上机，工具有四种：一是2张长板凳，凳上各安七八根木柱。其中一张板凳上需另装2根较高的木柱；二是一根长30米的竹竿；三是拴有许多竹圈的、20多米长的竹竿；四是许多竹笼，数量与竹圈相同。操作方法是：二凳并排地上，相距30米左右，中间用一根竹竿

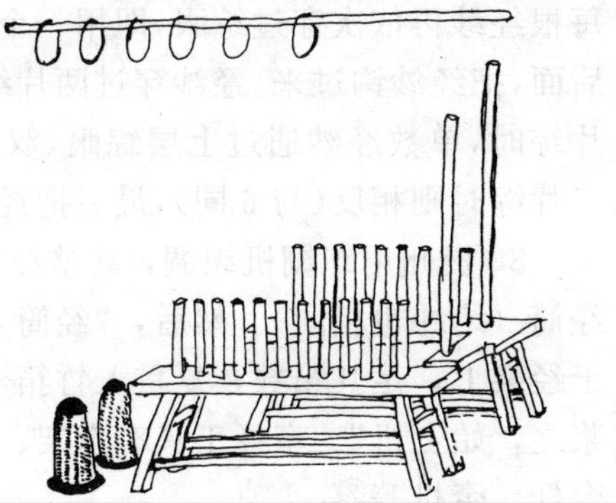

图54 侗族经纱上机工具图
（陈炳应据宋兆麟《侗族的棉纺工具和技术》的附图摹绘）

① 宋兆麟：《云南西双版纳傣族的纺织技术——兼谈古代纺织的几个问题》。

固定；在竹竿的一侧并列若干已经绕上棉纱的竹笼，把纱头拉起，从相应的、高悬的竹圈内穿过，依次绕到板凳的木柱上；最后用2根分经棍取代板凳上的高柱。所用经纱的数量，取决于所织布幅的宽窄。然后把棉纱缠在一根粗大的纱轴上。同时把棉纱拉开，用2根分经棍把单、双数经纱隔开，形成底经和面经。每根经纱再依次穿过综眼，即用一个铜片制的钩子，从前面伸向后面，把经纱钩过来。经纱穿过两片综的位置不同——穿过第一片综时，单数经纱通过上层综眼，双数经纱套在综结上，穿过第二片综时则相反（与6同），最后把经纱拴在卷布轴上①。

8. 贵州用织绸机织绸，其整经方法是：先用车络丝，导成经筒（络纬也相同）。然后，“经筒之丝，则用牵架贯筒，牵绾于经架上，足其筘数，复贯入竹筘牵之，以茅刷梳之，沾面浆浆之，始上机”。牵经工具有牵架、茅刷、刷架、拖扒、羊角、牵杆、牵扒等②。

三、浆经工具和技术

经纱上机织造之前，一般都要进行浆纱，以增大经纱强力，减少磨损和保伸。当然，在早期，生丝用于织造，其上有光滑的丝胶层，不需上浆。在织造技术的原始阶段，人们还不懂浆经技术，因此也没有浆经工艺。

内地的浆经技术主要有如下两种。

1. 轴经浆纱

轴经浆纱主要用于丝织（麻、棉纱浆经也曾用这种方法），史籍有明确记载。宋应星《天工开物》载：将整理好的经轩放在印架上，展开经丝如片状，长16.5～23.1米，保持一定张力，然后用刷子刷上糊料，使干燥。糊料多用粘性较大的粳米粉。这

① 宋兆麟：《侗族的棉纺工具和技术》。

② 咸丰《安顺府志》，卷四十六，常恩《放养山蚕说》。

种方法应早已使用，元代王祯《农书》卷二十二已记载有刷浆的刷子及其制造使用方法：“纑刷，疏布缕器也，束草根为之，通柄长可尺许，围可尺余。其纑缕杼轴既毕，架以叉木，下用重物掣之。纑缕以均，布者以手执此，就加浆糊，顺下刷之，即增光泽，可授机织。此造布之内，虽曰细具，然不可阙。诗云：‘绩麻轻纺即为纑，功用都归一刷余……’”即张开经线，用刷子沾糊料涂刷。清代时也应继续使用这种方法。

2. 绞纱上浆

绞纱上浆主要用于织造棉织物，因为棉的纤维短，棉纱又粗细难匀，多毛茸，必须上浆，才易织布。最早记载绞纱上浆法的是王祯《农书》卷二十一《木棉总具》：“其法自拨车軖床，棉纴既成，用浆糊煮过，仍以木杖两端掣之，日晒，不时手搓，乾湿得所，络于籰上。而后经纬制度一仿䌷类，织纴机杼并与布同。”即把棉纱扭绞后放在浆糊中煮，然后取出抻开晒干。清代时，有些地区采用浸浆法，即棉纱在浆糊中浸1夜，天刚亮时取出放在竹架上晾干即可。糊料也用粳米粉，加少量食盐，刷猪油，使棉纱光结。嘉庆《松江府志》记载：“调浆不可过熟，熟则令纱色黑；不可太生，生则令纱不紧。”技术日趋成熟。据《中国纺织科学技术史》估计，清代的上浆率为25%～30%，与解放前低支纱的上浆率相近。

有些边疆少数民族也有上浆工艺。其上浆方法基本上也是这两种，但有些差别。因其生产力低，粮食不够吃，或不种水稻，难以用米粉浆经。其浆经材料是就地取材。如侗族的浆经是：把经纱绕成环状后，先用稻草灰水蒸1次；取出晒干，并用木棒或木锤捶打；再用稻草灰和野薯粉浆一遍；再晒干、捶打。这样使棉纱松软、洁白。属于绞纱上浆法。贵州织绸子则采用轴经浆纱法，即牵经后，“沾面浆浆之”。高山族泰雅人在整经之前有一个“舂线”工序，即在纱线煮练后，放在木臼或簸箕内，以小米细糠拌匀，用木杵舂捣，或用脚踩踏约 15 分钟，使米糠里的油质渗进纱线内，使纱线光滑，容易织造（详见纤维加工部分）。

四、擀毡工具和技术

各地所用工具和操作方法略有不同。

《天工开物》记载："凡绵羊剪毳，粗者为毡，细者为绒。毡皆煎烧沸汤，投入其中搓洗，俟其粘合，以木板定物式，铺绒其上，运轴赶成。凡毡绒白、黑为本色，其余皆杂色。若最粗而为毯（毡）者，则驽马诸料杂错而成，非专取料于羊也。"

《新疆图志·实业志·牧》记载：新疆民间制毡，"以芨芨草为簾（帘），敷于地，洗净羊毛摊帘上，以柳条拍之使匀，漉以沸汤，卷之使紧。或用驴、马旋转之，如碌碡然，即结成毡片。四人日可成四毡，然皆粗工。惟和阗、洛浦所织罽毯（毡）极精致，为西人所重"。

甘肃东乡族的擀毡工具有牛皮绳大弹弓，竹帘和沙柳条等。操作方法是：先把羊毛摊地上，拌上细土，用沙柳条抽打，去掉毛上的油污和脏东西；进而把羊毛放在案上，用弹弓弹松；再用竹帘卷之，用绳子捆扎，开水烫洗，两人并排坐凳子上，一边用脚踩，一边用手拉、放绳子，使绳子一松一紧。这样连续操作，可使污水流掉，又使毛毡由厚变薄。最后用搓钩揉弄，使毛毡四周笔直带棱。这样擀制成的毡，洁白、紧密、细软、匀整，美观耐用，在西北地区享有盛誉①。

四川凉山彝族制作披毡的工具有弹弓、蔑垫或竹垫、帘子、竹棍等，其工艺程序是：把羊毛扯碎，用弓弹松，平铺在帘子（垫子）上，用水泡湿，用竹（木）棍擀，最后用木板夹好，晒干，就成白披毡。如要制色毡，则把白毡浸泡到染液里去，取出晒干即可，一般是黑色和深蓝色两种。做一件双层披毡，需

---

① 马自祥：《东乡族风俗志》，中央民族学院出版社，1989。

用2.5千克羊毛，30个工，主要是扯羊毛太费工(需15个工)①。

藏族和西藏黑河宗、当雄宗蒙古族的制毡工艺基本上相同，即：先将羊毛用手撕松，然后在垫子上铺匀，加热水烫洗，卷成筒状，由一两个人推着来回滚动。过一段时间，再加毛、洒水、滚动……蒙古族制这种毡，只需如此揉搓1小时，就可制成一块1.1米见方的毛毡。最大的为1.65米见方。一天可制4～15块②。

第十二节　织物组织和显花技术

宋、元、明、清时期的织物组织和显花技术基本上是在前代的基础上改进和普及，特别是缎纹组织，只有到这个时期才真正普及、运用。三原组织到这个时期才真正完备。使用两种基础组织而形成的“联合组织”，改变穿综方法形成变化组织等较为复杂的工艺越来越成熟。纬显花、缂织法、织金、起绒等显花技术广泛使用，使织品向艺术化发展，出现了不少新品种。

边疆少数民族地区的织物组织主要是平纹和斜纹，个别地方也有缎纹组织，如西夏、回鹘的“注丝”、云南的“通缎”等。显花技术主要是挑花、刺绣、印染等。有的能用反面织、正面看的技巧，织出多种花纹图案，如布依族等。

一、织物组织

1. 平纹及平纹变化组织的绢、纱、縠、绡等，在这个时期不仅仍大量生产，而且技术上又有进步。如纱，轻薄得“举之若无”③，品种也多，并总结出一些宝贵的经验：纱，“以暑伏织者为上，秋织者为下，冬为尤下，盖霜燥风烈则丝脆，帛地不

---

① 《四川省凉山彝族自治州彝族社会历史调查》，1957。

② 《西藏黑河宗罗马让学部落调查材料》，《当雄宗调查报告》。

③ 陆游：《老学庵笔记》。

坚，为衣易弊……”[①] 縠（绉纱）的外观效应比以前更好。绡有了新品种——有起斜纹花的文绡“龙绡，绛绡，紫绡，云雾绡，此美人衣也”[②]。

在党项人统治下的西夏王国，政府机构中有一个“织绢院”。西夏字典中的织物名称有“纱帛”、“细纬”，并用作军功赏赐，可见质量不错。契丹人统治下的辽国也大量生产这类织物，所以每次赏赐给各国使节的绢 100 匹，随从人员 10～20 匹，给各国回赐的绢 1000 匹[③]。

2. 斜纹及斜纹变化组织的绮、绫等。平纹地起斜纹花的绮在宋代非常流行，品种也多。从元代开始虽然逐渐减少，“但它的织造原理和工艺技术已为织金锦、蜀锦、云锦、漳绒、金采绒等品种所继承，并得到了进一步的发展”[④]。

根据《契丹国志》的记载，少数民族政权西夏向辽国贡献的织品中就有“绮”，它应是西夏自己织造的、比较有民族特色的织物。契丹辽国每次回赐各国的礼品中，有“细绵绮罗绫二百匹”，赐使者“锦绮三十匹”。可见辽国也生产绮织物。

斜纹地起斜纹花的绫，宋代因作为赏赐、书画经卷装璜和缝制官服，所以大量生产，并有了用不同斜向、不同根数的联合组织织成的绫。

西夏也生产这种织物，文献有记载，考古发掘也有出土。新疆、甘肃的回鹘人也生产“熟绫”。元代专门设立绫锦织染提举司，大量生产绫织物。明清时期则逐渐减少。

3. 绞经组织的罗，在这个时期也大量生产，品种很多，除

---

① 嘉泰：《会稽志》，卷十七。转引自《中国纺织科学技术史》，294 页。

② 《山堂肆考》，转引自《中国纺织科学技术史》，294 页。

③ （宋）叶隆礼：《契丹国志》，卷二十一。

④ 《中国纺织科学技术史》，327 页。

了前代已有的二经绞罗、四经绞罗等素罗和四经平纹花罗、三经绞斜纹花罗等之外，还有前代罕见的三经绞罗、五经绞罗、七经绞罗等素罗品种和三经绞平纹花罗、二经浮纹罗，在绞织中夹织平纹提花组织的暗花罗等。元代还在涿州设罗局，有销金绫罗、金纱罗等名贵品种。明清时期，甚至已有了十三经罗等。

少数民族政权辽和西夏地区也生产罗织物，文献有记载，考古发掘也有出土。

4. 经、纬多重或多层和提花的织锦，到这个时期各方面都有发展，并产生了很有特色的品种，如宋锦、织金锦、妆花锦等。绒圈锦也发展出漳绒、天鹅绒等绒织物。少数民族政权也生产织锦，例如西夏的锦被作为向辽国进贡的重要礼品，每次进贡“锦绮三百匹”。辽国也生产很多锦，每次给外国回赐上百匹，并在上京等处设有“绫、锦诸工作”①。也就是说，有分工比较细的专门作坊织造绫和锦。

5. 缎纹组织的广泛运用，是从宋、元时期开始的，并在世界上享有盛誉。迄今所知，最早记载缎纹织物文献是西夏时的《文海》和宋金时的《松漠纪闻》，记载西夏和回鹘有“注丝”②。元代时，意大利旅行家马可波罗说：福建泉州的缎在当时很有名。《伊本·巴都塔游记》中也记载：元代的泉州缎比“汗沙（杭州）及汗八里（北京）二城所产者为优。公元1342年（元至正二年），中国皇帝派遣使臣到印度，赠其国王绸缎五百疋，其中有百疋来自桐城……”桐城即泉州。

二、显花技术

因为印染有专章论述，所以印染显花留到后面再说，其他方面的显花技术在这里一并介绍。

---

① 叶隆礼：《契丹国志》，卷二十一。

② 据研究，“注丝”是缎纹织物，详见后面织物部分。

1．经线显花与纬线显花，在第二编已经说过，我国古代的显花工艺原以经线显花为主，唐代中晚期以后，渐以纬线显花为主。到宋、元、明、清时期，这两种显花技术依然并存，可以说纬三重起花的宋锦是纬线显花的代表，元、清二代都继续织造，从元代开始，还在苏州等地设置官府织造局，专门织造。蜀锦是经线显花的代表。西南地区的大理政权，其丝织工艺是在蜀锦工人、技术、织机的基础上发展起来的，其显花技术也应以经线显花为主。其他少数民族政权和地区也有这两种显花技术，如西夏字典《同音》中有“织经”、“织纬”两个词①，可能反映这两种显花技术在西夏并存。

2．挑花，包括通经通纬加回纬的织成和全部通经回纬的缂织，都产生于汉代，但宋代以后才有较大的发展；而且织成又发展为妆花，即在基础组织的地上，用回纬方法起彩纬花纹，其中夹织有金银丝，显得富丽堂皇。挑花主要用于衣服装饰和复制书画，成为非常著名的工艺美术品。一些少数民族政权和地区也运用这种回纬技术，例如，西夏政权就有“克丝”和“织成”，并作为军功赏赐②和向辽国进贡的贡品，每次进贡“织成锦被褥五合”③。近代，西南、东南、西北的少数民族也多在腰织机和斜织机、水平架机上挑织出绚丽多彩的花纹，如壮锦、傣锦、苗锦、土家锦等等。

3．织金，即把金丝、金箔织入织物中，产生鲜亮的色、光效应。我国早有织金技术，如敦煌莫高窟隋唐壁画和彩绘的供养人、佛像，就用金的服饰。《隋书·何稠传》更早有织金锦袍生产的记载。少数民族有酷爱金饰的传统，因而更重视织金技

---

① 李范文：《同音研究》，宁夏人民出版社，1986。

② 陈炳应：《贞观玉镜将研究》，宁夏人民出版社，1995。

③ 叶隆礼：《契丹国志》，卷二十一。

术的运用。宋代《松漠纪闻》就明确记载：回鹘人“善捻金线”。契丹辽国和党项夏国也生产织金织物。特别是元代，织金织物更是大量生产，生产技术发展到很高的水平。

4．绒面显花，汉代时已有用很多细小绒圈、绒毛在织物表面构成纹饰的花绒织品，但史籍正式有记载的“绒”是在宋元时期，如宋代回鹘民族的“绒锦”，元代的剪绒“怯绵里”和绒锦“纳克”等。而且在前代剪绒的基础上，发展出拉绒技术（宋棉毯）。在早期，织物以经线显花，所以织物主要是经线起绒。但新疆的毛织物早用纬线显花和起绒。后来织物则多用纬线起绒，并发展出漳绒、漳缎、建绒、灯芯绒等新品种。

5．刺绣，从唐代开始，特别是宋代以后，我国的刺绣工艺有了较大的发展，除了原有的实用性刺绣外，还生产出欣赏性画绣。一幅绣品中往往用多种针法互相配合。从迄今所见的绣品可知，针法有10多种，主要有：铺针①，施针②，平戗③，接针④，擞和针⑤，斜缠针⑥，直针⑦，打子⑧，打结子⑨，辫绣，贴罗⑩，贴金等等。特别是平线绣法⑪，成为丝绣的准则。在元

① 铺针，是用直针法平铺绣出花纹为衬地，以便进一步用施针法绣出具体的动、植物等形象。

② 施针，是用稀疏的针路在铺绣上绣鸟毛，分层逐步密绣。

③ 平戗，是用齐针法分皮刺绣。

④ 接针，是用短直线一针接一针紧密绣成。

⑤ 擞和针，是用长短直线错落刺绣，后针从前针的中间绣出，由里向外呈放射状。

⑥ 斜缠针，是用斜直短线均匀、整齐、细密地刺绣。

⑦ 直针，是用垂直线绣出花纹形体。

⑧ 打子，是将绣线套在针尖上，绣出小颗粒来。

⑨ 打结子，是用粗细两种针线绣出拉锁状粒子。

⑩ 贴罗、贴金是用金、罗剪贴花纹，用齐针钉上。

⑪ 平绣，是绣线从花纹一边拉到另一边绣出纹饰形体来。

代和清代，官府刺绣规模扩大，并将人物故事题材也绣在服装上。例如内蒙古自治区集宁市土城子村出土的元代绣花夹衫，采用平针、打子针、稀切针、辫针、抢针、鱼鳞针等多种针法，绣出19个花纹图案，其中就有多幅人物故事画（详见织物部分）。民间刺绣有了更大的发展，逐步形成著名的苏绣、湘绣、粤绣、蜀绣四大名绣和许多其他的地方性刺绣。

边疆少数民族地区的刺绣工艺也很广泛、兴盛，各民族妇女都善于用多种彩色的丝、棉、毛、麻线在衣服、巾帽、腰带、鞋袜和挂毯、帐篷等等日常生活用品上，绣出各种精美图案，有动物、植物、人物、几何纹等，栩栩如生，色彩丰富，以美化生活，体现本民族的生产、生活和思想感情，都很有民族特色。其刺绣和显花方法多种多样，各民族所用名称也多种多样，如锁绣，连环锁绣，平绣，绉绣，十字绣，练形绣，色茧堆绣，缎面绣，贴绣，剪纸贴绣，凸绣，补花，钩花，挑花，牵花，扣花，穿花，引绣，盘绣，盘线缀绣，盘金银绣，串珠片绣，结绣，结子绣，扎绣，嵌绣，镶色，滚边，镶补兼刺绣，破线绣，打籽绣，缠绣，铺绒绣，扎绒绣，错针绣，马尾绣，抽纱拧丝缉绣，对角针反面绣，格架绣，掏花编织补绣，梭花绰绣，乱针绣，等等（详见织物和服饰部分）（图55）。

图55　四川纳日人（摩梭人）刺绣
（李达珠摄）

第六章　练染印整技术

多姿多彩的大自然，无时无刻不给人们以丰富而深刻的启迪，激发人们的创造灵感和才能。蔚蓝的天空，青黛的山峰，火红的太阳，碧绿的河水，神秘莫测变幻多端的云霞，五颜六色、生动可爱的花草树木、鸟兽虫鱼……人们因为对大自然的敬爱、喜爱，而用各种方法把它们摹写或再创作在织物服饰上。并随着纺织生产和纺织技术的发展，练染印整技术也日趋完善。

练漂方面，这个时期一方面继承唐宋工艺，对麻类织物应用半浸半晒脱胶法；另一方面又发明双杵坐捣法，减轻劳动强度，提高生产率。特别是到明清时期，创造了利用含有生物酶的猪胰脱胶精练的先进技术，总结出水质与练染密切相关的经验。

染料方面，品种和色谱大增，据《中国纺织科学技术史》统计，色彩名词“由秦汉的二十余种，到清代已扩展到七百余种，增长三十多倍”。植物染料和化学染料的运用所占比重越来越大。动物、矿物染料也仍继续使用。而且发掘出许多新的、更好的染料；边疆少数民族则都能就地取材，找出许多新染料，为发展印染业做出贡献。

印染工艺方面，染缬和印花种类多，发展快，南方民族更有大发展；型版刻制精细；新疆维族等又发明了木滚和木戳等较为进步的印花工具；印浆也更新了，从而提高了印花质量和产量。此外还发明了贴金印花技术。

整理方面，在前代熨烫、涂层、研光、整理工艺的基础上，也各有发展。特别是清代时使用大型踹石踹布，使织物紧密光洁；创造了染整结合的一浴法，生产优质的莨纱（香云纱）织物，有些少数民族也有上述整理工艺，并有自己的特色。

第一节 练漂工艺

一、丝织品的精练和增白

丝织品的精练和增白在如下几个方面有创新和发展。

（一）砧杵捣练法

砧杵捣练法又称“椎丝”，是将生坯丝帛经过椎捣脱胶练熟，使其柔和有光泽而又不损害丝帛的比较好的方法。从唐人张萱绘的《捣练图》可知，唐代时是两人各执一长杵站着，用杵的一端竖着椎捣，每次椎捣的面积小而又费力。到了元代，则“今易作卧杵，对坐捣之，又便且速，帛易成也”[①]。结合《农书》的插图，可以看得更清楚，捣练工艺发生了很大的变化——杵变短了，两人对坐，双手各持一杵，横着椎打，这样既减少站着椎捣的劳累；又从两杵变成四杵，从用椎端直捣变成横杵椎打，每次椎打的面积和椎打的频率大增，加快了精练速度，提高了生产效率。清代的《授时通考》也有类似的记载，可见这种比较进步的精练法一直沿用到近代。

（二）生物酶脱胶法

据明代著作《多能鄙事》、《天工开物》的记载可知，明代时已经掌握了利用猪胰、瓜蒌、乌梅等所含生物酶进行脱胶的工艺技术，主要是利用其中的蛋白酶使丝胶蛋白催化水解、更快脱胶，并使丝织物的色泽、手感更好。这是现代生物酶制剂技术的先声，这种生物化学技术，在当时的世界上处于领先地位，清代时继续沿用发展。其操作方法，据刘基（伯温）《多能

① （元）王祯：《农书·农器图谱十八》，四库全书本。

鄙事》卷四可知是：

1. 练绢法

练绢法是将帛先用酽揉柴灰或豆秸、荞、木樨灰或积聚的硬柴白炭灰的灰汤煮熟，然后用猪胰练白。

2. 练白法

练白法须俟胰灰汤滚时下帛，候再沸，不断用手提转。勿使过熟，过熟则烂；勿使过生，夹生则脆。验生熟的程度，可略扭所煮绢制品，随手散开就表示未熟，可继续煮练，以扭转不散为度。帛有胶则挺，如能扭住不散，说明脱胶程度已够。

3. 用胰法

用胰法即猪胰一具，用灰捣成饼状，荫干，用量按帛的多少而定。剪稻草一条，折成四指长度，用作搅动灰汤而练帛。如无猪胰，可用瓜蒌，去皮取瓤剁碎，入汤化开后，浸入帛类，精练效果也相当良好。

（三）注重水质

注重水质即注重水质与练染丝绸质量的密切关系。（清）卫杰《蚕桑萃编》卷六的明诀法及辨水法就明确记载：要用洁净、澄清的水练染，才能使丝绸“质料佳，气泽明，工艺巧”。

二、葛麻织物的精练和漂白

麻织物的精练、漂白技术早已发明，经过长期的发展，到了这个时期，技术有所突破，效果更好。主要是发明了硫磺漂白法，这在宋代的《格物粗谈》中已有明确记载：“葛布年久则黑”，要漂白，需“将葛布先洗湿，入烘笼内铺着，用硫磺薰之，色则白”。其科学原理是：“硫磺燃烧后，在有水存在时，可发生反应，产生初生态氢。初生态氢具有强烈还原能力，能使纤维上的天然色素还原而达到漂白效果。在我国湖南浏阳地区农村中，至今还采用燃烧褐煤以薰白苎麻的工艺，因褐煤中含有硫磺……”①

三、棉织物的精练

如前所述，我国棉花的种植和棉纺织是在宋元时期开始推广、普及、大发展的，因而棉布的精练技术也是在这个时期才有较快发展并渐趋成熟的。从各地的实践看，主要是用小麦粉洗面筋后的残液，或小麦麸皮溶液，或草木灰等溶液浸泡棉布，然后用木棒槌打，使棉布柔软，富有渗水性，并去掉一些附着的杂色色素，增强白度（如南方妇女在河边洗衣那样，放一些碱或草木灰，用木棒槌打，即可去掉衣服上的脏东西）。其科学原理是：上述溶液中“含有大量淀粉质和蛋白质，是微生物生长繁殖必需的养料……发酵后，……有酶存在。其中果胶酶、蛋白酶和纤维素酶均有助于去除棉纤维上的天然杂质，并有退浆和练白的作用”②。或含有碱，也有利于去除胶质和漂白。

第二节　染色原料和工具

一、色谱大增

这个时期，纺织品的染色原料多沿用前代相传下来动、植、矿物染料，但各类染料所占比重发生了一些变化——植物染料所占比重越来越大。色谱大增，据研究，东汉时有 39 种，到清代时增加到 704 种③。特别是间色很多，例如，元代著作《碎金・综色篇》记载：红色有大红、梅红、桃红、脂红、肉红、菠萝红、落叶红、枣红、乌红等 9 种。青有佛头青、鸦青、粉青、蓝青、天水碧及青、黄之间的柳芽绿、鹦歌绿、鸭绿、麦绿、官绿等 10 种。皂有 4 种。黄有 6 种。褐则多达 20 种——金茶褐（黄

① 《中国纺织科学技术史》，248 页。

② 《中国纺织科学技术史》，249 页。

③ （民国初期）沈寿《雪宧绣谱》。

味)，秋茶褐（桔黄味)，酱茶褐（紫味)，沉香褐（红棕味)，鹰背褐（棕味)，砖褐（青味)，豆青褐（青绿味)，葱褐（绿味)，荆褐（黄绿味)，艾褐（灰青味)，驼褐（黄棕味)，枯竹褐（灰绿味)，珠子褐（土黄味)，迎霜褐（灰味)，银褐（浅灰味)，藕丝褐（黄灰味)，茶绿褐（深灰绿味)，葡萄褐（紫灰味)，油栗褐（红棕味)，檀褐（棕黄味)，等等，反映了元代时对色彩的高度修养①。

少数民族政权西夏的字典《杂字》，专有“颜色部”，记载的颜色、用料 30 多种：柴皂、苏木、槐子、橡子、皂矾、茳花、青淀、蕗蓬、狼芭、绯红、碧绿、淡黄、梅红、柿红、铜青、鹅黄、鸭绿、鸦青、银褐、银泥、大青、大碌、大硃、石青、沙青、粉碧、缕金、贴金、新样、雄黄、雌黄、南粉、烟脂、黑绿、夘色、杏黄、铜绿等。其他文献记载还有白、黑、蓝、紫、绯等，还有近似色，如“红，……红艳艳也，比红色甚光也”，“白，……白列列也，比白色甚之谓”，等等。

清代时，贵州少数民族也有一套用色配色制度和方法，如田雯《黔书》卷四记载：绘画器物有 4 色：“首则黄，盖色之正者……黄以石黄，绛以灌口砂，碧色合靛青、石黄而一之，羊肝色兼黄、朱、靛三而一之……不谓鬼方人有此淫巧也。”而且“男、妇（都）善染”②。

二、植物染料

(一) 红色染料

红色染料主要有茜草、红花、苏枋等。因为红花染色后，色光鲜艳，效果好，所以越来越受欢迎和重视，产量、用量大增，明、清时期主要产于长江以南和四川、陕西等地。制作、使用

---

① 《中国美术全集·印染织绣》卷。

② 李宗昉：《黔记》，卷三，丛书集成本。

方法也有较大改进——原来用其浓汁染色，不便储存和运输。宋、元以后，改为使用固体的红花饼，方便多了。并总结出红花所染织物遇沉香之类物品时容易掉色和用碱水、稻灰水可以收转、储存于绿豆粉内以备还原等宝贵经验和技术。

元代维吾尔人鲁明善所著《农桑衣食撮要》，总结了种红花的经验："种时欲雨，或浸撒，或耧耩，如种麻法。至五月收子，便种晚花；秋间八月种亦得；腊月亦可。"收红花在5月，"侵晨采花，微捧细，去黄汁，用青蒿覆盖一宿，捻成薄饼子，晒干收之，勿近湿墙壁，（否则）则浥损"。

西夏字典《杂字》"颜色部"记载有"苏木"（即苏枋）和"红花"。又马祖常诗《河西歌》说到西夏妇女的习俗之一是："茜根染衣光如霞"。即用茜草染红。可见上述3种红色染料在西夏都使用。

据张澍《续黔书》卷七："贵州黔南出产一种'朱草'，如小桑状，枝茎似珊瑚，长三四尺，刺之如血……此草可种，……矧古人尝以之染绛乎。"又，云南布朗族用"梅树"皮熬成红汁，染红色。……都是就地取材，既解决了本民族的染色问题，又为全国的染料园地增添了不少新品种。凉山彝族用称为"吴"的野草根晒干、研末、泡水，加核桃树叶、草木灰混合，置染物入内泡煮，然后漂洗晒干，煮染次数越多，色越深。根越老，染色越好。还有一种野草名紫草等，其根皮也被用作红色染料①。

（二）黄色染料

一方面继续使用栀子，如宋、金泗州榷场每年由金输入宋的栀子达"九十称"。另一方面，又增加槐花、姜黄、郁金、黄花等染料。特别是槐花，因其染色效果好，取材方便，更受广泛欢迎。

---

① 冯敏：《凉山彝族古老的练染技术》，载《中国纺织美术》，1991（1）。

槐花，槐树的花蕾和花朵，含有芸香甙色素，是棉、毛织物的优质染料，不仅色光鲜艳，牢度好，而且加上不同的媒染剂后，可以产生多种不同的颜色。例如，“用锡媒染剂得艳黄色，铝媒染剂得草黄色，铬媒染剂得灰绿色……经过槐花和明矾媒染的织物，如再套染靛蓝，可以制得官绿色或油绿色……”①。槐花染料制取方法有两种：一是收集花蕊于竹筐，“以水煮，一沸，漉干，捏成饼”；二是待槐花“色渐黄收用者，以石灰少许晒拌而藏之器”②。西夏字典《杂字》的颜色部中有“槐子”，即是槐花，说明党项等少数民族也已知用槐子于染色。

栀子。鲁明善《农桑衣食撮要》中记载了“移栀子”的方法：“带花移易活，梅雨时插嫩枝易生，根要锄尽。”

黄花。佤族、布朗族等将其根捣碎泡于水中数日或用以煮水染黄色。

姜黄。海南少数民族地区称为“蓬莪迷”。可以直接染棉、毛、丝织物，色光鲜嫩，但耐光牢度较差。若用“铬媒染剂得棕黄色，铝媒染剂得柠檬黄色，铜媒染剂得黄绿色，铁媒染剂得橙黄色”。若遇铁盐和碱，色光变暗，必须注意。制取方法是：用其根茎浸泡沸煮③。西夏字典《杂字》颜色部有染料“迷蓬”，可能就是姜黄。

四川彝族用如下几种土生植物染黄色，即：用“三棵针”的根，“斯梅”、“斯且”、苦荞壳搭配煮染。其中，“三棵针”，彝语称“瓦都”（豲猪刺），小孽科，常绿灌木，多生在高1000米以上的山地，其根茎含小孽碱。“斯梅”，土名“树苔”、树头发、树松毛，附生于树的悬藓，呈线状，长度几寸至几尺不等，色

① 《中国纺织科学技术史》，262页。

② （明）宋应星：《天工开物》，第三卷《彰施》。

③ 冯敏：《凉山彝族古老的练染技术》，载《中国纺织美术》，1991（1）。

有灰白和黄两种，黄色者可染黄。“斯且”（“施且”），汉名黄柏，又名黄孽，是芸香科落叶大乔木，树皮内层黄色，可作染料①。

郁金。带香味的染料，主要生长在四川和新疆等地，用其茎提取染料，染色效果好，鲜艳而又有香味，但牢度较差，忌日晒。

台湾高山族卑南人则用一种叫做 dulia 的根作为黄色染料。云南布朗族把黄花的根捣碎，浸泡数日，用以染黄色。

（三）蓝色染料

蓝色染料主要仍是靛蓝。但到这个时期，使用更加普遍，制造和染色技术也有很多改进和提高。表现在：（1）发酵制靛时，除前代用过的石灰外，还增加了米糠或糖蜜、酒糟等。特别是酒糟，因含有丰富的微生物，以及微生物所需要的养料——淀粉质和蛋白质等，利用它发酵，更易于控制靛蓝的发酵过程，缩短发酵时间。发酵时，已懂得定期补充碱液并经常搅动。（2）逐渐懂得用石灰乳液或蜃灰液取代草木灰。（3）懂得控制温度和碱性，不能过高过强，以抑制靛蓝的形成速度。（4）总结出加胶染色，起匀染、色深、牢度好的作用。（5）染色和套染色调也比前代增多，例如，除与槐花套染成官绿、油绿外，还与黄檗套染成蛋青和豆绿，与芦木、杨梅树皮套染玄色，与苏木套染成天青或葡萄青色等。到清代时，更制造出天青、元青、天蓝、宝蓝等很有特色的著名染料②。所有这些，都极有利于提高靛蓝的生产效率和质量，大大丰富了染色的品种。西夏《杂字》中的“青淀”，应即靛蓝。

元代鲁明善著的《农桑衣食撮要》收录有种蓝的经验：“将

① 冯敏：《凉山彝族古老的练染技术》，《中国纺织美术》，1991（1）。

②（清）卫杰：《蚕桑萃编》，卷六。

平地耕熟下种，用铁杷匀，上用荻帘盖之，每日早用水洒。至生苗，去荻帘。长至四寸高，以熟肥地成畦，打沟成行，每五寸地栽一棵，每日用水浇灌。如地瘦，则用薄粪水浇一二次。至七月间收刈。”

靛蓝更是我国东南、西南地区很多少数民族最喜爱和普遍制作、使用的主要染料，有人工种植的，也有野生的。

湘西的野靛一般高1～2米，大者粗如人指，叶小，呈椭圆形，含靛量多。“每年八九月，苗族、土家族等民族采集野靛，砍成每段40厘米左右，捆成一把，粗如手臂，放入大缸内，浸以清洁的泉水。3日后，水成青绿色，取出靛，加入石灰浆，比例为：靛水50千克，加入石灰水1碗，然后用棍棒搅拌。沉淀后，即成靛青。因野靛不够用，所以每年二三月种植，九月霜降前收获，放在2米左右深的土坑中浸泡……”①土家族利用山田隙地种土靛，是这个地区的著名土产②。

明清时期福建省种植的蓝有两种：叶大高者为马蓝；小者为槐蓝③。“福建而南，蓝甲天下”，“下吴越如流水，其航大海而去者，尤不可计”④，其产量、质量、销量均居全国首位，有“福建青”的盛誉。福建盛产蓝，当与最早使用蓝并至今沿用不辍的畲族及其先民（蓝夷后裔）的努力分不开的。石奕龙为本书写的文稿说：明清时期，畲族的织物多染成蓝色，“服色惟蓝、青与白”⑤。畲族地区的蓝靛，又有青靛、菁靛、菁草等名称。明

① 蒋猷龙，梁加龙：《中国少数民族蚕丝技术源流》，载《农业考古》，1990(1)。

② 《土家族简史简志合编》。

③ 万历：《泉州府志》，卷三。石奕龙提供。

④ 王世懋：《闽部疏》。石奕龙提供。

⑤ 江远青，江远涵：《建阳县志》（道光十二年刊本）。石奕龙提供。

代崇祯十六年出版的熊人霖《南荣集》记载："菁民者，一曰畲民，汀、上杭之贫民也。每年数百为群，赤手至各邑，依寮主为活，而受其庸值，或春来冬去，或留过冬为长顾者。"也有的地方是自己种植，"种畲栽菁"，"以擅蓝靛之利"①。蓝靛收成后，绞其汁，以灰搅之而成靛，用于染布，品质极佳，久不褪色。鸦片战争以后，台湾蓝靛输入，福建的蓝靛业衰退，畲族的靛业也同样衰退。民国期间，西洋靛传入，比土靛好而价格低廉，土靛越来越少，以致绝迹（包括畲民种靛业在内），所以此后畲族自织的布多拿到汉族的染坊去染。

广西少数民族的布料多用蓝靛染制，并加糯米酒发酵，与汉族加酒糟功用相同（详见后面靛染部分）。

贵州有大叶芥蓝和细叶槐蓝两种，制蓝工艺是：九十月间刈叶，浸入靛池。3日后在产生的蓝汁中，投入石灰以收蓝。染布时再加酒糟，与汉族工艺稍异。道光年间，锦屏县小江乡侗族有40个靛塘，年产靛蓝二万多千克②。

四川凉山彝族称靛草为"克"、"傀"，人工种植，春种秋收，叶面红绿色，叶里紫红色，茎嫩叶厚。成熟后，连茎割下，切碎茎叶（一般只用其嫩叶），晒干，放在木桶里，用猪肉汤浸泡。几天后，倒出肉汤，用手撮烂，晒干，成粉末。再放清水里泡三四天，即成染料③。

云南许多少数民族也种靛染色。白族种靛在每年二三月间下种培苗，六七月间成熟，即可采摘。第一茬采摘后，又发新

① 周邌然：《永泰乡土志》（光绪）。

②《侗族简史简志合编》。

③ 冯敏：《凉山彝族古老的练染技术》，载《中国纺织美术》，1991（1）。《四川省凉山彝族自治州彝族社会调查》。

叶，隔3个月左右，又可采摘。制法是将蓝草叶浸水发酵①。特别是永昌地区所制的靛蓝，质量更好，所以从明代起，就很有名，“永昌善造青，谓之金齿青，其值独倍他所”②。

（四）绿色染料

前代所用的荩草已较少使用，而是采用更好的绿色染料——鼠李。鼠李，又名红皮绿树、大绿或冻绿等，是生长于路边的鼠李科灌木，其嫩实和茎皮内含有大黄素、大黄芬等多种绿色素，是优良的绿色染料，耐光、耐酸、耐碱，牢度也好。被誉为“中国绿”。大约在明代时开始用作染料。制取和染色方法也简便：把其嫩实或茎皮放在水中煮沸，即可浸染。但不同织物有不同的要求，丝绸要用含钙盐的明矾液；棉布要用碱性皂液；要想染出带蓝光的绿色，则要使用还原剂，在弱酸性液中浸染，云南、贵州、四川、东北等少数民族较多的地区，都有鼠李的身影，应也用作染料。

台湾高山族卑南人则用野生蕃茄叶作为绿色染料。

（五）黑色染料

黑色染料品种比较多，有皂斗、五倍子、狼把草、鼠尾草、乌柏叶、麻栗树皮等等。以五倍子最为有名，它是五倍子昆虫寄生于盐肤木等植物所形成的虫瘿。其优点是：资源丰富；可染色的鞣质含量高达60%～70%；在酸和酶的作用下，极易水解、上染；染色均匀、牢度强等。同时，五倍子和皂斗除用青矾媒染黑色外，还可与其他染料、媒染剂套染出许多色调，如“用黄栌木与皂斗拼色，经白矾或绿矾媒染，可得暗茶褐色；苏木与皂斗拼色，经白矾与绿矾先后媒染，可得椒褐色；以荆叶与皂斗拼色，再用白矾和皂矾先后媒染，可得艾褐色；用蓼蓝、

① 徐康宁供稿。

② （明）谢肇淛：《滇略》卷三，四库全书本。

五倍子、青矾可套染出乌黑的色光；用栗壳或莲子壳、铁砂、皂矾可套染成深黑色等等”①。

至于黑色媒染剂“铁浆”，虽然在魏晋至隋唐时期都曾提到，但只有到宋代马志《开宝本草》中，才开始有正确的制取方法的记载，即用醋或米泔水浸泡铁片，形成醋酸铁或乳酸铁，它比青矾媒染效果更好，也可减少对纤维、织物的损伤，是媒染技术上的又一进步，被后代沿用和发展。

有关西夏的文献中，有“柴皂”、“狼芭”、“橡子”等染料，应即汉族文献中的皂斗、狼把草、橡实。说明党项人也使用这些黑色染料。

彝族崇尚黑色，所以，多把织物、服装染成黑色。染料是土生植物，染法有三种：(1) 用核桃树的叶、壳、根，砸烂泡水1天后，加热煮沸熬出浓液，再加青菜酸水和盐巴搅拌，即成染液，可煮染织物和衣物。(2) 用核桃树、马桑树、漆树、相柳的叶、皮、根放在锅里熬煮，然后把渣捞出，加搅黑泥，即可煮染。这里的黑泥不是一般的黑泥，而是产于沼泽地古涵洞、古时积淀的特殊黑泥，纯净、细腻，永远保持一定的稀度，泥面现红绿彩色。上述几种树，单独可以用，几种混用也可以。(3) 用静草染黑。其制法在蓝色染料中已介绍过②。

黎族也“捶树皮汁染为皂色”③。

佤族将蓝布、蓝线放在麻栗树皮水内浸染，即成黑色。仅用麻栗树皮熬水染色，可得灰褐色。

高山族卑南人则用一种叫做 idan 的野草染黑。

---

① 《中国纺织科学技术史》，266页。

② 冯敏：《凉山彝族古老的练染技术》，载《中国纺织美术》，1991 (1)。《四川省凉山彝族自治州彝族社会调查》。

③ 《琼州黎民图》，载《民族研究动态》，1992 (2)。

（六）紫色染料

紫色染料有紫草等。元代鲁明善《农桑衣食撮要》记载这种染料的种植方法："种紫苏"，2月"於瓜畦边成行撒子，每丛长高，可以得两利"。7月"收紫草，用火烧其根，阴乾，用草包收挂之，则叶不落"。9月"刈紫草，子熟即刈之，晒乾打子，湿则浥。耙耧要整理，收草宜速，遇雨则损，每一小束，茅草束之，当日斩齐，一颠一倒十层，堆垛平地上，以板石压令扁，於屋下荫凉处棚上顿放，勿令烟熏"。按现在的认识，紫苏是药用植物，一年生草本，唇形科。紫草是多年生草本，属紫草科，其根含紫色结晶物质乙酰紫草素，可作紫色染料；也可入药。这是两种不同的植物。但《农桑衣食撮要》只谈紫苏的下种，未谈收刈等；只谈紫草的收刈等，未涉及下种，似乎把二者合一了。故全录下，待考。紫草，东北、新疆和西南地区都有出产。据清代李宗昉《黔记》卷三记载：贵州的"短裙苗……采紫草以营生"。说明苗族等用紫草染色。

除了上述6类外，还有别的植物染料，因文献记载比较笼统，不好一一分类，只好在此一并录下，以备考。

《大元毡罽工物记》记载，元代染织毡的染料有：回回茜根、槐子、黄芦、中李、荆叶、棠叶、淀（靛）等。还有白矾、绿矾、花碱、落藜灰、橡子、醋等媒染剂和整理剂。

四川羌族也用"野花杂树染色"。民国时期还曾着手研究这些土产染料，希望能用以代替舶来品钾、铬等①。

佤族妇女用各种树皮与植物汁液染布，染红、蓝、黑三色②。

阿昌族的染料有一部分是采集野生植物，染红、黄二色；另

① 《羌族地区近代经济资料汇辑》（初稿），1963。

② 《佤族社会历史调查》，云南人民出版社，1983。

一部分购自外族，如蓝靛等①。

黎族也用野生植物染青、黑、黄、红等色②。

基诺族用野草、树叶、树根染红、黄、蓝、绿色③。

藏族的植物染料有："赤者"（大红）、"建尔巴"（黄）、"曲者"（桔黄）、"苏玛"（肉黄）和"曲者"与核桃皮一起染制棕色等④。

三、矿物染料

（一）红色染料

红色染料主要是朱砂（丹砂）和用化学方法炼得的银朱（又名"紫霜粉"），即硫化汞，前代已用，但到这个时期应用更为广泛，少数民族地区也不例外，而且产地多出自少数民族地区。

宋代，湖南奖州、富州、沅州、武冈军，广西广源州和四川、云南的一些地区都出产丹砂并作为贡品，也可在市场买卖⑤。由此可见少数民族开采丹砂产量之多，质量亦好。据记载："广西容州的丹砂，非他地可比。湖南辰州所产为佳，虽今世亦贵之。今辰砂乃出产沅州，其色与广西宜州所产相类，色鲜红而微紫，与邕砂之深紫微黑者大异。……尝闻邕州右江溪峒，归德州大秀墟，有金缠砂，大如箭镞，而上有金线缕文……是砂也，取毫末而齿之，色如鲜血，诚非辰、宜可及……"⑥ 少数民族地区也能提炼银朱："桂人烧水银为银朱，以铁为上下釜，下

① 《阿昌族简史简志合编》（初稿），1963。

② 《黎族简史简志合编》（初稿），1963。

③ 《基诺族简史简志合编》（初稿），1963。

④ 《中国纺织科技史资料的调查报告》，见《中国纺织科技史资料》，第4集。

⑤ 《宋史·蛮夷》，一、二、四。

⑥ （宋）《岭外代答》，卷七。

釜如盘盂，中置水银，上釜如盖，顶施窍管，其管上屈，曲垂於外。二釜函盖相得，固济既密，则别以水浸曲管之口，以火灼下釜之底，水银得火则飞，遇水则止，火熯体乾，白变而丹矣。其上曰头朱，次曰次朱，次者不免杂以黄丹也”①。西夏字典中的“大硃”应即朱砂，说明党项人也用朱砂染色。

元代时，“在辽阳省曰北京，湖广省曰沅、潭，四川省曰思州”，都是著名的“产朱砂、水银之所”。“朱砂、水银在北京者，至元十一年，命蒙古都喜以恤品人户於吉思迷之地采炼。在湖广者，沅州五寨萧雷发等每年包纳朱砂一千五百两……潭州安化县每年辨朱砂八十两……”②

明代宋应星《天工开物》第十六卷的详细记载说明，炼丹技术已较为完善，并有了较为系统的认识。下面只录与少数民族地区有关者：“凡朱砂、水银、银朱，原同一物，所以异名者，由精粗老嫩而分也③。上好朱砂出辰、锦（今名麻阳）与西川者，中即孕汞，然不以升炼，盖光明、箭镞、镜面等砂，其价重于水银三倍，故择出为朱砂货鬻；若以升水（银），反降贱值。唯粗次朱砂，方以升炼水银，而水银又升银朱也。”朱砂有上品和次品，次品砂“贵州思、印、铜仁等地最繁，而商州、秦州出亦广也。”（制炼方法略）。王士性《黔志》也有记载：“贵州土产”辰砂，“人工所成”。质量好：“缉皮为器，饰以丹朱，大者箱柜，小者筐匣，足令苏、杭却步……砂生有底，如白玉台，名砂牀，箭头为上，墙壁次之，虽曰辰砂，实生贵竹。”

---

① （宋）《岭外代答》，卷七。

② 《元史·食货二》。

③ 据杨维增《天工开物新注研究》：朱砂和银朱都是硫化汞，前者天然形成，后者人工合成，但水银却是由同一种汞元素构成的单质，与前两种有区别，当时尚没有单质与化合物二概念的区分，故视为同一物。

清代时也有文献记载为证，如田雯《黔书》卷四：贵州："自马蹄关至用砂坝，十里而近；自用坝至洋水、热水，五十里而遥，皆（朱）砂厂也。洋、热之砂，为箭镞，为个子；用坝之砂，为斧劈，为镜面，此其凡也。采砂者必验其影，见若匏壶者，见若竹节者，尾之掘地而下曰井，平行而入曰墥，直而高者曰天平，坠而斜者曰牛吸水，皆必支木幂版以为廂，而后可障。土畚锸锤斵斧钁之用靡不备。焚膏而入，蛇行匍匐，……石则斧之，过坚则煤之，必达而后止，……庞而重者为砂宝，伏土中，啕啕作伏雌声，闻者勿得惊，惊则他走，凡砂之走，响如松风。无巨无细，咸以晶莹为上，柳子所谓色如芙蓉是也。方其负荷而出，投诸水，淘之汰之，摇以牀，漂以箕，既净，囊而漉之，不即乾，口以吹之。其水或潴之池，或引之竿，越岗踰岭，涓涓天下落也……"李宗昉《黔记》卷二说：有的地方"地产丹砂大於斗"。许缵曾《滇行纪程》说到贵州阳山苗族地区也产朱砂。

（二）黄色染料

黄色染料中，石黄仍是重要染料。西夏字典《杂字》有"雄黄"和"雌黄"。

明代王士性《黔志》记载：贵州土产"雄黄，人工所成"，"雄黄一颗，重十余两者，佩之宜男，土官中有为盘为屏以镇宅舍者"。

田雯《黔书》卷四记载："雄黄，产安笼之这兴，迩於粤，采之法易，於砂块者为上，末次之。皎者为上，黯次之……黄有雌有雄，雄则皎，雌则黯矣……"湖南慈利少数民族地区也是著名的雄黄产地。

（三）白色染料

白色染料主要仍是白云母和胡粉。胡粉，又名铅华、铅粉，是铅的化合物，是用化学方法提炼的。湖南西部辰州（多民族地区）等地的产品非常有名。宋代《岭外代答》卷七记载："西融州有铅坑，铅质极美，桂人用以制粉，澄之以桂水之清，故桂粉声天下。桂粉，旧皆僧房罨造，僧无不富，邪辟之行多矣。厥后，经略司专其利……群僧乃往衡岳造粉，亦名桂粉，虽其色不若桂……"西夏字典《杂字》中有"粉碧"一词，似为铅粉。

其提炼方法在《天工开物》中有详细记载："每铅片百斤，用醋二瓶，安火四两，养之七日，铅片皆成粉霜。"用作颜料，其边色光彩，历久不变。其科学原理是：酸与铅反应，生成醋酸铅，遇空气中二氧化碳，变成碱式碳酸铅；最后用水洗去残余的醋酸铅即为成品。

清代时，湖南常宁、湘乡、临武，四川会理，浙江镇海、奉化、象山、宁海、太平等地都正式办矿开采①。

（四）黑色染料

黑色染料继续使用石墨和松烟。特别是有机物质松烟，因其覆盖性能强，色光和牢度均好，所以随着手工业的发展，需要量的增加，用松烟制取的黑色染料，越来越占据主导地位。

维吾尔族则常用面汤浸泡锈铁屑，发酵成黑色染液。

（五）蓝色染料

对蓝色染料，西夏字典《杂字》的颜色部有"石青"、"大青"、"沙青"等名词，可见西夏与内地一样，也用这些矿物染料。

（六）绿色染料

对绿色染料，西夏字典《杂字》的颜色部有"铜绿"、"大绿"等名词，应是我国传统的空青、石绿等染料。

（七）金银色

---

① 《清史稿·食货五》。

金银色即用金银碎屑加上粘合剂，制成金、银泥料，绘、印在织物上。西夏和宋代有“银泥”，即可为证。

藏族的矿物染料有：“菊拉”（大红）、“榜”（绿）、“挺”（蓝）、“拍不拉”（黄）、“芥拉”（白）、“黑底”（金黄）等①。

四、动植物分泌物染料

这个时期沿用前代开创的动物分泌物紫铆和植物分泌物麒麟竭作为红色染料，而且比前代有了明确的认识：“麒麟竭色黄而赤，从�出，如松脂。紫铆是虫造，此物色紫，状如矿石，破开乃红”②。

云南西盟大马散佤族用虫胶紫梗，加上酸性植物的水汁，染红色③。

随着染色技术的不断提高，上述各种染料通过套染、拼染、媒染等方法，可以染出更加丰富多彩的颜色。例如，元代时，仅见于一些文献记载的就有：赭黄、柳芳绿、红白闪紫、迎霜合、雄冠紫、胭脂红、绯红、桃红、肉红、柏枝绿、黑绿、鸭头绿、月下白、柳黄、鹅黄、砖褐、荆褐、艾褐、雁背褐、银褐、珠子褐、藕丝褐、露褐、茶褐、麝香褐、檀褐、山谷褐、枯竹褐、湖水褐、葱白褐、棠梨褐、秋茶褐、油里墨、玉色、鮀色、氁子、蓝青、金黄、雅青、鼠毛褐、不老红、葡萄褐、丁香褐等40多种④。其中赭黄最珍贵，褐色最普遍，反映了元代的服饰习尚。到明清时，色彩就更多了，并形成了全国性的染业中心。例如清代苏州就是著名的染业中心之一：“各省青蓝布匹俱于此地

① 《中国纺织科技史资料的调查报告》，见《中国纺织科技史资料》，第4集。

② 李时珍：《本草纲目》，卷三十四木部，卷三十九虫部。

③ 《佤族社会历史调查》。

④ 陶宗仪：《辍耕录》，卷十一等。

兑买，染色之后，必用大石脚踹砑光”①。同时分工很细，不仅染坊有“漂布”、“染布”、“踏布”等分工，各有“字号”②，而且似乎有了地区性的技术分工，如江宁染坊“染玄色以溧水人为佳”，“天青染坊高淳人居多”③，等等。说明溧水人多染玄色，技术较好；而高淳人则多染天青色，技术较好。

五、练染工具

练染工具比前代有较大的改进，主要表现在：从染缸发展为双眼染灶。以前只用染缸浸染，染液的温度难以保持恒温，会迅速降低，这就影响了染色的速度和质量。从清代卫杰《蚕桑萃编》等著作的记载和附图可知，明、清时期已经改用灶上设置两个染锅的设备，可以边浸染，边烧水，以保持或提高染液的温度，并连续染色或套染。当然，有些少数民族和地区则仍用染缸染布（图 56），如广西三江侗族等都用木桶（图 57）作染缸，用饭甑蒸布。四川凉山彝族等则是用单锅在灶上煮染。东北各民族在半个多世纪前也还用染缸染布。

发明了拧绞砧，即立一根带基座的木桩，用于套住练染后的织物或绞纱的一端；用手或木棒抓住另一端，这样便于拧绞织物或绞纱④，更快脱去水和染液，既减轻劳动强度，又提高生产效率。

第三节　印染工艺

一、染色

各民族的染色工艺多种多样，主要有下面几种。

---

① 《雍正朱批谕旨》，第四十二册，雍正八年七月二十五日。

② （乾隆）《长州县志》，卷十。

③ （光绪）《江宁府志》，卷十五。

④ （清代）《授时通考》，卷五十三，1217 页，农业出版社，1960。

图 56 哈尼族染料和染色工具
（赵广田供稿）

图 57 三江侗族染桶
（孙明光摄）

（一）靛染

南方很多民族多用蓝靛染布，但各地各族工艺各有特色。

广西各族的工艺技术是：先将蓝靛膏与清水按一定的比例放入木桶中，再加数两糯米酒，即成染料。但需每天用木棍搅动 1 次，数日后，待桶内水成黄褐色时，才能染布，将布料放入桶中浸染。每天浸泡二三小时，然后取出晾至半干，再放染液浸泡。如此反复数次，织物受氧化而成深蓝含暗红色，其原理跟现代还原染料的染制技术略同。广西苗族、侗族等靛染“壳布”的过程更复杂，而又最具民族特点——靛染时，先将布染色后，把布料卷好，放入饭甑中蒸一二小时，然后取出晾干。再另配制一种深红色染料，把布放入反复浸染，直至呈现紫红色时取出，放在平滑的石板上轻轻捶打数次①（详见整理研光部分）。

瑶族靛染分三个阶段：一是制染料。每逢夏末初秋时节，妇女们将地里的蓼蓝收割回场，用重棒将其杆子敲裂敲碎，连杆带叶一同放入大染缸或染桶里，用水浸泡六七天，每隔 2 天捣动 1 次，待其腐烂汁浓时，将残渣捞出，再取少量石灰水与蓝汁搅拌均匀，隔夜，蓝靛沉淀积于缸底，取出晒干备用。二是配制染液。入秋后染布前配制，水非常讲究，必须经过草木灰过滤，即在缸的上端放置竹编筛子，上铺稻草，撒上草木灰，再撒水，水经过草木灰过滤，滴入缸内。然后放入蓝靛，加上少许自制的白酒，用竹竿搅匀。再经发酵，就成染液了。三是染布。蓝靛染汁发酵到呈黄色，便可入染。先在缸内放一竹篮，使沉淀物不直接与布接触，而且便于经常浸取。入染的布，先用温水浸湿；待水滴干后，放入染缸内浸染，一个钟头后取出晾干；再放入缸内进行第二次浸染……如此浸染、晾干 3 次，拿到河边用清水冲洗，洗后晾干。然后再继续浸染，使染色逐渐加深加重。整个染色过程长达十余天，直到布料呈深蓝带暗红色为止。为了使蓝靛布坚挺耐用，颜色深重，还要加一道浆染工序，即把染好的布放入炖溶了的牛皮浆汁里或猪血溶液中浸泡几分钟；取出晒干；再用木樽蒸一段时间；晒干②。

侗族靛染时，也在蓝靛液中加上白酒、牛皮汁和鸡蛋清等。布匹经反复浸染、蒸晒、槌打等工艺，质量更好。

---

① 曾少立供稿。

② 李筱文供稿。

云南平阳彝族的靛染是先煮棉布，再在靛缸内反复浸泡几十次而成。四川凉山彝族配制染液是用三分之二靛蓝，加三分之一漆树叶熬煮的浓汁混合而成。并加入酸菜水等。用煮染法，把披毡放进上述染液中煮染一个多小时，取出漂洗、晒干。有的煮后再泡一夜，再漂洗、晒干①。

据高坡苗靛染图，染布木桶放在屋内，有一老人在操作染布。门外3个姑娘送白布来染②，似是经营染色的小作坊。此外，苗族妇女还善于把百褶裙染成金色，方法是把丝绸用紫色染料染后，在燃烧的松枝烟火上熏炙，然后放在光滑的石板上捶打，即成光亮耀眼的金色，非常美观，其科学技术原理是紫色经烟熏、捶打，使丝绸表面呈致密的碱性紫色结晶染料集合，即可呈现金色，这是苗族的独特工艺③。

（二）缬染

缬染是既染色又防染显花的工艺技术。据元代著作《碎金》记载，宋元时期流行的染缬多种多样，有檀缬（可能是紫檀木色的染缬）、蜀缬（可能指四川常用的红色染缬）、撮缬（撮晕缬）、锦缬（绞扎成几何形的绞缬）、茧缬（绞扎成茧状入染）、三套缬（彩色套染）、哲缬（加工精巧的绞缬）、鹿胎斑（有棕黄色散点式斑纹的缬染物）、浆水缬（可能只在染液中放入浆粉，使染料直接印染在布帛上，不易渗漏，使花纹轮廓清晰）等④。技术水平也高，精细而又色彩丰富、谐调。下面介绍几种最常见的工艺：

---

① 冯敏：《凉山彝族古老的炼染技术》，载《中国纺织美术》，1991（1）。

② 参考《文物》1988年第4期，宋兆麟文的附图。

③ 蒋猷龙，梁加龙：《中国少数民族蚕丝技术源流》，载《农业考古》，1990（1）。

④《中国美术全集·印染织绣》卷。

1. 夹缬。宋代时，因用夹缬印花织物置为行军之号，又为卫士之衣，禁止民间使用和制作，使缬染停滞了一段时期。后来废禁，才得以发展，民间也有买卖、制作这种镂空型版的；许多城市彩帛铺多，规模大，成交动辄千万；汉族地区和少数民族地区都很盛行。如宋代周去非《岭外代答》卷六记载："瑶人以蓝染布为斑，其纹极细。其法以木板二片，镂成细花，用以夹布，而熔蜡灌於镂中，而后乃释版取布，投诸蓝中。布既受蓝，则煮布以去其蜡，故能变成极细斑花，炳然可观，故夫染斑之法，莫瑶人若也。"契丹辽国也生产有褐地白花等织物。

明清时期，夹缬工艺进一步发展，除了缬染蓝白花布外，还可缬染出多种色彩、花纹清晰、底色与花纹的颜色对比鲜艳谐调的织物，深受各族人民的欢迎。

2. 蜡缬和浆染、糯米染、面糊染。由于蜡缬织物的色彩少，局限性大，所以宋代以后，蜡缬工艺主要在我国南方的少数民族地区盛行，并有许多著名的产品，如瑶族的"瑶斑布"，苗族的"点蜡幔"，仡佬族的"顺水斑"等等。而且除了原有的蓝白素色蜡染外，还发明了加填彩、挑花、刺绣、镶嵌等工艺的彩色蜡染。

蜡染有夹板蜡染和绘画蜡染两类。夹板蜡染，上面已介绍过。这里只介绍绘画蜡染。

广西各少数民族的民间蜡染法，大多是将白布平铺在桌、案、板上，置蜂蜡于小锅加温到30℃时，熔解为液体。用铜、铁或竹片制成的蜡刀，蘸起蜡液，直接在白布上描绘各种图案的蜡花。后将蓝靛与白酒配制的染料放入缸内，再把绘上蜡花的布料投入缸内浸染。待布浸透蓝靛后，取出晾干，再用水把蜡煮去，最后取出晾干即可。因为点绘有蜡花之处，由于蜡的防染作用，浸染时，靛蓝染不上；而没有蜡花处，则全都染上蓝色，所以显出蓝地白花的效果。由于蜡液在布上流动形成龟裂，经煮沸后，在布上留下线条流畅的冰裂花纹，使蜡染工艺产生特殊的艺术效果。即使所绘画的图案相同，且出自同一工匠之手，但因蜡染过程中自然龟裂时所形成的冰裂花纹各异，从而使整个画面变化万千，也不尽相同。如想在图案纹样上获得深浅不同的颜色效果，可先描绘好纹样，浸染成浅蓝；待干后，在欲保留浅蓝色的部位涂上蜡，再放入染缸浸染成深蓝色；煮去蜡液，即得深、浅二色。如需制作彩色效果，还可先在布的彩色部位染上杨梅叶汁（红色）或白腊皮树叶汁和黄栀子，再涂上蜡，放入染缸，依次浸染，便可获得色彩斑斓的蜡染工艺品。还有类似的工艺“浆染”和“糯米染”。

浆染主要流行于广西大苗山的苗族和南丹县一带的白裤瑶。浆染与蜡染大体相同，但又独具风格，二者的主要区别在于防染材料不同：蜡染用蜂蜡，苗族浆染则用枫树皮汁。每岁金秋之后，苗民便用刀将枫树皮砍破，待树汁流尽后，将树皮剥下，连同树汁与牛油一同煮沸，混合成浆液，后将浓液中的树皮与渣滓去掉，让其冷却，即呈灰褐色胶状。浆染时，把浆放入一小锅或碗内，加热熔化成液，削竹片为针，用竹针蘸液在白布上绘制图案纹样，然后将布放到蓝靛液中浸染数次，直至呈紫红色光泽为止。除浆之后，即是蓝白分明的浆染制品。瑶族浆染原料是俗称“沾膏”树的树汁；工具是单片铜刀笔；工艺基本上同上。这种树浆活性大，适于表现精细的自然纹样，成本低，效果好。而且从工艺流程来看，浆染比蜡染更为原始古朴。

糯米染是广西龙州县壮族特有的印染方法之一，其工艺技术是：先将糯米舂成细粉末，煮成糊状；将白布放在木板上，用竹篾沾糯米糊在布上描绘图案花纹；然后把布料投入蓝靛液内浸染；浸透后取出晾干；再用稻草灰煮水，用灰水将布上的糯米糊洗去，所绘花纹便显露出来，也是蓝地白花。工艺技术与蜡染、浆染相似，但其图案花纹的色调更显柔和①。

贵州等西南地区的苗、瑶、水、布依、仡佬等民族的蜡染历史悠久，更为普及、著名。据记载：宋代时，南宁州（今贵州水惠县）布依族先民就以"蜜蜡蜡染布"为特产（图58）。清代时，花苗"裳服先用蜡绘花於布而后染之，既染，去蜡，则花见"②。广泛用作衣料。近代，则妇女们人人能制作，人人喜

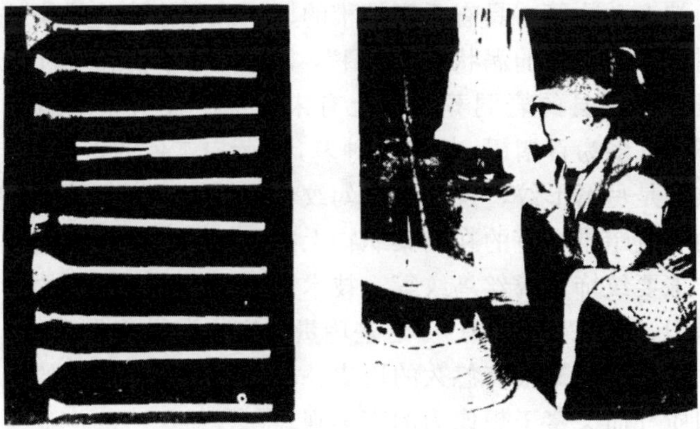

图58　贵州布依族制蜡染和蜡染工具
（赵广田供稿）

爱，她们从七岁开始学艺，十多岁时即已熟练，并能独立绘出精美的蜡花图案，有人和鸳鸯、龙凤等动物图案，有梅花、蕨菜花等植物纹饰，有水波、漩涡、冰裂纹等自然形纹饰，有三角形、菱形等几何纹饰，等等，丰富而又多变化。所用工具、材料有：蜂蜡，放在碗里，在温火中熔化；用铜刀或竹刀点绘蜡

① 曾少立供稿。

② 田雯：《黔书》，卷一，丛书集成本。

花；染料是本地种植的大叶芥蓝和细叶槐蓝等，一般还要加石灰以收蓝，加酒糟以助染。在安顺县等地，除靛染外，还创造发展出：加杨梅汁涂染红色，加黄栀子涂染黄色，并与蓝色混染出草绿和棕褐色花纹等，即填彩配合套色花纹，更为美观。苗族的蜡染花纹图案很有特色，多表现花鸟虫鱼等动植物和大自然，但多变形，如贵州丹寨苗族妇女绘的鸟，有的翅膀在冠上，腿在背上；鸡尾巴长花蕾，鸡冠上长石榴；有鸟头鱼身蝴蝶翅膀的神奇动物等，具有天真拙稚的风格。仡佬族的蜡染纹饰则多用铜鼓鼓面上的涡状纹“染圈”，主要表现尊敬祖先的心意①。在贵州平坝县的岩洞葬中出土有宋代至明代苗族的蜡染衣裙20多件，多为百褶裙。蜡染品种多，有蓝白二色的素色蜡染，主要纹饰是弓弩形纹、蒺藜纹、勾纹、串枝纹、铜鼓纹等；有填彩的彩色蜡染；有的在蜡染织物上加添挑花、刺绣、镶嵌等工艺，主要纹饰是鹭丝鸟纹等，技术水平比较高。同出的还有一把蜡刀，握于死者手中②。这些珍贵的实物资料充分证明，苗族等少数民族的蜡染有悠久的历史、丰富的品种、精湛的工艺水平和质朴而又富于想像力的审美观。

北方民族也制作、使用蜡缬织物，如辽宁翁牛特旗解放营子辽墓就出土有这类织物③。宁夏回族生产的白花色地呢毯，也用这类工艺，用面粉浆糊在白毡上描绘花纹，务求深透，然后在酸性染液内浸染，时间不能长，取出后用水洗、晾干，即成④。

---

① 见《贵州通志》。

② 贵州省博物馆：《贵州考古十年》，见《文物考古工作十年》（1979～1989），文物出版社，1990。

③《文物考古工作三十年（1949～1979）》一书中辽宁的文章。该地现划归内蒙古自治区赤峰市。

④《中国纺织科技史资料的调查报告》，见《中国纺织科技史资料》，第4集。

这与广西的糯米染有异曲同工之妙，工艺相同，只是因为南北方粮食品种不同，所以所用防染材料不同而已。

3. 绞缬。又称扎染，隋唐时非常兴盛。到这个时期，主要是在东南、西南、西北一些少数民族地区流行、发展。

白族习俗：已婚妇女头上都要扎一块蓝底白花的头巾，这是扎染工艺制品，从而促使扎染工艺及生产的发展。就以大理城北 10 千米的周城来说，它是白族聚居的大村落，倚点苍山缓坡台地建筑，雪峰溪流穿村而过，给扎染工艺的发展提供了有利条件。其工艺过程是：第一步扎花。闲暇之时，白族妇女往往坐于廊下，在棉布上穿针引线缝扎球包或只用线扎结。其图样，按照自己设计的具有一定规律的样式来进行，有梅花型、鱼子型、马牙齿型、铁链型等等。近年来，随着审美情趣的变化，为了适应大朵花型的需要，出现了撮取大凸起、双层扎结工艺，使缬染后的花型图案更为丰富多彩；同时，除了原用白布扎染外，还出现了在绿布、红布上扎结，缬染后出现蓝地绿花、蓝地红花等效果的扎染头巾，增添了花色品种，为扎染工艺的发展开辟了新途径。第二步，浸染。将扎结好的布料浸入染液里，数小时后捞出，晾晒在竹竿上，染液中的吲哚酚遇空气就氧化缩合成靛蓝，附着在布帛上未经扎结的部分。要经过数次反复浸染、晾晒，才完成浸染工序。第三步拆线。布帛浸染晾干后，把缝扎的线拆掉，使布料从球包变成平面，即现出花型，因为缝扎在里面的布料未被浸染，仍保留布料本色，而未缝扎部分则已染上蓝色，这就形成蓝地白花布，或蓝地红花、绿花布。这种扎染织物，地色浓艳，花纹朴素优雅；而且由于靛蓝是因蛋白酶在阳光和空气中氧化附着于织物的，所以染色牢度好，越洗越蓝，色泽更好；花纹图案与底版之间的过渡也很好，并有类似冰裂纹的效果，增添了情趣和魅力①。

扎染也是广西许多少数民族的传统染缬之一，工艺方法与上述的白族的相同，纹饰多圆形、方形、螺旋形等抽象纹样，纹样四周有由深而浅的浓淡效果，显得娴雅柔和、清淡素净②。

藏族的扎染主要用以制作彩色氆氇，“色彩以绛红、绛紫、深蓝、黄、黑、白、绿为常用色。花纹多为均匀布列的十字小团花、菱形花及条纹，尤具古朴之风”③。

水族等也使用这种缬染工艺。

维吾尔族和黎族也用扎染工艺，但是扎经染花，留到下一专题介绍。

4. 扎经染色。扎经染色主要是西北、东南个别少数民族创造的染色工艺，它采用分组扎染经纱，再用白色或浅色纬纱织成经浮较多的经线显花织物。迄今所知，最早的扎经染色织物是1975年在宁夏银川西夏帝陵区108号墓出土的“茂花闪色锦”残片，说明这种工艺技术至迟在宋代已经产生。新疆喀什、莎车、和田、洛浦等地的维吾尔族织制的爱的丽斯绸，也是采用扎经染色法染织出由巴旦姆（本地产的一种干果）木纹、梳子纹及民族乐器等演变而来的、绚丽多彩的花纹图案。其操作工序据《中国纺织科学技术史》介绍，主要是：

（1）绘样。即把全部经丝分成若干组经条，平整铺放，根据纹样要求，在每组经条上划出不染色的白档段。

（2）扎经。用苞米壳、箬壳等拒水材料包卷上述白档段，要包几层，并用线扎紧，用以防染。

（3）染色。把经条放进染液浸染，然后取出，水洗，干燥。

① 徐康宁供稿。

② 曾少立供稿。

③《中国美术全集·印染织绣》卷。

这样，未扎结部分染得所要的一种色彩和花纹。若要求染第二种色彩，则在已染区域再行扎结、防染一部分，再浸染。如此循环往复，可以染得多种色彩。但应注意，先染浅色，后染深色。

（4）拆经。全部经线染完后，再拆线，去掉拒水材料。

（5）对花。根据纹样要求，将经条分为四至六组，并将每组小经条的色段上下交错于设计的位置，使成几何纹样图案。

（6）匀经。将已对花的小经条铺开，要求排列平整，张力均匀。

（7）织造。用白色或浅色纬纱在扎染过的经线上织造。

此外，由于彩色染经工艺复杂，所以也有采用花版印经的，即先印经线，然后织上纬线。

黎族也有类似的染经织花工艺，但有些差别，它是先在经线上用细线扎成各种花纹，然后染色；染色后，拆开细线就显露出白色的花纹；再织进彩色纬线，成为图案精致的织物①。

二、印花

（一）印花工艺的发展

以前，型版印花有凸纹版和镂空版两种。到这个时期，更为广泛的使用，宋代印染大量织物，裁作军装；金、元时期则生产很多金银泥印花织物；维吾尔族的镂版单色印花；水族的豆浆印染法等等，就是最好的证据。后来新疆维吾尔族等又创造出木戳和木滚两种型版的多色印花技术和工具，更为轻巧方便。特别是木滚，有凹纹和凸纹两种，为大幅度印花和近代的滚筒印花打下了良好的基础。新疆人民长期使用木模彩印和镂版蓝印法来制作印花布，色彩主要是黑、红二色，也有多色的；其纹饰宗教色彩比较浓，有多组龛形排列和新月、五星纹，并

① 《黎族简史简志合编》（初稿），1963。

加花草、盆缸等。这是维吾尔族人民对我国印染技术的重大贡献。

此外，据清代张澍《续黔书》卷六记载：贵州生产一种“斜纹布，名顺水斑，盖模取铜鼓文以蜡刻板印布者，出独山州烂土司”。从这段文字看，似乎贵州少数民族创造有蜡刻板印花工具和技术，值得注意。

印花的浆料有三种：一是色浆，直接用于印花；二是白浆，用于防染印花；三是强碱性浆料，用于助剂印花。

色浆是用有关矿物颜料（包括金银粉末）与淀粉糊或干性油等粘着剂配制的。

白浆是用石灰、豆粉、树胶及糊料配制的。

碱性浆则用草木灰或石灰等与糊料配制的。

（二）印花工艺的类型和操作方法

1. 凸纹版印花，以前只用一种押印法，即在凸纹版的凸起部分涂刷上色浆，直接押印于织物上。到这个时期，除继续使用上述方法外，又发明了另外三种工艺技术：其一是刷印法，即先将织物蒙在型版上，砑光，再在砑光处涂染五彩色浆而成，即“以木板刻作花卉、人物、禽兽，以布蒙板而砑之。用五色刷其砑处，华彩如绘，名刷印花”[①]，又称“水印”。这种印花因染液稀，色牢度较差，但一板可刷多色，便于印染彩色图案。苏州有一种弹墨喷花法，也属于水印[②]。其二是刮印法（或称“浆印法”），即“以灰粉掺胶矾涂作花样，随意染何色，刮去灰粉，则章白烂然，名刮印花”。刷印法和刮印法印染的效果很好，色彩鲜丽，深受欢迎，尤其适合城市妇女的喜好。但刮印法的每块

① （清）褚华：《木棉谱》，11页。

② 即以毛刷沾稀薄染液，用竹刀轻刮，使色点均匀散落在花纹处。见《中国美术全集·印染织绣》卷。

花板只能刮一种浆，要多色，就要多块板，多道工序，费工费时。后来发明用五彩油漆刷印花纹，用厚油纸代替木板制作花板，解决了上述问题①。其三是滚印法，即在木滚上涂上色浆，然后在织物上滚印花纹。这种印法速度快，但一幅织物上印制的图案比较少。

2. 镂空版印花工艺：其一，在镂空花型处直接涂刷上色浆，即可获得花纹。其二，维吾尔族在厚纸板或铁皮上绘画花纹，镂空，放在白布上；随后在镂空处涂抹上灰浆防染，然后放到染液中浸染；取出晾干，去灰浆，即可。其主体纹饰为团花，配以散花。构图多为纵横平行的二方连续或颠倒拼接的四方连续。水族的豆浆印染也用镂空硬纸版印染，只是防染改用黄豆浆，其花纹图案主要是：双龙戏水、丹凤朝阳、鱼虾竞游、春花怒放等②。其三，印花加彩绘，并发展为印金敷彩和描金，特别是西北少数民族更是大量应用，如1975年，宁夏银川西夏墓出土的工字绫、异向绫等织物，表面有印金敷彩的痕迹③。1976年，甘肃居延考古队在今内蒙古额济纳旗的老高苏木遗址（当时属甘肃省）中也出土有加印金敷彩的丝织物（材料未发表）。

3. 新疆维吾尔族使用的模戳，是在木模上雕刻花纹图案，凹纹、凸纹都有，沾上色液，就可直接压印在白布上，比较灵活方便。从图案方面说，一个单独纹样的木模，可以有多种组合，如单独的、二方连续的、四方连续的等等，从而组成多种多样的花纹图案。其结构多用两个散点，以立式或斜式为骨架组织布局，以二方或四方连续形式展开，宾主分明，点线互相衬托。如围墙布，多用伊斯兰教圣龛的外形为一个图案单位。龛

① （清）褚华：《木棉谱》，11页。

② 《水族简史》，贵州民族出版社，1985。

③ 《西夏陵区一〇八号墓出土的丝织品》，载《文物》，1978（8）。

内有一个主体纹样；其上方和左右两边拓印对称的连续图案；四角拓印角隅纹样。一块布上常拓印上很多相同或不同的图案单位，排列而成。此外，其花纹图案还有带枝叶的花草，如巴达姆花、石榴花、牡丹花、梅花、芙蓉花等；有民族工艺品，如壶、瓶等；有几何纹，如方、圆、三角、菱形、星、月、直线、曲线和汉族的博古图、吉祥语等等。色彩也丰富。因为它是先用一色模印出图案的轮廓，然后用毛笔或毛刷等蘸上各色染液对图案加以涂染，需要多少色就用多少色。一般来说多为黑、红、绯三色套印，色调谐调。总之，维吾尔族的印染工艺是对我国古代印染工艺的继承和发展，它古朴、庄重、素雅，是其宗教文化、民族特性、生活情趣和民族间经济文化交流的反映①。

（三）印金和贴金印花

贴金印花是用金箔或金屑粘贴于织物形成花纹的工艺，其色光效果比金银泥印花更好。其粘合剂是熟漆或楮树（构树）浆。其操作方法不见文献记载，据分析可能有如下几种：其一，是在凸纹版上涂抹粘合剂，印在织物上；待粘合剂稍干，贴上金箔或撒上金屑。其二，是把镂空型版放在织物上，在镂空处涂刷粘合剂，稍干后，贴上金箔或撒上金屑。其三，是用笔蘸上粘合剂，直接在织物上绘出花纹图案，稍干后，贴上金箔或撒上金屑。无论用哪种方法，都要在贴金箔、撒金屑之后，再覆上薄纸，用毛笔或新绵触压，以加固；等粘合剂完全干燥后，将贴金印花织物的背面向上，适当拍击贴印处，进一步加固，并使未粘牢的金箔或金屑掉落下来。最后在贴金处轻度研光，有的还添绘色彩，整个工艺才算完成②。

---

① 韩连芬等：《维吾尔民间印花布图案集》，新疆人民出版社，1981。

② （元）陶宗仪：《南村辍耕录》，卷三十，“铊金银法”。《中国纺织科学技术史》。

印金显花是把金粉与粘合剂调匀，直接用型版印在织物上。

用金银作为装饰，是很多少数民族特别喜爱的风尚，金、元时期更是大量使用于织物上。1976 年，在内蒙古集宁市土城子村元代集宁路故城遗址出土的一批丝织品中，就有贴金印花和印金显花织物 7 件，贴、印出圆形冰裂花纹、牡丹、莲花等花草纹和祥云等花纹图案（详见织物部分）。

第四节　整理工艺

一、熨烫整理

这个时期，基本上仍用熨斗作为熨烫织物和衣服的工具，到清代时又发明了一种作坊用的、较为先进的“轴床”，即用带架的木制转轴把丝帛拉紧，操作者一方面双手拉住帛边，使织物完全伸展平挺；另一方面口中含水喷在织物上，使其有一定湿度；同时用右肘推动转轴，卷紧丝帛。最后把整轴丝帛晒干或经一昼夜低温烘干，可使丝帛更快更好地定型①。

关于丝绸印染后的干燥方法，到清代时也已有了比较成熟的经验。据卫杰《蚕桑萃编》卷六《染政·暴有三》记载：“暴（曝）在沤湅之后，其要有三：‘上暴法以二人牵绸，两头中一人执之，用手轻摇如春风扇和，待其干后，色最鲜明。若中暴法，则人力少用，兼天气晴朗，暴于郊外河干旷地，色亦鲜妍。至悬之杆上，风吹日晒，非病燥，即病暗，市中多用之，取其简易。”织物干燥法，是保持织物色泽优良的整理工艺之一，必须重视。

迄今所知，各民族政权、地区出土的熨斗不少，型制也略有差异，如：

辽国熨斗：1959 年在内蒙古赤峰市宁城小刘仗子辽墓出土

① 《中国纺织科学技术史》，284 页。

铁熨斗一件，口上卷，径20厘米，浅腹平底，把上有銎①。1972年在辽宁朝阳前窗户村辽墓出土一件铁熨斗，圆盘形，圜底，折口起沿，执柄上有圆孔。高4.8厘米，口径19.5厘米，柄长14.5厘米，底径14厘米②。1973年，北京先农坛辽墓出土1件陶熨斗，圆盘，口沿外折，平底浅腹，扁方柄，微上翘③。明器中有熨斗，说明熨斗在契丹辽国使用比较普遍。上述3件熨斗的造型都不尽相同，各有差别，说明各地多能铸造。

金国熨斗：1975年吉林市郊金代窖藏中有黄铜熨斗一件，敞口、直腹、平底、有柄，高6.5厘米，口外径19.3厘米，内径16.8厘米，底径16.5厘米，壁厚0.6厘米。柄椭圆形，实心，通长18.5厘米。特殊之处是在近柄处的口沿上有扇形护挡④。可能是为保护熨烫者之手而安上的，比较进步、适用。1975年，在吉林省前郭尔罗斯蒙古族自治县的辽金古城塔虎城址中出土1件铁熨斗，平沿、窄唇、直腹、平底，内沿下有两道凹槽，柄有銎，銎前有五瓣花状挡手，口径24厘米，高6.5厘米⑤。黑龙江省肇东县八里城金代遗址中也出土有铸铁熨斗⑥。

元代熨斗：1958年在内蒙古察右前旗元代集宁路古城出土熨铁1件，长38厘米，器身船形，柄圆柱形，底光平，上有凹槽⑦，别具特色。

---

① 内蒙古自治区文物工作队：《昭乌达盟宁城县小刘仗子辽墓发掘简报》，载《文物》，1961（9）。

② 靳枫毅：《辽宁朝阳前窗户村辽墓》，载《文物》，1980（12）。

③《北京先农坛辽墓》，载《文物》，1977（11）。

④ 吉林市博物馆：《吉林市郊发现的金代窖藏文物》，载《文物》，1982（1）。

⑤ 何明：《记塔虎城出土的辽金文物》，载《文物》，1982（7）。

⑥ 载《考古》，1960（2）。

⑦ 内蒙古自治区文物工作队：《元代集宁路遗址清理记》，载《文物》，1961（9）。

二、涂层整理

用漆、苏子、荏子、桐油等干性植物油涂染织物表面，以保护织物并使其具有防水性能的涂层工艺，到这个时期又进一步发展，已经能加工宽幅的油布；增加品种，雨伞、雨衣、雨冠等防雨防水的日常必需品都已出现，例如元代时已用“黄油绢帕”遮盖皇家的舆辂①。清代时，皇帝已有“雨冠”、“雨衣”、“雨裳”之制，其材料用“油绸”、“羽缎”和“毡”等缝制②。只是使用还不够普遍，后来才逐渐普及，今天已是每个人的必备物品。

我国南方的少数民族，如京族、仫佬族、瑶族等等，都用牛皮胶等涂在布面上，形成保护层，使布帛较为坚实。台湾蓝屿雅美人在染织麻纱时，用蓝屿肉豆蔻果实含油质的汁液喷在麻纱上，使事先涂在麻纱上的炭烟起油性化色素的作用③。也可算做这一类。

三、薯莨等整理

宋代以前的文献虽已记载有薯莨整理的原料“禹余粮”、“赭魁”等，并已出土过薯莨整理的织物。但明确记载把它用于染整的，则是宋代以来的文献，如宋代沈括《梦溪笔谈》记载：“赭魁，今南中极多，肤黑肌赤，有赤汁如赭，彼人以染皮制靴。”清代方以智《物理小识》卷六记载：“此物名储粮，藤似山药，结实如小瓜，以之染葛作汗衫，近肤而爽。”至于具体的操作方法和技术，第二编已经介绍，不再重复。从有关文献记载可知，用薯莨可以染制渔网，增加渔网的泻水性，省力、耐用；用以染制布帛，则结实，耐汗、凉爽、耐晒、易洗、快干，有很多

① 《元史·舆服志》。

② 《清史稿·舆服志》。

③ 梅全华供稿。参考徐瀛洲：《蓝屿之美》，台湾，1992 年 7 月。

优点。“香云纱”等就是著名的产品之一，很受炎热地区各族人民的欢迎。但要注意，洗涤时不要用皂碱，否则会使衣服上的薯莨脱落。

一些边疆少数民族也有类似的工艺，如广西京族能自己养蚕缫丝织绸，并用薯莨加工出红褐色香云纱，有钱人用香云纱缝制衣服。仫佬族在布匹靛染后，要在布的表面涂上薯莨、米汤、牛皮胶糊，然后晾干、砑光。苗族把丝织提花纱罗织物靛染后，还要用薯莨液汁多次涂染，晒干，使织物表面粘聚一层黄棕色的胶状物质，再用田间含有氧化铁的肥泥水浸涂，使胶状物变成黑色①，这样处理过的纱罗就像香云纱似的，有很多优点，很受欢迎。广西还有树脂整理工艺，即用树脂“桃金粮”涂染整理出香云纱的效果。

四、研光整理

研光整理，原来称为碪、砑、碾，清代时多称为“踹”。因为经过研光整理的织物坚实而有光泽，美观而又可少沾尘土，深受人们的欢迎。所以，其技术和规模历代都有发展。

据《长洲县志》记载，清代时，苏州地区“踹布业作坊往往聚而为之”。《清通考》卷23记载：苏州有“踹房多至四百余处，踹匠不下万有余人”。顾公燮《消夏闲记摘抄》卷下更说：苏州“阊门外社坛踹坊鳞次，近以数万计”。数量之多，令人难以想像得到！而且有了专业化的踹布作坊，有了染布与踹布的分工，苏州已成为当时全国的踹布中心。

踹布工具和技术，据褚华《木棉谱》记载：“有踹布坊，下置磨光石版为承，取五色布，卷木轴上，上压大石，如凹字形者，重可千斤，一人足踏其两端，往来施转运之，则布质紧薄而有光。”即将染好的织物卷于木轴，放在磨光的石板上，其上

---

① 杨昌雄：《苗族桑蚕史考》，载《农业考古》，1985（2）。

再压一块元宝形的磨光大石，一个人站在这块大石的两端凸起处，不断用两脚摇晃大石、压磨轴布，使织物平整、致密、光洁。从明代起，还掌握了选用石材的宝贵经验，即选用“江北性冷质腻”的石料作砑光石，以便砑磨时，“石不发烧，则(布)缕紧不松乏”①，提高砑光质量。

边疆少数民族也有自己的砑光工具和技术。例如，侗族有加工“亮布”的工艺、作业，其砑光工具是磨光石板和木棰或两头粗中间细的木杵（图 59）。加工时，把染好的布叠好，平放在磨光石板上，手握木杵中部，用两端杵捣。一人操作或两人同时操作都可以，直到布疋砑光为止。广西苗族、侗族制亮布更为复杂：布染色后，放到平滑的石板上，轻轻捶打数次，后用鸡毛蘸取适量的鸡蛋清涂于布上，边捶边加蛋清。捶打次数越多，亮度越大，一般捶至发紫色光泽为止。这种“亮布”，不仅耐脏，且不起皱，整个布面色泽匀称，紫光闪烁，艳丽夺目，是制作民族传统服饰的最佳布料②。

图 59　广西侗族制作“亮布”的石板和木棰（孙明光摄）

仫佬族在用蓝靛染布之后，还要用米汤、薯莨、牛皮胶糊涂在布面上，晾干，再用石磙碾压或木棒槌打，使布匹闪光发亮，坚实耐用，主要用作姑娘的定情物和嫁妆、老人的防老衣等。

① 宋应星：《天工开物》，第二卷，《乃服·布衣》。

② 广西部分由曾少立供稿。

苗族在染布后，还要用柏树枝叶轻微烟熏，再放到平滑石板上，用一块布垫好，轻轻地捶打，使织物上的染色变成深青透红、光泽夺目。

综上所述，各民族的砑光工艺原理是相同的，但所用工具和操作技术、附加用品不尽相同。

第七章　丰富精美的丝织品

由于社会生产的发展，经济的繁荣，纺织染整技术的全面发展；也由于时间上距现在比较近，所以保存下来的这个时期的丝织品比较多，品种丰富，技术精湛。边疆少数民族富有民族特色的织锦等织物也基本上在这个时期形成，并日趋成熟，文献也有不少记载。这里重点介绍蒙古族统治下的元代，满族统治下的清代，契丹辽国、党项夏国、女真金国等民族政权的著名丝织品，以及边疆少数民族的丝织品。

第一节　绢

这种最普通的平纹丝织物，凡有丝织生产的地方都能织造，产量也多，纱、縠、纺、缟、纨等都属于这一类。到这个时期，“绢”甚至成为所有丝织品的泛称。如《宋会要辑稿》、《金史·食货志》等记载：女真金国输入南宋的商品主要是“丝绢”。这里的“绢”就代表各种丝织品。

一、宋、辽、金、西夏时期的绢

（一）辽国的绢

据（宋）叶隆礼《契丹国志》记载：契丹人统治下的辽国每年贺宋朝生日礼物中就有“合线御……纱、縠御样”。应是帝王所用的高级纱、縠。而官员所戴“纱冠”之纱，妇女在立春日制巾用的“青缯”，数量不少。每次回赐其他各国的礼物中也有大量的绢，如回赐新罗国“衣著绢一千匹”，使节“色绢一百匹”，上节从人“绢二十匹”，下节从人“绢十匹”。新罗每年八节贡献，则契丹每年回赐绢应在一万匹左右。西夏政权也是每年八节贡献，辽的“回赐除羊外，余并与新罗国同”。即也需用绢一万匹左右。此外，还有高昌、龟兹、于阗、大食、小食、甘州、沙州、凉州等很多小国，三年一贡献。辽国也要回赐礼物，其中想必也有绢等丝织品。本国穿用、赏赐的绢更多，如《辽史·圣宗纪》记载：开泰元年八月，“铁骊那沙等送兀惹百余户至宾州，赐丝绢”等。这些绢，除了宋朝每年送辽国的外，自己还有大量生产。而且从上述资料可知，有素绢和色绢两大类。色绢是用染色丝线织成的，或织后染色的，质量和色彩比较好，所以只送给正式使节。

图 60　辽宁法库叶茂台辽墓出土的绢画（赵广田供稿）

1974 年，在辽宁法库叶茂台辽墓出土一批珍贵的丝织品，有长袍、短袄、裙、裤、套裤、冠帻、手套、软靴、绢画等 10 多件。织物品种有绢、纱、罗、绫、锦、绒圈织物、刻丝等 7 类 90 余个品种规格。其中木棺室内东西壁悬挂的两幅画轴都是绢地。山水楼阁立轴为青绿山水画，分三层——上层云、山；下层溪流；中层松林楼阁，奕棋的主人和侍者（图 60）。竹雀双兔图立轴为设色花鸟画。纱织物方面，有一般的色纱，如刻丝尸衾的里是棕黄色纱；高翅帽的圆帽顶为棕色纱地绵胎，帽面锁绣。还有绉纱，如面纱是深棕色蝉翼状的绉纱，织有菱形纹。据研究，有的平纹织物的织造工艺很有特色：构成经纬线的茧丝与茧丝之间作整齐的平行排列，使织品格外轻薄柔软。还有个别织品，其丝是3～5粒蚕茧缫制，每平方厘米50根×50根，每平方米重只有4.5～5.6克。这都说明纺织技术的高超，使我们对辽国纺织工艺的成就有了新的认识①。1981年，在内蒙古豪欠营六号辽墓出土一批衣服、袍袄、背心，均用绢做里子，质地有粗、中、细之分；色彩有淡黄、黄、棕等色。其中有一种薄如竹衣，半透明，有光泽，堪称精品②。1988年在内蒙古呼伦贝尔盟新巴尔虎左旗吉布胡郎图苏木所在地甘珠尔花清理了两座辽代契丹平民的石棺墓，也出土一些丝织品，其中有一种呈暗黄色，用简单的纵横相交方法编织而成，类似平纹布③。说明一般的契丹人也穿用丝织物。

（二）西夏的绢

西夏政府机构里设置有“织绢院”④，专门管理丝织品的织造。西夏人用绢的范围很广，除了衣著日用外，还作为军功赏赐，据西夏文兵书《贞观玉镜将》记载，对在战争中立大功奇功的人，每人每次赏绢100～500匹；对其他有功人员也赐绢数量不等，用量很大⑤。连覆盖棺柩也用绢⑥。再从几部西夏字典看，绢的品种比较多，有“薄绢”、“漉绢”、“缣绢”、“纱帛”、

① 辽宁省博物馆，辽宁铁岭地区文化组发掘小组：《法库叶茂台辽墓纪略》，载《文物》，1975（12）。

② 吉成章：《豪欠营第六号辽墓若干问题的研究》，载《文物》，1983（9）。

③ 王成，陈风山：《新巴尔虎左旗甘珠尔花石棺墓群清理简报》，载《内蒙古文物考古》，1992（1）、（2）。

④ 陈炳应：《西夏文物研究》，第五章，宁夏人民出版社，1985。

⑤ 陈炳应：《贞观玉镜将研究》，宁夏人民出版社，1995。

⑥《马可波罗行纪》，卷1，第57章。

"谷"（即"縠"）、"粗绢"、"彩绢"、"彩帛"[①] 等等。即不仅有一般的绢、纱、縠，而且有用细纬织造的质地精细的绢，用多种色彩染制的彩绢。纱也有多种，据西夏人编的汉文《杂字》记载有"川纱"、"京纱"、"圈纱"等等[②]。

在西夏的佛塔、墓葬、寺庙等遗址中也出土有绢类织物，如宁夏贺兰县宏佛塔、拜寺口双塔出土有10多件绢画[③]。青铜峡108塔出土绢地唐卡2幅，是在绢上涂上动物胶与滑石粉的混合物后，打磨作画[④]。甘肃武威西夏寺庙遗址中也出土有类似的绢画（简报尚未发表）。内蒙古额济纳旗老高苏木城址出土有驼色、驼黄色、黑色绢带，经纬密度为每平方厘米（28～49）根×（24～48）根，经纬线投影宽度为0.10～0.30毫米，有的上面还墨绘有花卉等纹饰[⑤]。还有浅棕色纱和烟色纱等，是平纹组织与二经绞或三经绞组织并用（图61）。

（三）金国的绢

金国在榷场贸易中，对宋、夏等国输出的商品主要是"丝绢"。如《宋会要辑稿·食货三八》记载：宋朝用檀香、金银等与金国"博易丝绢"，"广将北绢低价易银"。《金史·食货志》卷49也记载："茶乃宋土草芽，而易中国（按指金国）丝、绵、锦、绢有益之物。"金国大名府的绉、縠和绢，东平府的绢都颇有盛名。由此可见，金王朝产绢之多。

出土的实物也不少。例如内蒙古达茂旗金墓出土的织金锦

---

① 陈炳应：《西夏纺织资料初辑》，见《中国少数民族科技史研究》，第三辑。

② 陈炳应：《西夏的蚕桑丝织述论》，载《宁夏大学学报》（自然科学），1995（2）。

③ 宁夏回族自治区文物管理委员会办公室，贺兰县文化局：《宁夏贺兰县宏佛塔清理简报》，《宁夏贺兰县拜寺口双塔勘测维修简报》，载《文物》，1991（8）。

④ 何继英：《宁夏青铜峡发现两幅唐卡》，载《文物》，1992（8）。

⑤ 未发表，经故宫博物院张宏源测定。

图 61　西夏浅棕色纱地和烟色纱地绣朵花方片，内蒙老高苏木出土
（蔡义选摄）

袍中有用黄色绢和紫色绢带制的扣绊。织锦风帽的里子是紫色平纹绢。织金锦裤脚外边饰有褐色绢带。缂丝靴套上也有些绢带缘边等，经线密度为每厘米 34～44 根，纬线密度是每厘米 16～32 根。多无捻；个别弱捻，Z 向。组织结构均为一上一下平纹①。

1988 年，在内蒙古锡林郭勒盟镶黄旗宝格都勿拉苏木哈沙图嘎查发现的金元时期蒙古汪古部的一座墓中，出土有梭窠月季折枝花印金绢 8 块，原作为团窠百合刺绣提花罗夹袍的里子，最大的一片残长 22 厘米，宽 20 厘米，黄色，平纹组织，经线径 0.1～0.3 毫米，S 捻，纬线径 0.25～0.35 毫米，经纬密度为每平方厘米 45 根×20 根，织造平整均匀，上用泥金粘印法印出梭窠月季折枝花（排列似团窠，但外形似梭状的纹样），较有特

① 夏荷秀，赵丰：《达茂旗大苏吉乡明水墓地出土的丝织品》，《镶黄旗哈沙图古墓出土的丝织品》，载《内蒙古文物考古》，1992（1）、（2）。

点。图案循环经向 9 厘米，纬向 7.5 厘米[①]。

1988 年，在黑龙江省阿城金齐国王完颜晏夫妇墓中，出土丝织服饰 30 余件，其中有绢、织金绢，花色品种多，如酱色地圆珠纹织金绢，驼色地朵花织金绢，酱色绢，绛色绢，棕色绢，驼色绢，酱色地云鹤纹织金绢，绿地折枝梅织金绢，棕色团龙卷草纹织金绢，等等。其中：

驼色地朵花织金绢，花纹为织金六瓣小朵花，上下交错横向排列组成四方连续图案，规整紧密。

酱色地云鹤纹织金绢，纹饰由织金飞鹤和卷云组成，每两只鹤和一朵云为一组，横向上下交错排行，鹤作展翅翱翔状，云有飘动之感，写实生动。花纹单位纵 53 厘米，横 29.3 厘米，每组纹样纵 12 厘米，横 13 厘米。花纹为泥金纬向 4 枚左斜纹显花，用挖梭织造。

绿地折枝梅织金绢，有两种纹样：其一是由 3 朵正面盛开的梅花和 7 朵蓓蕾组成；其二是由二正面一侧面开放的花和 7 朵蓓蕾组成。每种横向成排，上下相互交错排列，成连续图案。

棕色团龙卷草纹织金绢，幅宽约 57 厘米，用金线织卷草纹团花开光。开光内为一团龙戏珠，龙有 3 爪，头上昂向右，张咀，呈矫捷攀登状。团龙纹纵向直径 22 厘米，横向直径 19 厘米。两个团花间距 5 厘米。采用左向纬斜纹显花，金线局部挖梭织造而成，龙眼用深棕色纹纬挖梭织造。龙威武生动，整个图案清晰工细[②]。

（四）宋代时期其他民族的绢

---

① 夏荷秀，赵丰：《达茂旗大苏吉乡明水墓地出土的丝织品》，《镶黄旗哈沙图古墓出土的丝织品》，载《内蒙古文物考古》，1992（1）、（2）。

② 黑龙江省文物考古研究所：《黑龙江阿城巨源金代齐国王墓发掘简报》，载《文物》，1989（10）。

《岭外代答》卷六记载："交人所自著衣裳皆密绢也"。但也有另一种绢"粗如细网，而蒙之以绵"。"余闻蛮人得中国红绝子，皆拆取色丝，而自以织衫。此绢正宜拆取其丝耳"。可见广西等地有粗、细两种绢。

《容斋随笔》卷16记载：广西侗族已能生产质量较好的白绢。

二、元代时期的绢

元代绢之多是必然的，不必引用文献记载。出土的绢也很多，如：

1976年在内蒙古集宁市东南的察右前旗土城子村出土一批元代丝织品，其中有印金米黄色绢残带2件，残长18厘米，宽3.5厘米，经纬密度为每平方厘米46根×38根，上印荷花和祥云等金花。又有印金夹衫，衫里也是朱黄色素绢。绣花鞋中有一只绣花素绢制成①。

1972～1979年，在甘肃漳县汪古部人汪世显家族墓中出土有灵芝纹织金纱，淡黄色暗花罗纱，黄色小团花罗纱，妆金莲花方孔纱，妆金灵芝纹方孔纱，妆金团花绎丝纱②和蓝色、绛红色、驼色、驼黄色绢，经纬密度为每平方厘米（28～72）根×（16～32）根③，在纱上加描金妆金等技术，富于时代特征，增强了装饰效果。此外还有细丝绢（棕黄色缠枝蕃莲纹布囊的衬里）等。

1960年，无锡市元墓出土的绸裙，前面镶有绣大花图案的

① 潘行策：《元集宁路故城出土的窖藏丝织物及其他》，载《文物》，1979（8）。

② 甘肃省博物馆，漳县文化馆：《甘肃漳县元代汪世显家族墓葬》，载《文物》，1982（2）。

③ 经故宫博物院张宏源测定。下同。

纱[1]。

1970年，在乌鲁木齐市南郊盐湖南岸一号墓中出土一件辫线袄子，面料是黄色䌷绢，平纹组织，经纬密度是每平方厘米32根×28根。在一条棉裤上有一道皂红色绢带。二号墓出土有蓝色染缬绢，蓝地白花，长66厘米，宽5.5厘米，经纬密度为每平方厘米42根×42根。又有赭红绢6块，紫绢2小片，黄色绢80块等，均是平纹组织，经纬密度都是每平方厘米52根×48根[2]。

元代，贵州苗族妇女在绢上蜡绘优美的花纹图案，其中有不少是向封建王朝纳贡的物品[3]。

《元典章》卷58还记载了织造用料的规定，如“一匹纱，十两丝”。但也有克扣为“八两”的。

从对外贸易的品种看，还有“五色绢”[4]。

此外，自古以来有用丝絮片做成“纸衣”、“纸帐”、“纸铠”、“纸甲”的，价廉而暖和。如《契丹国志》卷二十七记载：端午时节，俗“采艾叶与绵相和絮衣七事，国主著之。蕃汉臣僚各赐艾衣三事”。十月，“五京进纸造小衣甲……”从宋代开始，称之为“自成绢”，其制造方法是：“蚕老，不登簇，置之平案（台）上，即不成茧，吐丝满案，光明如砥”。“吴人效其法，以制团扇，胜于纨素”。上海博物馆收藏有两张自成绢，丝纤交错重叠，结构松软，色泽淡黄，丝光可见。较大的一片为73厘米×50厘米，经化验是生丝制品[5]。

---

① 无锡市博物馆：《江苏无锡市元墓中出土一批文物》，载《文物》，1964(12)。

② 王炳华：《盐湖古墓》，载《文物》，1973(10)。

③ 周春元等：《贵州古代史》，贵州人民出版社，1983。

④ （元）汪大渊：《岛夷志略》。

⑤ （清）道场山人星甫编：《西吴蚕略》，见《中国纺织科学技术史》，379页。

三、明、清时期的绢

明、清时期，全国织绢很多，不必赘述，这里只介绍有特色的和边疆少数民族的绢。

1980年，在贵州思南明代张守宗夫妇（思南人）墓出土丝织物61件，其中有浅褐色流云天鹅纹绢、浅黄色折枝牡丹纹绢、姜黄如意小花绢、杏黄万字牡丹纹绢、姜黄松竹梅绢、浅檀素纺、浅茶素纺、茶色素纺、浅褐素纺、米色素纺纱、谷黄素纺纱等。据研究，是民间作坊的作品①。

清代各织染局织制许多祭祀、写诰敕的绢帛，如京内织染局，在康熙四十七年"奏准岁造青屯绢"200匹。雍正七年奏准改织"暗花屯绢"②。江宁织造局则主要"造作缣帛纱縠之事"，"神帛以事神示宗庙，诰敕以封赠文武庶官，采缯以待庶用"③。

顺治八年（公元1651年）定"岁织四百端，又准部移文额造二千端。其文兼清、汉，曰郊祀制帛，曰告祀制帛，其色青黄。曰奉先制帛，色白。曰礼神制帛，青、赤、黄、黑五色。曰展亲制帛，极功制帛，均色白。曰素帛，色白不织文"④。"帛"是丝织品的泛称，应包括绢、纱、縠之类。

清代时，全国各地有一些著名的绢类织物，如吴江的绢细密，通州的绢坚韧，桐乡生产花绢、官绢、箩筐绢、素绢、帐绢、画绢等多种，都很有名⑤。湖州生产无花的"银条纱"、"直

---

① 刘恩元：《贵州思南明代张守宗夫妇墓清理简报》，载《文物》，1982（8）。

② （光绪）《大清会典事例》，卷一千一百七十二，卷一千一百九十五。

③ （光绪）《续纂江宁府志》，卷十一。见李仁溥《中国纺织史稿》。

④ （嘉庆）《大清会典事例》，卷七百〇九。

⑤ （乾隆）《吴江县志》。徐缙，杨廷：《崇川咫闻录》，卷十一。康熙、嘉庆《桐乡县志》，卷二、卷四，见李仁溥：《中国纺织史稿》，下同。

纱”，有花的“葵纱”、“夹织纱”、“包头纱”、“软纱”，“花绉纱”和素绉纱等，“雅俗共赏”①。特别是广州生产的“粤纱”，“光华不褪色，不沾尘，皱折易直，故广纱甲天下”②。佛山所产的纱比较特殊，“花样皆用印板”③。南海出产的绉纱，则专用作外销④，质量、花色应是很不错的，江宁还专门生产一种“以织西北芝地直纱”⑤，也有特色。

有些边疆少数民族也生产绢。如湘西“辰州苗民与汉民交易，辄以牛驮载杂粮布绢之物，以趋市集，……届期毕至，易盐，易蚕种，易器具，以通有无”⑥。辰州织物有“土绢”，本地成丝所织成者，质多黄，亦间有白者”。还有“苗巾，蚕丝所织，红色，宽五寸许，长三四寸许”⑦。

第二节　绸

绸是“采用基本组织或混用变化组织或无其他类丝织物特征的、质地紧密的丝织物”，是丝织物中一个大类。汉代称为“绌”，专指用粗丝、乱丝纺织的平纹织物，粗厚耐磨。两晋南北朝时开始分为粗、细两类，粗绸有“絁”、“绁”；细绸有“䌷”、“绕”。唐代有花绸、平绸、绵绸等品种。宋代以后，常用精练丝在平纹地上起本色花，称为暗花绸。明、清以来，绸成为丝织物的泛称。具有上述特点的棉织物也常被称做绸，如府绸等⑧。

---

① （乾隆）《湖州府志》，卷四十一。

②③ （乾隆）《广州府志》，卷四。

④ （道光）《南海县志》，卷八。

⑤ 陈作霖：《金陵物产风土志》，卷十五。

⑥ 徐珂：《清稗类钞·农商类》。

⑦ 《辰州府志·物产考》。

⑧ 陈维稷主编：《中国大百科全书·纺织》卷，中国大百科全书出版社，1984。

一、宋、辽、金、西夏时期的绸

（一）辽国的绸

（宋）叶隆礼《契丹国志》记载：当时契丹的属国新罗国就织造“紫花绵䌷”和“白绵䌷”，每次贡奉契丹六百匹，一年八节贡奉四五千匹。辽国境内也织造绸，在辽宁法库叶茂台辽墓出土的丝织物中就有用绸带缠裹的尸体。1988年，在内蒙古呼伦贝尔盟新巴尔虎左旗甘珠尔花清理两座辽代契丹平民的石棺墓，出土的丝织物中有一种呈褐红色，“每隔1毫米有一纵线，其横线依次上下反复穿梭于纵线之间，并有成排的圆形暗花纹”①。因报道不太明确，我们暂时列在暗花绸类。

（二）西夏的绸

西夏的各种文献中记载有：“线䌷”、“絁”等织物名称。可见西夏织造比较粗厚的绸织物，耐磨保暖性能好。到元代时，意大利著名旅行家马可·波罗在西夏故地今甘肃河西走廊看到，当地人的习俗是用“绸绢”覆盖棺柩。

（三）金国的绸

1988年，在内蒙古镶黄旗哈沙图古墓中出土有“印金絁”袍残片，最大一片面积65厘米×20厘米，褐色，平纹组织，经线S捻，强捻，也比较粗，直径0.2～0.5毫米。纬线由两股S捻的丝线Z捻并成，径0.4毫米以上。经纬密度为每平方厘米40根×14根。金已脱落，纹饰不清②。1988年黑龙江阿城市城子村金齐国王完颜晏夫妇墓出土有：烟色地双鸾朵梅织金绸绵护胸

---

① 王成，陈风山：《新巴尔虎左旗甘珠尔花石棺墓群清理简报》，载《内蒙古文物考古》，1992（1）、（2）。

② 夏荷秀，赵丰：《镶黄旗哈沙图古墓出土的丝织品》，载《内蒙古文物考古》，1992(1)、(2)。该文正文写作“织金锦”，而附表却作“印金絁”，根据描述，我们采用附表的命名。

（男），纹饰以满地织金朵梅为衬托，再饰一排排对飞的织金双鸾，以五排为一组，正反相对，生动活泼，织造精细，风格独特①。

（四）宋代时期其他民族的绸

《岭外代答》卷六记载：广州所织"水紬"，"其色虽暗而特宜於衣。高州所产为佳"。高州在今广东茂名。

二、元代的绸

迄今所知，出土的元代的绸不少。如：

1975 年山东邹县元代儒学博士李裕庵夫妇墓出土的丝织物，多是绸织物；

尸体四周的中药材，用黑褐色素绸包裹。

男尸帽子的面料是深褐色素绸。上身穿 6 层上衣，有 5 件是绸子缝制的，从外往里数，第一层是梅鹊方补菱纹绸短袖夹袍，袍里深绛色素绸，胸前、背后各织一幅"喜鹊闹梅"图。袍里是深绛色素绸。第二层是深绛色盘龙回纹暗花绸窄袖夹袍，袍里是素绸。第三、四、五层是素绸绵袍。下身穿一件素绸绵裤，外围一件素绸绵裳。脚穿菱纹暗花绸纳帮鞋等。

女尸帽内冠帻是深降色绸。上衣 5 层，第一层是杂宝云纹绸夹袍。第三、四、五层是素绸和粗素绸绵袄。下身 3 层，第一层是荷花鸳鸯纹绸夹裙，上系菱纹暗花绸兼刺绣裙带。第三层是素绸绵裙，系绸、罗刺绣裙带。还有素绸单、绵裤各 1 条。鞋是绣花花绸。袜子是素绸。

此外，棺内填塞物有斜纹绸绵袍，缠枝莲纹绸夹袍，杂宝云纹绸绵被，菱纹绸鞋帮，素绸绵袄、绵被，等等②。

---

① 黑龙江省文物考古研究所：《黑龙江阿城巨源金代齐国王墓发掘简报》，载《文物》，1989(10)。

② 山东邹县文物保管所：《邹县元代李裕庵墓清理简报》，载《文物》，1978(4)。

1960年，在江苏无锡元墓中出土一批绸织物，用花绸和素绸缝制，其中，夹袍2件，上衣2件，背心3件，裙子2件，套裤1件和鞋帮等，均用提花纹绸制成，古黄色，质地厚密光滑，纹饰有方格纹、回纹等。用素绸缝制的有：夹袍2件，单袍1件，上衣5件，背心1件，裙子4件，套裤1件，还有鞋面、粉扑等，古黄色，并用紫酱色素绸镶边①。

1970年，在乌鲁木齐南湖2号墓出土有烟色暗花绸3块，组织结构是二上一下斜纹地纬线起花，花纹有牡丹等，流畅生动，经纬密度为每平方厘米52根×52根②。

从上述资料可知，元代绸的生产、使用，数量多，品种多，有素绸和花绸。花绸多为暗花绸，纹饰丰富精美。质量好，厚密匀整，有弹性，光滑细腻，抗叠抗扯性能强，显示出元代织绸技术的较高水平。

三、明、清时期的绸

1980年，贵州思南明代张守宗夫妇墓出土有浅褐色螭虎方胜纹绸，姜黄色暗花绸，浅色隐条纹绸等绸织物③。贵州惠水城关明墓出土纺织品22件，以布、绸为主，也有少量的缎、绫等。颜色有青、绿、缃、浅褐、谷黄、浅黄等。花纹有白云瀏鹕、万字如意，提花流云、牡丹缠枝等。制成夹帽、儒巾、补服、长袍、夹袄、短衫、单裤、褶裙、腰带、护肚、长袜、长统靴、方袋、枕套、垫裤等。据研究，除2件外，多为当地产品④。

---

① 无锡市博物馆：《江苏无锡市元墓中出土一批文物》，载《文物》，1964(12)。

② 王炳华：《盐湖古墓》，载《文物》，1973（10）。

③ 刘恩元：《贵州思南明代张守宗夫妇墓清理简报》，载《文物》，1982（8）。

④ 贵州省博物馆：《贵州考古十年》，《文物考古工作十年》（1979～1989），文物出版社，1990。

清代生产的绸品种更多，质量更好，有不少著名的品种，主要有：京内织染局产的“宁绸”、“宫绸”、杭州织染局产的“杭绸”；湖州用散丝织的“水绸”和纺丝织的“纺绸”；桐乡生产的“花纺绸”和“绵绸”，“名色甚多”；广东香山织的“茧绸”，“皱纹蹙起，久服不敝”，有的更以“黄金丝织之，细滑黄韧”，非常名贵。还有江西信安的“茧绸”，安远的“绵绸”，安徽合肥的“万寿绸”等等[1]。新疆和阗等地维吾尔族织造的爱的丽斯绸（图 62），由于质地优良，纹饰奔放，体现了民族性格；同时

图 62　新疆维吾尔族爱的丽斯绸

（赵广田供稿）

品种又多，各种年龄段的人都可以穿等因素，成为维吾尔族妇女最喜爱的筒裙面料，人人穿用。这种绸子，有平纹和斜纹两种。用扎经染色织成。纹饰由南疆干果巴旦姆木纹、民族乐器

① （乾隆）《湖州府志》，卷一。（康熙）、（嘉庆）《湖州府志》，卷二、卷四。（道光）《香山县志》，卷二。（道光）《赣州府志》，卷八十六。（乾隆）《江南通志》，卷八、卷六等。以上见李仁溥：《中国纺织史稿》等书。

纹和梳子纹等演变而来，并因地而异。和阗、洛浦地区注重黑白对比效果，还有红白、蓝白等，并点缀小块金黄、宝蓝、桔红、翠绿等色彩，简洁明快，虚实结合；纹饰粗犷奔放。而喀什、莎车地区则注重细密、艳丽，主要用色有翠绿、宝蓝、金黄、紫红等。用料也不同，有的全用蚕丝织成；有的是丝经棉纬。如高䆉贞介绍故宫博物院收藏的一件，高 660 厘米，宽 42 厘米，质地丝，平纹组织，每平方厘米经线 66～68 根，纬线 44 根，经纬线直径 0.1～0.15 毫米，主要用色是绿、白、玫瑰紫、黄、茄紫、蓝等，有闪色效果。纹饰是二方连续两重菱形格，格子中还有似奖杯纹和其他图案。细密柔薄，光亮艳丽，两面花色相同。又有一种丝经棉纬、经起绒的染经织物，叫做“玛什鲁布”，用以制作帽子、护墙和鞍垫等。如故宫博物院收藏的一件，高 242 厘米，宽 40 厘米，地经、绒经是无捻丝线，地经直径 0.15 毫米，绒经直径 0.3～0.4 毫米；地纬是正捻的棉线，直径 0.2～0.35 毫米。经纬密度是每平方厘米含地经 24 厘米，绒经 12 厘米，地纬 30～32 根。配色：地经地纬均是墨绿色；显花的绒经是玫瑰红、黄、蓝、月白、白、藕荷、绿等。纹饰为花树条纹。工艺技术上“起绒平整，织工精细，色彩瑰丽，光泽感强，花纹潇洒奔放，质地厚实耐用”[①]。有的则地经地纬是木红色，绒纬有玫瑰红、白、黄、蓝、月白、墨绿、深蓝、绯红等多色。总之，每一件都富有民族特色而又精美。

贵州遵义地区织造的绸也很有名，文献中有比较详细的记载，如“自他省言，曰贵州绸。自黔言，曰遵义绸。自遵义言，佳者曰府绸；粗而皱者曰鸡皮茧；又其次曰毛绸，曰水绸。水绸品最下而名独多：双经单纬者曰双丝；单经双纬者曰大双丝；

---

① 《中国美术全集·印染织绣》卷。

单经单纬者曰大单丝；又有小单丝，但疏而狭，亦曰神绸”[①]。乾隆时期，“遵义出茧绸，其质毛而粗，民间以之作被面及小衣，亦有制为袍服者，因不雅观，久而厌之。嘉庆初年，变而为水丝绸，其质细薄，人又争尚之。然不经久，旋复厌弃。末年及道光元年以来，乃更为上好双丝，其匀细不及川绸，而绵密过之。顶佳者，每匹长五丈余，宽尺二寸，重三十余两，值银才三两许，穿绸儿比穿绵”[②]。这种绸，因“价视吴绫蜀锦廉，而性坚韧，一衣可十岁许”[③]，所以“竟与吴绫蜀锦争价于中州”，“远徼界绝不邻之区”[④]，“稗贩骈坒，远走数千里之外”[⑤]，“不特遍于各省，并出嘉峪关，远贩西域南洋”[⑥]。从上述记载可知，遵义所产之绸，品种多，有粗细好坏，经历过逐步改进、发展的过程。其优质绸价格又较低廉，所以成为抢手货，能与发达地区的名绸竞争，占领市场，在清代丝绸史上占有一席之地。

正安州所产丝绸也“远通商贾”[⑦]。

湘西土家族使用丝经棉纬织制“土绌”[⑧]。

云南官渡也能生产绸[⑨]。

第三节　罗

用绞经组织织成的罗织物，自古以来就是我国丝绸中的名贵品种之一，宋元以来又有较大幅度发展，技术、品种逐步改善，特别是在南方炎热地区更受欢迎。

---

①③⑤　吴振棫：《黔语》，卷下。

②⑥　（道光、同治）《綦江县志》，卷十。

④（道光）《遵义府志》，卷十六。

⑦（光绪）《湄潭县志》，卷四，《正安州志》。见《中国古代纺织史稿》。

⑧《辰州府志·物产志》。见《中国古代纺织史稿》。

⑨（道光）《昆明府志》，卷二。见《中国古代纺织史稿》。

一、宋、辽、金、西夏时期的罗

（一）辽国的罗

据《契丹国志》记载：契丹辽国每年赠送给其他国家的礼物中就有“花罗御样”、“红罗”、“合线御……罗”、“细绵……罗”等。可见罗的品种有粗、细、花、素几大类。

1974年，在辽宁法库叶茂台辽墓出土的罗织物有：棕黄色罗地绣花的绵袍；袍带背饰后附罗衬；靴和手套也是罗地绣花①。解放营子也有出土。

1981年，内蒙古豪欠营六号辽墓出土的服饰中，多以罗为面子。有素罗，色为黄、绛、紫、淡棕等，有的轻薄透明。有暗花罗，在棕黄色地上织隐格纹饰。从组织结构上分，有二经绞、三经绞、四经绞、十经绞和十二经以上相绞的等等。其中以四经绞素罗为最多，以椭圆形线孔为主，互相并列绞联；以叶形孔为辅，并列作为两排椭圆形孔之间的过渡。四经绞几何纹花罗的结构与素罗基本相似，但在线孔间绞联处形成小花，在经向单位为1.8厘米，纬向单位1厘米的范围内有7朵小花散点排列。十经绞罗是在两组四经绞罗之间另加两根绞经；两组四经绞的线孔作大小两种叶形，纵横均大小间隔排列；在斜向上也组成有规律的经绞图案；四经绞中构成小叶形的两根经线是基干，构成大叶形的两根经线与中间另加的两根绞经互绞，织成龟背纹罗。多经绞罗以十经绞为基础，增加三四根绞经，组成更复杂的几何图案，经纬极细，织物经柔②。

（二）西夏的罗

西夏各种字典中记载有：“线罗”、“细罗”、“缬罗”。即有素罗和花罗，单纱织的罗和合线织的罗。

---

① 辽宁省博物馆等：《法库叶茂台辽墓纪略》，载《文物》，1975（12）。

② 吉成章：《豪欠营第六号辽墓若干问题的研究》，载《文物》，1983（9）。

1975年，银川西夏帝陵108号墓（西夏正献王墓）出土了一批珍贵的丝织品，有罗、绫、锦等品种。研究者认为，“从当时西夏的物质生产条件和传统纺织手工业情况看，生产这种丝织品的可能性不大。因此，（出土的这些丝织品）……很有可能是从中原地区输入西夏国的”[①]。不过，我们认为：从文献记载看，西夏自己是有能力织造这些丝织物的，其根据是：西夏境内的一些地区自汉魏以来即有比较兴盛的蚕桑生产和纺织生产；西夏政府机构中设有“织绢院”，管理各种丝织品的织造；西夏境内外的回鹘人善织金线相瑟瑟、绫锦，线罗和缎纹组织注丝等，史籍有明确记载；文献记载西夏人能织诗文锦，克丝等；西夏每年向契丹辽国进贡的锦、绮、织成锦等也应是自己织造的；西夏字典中也有绫、罗、锦、毛锦等织物名。种种资料表明，西夏是有能力织造丝织物甚至是比较高级丝织物的[②]。再就西夏墓出土的丝织品本身来说，宋代虽已有闪色工艺，如织出“闪褐”等[③]，但西夏墓出土的茂花闪色锦是采用扎经染色法显花，《中国纺织科学技术史》认为，这是少数民族的独特工艺，迄今仍在新疆和阗等地盛行。西夏版图恰在西北地区，又是少数民族政权，与上述分析相符合。再说绫，上海市纺织科学研究院纺织史组的上述文章说到，西夏墓出土的异向绫，与内地出土的宋绫“有所不同”，虽然“在织制技艺上又可以看出彼此有内在的联系”。这是不矛盾的，西夏的丝织技艺主要应是从汉族传统丝织技艺学的，兼采周围其他民族如回鹘族（维吾

① 上海市纺织科学研究院纺织史组：《西夏陵区108号墓出土的丝织品》，载《文物》，1978（8）。

② 陈炳应：《西夏的蚕桑丝织述论》，载《宁夏大学学报》（自然科学），1995（2）。

③（宋）吴自牧：《梦梁录》，卷十八，《物产》。

尔族先民)、契丹辽国的丝织技艺而形成的,自然与宋朝的技艺相同或大同小异。……鉴于上述分析，在没有确凿根据证明这些丝织物来自宋王朝之前,我们暂时把它们列在西夏织物部分。

西夏墓出土的罗，有素罗和纹罗。现据《西夏陵区108号墓出土的丝织品》和《中国纺织科学技术史》的研究成果，简要介绍，并加上我们的一些看法。

烟色素罗，经密每厘米48～50根，纬密15～16根，经丝宽度0.2～0.3毫米,纬丝宽度0.86～1.0毫米。是四经绞组织。它利用特制的绞综环控制绞经，绞综环一端套在经丝上，另一端扎结在综杆上。当综杆按规律提沉综环时，绞经与地经依次左右绞缠，形成罗纹。

棕色纹罗，经密每厘米82～86根，纬密20～22根。经丝宽度0.14～0.25毫米，纬丝宽度0.64～0.71毫米。也是四经绞罗，但花纹部分是两经相绞的平罗组织。它用提花束综控制地经运动,提起地部组织点时,部分经丝未被绞经丝纠缠住,致使脱节而成大的孔眼；未脱节部分起两经相绞的作用。这和四根一组的地纹组织不同，故在织物表面形成一个区域一个区域的花纹。下口综在投纬时全部提起；闭口时全部降落，这样可以减少被综丝夹起的浮经，在投下一梭纬丝时，保持清晰的梭口，确保纹罗织物的质量。

我们把西夏墓的罗与江苏、福建出土的宋代四经绞罗作一比较可知，虽然基本组织和织造工艺基本上相同，但也有些差异。主要表现在：素罗的经纬密度，西夏墓所出比宋墓所出略小。西夏墓所出已如上述；宋罗的经纬密度是每平方厘米（46～52）根×（14～16）根；72根×（14～16）根；64根×29根。花罗方面，西夏墓出土花罗，部分地经未被绞经绞缠住，而宋罗就很少有这种缺陷。这应是西夏织罗技术不够高的表现。同时，出土罗织物的墓是西夏一个王的墓，但随葬的都是最一般的四经绞罗，说明西夏当时可能只会生产这类简单的罗。

内蒙古额济纳旗老高苏木遗址出土有驼色罗、褐色罗、棕色罗等残片，多为四经绞素罗；可能还有暗花罗。

（三）金国的罗

女真金国也生产罗织物，特别是涿州织造的罗，更受欢迎。出土的实物也不少。如：

1973年在山西大同金代西京玉虚观宗主阎德源墓中，出土24件丝织衣服等，多以罗织物为地，下面举几个例子：

合领直襟宽袖大道袍，罗地，土黄色，上绣云鹤纹。

鹤氅，罗地，黄褐色，上绣云鹤图案，四周镶黑边。

福禄夹衬垫，罗地，土黄色，上绣二方连续、左右对称的福禄纹组成的图案。

织锦罗交领单道袍，罗地，土黄色①。

内蒙古达茂旗金墓出土的罗织物有：

织锦风帽的前沿夹边，用散点梅花罗；两侧飘带，用紫色几何纹罗；缘边，用散点六瓣梅花罗，“以四经绞作地，二经绞显花”，“传统的无固定绞组罗结构”，即“链式罗”；扣绊，用几何纹罗，它“采用宋代前后新出现的有固定绞组罗结构，经线1∶1，一顺绞，纬线三梭为一组。在地部，绞经是三梭二绞；在花部，经丝与纬丝则形成二上一下的纬重平组织。这种组织的实物，属首次出土”②。

1988年，黑龙江阿城金齐国王完颜晏夫妇墓出土罗织物多件：

素罗有青色、绿色、酱色。花罗有：

---

① 大同市博物馆：《大同金代阎德源墓发掘简报》，载《文物》，1978（4）。

② 夏荷秀，赵丰：《达茂旗大苏吉乡明水墓地出土的丝织品》，载《内蒙古文物考古》，1992（1）、（2）。

驼色朵梅暗花罗，暗花为四五瓣朵梅，上下交错横向排列。朵梅径 0.8 厘米×0.7 厘米，花纹单位纵 1.5 厘米，横 1.3 厘米。织纹为四经绞暗花罗，织地紧密，暗花清晰规整。

深驼色菱纹暗花罗和浅棕色菱纹暗花罗，织纹为小菱形暗花，也是四经纹罗。

浅驼色印金罗，用泥金在浅棕色菱纹暗花罗上印多组花草纹，每组中间是一朵团花，周围是卷草纹，组成二方连续的带状纹，施金均匀，印花清晰，光泽明亮，毫无脱落①。

1988 年，在内蒙古镶黄旗哈沙图金元时期的蒙古族汪古部的一座墓中，出土有绛紫色团窠百合刺绣提花罗残片 8 片，原用作夹袍面料，经纬密度为每平方厘米 40 根×30 根，经线直径 0.1 毫米，纬线直径 0.15～2 毫米。其“地组织中，经丝 1∶1，一顺绞成组，织制时，一梭绞转梭口，一梭普通梭口，一梭开放梭口，如此依序循环，结果在开放梭口和绞转梭口的直接交界处形成清晰的空路；而在有着普通梭口相隔处，则因丝线发生滑动而无法形成空路，故而其总体效果仍类似于三梭罗，即三纬之间有一条空路，暗花组织是一上二下的变化斜纹。四根经丝，三根纬丝形成一个组织循环，正好与地组织相配合，花纹较小，似翔蝶或小花，作散点排列，二二错排，经纬向循环分别为 7.2 厘米和 3 厘米。此外，此织物上还有约 3 毫米的幅边，其组织结构与前不同，是二上一下的左向斜纹，经线密度也大于地组织的经密”②。

1976～1977 年，内蒙古达茂旗阿伦苏木古城也出土有素

① 黑龙江省文物考古研究所：《黑龙江阿城巨源金代齐国王墓发掘简报》，载《文物》，1989（10）。

② 夏荷秀，赵丰：《镶黄旗哈沙图古墓出土的丝织品》，载《内蒙古文物考古》，1992（1）、（2）。

罗、花罗和紫罗绣花夹袍等。

二、元代的罗

元代在涿州设罗局，罗的品种有红紫罗、销金绫罗、金纱罗等，织入金银线。元代的罗实物在许多地方都有出土。如：

1975年，在山东邹县元代儒学教谕李裕庵夫妇墓出土的一批丝织物中，有一些罗织物——女尸上衣5层，第二层是莲花双鱼纹罗通领对襟短袖女夹袄。第4层绸夹袄的袖口和通领用暗花罗镶边。下身第二层是方棋小朵花罗平展单裙，裙带的料子是罗、绸两种，上加绣花①。

1976年，内蒙古察右前旗土城子村出土的元代窖藏丝织品中有素罗和花罗。其中：

素罗有：印金夹衫，衣面是棕色四经绞素罗，经纬密度为每平方厘米80根×19根，其上凸版印金圆形冰裂图案花纹。绣花夹衫，也是四经绞棕色素罗，经纬密度为每平方厘米60根×16根，刺绣纹饰多达99个。

花罗有：棕色提花罗残片，4件，斜纹组织，经纬密度为每平方厘米50根×29根。小提花罗残片，1件，外层为四经绞罗小提花，经纬密度为每平方厘米64根×19根。绣花丝鞋有一只用提花罗制成，另一只质地为素绢，上用色线绣出多种纹饰②。

元代还规定了织罗用料标准为："一匹罗，一觔丝。"有的克扣为"13两"，应纠正③。

甘肃漳县汪世显家族墓出土有烟色、浅棕色等四经绞素罗。

① 山东邹县文物保管所：《邹县元代李裕庵墓清理简报》，载《文物》，1978(4)。

② 潘行荣：《元集宁路故城出土的窖藏丝织物及其他》，载《文物》，1979(8)。

③《元典章》，卷五十八。

经纬密度为每平方厘米（56～88）根×（18～72）根①。

三、明、清时期的罗

明、清时期，织罗技术和生产又有发展，组织结构上除了原有的四丝罗等外，还有了七丝罗、十三丝罗等。有了金银罗、秋罗、状元罗等著名品种。

1980 年，在贵州思南明代张守宗夫妇墓中出土有茶色麒麟芝草莲塘鹭鸶纹罗织物②。

第四节　绮

平纹地起斜纹花的提花丝织物——绮，在宋代继续生产。辽、金、西夏等少数民族政权也有织造。《契丹国志》记载，辽国给外国的礼品中，有“合线御……绮……”、“细……绮……”和“绮”等品种。1974 年，辽宁法库叶茂台辽墓也出土有“绮”③。西夏给契丹辽国的贡品中也有“绮”。内蒙古老高苏木出土有绿色地暗花绮，经纬密度为每平方厘米 50 根×48 根。还有驼色绮等。《许亢宗宣和乙巳奉使金国行程录》记载：金国南京析津府所产的绮最好，“精绝天下”④。甘肃漳县元墓也出土有绿色绮和吉羊团花纹绮，经纬密度为每平方厘米（44～52）根×（27～30）根。但总的说来，这个时期的绮，文献记载不多，出土实物更少，这可能是由于北方少数民族政权喜爱金银装饰，盛行织金、印金技术，逐渐代替了织绮的地位的缘故。在中原地区，这种替代趋势要晚到元、明时期。

① 现藏甘肃省博物馆。

② 刘恩元：《贵州思南明代张守宗夫妇墓清理简报》，载《文物》，1982（8）。

③ 《法库叶茂台辽墓纪略》，载《文物》，1975（12）。

④ 《大金国志校证》下，中华书局，1986。

第五节　绫

斜纹或变化斜纹地起斜纹花的绫织物，在这个时期因官用多而成为重要织品，如宋王朝以绫为官服，诰谍、织造颇多，并有经显花、纬显花和描金彩绘等多种。因而影响到辽、金、西夏等政权。

一、宋、辽、金、西夏时期的绫

（一）辽国的绫

据《辽史·地理志》和《契丹国志》等书记载：辽国政府机构有“绫锦院”和专织绫锦织物的作坊“绫锦诸工作”。特别是显州（今辽宁北镇），是绫锦的主要产地之一，“岁贡绫锦”，契丹主用以“分赐左右”①，应是精美而又产量高。辽国送给其他政权的礼物中，有“合线搂（或“楼”或“缕”之误）机绫”、“合线御绫……御样”、“细……绫”、“紫绫”等，即有精细的绫、合线织成的绫、染色绫等品种。据报道，在辽宁省叶茂台和解放营子的辽墓都出土有绫织物②。

（二）西夏的绫

西夏字典中有“绫罗”、“绫锦”等织物名称。西夏境内外的回鹘人能生产“熟绫”③，即是用精练丝织造的绫织物。1975年在银川西夏帝陵区108号墓中又出土有罕见的工字绫和异向绫，据实测研究：

棕色异向绫，生丝织造，经丝宽度0.5毫米，经密每厘米52～56根。纬丝宽度0.53～0.59毫米，纬密每厘米40～42根。组织结构：地纹部分是三上一下的变化斜纹组织，摆脱了一般

---

①《辽史·圣宗纪五》。

②《文物考古工作三十年》（1949～1979），文物出版社，1979。

③（宋）洪皓：《松漠纪闻》，丛书集成本。

绫织物只有单向左斜或右斜的规律，采用左斜与右斜对称结合的结构，巧妙地织成隐约的S形斜纹。花纹部分纬向是一上三下的Z形斜纹组织。由于纬线比经线略粗，所以斜纹的纹路比较清晰。这种异向绫用双把吊提花束综织制，纬向四枚纹由素综提升。由于经纬向浮长基本一致，经纬丝直径大小差异较小，色泽也比较接近，因而显花若隐若现，形成朴素的风格。在小块织物残片中，正反两面都有三枚以上的经纬浮点，按四枚斜纹组织的变化规律，不应有此现象，可能是由于综丝参差不齐导致梭口不清所致。

工字绫（图63）是在斜纹地组织上起空心工字形的几何图案，工字套叠合榫，线条粗细均匀，富有民族风格。经丝宽度为0.71毫米，经密每厘米44～46根。纬丝宽度为：地纬1.0～1.07毫米，花纬1.57～2毫米，纬密每厘米25～27根。花纹循环较小，可用小提花束综织造。其组织结构是：地部采用二上一下经向斜纹组织；花部采用七上一下的8枚斜纹组织，纬浮起花长达7根以上，是新颖别致的纬线显花法，纬纹隆起，凹

工字绫纹样

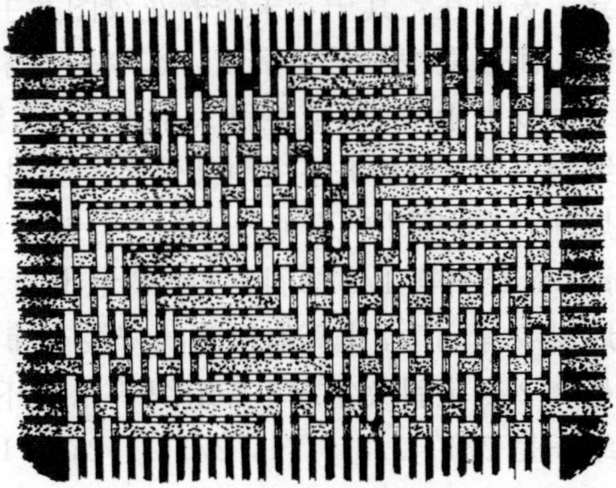

工字绫组织结构

图63　西夏工字绫纹样及其组织结构图
（陈恩尧据《中国纺织科学技术史》绘制）

凸效果分明，颇如现代纬显高花织物。这是在唐绫织法基础上发展起来的一种新颖别致的纬线显花法，在工字绫表面还残留有敷彩或印金粉的痕迹，原来应是十分绚丽的①。

把西夏墓出土的异向绫与江苏、福建出土宋代异向绫，敦煌所出唐代异向绫试作比较，有一些差别：其一，敦煌唐绫是用生经熟纬，即半熟丝织造的，而西夏绫全用生丝织造。其二，西夏绫比福建宋绫的经纬密度大，福建宋绫的经纬密度有如下几种：每平方厘米 34 根×（26～30）根；41 根×28 根，（19～22）根×17 根。而西夏绫是每平方厘米（52～56）根×（40～42）根。其三，西夏绫与敦煌唐绫的纹饰均较朴素，若隐若现，而宋绫都有明显的梅竹或云松图案②。其四，如上所述，西夏绫的织造技术和设备可能比较落后，以致出现一些不规律的现象。

把西夏墓出土的工字绫与南方出土的宋绫比较，也有一些差异，表现在：其一，宋绫的花纹图案主要是花朵枝叶等自然纹饰，而西夏绫却是工字纹，迄今别处未见。其二，西夏绫的经纬密度大于宋绫；或经密大于宋绫，纬密小于宋绫。其三，组织结构方面，西夏工字绫地部是 2/1 经斜纹，花部 7/1 斜纹，而敦煌唐绫的组织有几种——1/2 经斜纹和 1/5 纬斜纹互为花地；1/3 经斜与 1/3 纬斜，1/2 斜地上显六枚变则经面缎纹花；平地斜纹等。而福州等地出土的宋绫有纬显花，也有经显花，经向是 2/2 变化斜纹组织，其组织单元循环是 2/2，2/2，1/1。纬向组织是 2/1，1/2，1/1，2/1，1/2，1/1③。都与西夏绫不同。

---

① 上海市纺织科学研究院纺织史组：《西夏陵区一〇八号墓出土的丝织品》，载《文物》，1978（8）。

② 敦煌唐绫的资料见王进玉，赵丰：《敦煌文物中的纺织技艺》，载《敦煌研究》，1989（4）。

③ 《中国纺织科学技术史》，321 页。

其四，工字绫表面残留有敷彩或印金粉的痕迹，符合当时西北少数民族爱好敷彩、印金、织金的习尚。

综上所述，西夏墓出土的异向绫、工字绫很有特色，有可能是西夏自己织造的。

此外，内蒙古老高苏木出土有驼色暗花绫、蓝色暗花绫等，经纬密度为每平方厘米（24～50）根×（20～42）根。

（三）金国的绫

金国在真定、平阳、太原、河间、怀州五地设置绫锦院，管理绫锦等织物的织造。还有许多私营作坊。山东东平府和中都路平州的绫都是比较有名的产品。

1978年，内蒙古达茂旗金元时期蒙古汪古部墓地出土的绫织物有：织锦风帽的飘带和扣绊中，有的是用黄色条格绫缝制的，基本上采用平纹组织，在格中则作变化平纹组织，即第二种汉绮组织，这种组织的图案简单，其织法也省力。图案方格，大小任意变化，经纬密度为每平方厘米28根×16根①。

1976～1977年，在达茂旗阿伦苏木古城遗址也发现有印金提花绫长袍，通身印有块状金花，与提花绫天青色地相互辉映，金碧辉煌②。

1988年，在内蒙古镶黄旗哈沙图金元时期汪古部古墓出土星地花卉绫残片2块，大的一块长10厘米，宽6厘米，黄色，基本组织是二上一下左向斜纹，地上起一上五下左向斜纹花。经纬密度为每平方厘米40根×22根。经线Z捻，直径0.2～0.25毫米，纬线xxZ并捻，直径0.4～0.5毫米。图案循环经向8.5

① 夏荷秀，赵丰：《达茂旗大苏吉乡明水墓地出土的丝织品》，载《内蒙古文物考古》，1992（1）、（2）。

② 夏荷秀，赵丰：《达茂旗大苏吉乡明水墓地出土的丝织品》，《镶黄旗哈沙图古墓出土的丝织品》，载《内蒙古文物考古》，1992（1）、（2）。

厘米，纬向 8 厘米。

1988 年，在黑龙江阿城金齐国王完颜晏夫妇墓出土几件绫织物，如："深驼色鸳鸯纹织金绸"，《简报》说是"绸"，但其组织地纹为三枚右向经斜纹，花纹为三枚右向纬斜纹，应是异向绫（描述见"绸"部分）。此外，该墓出土的绣花鞋底里衬用的是米色暗花绫。

二、元代的绫

元代设立官府绫锦织染提举司，各地还设立绫锦局①，织制大量绫织物。

1976 年，在内蒙古察右前旗土城子村出土的元代丝织物中，有一些绫织物，如：

印金提花交领左衽长袍，是用天蓝色地斜纹提花绫制成的，经纬密度为每平方厘米 48 根×36 根，上织缠枝牡丹花。又印金花，每朵面积为 2 根×2.3 厘米，8 朵为一组，有牡丹、莲花、菊花和草花等。

印金被面，面料是黄色斜纹提花绫，经纬密度为每平方厘米 60 根×36 根，通身印 2.3 厘米×2.3 厘米的矩形金花，有牡丹、莲花、菊花、玫瑰等。此外，还有斜纹提花组织的提花绫残片 2 件，上织缠枝牡丹花纹。有一件是复合斜纹组织的素绫残片，经纬密度每平方厘米 57 根×36 根②。

甘肃漳县汪世显墓出土有驼黄色凤穿牡丹纹双向绫，经纬密度为每平方厘米 58 根×34 根。

三、明、清时期的绫

明、清时期，绫的织造逐渐减少，渐为宋锦、蜀锦、云锦

① 《元史·食货志》，卷九十三。

② 潘行荣：《元集宁路故城出土的窖藏丝织物及其他》，载《文物》，1979 (8)。

等所取代，但仍有生产。

1984年，广西西北部山区南丹县里湖岩洞葬中出土一批明代丝织物，其来源和族属尚不清楚，抄录在此备考：花绫衣物残片，棕色，经纬密度为每平方厘米48根×38根，经纬线直径分别为0.15毫米和0.2～0.25毫米，未加捻，绫地为六枚纬左向斜纹，花为六枚经左向斜纹，织造比较粗疏，花纹不清晰。同时出土的还有绢、方孔纱、矩纹绮、四合如意云纹罗、云纹缎、素缎等①。

1980年，贵州思南明墓中出土的丝织物也有"绫"②，可惜简报未做任何介绍。

清代时，江陵织染局生产纯白绫，上有满文、汉文"奉天敕命"等字和升、降龙纹，用作书写敕命③。吴江的绫从唐代以来一直很有名，是重要的贡品，品种也多，有云纹、龙凤纹、天马纹、辟邪纹等，非常"奇巧"④。湖州有用散丝织的"纰绫"和合线织的"线绫"，"光彩异于他处"⑤。桐乡产花绫、素绫、锦绫等，都很有名⑥。云南官渡等少数民族地区也生产绫⑦。

第六节　锦

用彩色丝线织成花纹精美、有多重或多层组织的锦，是历代丝织技术的杰出代表和名贵品种。到宋、元、明、清时期也

---

① 广西壮族自治区博物馆：《广西南丹县里湖岩洞葬调查报告》，载《文物》，1986（11）。

② 刘恩元：《贵州思南明代张守宗夫妇墓清理简报》，载《文物》，1982（8）。

③（嘉庆）《大清会典事例》，卷七百〇九。

④（乾隆）《吴江县志》，卷五。

⑤（乾隆）《湖州府志》，卷四十一。

⑥（康熙、嘉庆）《桐乡县志》，卷二、卷四。

⑦（道光）《昆明府志》，卷二。

是如此，而且在织造工艺技术、组织结构、花纹图案等方面都有较大的发展。例如，从唐代纬锦的纹、地斜纹组织相同，发展成纹、地组织不同；纹样造型吸收写生花鸟画技术，使更突出，艺术性更高；逐步形成宋锦、织金锦，妆花等著名品种等等。边疆少数民族则用多种纤维织造出很有特色而又非常美观的多种织锦，使我国的织锦园地大为增色，更加争奇斗艳。

一、宋、辽、金、夏时期的锦

（一）辽国的锦

据《辽史·地理志一》和《契丹国志》等书记载：辽国设有“绫锦院”，“绫锦诸工作”，生产织锦。辽国赠送其他国家的礼物中，有“锦”、“细锦”、“红锦”和“织成”等。特别是辽的南京析津府所产之锦，“精绝天下”①。“辽国白毛者”，在中原地区也颇有名气②。

1953年，在内蒙赤峰发掘的辽驸马卫国王墓，1974年在辽宁法库叶茂台辽墓和辽宁解放营子辽墓都出土有织锦实物③，可惜都未做研究、报道，难以了解辽锦的具体情况，只是在个别文章中附带提到：“辽代的金锦曾在赤峰辽驸马卫国王墓及法库叶茂台辽墓发现过”④。始知辽国生产织金锦。

（二）西夏的锦

西夏给契丹的贡品中有“锦”和“织成锦”⑤。各种西夏字典中还有“绫锦”、“绣锦”、“川锦”、“锦贝”等名称。《文海》

---

① 钟邦直：《许亢宗宣和乙巳奉使金国行程录》，《大金国志校证》下，中华书局，1986。

② 《绫引首及记》，见李仁溥：《中国古代纺织史稿》，130页。

③ 《赤峰县大营子辽墓发掘报告》，载《考古学报》，1956（3）。《法库叶茂台辽墓记略》，载《文物》，1975（12）。

④ 李逸友：《谈元集宁路遗址出土的丝织物》，载《文物》，1979（8）。

⑤ 叶隆礼：《契丹国志》。

释“锦”字的含义是：“锦者，绫锦也，有种种花之谓。”西夏文法典《天盛鼎新律令》记载：军功赏赐有“杂锦上衣”。西夏兵书《贞观玉镜将》记载：作为军功赏赐的有“大锦”和“杂花锦”。西夏文谚语集《新集锦成对谚语》中说到“细纬绵锦”。西夏字典《杂字》衣物部有“金线”、“织金”二词，颜色部有“缕金”、“贴金”二词，说明有加织圆金和片金的织物①。《马可波罗行纪》明确说到西夏故地有“金锦”。《江南通志·文苑传》记载：“沈初，字子深，无锡人，熙宁癸丑进士，元祐中尚赋，朝廷以初赋颁为天下格，传至西夏，夏人织以为文锦”。西夏境内外的回鹘人善织“熟锦”、“狨绵”② 等等，从上述资料可知，西夏不仅会织锦，而且锦的品种很多，从质地上说，有一般的锦，也有细锦；从显花技术上说，有丝织的，有捻金线织的，贴金片织的，加绣花的，起绒的；从织造工艺上说，有通经通纬的，也有通经回纬的；从花纹图案说，有贝纹锦、杂花锦、诗文锦、大锦等等③。

1975年，宁夏银川西夏帝陵区108号墓出土三块茂花闪色锦实物。据研究，其中两块采用扎经染色工艺，一块是用棕色经纬丝交织而成。其经纬组织结构和织制方法与一般的锦不同：纬线是浅棕色丝，经线是三种染色丝，其中甲、丙经线分粗细，乙经先扎结染色，使经线呈现一段一段鲜艳的异色光泽。其染色工艺可能是：先将单经丝合股，再将合股丝络成小绞丝，然后浸染金黄的底色；干燥后，在小绞丝上按设想的长度用柔软

---

① 陈炳应：《西夏文物研究》，宁夏人民出版社，1985。《西夏谚语》，山西人民出版社，1993。《贞观玉镜将研究》，宁夏人民出版社，1995。

② （宋）洪皓：《松漠纪闻》。

③ 陈炳应：《西夏的蚕桑丝织述论》，载《宁夏大学学报》（自然科学），1995（2）。

的细布或竹笋壳包扎不套染部分，用线扎紧，再浸染，包扎的中间区段染液进不去，两端则可以慢慢渗透，形成由浅到深的晕染效果。这种工艺与中原地区的绞缬不同，很有特色，虽费工费时，效率低，但色彩层次丰富，近代一些少数民族仍然使用，中原地区个别地方也有使用的。研究者以为，西夏当时似不可能生产这种锦，可能从中原输入①。这是值得进一步探讨的问题，因为：其一，如前所述，西夏有能力生产比较高级的丝织品；其二，从织造技艺上看，主要采用西北少数民族的传统工艺——扎经染色，前面也已说过；其三，宋代文献虽已有“闪色”之称，如（宋）吴自牧《梦粱录》卷十八《物产》记录有“闪褐”，但迄今全国其他地方均未出土这种既闪色又扎经染色的织物，只有西夏帝陵区出土。而且，当时宋朝官府作坊中能否采用这种费时费工、效率低的工艺呢？很值得怀疑，似乎不太可能。从上述三个方面看，有可能是西夏自己织造的。

（三）金国的锦

金国也在一些地区设立“绫锦院”，生产织锦，而且质量都不错，特别是河间府生产的“无缝锦”，似是织幅很宽的锦。还有“金国回纹者”，在中原地区都颇有名气②。织锦工匠人数不少，事见《金史·张汝霖传》：章宗时，改造殿庭陈设，就用锦工1200人。

出土金代织锦也不少。

1973年，山西大同金代阎德源墓中出土1件织锦罗交领单道袍。1988年黑龙江阿城金齐国王夫妇墓出土有织金锦③。

---

① 上海纺织科学研究院纺织史组：《西夏陵区一〇八号墓出土的丝织品》，载《文物》，1978（8）。

② 《绫引首及记》，见李仁溥：《中国古代纺织史稿》。

③ 《大同金代阎德源墓发掘简报》，载《文物》，1978（4）。《黑龙江阿城巨源金代齐国王墓发掘简报》，载《文物》，1989（10）。

1978年，在内蒙古乌兰察布盟达尔罕茂明安联合旗大苏吉乡明水金代汪古部的一处墓地中，出土织锦风帽一顶，长、宽均是36厘米，面料图案是对鸟宝相花。基础组织是一上一下平纹纬二重组织，经纬密度均是每平方厘米32根。纬线分为三组——甲纬黄色，加Z捻，两股合为一枚；乙纬深褐色，是散绒丝线，用以织图案线条；丙纬黄色，仅用于织禽鸟的瞳孔。因而只有瞳孔部位是三色，其他部位是二色，使瞳孔特别突出；又在加强捻的甲纬下露出了并丝而织的夹经，也更富于表现效果。与前代平纹纬二重组织不同，应属新品种。图案循环经向32厘米，纬向30.6厘米。经纬丝排列：经丝明1、夹2，（Z捻）；纬丝甲2、乙1（甲Z捻，每厘米1600捻。乙、丙纬无捻）。

在这座墓中还出土几件更珍贵的织金锦：

袍：主要用方胜联珠宝相花织金锦制成，采用一上三下四枚纬二重组织。纬线分两组——甲纬一根，加Z捻，以每厘米800捻的丝线为芯，外包金箔捻金线（因未加粘合剂，所以金箔多已脱落）。乙纬是黄色散绒丝线。经线有明经和夹经两种，均为Z捻，明经每厘米600捻，夹经弱捻，褐色。是唐、宋初三枚纬二重组织的继承和发展。经纬丝的排列是，经：明1、夹2，明1、夹1；明1、夹1；明1、夹1。纬：甲1乙1。图案为四方连续花纹，由凸凹两种方格形组成；格内是以对角线为轴的两种对称花卉变形图案；格的四周再填以联珠纹。袍的双肩至袖部有一条沿着纬线方向伸展的二方连续图案带，似宋代流行的四出花纹，是纬锦变换段序时的过渡带，纬锦特有的现象。图案循环经向13.4厘米，纬向18.6厘米。右衽底襟右下摆夹层处和两个袖子则用团窠头戴王冠的人面狮身锦，组织结构与织金锦相同，可能也是捻金线，但金箔已脱失。其图案是在规矩方格形内有一个团窠，窠中有一对左右对称、头戴王冠、有翼的人面狮身像，人面略显儿童稚气，回首顾盼，眼睛传神。图案中心空白处，自上而下点缀三朵不同的花朵。边缘也满是花朵、枝叶。整个图案方圆结合，相当丰满，又充满曲线美，生动活泼。经纬密度每平方厘米48根×16根，图案循环：经向27.5厘米，纬向32厘米。经纬丝排列，经：明1，夹1；纬：甲1，乙1。经丝Z向弱捻。甲纬古铜色，Z向强捻，每厘米捻度1000捻。乙纬无捻，紫褐色。还有褐黄色线。图案循环：经向27.5厘米，纬向32厘米。

织金锦裤脚一对，外围长约130厘米，外有两条双道如意云头形的锦边，相距2厘米，主要纹饰有团窠花卉和缠枝花卉两种。团窠锦的组织结构较为特殊——花部是一上三下↑纬显花，地部是一上一下经显花，类似现在的双层接结组织。纬线分为两组：甲纬是用两根加有Z强捻的丝线为芯的捻金钱，外包金箔，并加用粘合剂粘结；乙纬是无捻褐色丝线。经线也是Z捻，也分两组：甲经与甲纬斜交织，并起接结经的作用；乙经与乙纬平织，以杂花为地，布以二二错排的图案。团窠中填以近似写实的宝相花。图案循环：经向18厘米，纬向12厘米。经纬密度每平方厘米48根×40根。经纬排列，经：结1，地1，地1。纬：甲芯2Z1。缠枝花卉锦的组织结构等等，都同团窠锦，只是经线密度较稀疏，每厘米只有28根。

明水出土的织金锦数量较多，用于面料较大的织物，充分说明金代时已在纺织中开始盛行织金技术，它“不仅直接沿续唐代的纬二重组织，还有金元时期新创的表里接结组织，因此，金元时期继承和发展织金技艺，为织金锦历史上的重要阶段”①。

① 夏荷秀，赵丰：《达茂旗大苏吉乡明水墓地出土的丝织品》，载《内蒙古文物考古》，1992（1）、（2）。

二、元代的锦

元代继承宋、辽、金、西夏的织锦技术，花色品种很多。在陶宗仪《辍耕录》卷二十二，戚辅之《佩楚轩客谈》等书中就记载有100种左右。如紫宝阶地，紫大花，五色簟文（俗呼“閈婆”，又曰“蛇皮”），紫鸾鹊（一等紫地，紫鸾鹊；二等白地，紫鸾鹊），紫百花龙，紫龟纹，紫珠焰，紫曲水（俗呼“落花流水”），紫阳荷花，红霞云鸾，黄霞云鸾（俗呼“绛霄”），青楼阁（或“青楼台”），青大落花，紫滴珠龙团，青樱桃，皂方团白花，方胜盘象，球路晕，银钩晕，红细花盘雕，翠色狮子，盘球，水藻戏鱼，红遍地杂花，红遍地翔鸾，红遍地芙蓉，红七宝金龙，倒仙牡丹，白蛇龟纹，黄地碧牡丹方胜，皂木碧鸾，白鸾，皂鸾，皂大花，碧花，姜牙，云鸾，樗蒲，大花，杂花，盘雕，涛头，水波纹，仙纹，重莲，双雁，方棋，龟子，方縠纹，鸂鶒，枣花，鉴花，叠胜，白毛（辽国），回文（金国），白鹭、花（二者并高丽国）……

蜀锦，汉至唐中期是经锦，在全国占有重要地位。特别是唐太宗时，益州工官窦师伦创造了花树地鹿，对雉，翔凤，游麟等等瑞锦宫绫，章彩奇丽，被誉为“陵阳公样”，名闻全国。以后多为纬锦。元代时，据费著《蜀锦谱》中的《转运司锦院织锦名色》（即成都府锦院》记载，宋、元时期的蜀锦品种有如下六大类：上贡锦，官贡锦，臣僚袄子锦，广西锦，茶马司锦院织锦和细色锦。每类内又有很多品色。其中的广西锦和茶马司锦院织锦是专为少数民族织的，有真红锦，大窠狮子锦，大窠马大球锦，双窠云雁蜀锦，宜男百花锦，青绿锦，青绿云雁锦，皂被，绯被，四色被，七八行锦，玛瑙锦，真红大被褥，真红双窠锦，青大被锦，犒设红锦等品种。

此外，据（元）戚辅之《佩楚轩客谈》记载：他客蜀时制的十样锦名：“长安竹，雕团，象眼，宜男，宝界地，天下乐，方胜，狮团，八答晕，铁梗襄荷”。还有织金锦。由此看来，蜀锦品种也非常多，图案纹饰多是富有生活气息的题材。

出土的元代织锦有：

1976年，内蒙古察右前旗土城子村出土的丝织品中，有一件提花织锦双羊图案被面，由两幅织锦拼接而成，宽118厘米，长195厘米。双羊图案直径17厘米，中间缀以如意宝相花，外围一圈连弧纹，四周再织牡丹花，整个图案布局匀整，位置准确，精美生动，技艺很高。其组织结构是采用对称穿吊法，以斜纹为基础，用黄、蓝二色纬丝起花，起花部分的长纬用乙经将纬纱压下。织物的经纬密度为每平方厘米48×36根。花本的最少根数经向为［（186×1/2）＋100］×480/100＝926根，纬向为（338＋200）×360/100＝1937根。看来当时已具有完整的设计和编纹方法。所用经纬线先染色，织造时再利用经纬起浮的变化而显出色泽和层次①。

1976～1977年，内蒙古达茂旗阿伦苏木古城也出土有双羊图案的织锦被面②。

1970年，乌鲁木齐盐湖2号墓出土银红地宝相花纹锦两块，为四重五枚斜纹纬锦，经线两种——明经单根，暗经双根。经纬密度每平方厘米60根×36根。纹饰色调是在银红地上以黄、蓝、白等色纬显出宝相花纹③。

辽宁省博物馆收藏的《织成仪凤图》，高53.5厘米，长548厘米，是在原色缎面地上，用金彩纬丝通梭织出百鸟朝凤和玉

---

① 潘行荣：《元集宁路故城出土的窖藏丝织物及其他》，载《文物》，1979（8）。

② 《文物考古工作三十年》（1949～1979），文物出版社，1979。

③ 王炳华：《盐湖古墓》，载《文物》，1973（10）。

兰，用的是宋锦中的重锦技法①。

特别要提出来单独介绍的是织金锦，在元代，蒙语称为“纳失失”、“纳石失”。汉文文献称为“纳失失段”、“金段”、“金织文锦”、“金织文段”等。在元代，由于北方民族有喜爱用金银装饰的习尚；由于在战争中缴获了大量的黄金；由于从西域得到了大量织金工匠迁入内地等原因，织金锦的生产得到空前的发展，在一些地区设立专门的织造机构，大规模生产，如弘州，别失八里、荨麻林等地都设立纳失失局。其中山西弘州局有从西域迁入的金绮纹工 300 余户和汴京织毛褐工 300 户②。西域的别失八里局则专织御用领袖纳失失③。这些织金锦主要用于皇室和官员的帽子，衣领、袖、襟缘的镶边；军队营帐和锦匣、佛经的装祯等④。如（元）叶子奇《草木子》卷三下《杂制篇》记载：“衣服贵者用浑金线为纳失失”。《通制条格》记载：延祐元年所定官服制度：“职官除龙凤纹外，一品二品服浑金花，三品服金答子，四品五品服云袖带襕，六品七品服六花，八品九品服四花”。“命妇衣服，一品至三品服浑金，四品五品服金答子，六品以下惟服销金并金纱答子”。《事林广记》记载：“职官一品二品三品服浑金花、金褡子，四品五品金袖襕，六品七品(服)六花，八品九品(服)四朵花”。意大利旅行家马可·波罗在我国南京、苏州、镇江、甘肃等地都看到大量织造或使用这种织金锦。

1970 年，在乌鲁木齐市南郊盐湖一号墓中，出土一件黄色油绢面料、粗棉布衬里的窄袖辫线袄，袄的肩、领、袖、襟的

---

① 《中国美术全集·印染织绣》卷。

② 《元史·镇海传》。

③ 《元史·百官志》。

④ 《元典章》，卷五十八。

边缘均镶有织金锦，其花纹图案有的以戴宝冠、有背光的菩萨为主，边饰缠枝桃和卷草等；有的则以梭纹几何骨格为主体，中填穿枝莲。从织造技术上可分为片金锦和捻金锦两种。片金锦的经线是丝线，分单经（一根经丝）和双经（两根经丝并用）两组。单经直径0.15毫米，双经0.4毫米。纬线中，纹纬是宽0.5毫米的片金和彩色棉线，直径0.6～0.75毫米；地纬是丝线。织造时，单经与纹纬平纹交织；双经与地纬也是平纹交织。显花处经纬密度为每平方厘米52根×48根。捻金锦的经线也是丝线，也分单经和双经两组。纬线中，以一根棉线为地纬，两根平行的捻金线为纹纬。单经与纹纬交织成一上三下4枚纬斜纹组织；双经则与地纬为平纹交织。经纬密度为每平方厘米65根×40根。上述两种金锦的织造方法都采用单经固结纹纬，扩大了金线外露的面积，延长了金线的浮长，使织物更显得金光闪烁。而双经在显花处被夹在纹纬与地纬中间成为暗经，这与后来利用接结经来固结纹纬的宋锦织法是一致的，对明、清时期的丝织提花技术产生了重大的影响①。

1976～1977年，在内蒙古达茂旗阿伦苏木古城出土有印金被面和印金夹衫等。

故宫博物院收藏一件元代红龟背团龙凤纹佛衣披肩，由织金灵鹫纹锦，织金团花龙凤龟子纹锦和织金缠枝宝相花锦拼缝而成。金线粗、花纹大，露地少，金光夺目②。

1972～1979年，在甘肃漳县汪古部人汪世显家族墓群中，清理了元明时期墓葬27座，出土丝织品29件（块）。其中，不仅有元代的妆蓝彩吉祥团花锦，还有织金锦，纹样有天马、簇

---

① 王炳华：《盐湖古墓》，载《文物》，1973（10）。《中国美术全集·印染织绣》。

② 《中国美术全集·印染织绣》，卷下。

花、团花等[1]（图 64）。如棕色地奔兔灵芝纹纳石失等，用片金织花纹图案，兔子一排向左跑，一排向右跑，上下两排交错排列。

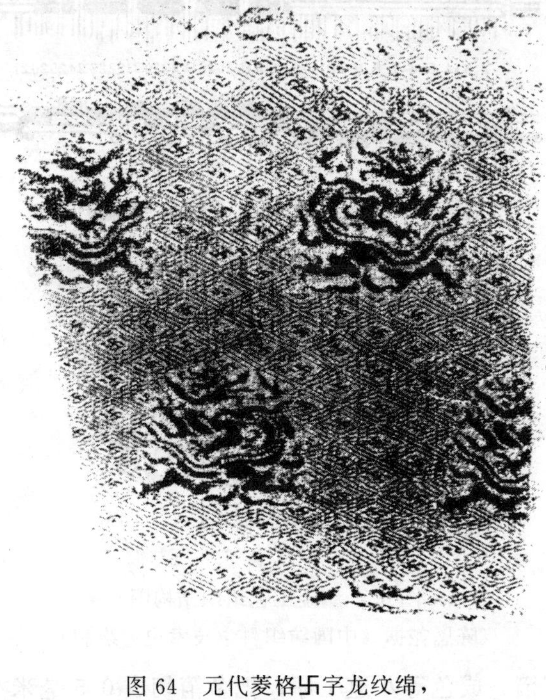

图 64　元代菱格卐字龙纹绵，
甘肃漳县元墓出土（蔡义选摄）

织金工艺（图 65）主要有片金线与捻金锦两种。无论哪一种，都需先经过熔铸、拍叶、下料（一）、打箔、下料（二）、再

① 甘肃省博物馆，漳县文化馆：《甘肃漳县元代汪世显家族墓葬》，载《文物》，1982（2）。

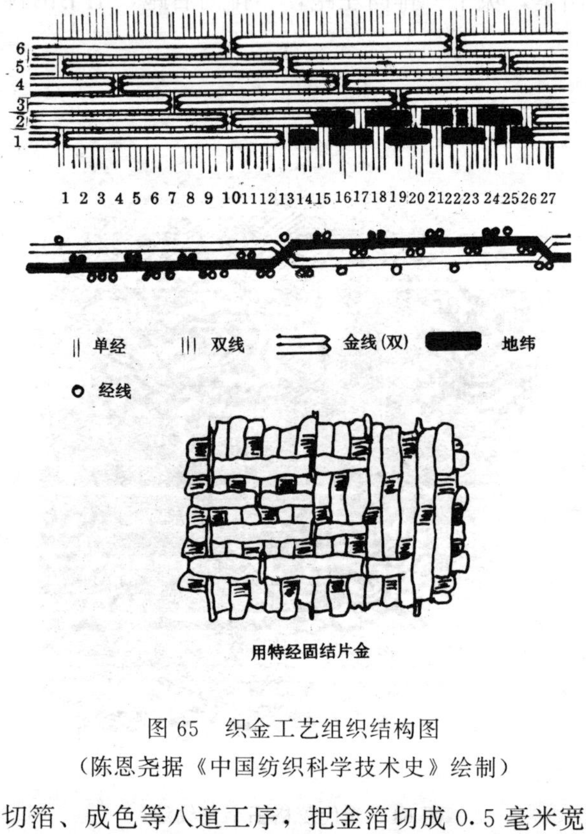

图 65　织金工艺组织结构图

（陈恩尧据《中国纺织科学技术史》绘制）

打箔、切箔、成色等八道工序，把金箔切成 0.5 毫米宽的片金线，直接用于织造；或切成 0.35～0.4 毫米宽的片金线，以染成与金子颜色协调的蚕丝为芯（黄、红或本色），涂上粘合剂，再把上述片金线以螺旋形绕于芯线外，即可织造捻金锦。在制造过程中，乌金纸是关键用品，它用当年生的嫩竹制成纸浆，加上豆汁等，制成纸坯，再多次涂刷鱼胶及油烟，烘干，使其强度高，孔隙间充满炭粒，表面光滑。使用前还要拍上滑石粉，以减少金箔延展时的阻力①。由于金线比较粗，所以织金锦的花纹图案以粗壮简练为特点。

三、清代的锦

清代的织锦吸收了宋、元时期已经产生的、并在个别领域开始应用的新工艺，即“将经丝分为‘地经’和‘特经’两组，特经由花本（即存储花样程序的信息机构）控制，用来络织花纹组织和地部背面的长浮纹纬；地经用综绒控制，用来织地纹。这就可使织锦正面花纹更加突出，背面浮纬得到固结，而且便于织工操作”②。当然这个发展过程从明代已经开始。

清代织锦品种很多，从大类讲，主要有宋锦、蜀锦、云锦、双面素锦等类。现略为介绍。

（一）宋锦

宋锦是纬三重起花的织锦，但与以前的纬三重锦不同，以前是一经三纬以 5/1↑斜纹为地组织；而宋锦则是经线分为面经和底经二重，以底经织地纹组织，织成三枚斜纹地或平纹组织；面经作结接经（特经）；用多种色丝为花纬，与特经交织平纹或斜纹组织；无花处织入背面，固结浮纬；用双经轴织机织造。这种宋锦，色彩丰富美丽，质地坚牢精细，挺括不易卷曲。又因其花纹图案多是唐和唐以前流行的传统纹样，故又称为“仿古宋锦”。宋锦从宋代开始盛行，元代在苏州设官府织造局，专门织造。此后，宋锦产地主要在江、浙一带。康熙年间，从宋代《淳化阁帖》上揭取下当时装裱的 22 种宋锦，由苏州机户摹取花纹，改进工艺，重新生产，使失传多年的宋锦重新面世，步入其兴盛时期，仅苏州就有织染、总织两局，各设机 400 张，

① 《中国纺织科学技术史》，368 页。《中国美术全集·印染织绣》卷认为，片金可切细至 0.2～0.5 毫米宽。

② 《中国美术全集·印染织绣》卷。

共有机匠2000多人①。

从用途和质地上区别，宋锦有三类，各书有不同的分类名称，下面主要依据《中国美术全集·印染织绣》卷黄能馥文章的分类摘要介绍：

1. 重锦。又称大锦，是传统的宋锦，它用优质色丝和金线交织成三枚经斜纹地和三枚纬斜纹花。花纹主要用多把长织梭织造；有的用短跑梭局部配织。如故宫博物院藏乾隆时的《彩织极乐世界图轴》，高448厘米，宽196.5厘米，全图分上中下三段，中段在石青色地子上，用19把装上不同色线的长织梭，织出278个不同神态的人物。以亭台中的一佛二菩萨为主，两边和下侧对称围护着供养菩萨、天王神将，夜叉力士、罗汉众僧、歌伎乐队。下段织九品莲池，上跪着转生的佛、菩萨、罗汉僧众，象征着人在生前善恶不同，善者能转生成佛。上段是富丽的殿堂廊庑建筑、佛光和82尊佛像，象征阿弥陀佛在天界化成千佛。构图设色方面，佛像用细线勾勒，平涂设色和退晕方法，形成外浅内深的多层次而又协调统一的显色效果，是明清重锦中的稀世之宝②。重锦因其厚重精细，多用于装裱名贵书画，制作高级陈设品、华丽服装和铺垫等。

2. 细锦。也用特经结接纹纬和背组织，组织结构有五类：(1) 地、花均平纹；(2) 缎地、斜纹花；(3) 斜纹地、平纹花；(4) 平纹地、斜纹花；(5) 地、花均为斜纹。织造工艺与重锦不同，一般是由分段换色的短跑梭织主花，以长跑梭织几何形地纹、花纹包边线和花叶枝茎等。这样，虽然织物色彩很丰富，但不增加织物厚度，所以有“活色”的美称。因为这种锦厚薄适中，主要用作衣料，被面和室内铺陈。

---

① 见《中国纺织科学技术史》，364～365页。

② 《中国美术全集·印染织绣》卷。

3. 匣锦。又称“合锦”、“小锦”。组织结构有两种：一是配有特经，经斜纹地，纬斜纹花；二是不用特经，而是在不规则的六枚经缎纹地上起长纬浮花，其纹饰多是小型几何填花，或小型写实形小花。织造工艺主要是：用两把长跑梭织几何形地纹和花的枝叶；用一把分段换色的短跑梭织主体花纹。这种织锦质地比较稀疏软薄，主要用作囊匣装裱等。

宋锦图案题材广泛，有各种动物、植物花草、八宝、暗八仙、“寿”字、祥云、几何形或花朵组成的格子等。多有吉祥、祝福等含义，使图案人格化，又整齐美观。

宋锦色彩丰富，但不用强烈对比色，而是用相近色进行晕染，因而层次多，“艳而不火，繁而不乱”[①]，很受人们器重，连珍贵的书画等艺术品都要，用它来装裱、衬托。

（二）蜀锦

宋、元、明、清时期，蜀锦工艺发生了较大的变化，一方面是传播到别的地区，充实了其他地区的织锦工艺。如宋代时曾把部分优秀的蜀锦工匠迁到首都开封，作为绫锦院的技术骨干。明末农民起义军张献忠部下孙可旺退居云南时，又把部分蜀锦工匠迁到云南，使蜀锦工艺再次为中原宋锦和云南少数民族织锦增添光彩。另一方面，由于明末清初的战乱，使四川人口大减，田园荒芜，蜀锦生产也受到严重摧残，锦坊尽毁，花样、机具无存。清代时不得不从浙江、湖广、陕西等地吸收大批人员入川，包括织工，这才恢复蜀锦生产，所以清代的蜀锦已经掺杂了江南等地的某些织锦工艺。雍正以后，浣花锦，巴缎、贡缎、回文锦、金丝缎、鸳鸯缎、三纺绸等和清朝末年的明机蜀锦，天心锦，闪缎等，都颇为著名，也有不少面向少数民族的织品，具有浓厚的地方特色。

---

① 《中国纺织科学技术史》，364 页。

蜀锦图案结构严谨，色彩丰富，层次分明，雅俗共赏，在国外被誉为“名贵的蜀江锦”。它多用几何形构图，题材多用龙、凤、福、禄、寿、喜、梅、兰、竹、菊等。色彩除了传统的大红外，还用水红、杏黄、翠绿、蓝、青等较为柔和的色调作地色，以对比强烈的色彩作花色。织造技术多用变化组织和重组织。据介绍，日本收藏的“石叠地折枝花纹锦”，大胆采用经向彩条与纬向彩条重叠交错，形成十分新颖的风格，锦面就如彩石铺地，在彩色方格内，饰以牡丹、梅、竹、石榴等折枝花卉，使人感到层次丰富，花枝摇曳，非常美观。据说这是今四川茂汶羌族自治县境内的远州所产，说明当时四川的一些少数民族地区也能生产比较高级的织锦。有的蜀锦用绢丝、银线织成。

在辛亥革命前后二三十年间，出现蜀锦的“黄金时代”，花纹以浮花为主，平花渐少。主要品种有：平纹底经花的“东坡缎”，地组织上加底纹的“五丝缎”，两层平纹地、中间现八枚缎花的“通海缎”，在通海缎缎花边沿包一层平花、再包一层浮花的“通海浮边缎”，缎底平花的“摹本缎”，双层平纹浮花的“芙蓉锦”，缎底的“宁绸”，缎上起绒花、花纹风格变化多端的“漳缎”，平织、纬线加捻的“线绉”，缎底平花浮边的“蜀华缎”，缎底平花的“珍珠缎”以及团花缎，“月华”、“雨丝”、“浣花”、“方方”锦缎被面等，并在1915年巴拿马博览会上获头等奖①。

西南少数民族地区则应保持原来的蜀锦织造技术，（明）杨慎《滇载记》说：大理段氏，“蜀锦半牀间”。清代的《滇海虞衡志》卷五记载有“猓猓锦”等，“皆其类”（详见四）。

（三）南京云锦

南京云锦以纹彩艳丽，金光闪烁，美如彩云而著称。其工

---

① 《蜀锦史话》，43～49页，四川人民出版社，1979。

艺始于元至元十七年（公元1280年）设立的东西织染局，它生产的织金锦对后来云锦中的库锦和织金缎影响很深。明代大量生产。清代时，皇室所用皆出于此[1]。因此，其织造工艺技术当同明代，有妆花挖织和机织提花两种。

（四）双面素锦

双面素锦是双面平纹组织，两面花纹相同，色彩相反的织物，经纱与纬纱都有表、里两个系统，形成上下重叠的两层组织，上下两层组织交换位置织制花纹。花纹多是中小型的满地纹样，以落花流水纹最为著名。色彩一般是由一个素色和一个彩色织成。这种织物花色素雅，质地适中，坚固耐用，广泛用于衣料、装饰、装裱等[2]。

四、边疆少数民族的织锦

边疆少数民族的织锦主要是指我国南方少数民族的彩色有花纹的织物，是少数民族纺织、染色和显花工艺发展到高层次的产物，成为这些民族最具代表性的工艺品。这些少数民族的织锦一般是用原色棉纱或麻丝为经，多种色丝线或麻线、棉线为纬，交织而成。也有全用丝线织成的。它以色彩绚丽、图案别致、结实耐用而驰名古今中外，并都有个发展过程。现以广西各民族的织锦为例介绍：

广西织锦有悠久的历史，《后汉书·南蛮传》记载：汉代，瑶、苗等族先民已会织五彩斑斓之“斑布”。考古工作者发掘贵县罗泊湾汉墓时，在一位16岁左右的女性身上，发现有黑地桔红回纹织物。这样，文献记载与实物资料相互印证，似乎说明汉代广西已有织锦的萌芽。唐、宋时期是广西少数民族织锦发展的重要阶段，《桂海虞衡志》一书中说道，当时广西左、右江

① 《清宫述闻》，卷二，见《印雪轩随笔》。

② 《中国美术全集·印染织绣》卷。

“州峒”所产的“緂布”如“中国线罗，上有遍地小方胜纹”。《岭外代答》亦云：“邕州左、右江峒蛮，有织白緂，白质方纹，广幅大缕，似中国之线罗，而佳丽厚重，诚南方之上服也。”此外，左、右江峒的少数民族还能用苎线织造一种有花纹的“花練”。上述“緂布”、“花練”均应是较原始的织锦。至明万历年间，有龙凤等纹饰图案的壮锦已成为贡品，并跃居众多贡品之首。清代，广西各族生产和使用织锦已极普遍，乾隆《柳州府志》谓：“壮锦各州县出。壮人爱彩，凡衣、裙、巾、被之属，莫不取五色绒线杂以织，如花鸟状，远观颇工巧炫丽，近视则觉粗粝，壮人贵之。”同治《象州志》记载：“瑶妇善织锦，色美丽而耐久用。”光绪《归顺直隶州志》还写道：“土锦以丝杂棉织之，五彩斑烂，葳蕤陆离，真杜诗之海图波涛，天吴紫凤也。”其工艺之精，可见一斑。

由于各少数民族社会历史进程不一，生产力发展水平、风俗习惯、宗教信仰、审美观念存在差异，因此，各民族的织锦工艺也各具本民族的特色与风格，下面介绍几个民族的织锦。

（一）壮锦

壮锦是壮族百花园中的一朵奇葩，历史悠久，相传约始于宋朝，也可能更早。很受欢迎，沈日霖《粤西琐记》说：“僮人布”，“以青白缕相间成文，极坚韧耐久，因为手巾，每一幅可三四年不敝”。花巾，“以细布画花卉人物于上，织成极工”。僮锦，“用杂色丝绒织成，五彩烂然，与刻丝无异，可为裀褥。凡贵官富商，莫不争购”①。壮锦用原色、彩色棉线（或麻线）作地经地纬，织出彩纹地，再用无捻粗丝绒作彩纬起花，正反面交换，从而在织物的正背面形成对称花纹，并将地组织全部覆盖，增加厚度。幅宽30厘米左右，用以缝制衣裙、背包、巾被

① 《小方壶斋舆地丛钞》，第七帙。

等。壮锦图案结构严谨，醒目美观，富于变化，其构图形式主要有三种：一是在菱形等几何形骨格内，织自然形纹样的四方连续结构；二是在地纹上织自由花的二方连续结构；三是在平纹（布纹）上织花纹。在色彩上，壮锦多用大红、翠绿、杏黄三色作地色，而以对比强烈的色调作花色，显得鲜艳悦目。图案纹饰多为方纹、回纹、水波纹、卐（万）字花、万字夹梅、狮子滚球、团龙双凤、鱼鳞纹、鸭头翠等等（图 66）。织造技术上有两种工艺：其一是利用斜纹、平纹组织构成小提花锦，类似

图 66　广西龙州县蟒龙纹壮锦绒被面
（王梦祥摄）

早期蜀锦，可用小型提花机织造，有如贵州的绒锦（麻丝为经，挑五色绒纬），以翠绿、墨绿等构成菱形斜纹，反映少数民族的爱好。其二是在平纹的地组织上，用彩纬挑花，构成整幅大型花纹，它采用较细的棉或麻股线作经线，与地纬构成平纹组织；而以无捻的丝束作彩纬，以较长的纬浮形成纹彩。花纹题材主要是壮族居住区特有的景物，如象鼻山锦等，使织物具有强烈

的民族、地方特色，据研究，这种织造方法与诸葛锦的织法相似。壮锦深受壮族人民的喜爱，顾谅《洞锦歌》说：“郎锦鱼鳞纹，侬锦鸭头翠。侬锦作郎茵，郎锦裁侬被。茵被自两端，终身不相离。①”

（二）瑶锦

瑶锦以棉线作经，彩丝作纬，是采用通经回纬方法织成的。瑶族多散居在五岭南北的高山密林之中，（素有“五岭无山不有瑶”之称，而且多在高山上，如民谣说“高山瑶，矮山苗，汉族住平地，壮侗住山槽”。）受自然环境的熏陶，瑶锦花纹图案多以垂直线、对角线、平行线构成方、菱、三角形等几何纹样；作对称式、水波纹、二方连续、四方连续排列，组成象征性图案。这与瑶族的挑花、刺绣、蜡染的图案是一致的②，同样表现出强烈的民族、地区特色（图 67）。

（三）苗锦

苗锦历史更为悠久，史书也多有记载。许缵曾《滇行纪程》载：“黎平多苗锦”。张澍《续黔书》卷六记载：“黎平之曹滴司出洞锦，以五色绒为之，亦有花木禽兽各样，精者甲他郡，湅之水不败，渍之油不污，是夜郎苗妇之手，可与尧时海人争妙也。”也有比较粗的，“又有诸葛洞锦，出古州，皆红、黄绵纱所织，甚粗……”《辰州府志·物产考》记载：湘西的“苗锦，苗人以蚕丝织者，花纹远望甚丽，近观之稍粗，然好者亦极坚致耐久”。陆次云《峒溪纤志》中卷：“苗锦大似苎布、巾悦尤佳，其妇女衣缘领袖，皆缀杂组藻彩云霞，……谓之花练。”苗锦是用多片综（或提经杆）开口，用若干把小梭子挖织显花的工艺，用彩色经纬线，以通经回纬方法织成的。经线多用自纺

---

① 以曾少立供稿和《中国纺织科学技术史》等著作的描述综合而成。

② 曾少立供稿。

图 67　广西富川县瑶锦被面
（孙明光摄）

白色棉线，显花纬线则用各色绒线或丝线，因此，所织之锦，正面有花，背面无花。图案结构主要有二方连续和四方连续。二方连续，苗族俗称“大花锦”，用长、短直线和曲线以及点、线、面构成二方连续骨架，骨架内织以小型几何纹样为主花，骨架外织上人字斜纹或齿状纹为次花或角花，主次分明，构图活泼，具有强烈的节奏感。四方连续，苗族俗称“小花锦”，用斜着排列的菱形或六角形几何纹样构成四方连续骨架，在骨架内织自然纹样，空隙处点缀部分小角花，整个构图显得严谨、丰富、大方。苗锦多用作镶嵌衣服的领、袖等①，使苗族的服饰更为漂亮（图 68）。

贵州云南少数民族历史上所织的“武侯锦”，以后历代继续

① 以曾少立供稿为主并补充一些资料。

图 68 广西融水县飞鸟纹苗锦绒被面
（王梦祥、孙明光摄）

织造。田雯《黔书》卷四说是用木棉线染成五色织造。云贵少数民族织锦多与武侯锦有密切关系。

（四）侗锦

侗锦分为黑白锦（素锦）和彩锦两类。黑白锦以黑蓝色棉纱为经，白色棉纱为纬，用土制织机将深、浅二色棉纱互相垂直交织出两面互为阴阳效果的直线几何纹样：正面是以黑、蓝花为主的深色调；背面是以白花为主的浅色调，这种正、反两面互为阴阳的独特风格，为其他民族织锦所少见。黑白锦又有大小花锦之分：小花锦多以几何纹样组成四方连续结构，图案花纹简单，变化不大，无主次之分；大花锦是清末民初时在小花锦基础上发展而来，它保持小花锦的四方连续结构，但图案花纹变化多端，主次极其分明。大花锦很少留大块底花，在图案纹样交接的空隙处，常用白棉纱织一个个小白点，填满空隙，远看则变成锦面的灰色部分，形成黑、白、灰三色调，使锦面色彩更丰富协调。同时，由于纬纱较粗，纹样浮出底面成半浮雕式，加上锦面有小面积的深色凸出，从而使整幅锦显得浑厚沉着，粗犷结实，富有立体感，这也是大花锦在织锦工艺上的一大特色。

侗族彩锦常用红、黄、紫、绿、蓝等线杂织，显得彩色缤纷，艳丽异常。常见的图案有：人字、十字、口字、万字、之字、米字等形[①]（图 69）。

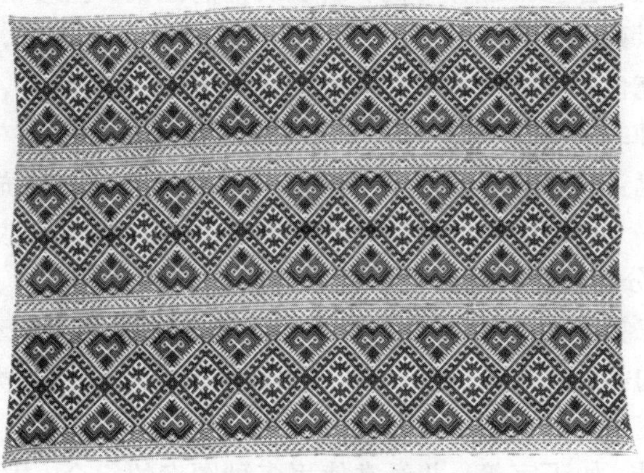

图 69　广西龙胜县四燕纹侗锦

（孙明光摄）

（五）布依锦

布依族妇女善于用木制织布机织出色彩斑斓、图案精美的织锦，它是用彩色丝或丝、棉混合织制的彩色锦。织幅有宽、窄两种。花纹图案多种多样，如由许多菱形小块四角相接的图案，每个小块内又织有各种不同的花纹，绚丽精美。布依族的织锦主要用作被面，也与刺绣、蜡染等一起作为衣服的装饰。

（六）土家锦

土家族的织锦，土家语称为"西兰卡普"[②]，汉译为"土花铺盖"，相传是土家姑娘西兰首创的，织绣兼用，织绣出百花被面，被后人继承发展而来的。据乾隆《永顺府志・物产志》记载："永顺斑布，一名土锦，或经纬皆丝；或丝经棉纬。以一手

① 曾少立供稿。

② "西兰"是人名，"卡普"是"花"的意思。

织纬，一手用细牛角挑花，遂成五色续编。”另一说是用棉纱或毛纱为经，各色丝线作纬的，所织纹饰的图案、色彩相当丰富。土家锦以蓝、黑色线织地，再用多色线织制花纹图案，注意主色和补充色的配合，对比强烈，色彩绚丽，清新明快，艳而不俗；这种织锦可变换织物组织；又毛线纬粗疏，经纱与纬纱易被毛纬遮盖，形成明显的纬面效应，体现了土家族豪放、纯朴的民族特性。土家锦的花纹图案多达一百多种（一说二三百种），可分为五类：一类取材于物象图案，如虎豹斑纹、锦鸡彩羽等；二类取材于物体的几何图案，如有悟于云彩的云钩，拱桥的弯钩等；三类是文字图案，如米字、十字等；四类是写实人物、飞禽走兽、花卉等，如凤穿牡丹，背篓行人等；五类是吉祥符号，如卐字等。并经常使用多种图案的组合，古拙精美。如凤穿牡丹图，是在青色地上，由上而下织出：牡丹、凤、牡丹、凤……的多组图案，恰似一凤飞行于两组牡丹丛中。其中，飞凤用黄、红、白、褐、绿等色线织成；牡丹花和枝叶、鸟等用浅蓝、绿、红、黄、白、赭等色线织成，使整幅锦面色彩鲜艳谐调，图案具有童稚风格，把人引入美丽的童话世界。

土家锦是在汉、唐时期土家族先民织造的“文如绫锦”、“文彩斑斓”的“赍”、“溪峒布”的基础上发展起来的。宋代时已有了织锦技术，后经长期改进，技艺日趋完善，用途广泛，深受国内外的欢迎，并涌现出一些著名的织锦技师，例如湖南省龙山县叶家寨的叶玉翠（女），清朝末年出生，民国初年学织锦，能织近百种花纹图案，她与李昌鄂合作的土家锦壁挂《开发山区》，曾参加1957年伦敦国际博览会展出，获得好评[①]。

（七）黎锦

① 杨昌鑫：《土家族风俗志》，中央民族学院出版社，1989。韦荣慧主编：《中华民族服饰文化》，纺织工业出版社，1992。

海南黎族所织黎锦，是“黎人取中国彩帛，析取色丝，和吉贝织之成锦”[①]。用作头巾、筒裙、被单、花带等。其图案是运用直线、平行线、方形、三角形等，构成几十种鸟兽、花草、人物，色彩多为红、黄、黑、白等，谐调而又绚丽[②]。所以，“贾者或用牛或用盐易，而售诸市，海南人颇用之”[③]。

（八）傣锦

傣族的织锦也有悠久的历史，早在汉代和南北朝时期，傣族先民已会织“阑干细布，文如绫锦”。唐代时，蛮人会“织（丝）为锦”[④]。到宋、元、明、清时期，傣锦工艺技术得到进一步发展，据李京《云南志略》记载：傣族“衣文锦衣”，“贵者以锦绣为筒裙”。并作为向中央王朝进贡的重要礼品。近代，傣族人民用棉纱或苎麻纱织锦。《滇海虞衡志》也记载：“土锦出元江”。

傣锦所用棉纱[⑤]较粗，织幅仅在50厘米左右。地组织是平纹，经纬密度一般为每平方厘米11.5根×12根。纹组织是长浮纹的，经纬密度为每平方厘米11.5根×33根（其中地纬11根，彩纬22根），总起来看，傣锦的纬线密于经线，使织物组织更为紧密结实。傣锦的图案纹饰大致可分为象生性图案和几何形图案两类。象生性图案大都是自然界中的动物、植物、人和建筑等，通过红、黑、棕、绿、蓝等色线的组合，构成纹饰。这些图案的产生，直接来源于自然与社会，具有浓郁的南国傣乡特色。几何形图案则通过线条的排列、交叉和重合，组成色块，

① 陆次云：《峒豁纤志》，中卷，丛书集成本。
② 《黎族简史简志合编》。
③ 《黎岐纪闻》。
④ （唐）樊绰：《蛮书》。
⑤ 《中国纺织科学技术史》说是用苎麻线织成。这里采用云南同志写的文稿。二者应并存。

构成三角、菱形、方格、曲波、凸字、网状等纹饰，加上疏密关系和二方、四方连续纹样的排列和应用，使图极富变化。值得指出的是，傣锦几何图案的应用并不是纯形式的，其中也包含着某些象征性的指事，例如，连续的曲线点状纹饰，似乎象征着蟒蛇。圆圈与八角的组合，看来是在描绘太阳与光芒。而若干曲波纹饰的出现，则无疑是表现水波。这种巧妙的组合构成，使本来呆滞的几何形图案，被赋予了生命和活力，具有了独特的节奏和韵律美。还必须注意，有些傣锦把象生性图案和几何形图案交织在一起互为主题和衬托。在一些似乎是纯形式的几何线条的组合、演化上，可以从中看出已经融合和积淀在其中的写实形象，这种由象生性形体到几何形线条及色块的发展和应用，代表着傣锦图案由写实到具像的演化过程①（图 70）。

图 70 傣族兽纹锦
（赵广田供稿）

（九）维吾尔族的织锦

据《宋史·外国六》和《松漠纪闻》记载：宋代时，新疆、

① 徐康宁供稿。

甘肃等省区的回鹘人（维吾尔族先民）善织“胡锦”、“西锦”、“狨锦”等。再往前看，北朝时已会生产“丘慈锦”、“疏勒锦”等，则维族古今能织锦。

第七节　缂　丝

一、宋、辽、金、夏时期的缂丝

我国采用通经回纬织法，以本色丝线为经，彩色纬丝显花的缂丝织物手工艺，是在宋代开始大发展起来的。宋代的缂丝非常有名。当时，一些少数民族的缂丝技术也非常出色。（宋）洪皓《松漠纪闻》记载：“回鹘自唐末浸微，本朝盛时，有入居秦川为熟户者。女真破陕、悉徙之燕山。……又以五色丝线织成袍，名曰克丝，甚华丽……”可见回鹘人的克丝是用五色丝线织成的，华丽而有民族特色。

辽国也生产过不少精美的“刻丝”（即缂丝），并可以作为重要的礼品赠送他国。如（宋）叶隆礼《契丹国志》记载：契丹贺宋朝生日礼物第一项就是：“刻丝花罗御样透背御衣七袭或五袭”。正旦时，国母又致“细锦刻丝透背”。1974 年，辽宁法库叶茂台辽贵族墓出土一批缂丝织物，有：（1）刻丝软靴，是金线刻丝面，云水纹。（2）刻丝尸衾，是赭黄色地金线刻丝，纹饰为升龙、火珠、山、水、海怪等。（3）帽翅用刻丝包边①。

西夏文献记载有“克丝”、“织成”等，以“织成锦被褥”作为进贡辽国的重要贡品，想必精美而又有特色，可能主要是西夏境内的回鹘族织造、并传播的这种缂织技术。

在内蒙古达茂旗明水金墓中曾出土一些缂丝织物：缂丝鞋

---

① 《法库叶茂台辽墓纪略》，载《文物》，1975（12）。

套一双，缂织荷花、桃花等花卉和花叶[①]，褐地白花、绿叶。图案大小任意变化，经密每厘米 20 根，纬密不同。经线弱捻，Z 向。纬丝无捻，地组织为 1 上 1 下平纹。可见，金国也已有缂丝生产。

二、元代缂丝

元代缂丝不仅继承前代技术，而且某些贵重的缂丝品还引进织金技术，加织金线，如皇帝的御服、帝像、佛像等。据介绍，故宫博物院收藏有元代缂丝的代表作：其一是《缂丝八仙拱寿图轴》，以米色为底，用藏青、浅蓝、月白、中驼、浅驼诸色缂织出八仙拱寿图，经线直径 0.16 毫米，纬线直径 0.33 毫米，经密每厘米 20 根，纬密每厘米 48 根。构图紧凑，色调高雅。其二是《缂丝东方朔偷桃图轴》表现东方朔成仙后，去天宫偷吃蟠桃的故事。主要的缂织技术是“勾缂”和“长短戗”。地色为浅米色，图像用石青、宝蓝、浅蓝、月白，搭配少量水粉和瓦灰。其粉本和缂织技术完全继承宋代风格。元代缂丝的构图简练生动、主题鲜明、色彩高雅[②]，具有较高的艺术价值。出土的元代缂织物也不少，如：在内蒙古自治区元集宁路故城出土的一批丝织品中，多用挖花织物作贴边，如印金夹衫前襟贴边宽 2.5～3 厘米，上织蔓草小花。印金提花长袍的袖口贴边，宽 4 厘米，大襟贴边，宽 2 厘米，上织缠枝草叶纹等[③]，这些挖花贴边是缂丝还是织成？尚不清楚，但应是使用缂织法。1955 年在北京市双塔庆寿寺出土一件缂丝，长 68 厘米、宽 56 厘米，紫色底，上缂织黄绿相间

① 《达茂旗大苏吉乡明水墓地出土的丝织品》，载《内蒙古文物考古》，1992（1）、（2）。

② 《中国美术全集·印染织绣》卷。

③ 潘行荣：《元集宁路故城出土的窖藏丝织物及其他》，载《文物》，1979(8)。

的水波、卧莲和泳鹅等图案①。在乌鲁木齐盐湖古墓出土的织物中，有一双缂丝牛皮靴，靴面由多块缂丝拼缝而成，图案有杨柳枝叶、海棠花、梅花等，色彩为紫底粉花、绿花或绿底粉花等，鲜明生动。经线两股合捻，直径0.02毫米；纬丝为单股丝。每平方厘米的经纬密度为13根×38根，比较紧实②。

三、明、清缂丝

清代乾隆年间，御制的诗文、书画、佛经、佛像、室内陈设和服装等，都大量使用缂丝。据介绍，仅故宫博物院保存的乾隆年间的缂丝陈设用品就有：挂屏、插屏、隔扇心、铺垫、帷幔、花包、眼镜套、扇子、扇套、宫灯等等，应用范围相当广泛。缂织的书画，内容也多，有宣扬圣贤忠孝的，有劝课农桑的，有以山水花鸟抒怀的，有以释道图像祈求神佑的等。佛像，有的取法唐宋，近于重彩画；有的摹仿元代阿尼哥所创梵像，近于装饰画。织幅有的高达丈余。清代早、中期，山水花鸟缂丝手法细腻，色彩清雅；还有用赤圆金、淡圆金、银线在深色地上缂织花纹，使花纹闪亮华贵，格调高雅的“三色金缂丝”。晚期，运用同类色的明度变化配色的“三蓝缂丝”和“水墨缂丝”③，尤显清雅。清代缂丝技艺的高水平和特点主要是：(1)从清初起创造了双面透缂技术，使织物比较牢固而又两面显花。(2)多用两种不同色或不同明度的丝合捻的合色线来表现花纹的明暗度变化，使肌理清晰，效果更好。如用纯绿合线缂织花

---

① 《北京市双塔庆寿寺出土的丝棉织品及绣花》，载《文物参考资料》，1958(9)。

② 王炳华：《盐湖古墓》，载《文物》，1973（10）。

③ “三蓝缂丝”是在深色地或浅色地上用深蓝、品蓝、月白三色褪晕，以白色或加金线勾边。“水墨缂丝”是在深或浅色地上，用墨、深灰、浅灰三色褪晕，以白色勾边或加金线勾边。

叶阳面，深绿、黄绿合线缂织阴面，使叶子颜色显现明暗变化。这种技术虽然南宋已经应用，但只有到清代才用得比较多。(3) 新品种：缂丝加绣。如故宫博物院藏乾隆时的《缂丝加绣九阳消寒图轴》，幅高213厘米，宽119厘米，画的内容，以9只羊喻由冬至第二天算起的九九八十一天；用松、梅、茶花、月季象征阴消阳生；用三个太子喻三泰、开春吉庆；裱首玉池有乾隆御书七言律诗。技艺上，底色和衬景用缂织；主景人物、动物是在缂织平纹地上用五彩绒丝绣成；配景云、松、梅、山石、水池等则是缂、绣结合，色彩热烈富丽。缂法有平缂、勾缂、结缂等。绣法有套针、戗针、施毛针、齐针、钉线、网绣、扎针、打子、松针、钉金等等，而以苏绣的传统套针和戗针为主。在树干部分，并以彩笔略加渲染。(4) 乾隆以后，出现以缂丝缂织花纹轮廓，主景和配景全用彩绘的作品。(5) 清代中期，宫廷陈设的挂屏，多以丝线缂织地纹，以毛线缂织花纹，而且一反以往竖放缂织的方法，改用横放缂织，竖向显花，花纹凸出，有刺绣效果①。

1980年，在贵州思南明代张守宗墓中出土的驼色荷花白鹭纹缂丝袖套，长45厘米，宽11～18厘米，上下两段缝制，下段为单色缂丝，缂丝两头镶金边，用不同深浅的土黄、土红等色丝线缂织而成。其写生的花鸟图案在明代缂丝中较为罕见，据研究是民间作坊的作品②。

第八节 丝绒、丝毯

一、丝绒

丝绒是表面带有绒毛或绒圈的绒织物，宋元以前生产不多，

① 《中国美术全集·印染织绣》卷。

② 刘恩元：《贵州思南明代张守宗夫妇墓清理简报》，载《文物》，1982 (8)。

从宋代开始，生产较多。据报道，辽宁法库叶茂台辽墓出土的丝织物中就有“绒圈织物”①。说明辽国也生产这种绒织物。

回鹘人生产的“狨锦”②。学术界认为是绒圈锦之类，是我国史书中最早正式记录的“绒”。

西夏境内有大量回鹘人，理应也能生产。西夏字典《文海》、《同音》中有“绒”、“密（厚）绒”等词，应是这种织物。因为用毛织成的另有“氍毹”、“毛锦”等名称，用羊绒织成的，另有“褐”之名，所以这种“绒”应是丝绒，其特点是颇为密厚。特别应该指出，西夏的《文海》成书于公元1124年以前，《同音》成书于公元1132年，比《松漠纪闻》成书的时间（公元1131～1173年）稍早一些，因此，西夏文的记录才是迄今所知我国最早的“绒”织物的正式名称。当然，这个“绒”字可能译自汉文，汉族应更早有记录，只是目前尚未看到而已。

元代时，有皇帝冬服的剪茸“怯绵里”，这在《元史·舆服志》中有所记载：天子质孙冬之服十有一等，其中就有“怯绵里，剪茸也。”《元史语解》也记载：“讷克，实绒锦也”，“实绒绵也”③。

清代时主要有漳缎、漳绒和建绒三种。

(1) 漳缎又称“花绒”，它是在元代剪绒织物怯绵里的基础上发展起来的，可能因是首先在福建漳州织造，后来传到苏州、南京等地，批量生产，因而称为“漳缎”。这种织物地组织是缎纹或平纹，再以加捻丝绒经起绒提花。清代时常以贡缎的组织作地，妆花锦的图案起绒提花，主要图案有清地团龙，清地团凤等；颜色组合方面，多以杏黄、蓝、紫色为地；墨、蓝色起

① 《法库叶茂台辽墓纪略》，载《文物》，1975 (12)。

② 洪皓：《松漠纪闻》。

③ 见朱启钤《丝绣笔记》，卷上，24页。

绒花；因为绒经加捻过，织剪后，突出织物表面显花部分也不易倒伏，质地坚实。因有上述特点，所以据研究，自康熙至道光中期，苏州城内机户几乎全部织造漳缎①。

（2）漳绒，又称“天鹅绒”，是在绒圈锦的基础上发展起来的，色泽鲜亮似天鹅的绒毛，故名。它以变化斜纹组织为底。织造方法是：每织入一根粗纬、两根细纬之后，随即织入一根假织纬，（又称为“斫线”），如此循环往复。织到 10 米左右，即取下放在板楯上，拔出假织纬，形成毛圈绒。

又有“花天鹅绒”，织造方法同上，但织成后，抽掉假织纬之前，要先把坯绸放在台板上，在毛圈上画花，然后才用钢刀刮断画花的毛圈，形成毛绒，最后再抽出假织纬。这种织物表面有绒毛与毛圈相间构成花纹图案②。

（3）建绒，又名南京剪绒，用其产地南京（古建业）命名。它是用黑色丝线织成的。织造工具是用脚踏开口双经轴绒机。方法是，每织入 2 根粗纬，2 根细纬之后，再织入 1 根假织纬。每织 3 根假织纬后，即将第一根上的毛圈割断成为绒毛，如此循环往复织造这种织物，绒毛的密度比较大③。“其绒文深理者，曰天鹅绒”④。“其盛与绸缎埒”⑤。

以上 3 种丝绒都是用绒经起绒圈或绒毛的织物。此外还有：经起绒双层织物，如乔其绒等；纬起绒双层织物，如鸳鸯绒等；把缎面的浮经或浮纬线割断的单层丝绒织物，如金丝绒等。

二、丝毯

地毯主要是用动物毛织成。但自古以来新疆和中原地区的地毯也有用蚕丝编织的，可分为丝毯和金银线编织加栽绒丝毯

①②③ 《中国纺织科学技术史》，377 页。

④ 陈作霖：《金陵物产风土志》，卷十五。

⑤ 甘熙：《白下琐言》，卷八。

两类。

丝毯，经纬线和绒线全用丝线，编结工艺与毛毯相近，但每 2.54 厘米有 120～160 道结扣，属 120～160 道地毯，细密精致，主要是供皇宫及达官贵人所用。

金银线编织加栽绒丝毯，是用四五股合捻金线或银线，在丝质或棉质经纬上编成辫状作地纹，以彩色丝绒起花，异常富丽。可作为壁毯和地毯。宫廷使用时，先要在砖上铺上一层棕毯，才在棕毯上铺这种金银丝毯，可见其华贵和极受重视。例如高霨贞介绍的故宫博物院收藏的几件丝毯中有：

金线地玉堂富贵挂毯，高 270 厘米，宽 645 厘米，地部正面用捻金线；背面用丝绒线都编成横向人字纹；正面花部用丝绒线拴扣出玉兰、海棠、牡丹、灵芝、竹子、山石、蝴蝶等组合而成的玉堂富贵图；周边是在捻银线地上栽绒织出很多并列的卐字纹；用明驼黄、肉粉、浅驼、玫瑰红等二十五六种色丝配色，并采用二三晕色、间晕色和合色等配色方法，色彩丰富而有变化。据研究，这是维吾尔族的传统工艺产品。

金线地几何团花栽绒丝毯，高 258 厘米，宽 159 厘米。这是在白色棉经棉纬上用捻金圆线织人字地纹，再用彩色丝线拴扣，起绒花，每隔 2 行纬线拴扣 1 道八字扣，每厘米纵向 3.5～4 个扣，横向 8 个扣，绒高 0.8 厘米，花纹中间部分为排列整齐的团花，团花间饰朵花回纹。毯边有 4 道边饰，由外往里分别是：黄色素边、折枝花果纹边，小串枝花花边，小碎花花边。四角还有盘长绶带纹。上端还有“乾清宫御用”五字。用色有红、金黄、黄白、浅蓝、灰等，并用二晕、间晕等方法……据研究，它“具有甘肃织毯特点”，专为宫廷织造，“构图均匀，色彩典雅，编织精细，剪绒较长而平整，结实耐用”；又有名款，是很珍贵的①。

第九节 缎

表面只显露经线或纬线，组织点均匀分布但不相连续，华丽柔软而适应性强的高级丝织物——缎，正式出现于宋代②，从元代开始发展很快，官府民间都大量织造，品种很多，以致元政府下令禁止民间生产某些缎匹。

《中国美术全集·印染织绣》卷认为，文献中的“纻丝”与“缎”，其组织结构完全相同，只是用料稍有不同而已，缎是纯丝织物；而纻丝的经丝是混纺纤维丝。如果这个分析可靠，那么宋代的汉文和西夏文献中明确记载，西夏与回鹘都能生产“注丝”，即生产缎纹织物。

一、元代的缎

《元典章》卷五十八有许多关于“缎匹”的记载。这里的“缎匹”是指一般丝织品呢？还是专指“缎”纹织物呢？我们认为，这两种含义都有，如“至元十年五月二十三日中书省咨，照得先为诸人织造销金如御用日月龙凤缎匹、纱、罗、绸、绫，街市货卖，虽曾禁约，切恐各处官司禁治不严。今议得，若自今街市已有造下挑绣销金日月龙凤肩花并缎匹、纱、罗、绸、绫等，截日纳官外，实支价。已后诸人及各局人匠私下并不得再行织绣挑销货卖，如违，除买卖物价没官，仍将犯人痛行治罪”。“元贞二年七月二十六日，行中书准中书省咨，钦奉圣旨，节该多人穿的缎匹、绫、锦，上交织金纻丝……”等等，都把“缎匹”与纱、罗、绫、锦等并列，似应专指缎纹织物。有的地

---

① 《中国美术全集·印染织绣》卷。

② 如四川省博物馆藏八达晕锦和南京大学历史系收藏黄地琐纹六出花锦，地组织是缎纹等。

方则直接写成“缎子”。如贞元二年，“江南在先七万匹六托的常课缎子，织造有来于的尚书省官人每一万匹交依旧织造、六万匹交做五托半，和买纻丝呵增余二万匹缎子……”在有些地方，只用“缎匹”二字概说用料、尺寸、重量等，则“缎”似是一段、二段之义，“缎匹”似泛指丝织品，但其中也包含缎纹织物。所以本书采用《元典章》等书中的“缎匹”资料，来综合分析元代缎织物的基本情况。

元代的缎匹花色品种有：金缎匹，素缎匹，日月龙凤缎匹，挑绣销金日月龙凤肩花并缎匹，龙纹缎子，毛缎子，真紫银妆，天碧织绣龙凤，织有佛像和西天字样的缎子，等等。

元代对织造缎匹的用料、重量、尺寸、质量等等都有明确、严格的要求，如织造各种缎匹所需的丝料数量、各种损耗的数量、织成品的重量、长短，是否匀密，有无粉糨等弄虚作假现象等等，并要注意监督、检查。从各种记载看，元代缎匹的长度有五托、五托半、六托、七托、八托和更长者。标准长度是“每匹二丈四尺四寸”，“织幅宽在一尺四寸至一尺六寸”之间，如元贞元年十二月二十七日“承奉中书省劄付，准蒙古文译，照得诸路局院造纳缎匹，内诸王百官长八托缎匹，各幅阔一尺四寸；常课长六托缎匹，每幅各阔一尺四寸。照勘得既是上位用八托，六托缎匹，各幅阔一尺四寸五分。诸人所用不得同御用缎匹，……每匹各长五托半之上，阔一尺六寸……”

如果不按照规定织造，而是偷工减料，弄虚作假，则要严惩，包括织造者、卖者和监督不力的官员。例如：

至元二十三年三月初九日“中书省奏过事内一件。会验，先钦奉圣旨，节该随路街市买卖之物，私家贪图厚利，减克丝料，添加粉饰，恣意织造纰薄窄短金素缎匹、生熟里绢、并做造药绵，织造稀疏狭布，不堪用度。今后选拣堪中丝绵，需要清水夹密。缎匹各长五托半之上，依官尺阔一尺六寸，并无药丝绵、中副布匹，方许货卖。如是依前成造低歹物货及买卖之家，一体断罪，其物没官，钦此……遍行各路，文字到日，制造不依式样，条印发付各处税务收掌，限三十日，店铺之家即将见有不依式样纰薄窄短匹缎、盐丝、药绵等物，须要经由各处税务，使讫上项条印，方许发卖；限满，却行拘收，元发条印，当官毁坏。仍令机户之家将见使窄狭苎口，亦依限内尽要倒换，依式造副阔新苎口，织造须要清水夹密，造副尺绫、罗、缎匹、绸、绢，中幅布匹，无药丝棉等物，仍令本处管民官达鲁花赤长官，不妨本职，常切用心提调，官如限外违犯之人，捉拿到，决杖五十七下，其或没官，坐见发之家。亲民司县提调正官禁治不严，初犯，罚俸一月；再犯，各决二十七下；三犯，别议。亲民州县与同县同，仍标注过名，任满於解由内明白开写，以凭定夺。外路府州达鲁花赤长官不为用心提调，致有违犯、罚俸二十日；再犯，取诏别议定罪”。

使用缎匹也有一定的等级限制，不许逾越。如至元七年“尚书刑部承奉尚书省劄付，议得除随路局院系官缎匹外，街市诸色人等，不得织造日月龙凤缎匹……”至元十年五月二十三日，“中书省咨，照得先为诸人织造销金，如御用日月龙凤缎匹、纱、罗、绸、绫，街市货卖，虽曾禁约，切恐各处官司禁治不严，今议得：若自今街市已有造下挑绣销金日月龙凤肩花并缎匹、纱、罗、绸、绫等，截日纳官外，实支价。已后诸人及各局人匠私下并不得再行织绣挑销货卖，如违，除买卖物价没官，仍将犯人痛行治罪”。禁止军民服用的缎匹颜色、花纹、服饰有：“柳芳绿、红白闪色，迎霜合，鸡冠紫、栀红，胭脂红，五爪双角缠身龙、五爪双角云袖襴、五爪双角答子等，五爪双角六花襴”。

元贞二年七月二十六日，“行中书准中书省咨，钦奉圣旨，节该多人穿的缎匹、绫、锦上交织金纻丝，上休交织金者么道，钦此”。

中统二年三月十五日，“中书右三部承奉中书省劄付，钦颁圣旨，今后应织造毛缎子，休织金的，止织素的……”

大德元年三月十一日，“不花贴木儿奏，街市卖的缎子，似皇上御穿御用的一般，用大龙，只少一个爪子，四个爪子的卖者有奏呵……各处行省处遍行文书，交禁约，交休织龙儿者，钦此。”

元贞二年初二日，规定：“皇帝御穿御用的一般缎匹，不拣那里休织造者……”

延祐六年九月二十八日规定：一般臣民不许织造使用“犯上用穿的真紫银妆领袖并天碧织绣五爪双龙凤答子等花样”。

大德九年十一月二十五日，不许织卖“佛像、西天字样的缎子”，供人穿著。另外，元代织缎数量之多从《元史·食货三》给诸王、后妃公主、勋臣的“岁赐”可见一斑。多者一人岁赐“段一千匹”，如世祖次子裕宗后位、安西王忙哥喇位、北安王那木罕位、裕宗长子晋王甘麻喇位等。少者也有12匹。据该志明确记载的数量统计，仅给这些人每年赏赐的缎就多达9908匹。还有些只写“岁赐……缎匹物料折钞……锭”的，加起来就有1万多匹！

出土和传世的元代缎织物有：

苏州张士诚母曹氏墓出土的4件袄子中，有2件是薄丝棉缎袄，（里为平纹素绸），缎纹是5枚经缎纹心，花5枚纬纹组织，纹样为连续曲尺云朵间以如意、珊瑚、玉钏、银锭等八宝纹。缎袄小圆领，对开襟，身长56厘米，袖通长92厘米。6条裙子中也有3条缎裙，长90厘米、宽340厘米，为5枚正反组织。图案纹饰不同——一条以几何图案纹为底，菱花为主纹；一条以连续斜菱纹为底，云龙纹为主纹；一条以八宝纹为底，间以云龙纹①。

辽宁博物馆收藏的织成《仪凤图》，是在原色缎面地上织造的。

1972～1979年，在甘肃漳县蒙古族汪古部人汪世显家族墓地出土有：棕色团花妆金缎，烟色卐字菱纹缎，紫色卐字菱纹团龙花缎，古铜色云龙缎，深色瑞兽纹缎，古铜色海棠（梅）纹缎，菱格回纹缎，蕃莲纹缎，小缠枝蕃莲纹缎，棕色卐字龟背纹缎，妆银天马纹缎，妆银簇花纹缎，等等②，花色品种多，是极珍贵的早期缎织物标本。

二、清代的缎

到明、清时期，缎织物的织造提花技术高度发展。缎织物成为最盛行的高级丝织品，特别是江宁的织缎最有名，有本色花，也有花缎，品种多，有头号、二号、三号、八丝、冒头等③。广州产的“粤缎”，细密光滑、鲜丽④。清代缎的品种很多，有暗花缎、闪缎、花缎、妆金库缎、织金缎、妆花缎、织金妆花缎、遍地金妆花缎、孔雀羽织金妆花缎等。对外贸易商品中还有“五色缎、五用色缎、五色绢缎”，“青缎”、“苏杭色缎”等等。简介如下：

暗花缎（库缎），实有暗花与亮花两种，但花与底的颜色都相同，所以统称为暗花缎。所谓暗花，是在经面缎底上织出纬面缎花；亮花则是在纬面底上织出经面缎花。这种缎织物虽是本色单重提花，但厚实挺括，软硬适中，是很受欢迎的常服用料。

① 《苏州吴张士诚母曹氏墓清理简报》，载《考古》，1965（6）。

② 《甘肃漳县元代汪世显家族墓葬》，载《文物》，1982（2）。

③ 陈作霖：《金陵物产风土记》，卷十五。

④ （乾隆）《广州府志》，卷四。

闪缎，是经、纬线色彩对比强烈，并用正反缎组织，使经、纬互为花底的织物，因其在光线作用下能够产生闪色效果，所以很受欢迎。清代时，人们创造了通梭织入金银线花纹的织金闪缎，用小梭挖织金银线的花纹的妆金闪缎和用晕色过渡排列的经丝织成的多彩闪缎等新品种，使闪缎更为华贵富丽。

花缎，是因纹纬比底纬粗二三倍，专用于退花，颜色也与经丝、底纬不同，从而使织物花底分明爽朗，花纹突出清晰的丝织物。

妆花缎，是在5枚（明代）或8枚（明末清初）经面缎底纹上，用多色纬线挖织出纬绒花的织物，不仅色彩丰富，而且有铺绒绣的效果。

妆金库缎，是在暗花缎组织上，用金线挖织少数重点部位以显现花纹或文字的织物，华贵而不俗。

织金缎，是在元代织金锦的基础上发展起来的，5枚经面缎底上显花的丝织物。它基本上有缎底起金花和金底起缎花两种。这种织物在明、清时期有所不同：明代的多用片金，花型大，金光灿烂；清代的多用捻金线，花型小。金色比较柔和。

织金妆花缎，是在妆花缎组织上用金线织主花或吉祥文字；或在彩色绒纬上以金线勾边的丝织物，壮丽辉煌。这种织物在明、清时都有织造，但有不同特色——明代的花大色重，退晕色阶距离大，对比强烈，壮美豪放；清代的花纹较细、用色则比较调和，退晕色阶距离接近，显得柔美典雅。

遍底金妆花缎，是在妆花缎组织上用金线织底纹，彩纬织绒花的丝织物，其特点和明、清二代的区别基本上与织金妆花缎相同。

孔雀羽织金妆花缎，组织工艺与织金妆花缎相同，但其某些主体纹饰是用孔雀尾屏的羽绒与直径0.1毫米的棕色单股丝并合，再用绿色丝线捆扎的羽线挖织而成。所以显得富丽辉煌①。

边疆少数民族地区也有个别织缎的，例如，昆明所产“滇缎，质厚而粗，不能行远”②。又云南“通海缎、出通海县，予上滇犹得衣之，今无矣，不堪命故也。古称滇善蚕，出丝绵，后绝迹，殆即通海缎原有忽无之故乎”③。

1980年，贵州思南明代思南人张守宗夫妇墓出土了很多缎织物，据介绍有：谷黄素缎、姜黄素缎、驼色松竹梅缎、灰黄素缎、驼色云纹暗花缎、驼色素缎、檀色素缎、浅檀素缎、驼色螭虎方胜暗花缎、谷黄菊花回纹缎、藕色回纹缎、茶色牡丹花缎、茶色牡丹暗花缎、驼色朵花小鹿缎、烟色朵花“良货通京”缎、烟色海马“黎凤庵记”缎、绛色流云如意龟贝纹缎、浅绛色菱花牡丹回纹缎、浅黄平安如意缎、浅绛如意流云纹缎等等。在一座墓中出土了花色品种如此丰富的缎织物，非常罕见！其织制技术以编织提花为主，也有隐条暗花。据研究这些缎织物可能是民间作坊作品。这对研究贵州地方的丝织，特别是缎纹织物的织造技术和花色品种是很珍贵的④。

第十节 刺 绣

据研究我国刺绣从宋代开始“分化为欣赏性画绣与实用性刺绣两大支系。明清时期，画绣的生产日益普遍，随之出现了各具艺术特色的流派，如南绣、北绣、顾绣及京、苏、蜀、粤、

① 《中国美术全集·印染织绣》。

② （道光）《昆明府志》，卷二。

③ （清）檀萃：《滇海虞衡志》，卷五。

④ 刘恩元：《贵州思南明代张守宗夫妇墓清理简报》，载《文物》，1982（8）。

湖等地方绣。实用性刺绣则有宫廷刺绣与民间刺绣的分野”①。

一、宋、辽、夏、金刺绣

辽国刺绣，以南京析津府所出为最好，“精绝天下”②。据《契丹国志》等书记载，品种有：作为贵重礼物的“红罗匣金线绣方鞯”、“红罗金银线绣云龙红锦器仗”等，是用金银线在红色罗织物上绣出云龙等纹饰的高级绣品。当然还会有官吏和民间使用的其他绣品。1974 年，在辽宁法库叶茂台辽墓出土的丝织物中，就有一些刺绣实物，例如，有一件棉袍，其面子是在棕黄色罗底上，通体平绣纹饰——领子上绣 2 龙；肩、腹、腰部绣簪花骑凤羽人像，其余部位绣出桃花、蓼花、水鸟、蝴蝶等，复杂而精美，估计需三四百个工日才能完成。靴和手套的面子也在罗底上绣花③。

1981 年在内蒙古豪欠营六号契丹墓出土的绣花丝绵长袍，是在黄色罗地上用金黄丝线绣出藤萝状花，5 瓣包于叶间，有卷曲嫩丝。绣法：茎蔓先平针顺绣并列 2 针，然后或一边或两边用横针绣边，针角小而密，间隔 1 毫米，花与叶均为平绣④。从上述文献记载和出土实物来看，契丹的刺绣似乎都在罗织物上施绣，至少有相当一部分绣品是如此。吉林农安万金塔地宫也出土有锁绣钉的织物残片。

西夏人也善于刺绣，西夏文字典《文海》有专门词条解释“绣”字：“绣者，缝缀锦线合花之谓”。即用彩色线缝缀出花纹图案之意。《续资治通鉴长编》卷五百〇三记载：西夏御史中丞

① 《中国美术全集·印染织绣》卷。

② 钟邦直：《许亢宗宣和乙巳奉使金国行程录》，《大金国志校证》下。

③ 《法库叶茂台辽墓纪略》，载《文物》，1975（12）。

④ 乌兰察布盟文物工作站：《察右前旗豪欠营第六号辽墓清理简报》，载《文物》，1983（9）。

星多楚清降宋时，带来的物品中就有“绣龙帐”。西夏字典《番汉合时掌中珠》记载有“绣锦。”汉文《杂字》中有“绣裤”、“绣袺”、“绣复”和刺绣针法名称“绰绣”，等等。

1976年，甘肃省居延考古队在今内蒙古自治区额济纳旗的老高苏木遗址（原属甘肃省）调查时，发掘到西夏文字典《音同》，佛经残片和一批织物。其中就有驼色罗绣团花边饰，棕色罗绣团花纹带、浅棕色纱底绣朵花纹方片等等，所用针法有：铺针、直针、接针、辫股针、套针、斜缠针等多种，绣工粗细都有①。

女真人建立的金政权的刺绣之工，包括灭亡北宋后掳去的很多汉族绣工，平时，这些绣工被逼“环坐刺绣”。其品类《大金集礼》记载有红罗绣盘龙蹙金衣，梅红罗明绣独角间金兽等等。

已出土的金代刺绣织物也不少，如：

1988年，黑龙江阿城金代齐国王墓中出土了成批丝织品，其中刺绣品很多、很好，“针法灵巧多变；可分为辫绣、打籽绣、贴补绣、盘香绣、平针、接针、套针、钉线、铺线、圈金等10余种。颜色丰富多彩，有驼、绛、棕、烟、酱、绿、青等色，各颜色中又有深浅之别。花纹图案精美繁密，有团龙、夔龙、云鹤、飞鸟、鸳鸯、朵梅、团花、卷草、碧桃、蝴蝶、卷云等纹。如一件女腹带，是用驼色罗剪成云龙纹状，下面衬托绢里，再沿着纹样的边缘在罗底上圈金边。每团云龙交错排列，龙头有的向左，有的向右，无一定规律；每组间距也不相等。一件绵套裤，是在菱形暗花罗上绣团花，每2枝折枝小花组成1个团花，团花上下交错排列，针法丰富，绣工精细。一双女鞋，鞋帮上下分别为驼色罗和绿色罗，各绣串枝萱草纹1枝，两截相

---

① 未发表，经故宫博物院张宏源测定。

接处镶1条花蝶纹花条。萱草花是用宽窄不一的片金线剪成花形，再用稀疏的绣线，平行的针脚将花形钉在罗地上。花条是由双股的丝线钉成二方连续的小杂花和蝴蝶。花蝶间隔排列成带状纹饰”①。

1973年，山西大同发掘的金代西京玉虚观主阎德源墓，出土绣品有：

合领直襟宽袖大道袍，在罗底上用丝线绣出卷云纹和90只仙鹤，2条衣带上也刺绣云、鹤纹、素雅生动。

鹤氅，在234厘米×135厘米的罗地上，用丝线绣出四方连续的云、鹤纹，共绣出106只仙鹤，有的鹤高14厘米，展翅宽13.8厘米，并以各种不同的姿态飞翔于云空，非常优美壮观，绣工精细，表现出金代刺绣工艺的高超水平。

福禄夹衬垫，也是在罗地上刺绣，图案纹饰为二方连续、左右对称，每组都以盘绕的忍冬作花边，中间多以高4.1厘米、身长2.3厘米的鹿纹为主，鹿纹的四角绣有蝙蝠，右上方加绣“福”字和牡丹②。

从上述材料可知，金代刺绣承袭契丹传统，多在罗织物上施绣，甚至有用金线刺绣的。

此外，1978年，在内蒙古达茂旗出土的一批丝织物中，也有不少绣品，如织金锦裤裤脚外的边饰，是用锁绣和铺绒绣绣制的，针脚密度约每厘米10个。有的地方还用打籽编绣，绣于绢带上，缝于织金锦上。缂丝织锦鞋套用双道锁绒绣③装饰，绣

---

① 黑龙江省文物考古研究所：《黑龙江阿城巨源金代齐国王墓发掘简报》，载《文物》，1989（10）。

② 《大同金代阎德源墓发掘简报》，载《文物》，1978（4）。

③ 锁绒绣是将锁绣的丝线往一边延长形成一条锁绣、一条铺绒绣交替的绣纹。

工均匀精细[1]，绣法比较特殊。

二、元代刺绣

元代刺绣主要用于佛教饰物和宫廷服饰。

佛教饰物方面，政府机构中设有梵像提举司，专门负责织绣佛像、经卷、幢幡、宝盖、僧帽等等，因它任命尼泊尔人阿尼哥负责，所以多采用印度、尼泊尔等国的艺术风格。西藏布达拉宫保存的《刺绣密集金刚像》就是其典型的作品之一，这幅绣品高75厘米、宽61厘米，上绣三头六臂、头戴金冠，袒露上身、佩饰缨络的金刚。色泽方面，金刚上身为青色，下身着红裙，背景朱红色，外围施用浅蓝色，显得相当富丽。针法有套针、正戗、平金、圈金等多种，绣工精细，艺术水平很高。

中国历史博物馆也收藏有一幅《刺绣西方广目天王像》，面积多达250.8厘米×247.7厘米，是在棕红色缎底上绣出头戴凤翅盔，身披铠甲，手执弓箭的威严刚猛的西方广目天王像，背景只有云纹，使天王像非常突出[2]。

上海博物馆收藏的刺绣《妙法莲华经》卷，绢本，磁青色，纵44.1厘米、横1953.3厘米，卷首用彩线绣灵山会诸佛像和榜题16个；次绣拱牌1座，两边用金色丝线绣2条龙，内以蓝色丝线绣元仁宗的《赞莲经》诗；次绣《妙法莲华经弘传序》经文；卷后署“城东漏泽寺小比丘道安拜书。在城兰桂坊女善人李德廉”。韦驮像，像的左下角是“奉佛弟子夏氏善成”等字，其中“佛”字金色，其他字蓝色……共7卷，由李德廉及其外甥女姚德贞协同绣制的，连眉目也用丝线绣制。整幅绣品都用捻线平绣，用线粗肥，用针疏松，但构图丰满，层次分明，人

① 夏荷秀，赵丰：《达茂旗大苏吉乡明水墓地出土的丝织品》，载《内蒙古文物考古》，1992（1）、（2）。

② 《中国美术全集·印染织绣》卷。

物比例准确，色彩沉静略带粗犷。而且诸佛眉目都以丝线绣制而非墨画，是元代刺绣中罕见精品①。

按文献记载，实用性刺绣，大量用于礼服和公服卤簿。天子服绣十二章。百官服绣大小独科花、散答花和小杂花。仪仗队武士则绣生色宝相花及动物纹等等。考古发掘出土了一些珍贵的元代绣品。

有属北方民间刺绣系统的，如：

1975年，在山东邹县发掘的元代儒学博士李裕庵夫妇墓出土的丝绸织物中，就有刺绣人物花鸟女腰带、袍袖和绣花鞋等刺绣织品。例如，裙带在23厘米×5厘米的面积上绣出3个层次的图案——上部绣出朵云、飞凤、松树、假山、老人和灵芝、地面；中部绣行走中的儿童、假山、鹿、鹤；下部绣水中荷花、杂草、水鸟和飞翔的水鸟，形象质朴。线条刚劲、坚实、牢固，绣工精细，并采用双丝捻线，使用接针、平针、套针、打扣……等多种针法。该墓出土的罗带上，也有精彩的刺绣，共有3组图案，全是相连的梅花。在花的根部，以辫绣套针绣出1座假山；再用接针法绣花梗；用加贴一层绸料的缀绣绣叶和花瓣，使花朵具有强烈的立体感；在花心中，还用打籽针法，绣出凸起的花蕊，使花朵更加生动逼真②。

甘肃漳县元墓也出土有棕色纱地绣山石花卉纹束带等。

有属南方民间刺绣系统的，如：

1976年，在内蒙古元代集宁路故城发现的四经绞棕色素罗绣花女夹衫，长只有58厘米，上面却绣出99个不同的花纹图案，可分为多组——有的以一立一飞的对鹤为主，旁边衬以水

---

① 庄恒：《元代刺绣〈妙法莲华经〉卷》，载《文物》，1992（1）。

② 《邹县元代李裕庵墓清理简报》。王轩：《谈李裕庵墓中的几件刺绣衣物》，载《文物》，1978（4）。

波、荷叶、粉莲、灵芝、野菊、水草、芦苇、云朵等；有的绣出凤凰、野兔、角鹿、彩蝶、双鲤、乌龟、鹭鸶、牡丹、幽兰、灵芝、百合、牵牛、竹叶等，从不同角度刻画出它们的神态。其中的牡丹，正、仰、反、侧视的形态都有，很有情趣。特别是几幅人物故事图，更引人注目。其中一幅，绣一女子盘坐莲池旁柳树下，凝视池中戏水鸳鸯；一个头戴幞头的男子倚坐于枫树下；另一女子骑驴扬鞭于枫林之中。另一幅是湖舟图。这些故事画写实秀丽，动静结合，情趣盎然，富有生气。它用绒丝施绣，针法以平针为主，兼用打子针、稀切针、辫针、抢针、鱼鳞针等，技艺高超、纯熟，很像苏绣。该处还出土有绣花丝鞋，在绢、罗织物上用色线绣出缠枝莲、网纹和云头，或绣蝶恋花、海棠花和流云等①。

1955 年，在北京市双塔庆寿寺出土一块绣花袱，在赭黄色绸子上，中绣龙戏珠和彩云；四角绣莲荷、牡丹、芍药、菊花，并有金印加圆圈的文字："香花供养"；四周绣牵牛、野菊、串枝杂花叶（《文物参考资料》1958 年第 9 期）。

在苏州南部张士诚母曹氏墓也出土有罗底衣裙残边，上绣四龙相向，中饰云纹。针法有接针、缠针、施针、铺针、扎针、正戗、反戗、平套、打子等 9 种，是继承宋绣传统并已有了高度发展②。

1960 年，无锡市元墓出土的绸裙，前面镶有绣大花图案的纱③。

三、清代刺绣

明、清时期，由于市场经济的繁荣和前代刺绣工艺技术发

① 《元集宁路故城出土的窖藏丝织物及其他》，载《文物》，1979（8）。

② 《中国美术全集·印染织绣》卷。

③ 《江苏无锡市元墓中出土一批文物》，载《文物》，1964（12）。

展等因素，刺绣生产和工艺技术有了更快更大的发展，形成了各有特色的许多地方名绣（包括民间绣和商品绣）和新的刺绣方法，产量大增；出现了著名的刺绣艺术家；宫廷、官府刺绣更是无比奢华，但有严格的等级制度。下面介绍宫廷、官府刺绣和边疆少数民族刺绣。

（一）宫廷和官府刺绣主要用作衣服、多种日用品和佛像

1. 皇帝、皇后、皇亲、文武品官及其眷属的礼服分别绣上龙、蟒和猛禽、走兽等复杂精细的图案。

例如：乾隆的一件夏季礼服——十二章彩云金龙朝袍，是在明黄直径纱底上应用五彩加金戳纱绣制成，即在袍子上用大红、粉红、水粉、蓝、浅蓝、月白、绿、浅绿、湖色、雪青、葡灰、烟色、香黄、明黄、白色、赤圆金、淡圆金等色线，绣出金龙 43 条[①]。又在袍上半部（即上衣）绣出只有皇家御服才能用的十二章中的日、月、星辰（以上 3 种能光照大地），山（兴云雨）、龙（示变）、华虫（即雉鸡、表示华丽），黼（即斧子、表权力），黻（亚形，表君臣、离合、善恶、向背）等八章；在下半部（即裳），绣出另四章——宗彝（古祭器，铜杯形，左右各 1 个，左杯上饰长尾猴形，右杯上饰虎纹，表示不忘祖先），藻（水草，表文采），火（表兴旺），粉米（米粒纹，表养人）等。有的袍上还绣彩云、金寿字、水浪纹等。“据清宫档案记载，织绣这样一件朝袍地子，要用幅宽二尺八寸的加重明黄直径纱两丈五尺。披肩、袖头、综袖要用二尺一寸宽加重石青直径纱六尺。共用各色绒线二十六两二钱四分，洋金线十六两四钱，绣匠九百一十八工。”纹饰和工艺非常复杂、精细。

故宫博物院收藏的乾隆时的亲王、郡王的孔雀羽穿珠彩绣

---

① 按《大清会典》的规定是 38 条龙，为了掩盖活动时暴露的掩襟，所以又在掩襟的襞积部位加绣四个团龙，在掩襟裳的部位加绣一条行龙。

云龙吉服袍是在蓝色缎底子上，用孔雀羽铺底，再用缉米珠（很细小的珍珠）、珊瑚珠、龙抱柱线[①]，捻金银线等绣出9条大龙纹——胸、背、两肩各1正龙，前后襟行龙4条，底襟行龙1条。此外，领、袖还有小龙7条。在纹之间再用五彩绒丝绣出彩云，蝙蝠，八吉祥[②]，暗八仙[③]，八宝[④]；以及象征多福、多寿、多子的佛手柑、桃子、石榴；象征灵仙祝寿的灵芝、竹子、仙鹤；象征寿山、福海的水浪纹和山纹等。刺绣针法主要有钉线、套针、打子、滚针等。其中用孔雀羽满底铺绣的，称为“铺翠”；用成束缉米珠、珊瑚珠刺绣的，叫“穿珠绣”或“玉绣”。这类高级绣品在清代，不仅达官贵人用，连市面上买卖的小件绣品，如扇套、眼镜盒等也有用孔雀羽毛刺绣的。

工艺上也用穿珠、铺翠、平金、戳纱、绒绣等技法，精细艳丽。

2. 日用品方面，如官员们身上佩带的荷包、钱袋、扇套、表套、褡裢、钥匙套、火镰袋、扮指套、名片盒、眼镜套，还有民间用的荷包、香袋、香囊等等，也都是刺绣艺术品。

荷包为扁圆形抽口或葫芦形抽口，可装烟、槟榔、银钱等等，它比香袋、香囊大一些，一般挂在腰间。

香袋，由一底一盖串连于丝带上，香囊没有底与盖之分。香袋与香囊的形态很多——有几何形的（方、圆、长方、多角等）；有如器物形的（如八吉祥等）；有植物形的（如葫芦、葡萄等等）；有动物形的（如虎、鱼等等）；有人物形的（如婴戏

---

① 用一束散丝作线芯，周围再用一根强捻色丝均匀地缠绕其上，使间距部分的散丝像联珠般凸起。

② 佛教的八种法器——宝轮、宝螺、宝伞、宝盖、宝花、宝缸、双鱼、盘长。

③ 八仙所用器物——花篮、葫芦、渔鼓、绰板、宝剑、还魂扇、笛子、荷花。

④ 即金锭、银锭、犀角、金钱、珍珠、珊瑚、如意、方胜等。

莲等等)。它们用于装各种香料，多挂在衣襟的钮扣上。褡裢为长方形，中间开口缝，存放钱物，两端绣花，可折叠起来系于腰间。

这些小绣件多用缎、纱、织金缎、天鹅绒等作地子；用多色绒丝、衣线、龙抱柱线、铁梗线（用强捻线包扎马尾而成），捻金线、银线等作绣线。刺绣的工艺手法有：绒绣、辫子股绣、帘绣①、缉线绣②、平金绣、戳纱绣、拉锁绣③、网绣④、堆绫绣⑤、穿珠绣等等。

较大的工艺美术品有字画和围屏等，例如：

陈娟娟介绍的台北故宫博物院收藏的宫廷祝颂绣品，《刺绣咸池浴日图》高 144.3 厘米，宽 49.3 厘米，在黄绫底子上绣出一轮红日从咸池升起，彩云缭绕；海面波涛汹涌，水天相连；岸边是神山仙树，云气袅袅。颇为壮美。色彩方面，上层天空部分是黄底红日，和多色的云彩；中层海水自上而下，颜色由灰绿渐变为灰黄；下层是青碧退晕的山、树，显得华贵多彩。工艺方面，使用缠针绣山的轮廓和树叶；用擞和针绣山石块面；用滚针绣波浪，又在波浪边沿加绣施针，使其具有空间感；树干

---

① 帘绣是清代京绣创造的新绣法，先在白色或浅色地上以淡墨勾勒花样，然后用双股捻色线在花纹上垂直均匀地绣上一层铺线，使花纹似隔在帘子里面。

② 缉线绣是只用坚硬的包梗线圈钉出花纹轮廓，而不需要用绒丝绣花。

③ 拉锁绣也称“打倒子”，是把大针引出绣面全线，小针从反面刺出半根针尖，大针再引线绕小针尖 1 圈，小针引线向左压住大针线环，刺下拉紧，小针再靠这线环右侧刺出半根针尖做第二个循环，这样花纹由有规律的线环围铺而成。

④ 网绣是先用绣线在绣料上绣出各种几何网格，再在网格内绣细几何形花纹，并留有网状空眼，配色对比强烈，使花纹突出。

⑤ 堆绫绣，用绫、罗、绸、缎、纱等织品，剪出若干花形，拼贴在绸子上，成为完整的图案花纹，再用接针法把周边钉牢或用藏针法把绫片底部钉牢，或在细部加上少量刺绣。

则用笔加涂墨而成，绣工精细。

高礵贞介绍的故宫博物院收藏的《双面绣富贵寿考围屏》，高192.5厘米，宽251厘米，由5扇高度不同的屏扇组成，底子是黄色直径纱，屏身上绣牡丹、石榴、芙蓉、菊花、灵芝、竹石、云彩、飞鸟等，屏身色彩有：红、桃红、粉红、绿、黄绿、淡绿、香色、蓝、浅蓝、月白、浅雪灰、黑、棕等十余种。围屏边框则为云蝠、暗八仙、串枝花蝠；底座还有皮球花与云龙戏珠；背面为如意卷草纹等；边框加描金，底座加黑漆描金。工艺上采用缠针、套针、戗针、滚针、接针、扎针、松针、打子等多种针法，总的说来，这件绣品工艺精细，色彩华贵丰富，图案生动多姿，两面花色相同，是乾隆时期高水平的双面绣品。

陈娟娟介绍江苏南通市博物馆收藏的张淑德绣《夕阳返照图》，高56.8厘米，宽93厘米，是吸收西洋画技法于刺绣工艺，成为新型美术绣品的代表作之一，图中近处为溪流、峡谷、树林，远处为山峦叠嶂，是素描风景画，但采用焦点透视法，左上角山峦背后有光点，点出夕阳反照的主题；而且近景着色浓重，远景则较明淡，形成深广的空间，使全图显得壮阔深遂，很有气势。

3. 清代刺绣的佛像很多，北京故宫博物院、雍和宫，西藏布达拉宫，青海塔尔寺、甘肃拉卜楞寺等等寺庙都有很多藏品，如陈娟娟介绍的布达拉宫藏的刺绣宗喀巴像，高68厘米，宽46厘米，分上、中、下三层。上层绣3世佛；中层绣格鲁派祖师宗喀巴像及其两个弟子；下层绣3位护法神。工艺上主要采用反戗、圈金、擞和针等；而宗喀巴的座位采用孔雀羽线；三世佛中间一佛的佛座则用串珠绣成。针脚匀整，纹饰突起。用色方面，天为蓝色，底为绿色，人物用红、黄色，鲜明富丽。

高礵贞介绍的故宫藏堆绫绣尊胜佛母像，高62.5厘米，宽45厘米，上部是蓝色缎底，用约30种不同颜色的缎（占大多数）和绫、绸、绉等丝织品剪裁缝缀成二三层或四五层的佛像、背光、云彩、衣服等等的图案。局部地方再用平针、套针、钉线、拉尾子针等手法刺绣，使佛像显得非常漂亮安详，又整个画面色彩丰富，做工精细，是堆绫绣的精品。

此外还有贴花加绣的佛像，如弥勒佛像、女神百度母像等。刺绣针法还有：滚针、戗针、平金等①。

（二）边疆少数民族的刺绣

我国许多少数民族妇女（有的民族男子也会绣）都有喜爱刺绣、善于刺绣的优良传统和艺术才能，她们利用各种土产材料，绣出富有民族特色的生活用品。基本上可分为色彩斑斓的绒绣和朴素淡雅的十字绣花两大类，而且多以棉布、麻布等非丝织品作绣底。但因都属刺绣类，所以我们放在这里一并叙述。

台湾高山族妇女在衣裤、围裙、头巾上刺绣有三角形、四角形、直纹、横纹、斜纹等，以横纹为多，色彩鲜艳。卑南人常用十字绣装饰男、女服装和生活用品。据介绍，衣服类都以黑棉布为底；肚兜、腰带有以白布为底的。用紫红、大红、桔红、桃红、浅红、深蓝、浅蓝、浅绿、紫色、浅紫、黄色、土黄、白色等绣线，绣出精巧细致的十字花纹，其中又以紫红色为主色。具体操作方法是：用一块织好的黑色十字布，宽 0.8 米，长 2 米，留下作为衣服前身对开处和领口的中央部分不绣外，其他部分全都“满满绣上”，花纹图案绝大部分为几何图形，以二方连续或四方连续连成图案。最常见的是完整的花草纹、各式四方纹、菱形纹、三角形以及鸟形、蝴蝶等等，多成十字形，非常工整。十字绣织物主要用于制作男子的短上衣、短裤；女子的上衣、肚兜、裙、绑腿、槟榔袋、腰带等等。据报道，卑南族男、女都能刺绣，当然主要是妇女的工作，女子长到十二三

① 《中国美术全集·印染织绣》卷。

岁就要跟着母亲、姐姐学习，成年结婚后，每年都要绣几件给自己的丈夫、儿子穿。因为卑南人有这样的传统风俗——每年岁末猴祭及狩猎祭时，男子都要按照不同的年龄段，穿上不同的衣物，以表身份；十七八岁进入除役级时，要准备绑腿；四五十岁时要准备礼衣和帽子等等，如果仪式中不穿这些衣服，就失面子。所以，刺绣很受重视①。排湾人、鲁凯人、阿美人等也都采用十字绣。排湾人的十字绣也多以黑布为底，但绣线一般只有橙、黄、绿三色。花纹是菱纹、阶段纹、三角纹、扣花叶纹等。阿美人很少用紫色，而多用桃红、黄、绿等色。

高山族的鲁凯人等还采用其他刺绣方法。其中，“直线绣多用黑线在白布上绣出曲折纹及三角纹等；缎面绣的色调与十字绣相同，以红、黄、绿等色线在黑布上绣菱形与波纹；链形绣多用以钩划花纹。”一般来说，“用来刺绣缎面绣的黑布为菱组织布，但用于十字绣与直线绣的布则为平组织布，这些棉布都得自汉人”②。

畲族与别的民族不同，刺绣艺人多为男子，他们常在上衣的领、袖、襟和裤脚、裙子、围腰、鞋帽、枕套、帐帘、烟捻子袋等处刺绣多彩精美的花纹图案，色彩以红绿为主，但多用红、黄、蓝、绿、黑的顺序有机地结合配色。鲜明醒目，图案结构有单独花纹，也有连续纹样，角隅图案等，图案不仅有几何纹、花草、飞禽走兽等，而且还有“鳌鱼望凉亭”、“曲龙上天”、“鹿竹”等等故事性的图案。最有代表性的是“凤凰装”，即把头饰与服装、银饰组合为凤凰的形象——扎红头绳的头上盘头髻代表凤首；衣服上的大红、桃红、黄色花纹和金丝银首

---

① 王端宜：《卑南族的织布和衣物》，载台湾大学《考古人类学刊》，第41期，1970（4）。

② 陈国强，林嘉煌：《高山族文化》。

饰代表凤凰的颈、腰和身上的羽毛；多种银首饰的碰撞声，代表凤凰在鸣叫。这种组合服装，来自于畲族美丽而古老的传说，穿上它会带来吉祥如意。又有这么一种围裙，底色上蓝下青；刺绣红、黄、绿、蓝等色线先外而里，自上而下绣出3组宽、中、窄梯形几何纹，把围裙分隔为3区。然后在外（上）区内绣出二龙戏珠、鹿、竹、人、鱼、鸟、松鹤、蝙蝠等图案；在中层绣出2犬和团花、蝴蝶、海水……”里（下）层绣2凤和凉亭，亭身饰满香花。两侧的花纹对称，整个图案工整细致、秀丽。

广西少数民族刺绣，相传源于秦汉，明代进一步发展，清代达到鼎盛。其主要工艺是在布料上用彩色棉、丝线绣出各种图案纹样。广西少数民族刺绣大致上可分为针绣（又称平绣）和剪纸贴绣（又称凸绣）。针绣是先在色布上描好纹样，后用彩色丝、纱线刺绣各种图案。剪纸贴绣，是把纹样先用纸剪出纸样，然后贴在色布上，用平针、齐针、扎针、滚针法依样绣成。相对而言，后者比前者在广西民间更为流行。刺绣图案，意境明朗，瑰丽多姿，造形简练，通俗易懂。她们往往根据自己的意趣和审美观念，将各种自然物进行大胆地夸张、变形，巧妙地将各种静与动的形体有机地结合在一起，让具体的自然形和抽象的几何形结合，平绣与布贴结合，蜡染跟刺绣结合。使整个画面构图丰满，生动自然，千娇百媚。但因民族不同，造型各异。一般来说，壮族的刺绣多偏于自然图型，瑶族刺绣倾向于几何形，而苗族刺绣则喜在自然形中加几何形。这些图案的组织形式多为单独式纹样，亦有少数的二方连续纹样。单独纹样中有适合纹样，也有自由式纹样。在制作方法上喜用添加法和求全法。添加法是在纹样上附加装饰。求全法则一般表现在荷花下长莲藕，桃枝上既开花又结果，使纹样更理想，更丰富，从而使构图达到饱满、对称、均衡的要求。对称、均衡更是刺绣中的基本形式之一，在整幅构图中，主体纹样均置于中心画面最突出的部位，其余的边角花起对称、呼应的陪衬作用，以美化主体纹样。主体纹样一般由一个单独式花纹组成，也有以多个单独式花纹复合而成，但均比边角花的花纹要大，色调亦相对明快，以达母体突出，子体衬托和谐，主次分明，结构严密的效果。从色彩上看，广西少数民族刺绣可分为暗底亮花，亮底暗花两种类型，在色彩的配置上，喜用对比强烈的颜色，后配以黑、白、金、银等调和色，使整个图案的色彩既清新淡雅，又趋于协调。广西少数民族的刺绣，一般都是在一块块小几何形的色布上刺绣花纹，然后再镶拼制成一幅图案。各族妇女们外出劳动或走村串寨，可将刺绣物随身携带，于农事之余或访友空闲时均可飞针走线，精挑巧绣。具有不受场地限制，制作方便等特点，这也是它能在广西各族民族广泛流传，久盛不衰的一个重要原因之一①。

瑶族的挑花刺绣工艺精致细巧。女性在六七岁时便习作挑花，长大成人时，已成为挑花刺绣的能手。瑶族挑花又名“十字绣”和“架花”，它与刺绣、机绣不同，既不需要描图打草，也不必使用模具，全凭妇女的一对慧眼一双巧手，凭想象构图，在蓝青、白色等布料上，依据衣裙、头巾等用品的大小，按布料纱路的经纬，运用红、黄、青（绿）、白等各色丝线及红绒、毛线等，一针一线挑刺出各种十分对称、色彩和谐、形象逼真的花纹图案来。这些图案有对角相称的斜十字形、正十字形、米字形等，雅静而端庄。图案内容全部取材于日常生活中所遇见和接触的自然事物，一类是竹、梅、菊、荷、水仙、牡丹、杜鹃等草木花卉；另一类是龙、凤、狮、鹿、鱼、雁、鸳鸯等飞禽走兽，各种纹样线条清晰，刚柔相宜，图案构思新颖迷人，形象栩栩如生。挑花的纹饰，多刺在胸襟、护肩、袖口、腰带、围

① 曾少立供稿。

裙、裤口等边缘上，既起到了加固边角的作用，又美观大方，达到了实用与装饰美的统一。瑶族妇女人人擅长刺绣，闲时针不离手，平日里刺绣用的针线材料，用布巾包好，系在腰间，无论是在家中，还是在野外作业，闲暇之时即取出刺绣工具席地而绣。瑶族的刺绣基本上施于日常生活用品，如头巾、胸襟、挂袋、腰带、鞋面、帽子、绑腿、围裙、百褶裙、肩垫、披风等等。瑶族传统的刺绣以配色绣为主，常用的色线多为红、绿、黄、白、黑五种颜色。刺绣的底布多为白、蓝黑（黑布）两种。一般白色底布用红、绿、黄、黑四色线衬色；蓝黑色底布用白、红、绿、黄四色线衬色，巧用色线，让黑白底布分别显出黑白线条，呈五彩斑斓之功效。刺绣的手法与挑花的手法有所不同，在刺绣之前所绣的花纹图案已基本定型。先用黑线或白线（视布色而定），依布纹绣出一行行大小相同的方格，在方格中再配饰各种图案，若布面积按设计已容不下一个图案，也需绣上半个，以示整齐。其图案的花纹配色及图案格式都有严格的规定，如人形、兽形仅限于用白色或黑色，不能选用其他颜色；绣组合图案时，哪图在上，哪图在下，都有一定的规律，如绣马头纹和原野纹构图时，一定是马头纹在上，原野纹在下，构成“骏马奔驰草原”的图意。在同类刺绣饰品中，整幅图案的面线，垂直线与平行线，分别取用角度为45°、90°或180°，不用弧线。刺绣的构图，分有单花图案、双花图案和组合图案3种，这些均由几何图形、线段及圆点、条线组成，靠瑶族妇女精巧的刺绣工艺，使之成为人物、动物、植物等繁多的形象。单花构图的图案较多，有几十种。常见的有树木纹、森林纹、原野纹、小草纹、大花纹、龙角花纹、马头纹、河流纹、水波纹、山丘纹、桥梁纹、小鸟纹、黄琼纹、鹿纹、姑娘纹等等，而且都有瑶语名称。单花图案可以单独立意，亦可以组成各种组合图案。双花图案是组合图案的一种。双花的组合可形成一幅美丽的图画，如原野纹与大花纹组合，即形成“鲜花盛开在山野”之图意；马头纹与原野纹组合，形成“骏马奔驰在原野”的图意。组合图案一般指3个或更多的花纹组合而成的图案。它比双花图案更富于变化和更富于表现力。如用“原野纹、大花纹、姑娘纹”组合的图案即构成“美丽的姑娘站在鲜花盛开的山野”的图像。而“河流纹、小草纹、树木纹、桥梁纹”的组合，则构成一幅依山傍水的秀丽风景图。其构思想象力丰富，充满了诗情画意。刺绣尤其讲究执针的手法，即三指握针，拇指和食指夹住针眼，中指按住针身，起到稳固针身和帮助穿针引线的作用。针法有平针和对角针2种。平针是照着布料的经纬绣，顺势绣出平线和螺旋式上升的斜线。绣对角针要用倒针，绣出的纹路是交叉的“×”形。反面绣也是传统刺绣的一大特点，绣时不看正面，而从反面运针，难度较大，需要具有娴熟高超的刺绣技术[①]。

苗族妇女常在上衣的领、袖、肩、襟、裙边缘、围腰、壁挂等处绣上精美多彩的花纹图案。有的地区如雷公山的苗绣，上衣绣满图案，继承古代满件绣的作法。其针法比较多，主要有破线绣、绉绣、缠绣、贴绣、打籽绣等绣线凸出如浮雕的针法，使图案富有立体感。图案通常是动物、植物和几何纹。但很有特色，她们常用想象、变形、夸张的手法塑造了许多表面看来不合理，但却富于幻想的艺术形象，如鸟身上长蝴蝶翅膀，虎的身上长鱼鳞，动物的腿长在脊背上等等。许多图案都有一定的含义，如威宁女裙上绣3条横道，象征着他们的祖先曾经历从北向南的3次大迁徙，经过黄河、长江和两河中间的平原。黔东南服装上所绣的蝴蝶，象征着对他们的祖先“蝴蝶妈妈”的崇拜等等。这些图案对研究苗族的历史、文学、传统文化都有一定的价值；对于鸟身上长蝴蝶翅膀等想象化的图案的出现也

① 李筱文供稿。

就比较容易理解了。色彩方面多采用鲜艳、明快的色调和强烈对比的手法，如红与绿、白与红、黄与紫、橙与蓝等等，每件绣品上用多色彩线刺绣。例如，湘西苗族的清代右衽大襟女上衣，底色是黑紫色，袖口镶蓝边；在肩、襟、下摆处的刺绣图案从左肩经右腋下摆到左腋，形成有波折的、变化比较复杂的V字形，这个V字形有的地方是弧形，有的地方为直线方角，摆的正中部分则是一个比较大的壶门式的图案。整个图案自右至左，自下而上基本上可分成4个条带——黑紫色底绣绿、白色小花的窄带；黑紫色底绣绿、黄、白、红色大花的宽带；黑紫色底绣红、白短线纹窄带；白底绣淡紫色小型鸟兽纹带。壶门内中央是一棵开花的大树，两边则似各有1只凤鸟旋转成涡纹。图案精美，色彩协调，绣工细腻，是苗绣中的佳品之一。绉绣是刺绣时每线都起绒圈，呈凸起的绉纹，有一种绉绣图案，红色底，大部分地方绣2只对称卷曲成6字形的老虎，头相背，尾相向，两尾中间是一个珠圈。虎身上有扇形鱼鳞纹，两侧密布锯齿形纹，两虎的上面又有一排纹饰，中间是果子纹，两边似是带牙齿的颌骨纹。绣线有白、红、粉红、绿、蓝、紫等色，与底色配合，色彩丰富谐调，整个图案犹如浮雕一样突出。苗族妇女还工于色茧贴绣，即把彩色茧片摺叠成小三角形，一件短衣上甚至有贴绣一二万个三角形茧片，非常细致。苗绣的质量也非常好，一件绣品往往经历几十年甚至上百年，仍然能保持原来的本色。

从文献记载看，明、清时期，布依族地区盛行刺绣，清末开始用织锦作装饰，刺绣才较少使用。布依族妇女常在服装的肩、胸、袖、腿等部位，被面、枕套、门帘、荷包、帐檐、手帕和儿童背带、头饰上用挑绣、绉绣、辫绣、平绣、缠绣等方法，绣出人物、飞禽、走兽、鱼虫、花草、果木和几何形等图案，非常生动。如儿童的背带，底色由上而下分为黑、红、黑、红等三四档，黑色底上绣红、白、绿色等花纹和几何纹；红色底上绣白、黑、黄色花纹和几何纹，美观大方。

侗族妇女多在鞋、鞋垫、头巾、衣服的兜、领、襟、腰带等处，用绣花、挑花、梭花等方法和连环锁绣、错针绣、铺绒绣、结子绣、盘绣等针法，绣出人物、花鸟、禽兽、螃蟹等生动精美的图案，色彩上主要是应用原色和重色的对比，颇为谐调。例如绣花鞋，红色鞋帮前面三分之二部分，两边都用白色线绣多种双线的如唇形、圆形、扁圆形等等中间空的纹，中间填以黑色线，以此组成类似花朵纹的图案；四周绣一圈金色短直线；金色短线上再绣一圈黑色短直线，简朴美观。

水族喜在围腰、小孩背带、鞋、帽和衣裤的领、袖、襟、裤脚上刺绣，工艺种类多，有绣花、挑花、补花、梭花等；针法也多，有平针、打子、乱针绣等。其中最具特色的是“马尾绣”。即将白色马尾用白丝线缠绕，用以绣花卉和多种几何纹等花纹图案的轮廓，中间再填绣彩色丝线，使整个图案艳丽突出，很受国内外的欢迎。例如，背带等就用这种方法绣制。有一双绣花鞋，鞋口一圈是青色底上用红色线绣连续反向折线M和回纹；鞋帮部分分为两大区——前区是在红色底上用马尾绣绣出外白内青的多种花、草、几何纹；后区也用马尾绣绣出外白内蓝的波浪纹和黄色水珠纹。儿童背带更是绣满精细华丽的彩色图案。

仡佬族妇女明代时用绣花（扎花）、挑花（刺花）、镶花等技术在衣服上装饰精美的花纹图案①。近代则在袖背、头巾、鞋等处绣花。例如，在青色头巾的一端，绣上红、黄、绿、紫等色组合而成彩色图案。在青年鞋头上绣几种花卉图案等等。

---

① 四川省博物馆，珙县文化馆：《四川珙县洛表公社十具‘僰人’悬棺清理简报》，载《文物》，1980（6）。

仫佬族常在青色的裙子、背带、钱包上，用五色丝线绣出花、鸟、虫、鱼和几何纹等图案；还用抽纱拧丝法编织出网状花纹作花边，生动精美。例如钱包，黑色底，用赭色线装饰四边一二圈，中间再用赭、红色绣出花、鸟和古钱币图案，美观而又寓意明确，色彩也很谐调。

毛南族善于在女鞋、围腰上挑花刺绣。例如用彩色线在鞋面上绣云藕图案；在青黑色围腰的两边和下摆镶绣 1 条白底红色花卉的花边；下摆两角又各绣一组黄色横排三菱形纹，色彩丰富谐调。

京族妇女很会刺绣，如在红褐色女褂上，用黄、红、白、绿等色自上而下绣满 3 层图案——上层为 1 大龙、2 小龙和 1 颗多角形的大宝珠；中层为 2 小龙戏珠；下层为波涛汹涌的海水、高层建筑和龙凤纹等，构图丰满、色彩谐调、形象生动。

土家族妇女善于在头帕，上衣的领、袖、襟，彩带、荷包、裙子的缝合处和下部、裤脚、围腰和枕头、帐沿、手巾、鞋面等处，用彩色线织绣出 100 多种花纹图案。土家族绣花有挑花和牵花两种。“挑花，是在布的经纬交叉圆点上，用针以‘十’字连缀的方式绣出各种图案”；“牵花是在挑花的基础上发展起来的，先用线勾出花草鱼鸟等轮廓，然后用各色彩线，以挑花方式在空隙填充。挑花用的是白布黑线，对比鲜明、朴素、雅致；牵花则显得艳丽、华美”①。

哈尼族多以珠贝缀饰或在服装上镶彩色花边为饰，也有刺绣。用绣、挑、扣等方法绣出各种图案和简单花卉；也有仿汉族的龙、凤、鸟、鱼等较复杂图案。色彩鲜艳和谐，如在尖鞋上、围腰、衣服下摆等处，加绣花卉、几何纹饰等。

傣族妇女喜在围腰、衣袖、衣襟、下摆、裙边等处刺绣和

① 杨昌鑫：《土家族风俗志》，中央民族学院出版社，1989。

镶边。

拉祜族妇女喜在腿套上绣花。

怒族妇女有在裙子上绣花边的习惯。

纳西族妇女多在衣服的领、袖、襟、裙子、鞋、羊皮披肩等处镶绣花纹图案。如日、月、行星图形“披星戴月”等等。

布朗族妇女常在衣襟、袖、下摆和襟两边刺绣花卉、鸟兽、几何图案，以装饰服装。

景颇族妇女在包头、筒裙、挎包上刺绣多种几何纹饰，如菱格、连山等多种变体菱形。

普米族妇女有在坎肩、包头等处绣花的习惯。

基诺族妇女常在衣、裙、帽上镶绣彩色图案，例如在男子上衣背部正中处镶绣“孔明印”。即在白色底红、黑条纹的衣背正中镶上1块方形蓝色或青色布，再在蓝色布的正中用红、黑、白色绣上似车轮（带辐条）的圆形图案；或在青色布上用绿、白色绣轮辐式图案。据说，这是表示对孔明的崇敬和怀念。

白族妇女多在挂包、肚兜、腰带、围腰、头巾、鞋帮上刺绣色彩丰富的花卉和几何纹饰。例如男女青年的挂包，其佩带是蓝色，上绣很多朵白色四瓣花；挂包本身竖长方形，蓝色底加黄、蓝色边和间隔带，分为上下两区，用红、白、黄、绿等色绣出两组花卉，都是中间一朵大花，四周绣满各色各样的小花。挂包下端垂吊3个三角形饰或红底蓝边白花、或黑地红边红、白花。每个三角形下端又垂吊3个黑色长条形饰，浓重与淡雅组合。

羌族妇女的挑花刺绣工艺久负盛名，起先以刺绣为主，后来以挑花为主，还有纳花、纤花、链子扣、平绣等。她们不用事先绘图样、打轮廓线，用针穿起五色丝、棉线即可信手挑绣出色彩丰富、精美的图案。绣花的衣物有头帕、枕帕、衣襟、领袖、腰带、围腰、鞋袜等等。主要图案有以圆圈、三角等几何纹饰和云纹、波纹、花卉、人物、飞禽走兽、鸟虫等等组成的吉祥图案。如“蛾蝶戏花”、“鱼水和谐”、“凤穿牡丹”、“瓜瓞绵绵”、“群狮图”、“团花似锦”和由云纹、水波纹组成的“云云花”等等。色彩方面多以黑、白为主，或在白布上绣黑花、蓝花、红花；或在黑、蓝布上挑绣白花等。有的则喜欢在黑底上，用红、黄、白、绿、蓝等色线挑绣出由几何纹和变体动物纹构成的相当复杂、多层次的图案。羌族挑绣品既美观，又因针脚细密而增强服饰的牢度和耐磨性能。

彝族的挑花工艺，是采用平纹的白布，根据经纬的纹路，做十字结构造型，即横向纬线与纵向经线交叉各挑一针，此为花型最小的细胞单位，进而扩展，形成结构图案。其工艺种类有牵花、扣花、挑花、穿花、垫绣等，以挑花工艺最具特色。牵花也称作贴布滚花，用色布条作原料，缀在服饰的衣领、肩袖和裤脚等部位。制作时，将剪成宽约1厘米的色布条对折缝合，然后在白底或蓝底的面料上构图作花，其花样似蟒蛇爬行或缠搅状，显得静中有动，素雅大方。扣花又称锁花或锁边绣，其针法与现今民间流行的缝锁纽洞的手法相似，纹样有垂直针法的三角形连续图案，有如锯齿状，俗称“狗牙花”；也有斜针法组成的横人字形的带状图案，俗称“布带花”。主要装饰衣边袖口、围裙胸兜边沿以及腰带的首尾部分。

挑花是彝族最具特色的传统工艺，又称做“十字”绣花。它以斜“十字”针法组成象生性和几何形图案。其针脉着法有两种：顺针法根据图案布局任意选择一端点起针，依照布料的经纬组织，斜针挑出一段段相等的明针，待同一色彩部位完成后，再返回针盖第2道明针，使之与第1针交叉，继而呈十字状；翻针法则根据布料的经纬组织，挑1针回1针，亦呈十字交叉状。操作时，鉴于几何形图案的规整性，要不时转换布料的方向，调整针脚。图案造型多以植物的茎、叶、花、果和动物、昆虫为主，如牡丹、秋菊、桃子、石榴、狮子、蝴蝶等。构图疏密有致，满而不堵，统一而富于变化。

穿花也叫织花跳绣，在“十字”挑花的基础上，穿绣出各种图案。其手法是披（剖）开绣线的纱经，顺布料的经线跨压纬线，反之亦然，穿绣出蓝底白花或白底黑花等效果的花型图案。垫绣又叫做包梗贴花绣，是在彝族挑花的基础上，吸收了汉族等的先进工艺而成的绣法。又分为“引绣”和“贴绣”两种。“引绣”先用色线勾钉出图案纹样的轮廓，继而往反倒针，缝实填充图案空间，效果犹如浅浮雕感觉；“贴绣”则以纸或布事先剪出图样，贴于布料面上绣制而成，再加上沿图案贴饰金银边，更显得富丽堂皇。

彝族的挑花工艺及其图案，已有较久远的历史渊源和沿袭，著名的云南晋宁石寨山西汉青铜墓葬中所出的铭刻在器物上的人物服饰就与之相近，而挑绣的古老花型图案，则在我国远古的彩陶饰纹中依稀可见其雏形和原生形态①。

藏族常在氆氇缝制的衣服、靴子上绣上花卉或几何图案。例如，氆氇的靴面为蓝边红底，靴筒为蓝黑色，在靴面中部，用蓝、绿、黄、红等色绣出花、叶图案；在靴面与靴筒交接处绣有一个黄、红边，绿底，似三角形的图案，里面是蓝、白、绿色的花朵。其上端又有一个蓝边红底三角形，花纹是蓝、白、黄色花朵，很有西藏风格。

满族八旗妇女，多工刺绣，多在衣襟、鞋、荷包、枕头上刺绣花草、鹤鹿和龙凤吉祥等图案。例如花盆鞋的鞋帮为黄缎面，在前半部分用红、绛、白等色绣出生气盎然的花叶枝条纹，作为主题纹饰。鞋口处一圈是在黑底上用红、黄、蓝色线绣出花草纹，下面用一圈红线隔开，红线下再绣一圈小团花纹，色

---

① 徐康宁供稿。

彩鲜明，图案典雅。

达斡尔族妇女多在衣袍的领、袖口、襟边和鞋帽、荷包上绣上花草、禽兽、几何纹和人物故事等。例如，婚礼女服，在红色有花织物的袍襟上，自外而内先镶1道黑边；次绣2道蓝色边；再绣2道黄色花边，最后加绣1道黄边。在这道黄边中还有1道黄色锯齿纹。颈部与肩部处又加镶1道黑边和1道黄蓝花边。袖口上也有这几种镶边和绣花边，谐调美观。

鄂温克族多在袍衫的领襟处，用不同颜色的织物镶边。妇女则常在皮套裤、皮靴、手套上绣花，多为蓝色几何纹或变化的六瓣花卉纹等。

鄂伦春族发明了在皮衣、皮裤、皮手套、鞋帽、被褥、烟荷包上用剪贴、刺绣花纹的技术。主要纹饰有团花、波形花和蝴蝶花卉等单个纹饰图案。例如，皮手套两面都加镶绣纹饰，正面两大部分——手心和手指为淡黄色底，上饰黑褐色花纹。手心是一个较大的似实用器物变化的图案，每条线的两侧都勾红色边；除大拇指外，其他4指上都各有1道波浪纹贯通，并下连手心的纹饰，在每个指节处用1圆圈加1圆点来标识。手腕部分则是一片黑褐色，上端部分加一粗一细2道淡黄条带和1道由许多短线组成的条带。手背和手指也是淡黄色上饰黑褐色花纹，从上到下是指甲纹、几个三瓣花纹和1个大花草纹，并有枝蔓把这三种图案连接起来。

赫哲族妇女发明了在鱼皮、兽皮服装、鞋帽上绣出云纹、花草、蝴蝶和几何纹等图案，独具匠心。例如，在青绿色衣服上，用红、绛色绣S形云纹；在红色衣襟上绣黄、白条带和中间加一点的三角形纹等等。

蒙古族妇女善用刺绣、贴花和缉花等方法装饰衣服、荷包、枕顶、门帘和靴、帽、袜、毡褥、鞍垫等。特别是烟荷包上的刺绣，更为精美。被公认为衡量家庭和个人品德、社会地位、能力的重要标志。例如，在布靴的靿和帮上分 4 个层次绣满多种图案——自上而下第一层大部分是浅黄色地和近似色的浅刺云雷纹，但在其下部有 1 个赭红色的似弹簧的纹饰；第二层是赭红色底上浅刺几何纹，但其右下角有 1 个淡绿、黄色的似画有龙纹的扇子的纹饰；第三、四层为赭红色地上绣上淡黄、绿色缠枝花草纹，但是花草形态不同。在 2、3、4 层之间还各用 1 条宽带隔开。这样各部分都显得色彩对比强烈，造型变化比较多，美观大方。蒙古族涌现不少著名的刺绣匠师，如达里吉雅，就曾被塔尔寺活佛邀请，前往参加绘制黏贴《二十五帝王图像》①。

回族妇女善于用刺绣、嵌线、镶色、滚边等多种手法，在袖口、盖头、围腰、护耳套、鞋等处装饰淡雅秀丽的花草图案。云南昭通回族的阿訇帽顶上则绣上经文。昭通回族少女头上的勒子和海南岛回族女青年的头巾上也绣花。

东乡族妇女喜爱在衣、裤、裙、鞋等处绣上花卉图案。如，在黑色女坎肩的四边和领口绣上白、绿色几何纹窄带子；左胸上绣一朵较大的白、绿色多瓣花和叶子；在下摆处绣几朵白、绿色五瓣花。男坎肩的两襟边也各绣上若干朵白、绿色花，美观大方。

土族妇女很爱刺绣，在衣边、衣领、腰带、花兜、围兜、披肩、鞋帽、辫套、耳枕、烟袋等处无不绣花，主要的有八瓣莲花、孔雀牡丹、秋菊斗霜、神仙祺子、富贵不断头和蜂、蝶、彩云等图案。例如钱包，包盖为黑色底，周边绣一圈红色锯齿纹；中间用粉红、绿、黄、浅蓝等色绣出一枝三朵盛开的多瓣花。包的正面则是白地黑边，用红、绿、赭等色绣出一个大果子枝叶，总体上看，色彩鲜明，纹饰秀美大方。

① 王迅，苏赫巴鲁：《蒙古族风俗志》（上），中央民族学院出版社，1990。

撒拉族常在肚兜、枕头、布鞋、袜子上刺绣，图案多为写实花卉如月季、干枝梅、牡丹、菊花、马莲花和飞禽等等，加饰几何纹。例如肚兜，色彩上分为两个部分，上部黑色，下部紫红色。图案都是盛开的多瓣花及枝叶，颇为雅观。

保安族妇女的衣袖、裤脚、鞋帮和男子的肚兜等处都有绣花和镶边。例如男子的肚兜是在加黑边的红色面料上，用白、黑、蓝、黄、绿等色线绣出几组不同的花、草，有大有小，有疏有密，颇为美观。

裕固族妇女常在袍服的领、袖、襟、开叉处，鞋、帽上用丝线绣出花草、云纹等精美图案。如蓝色长袍的领子上镶有一圈黄色底绣红色多瓣花的花边。又有一大块围肩，色彩有3个层次，由里向外分别是：黄底红花；蓝底红、白、绿花；白底红花。两个袖子从袖口到肘弯部分，都镶有5条宽花箍，花色各不相同。

维吾尔族常在男女长袍、腰带、坎肩、帽子和枕头等服装用品上，用平绣、结绣、十字绣、盘金银绣、格架绣、扎绒绣、综合绣、补花、掏花等绣法绣上花卉、水果、昆虫、飞禽、走兽和几何纹图案，色彩有白、黑、天蓝、红、灰等。例如，最具特色的小花帽有多种多样，有的在黑色绸面上绣上巴旦木杏花；有的则在青色底上用白线把整个帽子外面分隔成多个三角形，并绣上细密的冰裂纹和花草纹，清新典雅。

哈萨克族则在男女衣服的领、袖、襟、下摆和帽子、套鞋、挂毯、窗帘上，用挑花、贴花、钩花、刺花等方法绣出花草纹、羊角纹、人字纹等组成的美丽图案，主要色调有蓝、红、白、黄、黑、绿等色，因为在她们看来，蓝象征蓝天，红象征太阳，白象征真理、快乐、幸福，黄象征智慧和苦闷，黑象征大地和哀伤，绿象征春天和青春。这就把大自然和她们的生活境遇和思想感情都通过刺绣，淋漓尽致地表现出来。例如，什物袋以红丝绒为面料，留出长方形框，框上刺出浅浅的菱形纹；框内贴上一圈白色的小三角形；三角纹圈内最上端贴三列间隔排列重叠的蓝色小三角形，下面主题纹饰是用一竖带、三横带隔开的左右对称的6个长方块，这些横竖带都很窄，在黑、蓝底上用红、黄色绣出花叶纹；上端两个长方框内，主纹是在黑底上，用红、黄、蓝、绿色贴绣盛开的五瓣花，其上下又各留1条比较宽的红丝绒带子，带上浅刺菱形等几何纹饰；中间2个长方框内是红底，贴绣黄、白、绿、蓝色盛开的六瓣花，上下各有一条比较宽的蓝带子，带上也浅刺菱形几何纹；下端两个长方框内也是黑底六瓣花，花卉与中间的相同，整个织物下端还用绿、白色绣出很多个垂穗，都是上端四瓣圆形花，下端似椭圆形牌饰，使整个织物色彩艳丽，重点突出，非常美观。

柯尔克孜族妇女善用彩色毛、棉、麻线和金丝绒线在衣服、巾帽、腰带、鞋袜、壁毯、被褥上，用平绣、结绣、钩绣、扎绣、串珠片绣和十字绣等方法绣出各种精美的图案。如各种动、植物旋涡纹、月牙纹和方形、三角形、锯齿形等多种几何形纹组合而成的图案。例如，在深色织物上，先用红线绣出窄长方框，再用黄线在红线上绣很多组短线，2根为1组；然后长方框内再用红线绣出二方连续菱形框、红线上用浅蓝线绣出很多组短线，也是2根为1组；随后，在两个菱形框内用红、绿、黄、蓝等色绣出两朵对称的、枝叶茂盛的六瓣花，在两个菱形周围的6个三角形框内，各绣出一朵含苞欲放的枝叶繁盛的缠枝花；最后在长方框外上下两边加绣条带式的连枝五瓣花，使整个织物绣满花卉、几何图案。美观大方，成为柯尔克孜族喜爱的传统纹饰。

锡伯族妇女非常重视刺绣，如不会刺绣将会被人看不起。所以锡伯族妇女多擅长刺绣，她们在男女长袍和坎肩的衣襟、下摆等处所绣纹饰多为花鸟鱼虫等，多在紫红、蓝等深色衣服上绣上金黄色线，加以点缀。

塔吉克妇女常在衣领、襟、腰带、帽子和袜子、荷包等处绣上美丽的大朵花卉纹和几何纹（但因宗教原因，绝不绣人物、禽兽）。多用红、绿、黄、紫等色丝线，色彩对比强烈，美观大方。例如在红色半长衫的襟、袖、下摆和开衩处绣上红、黑色变体四瓣花纹和红黑道边，色彩很鲜明。特别是帽边，宽不盈寸，长仅十几厘米，绣满花纹，就像插满鲜花、遍缀宝石似的，五彩缤纷。

乌孜别克族妇女常在衣衫、腰带、帽子、皮靴等处绣花。例如，在男青年的黄色坎肩前面的两边用蓝、红、绿等色线各绣上一大枝花，上有几朵大小不同的五瓣花，非常显眼。

俄罗斯族常在衬衫的领、袖、胸、襟、下摆等处绣上花卉或几何纹。例如，一件女子黑色套头无领长袍，在上述部位都用金黄色线绣上两道并列的锯齿纹，而且因衣着不同的部位而有不同的形式——在开胸处，绣花为圆弧形；在袍前部分为并列竖线形；在下摆处为波浪形。因此，虽图案简单，但配合起来也挺美观。

塔塔尔族妇女常在衣帽、靴子和生活用品上绣上精美图案，例如在黑色靴子上用红、黄色绣满花纹，分为上、下两区——上端似为波浪纹；下端有多种变体九瓣花朵、花叶和锯齿几何纹等。

第八章　大众化的棉麻毛织品

宋、元、明、清时期，棉织品逐渐成为全国最普及、最主要的衣着面料，各地区各民族生产的棉织品很多，名称也不尽相同。古代主要的纺织原料——麻、葛等，继续用于纺织，但已不占主导地位。其中麻织品产量比较多，葛织品则只有少量生产。在游牧民族中，则仍然以生产、使用毛织品为主，而且毛织品比以前更丰富、精细；同时，使用丝、麻、棉织品渐多。

第一节　棉 织 品

一、宋、辽、金、西夏时期的棉织品

据《松漠纪闻》和西夏字典《番汉合时掌中珠》等书记载：宋代时，新疆、甘肃等地的回鹘民族和西夏政权都生产"白叠"、"白叠毛"。新疆的回鹘政权高昌、于阗、龟兹等也生产"花蕊布"、"绣文花蕊布"，并作为贡品①，那应该是比较好的棉布。甘州回鹘生产的"细白叠"，也作为贡品，也应是比较精细的棉织品。特别是西夏生产一种高级的"棉褐"，事见《续资治通鉴》卷九十四：宋宣和四年（公元1122年），金朝使者庆裔到宋朝，宋徽宗"赐金线袍段"。(庆裔) 疑与夏国棉褐同，却而不受"。所谓"棉褐"应指棉或棉毛合织的织物，金线袍段应是织金织物。由此看来，西夏生产的这种棉褐与宋朝生产的金线袍段极其相似，可相媲美，那么顾名思义，西夏的棉褐也加

---

① 《宋史·外国六》。

织金线，它不仅用棉花于纺织，而且相当精美华贵。内蒙古老高苏木出土的烟色纱绣衣方片的衬里用的是白色棉布，经纬密度每平方厘米为（8～13）根×12根[①]。

南方少数民族生产更多种著名的棉织品，如：

1. 五色斑布。据文献记载，至迟从汉代以来即不断生产，到宋代以后，生产更普遍、更多。（宋）庞元英《文昌杂录》记载："闽岭以南多木棉……纺之以作布，与苎不异，亦染成五色，织为斑布"。周去非《岭外代答》记载：海南岛黎族妇女"衣裙皆吉贝，五色烂然"。"瑶人以蓝染布为斑，其纹极细……灿然可观"。范成大《桂海虞衡志》也有类似记载：海南黎族织造的"黎单"，"青红间道"，"桂林人买以为卧具"。史炤《通鉴释文》也说：闽广来的棉布"尤为丽密"。赵汝适《诸蕃志》也说到：黎族织染的棉布，"异文炳然"。下面以黎族棉织[②]为例，略加介绍。

据研究，在"战国时代，他们（黎族）就懂得利用棉花纺纱织成有纹彩的贡品——'织贝'。到了宋代，黎族的纺织业，尤其是棉纺织技术就优于中原。他们利用轧花机、弹棉机、脚踏纺车、缬染架等纺织工具，织出色彩斑斓的黎锦、黎单、黎幕、崖州被、筒裙、花带、花头巾等衣物。这些织物，质地细腻，色彩艳丽，被列为朝廷贡品"[③]。例如筒裙，分上、中、下三段：上段为买来的彩条粗布；下段是自织的提花或挑花织物；中段是窄饰带，提花织成，以下段为主，纹饰有虫花、榴花、蛙纹、万字纹、人纹等10多种，都是象征性几何纹样。色彩配置注重强烈对比，明快艳丽。其中饰带宽6厘米，长86厘米，总

① 经张宏源测定。

② 应包括棉花和木棉两种原料。

③ 韦荣慧主编：《中华民族服饰文化》，纺织科学出版社，1992。

经数 158 根，经纬密度每平方厘米 26 根×（12×2）根，织物组织为平纹地上起纬花，纬浮长一般越过 3 根经线（双经）；也有越过 6 根或 1 根的。纬线完全循环数为 56 根，地纬与纹纬一间一排列。纹样为二方连续上下对称的菱形纹，两边为条纹，中心似小虫，故称为“虫花”①。

黎族以青蛙为图腾，所以织绣衣裙花纹也多以青蛙纹为主。

宋代时，黎族“工纺织，得中土绮彩，拆取色丝，加木棉，挑织为单、幕，又纯织木棉、吉贝为布”。生产的黎单、黎幕、黎锦等，五色鲜艳，美观实用②。清代时也“以吴绫越锦拆取色丝，间以鹅毛之绵，织成人物、花鸟、诗词，瑰丽可爱，以金丝者为上”。有“机杼精工，百卉千华”之美称③。

四川凉山彝族给宋王朝进贡的木棉织品娑罗毡、毯、幔，多白地红花，也有素白的和青绯间色的④。

2. 广幅布。汉代时，云南、海南等地的一些少数民族已能生产广幅布，以后相沿不断。周去非《岭外代答》卷六记载：宋代时，广南西路的廉州、雷州、化州等地所织棉布品种多——有匹幅长阔又质地洁白细密的“慢吉贝”布；有狭幅粗疏而色暗的“粗吉贝”布；还有宽度极阔、可作卧单、帷幕、案盖的大幅布。它们“以之（按指“吉贝”——棉花）为布，最为坚善”。这个资料中的慢吉贝和大幅布都是广幅布。赵汝适《诸蕃志》也有类似的记载：“吉贝以之为布，最坚厚者谓之兜罗绵，次曰番布；再次曰木绵（布），又次曰吉布，或染以杂色，异文炳然。幅有阔至五六尺者。”记录了广幅布的具体尺寸，若按宋

① 李也贞：《黎族的腰机提花》，《中国纺织科技史资料》，第 2 集。

② （宋）范成大：《桂海虞衡志》等，中华书局，1955。

③ 《广东新语·货语·棉布》。

④ 《宋会要辑稿·蕃夷》，《宋史·蛮夷传》等。

尺每尺 31 厘米计算，则这种广幅布最宽者幅阔达 155～186 厘米，大大超过汉族布帛宽度。

3. 棉毯。《农政全书》卷三十五木棉部分记载松江有“勇绒毯”，应就是棉毯，可惜未具体介绍。1966 年浙江兰溪南宋墓出土 1 条迄今仅见的棉毯实物，是公元1169 年前后织制的。据《中国纺织科学技术史》介绍，棉毯约长 251 厘米，宽 118 厘米，重 1600 克，平纹组织，经密：布身每厘米 19～20 根；布边 38～40 根。纬密：每厘米约 9 根。经纬绒均匀、平直。经纱是 50 号（公制 20 支）单股棉纱，Z 捻，每厘米 6.97 捻。纬纱是 2 根 50 号 Z 捻，每厘米 6.18 捻的棉纱和 1 根粗支 S 捻，每厘米只有 0.4 捻的绒纬并合而成。这种纬纱粗支弱捻，制法特殊，似非用纺轮或纺车纺制，而是手工搓制的，所以很容易分离开来。棉毯采用纬纱起绒法，双面起绒，绒头丰满厚实。经检验分析，其棉花品种是古亚洲棉（中棉），“平均长度 15～16 毫米，细度（投影宽度）21 微米，平均成熟系数高达 2.5。纤维粗短，过成熟纤维甚多，有些纤维甚少捻曲，断面呈圆形，中腔较小”①。

从上述介绍和有关方面的资料看，这种棉毯似应是南方少数民族制造的，或闽广汉族在早已从事棉纺织的少数民族的影响下织制的，其主要根据是：其一，南宋时，棉花种植主要是在两广、福建、海南。江浙地区只是少数地方开始植棉，棉纺织技术应更迟一些，更落后一些，到元初时，才由黄道婆进一步传入并加以改革。上述松江“勇绒毯”应是元代甚至明代的产物。而《资治通鉴》卷二百八十三所载五代时楚王宫内所用的“地衣”（即地毯），“秋冬用木棉”，即是棉毯，更应是海南、闽广的产物，因为那时江浙还没有棉花种植。其二，绒纬的制

① 汪济英：《兰溪南宋墓出土的棉毯及其他》，载《文物》，1975（6）。

造方法，与黎族纺制木棉的方法相似①。其三，棉毯幅宽1米多，属广幅布之列，而古代只有南方一些少数民族才生产广幅布。也早能生产棉毯。从上述三方面分析，出土棉毯可能是南方少数民族的织品。但《中国纺织科学技术史》说到，它可能是用“宽幅重型棉织机”织制的。钟遐认为可能产于浙江或湖南。容观琼认为可能来自广州，但吸收了少数民族的许多棉纺织工艺技术。总之，有不同看法，可以进一步研究。

四川、云南的邛部川蛮、风琶蛮等织造的莎罗毯、素地红花莎罗毯等②，是木棉毯。说明南方少数民族早有织造棉毯的技术和实践经验，不仅能织素毯，还能织花毯，可能质量也不错，所以他们织造的棉毯能作为献给中央王朝的贡品。

二、元、明、清时期的棉织品

元代的棉织品，文献记载和出土实物都有。

《资治通鉴》卷一百五十九胡三省注：“今所货木棉，特其细紧者耳。……海南蛮人织为巾，上出细字杂花卉，尤工巧，即古所谓白叠巾。”

山西省博物馆曾对收藏的元代棉布进行测试，现把《中国纺织科学技术史》所列测试结果转载于下。

纱支（号）		捻度（捻/米）		捻向		密度（根/厘米）		织物组织	织物宽度（厘米）
经	纬	经	纬	经	纬	经	纬		
2×32	26	550/650	220	S/Z	S	18	28	经重平	34

① 容观琼：《关于我国南方棉纺织历史研究的一些问题》，载《文物》，1979（8）。

②《宋史·蛮夷四》。

1970年，乌鲁木齐盐湖元墓出土的油绢织金锦边袄子，其衬里是粗白棉布。其片金锦的纬线是由片金、彩色棉线和丝线组成的，棉线直径0.6～0.75毫米。捻金锦的地纬也用棉线。还出土有几件棉织衣物，如中单、裤等。布幅宽度有34厘米、42厘米、46厘米三种，比较窄。棉纱直径0.5～1毫米，比较粗，而且不均匀。属平纹组织，经纬密度为每平方厘米12根×10根①。

1954年，北京庆寿寺双塔出土1件棉僧帽，外面深褐色地，上以白色丝线用双勾盘线法锭锁出如意形花纹和中间的主题装饰的火焰纹图案，质朴典雅，线条流畅，色彩鲜明，光泽柔和，经纬线匀细，密度分别为每厘米44根和20根，材质优良，织造精工，体现了元代棉纺织的高超技术水平②。

1978年，浙江海宁元代贾椿墓出土1块棉布，面积182厘米×62厘米，白色，经纬密度为每平方厘米12根×9根，织造精细，韧性强③。

（明）徐光启《农政全书》卷三十五木棉部分记载：自从黄道婆在松江传播植棉和棉纺织生产技术之后，松江一直成为全国的棉纺织中心，“精线绫，三梭布，漆纱，勇绒毯，皆为天下第一。松郡所出，皆切于实用，如绫、布两物，衣被天下，虽苏、杭不及也”。后来又有“标布”、“中机”、“小布”、“尤墩布”等，轻细洁白，行销全国。

1980年，在贵州思南明代张守宗夫妇墓出土棉织品和衣服17件，均素织无纹。其中有棉布5疋（件），每疋长104厘米，宽58厘米。据《思南府续志·风俗志》记载：这个地区“闺中

① 王炳华：《盐湖古墓》，载《文物》，1973（10）。

②《北京市双塔庆寿寺出土的丝棉织品及绣花》，载《文物参考资料》，1958（9）。刘秀中：《元代棉织僧帽》，载《中国文物报》，1994年10月30日。

③ 海宁县博物馆：《浙江海宁元代贾椿墓》，载《文物》，1982（2）。

妇女向织土布，阔二尺许，纱粗缕疏”。出土棉布的质地、宽度，与记载相符，应是本地产品①。

在贵州惠水城关明墓出土有22件纺织品，质地以布绸为主②。

据《滇略》卷三《产略》记载：云南所产布帛“以永昌细布为佳，有千扣者。其次有桐花布，竹布，井口布，火麻布，莎罗布，象眼布”等。

清代，各地织造出许多质量、花色很好的棉织品。李仁溥《中国古代纺织史稿》做了归纳介绍，不再赘述。

边疆少数民族地区生产的棉布多种多样。黎族的棉织物和壮锦、瑶锦、苗锦、侗锦、土家锦、黎锦、傣锦等前面已经介绍过，不再赘述。其他民族的其他棉织品择要介绍如下：

台湾高山族，特别是卑南人，原用麻布等作为衣料，后来以棉布为主，多染成黑色（也有少量白色），布幅很窄，只有15～30厘米，长180厘米，为1匹。其特点是：按服饰大小织造布疋，织成后，不用剪裁就可缝成衣服，或只是局部稍加剪裁。凡布疋30厘米×180厘米者，两疋刚好做1件礼衣；15厘米×180厘米者，一疋刚好做1件绑腿，等等。织物组织有平纹和斜纹两种。平纹组织的布有两类——其一是只由单色经纬线织成（多黑色），成品也单色；其二，加挑花夹织色线一梭多色，（多用大红、黄、蓝、绿等鲜亮色线），掩盖经、纬线，使布幅正面只能看到夹织的色线，即成红布或以红为主的多色布。斜纹组织的布也有两类，同上。挑织的花纹图案有菱形、三角形、十字形、直纹、锯齿纹、方格纹等几何纹样，偶而有鸟纹、蝴蝶

① 刘恩元：《贵州思南明代张守宗夫妇墓清理简报》，载《文物》，1982（8）。

② 《文物考古工作十年》（1979～1989），文物出版社，1990。

纹等①。总的来说，卑南族棉布色彩艳丽，纹饰朴素大方，富有民族特色。特别是菱形纹饰，是其主要特色，其他高山族人较少用。但织物组织、用色和其他纹饰则大同小异。

湖南湘西民族自种棉花，男女都从事纺织，织物精粗不一。其中有斑布，以黄土染其纱织成，状如茧绸②。湘西苗民“亦能纺织，有苗锦、苗被、苗布之属”③，并有多余的棉布“与汉民交易”④。

贵州，原来只有少量的棉纺织生产，“但能织成粗布，惟安顺、兴义、黎平三府及贵阳府属之定番州，间或有之”。乾隆以后，推广植棉和棉纺织，至道光年间，“织成之布，较之贩自客商者，价贱而易售，小民趋利若鹜。省城纺织者，已不下数百家，各属亦闻风而起，而惟思南府及所属安化、婺川两县劝办最为踊跃”⑤。而遵义东乡“多以织布为业”，只织不纺，买棉花，交换棉纱，“故纺、织互资成业”⑥，成为织布专业乡。遵义所产棉布，“宽者极三百二十筘，狭者极二百五十筘。宽者名大土布，狭者名土布，又名小布、背布、扣布”⑦。显而易见，贵州已有织布和纺纱的专业户、专业乡。特别是安顺习安，“素重纺织，民间妇女，自幼讲求，风俗之美，甲于黔疆”⑧。洪江、黎平也是“女善纺织，棉、葛巾布颇精细”⑨。洞苗用棉花“所织洞帕

① 王端宜：《卑南族的织布和衣物》，载台湾大学《考古人类学刊》，第41期。
② 《辰州府志·物产考》。
③ 吴省兰：《楚峒志略》，见《中国古代纺织史稿》。
④ 徐珂：《清稗类钞·农商类》。
⑤ 《皇朝经世文续编》，卷三十五，《广种桑棉兼教纺织情形疏》。
⑥⑦ （道光）《遵义府志》，卷十七。
⑧ 邵鸣儒：《示严禁燻花教》，见《中国古代纺织史稿》。
⑨ 李宗昉：《黔记》，卷三。

颇精”[①]。“水家苗妇人勤纺织，有水家布之名”[②]。洪州苗……棉、葛布颇精细，多售于市”[③]。布依族善种棉花，并能用木制织机织造厚实耐用的棉布——“仲家布”，有白布和花格布（白纱与色纱制成），幅宽40厘米左右。据《水族简史》介绍：嘉庆时，烂土水族织的斜纹布“顺水斑”，行销远近各县。焦荣、永康、永尧等地生产的花椒纹、斜纹、回纹青布，纱质细致、染工深透、洗不褪色，颇负盛名，士绅官吏更争购制衣及送礼纳贡。瑶族也用自种的棉花和采集的野棉、木棉织布。

云南很多民族早就从事棉纺织生产，以后一直相沿不断。例如：

傣族所织“白叠布”，多是平纹白布，也有带红、绿色条纹的白布。经纬密度一般是每平方厘米130根×160根[④]，色彩鲜明，细密坚实耐用。

白族纺织棉布，有些还加扎染，成为美丽多姿的花布（详见扎染部分）。

佤族古代用多年生灌木棉纺织的棉布，虽然比后来用一年生草棉织的棉布要粗一些，也不如草棉布暖和，但却比较结实，织物组织多为平纹。布幅宽一般是40厘米左右。用以缝制上衣、筒裙、挂包等。织物的长度和宽度，基本上适合制作上述服饰，如两幅或四幅缝合，只在上端剪出圆领，即可缝制成贯头衣，这种贯头衣是孟高棉语族特有的。此外，佤族还会织造彩带、暗花筒裙等在平纹地组织上用彩纬显花的织物[⑤]。

基诺族所织棉布称为“砍刀布”。

---

①②③　李宗昉：《黔记》，卷三。

④　宋兆麟：《云南西双版纳傣族的纺织技术——兼谈古代纺织的几个问题》，载《文物》，1965（4）。

⑤　徐康宁供稿。

哈尼族多织素色布。在西双版纳地区则能用色线织成花布。

阿昌族织布的棉花多外购，少量自种。能织褐布、披毯等，有平纹和斜纹两类。质好耐穿，色泽均匀，朴素大方。

新疆各民族也多能植棉和棉纺织；或用棉与毛纤维混合编织地毯、褡裢等，质量好。例如，喀什噶尔罕爱里克村所织棉布很有名，远销中亚等地，每年外销几万匹。

第二节 麻葛织品

一、宋、辽、金、西夏时期的麻葛织品

契丹人习俗："秋衣褐裘，夏月以布易毡帐。"据《辽史·义宗倍传》记载：辽国产麻布不少，仅东京道（后为东丹国）每年即"贡布十五万端"。

金国"地绕山林，田宜麻谷"。"多织布，贵贱以布之粗细为别。又以化外不毛之地，非皮不可御寒，所以无贫富皆服之。富人春夏多以苎丝绵绸为衫裳，亦间用细布……贫者春夏并用为衫裳……"① 可见，女真人已能织造比较细的麻布。特别是辽阳府的"师姑布"，平阳府的"巷子布"，都相当有名。

西夏也种植麻和用麻于纺织，麻布用于缝制衣服、被褥、旗帜等等。

宋代时期，经过推广，广西地区的苎麻布闻名全国，产量也一跃而居全国的第二、三位，仅桂、昭二州每年征收的苎麻布就多达 9 万余匹②。此后，苎麻布成为广西的传统产品，主要品种有："柳布、象布，商人贸迁而闻于四方"。特别是静江府古县（今桂林附近）所织的布，虽然布幅狭窄，但很坚韧、柔软、洁净，"视他布最耐久"。这有其工艺技术上的特点——其

① 《大金国志校证》，卷三十九等。《契丹国志》，卷二十三。

② 《宋会要辑稿·食货六四》。

一，织布时，张力较强，使布紧密；其二，织成的布“以稻穰心烧灰煮布缕，而以滑石粉膏之，行梭滑而布以紧也”。又有邕州左右江峒蛮织造的“白緂”、“白质方纹、广幅大缕”。“练子”，细、白、轻、凉、离汗①。练子，自古以来就受重视，如汉高祖刘邦始有天下，令贾人无得衣练。

湖南辰州等地蛮人会织“溪布”，并作为贡品②，想必也很有特色。

宋绍兴时，留舶司的布料有“番青斑布”、“青花番布”、“单青番棋盘小布”、“番头布”、“海南青花布”、“海南白布”、“海南棋盘布”，等等，应是东南地区少数民族纺织的麻、葛布。

瑶族妇女从唐宋以来，就能织出多种较好的织品，有的还作为贡品，如道州、郴州的白苎布，纻练布；连州的绅布；零陵、全州的葛等，颇为著名。而使用蓝靛染制成的“瑶斑布”更为精致③。

二、元、明、清时期的麻葛织品

元、明、清时期，麻葛仍是广西重要的纺织原料。《元一统志》记载：宣化县（今南宁市邕宁县）民户所植苎麻，春末、夏末两收，“而缉妇巧习工织，疏而可衣”。武缘县（今武鸣县）出产有疏布，即苎布。镡津（今藤县）、岑溪二县出产有苎布。明代嘉靖《广西通志》记载：柳州府“地无桑柘，民不事蚕作，间有以为棉絮，或粗或细而已。妇人以麻织布为业”。南宁府，“俗惟种田，服用蕉葛。”《古今图书集成》记载：清代时，桂林府出产葛布、苎麻布、青麻布。庆远府出产葛布、青麻布。平

① 周去非：《岭外代答》，卷六。
② 《宋史·蛮夷二》。
③ 李筱文供稿。

乐府出产绤布（粗葛布）等[1]。

福建出产的夏布（清代始有此名称），品种多，产量高。据《闽产录异》记载："夏布，不纺者称穃布。闽诸郡皆产苎……织为夏布。出长乐者，名长乐绔，结实。出大田者，软薄宜染色。邵武近江右，所织略似宜黄。"又，高平所出苎布，"细密精致，几类纱罗，曰铜版"[2]。

畲族所织带子，幅宽 2～4 厘米不等，有素面平纹的，亦有编织花纹的。花纹在带子中间或两边，多用染成三原色之纱编织而成，色泽喜暖，纹饰以几何花纹为主。又有合手巾，一般宽 20 厘米，长 133 厘米，有的素色印蓝底白花；有的编织花纹，如横条纹、柳条纹组成的二方连续图案。其配色引人注目，它喜用红色调，有大红、暗调子的红灰、明调子又偏红一点的红灰等几种同类色、同种色组成，色彩效果大方，给人一种温和又热烈的动感。畲族所织苎布，幅宽 60 厘米左右，有厚、薄两种。厚的可制被面、被单、冬衣等，布质结实，耐磨损；薄的可制夏衣、蚊帐等，比较透气凉爽[3]。

江西全省多织苎麻布。湘西"峒巾"，人绩麻所成者，白皙中两端间以红花纹，颇类苏巾，拭汗能不臭。还有"夏布"绩苎织成。"火麻布"，绩麻织成，极粗黑。还有葛布等[4]。

广东、湖南、湖北也是夏布的重要产区[5]。清代时，广东所产的麻布多而且好。如"潮阳的苎布……其细者，价格倍纱罗"[6]。

---

① 曾少立供稿。

② （嘉庆）《南平县志》物产部分。

③ 石奕龙供稿。

④ 《辰州府志·物产考》。

⑤ （清）吴其浚：《植物名实图考》，卷十四，《苎麻编》。

⑥ （嘉庆）《潮阳县志》，卷十一。

鹤山的布，“坚厚而阔大”，是给农家之用[①]。增城的葛布“弱如蝉翅，重仅数铢，皆纯葛为丝”。葛布“曰凤葛，以丝为纬，亦名黄丝布”。琼山等地所产葛布，“轻而白，名美人葛”。特别是雷州等地所产葛布，相当精细，全国闻名，行销全国，“雷葛之精者，百钱一尺，细滑而坚，色若象血牙，裁以为袍，直缀，称大雅矣……故今雷葛盛行天下”。更有赞美之曰“雷葛为正葛”。或称为锦囊葛等。其生产已有一定的地区和村落的自然分工。即有原料产地与加工地的分工：“其葛产高凉硇州，而织于雷”。有生产不同品种的分工：“为絺为绤者，分村而居，地出葛种不同，故女手良与沽功异焉。”当地妇女多以织葛为生，技术特殊：“其治葛无分精粗，女子皆以针丝之，干捻成缕，不以水渍，恐其有痕迹也”[②]。又，广东南海所产黄麻布也为岭外所重，常以冬布相易[③]。总之，广东所产葛、麻布，多很细软，可与丝绸比美。又“其细者当暑服之凉爽，无油汗气。练之柔熟，如椿椒茧绸，可以御冬”[④]。清初，黄宗炎注《琼州黎民图》说，黎人除棉织外，“擘山麻纫线织布…以五色绒杂绣其上名曰“黎布”。

贵州苗族妇女“善纺织，棉、葛巾布颇精细”。不仅能自给，还有多余“售于市”。特别是洪州所产，较为有名，“故有洪州葛之名”[⑤]。水族所织“水家布”，以其纱线匀细，织造精密，染色深透不褪色而著名，而且除平纹布外，还能织花布，主要图案有人字纹、花椒纹、方格纹和斜纹等等。布依族能织造白布和花布。花布多青蓝底，显红、白、黄、蓝等多彩色花；花纹

① （道光）《鹤山县志》，卷二下。
② 屈大钧：《广东新语》，卷十五。李调元《南越笔记》，卷五。
③ （乾隆）《广州府志》，卷四十八。
④ 《广东新语》，卷十五。
⑤ 李宗昉：《黔记》，卷三。

图案多达200余种，主要有条纹、格子、梅花、花椒、辣子花、鱼刺等等。贵州、云南、四川的仡佬、苗等民族织染的麻布品种多，质地好，主要有“僚布”，厚实耐用，平纹组织，上有斗纹、条纹、斜纹、桂花纹等图案；“娘子布”，细密柔软，平纹组织，“织五色”。“有洁白如雪，拭水不濡，用弥年不渍垢腻”的“纹布”。还有更好的“铁笛布”，其纤美似蜀之黄润，其精致似吴之白越，其柔软似波戈之香茎，其缜密似金齿之缥叠”，是麻织物中的佳品。又有“谷蔺苗……所织布最精细，谚云：‘欲作汗衫裤，须得谷蔺布’”①。贵州、湖南、广西侗族所织“侗布”，有粗、细两类。粗纱织的布用作棉衣里子，上显斜纹；细纱织的布用以缝制服装，其图案纹饰有两类：其一是有套格方形图案的“双堂布”；其二是有网纹的“棉给”。而且这些织物多经反复捶捣整理而成“亮布”②。

云南傈僳族所织麻布主要有白、黑、花三种，并因此而成为三支傈僳人的名称——白傈僳、黑傈僳和花傈僳，并有一个美丽的传说③。佤族所织麻布多平纹布；也有斜纹布，比较少。还有花格布和纱线被单等④。怒族所“织红文麻布”，很受欢迎，“么些不远千里往购之”，也作为贡品⑤。西双版纳的基诺族、哈尼族、傈僳族等，都种麻、棉，织粗布。楚雄彝族所织麻布，幅宽只有16～20厘米，平纹组织，粗糙，但坚实耐用。若在绩麻时，夹入一些火草，织成火草麻布，那就更耐穿了⑥。若只用火

① 李宗昉：《黔记》，卷三。张澍：《续黔书》，卷六。陈鼎：《黔游记》。

② 《侗族简史简志合编》。

③ 《傈僳族简史简志合编》。

④ 《佤族社会历会调查》。

⑤ （清）余庆远：《维西见闻纪》，丛书集成本。

⑥ 《楚雄第六区力伯所乡大益居付彝族社会调查》。

草（火麻）“缉而织之”的“火草布”，则“粗恶”，但“坚致，或为囊橐，以盛米麦”。还有“猓猓布”，“幅五尺”。“洱红，出洱海，布也，女子、小儿多服之，银红而艳”。“宜良布，出宜良县，似贝锦，为被面、坐褥、椅垫”①。

台湾高山族也织造葛麻织物，有“以苎丝为线，染以茜草，合鸟兽毛，织帛斑斓相间，名曰‘达戈纹’。又有巾布等物，皆坚致”。“又织麻布，名老佛”。有白布，白褐相间条纹布和花布。花布多挑织出三角、锯齿、线条、菱形等几何纹饰，并用红、黄、青、蓝等色线夹绣花纹②。高山族首领的礼服“贝珠衣”（又称“织贝衣”），是用特制的苎麻布缝制的，布幅约 24 厘米，布边加织附加纬，以增强牢度③。石磊《泰雅族南澳群的纺织工业》根据收集的一批麻织物比较研究，其基本情况如下：这些织物用以缝制毯子、被单、披风、腰带等，多为平纹组织，惟毯子有平纹和斜纹两种。基本数据列表如下：

布疋种类	平均长度	平均宽度
毯　子	325.5	50.3
被　单	402.5	49.1
披　风	334.5	41.2
腰　带	195.4	6.5
白　布	466.6	56

各类布疋的颜色有：单色（如白色）；有 2～5 色，如一件披风有白、黑、蓝、红、紫五色。一件腰带，有白、黑、绿、红、咖啡五色等等。多色布的制作方法有两种：一是经线染上不同颜色，所成纹样多直线纹，变化不大，只有宽窄之别；二是挑织而成，纹样多为横线，变化较大，有菱形、多边形、波浪纹等。还有用楮树皮和构树皮打制的树皮布，“白如旄”，还有

① 见（清）檀萃：《滇海虞衡志》，卷五、卷十三。

② 《台湾省通志稿·同胄志·曹族篇》。

③ 《中国纺织科学技术史》，387 页。

"花样"，如"宫锦"①。又有记载："其番善织罽毯，染五色狗毛、杂树皮，陆离如错锦，质亦细密。"②"白如苎，晓行以御湛露，晞则褪去。"③凌曼立《马太安阿美族的纺织》介绍阿美人的3类麻布——其一，平纹布，经纬线一上一下交织而成，其中带子，宽约4.5厘米，用作腰带、刀带、背篓带；布，宽约20.5厘米，虽比较薄，但坚实，用以缝制各种袋子。其二，斜纹布，经纬线以二上一下交织，比较粗厚疏松，用以缝制各种袋子。其三、山形纹布，经纬线以二上二下交织，比较粗厚紧密，可缝制衣服。

最后，应该特别提到的是：最迟到元代时，已有一种特制大麻布，用于制造印花镂版底布，这在王祯《农书》中有明确记载："将杂色老火麻带湿折作二尺五寸长，晒干收之。欲用时，施于木甑中蒸过，趁湿剥下皮，晒干，以木榫子两个夹麻，顺捋数次，至麻性颇软，堪缉为度，水润缉绩纺作纑。生织成布，水煮便是"。这样加工的的麻纤维，"存麻之骨力"，织成的布，挺括而有一定硬度，可作镂版。这是麻布的新制法、新用途，对印染技术和印染生产的发展有积极的作用。

第三节 毛 织 品

一、宋、辽、夏、金时期的毛织品

（一）辽国的毛织品

辽国统辖区的很多民族，如契丹、奚等原来多以畜牧、游牧为生，衣服、车帐、帐篷等必然多以皮毛制作。兽皮、畜皮

① （清）黄逢昶《台湾杂记》中有竹枝词："唱罢渔歌觅剪刀，轻裁番布似白旄。莫疑花样新宫锦，难与香罗价并高。"

② （清）郁永河：《番境补遗》。

③ （清）周钟瑄：《诸罗县志》。

广泛使用，因不属纺织之列，不必介绍，毛织物除了大众化的褐布而外，主要有：

驼尼，据《辽史·道宗纪一》记载：辽道宗清宁元年（公元 1055 年）九月壬戌诏："夷离堇及副使之族，并如民贱不得服驼尼……"。连夷离堇[1]都不许穿用，可见其珍贵，它应是用骆驼的细绒毛织制的精细的毛织物，高级贵族的重要衣料。

毛锦，据（宋）叶隆礼《契丹国志》卷二十五记载：韈刼子国"三面皆室韦，一曰室韦，二曰黄头室韦，三曰兽室韦。其地多铜、铁、金、银，其人工巧，铜铁诸器皆精好，善织毛锦，地尤寒，马溺至地成冰堆"。这种毛锦，究竟是丝绒织物呢？还是毛织物呢？从该地极冷的气候看，不宜蚕桑，似应属于毛织物，但是比较精细，并织有花纹图案，如织锦那样的高级毛织物。

此外，还有大量的毡，用以制作车帐、庐帐、毡冠、毡鞯等等。如《辽史·礼志》记载："柴册仪，择吉日，有司请置坛，置其上席百尺毡，龙纹方茵。"大而精美，并已掌握了春天羊毛制的毡容易长虫子，而秋天羊毛扞的毡不易长虫子等宝贵经验。这在《松漠纪闻》卷二有明确记载，可见契丹制毡技术之高。

（二）西夏的毛织品

西夏的主体民族党项人也以游牧、畜牧为生，以"衣皮毛"为"蕃性所便"，早有毛纺织生产。隋唐时期，甚至更早些，已能"织牦牛尾及羖䍽毛以为屋。服裘褐，披毡以为上饰。"[2]即普遍能用牦牛和羖䍽羊的毛织褐、扞毡，作为衣着、住屋的主

① 夷离堇原为契丹族各部的军事、政治首领，后来有的升为大王，又改为节度使等。

② 《北史》和《隋书》的党项传。

要用料，既保暖，又隔潮湿。后来随着生产的发展，技术的提高，品种较多，产量大增，质量提高，用途广泛。见于文献的就有："毡毯"、"毛褐"、"毛布"、"棉褐"、"氍毹"等等。其中：

"棉褐"见于《续资治通鉴》卷九十四的记载：宋宣和四年(公元1122年)，金国使者庆裔到宋朝，宋徽宗"赐金线袍段。(庆裔)疑与夏国棉褐同，却而不受"。从这个材料看，西夏生产有一种棉（或绵即丝)、毛合织、又加织金线的织物，与宋代的金线袍段极为相似，可相媲美，那么其技术水平和精美程度就可想而知了。

氍毹，是用毛或毛、麻混合织成的毛布、地毯类，西夏文用"毛锦"二字来翻译这个词，表明这种毛织物类似丝织物织锦那样精细而富丽，是一种高级的毛织物。

西夏的毡，则是"世界最良之毡"、"最丽之毡"，这在《马可波罗行纪》中有明确记载。在西夏亡国几十年后，意大利旅行家马可·波罗，在西夏故都额里哈牙惊讶地看到："城中制造驼毛毡不少，是为世界最丽之毡。亦有白毡，为世界最良之毡，盖以白骆驼毛制之也。所制甚多，商人以之运售契丹及世界各地。"从这个材料看，西夏生产的高级驼毛毡，细密轻柔而又绚丽多彩。甘肃省武威县张义乡小西沟岘的西夏遗址出土有红、白毡片各一小块，虽出自穷乡僻壤，但质量也还不错。

西夏的这些毛织物，除了大量外销，以换取国内奇缺急需的生活物资外；在国内，用途也大大增加，仅见于文献的就有：衣服、篷帐、军用帐篷、护城毡、马毡、马毯、枕毡、薄毡、毡帽、褐带、毛连、毛栅等等，"用之不竭"[①]。

（三）金国的毛织品

女真人原来以采集、狩猎、畜牧为生，有猪无羊，吃猪肉

① 陈炳应：《西夏的纺织资料初辑》，见《中国少数民族科技史研究》，第三辑。

衣猪皮，没有毛纺织业。后来有了农业和冶炼业，纺织生产有麻纺织业，仍无毛纺织业。不过，建国之后，在水草丰美、无蚊虫的地区建立了10多个“群牧所”，“励行牧政”，畜牧业得到进一步发展，除了原有的猪、马、牛外，还有了羊和骆驼，数量也不少。例如到公元1188年，仅边境7个群牧所就有羊87万只，驼4000峰……[①] 在女真金国境内，有不少地区原来已有毛纺织生产。所以，金国也应有毛纺织业存在，应有契丹等民族原有的褐、毡、毛锦、驼尼等毛纺织品。

（四）藏族的衣料

藏族的衣料主要是毛织物，种类很多，按毛质和织物品种可分为四大类：第一类“先玛”，是用羊颈部细绒软毛织成的，细软、精美、有光泽；第二类氆氇；第三类“瀑”（白），用中粗羊毛织成，如今的氆氇，质地厚淳；第四类“铁尔玛”，用一般羊毛织成，织物轻薄。此外，还用中差的粗毛织毯子等[②]。其中著名的品种有：

氆氇，是用优质细长羊毛，在四页综的木制腰机或脚踏分经纺织机上织成的精细的羊毛布，古代是高级贵族和大喇嘛的重要衣料，织物组织是二上二下的斜纹组织，布幅较窄，只有23～33厘米宽，长约12米，经密每厘米10～14根〔一说经密10～12根，纬密2根×（13～14）根〕，经线直径0.4～0.5毫米。其质地厚实，细密柔软，有保温、隔潮、耐用等优点。氆氇很美观，其颜色主要由黑、白、黄、紫红、墨绿等多种（一说9色）不同色条和十字花纹相配合，每4厘米，颜色循环1次，粗犷明快，艳丽而又协调。有一种十字花氆氇，是用扎染法制成，纹饰清晰而又有色晕，有层次、有立体感。其“十”字纹，

① 《金史·兵志》，卷四十四。

② 《中国纺织科技史资料的调查报告》，见《中国纺织科技史资料》，第4集。

藏族认为是慈爱、吉祥的象征，把藏族人民的情感织染到氆氇上去，所以成为藏族的传统衣料，并深受周围其他民族的喜爱。氆氇的历史悠久，传说是文成公主进藏后在藏南教民织造的，但汉文文献中最早出现这个名称是在宋、辽时期，作为贡品“红氆氇”、“霞毼”而被记录下来。后来不仅藏族珍视，也为周围民族所喜爱。例如明代时，羌族土司就在“年终回乌思藏买办氆氇、毛货……等项，赴京进贡”①。

藏被，是平纹组织纬起绒的、比较厚重的毛织物，总经数124根（一说144根），2根为1组，经纬纱都比较粗，经线直径1.5～2毫米，底纬径2毫米，毛绒纬径3.5毫米。经纬密度为每平方厘米5根×3根，幅宽33厘米，长约2米，每隔6根纬纱织进1根绒纬。绒纬长2.5厘米，通常用6幅缝成1条藏被，柔软而温暖，适应于游牧生活不断迁徙的需要，便于携带②。

（五）回鹘人的毛织品

新疆、甘肃地区的高昌、龟兹、于阗、甘州、沙州、凉州等以回鹘人为主体的地区性政权，也生产大量的毛织物。著名的有“褐黑丝”、“褐里丝”、“门得丝”等，常作为贡品流传到宋、辽等国。这些织物都用精细毛绒织成，每匹长六百多厘米③。这种精细的毛织物究竟是怎么样的呢？也许（宋）庄绰《鸡肋编》卷上的记载就属于这一类，它说：“泾州……能捻茸毛为线，织方胜花，一匹重只十四两。”确实很是轻细精美。而泾州这种织制技术是从新疆传来的。这在（明）宋应星《天工开物·乃服》中有明确记载：“裔芳羊（番语），唐末始自西域传来。”因

① 《古今图书集成》，第五百九十三卷，《成都府部》。

② 《中国纺织科学技术史》，393页。《中国纺织科技史的调查报告》，见《中国纺织科技史资料》，第4集。

③ （宋）叶隆礼：《契丹国志》。

而，这时新疆、甘肃等地的少数民族应已熟练掌握了这种技术。质量较好，产量较高。此外，“斜褐”也颇有名①。

（六）南方民族的毛纺织

我国南方不少民族，也以扞毡为重要纺织业，以毡为主要的衣着。（宋）范成大《桂海虞衡志》记载：“蛮毡出西南，诸番以大理者为最，蛮人昼披夜卧，无贵贱，人有一毡。”《宋史·外国四》也记载，大理国常以“毡罽”，“细毡”为贡品，应是质量比较好的。（宋）周去非《岭外代答》卷六记载更详细，“西南蛮地产绵羊，固宜多毡毳，……北毡厚而坚，南毡之长至三丈余，其阔亦一丈六七尺，摺其阔而夹缝之，犹阔八九尺许，……其上有核桃纹，长大而轻者为妙。大理国所产也，佳者缘以皂”。

二、元、明、清时期的毛织品

（一）元代的毛织品

蒙古人原是游牧民族，衣着、帐篷多用毛织物制作，主要从事毛纺织生产，所以建立元朝前后，为了生活、军事的需要，在自身和它占领各地区毛纺织技术的基础上，大力发展毛纺织业，特别是毡毯业，把疆域内各国、各地区的毛纺织工匠集中起来，编为“係官人匠”。同时在中央政府的工部，设立诸司人匠总管府，负责毡毯生产的管理。其下再分别在若干重要地区设立大都毡局、大都染局、上都毡局、隆兴毡局、剪毛花毯蜡布局等机构，具体组织生产，每个局的工匠少者 100 多户，多者达 6000 多户，规模颇大。还有掌管出纳杂色羊毛的提举右八作司和管理出纳毡货的提举左作司等等②。从而使元代的毡毯生产的产量、品种、质量达到历史上最高水平。据《大元·毡

① （宋）洪皓：《松漠纪闻》。

② 《元史·百官志》。

罽工物记》等书记载：宫廷用毛毡品种有60多种，而大都地区的有七八十种，主要有：披毡、绒披毡、裁毡、绒裁毡、掠绒剪花毡、毛毡、药脱罗毡、无药脱罗毡、骨子毡、大黑毡、悄白毡、大糁白毡、衬花毡、衬布答毡、海波皮花毡、蒙鞍花毡、钠苦宝簟毡、剪绒花花毡、回回剪绒毡、扎针毡、花掠绒染毡、剪花样春毡等等。从上述品名可知，这些毡毯很有特色，加工比以前复杂精美，不仅使用一般的栽绒、剪绒技术，而且有特殊加工的。例如有用扎针、胶粘毛绒的，有编织后再掠剪花纹的，有织成后毡毯上的花纹再加染色的，有在毡上剪出花纹的等等。纹饰也多样，既有中国传统的，也有伊斯兰风格的等等。主要色彩有：深红、粉红、天青、柳黄、明绿、银褐、黑、白等。有的毡毯面积非常大，如元成宗一间寝殿铺有5块地毯，总面积110平方米，用羊毛1000千克左右。有些地毯长达99米以上，令人惊叹。原料为羊毛、驼毛、牦牛毛等。据研究元代的毡毯技术和风格，"为后世的男工地毯及女工地毯的发展开创了道路"①。

大同等地元墓出土的毡帽、毡靴等相当细密，反映了元代毛纺织技术水平的一个侧面。

元代鲁明善的《农桑衣食撮要》还记载有防虫蛀毡毛的经验：4月，"用莞花末掺之，或取角黄，又名黄蒿，5月收角晒干布撒。或毛物毡内卷收之，则不蛀"。

（二）明、清时期的毛织品

明、清时期，毛纺织生产继续发展。其中，毡毯生产形成各自的地方特色，据《中国美术全集·印染织绣》卷等书研究介绍，主要有：

蒙古地毯。主要产地在今内蒙古和宁夏，品种有宫廷、王

---

① 《中国纺织科学技术史》和《中国美术全集·印染织绣》卷。

府专用的铺殿毯、走廊毯；宗教活动的拜佛垫、龙抱柱毯等等。色彩曾以明黄、绛红、杏黄、桔红等暖色地为主。民间则多用三蓝加白色。各地区还有一些差别，各自生产一些有特色的产品。原为西夏故都，后为回族聚居区的银川，用滩羊毛等优质羊毛生产的“花毯”厥“特佳”①，富有光泽、弹性，手感和色泽都好，毛纤维粗细适中，弯曲度也合适。如果纤维太粗，则光泽差，着色不鲜，手感粗糙；若过细，光泽乌暗，手感绵软，少弹性。若无弯曲度，则难以形成美丽的水波纹，也影响弹性。如生产蓝底彩色开光纹样炕毯，纹饰有梅花、牡丹等花草、八宝、八吉祥等吉祥物，福寿字等吉祥字，回纹联珠纹等几何纹……其中有一种由纵横直线组织的几何纹与串枝勾藤穿插组合的抱角花，脱胎于蒙古族的传统纹样，配色采用一面轻、一面重的鸳鸯配法，色彩以三蓝、白色、驼色、锈红为主。绥远生产素三蓝马韂、马褥、蒙古包毯，纹饰多为牡丹、五福捧寿、大博古等；包头生产驼色几何地花、蓝白彩花、三蓝素色大炕毯、单人毯、马褥、马韂、驼韂、蒙古包毯、拜佛垫等，纹饰多用对莲花、丹凤朝阳、鹤鹿同春、小博古、几何填花等。赤峰生产天然色羊毛小型炕毯，纹饰多用鹤鹿同春、八骏马、狮子绣球、对莲团花等。由于毛线多用6～8股毛纱纺成（而其他地区只用4股）所以织物显得较为致密，还有用棕黄色牛毛织地，配以黑色牛毛花纹的牛毛毯等等。宁夏生产的一幅明代幡毯，由黄、蓝、橙、白、紫等色彩纱织成，经纬线绒线均是羊毛线，幅边则用棉纱织成，经纱由4股捻成，绒纬呈圈状分布在毯面上，密度每2根经纱上有1～1.5个绒圈，横幅方向上，每5厘米有

① 安维峻编纂：《甘肃新通志》，1909。许百善：《滩羊来源考》，载《农业考古》，1984（2）。

13～14个绒圈[①]，纹饰则以高大、瑰丽的幢幡为主，其下似为建筑和田野的速写图像。

西藏地毯与蒙古地毯一样，也用棉经、棉纬、羊毛绒纬织造，也用抽绞法拴扣、“∞”字扣结头，但用绒毛较粗、较长（13.6厘米），而有些倾斜，属七十道地毯。所以显得较为粗疏厚重，但却光润而（背）柔软。染料是土产的核桃、红花、皂结、红土等。西藏红花特好，色尤鲜丽。纹饰也因时因地而异：前藏的较为写实、古拙；后藏江孜的，因受和阗地毯影响，所以较为朴素雅致。总的来说，西藏地毯多以龙纹、人物纹为主，兼用夔龙、兽、折枝花、灵芝、朵云、八宝、博古等纹样。挂毯上下各以几道花边及彩边装饰，下面常铺满立水纹。主要纹饰方面，地纹空间开阔，花纹布局自由，造型简练，气质粗犷，色彩对比强烈而深沉。西藏地毯以其用料之纯，做工之精，花样之多，色彩之美，而著称。特别是江孜、扎朗地区生产的，质量好，历史悠久，远销尼泊尔、印度和英国。迄今大昭寺里还保存有明代的牡丹地毯、云锦地毯、十八罗汉地毯、金丝绒地毯等[②] 精美的西藏古代地毯。

新疆地毯，原产于和阗，故名和阗地毯。又因它多远销疏勒（又名喀什嘎尔，今名喀什），所以又称为疏勒毯或喀什嘎尔毯。有丝毯、金银线编织加栽绒丝毯和栽毛毯三大类。前两种已在丝织部分介绍，这里只介绍栽毛毯。栽毛毯的经纬线，或都用棉线或都用毛线，或“羊毛为经，棉线为纬，杂以丝绒，五色相间”[③]。但拴马蹄扣的绒线则全用毛绒。经纬线的股数有2

---

① 李汝宽：《西域长城艺毯图录》图版24，见《中国纺织科学技术史》，395页。

② 《中国纺织科技史资料》，第4集。

③ 《中国纺织科学技术史》，395页。

～5股不等，过3道纬拴结1次，抽绞拴扣，多用“8”字拴扣法，厚15～25毫米（故宫藏的多1.2厘米），属80～100道地毯（故宫藏的多在30.5厘米内，起70道彩纬），是百姓防潮防寒的物品。毯背早期的柔软，晚期的挺实。新疆原来信奉佛教，因此地毯的纹饰也多有佛教艺术的因素。10世纪后，居民改信伊斯兰教，因而地毯纹饰随之具有伊斯兰艺术风格，但也不是全部照搬。例如，伊斯兰忌用带眼睛的动物纹，而新疆地毯则仍有动物纹等，品种多，用途广，有铺毯、挂毯、拜垫毯、褥毯、座垫毯等。质地也好。因为和阗地毯的原料——和阗羊毛是一种半粗毛，韧性强而富于弹性、光泽；织毯历史悠久，技术精湛。纹饰的基本形式和特点是：第一，有多层边框，以几何组合型为主，在几何形内填充丰富的纹饰，有石榴花骨架型、瓶子花骨架型、腊花骨架型①、盒子花型②、散花型等。晚清时又出现西方流行的玫瑰花组合的洋花型款式。第二，花中套花，花外有皮；瓣中套瓣，多边组合；单线勾勒，多采用深色线勾边，黑色套皮，使图案纹饰轮廓清晰。第三，染料多采用核桃皮、石榴皮、红花、蓝草等，常以葱绿、蛋清、深红、蓝、黑等绒线和金银线织出色彩丰富（少则七八色，多则20多色），鲜艳的花纹。清代时的记载是“镂文错采，烂然夺目”，当地的民谣更说“天上有多少云彩，和阗就有多少地毯”，形容其丰富多彩。总的说，构图严紧、匀密，色彩鲜明，富有生活气息，相当著名。具体说，花纹图案有三类：一是本地伊斯兰图案，以石榴花、六瓣小花、八瓣小花组成团花或几何形纹饰，对称布局；二是清宫画稿图案，如莲花、菊花、玉兰、牡丹，在大边中使用卐字纹、如意云纹、回纹、丁字纹、串枝莲纹等；三是

① 在方格和八角形内饰雪花形几何纹。

② 在菱形格中心逐层装饰，使呈虚实变化的大型几何纹。

前二种的结合形,如团花的中心花使用内地毯心的奎式花纹等。如故宫藏的栽绒五彩四合莲地毯，是乾隆时阿克苏进贡的，长391.5厘米,宽206厘米,边穗各长12厘米,毯边宽40.2厘米。大边是红、黄相间的地色，上饰蓝、月白色丁字纹；小边由回纹、如意纹形成二方连续图案。地毯内以莲花纹为主，用几何形布局,编织成十三排四合卷枝莲花,花纹单位纵向23.2厘米,横向23.5厘米，经纬线均用棉线，每隔2道棉纬起1道彩色丝纬，“8”字形扣拴头，30.5厘米内起90道彩纬、厚0.8厘米，做工精良，地色用明黄色，另有木红、粉红、月白、艾绿、深绿、蓝、浅蓝、淡粉、菊黄、白、黑等色，色彩丰富，又用黑色勾边，突出花纹轮廓，显得庄重明丽，应是他们为皇宫编织的。有的还用金线盘地，上起彩色丝绒花卉，更为富丽①。紫禁城、圆明园、颐和园、热河行宫等处，都常使用新疆地毯。同时每年向欧洲输出大型地毯4000～5000张，向阿富汗、印度等地输出1000余张。“其余小方绒毯、椅垫、坐褥之类不可胜计。”② 此外，新疆地区还生产一种彩色织毯“帕拉孜”。它是用彩色羊毛和粗棉纱编织的；也有单纯毛织和棉织的，它比地毯薄，无绒，花纹图案有条式、几何纹式和前两种的混合式三类。主要用作地毯、炕毯、床毯、马驼披毯等。柯尔克孜族则用羊毛、驼绒纺织粗呢料、毯子、口袋、带子，擀毡；用牛毛、山羊毛打绳子③（图71）。

青海湟中县加牙庄回族出产的栽毛褥子，花纹秀丽，质地优良，远近闻名。

武威地毯，抽绞拴扣时，每过2道纬，拴结1次扣（甘肃

① 童燕：《故宫藏清代新疆地毯》，载《文物》，1986（7）。

② 《中国纺织科学技术史》，395页。

③ 《柯尔克孜族简史简志合编》。

图 71　甘肃哈萨克族绣毯
（陈炳应摄）

特点），与上述新疆等地的不同。

南方少数民族地区“毯亦出，然不甚多。”①

毡的用途很广泛，西北地区和北方各民族主要用作褥垫、坐垫、马垫、帽子、鞋袜等。

西南少数民族主要用作衣服披毡、毡衫等，并作为给中央王朝的贡品，例如《明太祖实录》卷162记载：贵州水西彝族在洪武时，“乌撒岁输毡衫一千五百领。乌蒙、东川、芒部岁输……毡衫八百领。”《滇海虞衡志》卷五记载：“毡，滇各处俱出，以夷人养羊者多如陕西也。”永昌、腾越间的百夷扞制红毡颇有名②。

甘肃东乡族的毡品种多，按毛质分，有春毛毡、秋毛毡、沙毡（用二年毛或山羊毛制）、绵毡等，其中秋毛毡和绵毡最佳。按颜色分，有黑毡、白毡、红毡、瓦青毡（用黑、白毛混合制作）。按大小分，有四六毡（宽1.3米，长2米）、五七毡、单人毡和作礼拜用的毡等。质量也好，柔软、匀称、洁净、美观、

① （清）檀萃：《滇海虞衡志》，卷五。

② 谢肇淛：《滇略》，卷四，丛书集成本。

耐用、舒适。在西北地区享有盛誉①。

新疆各民族扞制的花毡品种多，质量好，绚丽多彩。有绣花毡，其中最好的是和田、墨玉等地所产的绣花毡，它是用锁盘针法把彩色丝绒绣在色毡上，形成多种对称的花卉、图案。花纹与毡的底色配置协调，这种毡主要用作客厅的座垫，雅致舒适。有补花毡，方法也有多种：如哈萨克等族的妇女有的把彩色布剪成图案，缝在白毡上显花；有的把多种彩色的毡片拼缝出有花纹图案的整块毡。有的则用彩色的毡布片混合拼缝成花毡，这些补花毡多显红、绿、蓝、黑、桔等色，颜色鲜艳；图案多为云、羊角、树枝等变形纹，反映的是草原风光和生活；多为 2 层，比普通毡厚实、紧密、耐用，这种毡主要用于铺炕、铺地。有扞花毡，工序和技术要求比较复杂，即根据设计图案把羊毛染成若干种不同的颜色，然后拼贴成要求的图案；进而在毛上喷水，并细心扞制，务使粘结成毡，而又保存图案的完整、美观；最后使干燥定形。有印花毡，先是雕刻出图案印模，然后用彩色浆料涂刷印模图案，印在白毡上；最后再用小刷子沾上色浆，刷填底色，工艺即告完成。柯尔克孜族的壁挂则是用刺绣、贴绣、扎绣、镶坠、彩绘等多种技术手法，绣画出云、山、水波、花草等花纹图案，并用紫红色或红色平绒镶边，又缀丝穗，挂在屋里最显眼的地方，颇为美观大方。

用动物纤维织褐布也很普遍，成为北方、西北游牧民族的主要衣料。其中新疆、甘肃织造的山羊绒褐更为有名。《天工开物》记载：明代时“兰州独盛，故褐之细者皆出兰州，一曰兰绒，番语谓之孤古绒，从其初号也。……此褐织成，揩面如丝帛滑腻”。这种织物，受到其他民族的珍视，陈奕禧《皋兰载笔》卷五记载：“兰州所产，惟绒褐最佳，……在明盛者，公卿

① 马自祥：《东乡族风俗志》，中央民族学院出版社，1989。

贵人每当寒月风严，……莫不以此雅素相向，自下贱者流，不敢潜披于体也。逮后，趋利附货，众咸窃效……”但织造这种绒褐，费工费时，特别是拔绒打线，“每人穷日之力，打线只得一钱重，费半载工夫方成匹帛之料”。“若挡绒打线，日多拔绒数倍”。至于织绒褐的织机，“大于布机，用综八扇，穿经度缕，下施四踏轮，踏起经，隔二抛纬，故织出文成斜现。其梭长一尺二寸。机织、羊种皆归夷（指归附中央王朝的少数民族）传来，故至今织工皆其族类，中国无与也”。宋应星的这段记载非常重要，可以说明多方面的问题：其一，说明甘肃兰州所织的山羊绒褐布，其特点是斜纹、精细而光滑，是质量最好的褐布。其二，揭示了这种褐布织机的基本构造——它比一般的丝、麻、棉织机大，仅梭长就达40厘米；有八扇综；脚踏装置不是踏杆，而是踏轮，共有4个；其三，记录下织造的基本技术——隔2经抛1纬；其四，说明这种织机、技术、原料都来源于西域少数民族，传到兰州后直至明代，也仍然只有回族或藏族等少数民族掌握这种织具和技术，并用于毛纺织生产。不过，陕西、甘肃等地汉族可能也会织造了。据《明史·食货志》记载，隆庆年间，“陕西织造羊绒七万四千有奇，……万历中，频数派造，相沿日久，遂以为常”。还有一种用驼毛织造的“驼褐”，明代永乐年间，在陕西设驼褐织造局，管理甘肃、陕西的织造生产。今陕西、甘肃二处……彩妆绒褐曳撒数百事。①看来，这种驼褐，有彩色，有纹饰，非常漂亮，很受欢迎，商人贩运到全国许多地区去。陆粲《说听》就说到：“洞庭叶某，商于大梁，……叶将金去，买布入陕，换褐，利倍。”甘肃东乡族的羊毛褐也不错，虽较粗糙，但结实耐用；有黑、白、红三种，都是用天然的黑、白、红羊毛织成的。特别是红绵羊所长的红羊毛，很罕见，所

① 《明孝宗实录》，卷六十，中央研究院历史语言研究所校印。

织的红褐子更受欢迎。抗战时增加了麻色及带花褐子。东乡族褐子的经纬线原来是单线，而且纬线只有 300～800 支，抗战时期用双线，且较为细密，纬线达 1200 支，并能织出美丽的花纹①。

甘肃裕固族用绵羊毛织衣料、褐子、捎连（搭在马背上，装东西用）、土布拉（装羊羔子的袋子）、粮袋、料口袋，也用以擀毡。用山羊毛织帐篷褐子，用犏牛、牦牛毛搓绳。

青海、甘肃的撒拉族能织白褐、黑褐，擀制白毡、沙毡等毛制品。

甘肃舟曲藏族妇女，织制的“锦带”，以前是用羊毛、麻、棉等捻线，染成五至七色，织成的锦带宽窄、长短不同，花纹图案有上千种，一条带子上通常有 15～38 种，心灵手巧的妇女，可在一条锦带上织出上百种图案，有猎枪、箭镞、城垛、栈道、舍利塔、九龙、河鱼、松柏、海子、山峦、羽翎、耕牛、梅花鹿等等。都是来自大自然和社会生活的，色彩丰富，有红、黄、白、黑等等。这是本地区、本民族的居住环境，物质生活与精神生活、思想情感的真实体现，并加以艺术处理，既实用、又起了装饰美化作用。主要用作束腰、拢发、点缀服装和扎靴等，节庆时，一人至少用五六条，多者十几条，并可作为互相祝福和馈赠之用②。

藏族的毛织物在唐代已经以工巧博得好评，宋元时又有广泛提高，元初，在萨班致藏族首领的公开信中，所列应交阔端的贡品中，即有粗细氆氇。明代时，生产发展，产量更多，除自用外，还投入国内外市场。“西蕃诸羌以毛布、毛缨之类相与

---

① 马自祥：《东乡族风俗志》。

② 冰鼎：《舟曲藏族妇女锦带之美学》，载舟曲县文化馆《山泉》，总第四期，1992。

贸易（与明朝交换茶等），以故岁课不亏。”清代时，更销往不丹等国[①]。

不但如此，当时西北地区少数民族的毛纺织工艺技术也传到全国许多地区，甚至东南沿海地区，例如乾隆时《福建通志》卷九所引何乔远《闽书》就有这方面的记载：“泉州地狭人稠，仰粟于外，百工技艺，敏而善做，北土缇缣，西番毳罽，莫不能成。”

清朝的京内织染局也生产氆氇，如康熙四十七年，奏准岁造大红长毛氆氇四十匹[②]。

南方少数民族地区也生产毛布等织品。例如，云南永昌所产的“布罽之属，……辐辏转贩，不胫而走四方[③]。”明代时，永昌、腾越之间的百夷“其人儇巧善制作，……布罽之属，皆精好，甲他处”[④]。贵州、四川的西南夷人也以毡为贡品[⑤]。贵州“里民子…闲时则纺毛布为衣[⑥]。西藏以氆氇作为贡品[⑦]。云南也出“藏氆氇，自中甸来，藏人多居其地”。“羊毛布，禄劝亦有之，不如他处”。“抓绒，出迤西，似内地织绒而成板且重，不如织绒之似细毛而轻也，其牛绒则似织绒，但毛粗”。“毛褐，出旧阳宗县”[⑧]。

西藏黑河宗蒙古族织的毛布有：毛单子，长2.3米，宽1.7

---

① 《明实录》，太祖卷，188洪武二十一年二月壬戌条，四川布政使司奏。《明史》，卷三百三十一。

② （光绪）《大清会典事例》，卷一千一百七十二、卷一千一百九十五等。

③ 师范：《滇系》十二之一《杂载》。光绪，云南官书局重刻本。

④ 《滇略》，卷四，《俗略》。

⑤ 《宋史·蛮夷四》。

⑥ 李宗昉：《黔记》，卷三。

⑦ 《明史·西域三》。

⑧ 檀萃：《滇海虞衡志》，卷五。

米，有红、黄、蓝、黑等色彩，漂亮耐用。毛被子，长宽各1.7米，羊毛绒织成，但纬线较粗等等①。

仡佬族用羊毛织的毛布，厚如铜钱，花纹有斜纹、斗纹、狼鸡叶（蕨菜）等，如女筒裙，有的则“以青羊毛织为筒裙，不起花”。有的“以羊毛缀线为之，起花，染红色，甚佳”。为别的民族所仿效②。

① 《西藏黑河宗罗马让学部落调查材料》。

② （道光）《安平县志》，卷五。

第九章　民族服饰

从宋代到民国初期，今天我国的各个少数民族都逐渐形成。虽然由于种种原因，许多少数民族仍然处于阶级社会初期、甚至原始社会阶段，但社会生产力和纺织生产水平比以前又有提高，服装款式也比以前多样、精美。纵观各个民族的服饰，无论是面料、款式，还是色彩、纹饰，或精美细致，或粗犷大方，总的说是丰富艳丽，犹如百花竞放，又各有特色，而且都与本民族的居住环境、物质生产状况和民族特性、审美观念等密切相关的。与此同时，由于各民族与汉族的交流密切，由于清朝时曾经强行统一服饰，所以在平时，各少数民族穿汉族服装的越来越多了。

宋代至清代的服饰，主要依据文献记载和考古资料；而近代服饰则依据各民族简史简志和《中华民族服饰文化》等书综合介绍，书中就不一一注出了。

各民族的服饰都经历过若干发展阶段，款式、色彩、纹饰多种多样，文献记载很多，但限于篇幅，本书不可能全部采用、全面论述，只能择要介绍。

第一节　东方民族的服饰

这个时期，由东部少数民族建立的强大政权有：雄据中国北部的辽国、金国和统一全国的元、清王朝，它们的仪服也应包括在内。

一、契丹和辽国服饰

《辽史·仪卫志》记载：会同年间（公元938～947年）规定，帝、后、官吏的服饰基本上分两大类："皇帝与南班汉官用汉服；太后与北班契丹臣僚用国服（作者注：即契丹人的服饰）"。"乾亨（公元979～983年）以后，大礼虽北面三品以上亦用汉服。重熙（公元1032～1055年）以后，大礼并汉服矣。常朝仍遵会同之制"。这是契丹辽国的基本仪服制度。具体服饰如下。

（一）国服

契丹人原以渔猎为生，应过着"食肉衣皮"的生活，其服饰"以俪鹿韦掩前后"，"夏葛冬裘"。到太祖仲父述澜时期，才开始"树艺、桑麻、组织之教"。太宗时期，定冠服之制，分为祭、朝、公、常、猎、吊服等类。

1. 祭服。"大祀，皇帝服金文文冠，白绫袍，红带，悬鱼，三山红垂①，饰犀玉刀错，络缝乌靴。小祀，皇帝硬帽，红克丝龟文袍。皇后戴红帕，服络缝红袍，悬玉佩，双同心帕，络缝乌靴。臣僚、命妇服饰各从本部旗帜之色。"

2. 朝服。"皇帝服实里薛衮冠，络缝红袍，垂饰犀玉带错，络缝靴，谓之国服衮冕。太宗更以锦袍金带。臣僚戴毡冠，金花为饰，或加珠玉翠毛，额后垂金花，织成夹带，中贮发一总。或纱冠，制如乌纱帽，无檐，不掀双耳。额前缀金花，上结紫带，末缀珠。服紫窄袍，系鞊鞢带，以黄红色绦裹革为之，用金、玉、水晶、靛石缀饰，谓之'盘紫'。太宗更以锦袍金带。会同元年，群臣高年有爵秩者，皆赐之。"

3. 公服。"皇帝紫皂幅巾，紫窄袍，玉束带，或衣红袄。臣僚亦幅巾，紫衣"，谓之"展裹"。重熙二十二年诏八房族巾帻。

---

① 红带、红垂，《礼志一》祭山仪中作"绛带"、"绛垂"。

清宁元年“诏非勋戚之后及夷离堇副使并承应有职事人不带巾”。

4. 常服。又谓之“盘裹”，宰相中谢仪时，皇帝穿常服。高丽使入见仪时，臣僚穿常服等。其服饰是：“绿花窄袍，中单多红绿色。贵者披貂裘，以紫黑色为贵，青次之。又有银鼠，尤洁白。贱者貂毛、羊、鼠、沙狐裘”。

5. 田猎服。“皇帝幅巾，擐甲戎装，以貂鼠或鹅项、鸭头为扞腰。蕃汉诸司使以上并戎装。衣皆左衽，黑绿色。”

6. 吊服。接受降者时所穿：“素服，乘赭白马。”

（二）汉服

汉服参照唐、后晋的冠服制订，有四类。

1. 祭服。“衮冕，祭祀宗庙、遣上将出征、饮至、践阼、加元服、纳后，若元日受朝，则（皇帝）服之。金饰，垂白珠十二旒，以组为缨，色如其绶，黈纩充耳，玉簪导。玄衣、纁裳十二章。八章在衣：日、月、星、龙、华虫、火、山、宗彝；四章在裳：藻、粉米、黼、黻。衣褾领，为升龙织成文，各为六等。龙、山以下，每章一行，行十二，白纱中单，黼领，青褾襈裾，黻革带、大带、剑佩绶，舄加金饰。”

2. 朝服。“皇帝服通天冠，绛纱袍”，诸祭还及冬至，朔日受朝、临轩拜王公、元会、冬会服之。“冠加金博山，附蝉十二，首施珠翠。黑介帻，发缨翠緌，玉若犀簪导。绛纱袍，白纱中单，褾领，朱襈裾，白裙襦，绛蔽膝，白假带方心曲领。其革带佩剑绶，韈舄。若未加元服，则双童髻，空顶，黑介帻，双玉导，加宝饰”。

太子“冠远游，服绛纱袍”，谒庙还宫、元日、冬至、朔日入朝服之。“三梁冠，加金附蝉九，首施珠翠。黑介帻，发缨翠緌，犀簪导。绛纱袍，白纱中单，皂领褾，襈裾，白裙襦，白假带方心典领，绛纱蔽膝。其革带剑佩绶，韈舄与上同，后改用白韈、黑舄。未冠，则双童髻，空顶，黑介帻，双玉导，加宝饰”。

亲王“远游冠，陪祭、朝飨、拜表、大事服之，冠三梁，加金附蝉。黑介帻，青绥导。绛纱单衣，白纱中单，皂领，褾裾，白裙襦。革带钩觽，假带曲领方心，绛纱蔽膝，韈舄，剑佩绶”。

诸王：“远游冠，三梁，黑介帻，青绥”。

官员。二品以上与亲王朝服相同。其他品官如下：“三品以上，进贤冠，三梁，宝饰。五品以上，进贤冠，二梁，金饰。九品以上，进贤冠一梁，无饰。七品以上去剑佩绶。八品以下，同公服”。

3．公服。“皇帝翼善冠，朔视朝用之。柘黄袍，九环带，白练裙襦，六合鞾。皇太子远游冠，五日常朝、元日、冬至受朝服。绛纱单衣，白裙襦，革带金钩觽，假带方心，纷鞶囊，白韈、乌皮履。（官员）一品以下、五品以上，冠帻缨，簪导，谒见东宫及余公事服之。绛纱单衣，白裙襦，带钩觽，假带方心，韈履，纷鞶囊。六品以下，冠帻缨，簪导，去纷鞶囊，余并同”。

4．常服，又叫“穿执”，即穿鞾、执笏。“皇帝柘黄袍衫，折上头巾，九环带，六合鞾。起自宇文氏，唐太宗贞观以后，非元日、冬至受朝及大祭祀，皆常服而已。皇太子进德冠，九琪，金饰，绛纱单衣，白裙襦，白韈，乌皮履。五品以上，幞头，亦曰折上巾；紫袍、牙笏，金玉带。文官佩手巾、算袋、刀子、砺石、金鱼袋；武官鞊觽七事：佩刀、刀子、磨石、契苾真、哕厥、针筒、火石袋。乌皮六合鞾。六皮以下，幞头，绯衣，木笏，银带，银鱼袋佩。鞾同。八品九品，幞头，绿袍，鍮石带，鞾同”。

（三）考古发现的辽代服饰资料

出土的辽墓壁画和服装实物较多，试举几例。

吉林库伦旗一号辽墓（辽晚期，可能是国舅肖孝忠墓）有壁画多组。其中，墓道北壁出行图分三组：第一组第 2 人为墓主人，髡发，鬓发珥轮分开，一前一后，至耳垂再合拢一起，披于肩上。白色下衣，蓝色中单，红色圆领窄袖长袍，腰系浅色革带，足踏黑靴。侍者 4 人，也都髡发（但有所不同）。有的穿黄色中单、绿袍；有的穿土红色袍，黄靴；有的穿黄袍、黑靴。驭马者也髡发，穿圆领紧袖红袍，腰系黑革带，脚着黑靴，衣裙掖带下，露出浅绿色中单；有的穿黄袍、系黑带。女主人头戴黑色瓜皮帽，帽缘扎绿色巾带，鬓发下垂。穿浅绿色长衫，系红色腰带，右侧佩黄色葫芦状荷包及一黑色小皮囊。侍女头戴绿顶黑皮小帽，后系花结。穿绿色长衫，浅红色腰带。车前 2 少年，均髡发，一穿圆领紧袖绿袍，红色腰带，黑色长靴；一穿红袍。还有一老者，髡发黄袍。第二组出行仪仗，有 5 个汉人鼓手，均头戴黑色交脚幞头，身穿窄袖中单，圆领宽袖外袍，长裤，麻鞋，衣裙撩起，掖于带下。还有其他杂役之人。第 3 组车骑前导，其中有 1 人，戴黑色方帽，穿圆领紧袖外袍，腰系黑色蹀躞带，足踏黄靴，似汉人而着契丹装。

南壁归来图也有很多人物服装。有的侍女梳双高髻。穿绿色直领左衽紧袖长衫，束红腰带，下垂飘带。有的侍女戴小黑帽，帽缘扎红色巾带。穿直领右衽紧袖长衫，绿色腰带，飘带下垂。脚穿黑色平底勾脸小便鞋……①

1974 年，辽宁叶茂台辽墓出土一批契丹贵族服装实物，有：丝质高翅帽，形如“山”字，中为圆式帽顶，旁有两个高大的立翅，棕色。绣花棉袍，左衽式长袍，长带系于胸前，两端分

---

① 吉林省博物馆，哲里木盟文化局：《吉林哲里木盟库伦旗一号辽墓发掘简报》，载《文物》，1973（8）。

垂于膝下。其后腰上饰鎏金镶琥珀宝塔鸾凤纹银扞腰。套裤。脚穿齐膝刻丝软靴，为圆口两旁开褉式。面纱，深棕色，盖在头、胸部分，下缘为方形，上段覆盖面部后，掖在项下。墓中也有一些壁画人物服饰①。

1986年，在陈国公主与驸马的合葬墓中，出土一套珍贵的金银殡葬服饰——鎏金银冠，金花银枕，金面具，金花银靴，全身罩银丝网络等。身上原穿有丝织衣服，可惜已经腐朽。壁画中也有一些服饰资料②。

1981年，内蒙古乌兰察布盟察右前旗豪欠营第6号辽墓出土1具女尸和完整的葬具，对研究契丹妇女服饰很有价值。首先，过去只知契丹男子髡发，从此墓看，女子也有髡发习俗，女尸额头上剃去宽5.5厘米的一片头发，头顶长发集为一束，用纱带捆扎，结于头顶中央。在这束头发的右侧，抽出一小绺，梳成一条小辫，绕经前颅，返回头顶中央，压在大束头发的上面，辫梢另用一根纱带扎住，其余头发披在脑后及耳朵两侧，直至肩上。两鬓只见右侧，剩有3～4厘米长的头发10余根。其次，服装均为罗、绢等织物缝制，外穿长及小腿的多褶圆领丝绵长袍，多为罗面绢里，中夹丝绵。颜色有黄地绣金黄色花纹，绛紫色、中黄色隐格纹等。内穿单褶圆领短袄，短衫，领边折叠4层，宽4～5厘米。丝绵背心，棕色，上边各呈弧形拱起，下部是大弧度圆角的衣垂，胸部有带结痕迹，右侧有方口衣衩，后背作对开式相互叠压。绢裙长115厘米，宽235厘米。手套，拇指单分式，腕部束带。丝绵软靴。腰带宽5.5厘米，4层，上有

① 辽宁省博物馆，辽宁铁岭地区文物组发掘小组：《法库叶茂台辽墓纪略》，载《文物》，1975（12）。

② 内蒙古文物考古研究所：《辽陈国公主驸马合葬墓发掘简报》，载《文物》，1987（11）。

丝质带扣，凹字形，圆头，长 6 厘米，宽 3.5 厘米，凹处深 3 厘米，中间夹一个鼓起来的丝织物圆包，直径 0.6 厘米。裹尸用铜丝网络和鎏金面具等①。

二、女真和金国的服饰

据《金史·舆服志》等记载，金国帝、后、官员的服装基本上是：朝服依前代中央王朝之制；祭服则参酌汉、唐制度而更制；公朝有紫、绯、绿三等。但在熙宗和金主亮时曾用汉装，世宗时恢复旧制。具体服饰摘要如下。

（一）礼服

1. 皇帝"凡大祭祀、加尊号、受册宝，则服衮冕。行幸、斋戒出宫或御正殿，则通天冠，绛纱袍"。

冕："天板长一尺六寸，宽八寸，并用青罗为表，红罗为里，周回用金绫，前后珠旒共 24 串，每串均长一尺二寸"。青碧线织造天河带一，红线组带二，梅红线款慢带一，黈纩二，上均饰真珠金碧旒或金翠旒等等。

衮：用青罗夹制，五彩间金绘画：正面日 1，月 1，升龙 4，山 12，上下襟华虫、火各 6 对，虎、蜼各 6 对；背面星 1，升龙 4，山 12，华虫、火各 12 对，虎、蜼各 6 对。中单 1，白罗单制，罗领、褾、襈。裳 1，带、褾、襈，红罗 8 幅夹制，绣藻 32、粉 16、米 16、黼 32、黻 32。蔽膝 1，带、褾、襈，并红罗夹制，绣升龙 2。绶 1 副；大绶以赤、黄、黑、白、绿、缥 6 彩织，红罗托里；小绶 3 色，同大绶，销金黄罗绶头，上间施 3 玉环，皆刻云龙……绯白大带 1，销金黄罗带头，钿窠 24；红罗勒帛 1，青罗抹带 1。凉带 1，红罗裹，缕金……舄，重底，红罗面，白绫托里，如意头，销金黄罗缘口，玉鼻仁饰以珠。韈

① 乌兰察布盟文物工作站：《察右前旗豪欠营第六号辽墓清理简报》，载《文物》，1983（9）。

用绯罗加绵。还有金玉饰件等等。

2. 太子，谒庙时服衮冕。“冕用白珠九旒，红丝组为缨，……衮，青衣朱裳，五章在衣：山、龙、华虫、火、宗彝；四章在裳：藻、粉米、黼、黻。还有白纱中单，革带，蔽膝，四采织成大绶，白袜朱舄。册宝时，服远游冠，朱明服……”

3. 文武百官导驾及行大礼时，服朝服。

（二）朝服

1. 皇帝，即位和视百官朝时，太宗等服赭黄袍带；章宗以后服淡黄袍，乌犀带。常朝则服小帽，红襕、偏带或束带。

2. 皇后，花株冠，青罗表，青绢衬金红罗托里，九龙四凤，红罗铺金款慢带。还有犀冠。袆衣，深青罗织成翚翟之形，素质，十二等，领、褾、襈并红罗织成云龙。衬袍中单，以素青纱制；领织成黼形十二；褾、袖、襈织成云龙，并织红縠造。裳，八幅，深青罗织成翟文六等；褾、襈织成红罗云龙。还有蔽膝、绶带、韈、舄等，用罗、锦、绫等制成。

3. 太子，入朝起居及与宴时，服紫袍、玉带、双鱼袋。视事及见师、少、宾客时，则服小帽、皂衫、玉束带。

4. 文武百官，正一品：貂蝉笼巾，七梁额花冠……绯罗大袖、裙、蔽膝，绯白罗大带，天下乐晕锦玉环绶，白罗方心曲领，白纱中单，乌皮履、白绫韈，佩剑……正二品：七梁冠，绯罗大袖，杂花晕锦玉环绶，不佩剑……（原书缺正三品）。正四品：五梁冠，白狮锦银环绶……御史中丞则獬豸冠，青荷莲绶……正五品：四梁冠，簇四金鹏锦铜环绶……正六、七品：三梁冠，黄狮锦铜环绶……也有例外，如大定二十二年袷享，摄官、导驾二品冠七梁；三、四品冠六梁，服有金花；五品冠五梁；六品冠四梁；七品冠三梁；八、九品冠二梁。

（三）祭服

祭服有几次变化，皇统七年用后魏制度，皇帝服衮冕十二旒，玄衣 纁裳备十二章。而与祭官员皆朝服。大定三年规定，摄官朝服，散官公服，皇太子为亚献，服衮冕。大定十四年，用唐制，迂雨雪则服常服（公服）。泰和元年规定区分朝服和祭服……

（四）公服

公服，按大定官制，文资五品以上服紫。一品官中的三师、三公、亲王、宰相服大独科花罗，直径“不过五寸”；执政官服小独科花罗，直径“不过三寸”。二三品服散搭花罗，谓无枝叶者，直径“不过寸半”。四五品服小杂花罗，谓花头碎小者，直径“不过一寸”。六七品服绯芝麻罗。八九品服绿无纹罗。武官皆服紫……在不同场合，还穿不同服装……

（五）常服

1. 男服：“金人之常服四：带、巾、盘头衣、乌皮靴。其束带曰吐鹘”。其中：“巾之制，以皂罗若纱为之，上结方顶，折垂于后；顶之下际两各缀方罗，径约二寸许；方罗之下各附带长六七寸。当横额之上，或为一缩 襞积。贵显者於方顶循十字缝饰以珠，其中必贯以大者，谓元顶珠；带旁各络珠结绶，长半带，垂之……”“其衣色多白，三品以皂，窄袖盘领（即无领），缝腋，下为 襞积，而不缺 袴。其胸臆肩袖，或饰以金绣：其从春水之服，则多鹘捕鹅，杂花卉之饰；其从秋山之服，则以熊鹿山林为文，其长中骭（即小腿），取便于骑也。”

2. 女服：“妇人服 襜裙（即围裙），多以黑紫，上编绣全枝花，周身六 襞积。上衣谓之团衫，用黑紫或皂及绀，直领左衽掖缝，两旁复为双 襞积，前拂地，后曳地尺余。带色用红黄，前双垂至下齐。年老者以皂纱笼髻如巾状，散缀玉钿於上，谓之玉逍遥。此皆辽服也，金亦袭之。许嫁之女则服绰子，制如妇人服，以红或银褐明金为之，对襟彩领，前齐拂地，后曳五寸余”。不同阶段还有些变化……

（六）僧道庶人之服

“士人及僧尼道女冠有师号、并良闲官八品以上，许服花纱绫罗丝紬。在官承应有出身人、带八品以下官，未带官亦同，许服花纱绫罗纻丝紬，家属同……其都孔目，与八品良闲官同。京府州县司吏与庶人同”。“庶人止许服绝紬、绢布、毛褐、花纱、无纹素罗、丝绵；其头巾、系腰、领帕许用芝麻罗；绦用绒织成者。……”“兵卒许服无纹压罗、绝紬、绢布、毛褐”。“奴婢止许服绝紬、绢布、毛褐”。“娼优迁迎接、公筵承应，许暂服绘画之服；其私服与庶人同”。

（七）考古发现的金代服饰资料

考古发现的金代雕砖、画像石等墓葬很多，服饰资料很多，难以一一介绍，只举几例。

上京会宁府的贵族石人像，男，头戴盔；身穿圆领窄袖长袍，下部绾起。女，头戴帽，衣左衽①。

1988年，在黑龙江省阿城市城子村金齐国王完颜晏夫妇墓中出土30余件丝质衣服，极富古代北方民族特色，下面分类介绍。

1. 男装

酱色地织金绢绵袍，1件，盘领（圆领）窄袖。领、肩部钉扣绊1对，腋以下钉扣绊4对，扣绊长4厘米。袍通长111.5厘米，胸宽60厘米，下摆宽77.5厘米。袍后左开衩，衩长83.5厘米。衬里为酱色绢，内絮薄丝绵。两袖通肩有织金图案袖襕2行，行间织金圆珠纹。下摆也有一处这种纹饰带。

驼色绢单上衣，1件，交领左衽窄袖，两侧开衩，无纽绊。衣长82厘米，两袖通长243厘米，下摆宽95厘米。

烟色地双鸾朵梅织金绸（绫）绵护胸，用2块长方形面料

① 王宏刚，富育光：《满族风俗志》，中央民族学院出版社，1991。

拼接而成，上半部分缝合，下半部分开口。其中前片右上角另拼接一小块，与护胸整体呈曲尺形相接，近边缘处用蓝色绢镶一宽边。上通宽 155.6 厘米，下通宽 112.8 厘米，开口长 54.6 厘米。上部左右两端钉驼色绢带 4 副，带长 78～81 厘米，宽 5.7～6.5 厘米。衬里为驼色绢，内絮薄丝绵，纹饰为满地织金朵梅上，织一排排对飞的金双鸾，生动精细。

绿色绢丝绵套裤，1 套，是分离的 2 只裤腿，呈上宽下窄的圆筒状，无裤腰，上部前高后低，前面长 76.3 厘米，后面长 66 厘米；上口宽 39.2 厘米，下口宽 19.5 厘米。上部正面钉驼色绢带 2 条，长分别 27 和 34.3 厘米，宽 7 厘米。裤脚内、外侧边缘缝有驼色绢脚蹬带，呈半圆环状，带长 32.4 厘米，宽 6.7 厘米。裤衬里亦用驼色绢，内絮薄丝绵。裤与上衣相系联。

驼色地朵花织金绢腰带，1 条，长 307 厘米，宽 6.9 厘米，方头，夹层，由 3 段拼缝而成。织金六瓣朵花。

青色素罗垂脚幞头，1 件，半圆形，正中由左至右钉一宽带，前额正面钉缀成半圆三角形。在幞头边缘左右两侧偏后处各佩 1 件镂雕鹅衔莲花纹青玉饰，1 条青色罗带与玉饰缠绕相连结后，向后垂下成垂脚，幞头高 13.4 厘米，宽 17 厘米，垂脚长 27 厘米，宽 4～6.5 厘米。

驼色地朵花织金绢夹袜，1 双，高 33.9 厘米，底长 26.5 厘米，袜口宽 20.3 厘米，袜脸长 13.2 厘米。在后跟处钉 2 条绢带，绢带由脚背至脚底绕一周后，在脚背处系成蝴蝶结。纹饰为织金六瓣朵花组成四方连续图案。衬里为驼色素绢。

2. 女装

酱色地云鹤纹织金绢绵袍，1 件，交领窄袖，衣长 142 厘米，两袖通长 224 厘米，胸宽 88 厘米，下摆宽 122 厘米。纹饰为织金飞鹤和卷云纹，挖梭织造、纬向 4 枚左斜纹显花。衬里为绛色绢，内絮丝绵。

驼色朵梅暗花罗单衣，1件，直领对襟无扣，窄长袖，左右开衩。身长71厘米，两袖通长238厘米，胸宽82厘米，右襟宽47厘米，左襟宽48.5厘米。暗花为四五瓣朵梅，4经绞织成。

浅驼色菱纹罗绣团花绵套裤，1件，面料菱纹罗，衬浅驼色绢里，内絮薄丝绵。上部横幅为裤腰，两头钉绢带3副。腰下接裤腿，裤脚钉有驼色素绢脚蹬带。裤通长142厘米，腰高46厘米，裤腿长80厘米。裤腰部下宽60.5厘米，上宽111厘米。纹饰为菱形暗花罗上绣团花。

绿地折枝梅织金绢绵裙，1件，面料织金绢，裙腰和衬里是驼色绢，内絮薄丝绵。裙腰背后开口，口宽12.5厘米，开口处两端上角各钉绢带1条，长78.5厘米，宽6.2厘米。裙腰下绵裙由2块面料拼缝而成。裙筒长100厘米，腰高28厘米，腰宽52厘米，腰围81.6厘米，下摆宽127厘米。纹饰织金折枝梅花。

浅驼色暗花罗绵腹带，1件，面料暗花罗，衬里驼色绢，内絮丝绵。通宽114.5厘米，高55厘米，3幅拼成。下部开2衩，衩长15厘米。左右两侧的中上部各钉驼色绢带4条，长33～61厘米，宽4～8.7厘米。下方亦钉绢带4条，长28.5～34厘米，宽3.6～4厘米。在左开衩处上方挖4个小孔；中间上方钉罗绊1个，内有颗粒状物，似为香料。用补绣法制云龙纹，下衬绢，圈金边。

浅棕色印金罗腰带，1件，长403.6厘米，宽7.1厘米，4段缝接。两端在菱纹暗花上用泥金印花草纹。

绿色罗地绣花鞋，1双，鞋帮上半截为驼色罗，下半截绿色罗。鞋头略尖、上翘。鞋底较厚实。米色暗花绫衬里，通高9.3厘米，长23厘米，鞋口长16厘米，底长21.5厘米，宽5厘米。纹饰是用片金线剪成串枝萱草花形，再用稀疏绣线、平行针脚绣在罗地上而成。鞋帮上下截相接处用双股丝线钉成二方连续的小朵花和蝴蝶。

此外，还出土有浅棕色菱纹暗花罗枕套1件，棕色团龙卷草纹织金绢棺罩，深驼色鸳鸯纹织金绸帐幔等等①。

三、满族和清朝服饰

满族发端于东北地区的黑山白水，建立过全国性的政权——清王朝，经济文化比较发达。满族服饰在女真族服装的基础上，吸收汉族服饰而发展起来，颇为典雅，其旗袍、马褂、坎肩等流行全国，至今不衰。

满族的服装主要有：

长袍，满语称为“衣介”，因满族建立八旗制度，人人在旗，故又称为“旗袍”。其式样一般是：圆立领，窄袖，大襟，钉扣绊；大多在领、袖、襟、衩处镶绣花边；并在袖口边接一个半圆形袖，似马蹄，平时卷起，狩猎、作战、礼仪活动时放下；原来四面开衩，后来改为两侧开衩，也有不开衩的。这种旗袍既便于骑马民族的骑乘，又因紧身，利于保暖和衬托身段之美。即它是满族生产活动、居住环境和审美观念的完善结合的产物。所以很受欢迎，迄今仍为全国妇女所喜爱（男旗袍在民国后期渐被废弃）。夏天则穿长衫，样式似袍。此外，因受汉族服装影响，满族也穿大领大袖宽襟长袍，特别在嘉庆、道光以后，更为盛行。

马褂，套穿在长袍外面，圆领对襟，四面开衩，有扣绊。此外还有大襟马褂，琵琶襟马褂等多种。一般来说，男褂短，只到肚脐处，袖子也只到肘部而已，以便于骑马射箭，所以称为“马褂”。女褂则身、袖都长似长袍，对襟。但也不是绝对的，男子也有穿长马褂的。马褂起初只用于军旅，后来，因其文雅大方，很快流行于民间，成为礼服，并为汉族所接受，改进为中

① 黑龙江省文物考古研究所：《黑龙江阿城巨源金代齐国王墓发掘简报》，载《文物》，1989（10）。

山装，流行全国。

坎肩，又称为“马甲”、“背心”，是受汉族“半臂”的影响而发展起来的，没有袖子；襟有对襟、人字襟、捻襟、琵琶襟、一字襟等几种，上小下大；肩、襟都略呈弧形；上绣花卉并加镶花边。其中的勇士（“巴图鲁”）坎肩，前襟和腋下都装上钮扣，不用脱袍就可自行穿、脱，很是方便，又洒脱好看，所以，清代时，它成为满族男子的时髦服装，其他民族也仿效流行。

满族的袍、褂原来没有领子，穿时才加一条假领子；同治、光绪以后，才有了正式的领子，形同今中式便服的领子。

服装色彩多用青、蓝、玫瑰紫、浅灰、深绛、白、红等色。满族认为：白色象征吉祥如意，深绛象征福气等。

服装面料：早期因以射猎、畜牧为生，所以多用兽皮、畜皮；后来随着生产的发展和与汉族交流密切，则多用麻布、棉布和丝绸，特别是缎、绉、纱、绒等丝织品，华贵艳丽。

此外，满族服装还有：

腰带，起紧身、保暖、装饰的作用，一般是用丝板带，颜色有一定限制：宗室、皇亲用杏黄、枣红色；其他人用蓝色。

帽子，起保暖、装饰作用。满族成年男子都剃发垂辫，但一年四季都戴帽子，并有多种样式：(1) 暖帽，圆形，有上仰的帽檐，宽 7 厘米左右，用缎子、呢绒或毛毡制作，并根据冷暖要求，分别用毛皮、呢绒镶檐，帽顶缀红缨，这是秋、冬天的礼帽。(2) 凉帽，用玉草或竹丝、苇藤编织，是上尖下弧的覆釜形。(3) 便帽，六瓣形瓜皮帽，上小下大，有窄檐、无檐之别；质地为黑素缎（冷天戴）和黑纱（热天戴），但用织金缎包窄边；帽顶上缀一个红色或黑色的大丝绒结，结上挂红丝绳，帽檐镶嵌珠宝玉石等。(4) 大风帽，帽扇长，用以护颈；质地为棉、皮，但用绸、呢作面子。

女帽有：(1) 平顶帽，绒或皮质，帽檐饰云头花纹。(2) 暖帽，形制似男子暖帽，帽顶用红、蓝、紫、绛缎作面；有2条飘带，钉有多色丝线穗。

靴、鞋也有多种。男子穿绒、革靴。其中旗人穿尖头靴，便于骑射；官员穿方头靴，一般是前掐脸式，靴头绣云头或虎头纹，10～26.6厘米的木底。清中叶后，多穿布鞋，素帮，圆口或方口。女鞋鞋头多饰云头等图案，鞋跟似花盆和马蹄，故称花盆底鞋或马蹄鞋。鞋帮镶彩绣花，很有特色。

满族建立的清朝，在皇太极时即已厘定冠服制度。到乾隆时，又进一步详备，强调满、汉服装兼顾，以适应中国传统礼制和满族传统的生产、生活习俗。《清史稿·舆服志》详细记叙了乾隆时的服制，下面仅就该书记载的基本服饰、特点择要介绍。

（一）皇帝冠服

1. 冠，有朝冠、吉服冠、常服冠、行冠、端罩等多种。如朝冠，“冬用薰貂，十一月朔至上元用黑狐。上缀朱纬。顶三层，贯东珠各一，皆承以金龙四，饰东珠、珍珠等。夏织玉草或藤竹丝为之，缘石青片金二层，里用红片金或红纱。上缀朱纬，前缀金佛，后缀舍林。均饰东珠若干，顶如冬制。常服冠类似，顶满花金座，上衔大珍珠一，红绒结顶，不加梁”。

2. 袍服，有衮服、朝服、龙袍、常服褂、行褂、常服袍、行袍、行裳等多种。如朝服，色用明黄，惟祀天用蓝，朝日用红，夕月用月白。披领及袖皆石青，缘用片金，冬加海龙缘。绣文两肩，前后正龙各一，腰帷行龙五，衽正龙一，襞积前后团龙各九。裳正龙二，行龙四。披领行龙二，袖端正龙各一。列十二章，日、月、星辰、山、龙、华虫、黼、黻在衣；宗彝、藻、火、粉米在裳，间以五色云。下幅八宝平水。……常服袍，色及花纹承所御，裾四开。

3. 雨衣冠，有冠、衣、裳3件。

雨冠之制二：冬顶崇，前檐深；夏顶平，前檐敞。皆明黄色，月白缎里。毡及油绸、羽缎惟其时。

雨衣之制六，皆明黄色，用毡或油绸或羽缎制作。其中一式：如常服褂而长与袍称，自衽以下加博。上袭重衣，领下为襞积，无袖，斜帷相比，上敛下递丰。两重俱加掩襟，领及钮约皆青色。

雨裳之制二，明黄色。其中一式为：左右幅相交，上敛下递博。上前加浅帷为襞积，两旁缀以钮约，青色。腰为横幅，用石青布，两末削为带系之。

4. 朝带、吉服带、行带、朝珠等，因非纺织品，不做介绍。

（二）省略不介绍部分

太皇太后、皇太后、皇后冠服，皇贵妃冠服，皇子及皇亲国戚冠服等均省略不介绍，以节省篇幅。

（三）文武百官及命妇冠服

文一品，朝冠，顶镂花金座，中饰东珠一，上衔红宝石。补服前后绣鹤；惟都御史绣獬豸。朝带镂金衔玉方版四，每具饰红宝石一。余同公之服。

武一品补服绣麒麟。余同文一品。

文二品，朝冠冬用薰貂，十一月至上元用貂尾。顶镂花金座，中饰小红宝石一，上衔镂花珊瑚。补服上绣锦鸡。朝带镂金圆版四。余同文一品。

武二品补服绣狮。余同文二品。

文三品冠顶衔蓝宝石，补服绣孔雀；惟副都御史及按察使绣獬豸。朝带镂花金圆版。余同文二品。

武三品补服绣豹。余同文三品（还有个别差异，略）。

文四品，冠顶中饰蓝宝石一，上衔青金石。补服绣雁。蟒袍绣四爪八蟒。朝带银衔镂花金圆版四。余同文三品。

武四品补服绣虎，余同文四品。二等侍卫戴孔雀翎，朝服冬、夏均剪绒缘，色石青，通身云缎。前后方襕行蟒各一，腰帷行蟒四，中有襞积。领袖具石青妆缎。

文五品，朝冠中饰小蓝宝石，衔水晶石。补服绣白鹇。惟给事中、御史绣獬豸。朝服色用石青，片金缘，通身云缎，前后方襕行蟒各一，中有襞积。领袖俱用石青妆缎。朝带银衔素金圆版四。余同文四品。

武五品，补服绣熊。余如文五品，惟无朝珠……

文六品，冠顶衔砗磲，补服绣鹭鸶，朝带银衔玳瑁圆版四。余如文五品。惟无朝珠。

武六品补服绣彪。余同文六品。

文七品，冠顶中饰小水晶一，上衔素金。补服绣鸂鶒。朝带素圆版四。蟒袍通体绣四爪五蟒。余同文六品。

武七品补服绣犀牛。余同文七品。

文八品，朝冠镂花阴文，金顶无饰。补服绣鹌鹑。朝服用石青云缎，无蟒。领袖冬夏青倭缎，中有襞积。朝带银衔明羊角圆版四。余同文七品。

武八品，补服也绣犀牛。余同文八品。

文九品，朝冠镂花阳文金顶。补服绣练雀。朝带银衔乌角圆版四。余同文八品。

武九品补服绣海马。余同文九品。

未入流冠服如文九品。

凡雨冠，民公、侯、伯、子、男、一、二、三品文武官，御前侍卫、上书房翰林等皆用红色。四、五、六品文武官用红色青缘。七、八、九品文武官用青色红缘。雨衣、雨裳，民公、侯、伯、子，文武一品官，御前侍卫，各省督、抚，皆用红色。二品以下文武官皆用青色。……

官袍一般为圆领、箭袖、四面开衩，而且把右襟的右下角剪下 33 厘米左右，以便于上下马，称为缺襟袍。不骑马时，这块剪下的襟用钮扣扣上，使袍服完整美观。

命妇冠服（省略）。

（四）士庶冠服

会试中式贡士，朝冠顶镂花金座，上衔金三枝九叶。其中，状元金顶上衔水晶。

举人，公服冠顶镂花银座，上衔金雀。公服袍青绸蓝缘。公服带如文八品朝带。

……

顺治三年，定庶民不得用缎、绣等服。顺治九年，定凉帽、暖帽圆月，惟职官用红片金，庶人则用红缎。僧道除袈裟、道袍外，许用紬绢纺织素纱各色；布袍用土黑、馏黑二色。

四、朝鲜族服饰

中国的朝鲜族是明末清初时从朝鲜半岛迁居我国东北地区的，以农为生，服装文化也保留朝鲜的传统和农耕民族的特点。

上衣，男女基本上都是斜襟、左衽、窄领、肥袖的褂子，没有钮扣，而是在前襟两侧各钉一条长带子，两带系结于右襟中上方。也有些区别：男褂多白色，比较长，袖子宽。并常在褂子外套穿黑、蓝黑或灰色的“背褂”，即坎肩，长及腰部。女褂则多彩色，很短，只到胸部（配以长裙），袖子窄而长，飘带也比男褂长得多；或用一颗钮扣。青年妇女褂子的领、袖、襟处常镶彩色边，颇为美观。儿童则穿七彩衣，更漂亮、可爱。

裤子，男子穿，腰、裆、管都很肥大，便于盘腿而坐，但裤腰要折叠系带，裤管下口也要用黑色或白色布带子捆扎起来，使整条裤子形如灯笼，所以被称为“灯笼裤”。

裙子，女子穿服，有两种，以适应不同年龄段的需要。中老年人一般穿缠裙，即用一整块裙料稍加剪裁，长到脚面，上窄下宽。分腰、摆两部分，裙腰上有很多细褶，两侧缝上裙带，穿上后，裙带要绕腰一圈，系结于右侧，同时还要把裙摆的一端从右边提起，掖在带上，以免拖在地上弄脏。因为这种裙子宽大，又未加缝合，所以里面还要加穿衬裙，比较窄小。青少年女子则穿筒裙，它比缠裙短，长只过膝，形似背心，又带褶，既便于劳动而又美观。

巾帽，男子原戴网巾和笠帽，帽用马鬃或草或油纸编织而成，不用纺织品。近代以来，中老年人多戴毡帽，青年人多戴鸭舌帽。妇女则多用头巾，用半米见方的织物对折包头，系于脑后，颜色有白色（老年人）和彩色（其他人）两类。

鞋袜、饰品，原穿木屐、草鞋、麻鞋，鞋面上有编织图案。近代以来，多穿胶鞋，男鞋长方形，女鞋船形。都穿白布袜子。饰物主要是女用荷包，绸布缝制，用以盛香粉和小物件。

面料、色彩，原以自织麻布和绸子为面料，白衣素服为主。近代以来则兼用外来的丝绸、棉布和毛织物。色彩也丰富多了，特别是妇女爱用粉红、浅蓝、浅绿、黄等色，如青年妇女爱穿黄色或淡色上衣，红色飘带，粉红色裙子，上面再印染花纹，配穿起来相当漂亮。

五、达斡尔族服饰

达斡尔族主要分布在气候寒冷的嫩江流域，原以渔猎为生，清代特别是民国以来，有了农业和畜牧业，与外界的交流也多起来。因此反映在服装上，达斡尔人以穿皮袍为主，鞣皮技术高，使狍皮、鹿皮等变得像呢绒似的那样柔软。服装面料则渐用布帛、丝绸。

上衣有左右或前后襟开衩的长袍，有钱人家吊面，一般人不吊面。男袍领子后面正中还有皮围脖。

坎肩，开口在前面或侧面。还有马褂式皮单袍。

裤子有皮裤和皮套裤。

布帛衣裳，有袍，立领右衽，结扣，长及小腿肚，并在领袖口、襟、胸腹间绣上花纹图案或贴配彩色绦子。老年人的袍宽大些，青年人则喜爱窄瘦。男人还配有腰带，质地为布或皮，两端掖在背后两侧，下垂为饰。女式单袍近似旗袍，又长又宽，不开衩，不束带。还有汗衫和裤子等。

头上戴皮帽或毡帽。有的用白布或白毛巾包头。

鞋，靴：夏天穿纳底绣花鞋，男布鞋上常绣白云，象征踏云向上；女鞋多绣红花，衬托女性之美。还有其他布鞋和皮靴。

服装色彩，男女多喜爱蓝色，也有灰、黑等色。礼服则较鲜艳多彩。总的来说朴素大方。

六、鄂温克族服饰

鄂温克族生活于额尔古纳河以南地区，经济生活以狩猎、游牧为主，所以服装多用皮毛制成。但因与别的民族早有交往，所以，布帛、丝绸等纺织品也早有输入。以前，这些布帛、丝绸只作为礼服类皮衣、皮袄的面子或领、边的镶边，现在则多用纺织品作为重要衣料。也有毛毡，用作袜子等。

衣服有立领、肥大袖、右衽长袍；有对襟长袍或短大衣。下半部前边开衩。束长腰带。有的妇女穿多褶连衣裙。

服装色彩：牧区男子喜爱蓝色，不爱红、黄色。猎区男子喜爱白色，但为了狩猎的需要，常用一种树皮煮成黄汁，染为古铜色，或用木炭和兽血涂成黑色或红色，以免被野兽发现。妇女也多用蓝色、灰色服装，但同时用黄色镶边；也有以红色为主，以浅色带花织物镶边的。

帽子、首饰。男子冬皮帽，圆锥形，顶饰红缨穗；或以麅头为帽。夏天布帽或桦树皮帽。少数人还戴红铜手镯。妇女多戴耳环等首饰，已婚者还要戴发瓣套筒、银牌、银圈等。

靴，皮制，靿和靴尖上饰图案。还有皮袜、毡袜等。

总之，鄂温克族服饰朴素大方，以蓝天、白云、白雪的蓝、白色为基本色，贴近自然。

七、赫哲族服饰

赫哲族世代居住在黑龙江地区，以渔猎为生，其服装主要用渔皮、鹿皮等制成，很有特色。因不属于纺织品类，故只简单介绍。

《皇清职贡图》记载：赫哲人“男女衣服皆鹿皮、鱼皮为之”。“衣服多用渔皮而缘之以色布”。上衣：长度过膝，形同旗袍，宽短袖，窄腰身、宽下摆。领、袖、襟、背、边多绣上或补缀云纹、动物图案。用鱼骨作扣子。套裤：男裤腰斜口，女裤腰齐口，并镶绣花边。鞋，用一块鱼皮缝成。冬天鞋里絮上靰鞡草，穿麅皮袜。

在发现的萨满教神像和狩猎画中，赫哲人多穿满族服装，如长袍马褂等①，体现了民族间的经济文化交流。

八、鄂伦春族服饰

鄂伦春族生活在大小兴安岭的密林中，以狩猎为生，服装也用捕猎的狍、鹿、犴等兽之皮缝制。到了近代，由于与外族交往，开始使用一些纺织品作为服装面料。

冬装与春秋装有：狍皮袍，右衽大襟，男袍长到膝盖，前后开襟。女袍长过膝或到脚面，两侧开襟。襟边、袖口镶黑色薄皮云字边等。

腰带，男子皮带。女子用黄、紫、蓝或素色布带。

裤子，袍皮制，前短后长，两侧和腿口处镶云字纹边。还有皮套裤。

帽子，皮帽。也有毡帽，上绣花纹。

靴，多皮制。其中一种是皮底布腰，用多层布缝制而成。

夏装：男子短皮上衣。女子长皮袍，上绣花纹。也有布或绸缎制的长衫。

① 华泉：《赫哲族萨满教神像画中的历史真实》，载《文物》，1975（12）。

帽子，男子戴尖顶布帽，其后檐垂肩或垂至后背，以防日晒和蚊蠓咬叮。女子只戴头饰。

鄂伦春族服装实用、朴素并开始有了美化的开端。

第二节　北方民族的服饰

北方民族的服饰主要是蒙古族及其建立的元朝的服饰。

一、蒙古族的服饰

蒙古族主要活动于我国北方广袤的草原地区，经济生活以游牧为主，因此，服装以皮毛、毡褐为主要面料。唐代以来，与汉族及北方其他民族接触、交流渐多，特别是十三四世纪时，在我国建立了大一统的元王朝，并攻占过中亚、西亚以至欧洲的一些地区；许多蒙古人迁居全国很多省区甚至其他国家，与其他民族、国家的经济、文化交流更加频繁，各种纺织品和纺织技术大量传入，使蒙古人的服装面料多样化，服装式样也在本民族传统服装的基础上，吸收突厥、契丹等民族的一些因素，到13世纪，很有特色的蒙古族服装制度基本上形成。后来又受满族服饰影响，进一步发展完善。

蒙古袍是男女老少一年四季都穿的服装，夏天单袍，春秋天夹袍，冬天皮袍、棉袍。其形制是：圆领、右衽（13世纪以前是左衽）①，长大袖，长及小腿，下摆多不开衩，也有开衩的。领、袖口、袍边多饰“盘肠”、“云卷”等图案（绸缎或皮子裁制）。元代以前，男女袍式样相同；元代以来渐有差别。男袍比较肥大，长袖宽襟，前后襟开口，便于骑马和生产。女袍比较瘦长，高领，短宽袖，以衬托身段之美（老年妇女所穿之袍则较宽松）。不同地区的蒙古袍存在一些差别。例如，东部地区的，因受满族服饰影响，袍比较长，开衩，女袍下摆比较宽，不束

---

① 后也有穿左衽袍的。

腰带，天冷时，女加穿坎肩，男加穿马褂。而呼伦贝尔草原的布里亚特人，女袍束腰，已婚妇女的袍肩上有皱褶。科尔沁、陈巴尔虎地区的妇女常在袍外套穿坎肩式的无袖长袍罩，保留较多本民族服装的特色。鄂尔多斯、阿拉善的成年男子和已婚妇女，袍外也套短坎肩等。袍子的颜色各有一定的含义，如男袍多用蓝色，象征永恒、坚贞和忠诚。女袍多用红色，象征火、太阳，给人以温暖、光明、愉快。节庆活动时爱穿白色服装，象征着圣洁、吉祥。皇帝、活佛等穿黄色服装，象征着权力。此外还有棕色、粉色、绿色、蓝色、天蓝色、赭红色等。元朝时，贵族官僚和有钱人的服饰更为华丽，多加织金银丝线。袍子的面料，早期以皮毛为主，后来用绸缎、棉布的渐多。

"比甲"，无领无袖无衽，后身比前身长，有 2 条带子。后来发展成坎肩和坎肩式长袍罩。

披肩"扎合"，形如箕，左右垂于两肩。

裤子有皮裤、棉裤及套裤（套穿在棉、皮裤的外面）。

腰带，长 3～4 米，用整幅棉布或绸缎制成，颜色要与袍子颜色协调。系扎方法有些差别：男子多先把袍子向上提，以便骑马和佩带日用小件物品，如烟荷包装在右侧衣兜，丝穗外露，增加美感。妇女则先把袍子向下拉紧，以衬托女性的身材美。鄂尔多斯等地还作为妇女婚否的标志——未婚的要在身后留出穗头；已婚的则由紧身短坎肩所遮盖。

帽子，男子戴各色扁帽。已婚妇女戴"顾姑冠"，它是用桦树皮作骨架，外包彩绸金帛，缀以珠子，形似长筒，高约 33 厘米，顶上再插 10～13 厘米高的木棍、木珠或蓝孔雀羽毛、野鸡毛等。还有一种用毡或皮制的窄檐、圆顶或尖顶帽，用以遮挡阳光。另有一种"袱头"或"垂巾袱头"，即用 1～1.3 米长的棉布或绸缎缠在头上，两端下垂于左右两侧；牧区则打结、垂穗于右侧（未婚妇女）；或只包住头顶后，不留穗头（已婚妇女）。

靴，从质地上分有两类：一是皮革靴，有靰鞡、鞨歹、鞑鞑等。二是布靴，用厚布或帆布制成。靴尖有上卷、半卷和平底不卷（靴尖长于靴底）三种，便于在沙漠、干旱草原和湿润草原等不同自然环境中行走。靴身较厚，便于防寒、蛇、蚊。在靴帮和靿上多刺绣或剪贴有“盘肠”、“云卷”（男靴）和花卉纹（女靴）等。

此外，还有毡袜、毡靴垫、护膝和棉袜等。

迁居西藏的蒙古族，服装有自己的特点，如黑河宗的罗马让学部落，男女都穿大羊皮袄，富有者在缝隙处镶上各色料子，领、袖口镶兽皮。腰束带。干活时，右臂外露；热时，脱掉上身，系在腰间。帽子用毛线打成，似口袋，只露眼、鼻、咀。富者戴皮帽，加绸缎面，颜色不一。长统靴用皮或毡制成；也有用绒布缝制的，前端尖，带有鼻梁①。显然这是受藏族服装的影响和对新的自然环境的适应而产生的服装。

二、元朝的服饰

蒙古人统一全国，建立元王朝，其冕服、官服必定受我国历代中央王朝舆服制度的极大影响。据《元史·舆服志》记载：蒙古立国，“庶事草创，冠服车舆，并从旧俗。世祖混一天下，近取金、宋，远法汉、唐”。英宗时又有所增置，“大抵参酌古今，随时损益，兼存国制，用备仪文”。其他时间也有一些变化、差异。下面择要简介。

（一）祭服，主要用于祭祀宗庙等重大典礼

1．天子冕服

冕：制以漆纱，上覆曰綖，形制、大小、饰物基本上与女真金国的礼服冕相同。

---

①《西藏黑河宗罗马让学部落调查材料》。

衮龙服，也用青罗夹制，但纹饰与金国略有不同："帝星一、日一、月一、升龙四、复身龙四、山三十八、火和华虫、虎、蜼各四十八"。

裳，绯罗夹造，其状如裙，饰以文绣，凡一十六行，每行藻二、粉米一、黼二、黻二。

中单，制以白纱或白罗，绛罗缘，黄勒帛副之。

蔽膝，绯罗夹造，绯绢为里，其形如 襜，袍上着之，绣复身龙（升龙二）。

大带，制以绯、白二色罗，合缝为之，销金黄带头。玉环绶，制以纳石失（金锦也），上有 3 小玉环，下有青丝织网。

红罗鞸，制以红罗，高勒。履，制以纳石失，有双耳二，带钩，饰以珠。韈，制以红绫。还有玉佩饰等，略。

太子和其他各种祭官的冠服，2～5 件，略。

祭祀社稷、宣圣庙，有另一套冠服，略。

（二）内庭大晏之服，是一色服，称为"质孙"

内庭大宴之服，因等级和季节不同，在质地、颜色、粗细等方面有所差别。比较有特色，也便于了解元代织物，下面详加介绍。

1. 天子质孙，"冬之服凡十有一等：服纳石失（金锦也），怯绵里（剪茸也），则冠金锦暖帽；服大红、桃红、紫蓝、绿宝里（宝里，服之有 襕者也），则冠七宝重顶冠；服红、黄粉皮，则冠红金答子暖帽；服白粉皮，则冠白金答子暖帽；服银鼠，则冠银鼠暖帽，其上并加银鼠比肩（俗称曰襻子答忽）。夏之服凡十有五等：服答纳都纳石失（缀大珠於金锦），则冠宝顶金凤钹笠；服速不都纳石失（缀小珠於金锦），则冠珠子 捲云冠；服纳石失，则帽亦如之；服大红珠宝里红毛子答纳，则冠珠缘边钹笠；服白毛子金丝宝里，则冠白藤宝贝帽；服驼褐毛子，则帽亦如之；服大红、绿、蓝、银褐、枣褐金绣龙五色罗，则冠金凤顶笠，各随其服之色；服金龙青罗，则冠金凤顶漆纱冠；服珠子褐七宝珠龙答子，则冠黄牙忽宝贝珠子带后檐帽；服青速夫金丝阑子（速失，回回毛布之精者也），则冠七宝漆纱带后檐帽”。

2. 百官质孙，“冬之服凡九等：大红纳石失一，大红怯绵里一，大红官素一，桃红、蓝绿官素各一，紫、黄、鸦青各一。夏之服凡十有四等：素纳石失一，聚线宝里纳石失一，枣褐浑金间丝蛤珠一、大红官素带宝里一，大红明珠答子一，桃红、蓝、绿、银褐各一，高丽鸦青云袖罗一，驼褐、茜红、白毛子各一，鸦青官素带宝里一”。

（三）官吏公服，与女真金国服装稍有差别

百官“公服，制以罗，大袖，盘领，俱右衽。一品紫，大独科花，径五寸。二品，小独科花，径三寸。三品，散答花，径二寸，无枝叶。四品、五品，小杂花，径一寸五分。六品、七品，绯罗小杂花，径一寸。八品、九品，绿罗，无文。幞头，漆纱为之，展其角。笏，制以牙，上圆下方，或以银杏木为之。偏带，正、从一品以玉，或花或素。二品以花犀。三品、四品以黄金为荔枝。五品以下以乌犀。并八胯，鞓用朱革。鞸，以皂皮为之”。

（四）仪卫服色

仪卫服色记载的形制比较详备，对了解其他时代的这类冠服也有参考作用，摘录于下。“交角幞头，其制，巾后交折其角。凤翅幞头，制如唐巾，两角上曲，而作云头，两旁覆以两金凤翅。学士帽，制如唐巾，两角如匙头下垂。唐巾，制如幞头，而椭其角，两角上曲作云头。控鹤幞头，制如交角，金缕其额。花角幞头，制如控鹤幞头，两角及额上，簇象生杂花。锦帽，制以漆纱，后幅两旁，前拱而高，中下，后画连钱锦，前额作聚文。平巾帻，黑漆革为之，形如进贤冠之笼巾，或以青，或以白。武弁，则以皮，加漆。甲骑冠，制以皮，加黑漆，雌黄为缘。抹额，制以绯罗，绣宝花。巾，制以絁，五色，画宝相花。兜鍪，制以皮，金涂五色，各随其甲。衬甲，制如云肩，青锦质，缘以白锦，衷以毡，裹以白绢。云肩，制如四垂云，青缘，黄罗五色，嵌金为之。裲裆，制如衫。衬袍，制用绯锦，武士所以裼裲裆。士卒袍，制以绢絁，绘宝相花。窄袖袍，制以罗或絁。辫线袄，制如窄袖衫，腰作辫线细摺。控鹤袄，制以青绯三色锦，圆答宝相花。窄袖袄，长行舆士所服，绀緅色。乐工袄，制以绯锦，明珠琵琶窄袖，辫线细摺。甲，覆膊、掩心、扞背、扞股，制以皮，或为虎文、狮子文；或施金铠锁子文。臂鞲，制以锦，绿绢为里，有双带。锦腾蛇，束麻长一丈一尺，裹以红锦。束带，红鞓双獭尾，黄金涂铜胯，余同腰带而狭小。绦环，制以铜，黄金涂之。汗胯，制以青锦，缘以银褐锦，或绣扑兽，间以云气。行縢，以绢为之。鞋，制以麻。鞝鞋，制以皮为履，而长其靿，缚於行縢之内。云头靴，制以皮，帮嵌云朵，头作云象，鞝束于胫”。

各种仪卫人等的具体服装，略。

（五）服色等第

服色等第，延祐元年规定，目的是为了“贵贱有章，益明国制；俭奢中节，可阜民财”：

“一、蒙古人不在禁限，及见当怯薛诸色人等，亦不在禁限，惟不许服龙凤文（龙谓五爪二角者）”。

“一、职官除龙凤文外，一品、二品服浑金花。三品服金答子。四品、五品服云袖带襕。六品、七品服六花。八品、九品服四花（职事散官从一高）。系腰。五品以下许用银，并减铁”。

“一、命妇衣服，一品至三品服浑金。四品、五品服金答子。六品以下惟服销金，并金纱答子。首饰，一品至三品许用金珠宝玉。四品、五品用金玉珍珠。六品以下用金，惟耳环用珠玉”。

“一、内外有出身、考满应入流、见役人员服用，与九品同”。

“一、庶人除不得服赭黄，惟许服暗花纻丝、䌷、绫、罗、毛毳。帽笠不许饰用金玉。鞸不得裁制花样。首饰许用翠花并金钗锃各一事，惟耳环用金珠碧甸，余并用银。……”

“一、诸色目人，除行营帐外，其余并与庶人同”。

“一、诸乐艺人等服用，与庶人同……”

“一、皂隶公使人，惟许服䌷绢”。

“一、娼家出入止服皂褙子……”

“一、服色等第，上得兼下，下不得僭上……”

三、考古发现的元代服饰资料

考古发现的元代服饰资料（包括实物、壁画、塑像等）比较多，难以一一介绍，在此仅举几例。

1954 年，在北京庆寿寺双塔塔基下出土海云和尚（公元 1202～1257 年）生前所戴的棉织僧帽，中絮丝绵；帽顶似矛头状，帽口方形；左右两边与后面均有襜；通高 57.6 厘米，最宽处 22 厘米；后襜呈向两鬓斜收状，边做成花式①。因海云被封为国师，所以这可能是国师帽中的一种。

1976 年，在内蒙古自治区察右前旗巴音塔拉乡土城子村元代集宁路故城的一个窖藏中，出土一些丝织品和服装，其中有：

印金夹衫，直领对襟，短宽袖，前襟长 59 厘米，后背长 62 厘米，前襟用挖花织物镶边 2.3～3 厘米。棕色。

印金提花长袍，交领、左衽、大襟，通长 126 厘米，上摆宽 70 厘米。领长 17 厘米，宽 6 厘米。袖长 76 厘米，袖口宽 17.5 厘米。袖口镶边宽 4 厘米，大襟镶边宽 2 厘米，都用挖花织物。

① 刘秀中：《元代棉织僧帽》，载《中国文物报》，1994 年 10 月 30 日。

绣花鞋，用罗、绢缝制，前脸尖细，后跟特宽，上绣花、云纹①。

1976～1977年，在内蒙古达茂旗阿伦苏木古城出土了汪古部贵妇人穿的一件印金提花绫长袍，窄袖、细腰、左衽②。

在内蒙古赤峰元宝山、三眼井蒙古族的砖室墓，有比较完好的壁画服饰资料——主仆均戴宽沿圆顶帽，饰帽缨。服装有左衽、右衽、对襟诸款式。具体说，元宝山壁画墓的画：男主人头戴圆顶宽沿帽，帽缨垂肩；穿右衽窄袖长袍，蓝色；腰围玉带，脚穿高靴。女主人头盘髻插簪，耳垂翠环；身穿左衽紫色长袍，外罩深蓝色开襟短衫，腰带垂至膝下；脚穿靴③。三眼井壁画墓的画：男主人戴尖顶宽沿帽，上有红缨，脑后垂巾；身穿盘领紧袖长衣，腰似有偏带。女主人头裹皂纱、笼髻如巾状；身穿宽袖开襟长衫，领沿饰花。中单盘领……④ 而沙子山的元代壁画砖墓，主人头戴软脚幞头或巾子，穿圆领袍衫⑤。

1986～1991年，在山东济南发现的几座元代砖雕壁画墓中，有的男主人戴圆形宽沿帽，穿圆领左衽黄袍；女头梳发髻，身穿对襟红衫和赭色裙子。有的则男子头戴毡帽，身穿右衽长袍。身后立两个头戴圆形宽沿帽的男仆。妇女头梳髻，身穿对襟衫。牵马人戴红彩宽沿圆顶帽，身穿右衽衣衫。侍女或高髻、宽袖绿衣，披帔巾，下着裙，红色围腰；或双髻、宽袖衣。蒙

① 潘行荣：《元集宁路故城出土的窖藏丝织物及其他》，载《文物》，1979(8)。

②《文物考古工作三十年》(1949～1979)，文物出版社，1979。

③ 项春松：《内蒙古赤峰市元宝山元代壁画墓》，载《文物》，1983 (4)。

④ 项春松，王建国：《内蒙昭盟赤峰三眼井元代壁画墓》，载《文物》，1982(1)。

⑤ 刘冰：《内蒙古赤峰沙子山元代壁画墓》，载《文物》，1992 (2)。

古装与汉装都有[①]。

1970年，新疆乌鲁木齐盐湖元墓出土几件棉织衣服，其中有白色中单（衬袍）。上衣多残，下身如裙状，腰部折成细褶，当中开衩。白色棉裤，形似今中式便裤，裤腰宽约6厘米，夹层，中间钉两道皂红色绢带。还有黄色油绢织金锦边袄子，通长124厘米，袖长94厘米，腰围88厘米，立领右衽，袖窄长，腰细束，在腰部钉有30道辫线。脚穿缂丝牛皮靴，尖头圆底，靴统高至膝[②]。

新疆柏孜克里克石窟42号窟壁画中，有蒙古骑士供养人像，头上用布帛包裹成半圆形，右边垂一宽带至胸部，又有折上巾饰，从头的右后部斜向头顶，悬空伸向前方，罕见而漂亮[③]。

1972～1979年，在甘肃漳县元代巩昌便宜都总帅后追封为陇右王的汪古族汪世显家族墓地清理了27座墓葬，出土的服饰织物多，可惜多已残破。保存较好的有：圆领右衽窄袖金花绸长袍，黄色小团花罗纱加描金妆彩的圆领对襟短袖小衫襟，无领无袖对襟密扣织锦抹胸等。帽子有丝、棕、羊皮、布等，多宽沿圆顶，从帽顶垂下的缨穗，是由棕毛和玉石、珠宝等系结而成的。还有棕黄色缠枝蕃莲纹麻葛棉香囊（细绢里），描金妆彩霞帔，棕色团花妆金荷包、黄缎女鞋，长裙，丝带，口袋，手帕等[④]。

1983～1984年，在内蒙古西部黑城遗址出土有多种鞋——

---

① 济南市文化局等：《济南近年发现的元代砖雕壁画墓》；济南市文化局文物处等：《济南柴油机厂元代砖雕壁画墓》，两文均载《文物》，1992（2）。

② 王炳华：《盐湖古墓》，载《文物》，1973（10）。

③ 阎文儒：《新疆天山以南的石窟》，载《文物》，1962（7）、（8）。

④ 甘肃省博物馆，漳县文化馆：《甘肃漳县元代汪世显家族墓葬》，载《文物》，1982（2）。

千层底什纳布鞋、生皮鞋、麻线鞋和绣花鞋等。其中，绣花布鞋有尖头和圆头两种。尖头鞋鞋脸窄小，鞋口较大、底长21.5厘米。圆头鞋鞋面较长，鞋口多缝缀一个圆扣作装饰。帽子也有几种——绸绢百纳帽，由多色花绢拼缝成瓜皮形，周长74厘米，斜高15.5厘米。素绢帽，无檐，护耳自脑后连接，似为僧帽。还有纸衬的宽沿麻布帽。衣服残①。

敦煌莫高窟元代壁画中的蒙古服装有：王公贵族穿黄色䙆衫，戴笠帽，双耳饰环，耳后垂发髻，穿六合靴，与《元史》所载天子质孙"宝顶金凤钹笠"相似。另有骑士装叫"搭护"，在衫外套"褙子"；并有"比肩"之饰，如武士云肩，穿色靴。清代翟灏《通俗编》有生动的描述："骏笠毡靴搭护衣，金牌骏马走如飞。"蒙古族妇女的礼服是：头戴高耸的"顾姑冠"；身穿纹绣绞衣，又宽又长，需有两个侍女在背后牵提②。

1980年，在陕西宝鸡大修厂元墓出土的陶俑，其冠服很有特色。

武士俑，头戴钹笠帽（即宽沿圆顶帽），顶有缨，垂于脑后。帽沿之下，发为"婆焦"，即剃去头顶发，额前垂一小绺；头侧及头后留发，合编成辫或盘髻。身穿交领右衽窄袖长袍，下摆不过膝；下摆前后均有梯形护甲。腰束巾，背后挽结。下穿裤，膝部有护膝。足穿系带圆头靴。

男侍俑，也戴钹笠帽，但帽围饰一周米格纹，帽沿饰两两对称的双线纹。穿交领右衽长袍。腰束带，挽结于前。足穿靴。

女侍俑，头发中分，耳后盘髻，束带别簪。穿交领左衽窄

① 内蒙古文物考古研究所，阿拉善盟文物工作站：《内蒙古黑城考古发掘纪要》，载《文物》，1987（7）。

② 段文杰：《敦煌壁画中的衣冠服饰》，见《敦煌研究文集》，甘肃人民出版社，1982。

袖长袍，外罩对襟短衣。腰束带。足穿圆口鞋①。

1983年，在辽宁凌源富家屯发掘的元墓中，壁画有许多人物服饰资料，也有一些新形制。

帽子有三种：一是圆顶红缨帽，墓主人与马夫都戴这种帽子，主人白帽绿色沿；侍者黑色，马夫额前垂发。主人为桃状发型，颈后或脑后垂发辫。二是顶有帽球的盔形帽，似后世毡帽，可能是藤、草编织的，是男仆之帽。三是黑色四方瓦楞帽，上面平顶，当中有一个帽球，前面帽沿向两边分，成八字形，是琴师之帽。

男子服饰，多为圆领长袍，有灰、绿、红等色。只有一个马夫穿方领长袍。墓主人和马夫的胸前饰有一块白色方巾，形同明清时期的官服补子，其他人没有。腰均系带。主人还披绿色云肩。脚穿黑色或灰色筒靴“乌靴”。

女子服饰，头梳髻，有的上结彩带；有的侍女散辫垂于肩，或用红纱裹发盘于头顶。都穿左衽袍服，有蓝、白、粉红等色，黑领缘白色；长袍外罩半袖通领对襟短衣，有黑、蓝、白、绿等色。还有披肩，有红、白、绿等色。有的还系腰带，垂环绶。脚穿云头鞋②。

如画中男主人，头戴绿色白沿圆顶红缨帽，帽下露桃状发型，颈后垂发辫，腮及下颏留几缕长髯，飘于胸前，身穿灰色长袍，披绿色云肩，胸前饰白色方巾，腰间围带，脚穿高筒灰色皮靴。女主人发式盘髻复杂，脑后垂飘纱带，身穿红色左衽长袍，外罩绿色半袖对襟短衣，绿衣披肩。

---

① 刘宝爱，张德文：《陕西宝鸡元墓》，载《文物》，1992（2）。

② 辽宁省博物馆，凌源县文化馆：《凌源富家屯元墓》，载《文物》，1985（6）。

第三节　西方民族的服饰

一、西夏的服饰

西夏的服装，史书没有系统的记载。现据汉文和西夏文文献的有关资料综合如下。

（一）服饰种类

在西夏时期编纂的汉文事物分类字典《杂字》第三部分《衣物部》中记载，西夏的服饰有："公服，披袄，襕 襕，袄子，褙心、褙子、裺心，汗衫，衬衣，䌁裤，腰绳，束带，皂衫，手帕、罗衫，禅衣，绰绣，大袖，枷袋，绣裤，绣 袿，宽裤，窄裤，袈裟，袜头，丝鞋，朝靴，木履，草履，袜靿，披毡，睡袄，征袍，三 袿，褐衫，毡袜，䌁袄，暖帽，头巾，掠子，幞头，帽子，冠子，合子，束子和披衣"等等。种类、式样、质地相当多。

（二）国王和官员的服饰

冠帽有：毡冠，红里，冠顶垂红结绶。还有幞头，金帖镂冠（或"金镂帖冠"），金帖纸冠（或"金纸帖冠"），间起云银帖纸冠（或"间起云银纸帖冠"），金帖起云镂冠（或"金起云镂帖冠"），银帖间金镂冠（或"银间帖金镂帖冠"），黑漆冠，金冠等。冠上是否起云缕，冠前冠后是否都起云缕，还是只在冠前起云缕，材质是金还是银、漆、纸，可能是有官或无官，官职高低的标志之一。

衣服有：绯衣，绯窄袍，紫衣，紫 襕等，是朝服；便服则有紫皂地绣盘球子花 襕 襕，白窄衫等等。形制多圆领或折领，窄袖，长袍。同时，腰上系金涂银黑束带，金涂银束带等。佩蹀躞，悬挂解结锥、短刀、弓矢韣、吊敦等。还有悬腰袱，垂束带等。系什么样的腰带？是否悬腰袱、垂束带？可能也是有官或无官，官职大小的重要标志。

脚穿乌靴，靴头窄尖，便于骑马时套钩马镫，也便于在草地行走。

（三）王后和命妇的服饰

头梳高髻，戴花钗金镂冠，金步摇。有的王后戴金起云冠。

身穿交领窄袖花 裧 襕，百褶裙，左下佩绶。

脚穿尖钩履。

（四）随从的服饰

秃发或戴便帽。

上身穿圆领窄袖衫或圆领窄袖 裧 襕。下身穿褶裤或窄口裤。

脚穿草鞋或尖头小单靴。

（五）一般劳动人民服饰

男子头裹巾。身穿交领长衫，下摆向上卷扎于腰间；或穿袒右肩衫。下身穿褶裤或窄口裤。脚穿草鞋等。

妇女头梳高髻，加花饰。爱穿红色开领宽袖长衫等①。

（六）关于服装质地、色彩的等级规定

西夏文法典《天盛鼎新律令》卷七“敕禁门”规定：禁止皇亲、大小官员、僧人、道士等穿明黄、朱红、杏黄、饰金和织绣日、月、龙纹的衣服；禁止冠上饰金龙、金凤。女子可穿红、黄色衣服。……

二、藏族吐蕃服饰

藏族主要分布在西藏、青海、甘肃、四川、云南等省区的高原地带，气候多较寒冷，温差变化大。经济生活以畜牧业为主，兼营农业。所以其服装的特点是重在保暖和活动自如，多为皮毛制品；但也注意美化服饰和使用一些丝织品。

（一）宋、清服饰

---

① 陈炳应：《西夏文物研究》，第一章，宁夏人民出版社，1985。

宋代时，曾在青海、甘肃建立一个吐蕃政权。其首领唃厮啰“冠紫罗毡冠，服金线花袍，黄金带，丝履”。其习俗“贵虎豹皮，用缘饰衣裘。（贵）妇人衣锦。服绯、紫、青、绿”①。

西藏查拉路甫石窟中有一些历史人物像，虽被神化，但其服饰与佛、菩萨装不同，可供参考。如索尔回·喜饶扎巴（公元1014～1074年）是西藏佛教宁玛派的代表人物之一，头戴尖帽，帽带垂至两肩。内穿左衽衫，外穿袈裟，背后披衣。又如莲花生，8世纪时被请入藏传播密法，后世被宁玛派遵为祖师。他头戴卷沿尖帽，卷沿前端未连接，分别伸出三角形沿；帽顶有一矛头状装饰。身穿通肩袈裟，戴耳坠……②

清代时，余庆远《维西见闻纪》记载云南藏族的服饰甚详：“古宗，即吐蕃旧民也”，服饰有二种：“么些古宗，大致同么些，唯妇髻辫发百股，用五寸横木，於顶挽而束之。耳环细小，与么些异。臭古宗，……男则剃头，衣冠尚仍其旧。僻远者，男披发於肩，冠以长毛羊皮，染黄色为檐，顶缀红线缨，夏亦不改。红绿十字文罽为衣，冬或羊裘不表，皆盘领阔袖。束带，佩缒五木鞘刀於左腰间。著茜红革靴，或以文罽为之。……妇辫发下垂，缀珊瑚、绿松石，杂以为饰。衣盖腹，百褶裙盖膁肕，俱彩罽为之。裙或文罽，或彩色布罽。袜单革软底。不著裤、履。项挂色石数珠，富则三四串，自肩斜绕腋下。……土官头目剃头辫发。入城用华人衣冠，归则易之。惟帽檐饰以织金锦为别”。古宗的喇嘛，黄教“阔袖长衣，隆冬亦露两肱。著古宗靴。而不衣裤。衣黄衣，冠黄冠”。而红教则“衣罽及褐，披袈裟，常年不去。亦不衣裤。夏戴平顶竹笠，跣足；冬戴平顶猩红毡，

① 《宋史·外国八》等。

② 西藏文管会文物普查队：《拉萨查拉路甫石窟调查简报》，载《文物》，1985(9)。

四莲瓣向上，围於四方。著袜。朱履者多。衣冠皆红”。

《滇海虞衡志》也有类似记载。稍异者有：“披长毡，织犛、羊尾毛为裳。妇人以青白磁珠与砗磲相杂悬于首”。“其在金沙江者……衣杂布、革，束毛花毳带，披琵琶毡，富者至三、四领，暑热不去……”

（二）近代服饰

藏族服饰形制很多，各地不尽相同，基本上可按卫藏、康巴和安多哇三大地区分为三大类（当然三大地区中也有种种差异）。

1. 卫藏地区（指西藏全境，除昌都地区外），因农业占有重要地位，所以服装比较细腻。

男装。牧区穿皮制藏袍，是肥腰、长袖、大襟长袍，平时空出右袖，露出右边臂膀，以便散热；寒冷时再穿上。平时的藏袍多为素皮面，饰以宽大黑边；节庆的藏袍则加提花皮面。农区则多穿白氆氇花立领右衽袍，样式同上。工布地区则穿一种叫“谷休（古休）”的宽肩无袖袍，特别是男袍，肩宽23.5厘米，披盖臂膀；套头式。平民不能穿绸缎，贵族则多用绸缎面料，而且从服装的质地和纹饰上区分等级、品级，例如，四品以上官员可穿蟒缎、锦缎袍，上饰龙、鱼、水、云或团花等。

女装。牧区女袍样式同男袍，但用5～7条宽大色带镶边。农区则内穿紫红等色的通领短身超长袖内衣，外套深色右衽无袖氆氇长袍，腰系满饰多种色条的彩色氆氇围裙。工布地区则穿宽肩、无领、无袖、对襟、两侧开衩的长袍“谷休”。贵族夫人则穿用花缎制的藏袍。

2. 康巴地区（包括西藏昌都、青海玉树、四川甘孜、云南迪庆等地），因经济上以牧业为主，所以其服装显得较为粗犷，也有粗犷与细腻兼备的。

男装。昌都、玉树等地的男子内穿右襟齐脐短衣；外套圆领宽袖长袍，长袍的下摆很有特色，它是按职业确定长短的，如：一般人长到脚面，学者、富豪长至膝下，武士、猎手则长不过膝。

女装。昌都、玉树的妇女内穿长袖衫，外套坎肩。迪庆中甸妇女穿深蓝色长袍，衩口镶黑丝绒边；外面还要套上右衽、绣花、硬领和有艳丽边饰的坎肩。上系白色腰带和“帮垫”（围裙）。还有一大块方形披肩，遮住整个背部和臀部，上端两角拉到胸前打结。

3．安多哇地区（包括玉树以外的青海藏区，甘肃的甘南、天祝，四川的阿坝等地），因经济生活以畜牧为主，又保存较多的古文化因素，所以其男装沿袭古代习俗，勇敢者饰虎豹皮，怯懦者饰狐尾。女装多用羔皮、氆氇、呢料缝制，饰以锦缎、水獭皮；腰围彩绸带。但不用“帮垫”（围裙）。

各地藏族也有许多共同点。如：都穿氆氇靴或牛皮靴。戴毡帽或皮帽。农区多梳双辫，牧区则为多辫。饰物有金银、珠玉、珊瑚、松石等多种。都重视色彩的配置，善于运用色块的递增排比，使服装上的色彩对比强烈，谐调统一，非常美观。例如，牧区的皮袍上常有蓝、绿、紫、青、橙、黄、米等色组成五彩竖条色带作花边。

此外，还有一些特殊的服饰类型，例如中国和尼泊尔边界的夏尔巴人，是从北方迁来的党项羌的后裔，其服装主要是白色对襟短上衣。

三、维吾尔族服饰

维吾尔族主要分布在新疆地区，从事畜牧业、农业和手工业生产；自古以来这个地区的纺织生产就比较发达，纺织技术比较高，又处于东、西方国家经济文化交流的通道上，所以服装式样、面料比较丰富，很有特色。

宋代前后，维吾尔族先民——回鹘人在新疆、甘肃建立过几个著名的政权，但服饰资料只有零星记载，除了第二编介绍的外，简介如下。

《宋史·外国六》记载：高昌地区“妇人戴油帽，谓之苏幕遮”。从交河过去行13日，到小雪山（金岭），“行人皆服毛罽”。龟兹国主“衣黄衣、宝冠”。甘肃河西走廊北边的大虫太子族，“人衣尚锦绣”。

敦煌壁画中有不少回鹘供养人的形象，如409窟，回鹘王戴尖锥形白毡高帽，穿圆领长袖、下边两侧开衩团龙纹长袍，毡靴。侍从武士戴卷沿如盘碟状的白毡帽、红结绶，穿圆领、窄长袖紧身小花纹长衫。均束带，垂韬鞢。贵族妇女穿翻领窄袖红色长袍，戴桃形博鬓冠，上插金凤、花钗。

《明史·西域一》：明代时，新疆柳城地区之人“语音类畏兀儿”，“男子椎结，妇人蒙皂布”。

近代，维吾尔族服装有：常服、节日装、宗教装、战服、猎服等类。

男装有：衬衣，圆领、贯头、长短都有，并在领口、胸前绣上十字花等纹饰。袷袢，是没有领子、对襟无扣、大袖、宽松的长袍，全身从上到下有红、白或蓝、白彩条纹，与面料色彩谐调，美观大方。节庆所穿袷袢，襟边还绣花，甚至全身有多组竖条彩色花卉纹，繁花似锦。腰巾，用织锦、绸、棉布裁制，用以系袷袢，并当作口袋用，颜色多黑、棕或蓝色，上面绣花或印花。长裤，多用蓝、灰、黑、白、棕等色棉布缝制，富贵人家常在裤筒下部加绣彩色花卉图案。帽子，一年四季都戴，很小，有小花帽①、单帽、皮帽三种，因地区、年龄、职业不同而有差别，就以小花帽为例，南疆地区喜爱有巴旦木图案的花帽；北疆地区多戴无花小帽；吐鲁番地区则常戴有红花绿叶图

① 俗称“朵帕”。

案的花帽等。一般来说，中老年人多戴金丝绒面料的曼其斯特尔帽和用白布料、边檐及顶上绣花的睡帽（即瓜皮帽）。冬天和农耕时戴无舌、卷边、圆顶皮帽，里外用棉布或丝绸包裹等等。节庆时的小花帽，用冰裂纹或点线纹为底纹，再以花卉枝干或线条分隔成若干区，每个区内绣花卉纹，色彩淡雅而秀丽。在宗教和丧葬等场合，则戴圆顶、卷边、黑色帽，显得严肃庄重。

女装有长短外衣、衬衣、背心、裙子、裤子等，并多在领、袖口、胸前、肩部等处用彩色线甚至金银线绣上小花、小叶等图案，其形制有：衬衣，长及膝部，各种颜色都有。连衣裙，无领小开胸，长及膝部，多用本民族织造的艾得丽斯绸缝制，色彩丰富，花纹美观。

坎肩，对襟，黑色，花襟边，加缀金银片。袷袢，冬天穿的长袍。帽子也是小花帽，中年人的花帽多饰“米”、“井”、“田”等字形或浅绿色地、加绣小红花，左右对称，枝蔓交错，色彩鲜明。青年人的花帽多用金丝绒作面料，上绣小花，并缀有串珠花饰。于阗、且末等地的女花帽口径不足10厘米，别在头巾右侧，帽顶是彩色绸缎面，下沿用羔皮，远看就像戴着一朵花。节庆花帽，富有人家戴金花帽，用红、绿、蓝等色金丝绒作面料，沿边镶金叶，帽壁右边插金花，华贵而光彩夺目。宗教活动和丧葬时，戴黑色圆顶卷边帽，庄严肃穆。

盖头、面纱，按照伊斯兰教教规，妇女外出要戴盖头或面纱，质地是棉布、丝棉混织或丝织品，颜色有白、黑、咖啡、灰等。大小都可以，一般是盖到腰部以上。

于阗、民丰、且末等地的维吾尔族服装又别具特色——头披白纱巾，戴小花；身穿袷袢，胸前饰7条尖头对称的蓝绸补条，领、袖口和下摆缀饰单边蓝绸条；内穿套头式、圆领、半开口衬衣，衣右侧也有9条绸饰，组成扇面形，领上绣羊角碎花纹，并镶边，华丽别致。

由于做礼拜和讲礼貌、卫生上的需要，维吾尔人除穿靴外，靴外还要加穿绒衬里的橡胶套鞋，很有特色，并影响其他民族。

维吾尔服装的面料有毛、丝、棉织品，用料考究。色彩喜爱红、蓝、白、绿、紫等色，几种色彩搭配得很谐调，美观。

四、回族服饰

回族散布于全国多数省区；主要以商业、农业、皮毛加工、食品加工业为生活来源；信仰伊斯兰教，有不同教派，所以，服饰虽然比较简单，但色彩明快，样式比较多。

据嘉靖《寻甸府志》记载：明代时，云南的回族“头戴白布小帽，不裹巾”。

近代，一般说来，回族老年男子身穿黑色和灰色长衫；或低圆领对襟衬衫。中年男子穿对襟白衬衫，白裤子和黑色坎肩。年青人平时的服装与汉族服装相同，参加宗教仪式时则穿有本民族特色的服装。妇女穿大襟右衽衣。童装常在袖口、膝盖处加绣纹饰。最有特色的是，男子普遍戴白或黑色无檐小帽（“礼拜帽”）。有的只用白毛巾、白布裹头。有的老年人喜戴形似铁桶的硬盔帽。还有五角、六角、八角等多角形帽。妇女多戴白色撮口圆帽和盖头。盖头精美而有特色，常用纱、绸、缎等软薄、精细、漂亮的面料，并有年龄段的大概区分：老人用白色，长到背脊中部；中年人用黑色，也到背脊；青年人用绿色，很短，只到肩部。有的青年妇女还戴面纱。鞋、袜多为布质，鞋有方口和圆口等类型。回族崇尚白色，认为这是最圣洁的颜色，所以服饰多用白色。但女服常用多种手法加饰素雅的花草图案，朴素美观。

各地还有一些特殊的服饰，如云南、贵州毗邻地区的一些回族男子，头包青、蓝、白布的大套头。上身穿短、瘦的对襟衣；外套下沿连接 8 个衣袋的“机器褂褂”。下身穿裤脚宽大、腰部多皱褶的裤子。青年妇女则穿大襟短衣和花围腰，用青丝帕或白布包头。甘肃、宁夏、青海的回族还多穿坎肩。青海海晏、祁连一带的回族服装基本上与当地蒙古族或藏族的服装相似等等。

五、东乡族服饰

东乡族主要居住在甘肃省东乡族自治县，因为畜牧业在经济上占有重要地位，所以，早期服装主要是羊毛褐衫和羊皮袄。妇女的上衣圆领、大襟、宽袖。领、襟上绣花，袖则绣花加滚边，套裤的裤管滚边两道，后面开小衩，用带系束。节庆时穿绣花裙和前后开衩的长袍；上穿斜襟上衣，其衣袖多为假袖，即在肘至袖口间缝上红、绿、蓝等色布多块，看来好像穿着数件彩色衣服，有立体感，不仅美观，而且是富有的标志。头戴布帽银饰。脚著木底高跟绣花鞋。男子则穿宽大长袍，腰束羊毛腰带，以便佩挂腰刀、烟荷包等日常生活必需品。有的则穿对襟无钮长衫，戴黑或白色"号帽"——用布或丝绸、线织裁制的平顶软帽。脚穿布鞋或麻鞋，也有自制的皮鞋。

18世纪以来，因信仰伊斯兰教，又受回族、汉族服装的影响，东乡族的服装有了较大的变化，原因是：伊斯兰教认为，婚后妇女的头发是羞体，应该遮盖，所以妇女外出时必须戴盖头，遮住全部头发，长到腰部，只露面孔。后来，女子从七八岁起就戴盖头。颜色因年龄而异——结婚以前用绿色，婚后用黑色，50岁以上用白色。面料是丝绸或麻布。在家时则只戴线织或白丝布的筒状便帽。有的教派要求妇女在家也戴盖头。男子则戴平顶无檐小帽，单帽白色，夹帽黑色。

有的信奉新教，禁止穿鲜艳服装。因此，妇女只穿藏青和黑蓝色布衣。上衣大襟右衽，长到膝，宽大，袖长齐腕。有的外加齐膝的布坎肩。下穿长到脚跟的裤子。结婚时穿裙子或长旗袍。冬天穿棉袄、皮袄。脚穿蓝黑色布鞋，青年妇女的鞋头绣花。男子服装有白色、天蓝色短衣，低领对襟布纽扣。深蓝色、灰色肥裤。黑色、有花纹的坎肩。长到脚踝的羊皮袄。还有一种褐褂，比较精细，就像呢子似的，有长、短两种，短的平时穿；长的则在探亲访友时和礼拜日穿服，低领、对襟、暗扣。

新、老教徒的服装也有差别。老教穿长袍、套裤；新教穿制服和小翻领黑布大衣。

六、土族服饰

土族居住在青海和甘肃的交界地区，早期的经济生活以畜牧业为主，织褐为衣。明代以后，则主要从事山地农耕，服装也随之有些变化。

妇女原来上穿大袍，下穿海水潮的彩色罗裙，脚穿高跟底的绣花鞋。后来她们多穿高领或翻领、斜襟右衽、花长袖的长衫，颜色多红、蓝、黑色，其花袖最有特色——原用7道花边缝制，后来模仿彩虹的色调，用红、黄、绿、白、蓝五色布帛拼制，美观大方，有的还织绣各种花纹，更为漂亮，被誉为“穿彩虹花袖衫的人”。坎肩，右衽，长及腹部，多为黑、紫或蓝色。腰带，两端彩色绣花。下身穿裤子和裙子。裙子在外，有紫色布裙；也有镶白边的绯红色百褶裙。裤子在内，蓝或紫色，并在膝下部分镶一节白布条，下面再镶一节红色（未婚者）或黑、蓝色（已婚者）裤筒。脚穿绣花长统鞋。头戴织锦毡帽。老年妇女只穿小领斜襟长袍，不穿花袖和绣花彩带。

男子原来多穿长袍，坎肩，腰束带。后来，中青年的上衣主要有两类：一是小领斜襟长袍；二是内穿绣花高领白色短褂，外套大襟黑色或紫色坎肩，并多在领、袖、襟、下摆处镶上红、黑色边饰。下身穿长裤，外加绣花围肚和腰带。腰带两端在前面垂下。脚穿云纹绣花布鞋和白布袜。小腿上扎上黑下白的绑腿。头戴用织锦镶边的卷沿毡帽，或形如“鹰嘴啄食”的白毡帽。冬天穿皮袄或羊毛褐衫。老年人一般只穿黑或白色长袍。

有的地区还有一些特殊式样，如甘肃卓尼勺哇的女装：内穿衬衣，外套长衫。这种长衫，领子高而宽，袖子长而大；在袖口的里子缝缀约16厘米宽的红边，以便翻卷外露作为装饰；长衫两侧开衩，并镶花边或氆氇边。长衫外面再套穿坎肩，开襟无钮扣，穿上后两边各折叠一部分，用腰带系于腰部，使露出两个三角形襟角，既紧身又美观。裤子肥大，裤口镶红边。脚穿长腰布鞋。甘肃积石山土族的中青年女装又别具特色——上身由里到外为绣花大兜背心，镶边的绿色夹袄，绣花马夹等。腹部系有绣花围肚。下身穿绿色、红色或黑色罗裙。老年妇女多穿黑色罗裙，翘首花鞋。

土族服装色彩多为红、蓝、黑、黄、白色。土族人认为红为太阳，蓝为青天，黑为土地，黄为五谷，白为乳汁，这五色是生产生活中不可缺少的，所以用于服装上，既美观，又寓意深刻。土族的刺绣，使用广泛，花纹多来自大自然。总之，土族服装多彩多姿，反映了土族人民对大自然和生活的热爱之情。

七、撒拉族服饰

撒拉族是元代时从中亚迁来的，分布在青海循化、化隆，甘肃积石山等县，原来以游牧为生，后来以农业为主，又信仰伊斯兰教，所以服装也随之发生了变化。

男装，原来身穿圆领长衫（似维吾尔族的袷袢），大裆裤，腰系布带，头戴卷檐羊皮帽，脚穿半腰皮靴，保存着中亚游牧民族的服装特色。后来则改变为短、宽的白色衬衫，黑色夹夹（坎肩），红、绿色腰带，黑、蓝色长裤，白、黑色圆顶帽（做礼拜时，头缠白布），布鞋和皮鞋等。老年人则仍穿旧式的长衫，头缠头巾。冬季穿皮袄或羊毛褐衫。有钱人家则在皮袄上加上布面或毛料面。穷人则穿自制的毡衫。

女装，原来用青梭布包头，身穿连衣裙，长裤，脚穿皮靴。后来变为头戴白帽、盖头，青年绿色，中年黑色，老年白色，丝绒面料。身穿红、绿色或花布面料的大襟上衣，斜襟、纽扣上系的黑、紫色坎肩，各种色彩的长裤，绣花肚兜和绣花布鞋，还有绣花荷包等。

撒拉族服装的颜色，男子多用白、黑二色，忌讳红、黄色及彩色。妇女的衣裤则喜用鲜艳彩色。面料也从原来简单的毛织品褐、毡和羊皮，发展为丝、棉、毛织品并用。

八、保安族服饰

保安族也是元代时从中亚迁来的，先居住在青海同仁，清代咸丰、同治年间迁居甘肃积石山下，直到今天。由于受到周围几个民族的影响，服饰有过几次较大的变化：早期，受蒙古族服装的影响，基本上穿蒙古装——男女均穿长袍，系腰带，戴喇叭形高筒白毡帽。后来吸收藏族、土族服装的一些特点，或穿长衫，或穿高领白色短褂和黑色坎肩、大裆裤。男女相同，只是女装用料色彩鲜艳，并在衣袖、裤脚上绣花或镶边；脚穿绣花鞋。迁居甘肃之后，与回族、东乡族毗邻，受到上述两个民族服饰的影响，保安族服饰又发生一次较大的变化，并沿用到现在，其基本形制是：

男装，平时穿白布衫，青布坎肩，蓝、黑或灰色布裤，戴白或黑色圆顶小帽。冬季穿翻领皮袄。节庆时，则穿翻领大襟黑色加彩色镶边的长袍，腰系长达5米的彩色腰带，头戴毡、呢礼帽，脚穿牛皮靴。

女装，上衣是长过膝的大襟袄，紫红或绿色，袖子及衣边加镶彩色布帛或刺绣。还有坎肩，裤子和盖头。少女平时用纱巾。节庆时戴红、绿色礼帽。

九、裕固族服饰

裕固族主要分布在甘肃的肃南和酒泉两县。当地比较寒冷而且多风沙的气候，以及裕固族人世代以畜牧业为生（后来也有些农耕生产）的生活方式，决定了其民族服装的特点。按季节区分，裕固族的服饰有两类。

男女服装：春、夏、秋季都穿高领、大襟、右衽、下摆两侧开衩的长袍，颜色有绿、蓝等，并在领、袖、襟和衣衩处绣花。女袍绣花之处比男袍多得多，纹饰也比男袍鲜艳、秀丽得多。腰带，男子多红、蓝色；妇女多红、绿、紫色。长裤，男女都穿。此外，妇女还穿高领坎肩，有大红、桃红、翠绿、翠蓝等色；使用有色手帕。老年男子则穿马蹄袖短褂。

男子戴圆筒平顶镶边的白毡帽或礼帽。妇女戴喇叭形、顶缀红缨、前檐平伸、后檐微翘并加饰多种图案的白毡帽或芨芨草帽，别致美观，又有纪念本民族女英雄的含义。

服装面料有毛褐、毛毡、氆氇、布和丝绸等。

冬季服装则都是头戴皮帽，身穿羊皮袄，脚穿长统皮靴或双鼻梁圆头鞡靴。

十、哈萨克族服饰

哈萨克族主要游牧于气候寒冷的新疆北部，所以服装、特别是男子服装的面料以皮毛为主。但因与其他民族交往和贸易，所以哈萨克族服饰的面料也有布和丝绸。服装种类和形制是：

男装有：皮大衣，长身长袖，家居和劳动时不挂布面；外出和探亲访友时则挂布面或条绒面。腰束镶银饰的宽皮带。白布衬衣，套头式，青年装的衣领上常绣有色彩丰富的纹饰。坎肩，有皮的和棉的两种，颜色较深，绣花。长袖大衣，用黑色条绒或棉布作面料，内絮驼毛。长裤，白布缝制。帽子的品种式样多，如伊犁地区冬天戴绸缎面的尖顶四棱形皮帽，加耳扇和尾扇；又有圆顶皮帽。夏天戴薄白毡帽，用黑绒滚边，并绣几何图案，形制为高顶、方形、帽沿上卷。阿勒泰地区则夏季不戴帽，只系白毛巾或三角白布，头顶外露；冬季戴尖顶四楞形皮帽，下部左、右、后三面下垂护颈，挂绸缎面，颜色多用红、黄、紫等色。

女装多用丝、棉、毛织品缝制，有：连衣裙。青年妇女的连衣裙下半身多层多褶；色彩鲜艳，多紫红色；袖子上绣花；下摆缝有荷叶边。中老年人则穿白色或深色连衣裙，袖子和下摆绣花。坎肩，无领无袖对襟；多黑色或紫红色，镶花边，胸前缀彩色扣和银饰，但结过婚的妇女则不加胸饰。年青人多用鲜艳色彩的面料，中老年人则多用深色面料。还有短上衣和棉衣等。套裤，绣花。帽子和头巾，种类多，如姑娘，夏天戴三角或四角形绣花头巾；冬天戴硬壳圆斗形帽，用红或绿、黑色绒布挂面，顶端用金丝绒刺绣花草纹饰，镶嵌珠子，并插上一撮猫头鹰羽毛，既美观，又象征吉祥、勇敢和坚定。还有用绸缎、棉布或皮缝制的圆帽，也绣花、插饰猫头鹰羽毛，并镶嵌金银珠宝。结婚时，则戴绸或条绒、布面的尖顶毡帽，不仅在帽顶绣花、镶嵌金银珠宝，而且在帽子的正前方加饰串珠，下垂至脸，流光溢彩，是哈萨克族最漂亮的女帽。结婚一年后，改戴花头巾。生孩子以后，又改戴宽大的白布披巾，从头至腰、胸都能遮盖住，只露出脸面。这种披巾，年轻人用的可绣花纹；年纪大的则用无花纹披巾。

皮靴、套鞋，男女都穿用，都用皮制，但在套鞋外面还要用蓝色等色布缝制美丽的图案，男女套鞋都是如此。

十一、柯尔克孜族服饰

柯尔克孜族分布在新疆西部克孜勒苏柯尔克孜自治州等地，地处帕米尔高原，世代以畜牧业为生，所以其服装具有高原游牧民族的特点，用料皮毛为主，也用一些棉布。

男装有：衬衣，圆竖领套头式，白色加绣花边。袷袢，是无领、长袖、对襟长衫，用羊皮或驼毛布或蓝黑色棉布缝制。青年人的袷袢在襟、袖口、衽边绣花。中老年人的袷袢则素色无纹饰。坎肩，黑或蓝、灰色。腰带，有皮带和绣花布带两种。裤子，有用棉布和条绒布缝制的宽腿长裤和皮裤。其中年轻人的裤管较细，外侧开衩，裤脚甚至整条裤子外侧都绣花。还有皮大衣、衬裤等。服装颜色，青年多穿蓝色、棕色的，成年人多穿黑色、白色的。帽子，四季戴圆顶灯芯绒小帽，颜色：青年帽多红、绿、紫、蓝色；老人帽多黑色。还有皮帽和毡帽，套于小帽外面，其中被视为柯尔克孜民族的象征，最常见最有特色的是一种白色羊毛毡帽，形制为四方形顶或尖顶四棱形，上饰珠子和黑穗，帽檐上卷，镶黑色绒布一道，左右两边中部各开一个小口，把帽檐分成前后两部分，可灵活使用，若要遮雨雪，则将前后檐同时稍向上翻卷；若要遮阳光，则将前檐垂下，后檐翻卷；若要防风沙，则将前后檐垂下。柯尔克孜人把这种帽奉为“圣帽”，非常珍视。还有皮、绸、绒拼制的圆形高顶帽。靴、袜有高筒皮靴、土皮裹成的鞋、轻便的船形布鞋、毡靴和毡袜等。

女装有：衬衣，直领、长袖、宽大。连衣裙，竖领，下摆多层多褶（北部地区）或不带折皱（南部地区），红色。坎肩，无领、无袖、对襟，襟边绣花，小姑娘的坎肩襟边还加钉几排银、贝、玻璃扣子等。坎肩多用黑色或紫红色金丝绒缝制。袷袢，外出时穿服。裤子，灯笼状。裙子，圆筒形，多褶，下摆镶皮毛。已婚妇女还穿短上衣。靴袜，与男式相同，但加绣花纹，巾帽，未婚女子戴红丝绒圆顶小花帽或圆顶大皮帽，顶饰珠、缨、羽毛等物，甚至绣金丝。帽子上还盖一条彩色头巾。还有一种高筒式帽子，分上下两部分：上部单色，比较浅淡；下部颜色较深，并镶有竖道条带，如蓝底红道等。方头巾，婚后的妇女都要戴，用以遮盖头部，只留眼、鼻、嘴外露。一般是单色，青年人多用红、黄、蓝、绿色；中老年人多用白色。婚礼用的头巾系扎在头顶和脑后，下垂到背部，全巾绣满色彩丰富的花纹图案。女装色彩也因年龄不同而有差别，青年人多用红、绿、黄、棕等色，特别是红色，它被视为快乐幸福的象征，用得最多。老年人多用黑、白、蓝色。刺绣图案有几何纹和动植物图案。

十二、锡伯族服饰

锡伯族原来渔猎于东北地区北部，清代时被征调屯垦于新疆伊犁和东北三省的部分地区。环境和经济生活的变迁，使锡伯人的服装原料从原来的兽皮改变为棉、麻、丝织品；服装式样原来与满族服装接近，后来，女装变化不大，而男装有了较大的变化。

男装，有长袍和马褂，都是立领、右衽、大襟，两边开衩；颜色多青、蓝、棕等。只是二者长度差别较大：长袍长到脚面，马褂则只到腰部。套穿时，二者用色不同，如长袍若用蓝色，马褂则用黑色。腰带，青布面料，用以系束长袍。帽子，圆顶，颜色多青、蓝、棕。鞋，厚底。

女装有：长袍，源于旗袍，形制与男袍类似，也是立领、右衽、大襟、两侧开衩，不同之处是女袍要镶花边，颜色主要用红、绿、粉红等。连衣裙，腰和下摆处多褶，青年妇女的连衣裙色彩鲜艳。坎肩，无领、无袖、对襟、弧摆、无扣，紫红色等。鞋袜，为绣花布鞋，白布袜。巾帽，老人多用白色或青色帽子。服装色彩方面，青少年爱用色彩鲜艳的服装；中老年人则较为朴素。

萨满教中的萨满则腰围飘带绣裙。

十三、塔吉克族服饰

塔吉克族主要居住在气候寒冷的帕米尔高原，经济生活以畜牧业为主，兼营农业，所以服装多用皮毛、毡褐为面料，清代以后，用自织土布和外来的丝绸渐多。

男装有：衬衣，套头式，立领对襟，领和胸襟多白地加绣红、白相间的花边。袷袢，是无领、对襟、无扣的长外套，多黑色、青色。羊皮大衣，不挂布面。腰带，布质，绣花，既可束袷袢，作装饰，又可挂小刀等物品。帽子，是高筒圆皮帽；用黑平绒布作面子，上绣几道细花纹和一道宽花边。有帽檐，平时卷起，显得英武美观；风雪天气则把帽檐放下以保护脸颊，保暖。脚穿马靴。

女装有：连衣裙，长及脚面，多用红、粉红等鲜艳颜色的面料，并在领、袖口、裙摆下部加绣几朵大白花。坎肩，用深色绒布缝制，无袖、对襟，边绣白花。上衣，紧身套头式，长及腰；袖子长者及腕，短者及肘；全身红地绣白花。半长衣，长及膝部，无领、对襟、长袖、前摆正面襟两边开衩；多红色面料，襟、摆、袖、开衩处绣花。袷袢，只是冬天穿，内絮棉花，多为红色。裤子，是棉布长裤。后围裙，彩色，已婚妇女系束于腰间，但与别的民族不同，它不是用于遮前身，而主要是遮盖身后臀部的。还有绣花腰带。巾帽，有圆形、绣花加镶嵌金银珠子的棉帽，后半部垂挂一块后帘，以遮住后脑和两耳。外出时，还要在帽子外面加披一大块方头巾，多为白色；新娘用红色；少女多用黄、绿色，走动时，迎风飘扬，别有情趣。又，新娘辫梢饰丝穗，少妇发辫缀白纽扣；帽檐加饰一排小银链等等首饰

男女都穿染成红色的、长统、尖头、软底皮靴和毡袜、毛线袜。

十四、乌兹别克族服饰

乌兹别克族是16～17世纪时从中亚移居我国新疆地区的，又多散布在城镇，与维吾尔族、哈萨克族杂居，所以服装反映了民族交流的特点。

男装有：衬衣，白色套头式，圆立领，在领、袖、襟边绣几何纹等纹饰。长衫，斜领右衽，无纽扣和口袋，长及膝盖，有的还饰花边，多用较厚实的绒、绸、棉布等缝制。腰带，是三角形绣花长巾。坎肩，无领、无袖、无扣，胸前绣上大朵带枝

花。青年坎肩用鲜艳的颜色，如黄底蓝花等。老年人坎肩则多用黑色。还有长裤等。

女装有：连衣花裙，开领，宽大多褶，青年多穿黄色等艳丽色彩裙；老年人则多穿黑、深绿、咖啡等色裙。不束腰带。上衣，比较短，只及大腿部，无领，无袖，对襟，下摆的正中和正面两边都开衩，形成两片宽带。襟和宽带的边都绣花。出门时还要穿斗篷、蒙面纱，从头到脚都不能外露。

男女都戴小花帽或素面小帽。样式、色彩种类较多——用枣红、紫红、墨绿、黑色丝绒缝制；有的多棱角，有的不带棱角；青年人的帽子上绣满几何纹和花卉纹，老年人的帽子则很少、甚至没有纹饰；女花帽外面还披长花头巾。冬天还戴毡帽、皮帽。男女都穿靴，外加套鞋。富有的妇女还穿绣花靴，外加套鞋。穷人则平时很少穿鞋。

服装面料：富人多用金丝绒等高级织品，而穷人则多用土布。

十五、俄罗斯族服饰

俄罗斯族是18世纪以来由俄罗斯移居到新疆北部的(后来还包括从前苏联归国的部分华侨及眷属)，经济生活主要是从事手工业、运输业和农业，其服装基本上保留俄罗斯风格。

男装有：衬衫，套头式，长及膝盖，多淡色；节庆时，年青人则穿彩色衬衫，下摆要放在裤子里，不能外露。外衣，用粗呢子或皮毛缝制，套头式，圆立领，小开襟，长及大腿根部，紧身，开襟处及两边各有一竖道镶花边，下摆也有一圈镶花边。裤子，是细腿长裤。帽子，有呢子帽和带耳罩的皮帽。靴，有皮靴和毡靴。

女装有：衬衣，斜立领，长袖，对襟，用粗布缝制。长袍，套头式，无领无袖，大圆开胸，高腰身，对襟，长及脚面；上半身无纽扣，下半身才安设一排纽扣；纽扣的两侧和开胸的边沿加绣花边。外衣，多用白、黄等色丝绸缝制，样式与男衣相同，也在领、胸、襟上加绣花边。裙子，用毛织品缝制，长及小腿。还有皮上衣、皮袍、皮靴和毡靴等。

十六、塔塔尔族服饰

塔塔尔族散居于新疆西北部和北部，经济生活以经商为主，也有少量的牧、农、手工业。服装的种类和形制如下。

男装有：衬衣，套头式，斜领，对襟，宽袖（也有短袖的）；多白色，并在领、袖口、胸前等处加绣十字纹花边。坎肩，无领、无袖、长及腰部，多黑色。使衬衣与坎肩白、黑对比强烈，这是塔塔尔人喜欢用的对比色。长衣，对襟，无扣，多黑色。皮大衣和棉大衣，长及膝胫，也多黑色。裤子，长而窄，多黑色。帽子，有小花帽，是圆形平顶丝绒花帽，也用黑、白两色对比。有皮帽，卷檐。腰带，质地为布或皮，主要是农、牧区男子使用。脚穿皮靴、鞋。

女装有：连衣裙，中下部有宽大荷叶饰，色彩多为白、黄或紫红等。裙子，是半皱边的长裙。坎肩，无领无袖对襟，长及腰部，多为深色，加绣金黄色边。冬天还穿皮大衣或棉大衣。巾帽，城镇妇女戴镶珠子的白、黑两色的小花帽和彩色头巾，也有皮帽。农牧区妇女多扎头巾。脚穿皮鞋、皮靴。

十七、门巴族服饰

门巴族主要居住在西藏南部的门隅和墨脱，因两地的自然条件、经济生活不同，他们的服装也就有差别。

门隅地区比较潮湿、寒冷，经济生活以畜牧业为主，所以门隅的门巴族人多用皮子和氆氇缝制衣服。男女服装基本上相同，都是赭色氆氇长袍，其形制是立领、右衽、长袖，长至脚面。腰系带。头戴圆顶宽边、前边有缺口的氆氇、毡绒或皮质小帽，顶褐色，边桔黄色。脚穿牛皮软底长统靴，用红、黑二色氆氇作靴面和靴筒。此外还身披完整的羊牛皮，既保暖，又可作背东西的垫子。男女服装的差别主要是，妇女要在长袍外面多系一条白色圆筒围裙或彩色长条纹裙。

墨脱地区气候比较热，农业占有重要地位，服装面料多用当地人自己纺织的棉、麻布。上身，男女均穿白色上衣，有长、短两种。下身，妇女穿花长裙；男子穿长裤。

男女均蓄发，有些妇女的蓄发梳辫盘于头顶。头、耳、颈、胸、手上爱戴玉石、玻璃类的饰物。

十八、珞巴族服饰

珞巴族聚居于西藏东南部珞瑜地区的高山峡谷地带，解放前他们仍处于原始社会末期阶段，与外界联系很少，所以其服装比较原始，保持本民族的固有特色。但因地形、气候复杂多样，物产丰富，所以毛、麻织物都有。

男装，内穿藏式氆氇长袍；外穿长及腹部的贯头黑色毛织坎肩；背上披牛皮，用皮条系在肩上；或内裹兽皮、外罩山羊毛织物，前后两片拼缝，长仅及膝，宽与肩齐，中间留有缝口。头戴用熊皮压制或藤条编织的、有护颈的圆盔，帽沿上套有毛向外的熊皮圈。后垂熊皮。跣足。

女装，上身内穿圆领、对襟、窄袖的麻布上衣，外披长方形披肩，质地为毛毡或小牛皮；有的则穿圆领、斜襟、长袖的氆氇上衣，外套贯头式、无领无袖、镶上彩色花边的长坎肩。下身穿羊毛筒裙，长只过膝，小腿部分用布包裹。跣足。

男女装色彩多用红、黑色。

男女均蓄长发，额发齐眉，头发披于肩、颈。珞巴人特爱首饰，头、耳、颈、胸、腹、背、手上，都有竹、石、贝、骨、牙、铜、铁、银等饰物和用品。饰物数量多，有的重达十几千克。

第四节　南方民族的服饰

我国西南、东南地区的民族很多，有关他们服饰的文献记载也比较多，但有的是泛指一个地区的多民族服饰，难以归到一个民族，所以，这里先把泛指的、宋代的列出来，然后再分族介绍。

《岭外代答》记载："西南夷大率椎髻、跣足，或衣斑花布，或披毡，而背刀带弩。其髻以白纸缚之，云犹为诸葛武侯制服也"。西南蛮之笠，"以竹为身，冒以鱼毡，其顶尖圆，高起一尺余，而四围颇下垂……视他蕃笠，其制似不佳，然最宜乘马，盖顶高，则定而不倾；四垂，则定而不倾；四垂，则风不能飐，他蕃笠所不及也"。"西南蛮……自蛮王而下至小蛮，无一不披毡者，但蛮王中锦衫（外）披毡；小蛮袒裼披毡尔。……以一长毡带贯其摺处，乃披毡而系於腰，婆娑然也。昼则披，夜则卧，雨晴寒暑，未始离身。其上有核桃纹……佳者缘以皂。""南人难得乌纱，率用白纻为巾，……又南人死亡，……而制服者反於白巾上缀少红线以表之。尝闻昔人有诗云：'箫鼓不分忧乐事，衣冠难辨吉凶人'是也。"与汉族吉、凶服色不同。

该书记载东南古代民族的服饰有：水上居民疍蛮，"极贫，衣皆鹑结……其母以软帛束之（指儿童）背上"。广东"钦州村落土人新妇之饰，以碎杂彩合成大方帕，文如细球①，名衫，左右两个，缝成袖口，披著以为上服，其长止及腰，婆娑然也，谓之婆衫。其裙四围缝制，其长丈余，穿之以足，而系於腰间，以藤束腰，抽其裙令短，聚所抽於腰，则腰特大矣，谓之婆裙。头顶藤笠，装以百花凤。为新妇，服之一月，出入村落圩市，亦

① 原文为"合成细球，文如大方帕"，似把"细球"与"大方帕"二词的位置对调了，在此纠正。

不释之”。清代吴震方《岭南杂记》:“蛋户……隆冬,单衣跣足。”

《宋史·蛮夷传》记载：湖南南丹州蛮有“绣真珠红罗襦”，并作为贡品。广西广源州蛮人“椎髻左衽”。侬智高军队“衣绛衣，望之如火”。广西和贵州南部的蛮人“椎髻跣足……衣服斑斓”。贵州、四川的黔州、涪州徼外的西南夷，以游牧为生，“俗椎髻，左衽，或编发”。四川、青海的石门等蕃部“俗椎髻，披毡，佩刀”。云南的一些夷人“使者衣虎皮毡裘，以虎尾插首为饰”。

《文献通考·四裔考》记载:夜郎地区的有些民族“蓬发……衣虎皮毡裘。天圣后，使者衣布袍”。

(宋)《溪蛮丛笑》载：僚人“裙幅两头缝断，自足而入，斓斑厚重，下一段纯以红”。

一、羌族服饰

羌族原来游牧于西北地区,后来定居在今四川茂汶等地,改营农业，其服装兼有农、牧经济地区的特点。

男女服装基本上相同，但仍有一些差别。男子多包青、白色头帕。穿立领、右衽、长袖的白、蓝色麻布长衫，长过膝盖。外套无领、无袖的羊皮褂子。后来还有棉、麻布坎肩。腰束麻或毛织带。脚穿草鞋或布鞋、皮靴。腿上裹毛或麻织的毪子。

妇女头上也多包青、白色头帕；或于头作髻，形制特殊，它是将一块青布叠成瓦状，放在头顶上，然后用两根发辫缠绕其上而成的。青年妇女则用绣花帕包头。身穿麻、棉布长衫，外套羊皮褂子，束绑腿等，与男装相同，只是女衫比男衫长，长至脚背；而且上绣鲜艳美丽的花边；衣领上镶一排梅花形银饰。腰束挑绣花的围裙和飘带。花围裙可分为上下两部分——上部似梯形，在黑色地上绣满多瓣花，枝茎相连；下部则只在中间绣花，两边自上而下各垂挂三串饰物。鞋子形似小船，鞋尖稍上翘，上绣云彩等图案。还有耳环等首饰。

羌族崇尚白色，所以其服装多用白色。

与藏区毗邻的羌族则穿藏式服装。男子穿大领、长袖长袍；女子穿裙子。男女均束腰带，穿高统皮靴。

与汉区毗邻的羌族则穿汉式服装：长短衫，圆口布鞋或单鞋。

二、彝族服饰

彝族分布在四川、云南、贵州、广西等省区，由于各地的自然条件、经济生活不同，加之彝族的支系较多，与其他民族接触、交流的情况也不相同，因而各地彝族的服装不尽相同。清代初年的许多书都有记载。

田雯《黔书》："黑罗罗……以青布帛为囊，笼发其中，而束於额，若角状。行则荷毡戴笠……肩拖羊皮一方……若战，以锦缎、毡衣披死者"。"㑩鸡，蓬头椎髻，标以鸡羽……挽髻如角向前。衣文绣，短不过腹。垂缨络，自项及胸"。"土人，絮袄皮带，……系弓弩。妇披毡毳"。"扯苏……皮履布衣"。"山苏……男子披发跣足，妇人挽髻蒙头"。

李宗昉《黔记》："罗鬼女官，即猓罗正妻，称曰耐德，编发为髻，用青帕蒙之，多以银丝花贴额。耳垂大环。拖长裙三十六幅"。

《景东县志》："男着麻布短衣裤。女垂发两辫，复麻布帕；著麻布密褶裙；赤足。"有的妇女"束发，青皮缠头，别用青帕复之"。

檀萃《滇海虞衡志》记载更详细："今罗罗之种数亦颇繁矣……白罗罗者，裹头跣足，著两截衣；妇人耳带铜环，衣如袈裟，以革带系腰；丧无棺，缚以火麻，裹毡，竹床舁之……"似乎还有"裙"。"黑罗罗，其俗男子挽髻，以布带束之，耳圈双环，披毡佩刀；妇人头蒙方尺青布，以红绿珠杂海贝、砗磲为饰，著筒裙，手带象圈，跣足，在夷为贵种，凡土官、营长皆黑罗罗也；土官服虽华，不脱夷习，其妇以彩缯缠首，带金银大耳环，服锦绮，曳地尺余，然披黑羊皮于背，饰以金银铃索……”“其撒弥罗罗者，男挽髻如㲲，长衣短裤；妇衫裳俱短”。“妙罗罗者，皆土蛮官舍之裔也……与诸种异，耳环，服梭罗布；妇女衣胸背妆花，前不掩胫，后长曳地，衣边弯曲，如旗旒，无襟带，上作井口，自头笼罩而下，筒裙细褶……男女皆跣足；每踏歌为乐，则着皮履，男鹊帽襞积衣，吹芦笙，女三尖冠，衣缉衣，跳舞而歌……又称猓落蛮，又称白脚罗罗，以白布束胫故也”。“阿者罗罗，衣服略与乌蛮同，婚丧如白蛮，但耳环独大耳……”“乾罗罗者，……丧以牛皮裹尸，束缚而衣之以薪”。“鲁屋罗罗，服饰类乌蛮，别为一种”。“海罗罗，亦名坝罗罗，……与汉杂居，居食衣服，悉与汉同……”“阿蝎罗罗者，树皮为屋，身披羊皮，种莜麻……”“葛罗罗者，俗同乌蛮，但袍裙稍短”。“罗婺，一称罗武，又称罗午，男子髻束高顶，戴笠披毡，衣火草布，即火麻也……妇女辫发，两绺垂肩，饰以砗磲缨络，方领黑衣，长裾跣足……按此即乌蛮也，在本处谓黑罗罗，徙他处为罗婺……”又其支系“濮喇……蓬头跣足，衣不浣濯，卧以牛皮，覆用羊毡”。“喇鲁……衣麻”。“利米，衣皂，……女子分辫赤足，出外常披花布蔽身”。

近代的彝族服装有两大类。

其一，大小凉山和贵州西北部的彝族，因生活在高山峡谷，与外界交流少，所以其服装比较古朴。男子上穿无领、窄长袖、大襟右衽的短上衣，长只及脐，襟、袖绣花。青年喜穿花布衣。下穿长及脚面的长裤，一般没有裤腰，上口也小，裤脚大小则因地而异，有大、中、小三种，大的宽达170厘米，像裙子；小的很窄，似马裤。外披羊毛毡缝制的“披毡”和斗篷式的“擦尔瓦”，形制多种，平时当衣服穿，下雨时当蓑衣用，晚上当被子盖。头缠黑色头帕，裹成尖锥状，偏立于上额，称为“英雄结”。女子穿右衽大襟等布上衣，样式与男上衣相同，长短不一，袖子有宽窄两种，襟、袖绣花面积较大。结婚时穿饰银领扣和花边的上衣，头包丝帕。景东县蒙化等地则是外衣短于内衣，显出层次，富有装饰效果。下穿多色块、上下分为二、三节的百褶裙，用麻布或毛布缝制，有的则一节麻布，一节毛布缝合而成，色彩多红、黑、白等二、三色的组合。节庆时穿纯白色的毛裙子。婚前，平日也可穿白裙。老年人多穿蓝色裙子。腰系带。外面也披披毡和擦尔瓦。平时和干活时，多穿坎肩式的毛织物“哈不以”。生育前，头上缠青头巾；生育后改戴大盘盘帽或竹架青布圆顶帽。贵州赫章的彝族妇女新婚后 3 日内必须穿一种前短后长的“方袍”，前片长 1 米左右，后片长 2 米多，方形，两侧有装饰花纹，是用多种色布、花边缝缀而成的。

其二，云南、广西和贵州其他地区的彝族服饰，吸收汉族和其他民族的服饰文化稍多一些。男子，上穿无领、对襟（青年）和大襟（老年）上衣。少数地区老人穿长衫。外穿坎肩。腰束带。头戴瓜皮小帽。下身穿长裤，裤脚由窄（清代以前）渐变宽。广西有的地区的彝族男子穿长只及膝的宽脚裤，小腿部分缠绑腿。女子多穿无领或有领、长袖、大襟右衽上衣，有的地方穿短衣或贯头衣。节庆时还穿围腰。下穿长裤。衣襟、袖、围腰和裤脚都绣花。脚穿绣花鞋，鞋头有一小尖锥，或前伸或上勾，皮底，并加铆铁钉帽，既美观，又便于在泥泞路上行走，有防滑作用。

解放前，彝族地区，特别是凉山地区，长期处于奴隶社会阶段，等级区分严格，这也表现在服装上，如服装面料，土司、头人多用绸缎和高级毛料；一般人则多用普通的毛、麻织物；奴隶则只能穿破麻布片。又如妇女大盘帽，地位高的，帽盘大，包裹层数多，用色单纯；而一般妇女的帽盘小，层数少，颜色杂等等。

彝族崇尚黑色，服装多黑色。图案纹样体现其习尚和观念，如取火工具火镰，饥荒时的食粮蕨根（被称为“救命草”）和体现其天体崇拜的日、月纹等，都是服装上的重要纹样。

三、白族服饰

白族主要聚居在云南大理地区，那里物产丰富，服装样式丰富多彩，各时期不尽相同。

元代李京《云南志略》记载：白人（僰人、白蛮）男女首戴次工，制如中原渔人之蒲笠差大，编竹为之，覆以黑毡。男子椎髻披毡。女子以青纱分编其发，绕首盘系，裹以攒顶黑巾，耳戴金环，用象牙缠臂，衣绣方幅，以半身细毡为上衣。

清代田雯《黔书》记载：“僰人……男子皆冠片毡”。清代前期，贵州僰人所绘朝佛图，有5个人：第1人，男，头束髻，上衣下裤，穿披毡。第2人，女，青布包头，上衣下裙，扎绑腿，赤足，穿披毡。第3人，女，服装同第2人，但穿鞋①。

近代，白族服装大概可分为如下五个地区类型：

在中心区，男装有：立领、长袖、对襟白上衣。外套无领无袖、黑色白边、长及大腿根部的领褂。白色长裤。头缠白色或蓝色头帕，帕的两端下垂于头的左侧，直至肩部。肩佩挂包，方形，上有彩色绣花长带，下垂3个三角形饰，每个三角形饰下又有3件饰物。女装有：上身内穿无领、中长袖的白色上衣；外套无领、无袖、右衽的红丝绒领褂。或内穿浅蓝色上衣；外套黑丝绒领褂。腰系长方形绣花围裙，长及大腿根部，下摆弧形。肩佩绣花挂包。下身穿蓝色宽裤。足穿后跟较高的绣花鞋。

在洱海以东地区，男子上身内穿大襟短上衣，外套皮或布、绸质领褂。腰系斧钺形绣花兜肚，下部有大小不同的弧形纹。还有腰带。下身穿蓝或黑色长裤。头戴瓜皮尖帽或用白、蓝、黑

---

① 宋兆麟：《清代贵州少数民族风俗画》，载《文物》，1988（4）。

等色头帕包头。女子上身穿白色短袖上衣，有的还在短袖下端套接有滚边的大小袖。外穿黑色领褂。腰系彩色绣花围裙。下身穿浅绿色或白、蓝色滚边的长裤。足穿绣花尖鞋。

在洱源西山地区，男子上穿右襟、长及臀部的麻布衣，外套羊皮褂。腰系绣花腰带。下身穿麻布短裤。脚穿草鞋。女子上衣比较特殊——圆领、右襟、镶花边，前片短，只及腰部；后片长，可以盖住臀部。腰系绣花镶边围腰和绣花腰带。下身穿短裤加裹腿。头裹黑布。脚穿草鞋。

楚雄地区，女子穿白衣和黑领褂，领、袖口和衣摆上贴上红、绿、蓝三色布，形成 3 层“假衣”，称为“三滴水”。

丽江地区白族的服饰受纳西族服饰影响，也披羊皮披肩。

白族妇女的头饰有头帕、帽箍、姑姑帽、鸡冠帽、凤凰帽、鱼尾帽等。

白族崇尚白色，主要服装多用白色或浅绿、浅蓝等近似色。但在挂包、肚兜、围腰、腰带、头巾、鞋等比较次要的服饰上，则用比较艳丽的色线绣出精美的图案。因此，从总体上看，白族服饰显得淡雅秀丽。

四、哈尼族服饰

哈尼族聚居于云南南部哀劳山等地区，气候属亚热带，经济生活以原始农业为主。原称“和泥蛮”等，“男子剪发齐眉，头戴笋箨笠。跣足，以布为行缠，衣不掩胫……妇人头缠布，或黑或白，长五尺，以红毡索约一尺余续之，而缀以海巴或青绿药玉珠於其末，又以索缀青黄药玉珠垂於胸前以为饰。衣筒裙，无襞积。女子则以红、黑纱缕相间为布，缀於裙之左右”①。清代时，“窝泥，男服皂衣。女束发，青布帕缠头，别用宽布覆之。衣用长筒，有领、袖而无襟，穿衣自首套下。内着筒裤。领缀

① （明代景泰）陈文，王谷：《云南图经志书》，抄本，云南省图书馆收藏。

海吧，用锡作短小筒串以饰项……”① 或曰：“男环耳，跣足。妇花衫，锦绳辫发，贝珠盘髻，络青黄珠垂胸。裳无襞积，红黑纱缕缘左右边，以藤束腰。”人死，吊者“锣鼓摇铃，头插鸡尾跳舞，名洗鬼……”哈尼族支系“喇乌……衣用棉布，女装如窝泥，短衣筒裙”②。

近代，哈尼族的服装主要是：

男子多穿对襟上衣和长裤，仍用黑布或白布包头，老人戴瓜皮帽。在西双版纳地区则穿右衽上衣，大襟上镶饰两行大银币。节庆时，青年人头上插饰羽毛和鲜花。女子则穿衣裙和长短裤。蓄发编辫，普遍用银链、银币作胸饰、耳饰。少女单辫下垂；成年结婚后，或双辫或盘辫头上，用黑、蓝布缠头或制成帽子，上镶小银泡、料珠，或坠丝质流苏。衣帽款式多样，因地区而异。

红河地区穿圆领右衽上衣或立领、大袖长衫，长裤。用银币作钮扣，袖口、裤脚镶彩色花边。节庆盛装有挑花边坎肩，绣花围腰，挑花绑腿，圆形坠流苏帽子或蓝色尖顶帽。也有不戴帽子的。

墨江地区除上衣外，还有披肩。下穿短裤，长只及膝。小腿打花绑腿。还有花围腰，少女多用白色或粉红色围腰；婚后则多用蓝色围腰。

西双版纳和澜沧地区，穿上衣、短褶裙，长只及膝。未婚女子的裙子系得高，紧接上衣；已婚者裙子系得低，使腰部裸露。小腿扎护腿。平时多跣足，节庆时穿绣花尖鞋。

红河易车地区，上穿长袖、圆下摆、饰以龟背纹的短上衣“龟裳”。下穿紧身短裤。头包尖顶三角形的头帕。

---

① （雍正）《景东府志》。

② 檀萃：《滇海虞衡志》，卷十三。

哈尼族服装的面料多为自织的棉布，用色主要是蓝靛染成的藏青色。

五、傣族服饰

傣族聚居于云南南部河谷平坝地区。气候属亚热带气候。经济生活以农业为主，这些环境条件决定了傣族服饰的特点。

元代时，金齿百夷男子衣赤黑衣。贵族穿本民族自织的纻丝绫锦。女子衣文锦、联缀珂贝为饰[①]。清代时，僰夷的大小官吏“上下僭奢，微名薄职，辄系钑花，金银宝带。官民皆冠箬叶，顶金玉珠宝，悬小金铃，遍插翠翎，后垂红氈。贵者衣纻丝绫锦，饰金花钿……官民皆髡首黥足，……妇人绾独髻，脑后以白布裹之，窄袖白衫，皂布筒裙。贵者锦绣。跣足……”。象奴“铜帽花裳”[②]。而宁洱、思茅、威远的“缅和尚，……以黄布缠头，披黄布衣，仿佛喇嘛……”[③]

近代，傣族的服装主要有：

男装：园领大襟或对襟短衫，长裤，白布或蓝布包头，出入常背丝织的“筒帕”（袋子）。

女装：小圆领、长袖、短而紧的上衣，长筒裙，腰带或有或无。各地的服饰样式、色彩有些差异。

西双版纳地区的短衫多为白色、绯色和淡绿色，窄袖窄腰，无扣，用布带系结。筒裙多为褐色，长及脚面。用银腰带系扎。头包大头巾。

德宏瑞丽和耿马勐定地区的上衣更短，只及腰部，多为白、翠等淡色。筒裙较长，多用艳丽色彩，如黑、青、红、绿等色。（女孩子不穿裙，而穿裤子，系青布围裙。）婚前不包头，发辫

---

① 江应梁主编：《中国民族史》，民族出版社，1990。

② 檀萃：《滇海虞衡志》，卷十三。

③ 道光：《普洱府志·人种志》。

绕在头上；婚后，用青布裹头，高26.6厘米，形如圆柱，顶中空。平时跣足，过年时才穿鞋，有钱人家则常年穿鞋。

潞西、盈江地区，未婚女子多穿白或浅蓝色对襟短衫，黑色长裤，外围青色绣花围腰，头戴小篾帽。结婚时才穿裙子。婚后则穿青色对襟上衣，黑色短筒裙，头缠黑色高筒帽。

新平、元江地区，上穿长只及腹、无领、长袖、对襟、无扣的短褂，外罩无领、无袖、长只及胸的超短上衣。下身穿宽大的、镶彩色边的青色布裙，左高右低，形制奇特。腰围比较复杂的饰物——秧箩。

傣族服装面料原来多用自织的棉布和傣锦，19世纪以后，又有外来的细花布和丝绸。色彩多用白色和青色，也有用各种彩色的，特别是红、绿色服装，有纪念祖先的含义。服装上的花纹图案也多有一定的含义，如饰大象纹，是希望农业丰收。饰孔雀纹，是希望吉祥、幸福等等。

六、傈僳族服饰

傈僳族居住在云南西北部和四川西南部的山区，以采集、狩猎和原始农业为生。所以，服装多以麻、野生麻、棉、棕榈纤维为原料。

清代时，“栗粟……男挽髻戴簪，编麦草为缨珞，缀於发间。黄铜勒束额，耳带铜环……常衣杂以麻布、绵布、织皮，色尚黑。裤及膝。衣齐裤。臁裹白布。出入常佩利刃。妇挽发束箍，耳带大环。盘领衣。系裙曳裤。男女常跣”①。或曰：“麻衣毡衫，毳带束腰。妇女裹白麻布。”②

近代的服饰一般是：男子穿短衫，长短不一。短肥裤，长只及膝。头戴小帽或用青布包头；有的蓄发辫。富人左耳带大红珊瑚一串，左腰佩砍刀，右腰挂箭包。跣足。妇女多穿右衽

①② 《维西见闻记》。《滇海虞衡志》。

上衣，长裙。头、胸部位装饰珊瑚、珍珠、玛瑙、海贝等饰物。各地区的服装样式和色彩有些差异。

怒江地区女装有：浅色右衽上衣，黑绒褂和多褶长裙。头戴珠贝缀成的“俄勒”。男装有：大襟无扣、后摆开衩、长及膝盖的长衫，线织布腰带和长只及膝的裤子，下缠护腿。头戴白色长筒帽。衣料上多有宽、细黑线相间的纹饰。青年男子还佩带由几种色布拼制或线织的挂包。

泸水地区，男女服装基本上与怒江地区相同，只是妇女穿裤不穿裙，而且腰间加穿青色布头制的小围腰。

丽江地区妇女也穿上衣和裙子，上面的黑、白条纹都比较细。头戴布套头。挂包同上。

德宏地区，女装特别是青年女装讲究华丽。头帕有红、白、黑等色。上衣和裙子是用各种色布上百片缝制的百布衣。腰带用彩色布缝制。腿套用红、白、黄三色相间的麻布缝制。男子的服装是黑色缠头、白色长衫，黑裤，彩色腰带。挂包同上。

保山地区，青年妇女用各种花布缠头，穿蓝、黑色上衣。

腾冲地区，节庆时，女子头戴珠贝缀成的“俄勒”，身穿蓝色长袖衫，长及膝，下缠绑腿。男子用蓝布缠头，身穿蓝衫，蓝裤，白布围腰，黄色腰带。

四川地区，女子上身穿右衽上衣，环肩、胸、背有红、黄色绣花，袖子也镶绣条纹。下身穿多褶布裙，下摆有很宽的彩色花纹。腰束彩带。头上用一大块黑色布缠头。男子也用黑色布缠头。上穿条纹布衫。下穿条纹布裤。

七、佤族服饰

佤族主要居住在云南西南边疆阿佤山等地区，经济生活以原始农业为主，多以自织的棉、麻布为服装，并以竹篾、藤圈、银圈和料珠等为饰。

元代至清初，“哈喇（佤族旧称）……男子花布套衣。妇红、黑藤缠腰数十周……”“戛喇……妇女斜缠锦布于腰……”“卡瓦……红藤束发缠腰，披麻布……”到清代后期，思茅地区的佤族“男穿青布短衣裤，女穿青布短衣裙”。比以前只披布或套头衣有所进步。①

近代的佤族，因在各地与不同民族杂居和历史、地理等原因，服装也因地而异。

阿佤山中心地区是佤族聚居区，本民族服装特点比较显著，男子多穿无领短上衣。折腰、大裆、大裤脚、宽而短的裤子。老年人还穿无领无袖坎肩。衣、裤多黑、青色。头上则用黑布或白、红布包裹，打结于头顶右侧，耳朵下方垂吊黑、红色线穗。肩佩筒帕（挂包）。青年颈上戴藤、竹圈，手腕戴银镯。多赤足。女子多上穿V形领、无袖、套头紧身短衣；有的老年人爱穿长袖衣。下穿红、黑色横条纹筒裙，有的还在裙身镶一圈10厘米宽的彩色织带。腰缠白色布带。小腿上裹腿布。有的上穿披肩和长而大的裙子。有的则穿短衣短裙。冬天时，男女都外披麻被单或棉毯，但都跣足。服装上多编织有白鹏鸟翎毛、松鼠牙齿、茅草茎秆等图案，并都有特定的含义——白鹏鸟翎象征吉祥幸福。松鼠牙象征坚强、结实。茅草茎秆象征刚直朴实等。头、耳、颈、腰、腿上佩戴银、竹、藤等饰物。

阿佤山边缘地区因与傣族、拉祜族等杂居，服饰多与傣、拉祜族服饰相似，如澜沧江畔的佤族女子穿浅色上衣，臂上有多色布套袖，深色筒裙，裙摆镶红、白相间的彩色边，彩色腰带等，与傣族服装相近。

其他地区佤族因与汉族杂居，其着装基本上是汉装。

八、拉祜族服饰

拉祜族是古代从青藏高原迁到云南西南部澜沧江流域来

---

① 《滇海虞衡志》。（雍正）《云南通志》，卷二十四。

的，经济生活也从游牧转变为农耕，所以其服装兼有游牧和农耕民族的特点。多用自己染织的土布缝制衣服。

清代雍正《景东府志》记载："小古宗，男如小㑩㑩。女短衣，以带缠腰，下著麻布密褶裙。织麻布，以叶构棚，无定居"。"处岩穴，与麋鹿为伍"。道光《普洱府志》记载：喇乌，"男女皆穿青布短衣裤"。《清职贡图》引道光《云南通志·种人志》曰：苦聪人"男人椎髻，以蓝布裹头。著麻布短衣。跣足，……妇女短衣短裙……"近代的服装主要有：

男子上身多穿无领、右衽、大襟衫。年轻人还穿外套——黑面白里的褂子。下身穿斜拼裆、宽裤管长裤。头裹黑色头巾或戴青布便帽。

女子服装在彝语支各族中是比较独特的，保留着南迁以前北方服饰的特点。样式主要有两类：其一，上身穿右襟、小领、中长袖、黑布长袍，特点是：两侧开衩很高，直到腰部；领、肩、襟、袖、衩和下摆等处都用彩色布剪成各种条块，镶嵌成几何形花边；领和开襟处还镶银泡。下身穿长裤。其二，上身穿圆领、小袖口、小开襟、长只及腰的白色短衣。下身穿筒裙和绣有彩色图案的腿套。头上都用一丈多长的头巾包头，两端有长穗，垂及腰际。也穿汉装和傣装。

男女都佩挎长方形背袋和荷包、腰带。背袋用青布缝制或红、白、黄、绿线间隔编织而成。服装用色主要是黑色，上饰白色银饰和贝壳等，对比强烈、鲜明。

九、纳西族服饰

纳西族居住在云南西北部和四川西南部的高原地区。经济生活原来以狩猎、畜牧为主，后来以农业为主。纳西族与汉、藏、白族等民族交往较多，所以其服装具有这两种经济区的特点，服装面料主要是麻布和皮毛。

元代时，女穿披毡、皂衣，跣足，风环高髻。未婚女子以毛绳为裙，裸露不以为耻①。

清代余庆远《维西见闻纪》记载：“么西，……男皆剃头辫发，不冠，多以青布缠头。衣盘领白罽，不袭不里。棉布裤，不掩膝。妇髻向前，顶束布勒若菱角。耳环粗如藤，缀如龙眼果，铜银为之。视家贫富，衣白褐青缘，没脐为度。以裙为裳，盖膝为度。不著裤，裹臁肕以花布带束之。……冬不重衣，雪亦跣足。严寒则覆背以羊皮，或以白毡。近年间有著履、屦、鞴者。头目效华人衣冠，而妇妆不改，裙长及胫，亦其旧制，以别齐民也。”

檀萃《滇海虞衡志》：“么西……以绳缠头，耳带绿珠。妇人布冠。”

光绪《丽江府志》：“男子薙发（戴）帽，长领布衣。妇高髻或戴黑漆尖帽，知音长裙。”

《续修永北直隶厅志》：男女皆“披发衽，赤足……披毡毯为衣。”

据研究，纳西族服装的发展过程和各时期服饰形制如下。

男装：明代时，穿右衽或对襟短衣，长不过膝的短裤，腰束花布带，外披羊皮或毛毡，既可防寒，又可作背物时的垫子。头绾二髻，旁发削剃，称为“三搭头”。跣足。清代时，上身或仍穿短衣；或穿长袍马褂。下身穿长裤。头上或辫发、青布缠头或剃发戴帽子，与当地汉族服装相似。到了近现代，有的基本上与汉装相同；有的穿藏服；老人多穿无领长衫，外套青布领褂。

女装：明代时，穿左襟短衣，长只及膝的短裙，腰束花布带，外披羊皮或毛毡。高贵人家的妇女则穿长及脚面的长裙。头发为剪发，齐眉（未婚）和梳高髻（已婚）。跣足。到清代时，

① 江应梁主编：《中国民族史》，民族出版社，1990。

上穿宽腰、大袖、长过膝盖的大褂，外套坎肩和白色百褶围腰。下身穿长裤。脚穿船形绣花鞋。发髻上用黑布缠成菱角形大帽。衣服多为蓝、青、白色，稍绣花边，朴素大方。但宁蒗等地则仍沿用明代服装，只是把短裙改成长可及地并有很多褶皱的长裙。外披毡、毯等毛织物的比较多。头上则戴牦牛帽或用青布裹头。到了近代，基本上仍是如此，但色彩、样式都有些变化。

永宁等地，以前男女多用黑色（老人）、白色（青壮年），近代爱穿红、蓝、紫色，并有彩色镶边钉双排扣的短衫。浅蓝色或白色衬里，并加绣五色花边、长及足背的百褶裙。腰带多红、黄色。背上披层次分明的多层羊皮。以前多跣足，近代以来则多穿青布绣花鞋。头顶上盘掺加牦牛尾毛的大发辫，再缠一大圈蓝、黑丝线，余下的丝线后垂至腰部，外包黑色或蓝色长帕。外出时，头上用青布包成菱形；或用头帕把眼睛以下的脸面遮住。儿童 13 岁以前都穿长衫、长裤等。

丽江地区女装又别具特色，上身穿蓝或白、黑色长过膝的大袖肥腰大褂，下摆镶百褶边。外套紫或灰色右衽坎肩，用白布带系於肩、腰处，并在领、袖、襟上加绣花边。还有黑色百褶围腰。脚穿船形绣花鞋。头上，婚前用布包头或戴黑绒小帽；婚后，只戴圆形纱帕帽。劳动或外出时，披青蛙形的羊皮披肩，上绣 2 大 7 小 9 个圆形图案，代表日月和七星（有两肩绣日月，背上绣七星等形式），俗称“披星戴月”或“七星披肩”。是纳西族古代崇拜青蛙和妇女勤劳智慧的象征。

十、景颇族服饰

景颇族聚居于云南德宏的亚热带山区，经济生活以原始农业为主，兼营畜牧和采集。解放前，仍处于原始社会向阶级社会过渡的阶段，生产力十分低下。服装也就很简便。

元代时，“结些，……无衣服，以木皮蔽体”[①]。

明代时，仍“以树皮为衣”[②]。“男子藤盔藤甲……女子上下围似花帨，手束红藤为饰”[③]。

到清代时，才有少量纺织品和真正的衣服。“结些，珥大牙环到颊。以红花布一丈许裹头，垂带于后。衣半身衫，袒其右肩”。“遮些，绾发为髻，男女皆贯耳、佩刀，性善华，彩衣盘旋蔽体……”“遮些子……耳带大环，上裸，以布遮腹”[④]。总的说来，在生产力较高的地区，“性奢，彩衣盘旋，饮食必精”[⑤]。而在生产力低下的地区，则仍“以树皮、毛布为衣，掩其脐下”。“首带骨圈，插鸡尾，缠红藤”[⑥]。有诗为证：“木叶庇身林作屋，授衣刮尽树头皮”[⑦]。

近代，景颇人仍只能用自己纺织的少量的毛、棉布缝制极简单的衣服。

男子穿圆领、大襟的黑色或白色短衣，长只及胫、但较肥大的短裤。头上用白或黑色布包头。斜背花布挎包（筒帕）。跣足。山官、头人则穿蟒袍。

女子穿圆领、大襟、黑色短衣，枣红色羊毛花筒裙和裹腿。还有藤篾腰箍、腿箍、珊瑚、琥珀等饰品。跣足。山官、头人家属则穿花缎锦衣，细花短裙和花护腿。

---

① 李京：《云南志略》，说郛本。

② 谢肇淛：《滇略》，卷九。

③ （明）朱孟震：《西南夷风土记》，丛书集成本。

④ （清）檀萃：《滇海虞衡志》，卷十三。

⑤ 《伯麟图说》载（道光）阮元，李诚：《云南通志稿·种人志》，道光十五年刻本。

⑥ 王光衢：《野人诗》，（康熙）《永昌府志》，卷二十五。

⑦ （康熙）《永昌府志》，卷二十五。

十一、布朗族服饰

布朗族分布于云南西部、西南部的大山区。早期经济生活以狩猎、采集为主。元代以来有了农业生产；又与汉、傣等民族相邻或杂处，有了纺织生产和用自织土布缝制的服装，但很简单。《滇海虞衡志》记载：清代时，“蒲人，即古百濮，一名普蛮，一名朴子蛮，首裹青红布。系青绿绦，多者为贵。手镯耳圈，膝系黑藤。刀弩长牌，饰以丝漆……妇人挽髻脑后，带青绿珠。肩披桫罗布，以花布围腰为裙，系海贝十数……葬用莎罗裹尸而焚之……”即从清代到近代，男子头裹红布，身穿花长衫，腰束多条小绦绳。膝下裹黑藤。女子在脑后挽髻，穿花衣、筒裙。服装色彩多为黑色或蓝色。

十二、阿昌族服饰

阿昌族主要居住在云南西部的德宏、梁河、潞西等地的丘陵地带，解放以前，仍以采集、狩猎为生，纺织品服装从无到有。据文献记载，明代时，“男子顶髻、戴竹兜鍪、以毛熊皮饰之，上以猪牙、鸡尾羽为饰”。清代时，“峨昌，一名阿昌……妇女以红藤为腰饰……采野葛为衣”（《云南图经志书》，《滇海虞衡志》）。

近代，以自织土布缝制服装，数量少，很简单：男子穿开领、对襟、长袖的蓝或白、黑色上衣；有的地方穿左衽大襟上衣。黑色长裤。基本上是汉族服装式样。又用白色（未婚）或青色（已婚）布包头，脑后垂下 30 多厘米长。肩背“筒帕”（挎包）和户撒刀。女子，婚前穿短衣短裤。婚后穿开领、对襟、窄长袖短衣和长至膝盖的筒裙。头上用黑、蓝布缠裹，高达 30 多厘米。式样基本上有两类——婚前为叠边包头；婚后为包头。喜用藤制腰箍、脚箍作为装饰，还有银饰等。

十三、普米族服饰

普米族分布在云南西北和四川西南地区，经济生活早期主要是畜牧业，后来以农业为主，所以他们的服装也表现出这两种经济区的特点。服装面料多用羊毛、牦牛毛、麻和野生植物纤维织品。

清代文献称之为“巴苴，又名西番……男挽总髻，耳带铜环，自建设以来，亦多剃头、辫发者。衣服同於么些。妇人辫发为细缕披於后，三年一栉。枣大玛瑙珠、掌大车磲各一串，绕于顶，垂于肩、乳，行则鈥铮之声不绝。顶覆青布，下飘两带。衣盘领、及腹。裙如钟、掩膝。不著裤。臁裹毡而跣足。颇能习辟纑缝纫之工”[①]。永宁、浪蕖的普米族受藏族影响，“头戴古棕帽，腰系两刀，衣仅齐膝”[②]。《滇系·属夷·西蕃》也记载：普米人“衣杂布、革，腰文花毳带，披毪毼毡，富者至二三领，暑热不去”。具体服装样式和色彩是：

男子穿右开襟的麻布短衣，宽松的裤子，披白羊皮坎肩或氆氇、呢质大衣，腰系宽带。

妇女服装样式较多，因地而异。

兰坪、维西地区，穿右衽大襟白色短衣，黑褐色绣花坎肩，围腰，长裤。用布包头，未婚女子多用青或黄、绿、黑等色的绣花布，已婚妇女多用黑布。

宁蒗、永胜地区，穿小领、长袖、右襟短衣，其领、袖口、下摆、衣襟等处镶花边或金丝边。披羊皮披肩。下穿白色镶一道红色横线的百褶裙。腰束彩色宽带。头上包黑布。

13 岁以前的儿童都穿右开襟的麻布长衫，腰束带，戴帽子。13 岁成丁以后，男的改穿上衣、长裤；女的则穿短衣、百褶裙。

普米族妇女心灵手巧，织物上多织有马头纹、铜壶纹、燕鹅纹、鱼纹、剪刀纹、波浪纹、竹节纹和几何纹等图案，有的

---

① （清）余庆远：《维西见闻纪》。

② （光绪）《续修永北直隶厅志》，卷七。

还有一定的含义，如白裙子中下部镶一道红线，是象征其祖先迁徙的路线，也是人死后寻找归宿的路线。普米族崇尚白色。

十四、怒族服饰

怒族主要分布在云南西北部怒江流域，经济生活以山地农业为主，兼营狩猎和采集，用自织麻布作衣料。清代时，“怒人，男子发用绳束，高七八寸。妇人结布于发……余与么些同”[①]。“怒子……男女披发，面刺青文，首勒红藤。麻布短衣。男着裤，女以裙。俱跣”。岁贡麻布 5 米[②]。具体服饰如下。

男子上身穿交领、右衽、长袖麻布长衫，束带，前襟下摆上卷，系于腰带上，作为装物袋；有的穿右衽、长袖的羊毛袍褂，腰束带。下身穿长只及膝的裤子，下部使用麻布绑腿。发有蓄发、结发辫、披发齐耳、剃发（教徒）等。头上则用青布或花布包头。头人及富人在左耳上以一串大珊瑚为饰。

女子也用青布包头。上穿右衽上衣；无领、无袖、右衽、黑或红色坎肩。下身：女孩穿裤子；十二三岁后改穿长裙子，青年妇女还在裙子外面系穿彩色花边围腰。贡山等地妇女不穿裙子，她们穿的是裤子，但在裤子外面用两块彩条麻布围身，也似裙子。无头饰、耳饰，只有胸饰。碧江、福贡等地的妇女衣裙常加花边，并在头、耳、胸等处佩戴珠、贝、银等饰物。

男女均跣足。

十五、德昂族服饰

德昂族曾称为“崩龙”族，散居在云南西南部德宏、保山、临沧、思茅等地区，经济生活以原始农业为主，用自织土布缝制衣服，并一直保留着本民族服装的特色。

---

① 檀萃：《滇海虞衡志》，卷十三，丛书集成本。

② 余庆远：《维西见闻纪》。

原来，“男以背负，女以尖布套头，以藤篾缠腰”①。很简单。后来有了正式服装。

男子服装基本上相同，上穿蓝或黑色大襟上衣，下穿宽而短的裤子，头裹白色或黑色头巾，肩佩筒帕。

女子的服装则各支系不尽相同。“别列”和“梁”支系，上穿蓝黑色对襟上衣，襟两边镶两道比较宽的竖道红布条。下身穿长筒裙，上至乳房上部，下至脚面；并在黑色地上间织多道彩色横线条，线条的颜色成为各支系的区别标志之一——“别列”支系用红、绿色相间；“梁”支系用蓝、红色相间。头上包黑布头巾，两端垂于背后。“汝买”支系也用黑布包头，但上穿斜襟上衣。下穿从腰至脚面的裙子，这种裙子是线织的，以黑色为主，间织红、绿、白色细条纹。

德昂族服装以黑色为主，间有白、红、蓝、绿等色。女裙的腰部佩带几个至几十个藤篾编织的腰箍，这些腰箍宽窄粗细不同，并分别漆上红、黑、绿等色，甚至刻上花纹图案，镶银、铝皮。又在腰箍、头巾、衣摆上缀饰彩色绣球，鲜艳别致。

十六、独龙族服饰

独龙族散布在云南西北角大山区，解放前尚处于原始社会阶段，以刀耕火种农业为主，兼营采集和渔猎，生产处于原始阶段，服装也就极其简朴。

清代时，“狳人披树叶为衣”②。后来在比较进步的地区，“男子披发，着麻布短衣裤，跣足。妇耳缀铜环，衣赤麻布……”但仍有比较原始的地区，仍“居山岩中者，衣木叶，茹毛饮血，宛然太古之民”③。

---

① （光绪）《永昌府志》，卷五十七。

② 檀萃：《滇海虞衡志》，卷十三。

③ 《清职贡图》，载道光《云南通志稿》，卷一百八十五。

近代，用自织少量的麻布线毯为衣。具体服饰如下。

男女都散发，前垂齐眉，后披齐肩，左右盖耳。赤足。都穿麻布衣服。

男子上身用一块布由左肩至右腋斜披背部，绕到胸前，用草绳或竹针拴结，披落自如。下身穿极短的短裤，只能遮住臀股。

女子用两块较长的布，从肩斜披至膝，然后左右包抄向前，以绳系腰，遮住前后身。腰部还多系漆染的细藤圈。出门常挂小篾箩。头部、胸前喜佩带车磲、烧料等珠饰。

因为布料缺乏，所以这些布白天当衣，晚上当被。

十七、基诺族服饰

基诺族居住在云南西双版纳的基诺山一带，解放以前尚处于原始社会末期，从事刀耕火种的山地农业，用麻、棉混合纺织的土布作为衣料，服饰相当简朴。

清代时，攸乐人“男穿麻布短裤；女麻布短衣、筒裙。另以红、黑藤蔑缠腰及手足。发留中、左、右三撮”。近代的服饰主要有：

男子，上身穿圆领、长袖、对襟无扣短衣，白或黄色地，前襟两边饰有几根蓝、红相间的横、竖条纹，背部绣有孔明印——在一块约 22 厘米见方的蓝、青色方块布上，用多种色线绣出一个圆形图案，像太阳、野兽（各寨式样不尽相同）；胸部也饰一圈大约 6 厘米宽的花条。下身穿长至膝盖、大裤腿的蓝或白色短裤；白色绑腿。跣足。头上原来留发 3 撮，后用蓝、青色长布包头；15 岁以前戴帽子。背挎绣有日、月标徽和几何纹的挂包。

女子，上身内穿紧身衣或三角形刺绣围腰；外穿圆领、长袖、对襟无扣短衣，在蓝、青色地上镶绣蓝、红、黄色的花饰。下身围一块长及膝的白布或穿前面能开合的短裙，长也只及膝，并在蓝、青色地上镶绣红、黑色波纹。小腿上扎蓝绑腿。跣足。帽子：生子以前，头戴披风式尖顶帽，白色地，镶绣红、黑色花纹。生子后，有的头上斜顶一块平平的“篾笆”，帽尖倒下来；有的则仍戴尖顶帽。有的是在婚前戴两角下垂于肩后的帽子；婚后则将其中一角卷缠于头上。

十八、苗族服饰

苗族分布在贵州、湖南、四川、云南、广西、海南等省区，经济生活以农业为主，服饰文化与其历史一样，相当悠久。明、清时期的文献记载比较多，服装样式除了共同点外，还有千差万别，异彩纷呈，这里只能简要介绍。

据明代王士性《黔志》和嘉靖《思南府志》等书记载：贵州地区多雨，“故土人每出，必披毡衫，背笠”。“椎髻短衣，不冠不履”。而思南府的领主穿绸缎，百姓不能穿，等级分明，不能逾越。

清初康熙年间许缵曾《滇行纪程》：“贵西苗九种[1]，种类各别。大约垂髻垢面……以青布帕裹发，高盘额前……无絮布，虽大寒，亦止披破毡一片，或犬羊之皮，袤广三尺许，风从左至，则披左肩；风从右至，则披右肩；或掩于胸，或负于背，皆视风所至。……跣足。”“苗人多衣草衣，妇人以筒布为裙……”

田雯《黔书》也是康熙年间作品，有关苗族服饰的记载更为详细。“苗俗……布囊笼发而为角（在额），肩披羊皮。鸠杖镂银以称苴（更苴，蛮长名）。顶冠竹笠……饰薏结螺，野植之杆共绕（龙家妇结髻若螺，饰发以薏苡，立鬼竿择对）……短裙才至骭，难施六幅潇湘，窄袖仅齐腰……盘丝绘蜡亦自可人

① 滇东北的苗人是明初从贵州迁入的，自称蒙，有九种，自称“蒙豆”、“蒙是”……。外族则称之为“白苗”、“青苗”、“素苗”、“花苗”、“红苗”、“红头苗”、“汉苗”等。

（绣花于布或以蜡画花）。抹粉涂朱常多怜己（临水自照），银环双婀妥，酷似帘钩（大而且长）。鬓发一蒙茸，全资马鬣（以马鬣杂发为髮而戴之）……”“花苗……男女拆败布缉条织衣，无衿窍而纳诸首。以青蓝布裹头。少年缚楮皮於额，婚乃去之。妇人敛马鬃尾杂人发为髮，大如斗，笼以木梳。裳服先用蜡绘花於布而后染之，既染，去蜡，则花见。饰袖以锦，故曰花苗。”“东苗、西苗，……男髽髻，著短衣，色尚浅兰。首以织花布条束发。妇著花裳，无袖，惟遮覆前后，俗与花苗同。”“青苗……服饰皆尚青。男子顶竹笠，蹑草履，佩刀。妇人以青布一幅，制如九华巾，著之。”“白苗……服饰皆尚白……男子科头、赤足。妇人盘髻长簪”。“平伐司苗……男子披草衣，短裙。妇人长裙，绾髻。”“九股黑苗……服尚青。”“短裙苗……以花布一幅，横掩及骭。”“夭苗……一名黑苗，缉木叶以为上服，衣短裙。”“生苗，红苗，衣被俱用斑丝，女工以此为务。”“阳洞罗汉苗……妇人养蚕织锦。服短衫，系双带，结于背，胸前刺绣一方，以银线饰之。”“八番（《黔游记》归于‘苗’）……服食居处与汉人同……妇人直顶作髻，业耕织。”“仲家（同上）……女人男子皆以帕束首，蹑屐。……衣尚青。妇人多纤好而勤于织。以青布蒙髻，若帽絮之状。长裙，裙积多者二十余幅，拖腰以綵布一幅若绶，仍以青布袭之，短仅及腰，蹑履。”“龙家（同上）……衣尚白，丧服则易之以青。妇人缁布作冠，若马蹬。加髻以簪，马蹬束之。”有“大头龙家，男子以马牛鬃尾杂发而盘之，若盖，以尖笠覆之。”“狗耳龙家（同上）……衣尚白……男子束发而不冠……妇人辫发，螺结上指，若狗耳之状。衣斑衣，以五色药珠为饰；贫则以蓑苡代之……”“宋家（同上），盖中国之裔，春秋时，宋为楚子所蚕食，俘其人民而放之南缴，遂流为尸；……勤於耕织。男子帽而长襟。妇人笄而短襟……”“蔡家（同上），即宋人，亦为楚所俘。……男子制毡而衣。妇人以毡为髻，饰以青布若牛角，高尺许，用长簪绾之。短衣长裙，以耕织为业。”

道光时期李宗昉《黔记》也有详细记载，下面我们只录与《黔书》不同的或新的内容。“卡尤仲家，……穿青布短衣，妇女以花帕蒙首，衣短而下圆。严寒盛暑，衣无添换。长裙细褶，勾云合角，中以颜色相间……”“曾竹龙家，……妇女穿白衣，系筒裙，戴细布方巾。”“狗耳龙家……男子以布蒙首。妇人辫发，以布束结於顶，余布旁结两指，如狗耳状。”“大头龙家……妇人衣土色衣，系青短裙，敛马鬃於发，髻如盖。”“花苗……（衣）青白相间，无领袖。”“白苗……（祭祖时）主祭者白衣青套细长裙。”“黑苗……族类甚多，习俗各殊。衣皆尚黑。男女俱跣足……头插白翎。”“东苗……（妇人）穿细褶短裙，（男子）短衣背褡。”“西苗……（祝丰收时）披大宽毡衣，腰间周围细摺，戴毡帽，著皮靴……童男女著青衣彩带。”“侬苗……（男子）薙发，服饰俱如汉人。惟妇人蒙发，短衣，长裙，仍苗装也。”“阳洞罗汉苗……女人鬓发散绾，插木梳於额上，富者以金银作连环耳坠。长裙短裤，或有裙无裤。”“伶家苗，……男女均以蓝花帕蒙首，未婚者其帕稍长。”“六额子（洗骨苗），……结尖顶髻，妇女长衣无裙。”“白额子，……男子梳尖顶髻，如螺。女长衣无裙。”“爷头苗，……妇人习俗，编发为髻，近多银系扇样，冠用琵琶，长簪绾之，耳坠双环，项圈数围，衣短衣，以五色锦镶边。”“八寨黑苗……女子以色布镶衣，胸前锦绣一方护之，谓之遮肚。”“清江黑苗，男子以布束发，顶带银圈，大环耳坠，着宽裤。男女皆跣足……爱着戏箱锦袍，汉人多买旧袍卖与之。”“楼居黑苗……妇人以羊角绾髻。”“黑山苗，……以蓝布束发。”“黑生苗，……自雍正十三年改汉人服。”“高坡苗，……着黑衣，……妇女以木板尺许绾发内，故又名顶板苗。”“白龙家……衣白衣。”“鸦雀苗，……女子以白布镶胸、袖、裙边。”“西溪苗，……女子短裙不过膝，以青布缠腰。”“黑脚苗，……男子短衣大裤，头插白翎。”“短裙苗，……男子短衣宽裤。妇人衣短，无衿袖，前不护肚，后不遮腰，不穿裤，其裙长只五寸许，极厚而细摺，聊以遮羞。”“尖顶苗，……男女梳尖顶髻。”“罗汉苗，……男子戴狐尾，披发於后。”

近代，苗族的基本服装是：男子穿短衣裤或大襟长衫。青年是对襟或大襟上衣，大裆裤。节庆时穿无领无袖、前开襟的绣大花彩色“百鸟衣”或白色长衫。有的长衫是长袖，对襟无扣，下垂许多长方形宽带，绣满花纹图案。有的还穿彩色、满是花纹图案的披肩。老人穿青色长衫。苗族男子头上多用长布包头。小腿上扎绑腿。

女子的服装共同点是头上戴帽或用布包头，足穿绣花鞋，都佩带银饰等。其他则因地而异，样式基本上分为五种。

黔东南地区上穿交领右衽、长袖半体衣；或对襟无扣、长袖、大领短上衣。襟、袖都镶花边或全衣满绣花纹。下穿百褶裙，长短有3类——长的至脚面；中的至膝下；短的只及大腿中部。下摆锯齿形，也有穿裤子的，前饰方形花巾。纹饰多变形动、植物和合体图案。多银饰。

黔东北和湘西地区，上穿圆领、大襟、宽袖短衣，肩、襟、袖和下摆绣很宽的花边。下穿宽脚或窄脚长裤（原穿红裙），长及脚跟，也加绣花纹。头上包帕。花纹多折枝花鸟。

黔中南地区，上穿大领对襟衣，所配附件多。下穿中长百褶裙，上用挑花、镶补、蜡染等工艺，加饰很多图案，由里到外呈现多个重圈形。

海南地区，上穿圆领、右偏襟、长及膝的单衣，黑色地，在领、袖、襟上镶红布窄边。下穿蜡染短布裙，花饰较少。腰束红色织带。

黔西、川南、桂北和云南地区，上穿圆领、长袖、对襟短衣或右衽大襟上衣，左襟下部斜裹至右边，袖口镶宽花布。下穿蜡染或青色百褶裙。系围腰，腰后垂挑花飘带，带上绣花。银饰较少。

苗族的服装面料主要是自织的麻、棉、毛织品。由于商业的发展，近代的苗族人也开始使用外来的细绒布、平绒和绸缎等。花纹图案多变形鸟兽、花蝶和几何纹，保留着古代先民装饰纹样的遗风，如黑中带红的配色，与《禹贡》所载荆州织物"玄、纁"二色相同。

1980年，贵州思南明代张守宗夫妇墓出土一批丝、棉衣服，有对襟半袖袄和单衣、交领右衽单衣、褶裙、舟形花鞋等①。还有清代的风俗画《贵州民族》等②，都是苗族服饰珍贵的形象资料。

十九、布依族服饰

布依族主要居住在贵州西南、西北部，广西西北部和云南东部，气候属亚热带，经济生活以农业为主。自然环境、历史、民族等因素，使布依族服饰经历了一个曲折的发展过程，即原有的本民族的服装，在乾隆以后，多数改为汉装，本世纪40年代后又恢复民族服装。

男装。清初以前，"左衽，露发，徒跣"③，"短衣科头"④，"以帕束首，蹑屦，……衣尚青"⑤。乾隆以后，"清江仲家……男子头缠红布"；"白仲家，……男子戴狐尾"⑥。黑仲家戴帽，上

---

① 刘恩元：《贵州思南明代张守宗夫妇墓清理简报》，载《文物》，1982（8）。

② 宋兆麟：《清代贵州少数民族的风俗画》，载《文物》，1988（4）。

③ 《旧唐书·西南蛮传》。

④ 李贤等：《大明一统志》，万历归仁斋刊本。

⑤ （康熙）《贵州通志·蛮僚》。

⑥ 李宗昉：《黔记》，卷二。

衣下裤，赤足，扎绑腿。卡仲家，男服与汉人同，女以蓝花帕蒙首，短衣小袖，细褶长裙①。后来青年多穿对襟短衣，中年人多穿对襟或大襟短衣，老人则多穿右衽大襟短衣或长衫。节庆时多穿长衫。上衣多蓝、青色。下身是宽裤管、藏青或深蓝色长裤。头包青帕、花格帕或戴瓜皮帽，中青年的头帕有"要须"（缨穗）。腰束蓝色腰带。脚穿饰有小泡花的草鞋。

女装，乾隆以前，以青布一方包头，穿细褶青（长）裙，多至二十余幅。腹下系五彩挑绣方幅，如绶，仍以青衣袭之，"短仅及腰，躧履"②。乾隆以后，独山一带妇女"渐改汉装"③。"白仲家……女子穿淡蓝色衣，细褶勾云裙，红绣花鞋……五色布裤"④，即改裙为裤。关岭地区则仍"长裙细裙，或青花布为之"⑤。总的说，头包有要须、编织有牌坊架或胡椒眼纹饰的青帕；身穿襟、袖绣有栏杆花边的上衣；半截绣花围腰；下身穿宽裤管长裤或裙子，裤脚也镶栏杆花边。脚穿露大脚指与食指、鞋尖上绣花的青布鞋等。但女装款式花色较多，各地区不尽相同，基本上可分为三个地区类型。

1．贵州镇宁、关岭、普定、普安、盘县、晴隆、郎岱等地有四种服装：

其一是交领衣和百褶裙。上衣为交领滚边短衣，即环肩、襟边和袖口部分镶有刺绣、织锦或蜡染织物。下裳是白底蓝花蜡染百褶裙，长到脚跟。腰束黑色、镶织锦边饰的长围裙。头盖绣花布帕，发式因年龄、婚否而有区别——婚前，长辫缠在帕

① 宋兆麟：《清代贵州少数民族的风俗画》，载《文物》，1988（4）。

② （明）《贵州图经新志》，卷一，参看田雯《黔书》，卷一。丛书集成本。

③ （乾隆）《独山州志·苗蛮》。

④ 李宗昉：《黔记》，卷三。

⑤ （民国）《关岭县志访册·苗夷篇》。

外；婚后改为“假壳”，即用箨皮、布壳、青布缠裹成簸箕形，外面再盖由海蓝色和青蓝色布接成的波浪形绣花帕；中老年人则盘辫头顶，再盖头帕。脚穿绣花统鞋或包边、毛边布鞋等。

其二是青色紧身、斜襟窄腰、宽摆绣花短衫，白底蓝花百褶长花裙和青布绣花短围腰。

其三是上身穿小圆领、大襟、加滚边、绣花的长衫，外加披肩，下穿绣花边长裤；头上包青帕或白帕，或花格帕；脚穿布鞋，鞋尖细小，上翘，鞋面绣花。

其四是上穿大襟右衽镶边带“外托肩”的短衣；下穿裤脚宽大、绾涡圈的长裤；腰系红色绣花短围腰；头戴大格花帕或三角帽；脚穿圆口白布鞋或绣花鞋。

总的来说百褶裙、大领衫或大襟衣，都用自织有印章纹的土布作面料，都用自己制作的蜡染花、扎染花和刺绣花作装饰。

2. 黔西南和贵阳市郊、云南等地区

布依人上身穿大襟右衽宽袖、镶花边短衣；下穿青布镶边的大口长裤；腰束绣花或不绣花的长围腰；头包青白相间的花格帕或蓝青布帕；脚穿船形绣花鞋。其中青年妇女的围腰比较有特点，是从腹到腿的“半截围腰”，青布料，两边镶天蓝色布。有的头帕是结成形如水牛角的“牛角帕”。

3. 独山、都匀、平越（今福泉）、麻江等地区

布依族人的衣服与当地汉族妇女的服装基本上相同①。

布依族的服装多用自己纺织的土布缝制，布料有白布和色布。显花方法有：蜡染、扎染、织锦、挑花、刺绣等多种。染色织物多为蓝底白花，也有青蓝色地红、黄、蓝白花，白底蓝花等。图案花纹多种多样，有几何纹，如圆圈纹、条纹、三角形、四方形、菱形、格子纹等；有植物花草果木纹，如梅花、刺

① （弘治）《贵州图经新志》。

梨花、蕨菜花、辣子花、花椒、谷粒、团花、小碎花等；有人和动物纹，如人、龙、凤、鸳鸯、鱼、昆虫等；有其他自然现象，如冰裂纹、水波纹、漩涡纹、云雷纹等等。这些织物图案，或简朴大方，或复杂华丽，但结构紧凑、合理，动静结合，节奏感强，都很优美。

二十、侗族服饰

侗族主要居住在贵州、湖南、广西三省区的交接地带，从事农业和林业生产，但经济发展不平衡。平坝地区和北部，经济发展较快，已进入封建社会；山区和南部，经济发展缓慢，仍有不少原始社会残余，因而南北地区的服装也就大不相同。

北部地区（包括湘西和黔东等地），清代时，“洞苗……男子衣与汉人同……女人带蓝布角巾，穿花边衣裙”。“衣长不过膝”[①]。近代，男装仍为汉装，男子多穿对襟短衣。女装则保留有民族特色：上穿右衽、无领、长袖上衣，长及大腿中部，两侧开衩，环肩及袖子中下部镶花边；下穿中长裤，长只及腿肚子上部，裤脚青色地镶蓝色花边；腰束飘带，脚穿绣花鞋，鞋头尖端上翘。头上，婚前只盘辫于头顶；婚后除盘髻外，还用头巾对角包裹。

南部地区（包括湘西南、黔东南、桂东北等地），清代时，“侗人”或“峒人”“青衣花裙，跣足，冬则采芦花（为絮）御寒”[②]。近代，多穿本民族古朴的服装。男子穿对襟或左衽、右衽的无领短上衣；长裤；头上用长 3 米，两端绣红、绿色锯齿纹的土布缠头，并使头顶左侧高耸出鱼尾形来。老人多穿右衽长袖的长袍。女装有两种，其一是上穿对襟紧身衣，胸部再系

---

① （清）李宗昉：《黔记》，卷三。

② 宋兆麟：《清代贵州少数民族的风俗画》，载《文物》，1988（4）。田雯：《黔书》，卷一。

上似剪刀口的青色刺绣“兜领”；下穿长只及膝的百褶裙，膝下加扎绑腿。其二是上穿右衽短衣；夏天则穿比较肥大的对襟上衣；下穿长裤；束花围腰；系腰带。节庆时则穿鸡毛裙。有的穿短裤，下扎绑腿，外系围腰。头上裹巾。衣领、袖、腰带和头巾上多用织锦镶饰。

侗族服装面料多是自己织染的侗布，并用侗锦和绣品作装饰。后来也用些外来的机织细布和丝绸。服色喜用青、紫、白、蓝、浅蓝等色，局部点缀浅绿、浅玫瑰红等色，淡雅清新；并加饰各种银首饰，富贵华丽。

下面以广西、贵州侗族为例，略做介绍：

广西三江侗族自治县，侗族男子一般是包头帕，穿近似唐装的对襟短衣，下着宽筒便裤。妇女服饰则表现出地域差别——良口和里一带的妇女春冬季节多包对角白头巾，上穿无领无扣右衽青色衣，腹前系6.6厘米宽的布带。下着便裤。夏秋季节将发挽为扁髻或盘髻，髻上插一把木梳和数支银簪，额头扎白布带，上穿无领无扣对襟青衣，衬肚兜，下着百褶裙，扎绑腿，穿绣花船形踏跟勾鞋。苗江、溶江一带的妇女，春冬包三角蜂窝白头巾，戴耳环，颈挂数件项圈，圈上缀银链，穿长至膝的右衽衣。夏秋穿花边对襟衣，围花肚兜，下着百褶裙，扎花边绑腿，穿绣花船形踏跟勾鞋。

如前所述，三江侗族男子，平时装束朴素简洁。但节日盛装却十分奇异，男子参加芦笙踩堂舞时穿的歌舞装，头围银片，上插鸡尾，上身穿侗锦，鸡毛吊珠花裙。该县程阳花炮会上的侗族男子武士装，身着青衣白裤，裹绑腿，头围白头巾，捆腰带，颈佩银项圈，手戴银镯、戒指，腰悬火葫芦，肩扛鸟铳(枪)，显得英武。

贵州榕江县西北的侗族，上衣宽袖右衽，衣襟镶宽滚边，上绣龙凤、蝴蝶等纹饰；裙长过膝。甚至同一个县的侗族都穿不同的服饰，如锦屏县的侗族，有的穿右衽、无领衣，有托肩滚边，并钉银珠大扣。姑娘以红色毛绳与头发辫结，盘在头上；出嫁后则挽髻，包对角头帕，束腰带。有的则穿长及膝的长衫，包三角头帕。有的则穿汉装等等①。

二十一、水族服饰

水族主要居住在贵州东南部，经济生活以农业为主。水族的服饰，历史上有些变化。

男装：清代以前，椎髻、绾结于顶；穿和尚领无扣长衫。清代时，受清政府强化改装的影响，发生了变化，青年上身穿右衽大襟，无领短上衣；少数人穿长衫；下身穿宽筒长裤；头上用青、白布包头；脚穿布袜和元宝盖布鞋。老人上身内穿白布短褂，外套无领、右衽大襟、长宽袖的青蓝色长衫；下身穿青蓝色宽筒便裤；脚穿猫头鞋或翘尖布鞋；头戴瓜皮帽。辛亥革命后，中青年人又多改穿对襟衫；老年人穿无领、大襟、布扣长衫；用青蓝色头帕包头，与当地的汉族、布依族的服装大体相似。

女装，清代时期，“水家苗……筒裙短衣，四围俱以花布缀之”②。即上身穿无领、对襟、宽袖、银扣的短上衣；下身穿百褶裙，并在前后系上两条长腰巾，有的扎绑腿；足穿翘尖绣花鞋。近现代则上身多穿无领、右衽大襟、长宽袖的半长衫，长及大腿，青蓝色地，环肩及袖口处镶花边；下身穿青布长裤，有的在裤脚或裤腿处镶花边；外面套系青色绣花围腰；头上用青或白布缠头；脚穿绣花鞋。节庆时还佩带多种多样的银饰。

水族的服饰多用自己纺织的、有人字纹、花椒纹、方格纹和斜纹等图案的精细的“水家布”作为面料。色彩以青、蓝色

---

① 曾少立供稿。

② 李宗昉：《黔记》，卷三。

为主，多为蓝上衣，青裤子；也有印染出青、蓝地白花的花布；或绣出许多精美的彩色图案，例如，妇女围腰上部的图案多为上梯形、下长条带的组合，梯形和长条带中又充满彩色花卉和几何纹饰，在朴素中显出华丽。

二十二、仡佬族服饰

仡佬族是古代僚人的后裔，散居在贵州西部的织金、关岭、安顺，云南东南部的文山和广西西北部的隆林地区，经济生活以农业为主，能用当地出产的葛、麻、棉、茅花、构树皮等纤维，织染成细密、柔软、精美的“娘子布”、“铁笛布”、“僚布”和用羊毛、兽毛纺织的毛布等，作为衣料。

（明）田汝成《炎徼纪闻》记载：“仡佬，一曰獠，……以布一幅横围腰间，旁无襞积，谓之筒裙。”“男女同制”。嘉靖《贵州通志》记载：平伐司（今贵定县境）仡佬人“男子穿短裙，妇人穿花筒裙”。据传说，穿筒裙是仿古，五颜六色是仿祖先以树叶为裳。

清代前期，“仡佬，其种有五，……男女皆以幅布围腰，傍无襞积，谓之筒裙。花布者为花仡佬，红布者为红仡佬……翦头仡佬……男女蓄发寸许”。“腰围缠幅布，不假针工”①。有的妇女除筒裙外，“以青线束发，披青布囊缀海巴其上。衣长尺许；外袭方袍，洞其中，从头笼下，前短后长，无袖”。这就是“仡佬袍”②。

清代后期，有：“打牙仡佬……发梳前披，取齐眉之意。”“花仡佬……妇女两袖绣五彩，周身饰以蚕茧累累如贯珠。”“水仡佬，亦名仡兜苗，男子衣服同汉人；妇人细褶长裙。”“锅圈仡佬，……男子自织斜纹布为衣；妇人青帕笼发，名为锅圈，衣

---

① 田雯：《黔书》，卷一。

② 爱必达：《黔南识略》，卷二十四。

青衣短裙”。“披袍仡佬……男女衣外披一袍，前短后长，凿窍为筒裙，羊毛织成。”“土仡佬……男子披草为衣。”① 或说：“男服青蓝布。女则长衣短裙，自织葛为之；系布带盘头，插梳。”有的则“男子以葛织斜纹为衣；女人以青布束发如锅圈状；短衣长裙，无褶”②。

民国时期，推行强制同化政策，穿民族服装的少了，仅云南麻栗坡杨万一带还保留穿筒裙的传统。

仡佬族服饰综合简介如下。

男装：上身多为立领、对襟的蓝色或白色上衣，白衣的环肩和袖子上镶绣青、蓝色条带或简单的几何纹带。下身穿青色大口长裤。脚穿元宝鞋或云头勾尖鞋。头用 3 条 3 米多长的白布或青布包裹。领主穿皮衣，外披毛帔，衣着华丽。

女装：上身内穿长袖、对襟短衣，袖、背上绣有鱼鳞状花纹。外套用整块青布缝制的圆领、无袖、前短后长的贯头衣。老人穿右衽大襟、宽袖长衫。有的长衫为红色布料，套接青布袖筒，套接处镶上白地、绿色花纹的条带；襟的上部也有这种绣花条带。下身穿麻布、毛布并用的无褶三段长筒裙——上下段是青白色条纹麻布；中段是土红色羊毛布。黄平等地则穿羊毛筒裙。头上或用 3 条 3 米多长的布包裹，后面露出 6 个穗头，并饰以海贝；或只用一块方形花帕盖头。少女多用黑色头巾，但一端用红、黄、绿、紫等色线绣出波浪形的彩色花边。脚穿翘尖绣花鞋。

1974 年，四川珙县悬棺出土一批明代仡佬族（或称“土僚”）的丝、麻衣服。

丝织物 2 件，一单一夹，均是长衫，长袖、右衽，形制与

① 李宗昉：《黔记》，卷三。

② 罗绕典：《黔南职方纪略》，卷九。

汉装相同。夹衣黄色，单衣蓝色，长度分别为194厘米和204厘米。

麻织物101件，其中：

上衣63件，均长袖、高领、对襟、筒腰的短衫，无扣绊，用布条或绸带拴结。领口、袖口、前襟均有花饰——两前襟用蓝或黄色绸条镶成长方形花格子，共11条，宽14厘米；领口和袖口则镶花边。腋下开有长6.5厘米的口。肩部饰有长23厘米、宽11厘米绿色或黄色长方形的绸条，一端缝在肩上；另一端是活动的，类似肩章，行动时会飘动。有的领高10厘米，身长56厘米，袖长57厘米。

花马褂，1件，高领、无袖、筒腰、短小。长40厘米、肩宽13.5厘米，领高11.5厘米。领和前后襟都镶有彩色绸条。无扣，用绸带系结。腋下用3条宽5厘米、长10厘米，有花边的布条连接前后襟，花纹装饰繁缛，有锯齿纹、三角纹、网格纹、旋涡纹等等，并以黄、白、蓝等色相间。

裤子，30件，两裤腿与裆组成等边三角形；右裤管开口，开口处两边各用3块长16厘米、宽11厘米的长方形布块作装饰，上绣网格纹等图案。裤管用黄或蓝色绸条镶成9个长方形饰。腰很小，呈倒三角形，系带。

裙，7件，已腐，形制看不清。但腰和裙边都加饰花纹。

上述服装不但有民族特色，而且精细美观①。

清代创作的贵州少数民族风俗画《贵州民族》中有仡佬族服饰的形象和文字资料："仡僮……女采棉纺织，穿花裙，仅可遮膝。""披袍仡佬……男子穿色布衣。女子短裙，用各色羊毛织成。"打铁图中的男子用布包头，穿青色衣裤，扎绑腿，赤足，

---

① 四川省博物馆，珙县文化馆：《四川珙县洛表公社十具"僰人"悬棺清理简报》，载《文物》，1980（6）。

加披毡。妇女也以布包头，上衣下裙，扎绑腿，赤足，外加白色披毡①。

二十三、壮族服饰

壮族主要分布在广西以及广东、云南等省区，经济生活以农业为主。用自己织染的麻布和壮锦作为服装面料和边饰。由于壮族人口众多，分布地域较广，而各地的自然、历史、民族杂居等条件不同，因此，各地的服饰显现出一些差异。

（明末清初）顾炎武《天下郡国利病书》记载：壮人“花衣短裙，男子着短衫，名曰黎筒，腰前后两幅掩不及膝。妇女也着黎筒，下围花幔”。乾隆《开化府志》记载：壮族支系喇奚“居深山，火耨刀耕，男子宽博大袖，垂髫于脑后。女人以五色毛线为衣，上作井口，自头罩而下”。（清）吴震方《岭南杂记》：“僮种……花衣短裙……其人不薙发，俱黑色，广西最多……男女衣制如一，不可别”。（清）檀萃《滇海虞衡志》记载：“侬人……布席，脱履后登……妇人短衣长裙。男子首裹青帨……”。又“土獠，男子裹青帨，服白麻衣，领上缀红布一方。妇人冠红巾，衣花绣”。

一般来说，明清时期壮族主要穿对襟或右衽大襟的短衫和扇形的短裙，衫裙多在青、蓝色地上刺绣或蜡染五彩花纹图案。近现代则向衣裤型发展。

男子着装与汉族衣裤基本上相同，只是腰间多束一条腰带。其中桂西北龙胜的男子穿右衽大襟或小襟衣，包黑头巾，穿云头布底鞋。桂南的男子穿圆领琵琶襟上衣，双勾头鸭嘴鞋。桂西天等县一带的男子穿圆领、对襟、阔袖、宽身衣，用布带系结；下穿宽筒叠裆裤。

妇女服装式样较多。

---

① 宋兆麟：《清代贵州少数民族风俗画》，载《文物》，1988（4）。

桂北地区，上身内穿深蓝色或有花短衫；外穿长只及腰的白色、对襟、无领上衣，钮扣少，以便使花衬衫显露在外。下身穿青黑色长裤，裤脚上方镶有一宽一窄两道栏杆花边，红色、蓝色都有。头包花毛巾。脚穿绣花鞋。

桂西北龙胜妇女原来穿对襟、交领上衣，有的上绣五色花边，镶五色栏杆，下身穿绣花裙子，本世纪初，才渐改穿裤子。而都安、巴马、东兰、大化等地的姑娘，头包西华或提花包巾，秋冬季节所穿的几件衣服，总是最里的那件最长，由里至外依次短小，如楼梯状，历历可数，而且每件衣服的颜色都有区别，很有特色。

桂西天等县，上穿右偏襟、圆领、窄袖的紧身短衣，长至裤头，矮领露颈，颈口到右腋下的衣襟和两袖口均饰丝绒大花边，下着宽筒裤。天南爱乐一带的妇女则穿裙子，其式样别致——解之为方布，围起则为裙；裙正面两腿心处各绣一条垂直对称的大花边；在臀部处打几个皱折；臀部下的裙脚卷起 3 厘米左右，两边缝以数针，使后裙脚呈“弓”形翘起，从前视为筒裙，后观则为折褶裙。隆林农村的女装：上穿白或蓝色的右襟短上衣，无钮扣，用蓝、黑、白三色带系束，环肩、襟边镶一道 3 厘米左右的花边。下身内穿长裤，外穿百褶短裙。桂西边陲那坡县的服饰古风犹存，因从头到脚均是黑或蓝黑色，故有“黑衣壮”之称。她们头包黑布巾。上衣仅至脐，恰好接住裙头；纽路从领口斜往右腋下；下摆左右两侧开衩，两角上收呈弧形，裙缘用彩线锁扣一道细边；袖口、衣襟均滚一道浅色布边。下身着宽脚长裤。外套长至膝的黑色百褶裙，用浅色布作裙头，裙脚滚 3 条边，穿时由前往后系，行走时裙摆掖于腰带内。这种服装从上到下明显地分为 3 个层次，故俗称“三层楼”。大新县板价一带的壮族人，穿短衣长裙，上衣短而窄，长尺余，仅至腰；袖长 10 厘米，右衽，纽路从颈口往右经腋下直到襟边；颈边、袖缘、衣边均绣有彩色花边。裙子的式样虽然简单，但系法特别——裙用黑土布缝制，裁为扇形，两边连有长带；系裙时由前围后，再绕至前面用带打结，然后把左边裙底插到右腰间，右边裙底插到左腰间，在腰后形成交叉的裙幅。

桂西南靖西女子也穿青色衣裤。但在上衣的肩、领口处绣有3道黑色花环。头上用白色印花头巾盖到眉毛上沿。

桂南女装，上身多为右衽大襟、窄瘦短衣，长30厘米左右，多为黑色、深蓝色或白色。下身是黑色扇形长裙。脚穿双钩头鸭嘴鞋。

广东连山壮族妇女服装的特殊之处是有紧身腰带，并在裤腰左边悬挂一个彩穗筒。

云南文山、马关的壮族女装与广西的不同。前者上衣比较长，可及臀部；衣摆成半圆形，两端上翘；钮扣多而密；短袖，袖口镶花边。下身穿百褶裙，扇形，并有多重花带。

壮族历来崇尚蓝、黑色，服装也多蓝黑色，而且上面织绣有鸟兽、虫鱼、山水、花草和各种几何纹，绮丽多姿。有些图案是从图腾崇拜和纹身习俗演变而来的，对研究壮族历史和传统文化有一定的参考价值①。

二十四、瑶族服饰

瑶族分布在广西、广东、湖南、贵州、江西、云南等省区的山林中，经济生活原以不断迁徙的游耕为主，后来基本上定居下来从事农业生产，服饰自古以来就以五彩斑斓而著称。

宋代时，海南岛的“徭人执黎弓，垂箭筒，戴兜鍪，佩黎刀，刀刃长6.6厘米，而柄甚长，以白角片长尺许如鸡尾，为靶子饰，兜鍪织藤为之。其妇人高髻，绣面，耳带铜环，垂坠至肩。衣裙皆吉贝，五色斑斓。无有裤襦，徒系裙数重，裙制

① 以曾少立供稿为主，参考别的论著增删。

四围合缝，以足穿之而系诸腰”。而广西的徭人“椎髻临额，跣足，带械。或裸裸，或鹨结，或斑布袍裤，或白布巾。其酋则青巾紫袍。妇人上衫下裙，斑斓勃窣，惟其上衣斑文极细，俗所尚也”①。

清代时，“粤有徭种……椎结，跣足，短衣斑斓……晴雨唯顶笠，或覆以葵叶……”②

从古至今，由于瑶族分布很广很散，支系繁多等原因，各地瑶族的服饰有较大的差异，据统计，式样有六七十种，并因服装颜色、样式和头饰的不同而产生不同的族称。如广西南丹瑶族，因其男子穿白色裤而有“白裤瑶”之称。龙胜瑶族因穿红色绣花衣而被称为“红瑶”。十万大山山子瑶族妇女因头上用银发罩、花头巾、绒线、珠子等装饰得花枝招展，因而被称为“花头瑶”。十万大山板瑶因其妇女头上绑一块高高的布顶板而被称为“板瑶”等等。

一般来说，男装上身穿青蓝色、圆领花边、铜扣的短衣，襟有对襟、右衽斜襟、琵琶襟之别。有的则穿交领长衫。下身穿宽脚长裤。打脚绑，长短不一。头上裹头巾。

女装基本上有3大类，即短衣长裤；长衫长裤和短衣裙子。如圆领花边对襟或右衽大襟长衫，挑花长裤，百褶花裙等等，其间又有千差万别。

瑶族服饰主要是用自己织染的麻布和瑶锦作面料和装饰。色彩多为青黑色地点缀蓝、红、绿、黄、白等色。图案纹样则有动物、植物、人物、传说、日、月、天象等等，多有宗教、纪念意义，庄重大方。又线条古朴简练，色彩鲜明，所有这些，充

---

① （宋）周去非：《岭外代答》，卷二、卷三。

② （清）吴震方：《岭南杂记》，丛书集成本。

分显示了瑶族人民的艺术才能和质朴强悍的民族特性①。

下面列举几个例子。

广西田林县盘瑶妇女喜用黑布长巾缠头，于额前交叉呈人字形；巾的两端绣有红、绿、黄、白相间的纹饰，露于前额，并插一朵红花。上身穿内、外衣，内衣由一块方布挖领而成，套穿于胸前，红布，边镶白、黄、红布条。外衣为无领无扣对襟长衫，腰以上的衣襟绣多种图案，并悬挂朱红色绒球；袖口用红、黄、蓝、白、黑五色布镶边；衣领后部用三角形的红、白布镶边；后背垂挂数十串有红色丝穗的玻璃珠串，或一块中黑外蓝并加饰红、白布条的方布披肩。腰系黑布带，两端有挑花图案和长穗。下身穿青或黑色宽筒长裤。还有黑底青布边加镶花白线边的围裙。显得醒目、华丽，又富于青春感。

十万大山花头瑶妇女喜用数十片银片组成的梅花发罩；头顶再盖一块绣花方形头巾，两端垂红色绒穗和彩珠。上身穿前短后长的无扣交领衣，前襟镶红布边，领口绣花，袖口镶红蓝布边。还有绣花、加饰彩穗的胸围。腰束红、黄、白、蓝色，两端缀红绒彩穗的腰带。下身穿只有50厘米长的短裤，裤脚用红或蓝色丝线镶边。小腿穿脚套，系以彩色丝带。劳动、行走时，把上衣后面一幅衣角撩起扎在腰带上，凉爽而又方便，又能呈现出青春的健美。

十万大山的板瑶妇女则在卷发辫上绑一块外包红色加其他色布的顶板，两端用绣花的白布或白花布盖住顶板，系于脖子上。上身穿无领对襟衫，两边下摆开叉，胸前和领口镶花边，腰带为白布，两端绣花。下身穿长裤，裤脚镶红、黄、黑三色绣花边，全套服饰五彩斑斓。

融水县的花瑶，男子包黑头巾，呈圆筒状，秋冬季节穿数

① 广西壮族自治区民族事务委员会编：《民族服饰》，民族出版社，1985。

件上衣，内衣开胸对襟，外衣为右衽黑布衫。每件衣服颜色不同，而且从里到外依次缩短；所以一眼望去，所穿上衣尽收眼里。下身穿黑色窄口紧身裤。女子卷发于头上。上身穿无扣交领衣，袖镶彩色布条。腰扎蓝黑色布带，下系菱形围裙。下身穿百褶裙，下摆绣彩色栏杆。打脚绑。

龙胜红瑶的节日盛装是，无扣交领红花短衫，衣脚左右开叉。腰束锦带。下穿长至膝的黑色百褶裙；黑色绑腿，白布带。戴银项圈，棱形龙头银手镯等等。

南丹白裤瑶，男子包蓝黑色头巾。上穿蓝黑色无扣交领衣，背后衣脚中央开一燕尾形小口，襟、袖口、衣脚镶天蓝色布条，并加绣红、黄色花纹。胸襟两边各绣一个长方形纹饰。腰束蓝黑色布带。下穿短而窄的白色灯笼布裤，大裆，无裤头，裤脚用黑布镶边，两只裤筒上各绣5条红线，代表其祖先为保护民族尊严而战的五指血痕。妇女头饰同男子。衣分冬衣、夏衣。冬衣为右衽短衣；夏衣由前后两幅方布拼接而成，长至裙头，前幅蓝黑色，无花纹；后幅浅蓝灰色，上绣正方形图案和回形、正字、卐字等花纹，代表瑶王印章。下穿长至膝的百褶花裙，裙缘绣花。冬天打脚绑。

金秀的盘瑶妇女，有些用白纱或红纱包头，外缠瑶锦带，两端各垂7束彩穗；头顶盖瑶锦。有些则头罩圆锥形的竹笋壳，外罩绣花边黑布，并饰铜钉、铜铃。上衣也是无领无扣。中青年妇女多穿胸衣，红或黑布，襟上用红、白、绿、黄丝绒绣花；袖口镶红花布。还用绣花围裙和宽幅白布腰带和彩色条纹绣带，两端有彩穗①。

二十五、仫佬族服饰

仫佬族居住在广西中北部罗城等地的山区，经济生活以原

① 据曾少立供稿节录（限于篇幅）。

始农业为主，服装以自己织染的青色麻布作面料，简朴大方。历史上也有些变化。

明代以前，男子穿对襟上衣和长裤。妇子穿宽身、阔袖、加滚边的满襟衫和绣花筒裙。

明代成化年间，统治者强令改装，使仫佬族服装发生了一些变化，特别是女装，上身为右衽大襟衣，襟、袖镶绣花边。下身改裙为长裤。老年妇女仍穿绣花加抽纱拧线花围裙。男装仍是圆领、长袖、对襟上衣和宽裤脚长裤，头上戴碗形帽，用6片三角形青布制成。老年男子则穿琵琶襟上衣。

仫佬族服装用色主要是青、蓝，并加研光。有的还用五色线绣花鸟虫鱼等图案，使服装朴素美观。

二十六、毛南族服饰

毛南族主要居住在广西北部环江、河池、南丹、都安等地的山区，经济生活世代以农为主，早有本民族的纺织生产和服装，并以贴身衣服作为“本身”（即自己的灵魂），非常珍视。毛南族服装用自己织染的土布作面料，色尚青、蓝（孝服用白色），简朴大方。其基本形制是：

男装：上身穿圆领、右衽、长袖上衣（后来也有穿对襟衣的）。下身穿宽管长裤。衣裤均不镶花边，但突出5颗晶亮的纽扣。劳动时，腿扎三角绑腿。节庆时，长者身穿长衫，外套马蹄袖口的“马蹬衣”；头缠约2.7米长的羊角巾，黑色，特点是，一端有布须，显露于头顶；腰束约2.7米长的黑色布带，带的两端有红、绿、黄、蓝、白色锯齿形布须显露于外。脚穿白底黑面布鞋。

女装，式样同男装，但衣领、袖、襟和裤脚都镶有3道黑色条带，或直线或弧线或波浪式，朴素美观。劳动时，成年妇女还穿下摆绣花的圆角围裙。头上缠布巾。脚穿“双桥”、“猫鼻”、“云头”图案的绣花鞋，即用红、绿色或五色彩带、彩线在鞋面上镶两道拱桥花边，或交织成勾头鞋尖，或绣上云藕图案等。

二十七、京族服饰

京族是15世纪以来从越南迁入的，过去称为越族，主要居住在广西、广东南部的一些沿海岛屿，经济生活以渔业为主。京族服装多用自己纺织的丝绸、香云纱和棉布作面料。

男装：上身是圆领、窄袖、对襟、袒胸的上衣，长及膝部。下身穿比较宽松的长裤。腰束带。

女装：平时上身内系一块菱形遮胸布；外穿无领、窄长袖、对襟或右衽大襟的紧身短上衣。节庆或外出作客时，则加穿窄长袖、右衽、下摆较宽的白色或蓝色长衫；或无袖、红褐色地加刺绣的长褂。下身穿肥大长裤。跣足。头梳砧板髻，即头发正中平分，梳辫于后，用黑布条或丝条缠缚，再盘绕在头顶一圈。喜戴耳环。

京族服装色彩以黑、白和红褐色为主。传统图案有龙凤、朵云、花卉、假八仙、海水、建筑等等。

二十八、土家族服饰

土家族分布在湖南、湖北、四川、贵州四省，特别是四省交界地区。经济生活以农业为主。土家族早有自己的纺织生产，早以自己织染的葛、麻、丝、棉织物“斑布”（又称“赍布”）、“溪峒布”和土家锦作为服装面料和装饰。以清代实行“改土归流”政策为界限，土家族的服饰前后有了较大的变化。

改土归流以前，“男女服饰不分，皆为一式，头裹刺花巾帕，衣裙尽绣花边”①。“男女垂髻，短衣跣足，以布勒额，喜斑斓服色”②。从收藏的当时的服饰看，男女服装都是：头裹青、白色

① （乾隆）《永顺府志》。

② （同治）《来凤县志》。

绣花头帕。上身穿圆领、对襟、大袖加镶边的短衣。袖大 3.3 厘米以上，肘弯外呈圆形，袖口镶宽花边，男衣花边一二道；女衣花边四五道。下摆有的不合缝，而缝成边，分成 3 块。胸、袖口、衣边用黄、白、粉红色缎子镶边。男衣胸前还有 2 条飘带。下身穿 8 幅罗裙。垂髻。耳戴金银大耳环。男女服装的区别是：男裙短、不过膝；女裙比较长而肥宽，是百褶裙，还有披肩和许多金、银、玉制饰品。

改土归流后，男女装不同了。男装：头上仍包青头帕，但略成人字路形。中、老年人有的仍穿以前的上衣；有的则改穿短大袖、对襟或右衽大襟上衣，腰束长带。下身穿宽大、短口的裤子，不穿裙子。脚穿双鼻“天官头”鞋。青年人改穿窄长袖、对襟短衣，纽扣是密集的“蜈蚣扣”，有 7～11 对，很有特色。腰上加系绣花宽板带。佩挂绣花荷包。裤子短而大，裤头镶白布条。脚穿青面白底鞋。劳动时穿白麻布汗褂。

女装：仍是衣裙，但样式比以前多。上衣有圆领和矮领，左衽和右衽，短宽袖和宽长袖的不同，镶绣花边更多了，如有一种“三股筋”衣，衣、袖都宽大，袖口边镶 16 厘米左右青布边，衣领只有 1.6 厘米高，都镶 3 道花边。裙子从 8 幅裙变成长及脚面的筒裙。裙子和百褶裙并加饰彩色小花边，如天蓝色筒裙用 8 幅布缝成，在每条合缝处都镶上黄、蓝色小花条，裙下摆也镶这种小花条；前后左右 6 幅又都折成皱折水波式。红绸缎的百褶裙大而长，并用青布和黄色小花条镶边。有的则穿大脚筒裤。脚穿绣花绸鞋，鞋面多青、蓝或粉红色地，上绣五色花草蜂蝶等图案。从胸到腹部，还系围腰，也镶绣有花纹图案。出嫁时，穿左开胸、大袖大摆的“露水衣”和八幅罗裙或百褶裙，戴凤冠（箍箍帽），上面饰满银质龙、凤、虾等饰物。劳动时则多穿白麻布上衣。用红、绿、蓝、青等色绒线系扎发辫，并佩带许多金银饰品。额上扎织锦带。

由于土家族以白虎作为图腾和原来住山洞等原因，所以土家族崇尚白色和黑色、青蓝色，服装也是如此。但加饰多彩花边，显得美观。例如，女子白上衣的襟、袖上并排镶绣黄地红花的宽花带和蓝色窄花边；白色裙子的中下部并排镶绣中宽、上下窄的3条彩色带；额上扎紫色地加饰蓝、黄、红花纹的织锦，一侧还垂黄穗。这样从总体上看，显得洁净、多彩、美观。服装上的花纹图案有：人物和龙凤、蝴蝶、蜜蜂等飞禽、走兽；有牡丹等花草果木和各种几何纹饰，也是丰富多样。

二十九、黎族服饰

黎族主要居住在海南岛，经济生活以原始农业为主，所以服装多用自己织染的棉、麻布作为面料；又因气候炎热，不需冬装，所以服装较少。但由于居住地区多山和支系不同，所以款式、色彩不大相同，使黎族服装显得异彩纷呈。

宋代时，黎族“妇人服缌缠，绩木皮为布”①。“黎装：椎髻、徒跣、裸袒，而腰缭吉贝，首珥银钗或铜或锡。首或以绛帛彩帛包髻，或带小花笠，或加鸡尾，而皆簪银篦二枝，亦有著短织花裙者”。“黎人半能汉语，十百为群，变服入州县墟市，人莫能辨焉”②。琼州生黎，“织木皮为衣，以木棉为毯”③。即有：以布围下身；有衣裙；穿汉装等几种。

明清时，“生黎……贝布为衣，两幅前后为裙，长阔不过一尺，掩不至膝，两腿俱露……（女装）缝成围套，从头穿下，至与结 袛为裙，名曰黎筒”，“耳环垂肩”④。或“薙发、着裤”⑤。

---

① 《宋史·蛮夷三》。

② （宋）周去非：《岭外代答》，卷二。

③ （宋）乐史：《太平寰宇记》，卷一百六十九。

④ （清）《方舆志》。河南省新乡市博物馆收藏有明代初年的《琼州黎民图》上的服装，基本式样如同清代记载。

⑤ （道光）《琼州府志·海黎志》。

即有衣、裙；套头衣；有了裤子等几种。

近代，黎族服装多种。

侾黎。男装：上身是无领、对襟、短宽袖的上衣，衣身近似长方形。下身穿短裤或长裤。头上缠头巾，插雉翎。女装：上身穿对襟、无领、短宽袖上衣，衣身近似长方形，但前摆长，后摆短。襟的两边、下摆和袖口等处都织绣花纹；襟两边花纹的上端系吊铜钱和小花球；摆下端系吊铜铃和流苏；后背正中从上而下有一道垂直的红线或白线。下身穿筒裙，长及膝下，上绣几何形花纹。

杞黎。男装：原来上身穿无领、窄长袖短衣，下身只用两幅布前后遮盖，均加红色镶边。后来，上身穿无领、长袖、开胸、对襟无扣的上衣，下身穿长裤，腰上束红布腰带。外出时还穿红色绣花胸褂。头上用 3 米长的红布缠裹。

女装：头上系裹绣花、有穗的黑头巾或红黄色菱形方格纹头巾。上身内穿菱形胸褂；外穿无领或矮领、窄长袖、对襟的青、蓝布上衣，袖口镶宽、窄白布各一道，左襟下部绣花。下身穿长过膝、色彩和纹饰都丰富的花筒裙。

德透黎（“赛”）。男子服装同汉族。女子上身穿圆领蓝布上衣，并用白布或红布镶边。下身穿筒裙，长及小腿，上段织绣有彩色横条纹、水波纹和其他图案花纹。头上用约 1.7 米绣花黑布缠裹。

美孚黎。男子穿无领、对襟无扣的黑、蓝色上衣和裤子。女子上身穿黑蓝色上衣，大平领镶红白边，红线扣；袖镶白花；背部中间有一条横花带。下身穿多色花筒裙。头裹黑头巾，两端各有 2 道白色宽条纹和 2 道极细的条纹。

本地黎（“润”）。男子穿麻布上衣和裤子。女子上身穿黑色、圆领、短袖、宽松的贯头衣，衣身横长方形；袖口和下摆均镶绣花边；下摆两角更有大块花纹。衣上还饰有由很多色珠缀成的多种花纹图案。下身穿很短的筒裙，裙上织绣满花纹图案。小腿上缠黑布绑腿。

黎族服装，特别是筒裙上织满的花纹图案有：菱形、三角形、直线等几何纹；人、龙、蛇、蛙等动物纹；花草、藤、果等植物纹以及水波纹、贝纹等等。有的花纹有一定的含义，特别是人纹和人祖纹，周围织绣许多花草、野兽足印和神台，象征着部落繁衍、狩猎生活和祭祖习俗等。

三十、畲族服饰

畲族主要分布在福建、广东、浙江等省的沿海地区，经济生活以农业为主，因而以自己织染的麻、棉布作为服装面料。

畲族的族称最早见于宋代文献，如刘克庄《后村先生大全集》卷一百三十三《回刘汀州书》云："凡溪洞种类不一：曰蛮、曰猺、曰黎、曰蜑，在漳者曰畲。西畲隶龙溪，犹是龙溪人也。南畲隶漳浦，其地西通潮、梅，北通汀、赣。"这表明到了宋代，古代越人中的一支已正式形成为畲族。后来他们在各地与汉人杂处，在很多方面都渐与汉人趋同，服装上也是如此。

过去，"畲民之衣服，喜着红、青两色"①。但各地的服装也有差异，如浙江省龙游县的"畲民礼服有青有红，长 1 米，袖大 33 厘米，缘以蓝布，约 5 厘米，于祭其祖时用之。畲妇皆服青衣，结处不用纽而用带，袖宽 16～20 厘米，长约 1 米。均着裙，近始有裤者。素无缠足之习，家居悉穿草履或木屐，必往其戚属庆吊始用布鞋，鞋端必绣红花并垂短穗。其自郄（即膝）以下，蓝布匝绕，则男女皆然也"②。处州的"畲妇戴布冠，缀石珠，赤足负载"③。云和县的畲民"无寒暑，俱衣麻，畲民

① 刘锡蕃：《岭表纪蛮》。

② 余绍朱：《龙游县志》，民国十四年版。

③ 周荣椿：《处州府志》，光绪三年刊本。

戴布冠，缀石珠，负戴与男耦”①。景宁县的畲民也是“无寒暑，皆衣麻，男单袷不完，勿衣勿裳；女短裙蔽膝，勿裤勿袜。……妇女跣足椎结，断竹为冠，裹以布，布斑斑，饰以珠，珠累累（皆五色椒珠）”②。江西省贵溪县的畲民，“女子既嫁必冠笄，其笄以青色为主，大如掌，用麦杆数十茎著其中，而彩线绣花鸟于顶，又结蚌珠缀四檐，服之刁刁然，自以为异饰也”③。福建省“古田畲民……妇以蓝布裹发，或戴冠，……短衣布带，裙不蔽膝，常荷锄跣足行”④。建阳的畲民，“男子服饰、职业与汉人略同。女子不缠足，不施膏泽，无金银佩饰，服色惟蓝、青与白”。“新妇裹红帕于首，衣蓝色衣，张雨伞，徒步随之”⑤。侯官县（今福州市）的畲民“男子即短衫徒跣，其妇人则高髻垂缨”⑥。永春县的畲民“男子椎髻，女子无裤，通无鞋履”⑦。长汀县的畲民“男子不巾帽，短衫阔袖，椎髻跣足，……妇人不笄饰，结草珠，若璎珞蒙髻上”⑧，“裹髻以布”⑨。从上述情况看，明、清时代，畲族男子的服装以对襟与带大襟的短衫与长袖衫为主，下身着裤，有的衣裳还绣有一点花纹。结婚、祭祖时用的礼服以右衽长衫为主。畲族妇女的上衣则以右衽的大襟长短衫为主，下身以裙为主，脚上裹有绑腿，头饰比较繁褥，而且衣服的染色以青色为主。

---

① 王士狻 钤：《云和县志》，同治三年刊本。
② 周杰：《景宁县志》，同治十一年刊本。
③ 黄联珏：《贵溪县志》，同治十年刊本。
④ 傅恒：《皇清职贡图》，乾隆十六年。
⑤ 江远青，江远涵：《建阳县志》，道光十二年刊本。
⑥ 吕谓英：《侯官乡土志》。
⑦ 万历：《永春县志》。
⑧ 邓光瀛：《长汀县志》，民国廿九年。
⑨ 李拔：《汀州府志》，同治元年重刊本。

近代以后，以畲族自织的纻布成衣的现象已逐渐减少，代之而起的是从市场上购进黑色的机织洋布、绒布、缎子来成衣。而且男衫基本已趋同于汉族。女装仍保留有本族的特点，仍为右衽大襟裳，并几乎都绣有花纹装饰。不过由于地区的不同，畲族的女服也呈现出一些不同，可分为七式，简介如下。

1. 罗源式，是畲族服饰中最华丽的一种，上衣为黑色大襟交领式，无大襟角，衣两旁开深衩，后裾长于前裾，无扣，仅在右衽襟角有2条白色系带。年轻妇女喜在领、襟、袖口绣花边；交襟上饰一半圆形银“扁扣”，下垂5个小铃铛。围身裙有素面和绣花二种，绣的花是大朵云头（两角）和直线线（裙边）。下穿滚花边的短裤，似梯形的“脚绑”和绣花鞋，鞋头有一翘起的倒钩。

2. 漳平式，上衣为蓝或黑色右衽大襟衣，前后裾等长，5个布扣，领、袖、肩、襟环饰花草与齿状花边。穿旧式汉装裤，黑色，裤管末端饰齿状纹等花边。裙子宽大，中开衩，红色，滚黑边和黄色齿状纹或绿底深红蝴蝶花卉纹、红紫色底绿白花纹。

3. 福鼎式，也是黑色右衽大襟衫，但有大小领——复领。盛装的领口饰2颗红绒球，袖口绣一红一绿两条花边。大襟服斗上有胸饰，为凤凰、雉鸡、牡丹纹等等，无齿状纹框，但用齿状纹把胸饰分割为两部分。围身裙基本上同罗源式，原绣花，后仅在裙头中央加缝一块淡绿色或湖蓝色绸布，或两侧中垂一块红布。长裤汉式，黑色。脚穿平头厚底黑色红边绣花鞋。结婚用裙子有筒裙和围式长裙二式。

4. 霞浦式，上衣也是黑色右衽大襟，但小襟也有服斗，可以反穿，服斗上的花纹有一、二、三道之分，以直线纹等分隔，纹饰有松鹿、双凤衔灵芝等等。领口有一颗银扣，襟角下方有系带。袖口内饰蓝布条，穿时挽出为饰。领子绣双龙抢珠纹等。围身裙有折褶，上饰盆花等。下穿汉装长裤。白布作绑腿，末端饰红缨络等。绣花鞋面有一中脊，上绣红点。

5. 福安式，上衣黑色大襟，主要特点是直角大襟角；后裾长于前裾；襟两侧开深衩，襟和袖口内侧滚红边；大襟边滚红、白边各1道或几条细齿状纹和连枝花卉；大襟服斗下角绣龙凤花鸟纹或缀一块三角形红布饰；矮领，上饰齿状、花卉、蔓草等。围身裙饰团花和花边。绣花鞋与霞浦式相似。

6. 顺昌式，蓝、黑色右衽大襟衣，微领；袖口和衣衩内滚红边；领与大襟角绣1小条花边，多为红、绿、白色；布扣，6个。裙子黑色，多褶，两侧滚红绿布边，其上饰黑色几何纹。绑腿白色梯形，上有红、黄色系带。绣花鞋黑色缀红边，头较高，前突，鞋面中脊起枝，镶红色曲折纹，鞋头两侧绣红花绿叶图案。

7. 光泽式，蓝或黑色右衽大襟衣，汉式裤、鞋，无纹饰与滚边，胸前穿黑色大围兜，是畲服中最朴素的。唯结婚时才穿暗花绸裙子①。

三十一、高山族服饰

高山族主要分布在台湾省，直到近代，经济生活仍以原始农业或狩猎业为主，生产力水平很低；当地气候炎热，所以服装比较简便，但富于装饰效果。各地区的高山族服饰也有些差别，各有特点。随着对外交流的加强和汉族等民族的迁入，高山族的生产力有所提高，服装面料增加，除了自己用麻、毛、树皮等合织的布疋外，还有外来的丝、棉等织物。下面按时代、地区介绍。

宋代时，高山族“以杂纻、杂毛为衣，制裁不一。编藤为笠，饰以羽毛”②。

---

① 据石奕龙供稿节录（篇幅限制）。

② （宋）赵汝适：《诸蕃志·流求》。

明代时，“男女椎结，裸逐无所避。女或结草裙蔽体，遇长老则背身而立，俟过乃行。男子穿耳，……手足皆刺文，取鸡雉毛以为饰”①。也有从汉人处获得的衣服，见汉人时才穿用：“长者为黑衣，而短者蒙其外，凡十余袭如襜帷，飏之以示豪侈。别去，仍挂于壁，裸逐如初”②。

清代时，比较进步的平埔番（熟番），“初以鹿皮为衣，夏月结麻枲，缕缕挂于下体。后乃渐易幅布……”“衣达戈纹（自织布之名），用苎织成，领用茜毛，织以红纹，为衣长只尺余，丁以排扣。下体用乌布为蔽，长约70厘米。炎天则结麻片为之，缕缕四垂，围绕下体，以为凉爽，且便于渡水”③。道光时，日月潭福骨社妇女“挽发为髻，再勒以哔叽红条，围以珠串，耳坠银钩。身着衣裙者数人，如苗猓然。余则衣裤，亦多以幅布蔽体，鹿皮挂胸、背如男子者”。而“王字生番”，男女额上刺“王”字，耳至下唇雕题，“披发文身……衣鹿皮……”④

近代的服装，人们考察、记载比较详细，现据陈国强《台湾高山族的纺织技术》一文⑤ 和其他书刊的论述综合简介。

男装有四个地区类型。

北部地区，包括太雅尔、萨斯特（赛夏）和阿美斯的北部。这里的高山族上身穿无领、无袖、对襟的麻布上衣，它是用2幅窄布拼缝的，没有纽扣，只用2条带子系结于胸前，衣有长、短两种，长者及膝，名“鲁靠斯”；短者及腹，名“拉当”。腰缠条纹麻布，以遮下身；或穿裤子加裹腿。胸前挂斜方布，以为胸衣。酋长、族长在节庆时穿贝珠衣——用麻线把数万颗贝珠

① 《明史·外国四》。

② 张燮：《东西洋考·鸡笼淡水》。

③ 黄叔璥：《台海使槎录·番俗六考》，丛书集成本。

④ （清）曹士桂：《宦海日记》。

⑤ 载《中国纺织科技史资料》，第6集。

串成多串，一串串密密麻麻缝在衣面上。此外，泰雅人冬天还用 4 幅麻布缝成长方形，披围于身上，在左肩打结，如袈裟。阿美人还有长袖、短襟的小上衣和披肩、围裙、头巾等。节庆时的上衣是白色地、胸背织绣花纹图案。

中部地区，以朱欧（曹）、平嫩（布农）为代表，头包头巾。上身穿开胸的鹿皮背心或鹿皮衣；自颈部向下垂挂一方形、斜折、挑织有花纹的胸袋。腰部也垂挂斜折三角形腰袋，以遮盖下身。还有裹腿等。节庆时则加穿挑绣花纹的斜方胸衣和黑布裙，腰系彩色布带；或穿红里黑面、长袖对襟的短上衣和长裤，并用黄褐色线在领、袖、襟、摆处镶绣大面积的花纹。

南部地区，以派宛（排湾）、阿美斯南部为代表，包括排湾人、卑南人、阿美人等。上身穿无领、无袖、对襟、长至膝的长衫和无领、无袖、长只及腰的褂子，下端垂吊很多穗子。腰系半腰裙或系腰带而垂其两端为前裙。派宛的贵族还穿彩布或挑织的套裤。头上缠黑布。

雅美、兰屿的雅美人，平时只以腰布折为丁字带，遮住下身。也有穿对襟短背心的。

女装多受汉族影响，基本上有三种类型。

短衣长裙式：太雅尔、萨斯特、朱欧、阿美斯人穿长袖对襟短衣和长裙。也有穿膝裤的。胸前挂一块斜方胸衣。头上包巾。裙子有些差别——太雅尔和萨斯特穿单式裙；朱欧为左右双合裙；派宛、阿美斯南部为竖式长裙。

长衣下裳式：布嫩、派宛等穿窄袖长衫、长裙、膝裤和围裙。头裹黑、红布。

背心腰布式：雅美人上身穿背心，下身横围腰布一块。冬季还有以方布一块自左肩向右腋斜披、绕向左肩打结的偏衫。

高山族的帽子多用皮、藤、木片等制成。多跣足。

高山族服装或只用色布条镶边，朴素大方；或全身挑绣、装饰蛇纹曲线等几何纹和人、蛇、花卉等花纹图案。色彩方面多为青黑色地，显黄、白、蓝、绿等色花纹；或红色地，显黄、黑、白色花纹；或白色地显红、黑、青、绿等花纹，琳琅满目，光彩照人。

后　记

由于人们对中国少数民族科学技术史的兴趣逐渐增加，研究者日众，因此，中国科学技术史学会于1987年8月委托内蒙古师范大学在呼和浩特召开了“首届全国少数民族科学技术史学术讨论会”。会议期间成立了中国少数民族科学技术史研究会筹备委员会。1988年冬又在南宁召开了“第二届全国少数民族科学技术史学术讨论会”。

南宁会上，经过酝酿、讨论，决定了三件事：

1. 正式成立“中国少数民族科学技术史研究会”，并经选举产生了理事会，李迪教授当选为理事长。1990年，研究会成为中国科学技术史学会的分会。

2. 决定以后每隔一年召开一次全国会议。会上，新疆代表当即表示欢迎1990年在乌鲁木齐召开下一次会议。

3. 出版《中国少数民族科学技术史》丛书。这是由广西科学技术出版社提出建议，李迪教授则当场表示愿意承担这套《丛书》的编写组织工作。

这次会后，李迪教授经与有关专家学者协商，定下《丛书》的分卷和写法，并邀请了各分卷的主编。在此基础上组成编委会。从1989年开始筹备，到1990年有的分卷已动手撰写提纲。1991年8月，在广西科学技术出版社的筹划和具体组织下，在内蒙古师范大学科学史研究所的大力支持协助下，在包头召开了首次编写会议。到会的有各卷负责人及广西科学技术出版社的领导和编辑人员共计7人，对整个编写工作进行了部署，正式拉开《丛书》编写的序幕。

本《丛书》学科划分为：通史、天文历法、地学水利航运、纺织、农业、医学等卷。平均每卷40万字左右，《丛书》约500

万字。

为什么要编写这套《中国少数民族科学技术史》丛书，很显然，是因为目前世界上还没有这样的著作。但是，中国少数民族在科学技术方面的成就很多，这些成就已成为中国科学技术的重要组成部分，由于过去注意不够、研究不平衡，尚未形成系统，在一些著作里反映较少也是很自然的。1988 年南宁会议期间，多数出席者认识到了这一点，于是编写《中国少数民族科学技术史》丛书的问题被提了出来，并立即通过和列入出版计划。

出版计划确定后，受到各方面的关注，得到许多单位和个人的大力支持。1992 年，新闻出版署经严格审查后把本《丛书》列入国家“八五”重点图书，这对编委会的编委和执笔者都是巨大的鼓舞。

在本《丛书》出版之际，特向各界读者说明编撰本《丛书》的起因，并借此机会向支持、关心此项事业的单位、个人和广西科学技术出版社表示衷心谢意。

中国科学技术史学会少数民族科学技术史分会
《中国少数民族科学技术史》丛书编委会 **敬 启**
1994 年 9 月 7 日

（桂）新登字 06 号

中国少数民族科学技术史丛书

纺织卷

陈炳应　主编

*

广西科学技术出版社出版

（南宁市东葛路 38 号　邮政编码 530022）

广西新华书店发行

广西民族印刷厂印刷

（邮政编码 530001）

*

开本 850×1168　1/32　印张 26.5　字数 660 000

1996 年 10 月第 1 版　1996 年 10 月第 1 次印刷

印数：1—3 000 册

ISBN 7-80619-459-2 / N·31　定价：30.20 元

本书如有倒装缺页，请与承印厂调换。